I0032735

Heinrich Preschers

Handbuch der Architektur

3. teil: Die Hochbaukonstruktionen. 2. Band: Raumnegrenzende Konstruktionen. 4. Heft: Dächer im allgemeinen. Dachformen. Dachstuhl-Konstruktionen.

Heinrich Preschers

Handbuch der Architektur
*3. teil: Die Hochbaukonstruktionen. 2. Band: Raumnegrenzende Konstruktionen. 4. Heft:
Dächer im allgemeinen. Dachformen. Dachstuhl-Konstruktionen.*

ISBN/EAN: 9783744655729

Hergestellt in Europa, USA, Kanada, Australien, Japan

Cover: Foto ©berggeist007 / pixelio.de

Weitere Bücher finden Sie auf **www.hansebooks.com**

HANDBUCH

DER

ARCHITEKTUR.

Unter Mitwirkung von

Oberbaudirektor
Professor Dr. Josef Durm
in Karlsruhe

und

Geh. Regierungs- und Baurat
Professor Hermann Ende
in Berlin

herausgegeben von

Geheimer Baurat
Professor Dr. Eduard Schmitt
in Darmstadt.

--- --- ---

Dritter Teil:

DIE HOCHBAUKONSTRUKTIONEN.

2. Band:

Raumbegrenzende Konstruktionen.

4. Heft:

Dächer im allgemeinen.
Dachformen.
Dachstuhl-Konstruktionen.

--- --- ·◊✦◊· --

ARNOLD BERGSTRÄSSER VERLAGSBUCHHANDLUNG (A. KRÖNER).
STUTTGART 1901.

DIE

HOCHBAUKONSTRUKTIONEN.

DES

HANDBUCHES DER ARCHITEKTUR

DRITTER TEIL.

2. Band:

Raumbegrenzende Konstruktionen.

4. Heft:

Dächer im allgemeinen.

Dachformen.

Von Dr. Eduard Schmitt,

Geh. Baurat und Professor an der technischen Hochschule zu Darmstadt.

Dachstuhl-Konstruktionen.

Von Theodor Landsberg,

Geh. Baurat und Professor an der technischen Hochschule zu Darmstadt.

ZWEITE AUFLAGE.

Mit 784 in den Text eingedruckten Abbildungen, sowie 2 in den Text eingehefteten Tafeln.

STUTTGART 1901.

ARNOLD BERGSTRÄSSER VERLAGSBUCHHANDLUNG

A. KRÖNER.

Das Recht der Übersetzung in fremde Sprachen bleibt vorbehalten.

Druck von BÄR & HERMANN in Leipzig.

Handbuch der Architektur.

III. Teil:

Hochbaukonstruktionen.

2. Band, Heft 4.

(Zweite Auflage.)

INHALTSVERZEICHNIS.

—.—

Verzeichnis

der in den Text eingehefteten Tafeln.

D. Dächer.

Von Dr. EDUARD SCHMITT.

22. Kapitel.

Dächer im allgemeinen.

Bereits in Teil III, Band 2, Heft 1 (S. 3) dieses »Handbuches« wurde gesagt, *1.* *Wesen* *und Zweck.* dafs der oberste Abschlufs eines Gebäudes meist durch das Dach gebildet wird. In manchen Fällen begrenzt das Dach gleichzeitig die unmittelbar darunter ge- legenen Räume, so dafs es zugleich raumbegrenzende Decke ist; sehr häufig werden jedoch beide Elemente voneinander getrennt, und das Dach erscheint alsdann als schützende Konstruktion der eigentlich raumbegrenzenden Decke.

Das Dach hat in allen diesen Fällen zu verhüten, dafs Regen, Schnee und andere atmosphärische Niederschläge in das Gebäude gelangen, und dieselben so abzuführen, dafs das letztere nicht in schädlicher Weise beeinflufst wird. Das Dach hat aber das Gebäude auch gegen die Sonnenstrahlen zu schützen, dasselbe vor Feuersgefahr, vor Blitzschlägen und vor anderen elementaren Ereignissen zu bewahren.

Von diesem Gesichtspunkte ausgehend, werden im nachstehenden die sog. Vordächer von der Besprechung auszuschliefsen sein; dieselben lassen sich kaum als Konstruktionen auffassen, welche Räume nach oben begrenzen; sie sind An- lagen, die unter bestimmten Verhältnissen Schutz gegen die atmosphärischen Niederschläge gewähren sollen. Von Vordächern wird deshalb später getrennt — in Teil III, Band 6 (Abt. V, Abschn. 3, Kap. 2) dieses »Handbuches« — die Rede sein.

Das Dach hat aber — aufser den angeführten Anforderungen seines Zweckes *2.* *Ästhetische* *Bedeutung.* und der Zweckmäfsigkeit — auch noch die Aufgabe, ästhetische Ansprüche zu er- füllen. Das Dach bildet die Krönung des Gebäudes, und in diesem Sinne ist seine Form für die äufsere Erscheinung des Gebäudes und sein charakteristisches Gepräge von grofser Bedeutung. Die Umrifslinie eines Gebäudes hängt zum grofsen Teile von der Form seines Daches ab.

»Die ästhetische Stellung des Daches ist lange, namentlich im ersten und zweiten Dritteil unseres (XIX.) Jahrhunderts, total verkannt worden. Man be- trachtete es lediglich als notwendiges Übel, berücksichtigte es gar nicht und gab der Fassade also ganz selbständig ihre Formen, so dafs das Dach unorganisch und infolgedessen unschön darauf safs, während doch das Dach als integrierender Teil des Gebäudes zu betrachten, auch von allen stiltragenden Völkern ästhetisch durchgebildet worden ist. Ein tüchtiger Architekt mufs fähig sein, das Dach nicht als Hindernis, sondern als Faktor bei der schönen Gestaltung der Gebäudeformen zu behandeln.« [1])

---

[1]) Nach: MOTHES, O. Illustrirtes Bau-Lexikon. 3. Aufl. Leipzig u. Berlin 1875. Bd. 2, S. 83.

Diese wenigen Bemerkungen mögen hier genügen; von dem gleichen Gegenstande wird noch eingehender in Teil IV, Halbband 1 (Abt. I, Abschn. 3, Kap. 3, b: Dachbildung) gesprochen werden.

3. Dachflächen. Jedes Dach wird durch eine oder mehrere, bald flachere, bald steilere, jedenfalls aber mit Gefälle versehene Dachflächen oder Dachseiten gebildet. Die Dachflächen sind entweder eben oder gekrümmt. Eine ebene Dachfläche ist im allgemeinen vorteilhafter, als eine gekrümmte, weil sie durchweg gleiches Gefälle hat, was für den Wasserabfluſs günstig ist; auch bedingen ebene Dachflächen meist, insbesondere die Ausführungen in Holz, eine einfachere Konstruktion, als gekrümmte. Bei gewissen Dachdeckungsarten sind gekrümmte Dachflächen ganz ausgeschlossen oder bereiten zum mindesten beträchtliche Schwierigkeiten.

Fig. 1.   Fig. 2.   Fig. 3.

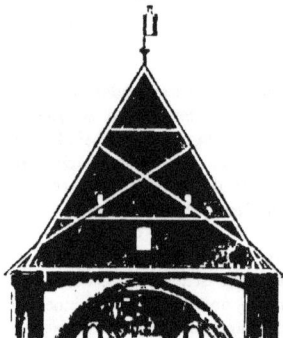  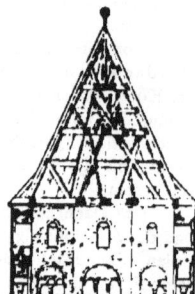

Von der St. Katharinen-Kirche zu Lübeck[*].   Von der Abteikirche zu Knechtsteden[*].
[*] w. Gr.

Die ebenen Dachflächen werden unter gewöhnlichen Verhältnissen von ihrer Unterkante bis zu ihrer Oberkante mit gleich bleibender Neigung durchgeführt; bisweilen werden sie aber auch gebrochen, also jede Dachfläche aus zwei oder noch mehr Ebenen zusammengesetzt. Eine besondere Art von gebrochenen Dachflächen ergiebt sich, wenn man dem untersten, meist nur schmalen Randteil derselben eine flachere Neigung giebt, als der Dachfläche selbst (Fig. 1 bis 3[2 u. 3]); dadurch entsteht ein sog. Leistbruch. Häufig ist das günstigere Aussehen des so entstehenden Daches Veranlassung, daſs man eine solche Anordnung wählt; meist sind aber konstruktive Gründe dafür maſsgebend, namentlich der Umstand, daſs man das Tagwasser über das Hauptgesims hinwegführen will, oder aber die Befürchtung, daſs das Hauptgesims durch die unmittelbar auf seinen Auſsenrand aufgesetzte Dachfläche herabgedrückt werden würde.

Die gekrümmten Dachflächen sind bald cylindrisch, bald sphärisch oder sphäroidisch, bald windschief oder (insbesondere bei Turmdächern) von allen diesen Formen abweichend äuſserst mannigfaltig gestaltet.

Zwei einander gegenüberliegende Dachflächen schneiden sich in einer wagrechten oder doch nur wenig geneigten Linie ab, cd und ef in Fig. 4), die man

[*] Faks.-Repr. nach: Zeitschr. f. Bauw. 1871, Bl. 55.
[*] Faks.-Repr. nach ebemdas. 1874, Bl. 20.

Firstlinie oder schlechtweg First, wohl auch Firste, Forst oder Förste heißt; bei Zelt- und Turmdächern schrumpft die Firstlinie in der Regel in einen einzigen Punkt zusammen: die Dach- oder Turmspitze. Nebeneinander gelegene Dachflächen schneiden sich in Gratlinien oder Graten (*ag, ah, di* und *dk* in Fig. 4), wenn ausspringende Kanten entstehen, hingegen in Kehlen (*bl* und *cm* in Fig. 4), wenn die Durch-

Fig. 4.

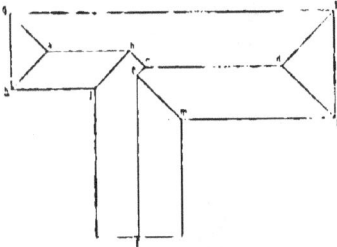

schnittskanten einen einspringenden Winkel bilden. Ein Grat entsteht hiernach, wenn die beiden zu überdachenden Flächen von Linien begrenzt sind, die einen Winkel miteinander einschließen, welcher kleiner als 180 Grad ist; ist dieser Winkel größer als 180 Grad, so entsteht eine Kehle. Die Kehlen werden auch Ixen oder Ichsel genannt; für kleinere Kehlen hinter Schornsteinen etc. wird wohl auch die Bezeichnung Schottrinnen verwendet.

Kommen andere, als gegenüber und nebeneinander gelegene Dachflächen zur Verschneidung, so entsteht ein Dachverfall, auch Dachverfallung oder Verfallungsgrat genannt (*bc* und *cc* in Fig. 4); die Punkte *b* und *c* heißen Verfallungspunkte.

Der Punkt, in welchem zwei Gratlinien oder eine Kehle und ein Grat einander treffen, heißt Anfallspunkt (*a, c* und *d* in Fig. 4).

Ein Dach besteht aus folgenden Bestandteilen:

1) Aus der Dachdeckung; diese bildet die Dachfläche; sie ist der eigentlich nach oben abschließende Konstruktionsteil.

2) Aus dem Dachgerüst, welches die Dachdeckung trägt und das man Dachstuhl nennt; dies ist der die Dächer besonders kennzeichnende Bestandteil derselben.

3) Aus den Nebenanlagen, zu denen die Dachfenster, die Aussteigeöffnungen und Laufstege, die Schneefänge, die Anlagen zur Entwässerung der Dachflächen, die Giebelspitzen, die Dach- oder Firstkämme, die Wetter- oder Windfahnen, die Turmkreuze, die Fahnen- und Flaggenstangen, die Blitzableiter etc. gehören.

Die Dachstühle werden im vorliegenden Hefte (unter E), die unter 2 u. 3 genannten Konstruktionsteile im nächstfolgenden Hefte dieses »Handbuches« behandelt werden; ausgeschlossen werden nur die Blitzableiter sein, deren Besprechung dem Teil III, Band 6 (Abt. V, Abschn. 1, Kap. 2) zugewiesen ist.

Die Dachkonstruktion kann in verschiedener Weise unterstützt werden, und zwar:

1) durch Umfassungswände des betreffenden Gebäudes allein;

2) sowohl durch Umfassungswände, als auch durch Innenwände des Gebäudes;

3) sowohl durch Umfassungswände, als auch durch innerhalb letzterer vorhandene Säulenstellungen oder andere Freistützen;

4) durch Säulenstellungen, bezw. sonstige Freistützen allein;

5) durch Konsolen oder andere Kragkonstruktionen.

Biswelen besteht das Dach im wesentlichen bloß aus der Dachdeckung, zu der nur einige wenige, verhältnismäßig untergeordnete Konstruktionsteile hin-

4. Bestandteile.

5. Unterstützung.

1 *

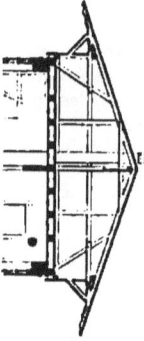

Fig. 8.

Vom Bahnhof zu Görlitz⁷).

Fig. 5.

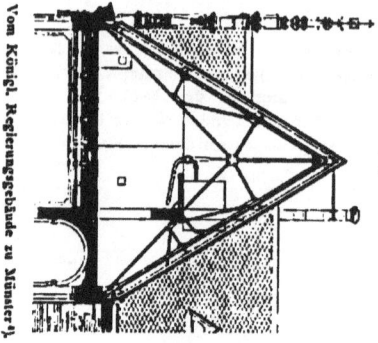

Vom Königl. Regierungsgebäude zu Münster⁴).

Fig. 9.

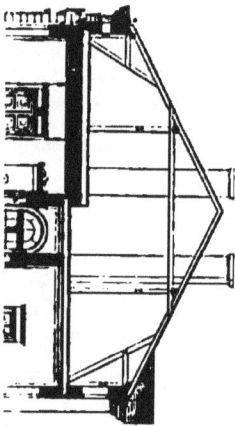

Vom Provinzial-Steuer-Direktionsgebäude zu Stettin⁵).

⁶ = v. G.,

Fig. 6.

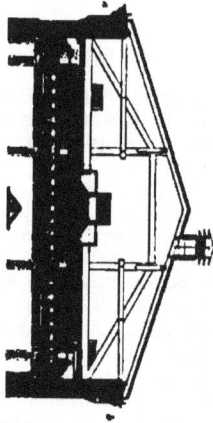

Von der Augusta-Schule zu Berlin⁶).

Fig. 10.

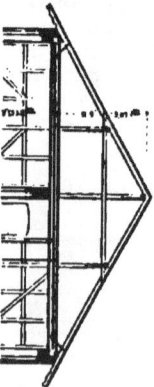

Von der Kälberhalle des Viehmarktes zu Berlin⁹).

Fig. 7.

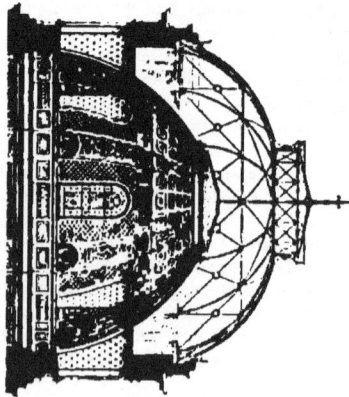

Vom städtischen Vierordtbad zu Karlsruhe¹⁰).

zukommen, so dafs das eigentliche Dachgerüst fehlt; dies trifft z. B. bei den frei-tragenden Wellblechdächern zu. In anderen Fällen, meistens bei Turmabschlüssen, wird das Dach ganz aus Stein hergestellt; Dachgerüst und Dachdeckung bilden alsdann einen zusammenhängenden — massiven oder durchbrochenen — Mauerkörper. Solche Dächer sollen massive Steindächer geheifsen werden, und im nächstfolgenden Hefte (Abt. III, Abschn 2, F, Kap. 40) dieses »Handbuches« wird von denselben eingehender die Rede sein.

Die Unterkanten eines Daches bilden den **Dachfufs**, der auch **Dachsaum** genannt wird. Da an dieser Stelle die auf die Dachflächen fallenden atmosphärischen Niederschläge abtropfen, so ist daselbst auch die **Dachtraufe** zu finden; Dachfufs und Trauflinie werden deshalb von vielen Seiten als gleichbedeutende Begriffe erachtet.

Der Dachfufs kann in verschiedener Weise angeordnet werden:

1) Der Dachfufs ist in der Höhe der Decken des obersten Geschosses gelegen (Fig. 5[4]).

2) Das Dach springt mit seiner Unterkante über die Umfassungswände des betreffenden Gebäudes vor; der Dachfufs liegt also tiefer als die Decken der Räume im obersten Geschofs (Fig. 10[8]); dadurch entstehen sog. überhängende Dächer.

3) Der Dachfufs liegt höher, als die Decken über den Räumen des obersten Vollgeschosses (Fig. 6[9]); alsdann sind Überhöhungen *a* und *b* (meist Aufmauerungen) der den Dachstuhl tragenden Umfassungswände notwendig, welche man **Drempelwände** oder kurzweg **Drempel**, bisweilen auch **Kniewand** oder **Kniestock**,

Fig. 11.
Vom neuen Friedhof zu Karlsruhe[2].

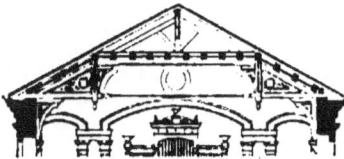
Fig. 12.
Vom evangelischen Schullehrer-Seminar zu Karlsruhe[11]. — 1/200 w. Gr.

Fig. 13.
Vom Jagdschlofs Mrossowa-Gora[12].
1/100 w. Gr.

[1] Faks.-Repr. nach: Zeitschr. f. Bauw. 1842, Bl. 3.
[2] Faks.-Repr. nach ebendas. 1872, Bl. 14.
[3] Faks.-Repr. nach ebendas. 1887, Bl. 26.
[4] Faks.-Repr. nach ebendas. 1863, Bl. 19.
[5] Faks.-Repr. nach ebendas. 1870, Bl. 57.
[6] Faks.-Repr. nach ebendas. 1860, Bl. 5.
[7] Faks.-Repr. nach ebendas. 1874, Bl. 16.
[8] Faks.-Repr. nach ebendas. 1872, Bl. 46.
[9] Faks.-Repr. nach ebendas. 1870, Bl. 7.

nennt. Die Dächer heifsen dann Drempeldächer. Diese Anordnung erweist sich namentlich dann vorteilhaft, wenn man im Dachgeschofs bewohnbare Räume oder Gelasse, die von Menschen für andere Zwecke zu dauerndem Aufenthalt benutzt werden sollen, einrichten will.

Die Drempelwände sind nicht immer gleich hoch (Fig. 9[7]; ihre Höhe kann sogar an einer Seite gleich Null sein.

4) Das Dach ist bei Vorhandensein von Drempelwänden überhängend angeordnet (Fig. 8[8]).

5) In den vorhergehenden Fällen wurde vorausgesetzt, dafs die Räume des obersten Vollgeschosses durch wagrechte Balkendecken abgeschlossen sind, was meistens zutrifft. Wenn hingegen in diesem Stockwerk überwölbte Räume vorhanden sind, so wird, namentlich bei gröfserer Stichhöhe der Gewölbe, nicht selten der Dachfufs tiefer als die Wölbscheitel angeordnet (Fig. 7 u. 11[9 u. 10]), so dafs die Gewölbe zu einem nicht geringen Teile in das Dachwerk hineinragen. Das Gleiche kann eintreten, wenn eine Holzdecke nicht wagrecht verläuft, sondern sich nach oben zu erhebt (Fig. 12 u. 13[11 u. 12]).

7. Dachneigung. Die Dachflächen haben meistens, namentlich in unseren Klimaten, eine beträchtliche Neigung, die man wohl auch Dachrösche nennt. Je nach dem Mafse derselben unterscheidet man flache und steile Dächer. In südlicheren Gegenden werden ziemlich häufig, in kälteren nur selten ganze Gebäude oder einzelne Teile derselben durch eine nahezu wagrechte Fläche abgeschlossen; dadurch entstehen sog. Altandächer oder Altane, bisweilen Terrassen geheifsen. Von den Altanen war bereits in Teil III, Band 2, Heft 2 (Abt. III, C, Kap. 18, a: Balkone, Altane und Erker[13]) dieses »Handbuches« die Rede; von der Abdeckung derselben wird gelegentlich im nächstfolgenden Hefte (Abt. III, F, Kap. 38: Dachdeckungen aus Metall) gesprochen werden.

Das Gefälle der Dachflächen ist meistens nach aufsen, d. i. gegen die Umfassungswände des betreffenden Gebäudes gerichtet; doch kommen auch, wie z. B. bei den Parallel- und Sägedächern, Dachflächen vor, die nach dem Inneren des Gebäudes geneigt sind; ja es haben bisweilen sämtliche Dachflächen Gefälle nach einem Punkte im Inneren des Gebäudes. In letzterem Falle entstehen die Trichterdächer.

Die Neigung der Dachflächen wird stets durch das Verhältnis der Dachhöhe zur Gebäudetiefe ausgedrückt, wobei immer ein Satteldach (Fig. 14) zu Grunde gelegt wird. Hiernach ergeben sich Neigungsverhältnisse von 1 : 3, 1 : 4, 1 : 5, 1 : 6, 1 : 7, 1: 8 u. s. f. (Fig. 15), oder man spricht von Drittel-, Viertel-, Fünftel-, Sechstel-, Siebentel-, Achtel-

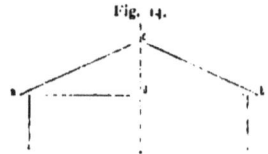

Fig. 14.

Fig. 15.

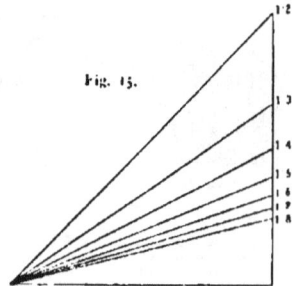

[13] In einer Fufsnote an der hierdurch angezogenen Stelle dieses »Handbuches« ist bereits ausgesprochen, dafs mit dem Begriff »Altane« der des Hochliegens unmittelbar verbunden ist. Dort wurde gleichfalls gesagt, dafs man wohl auch die auf ganz flachen Dächern entstehenden Plattformen »Terrassen« heifst; doch sollte man diese Bezeichnung auf tiefer liegende Plattformen beschränken. (Siehe auch Teil III, Band 6 dieses »Handbuches«, Abt. V, Abschn. 7, Kap. 2, a: Terrassen.)

u. s. f. Dächern, je nachdem die Dachhöhe *cd* (Fig. 14) bezw. gleich $\frac{1}{3}$ *ab*, $\frac{1}{4}$ *ab*, $\frac{1}{5}$ *ab*, $\frac{1}{6}$ *ab*, $\frac{1}{7}$ *ab*, $\frac{1}{8}$ *ab* u. s. f. ist.

Die für die Dachflächen zu wählende Neigung ist abhängig:

1) Von der Art des zu verwendenden Deckungsmaterials.

2) Von der Art der Dachausbildung: ob das Dach aus wenigen grofsen und einheitlichen Flächen oder aus einer beträchtlicheren Zahl kleinerer Flächen zusammengesetzt ist; im ersteren Falle kann man, unter sonst gleichen Umständen, ein geringeres Gefälle anwenden, als im letzteren.

3) Von der Lage des betreffenden Gebäudes: ob es in völlig geschützter Lage sich befindet oder abgesondert völlig frei steht. Es ist nicht gleichgültig, ob z. B. ein Gebäude in der geschlossenen Häuserreihe einer städtischen Strafse oder gänzlich abgesondert in freiem Felde steht; in letzterem Falle können Wind, Regen und Schnee mit viel gröfserer Gewalt in die Fugen der Dachdeckung getrieben werden, als im ersteren. Man wird demnach, sonst gleiche Verhältnisse vorausgesetzt, Gebäude in geschützter Lage mit flacheren Dächern versehen können, als im entgegengesetzten Falle.

4) Von der Art und Weise, wie der Dachbodenraum benutzt werden soll.

5) Von den ästhetischen Anforderungen, welche man an die äufsere Gestaltung des Gebäudes stellt. Hierher gehört auch der Einflufs des gewählten Baustils, durch welchen unter Umständen gewisse Dachformen bedingt sind.

Insoweit die Dachdeckung für die Wahl der Dachflächenneigung mafsgebend ist, können folgende Zahlenangaben als Anhaltspunkt dienen, wobei eine geschützte Lage des betreffenden Gebäudes vorausgesetzt ist[14]).

Art der Dachdeckung	Verhältnis der Dachhöhe zur Gebäudetiefe.	Neigungswinkel zur Wagrechten.	Art der Dachdeckung	Verhältnis der Dachhöhe zur Gebäudetiefe.	Neigungswinkel zur Wagrechten.
Bretterdach	1 : 3	$33\frac{2}{3}$	Cementplattendach . .	1 : 5 bis 1 : 2	$21\frac{4}{5}$ bis 45
Schindeldach	mindestens 1 : 3	$33\frac{2}{3}$	Spliefsdach	1 : 3 bis 1 : 2	$33\frac{2}{3}$ bis 45
Stroh- und Rohrdach. . .	1 : 2 bis 1 : $1\frac{2}{3}$	45 bis $50\frac{1}{6}$	Doppeltes Ziegeldach .	1 : 5 bis 1 : 3	$21\frac{4}{5}$ bis $33\frac{2}{3}$
Asphaltdach	1 : 60 bis 1 : 24	$1\frac{9}{10}$ bis $4\frac{3}{4}$	Kronendach	1 : 5 bis 1 : 3	$21\frac{4}{5}$ bis $33\frac{2}{3}$
Pappdach	1 : 20 bis 1 : 10	$5\frac{2}{3}$ bis $11\frac{1}{3}$	Pfannendach.	1 : $2\frac{1}{2}$ bis 1 : 2	$38\frac{2}{3}$ bis 45
	gewöhnlich		Falzziegeldach	1 : 6 bis 1 : 3	$18\frac{1}{2}$ bis $33\frac{2}{3}$
	1 : 15	$7\frac{1}{2}$	Kupferblechdach . . .	1 : 25 bis 1 : 20	$4\frac{1}{2}$ bis $5\frac{2}{3}$
Holzcementdach.	1 : 25 bis 1 : 20	$4\frac{1}{2}$ bis $5\frac{2}{3}$	Bleiblechdach	1 : $3\frac{1}{2}$ u. flacher	$29\frac{3}{4}$ u. weniger
Doppellagiges Kiespappdach	1 : 15	$7\frac{1}{2}$	Zinkblechdach	1 : 15 bis 1 : 10	$7\frac{1}{2}$ bis $11\frac{1}{3}$
Schieferdach	1 : 4 bis 1 : 3	$26\frac{1}{2}$ bis $33\frac{2}{3}$	Eisenblechdach. . . .	1 : 6 bis 1 : 10	$18\frac{1}{2}$ bis $11\frac{1}{3}$
bei englischem Schiefer	1 : 5	$21\frac{4}{5}$	Wellblechdach	1 : 3 bis 1 : $2\frac{1}{2}$	$33\frac{2}{3}$ bis $38\frac{2}{3}$
Magnesitplattendach . . .	1 : 4 bis 1 : 3	$26\frac{1}{2}$ bis $33\frac{2}{3}$	Glasdach	1 : 7 bis 1 : 2	16 bis 45
		Grad			Grad

Die zeichnerische Grundrifsdarstellung der zu wählenden Anordnung des Daches wird **Dachausmittelung, Dachverfallung** oder **Dachzerlegung** genannt. Sie wird demnach im wesentlichen in der Ausmittelung der Linien, in denen sich die Dachflächen treffen, also der First-, Grat-, Kehl- und Verfallungslinien bestehen; bisweilen gehört auch das Umklappen der im Raume schräg gelegenen Dachflächen in eine wagrechte Ebene dazu. — 6. Dachausmittelung.

Die Dachausmittelung ist im allgemeinen eine ziemlich einfache Aufgabe der Projektionslehre. Sie ist es namentlich dann, wenn alle Trauflinien in gleicher Höhe liegen und sämtliche Dachflächen dieselbe Neigung erhalten sollen. Alsdann braucht man nur die Trauflinien derjenigen zwei Dachflächen, welche sich treffen, zu verlängern, bis sie sich schneiden; durch den Schnittpunkt zieht man

[14]) Eingehenderes hierüber im nächstfolgenden Heft (Abschn. III, Abt. 2, F) dieses »Handbuches«.

eine Linie, welche den von den beiden Trauflinien eingeschlossenen Winkel halbiert (siehe Fig. 4, S. 3). Im nächsten Kapitel wird dieser Gegenstand noch weitere Betrachtung finden.

Litteratur

Bücher über »Dächer«

WINTER, M. Die Dachconstructionen nach den verschiedenartigsten Formen und Bedingungen. 2. Aufl. Berlin 1862. — 3. Aufl. 1876.

HEDRICH, H. Elemente der Dachformen, oder Ausmittelung der verschiedensten Arten von Dachkörpern etc. Weimar 1858.

SCHWEDLER, W. Die Construction der Kuppeldächer. Berlin 1868. — 2. Aufl. 1877.

BEHSE, W. H. Die technische Anwendung der darstellenden Geometrie bei der Ausmittelung der Dachflächen, Schiftung bei Walmdächern, Construction der windschiefen Dächer etc. Halle 1871.

MENZEL, C. A. Das Dach in seiner Construction, seinem Verband in Holz und Eisen und seiner Eindeckung. Halle 1872. — 2. Aufl.: Das Dach nach seiner Bedeutung und Ausführung, sowie nach seinem Material und seiner Konstruktion. 2. Aufl. von R. KLETTE. Halle 1884.

HITTENKOFER. Dach-Ausmittelungen. Leipzig 1873. — 2. Aufl. 1877.

MATHESON, E. Works on iron bridge and roof structures. London 1873. — 2. Aufl. 1877.

HITTENKOFER. Neuere Dachbinder etc. Leipzig 1874. — 2. Aufl. 1875.

HEINZERLING, F. Der Eisenhochbau der Gegenwart. Heft 1 u. 2. Aachen 1876. — 2. Aufl. 1878.

KLASEN, L. Handbuch der Holz- und Holzeisen-Constructionen des Hochbaues. Leipzig 1877. Die Sheddachbauten etc. Leipzig 1877.

ARDANT, P. Theoretisch-praktische Abhandlung über Anordnung und Konstruktion der Sprengwerke von großer Spannweite mit besonderer Beziehung auf Dach- und Brückenkonstruktionen aus geraden Theilen, aus Bögen on l aus Verbindung beider. Deutsch von A. v. KAVEN. Hannover 1879.

FERRAND, J. Le charpentier-serrurier au XIXᵉ siècle. Constructions en fer et en bois; charpentes mixtes en fer, fonte et bois. Paris 1881.

TARN, E. W. An elementary treatise on the construction of roofs of wood and iron. London 1882.

TIMMINGS, TH. Examples of iron roofs. London 1882.

WALMISLEY, A. T. Iron roofs etc. London 1884.

LANDSBERG, TH. Das Eigengewicht der eisernen Dachbinder. Berlin 1883.

BOCK, M. Eiserne Dach-Constructionen. Wien 1889.

CONTAG, M. Neuere Eisenconstructionen des Hochbaus in Belgien und Frankreich. Berlin 1889.

ANGLIN, S. The design of structures: a practical treatise to the building of bridges, roofs etc. London 1891. — 2. Aufl. 1895.

GREVE, H. & G. SCHNABEL. Schmiedeeiserne Dachkonstruktionen etc. Dresden 1895.

SCHULZE, G. E. Die Dachschiftungen etc. Hildburghausen 1895.

23. Kapitel.

Dachformen.

Grundsätze.

Für die Formgebung der Dächer sind nachstehende Grundsätze maßgebend:

1) Das Dach muß den Anforderungen der Zweckmäßigkeit entsprechen (siehe Art. 1, S. 1).

2) Das Dach soll durch seine Form die ästhetischen Anforderungen erfüllen.

3) Nach der Nachbargrenze darf kein Wasser geleitet werden.

Einteilung.

Die Dachformen sind ungemein mannigfaltig. Man kann zunächst solche über einfach gestalteten Grundrissen und solche über weniger einfachen Grundrissen unterscheiden; erstere sollen im folgenden einfache und letztere zusammengesetzte Dächer genannt werden. Die einfachen Dächer lassen sich einteilen in:

a) prismatisch und cylindrisch gestaltete Dächer;
b) abgewalmte oder Walmdächer;
c) pyramidal und konisch gestaltete Dächer, und
d) Kuppeldächer.

a) Prismatisch und cylindrisch gestaltete Dächer.

Solche Dächer haben in der Regel die Gestalt eines Prismas, oder sie sind aus Cylinderflächen zusammengesetzt; in selteneren Fällen, wenn die Grundrifsform des betreffenden Gebäudes nicht völlig rechteckig ist, besitzt das Dach eine dem Prisma ähnliche Gestalt. Man kann unterscheiden:

1) Pultdächer,
2) Satteldächer und
3) Tonnen- oder Cylinderdächer.

1) Pultdächer.

Pultdächer, auch Taschen-, Schlepp-, Flug-, Halb- oder Schufsdächer genannt, kommen zur Anwendung, wenn die atmosphärischen Niederschläge nur nach einer Seite abfliefsen dürfen.

Das gewöhnliche Pultdach besteht aus einer einzigen Dachfläche (Fig. 16 u. 17[15 u. 16]); sein Querschnitt bildet ein rechtwinkeliges Dreieck. Die oberste Dachkante, welche meist eine wagrechte, seltener eine geneigte Gerade bildet, heifst First oder Firstlinie; die seitlichen Kanten werden Bort oder Bortkante genannt.

11. Gewöhnliche Pultdächer.

Fig. 16.

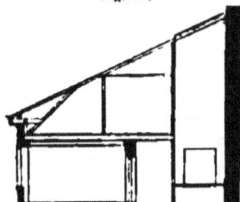

Vom Deutschen Hof zu Frankfurt a. M.[16]. — $\frac{1}{250}$ w. Gr.

Fig. 17.

Vom Wagenschuppen auf dem Schlachthof zu Pontoise[16].
$\frac{1}{150}$ w. Gr.

Fig. 18.

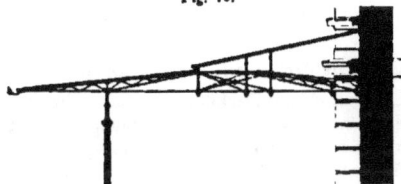

Von der Bahnsteighalle auf dem Bahnhof zu Kattowitz[17].
$\frac{1}{150}$ w. Gr.

15) Faks.-Repr. nach: Zeitschr. f. Bauw. 1863. Bl. 41.
16) Faks.-Repr. nach: Encyclopédie d'arch. 1863. 17. 912.
17) Faks.-Repr. nach: Zeitschr. f. Bauw. 1863. Bl. 37.

Bildet der Grundrifs des Gebäudes ein Rechteck, so ist die Dachfläche eine Ebene, und der First wird eine wagrechte Gerade. Bei trapezförmiger Grundrifsgestalt kann man der Dachfläche durchwegs gleiche Neigung geben, sie also gleichfalls als Ebene ausbilden; alsdann ergiebt sich als First eine geneigte Gerade. Will man letzteres aus Schönheitsrücksichten vermeiden, will man sonach eine wagrechte Firstlinie erhalten, so mufs das Pultdach aus einer windschiefen Fläche bestehen; der Querschnitt desselben ist auch dann ein rechtwinkeliges Dreieck. Über Gestaltung und sonstige Behandlung windschiefer Dachflächen wird unter 2 eingehend die Rede sein.

Von der Vereinigung mehrerer aneinander stofsender Pultdächer zu einem sog. Säge- oder *Shed*-Dach wird unter 2, d gesprochen werden.

Bei manchen Ausführungen besteht das Pultdach aus zwei Ebenen, und zwar kann:

α) Die untere Dachfläche steiler sein, als die obere; alsdann ergiebt sich eine den Mansardendächern ähnliche Form, und der Querschnitt bildet ein unregelmäfsiges Viereck. Von solchen Dächern wird gleichfalls unter 2 gesprochen werden.

β) Es kann aber auch die obere Dachfläche eine stärkere Neigung, als die untere haben, was namentlich dann eintritt, wenn erstere des Lichteinfalles wegen verglast werden soll und deshalb ein stärkeres Gefälle erhalten mufs (Fig. 18 [17]).

2) Satteldächer.

Ein Satteldach ist aus zwei Dachflächen zusammengesetzt. Die Kante, in der diese beiden Dachflächen zusammenstofsen, heifst der First oder die Firstlinie, auch die Firste, die Förste oder der Forst geheifsen.

Die zum First meist senkrecht stehenden Abschlüsse nennt man die Giebel; deshalb heifsen solche Dächer auch Giebeldächer. Die Giebel können offen sein — offene Giebel, oder sie werden durch Mauern oder andere Wände gebildet — Giebelmauern, Giebelwände. Die den Giebeln zugewendeten seitlichen Kanten der Dachflächen führen die Bezeichnung Bort oder Bortkante. In der Regel nimmt man die Giebel über den kurzen Seiten des Gebäudegrundrisses an, bisweilen aber auch über den längeren.

Je nach der Form der beiden Dachflächen kann man unterscheiden:
α) Satteldächer mit ebenen Dachflächen,
β) Satteldächer mit windschiefen Dachflächen,
γ) Satteldächer mit gebrochenen Dachflächen und
δ) Satteldächer mit cylindrischen Dachflächen.

α) Satteldächer mit ebenen Dachflächen.

Die Satteldächer mit ebenen Dachflächen erhalten im Querschnitt meist eine symmetrische, seltener eine unsymmetrische Anordnung. Symmetrische Satteldächer haben im Querschnitt die Form eines gleichschenkeligen Dreieckes oder, wenn es sich um Drempeldächer handelt, die Gestalt eines symmetrisch angeordneten Fünfeckes; beide Dachflächen haben dieselbe Neigung; die beiden Dachfüfse liegen in gleicher Höhe, und die das Dach tragenden Bauteile sind symmetrisch angeordnet (Fig. 19 [18]).

[17] Faks.-Repr. nach: Zeitschr. f. Bauw. 1863, Bl. 24.

Fig. 19.

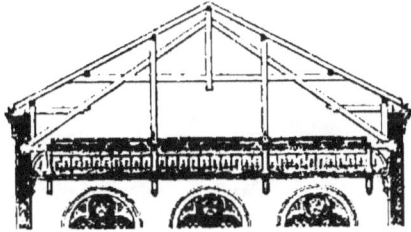

Vom Erziehungshaus für sittlich verwahrloste Kinder zu Berlin[19].

¹⁄₂₀ w. Gr.

Fig. 20.

Vom Presbyterium zu Aubazine[19].

Fig. 21.

Von einem Wohnhaus zu Chamounix[20].

[19] Faks.-Repr. nach: *Encyclopédie d'arch.* 1883, Pl. 908.
[20] Faks.-Repr. nach: VIOLLET-LE-DUC, E. & F. NARJOUX. *Habitations modernes.* Paris 1875-77. Pl. 89.

Fig. 22.

Vom Châlet *Tobler* zu Zürich[21]).
¹/₁₀₀ w. Gr.

Fig. 23.

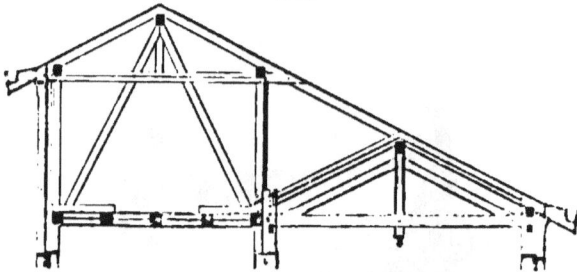

Vom Isoliergebäude der Land-Irrenanstalt zu Neustadt-Eberswalde[22]).
¹/₁₀₀ w. Gr.

Fig. 24.

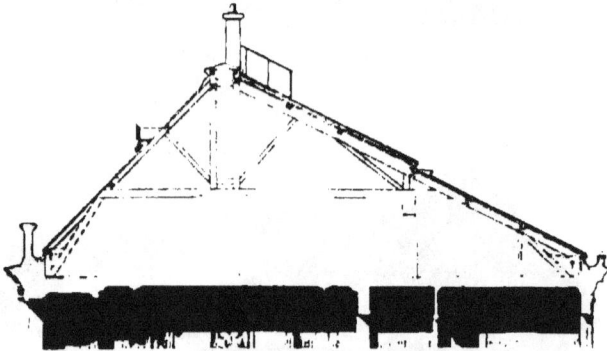

Von einem Privathaus zu Paris[23])
¹/₁₀₀ w. Gr.

[21]) Faks.-Repr. nach: Architektonische Rundschau 1892, Taf. 6.
[22]) Faks.-Repr. nach: Zeitschr. f. Bauw. 1869, Bl. 6.
[23]) Faks.-Repr. nach: VIOLLET-LE-DUC & NARJOUX, a. a. O., Pl. 156.

Die Bortkanten derartiger Satteldächer schliefsen entweder mit ihren Giebeln ab (Fig. 20[19]), oder sie sind aufserhalb der letzteren gelegen (Fig. 21[20]), so dafs die Dachflächen über die Giebel vorspringen.

Das niedrige Satteldach der antiken Tempel wird wohl auch Adlerdach genannt. Bildet der Querschnitt eines Satteldaches ein gleichseitiges Dreieck, so bezeichnete man es in früheren Zeiten als altfranzösisch. Ist die Höhe dieses Dachquerschnittes seiner Grundlinie gleich, so hiefs es altdeutsch; war diese Höhe der halben Grundlinie gleich, so nannte man es neudeutsch oder Winkeldach. Ist endlich die Höhe des Dachquerschnittes gröfser als seine Grundlinie, so entstand das altgotische Dach.

Die unsymmetrische Anordnung von Satteldächern wird in verschiedener Weise durchgeführt:

a) Die beiden Dachflächen haben gleiche Neigung; beide Dachfüfse sind gleich hoch gelegen; doch sind die das Dach hauptsächlich tragenden Konstruktionsteile unsymmetrisch angeordnet (Fig. 22[21]).

b) Die beiden Dachflächen haben gleiche Neigung; die Dachfüfse hingegen sind in verschiedener Höhe gelegen (Fig. 23[22]).

Fig. 25.

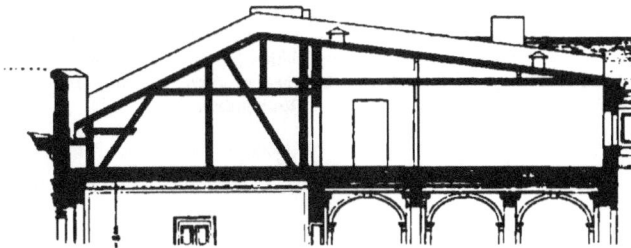

Vom Kaiserhof zu Berlin[23].

1/100 w. Gr.

c) Die beiden Dachflächen haben ungleiche Neigung; die Dachfüfse jedoch liegen in gleicher Höhe (Fig. 24[18]). In diese Gruppe von Satteldächern gehören vor allem die noch unter ε zu besprechenden Säge- oder Shed-Dächer.

b) Die beiden Dachflächen haben ungleiche Neigung, und die beiden Dachfüfse liegen nicht in derselben Höhe (Fig. 25[24]).

Bildet der Grundrifs eines Satteldaches ein Rechteck, so ist der First xy (Fig. 26) desselben eine wagrechte Linie; sonst ist sie eine geneigte Gerade, und zwar fällt dieselbe nach dem schmaleren Teile des Gebäudes. Die Dachausmittelung besteht im ersteren Falle nur im Aufsuchen der Firstlinie xy (Fig. 26), welche zu den beiden Trauflinien ab und dc parallel läuft und bei gleicher Neigung der beiden Dachflächen die Mittellinie des Grundrifsrechteckes bildet. Sind die beiden Trauflinien ab und dc nicht parallel (Fig. 27), so ergiebt sich bei gleichem Gefälle der beiden Dachflächen die Firstlinie xy als Halbierungslinie des Winkels, den die beiden Trauflinien miteinander einschliefsen.

Die schräge Firstlinie in Fig. 27 gewährt ein unschönes Ansehen. Man kann dies durch Anordnung windschiefer Dachflächen vermeiden, wovon noch

[24] Faks.-Repr. nach: Zeitschr. f. Bauw. 1877, Bl. 21.

Fig. 26.   Fig. 27.   Fig. 28.

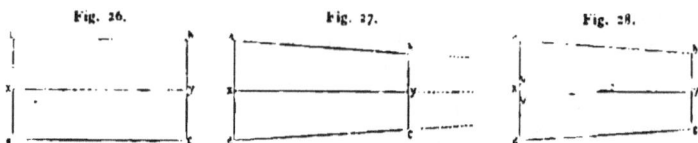

unter β die Rede sein wird; man kann aber auch ein besseres Aussehen erzielen, wenn man nach Fig. 28 verfährt.

Die Neigung der beiden über trapezförmigem Grundriß sich erhebenden Dachflächen ist gleich angenommen; daher halbieren die Punkte *x* und *y* die Giebelseiten *a d* und *b c*. Man halbiert im Punkte *s* die Firstlinie *x y* und behält das Stück *z y* derselben bei. Zieht man nun *u s* parallel zu *a b*, sowie *v s* parallel zu *d c*, so erhält man die Firstlinien *s u* und *s v*, die in derselben wagrechten Ebene gelegen sind und sich an die Firstlinie *y s* unmittelbar anschließen. An den beiden Langfronten des Gebäudes erscheinen alsdann symmetrisch gebrochene Firstlinien. Das im Grundriß übrigbleibende Dreieck *u s v* bildet man als Plattform oder als halbes flaches Zeltdach aus.

β) Satteldächer mit windschiefen Dachflächen.

Will man bei einer Grundrißfigur, deren beide Langseiten *a b* und *d c* (Fig. 29 u. 30) einander nicht parallel sind, eine wagrechte Firstlinie *x y* erzielen, so muß man eine oder auch beide Dachflächen windschief ausbilden. Man zieht es in der Regel vor, nur eine der Dachflächen windschief auszuführen, um die technischen Schwierigkeiten thunlichst herabzumindern.

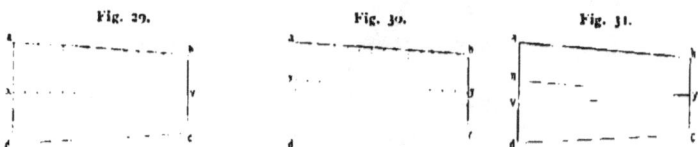

Fig. 29.   Fig. 30.   Fig. 31.

Liegt die Firstlinie *x y* (Fig. 30) parallel zu einer der Trauflinien, z. B. zu *a b* (in der Regel die Hauptfront des Gebäudes), so ist die Dachfläche *a b y x* eine Ebene, die Dachfläche *d c y x* dagegen windschief. Würde man hingegen die Firstlinie *x y* (Fig. 29) so anordnen, daß sie den von den beiden Seiten *a b* und *d c* eingeschlossenen Winkel halbiert, so ergäben sich zwei windschiefe Dachflächen.

Die Erzeugenden der windschiefen Dachflächen legt man, gleichgültig ob eine oder zwei derartige Flächen vorhanden sind, am besten senkrecht zur Firstlinie (Fig. 29 u. 30), so daß die Dachbinder lotrechte Ebenen bilden, welche senkrecht zur Firstlinie stehen. Alsdann ist der Querschnitt des Daches ein Dreieck und die Sparren sind gerade Balken.

Windschiefe Dachflächen bereiten für viele Dachdeckungsarten technische Schwierigkeiten, welche um so größer sind, je stärker im Grundriß Firstlinie und Trauflinie konvergieren; auch bieten solche Dachflächen kein hübsches Aussehen dar. Man hat es deshalb in verschiedener Weise versucht, windschiefe Dachflächen zu vermeiden. In Art. 16 (S. 13) wurde für einen einfachen Fall bereits gezeigt, wie dies bewerkstelligt werden kann. Will man auf ähnlichem Wege wagrechte Firstlinien erzielen, so braucht man nur den Brechpunkt *z* in Fig. 28 nach *y* zu verschieben, d. h. man ordnet, vom Hal-

bierungspunkt y der schmaleren Giebelseite ausgehend, zwei wagrechte Firstlinien yu und yv (Fig. 31) an; alsdann ist yu parallel zu ab und yv parallel
zu dc, und es ergeben sich zwei ebene Dachflächen. Die Dreiecksfigur uyv
wird entweder als Plattform ausgebildet, oder es wird über derselben ein
flaches halbes Zeltdach errichtet.

Unter b werden einige andere Verfahren, windschiefe Flächen zu vermeiden, gezeigt werden.

γ) Satteldächer mit gebrochenen Dachflächen.

Aus verschiedenen Gründen und auch in verschiedener Weise hat man
die beiden Dachflächen eines Satteldaches mehrfach aus zwei, in einigen Fällen
sogar aus einer noch gröfseren Zahl von Ebenen zusammengesetzt. Am häufigsten kommt wohl das sog. Mansardendach (Fig. 32[28]) vor, bei dessen Dachflächen die oberen (dem First zunächst gelegenen) Teile flacher sind als die
unteren, die also aus steilem Unterdach und flachem Oberdach bestehen. Der

12.
Mansarden-
dächer.

Fig. 32.

Vom *Collège Sainte-Barbe* zu Paris[81]).

Querschnitt eines Mansardendaches ist sonach, wie derjenige eines Drempeldaches (siehe Art. 14, S. 10) ein Fünfeck (Trapez mit darüber gesetztem gleich-
schenkeligem Dreieck.

Die gröfste zulässige Höhe der Gebäude ist in unseren Städten meist durch baupolizeiliche Bestimmungen begrenzt. Um über derselben noch ein bewohnbares Geschofs zu ermöglichen, erfand
angeblich *Mansard* die nach ihm benannte Dachform, welche sich bald von Frankreich auch in die
Nachbarländer verbreitete. Der wirkliche Erfinder dieser Dachform war *Mansard* keineswegs; denn
de Clagny hat sie schon vor ihm angewendet.

Die Neigung der beiden Ebenen, aus denen jede Dachfläche zusammengesetzt ist, mithin auch die Querschnittsform der Mansardendächer, ist ziemlich
verschieden gebildet worden; im folgenden sind einige wichtigere Verfahren
angegeben.

a) Nach *Mansard's* Vorschrift soll der Querschnitt des Daches ein halbes, über Ecke gestelltes
regelmäfsiges Achteck $abxcd$ bilden (Fig. 33), so dafs also der über der Gebäudetiefe ad geschlagene
Halbkreis in den Punkten b, x und c in 4 gleiche Teile geteilt wird; die Ebenen ab und cd des
Unterdaches sind alsdann unter $67\frac{1}{2}$ Grad, die Ebenen bx und xc des Oberdaches unter $22\frac{1}{2}$ Grad
zur Wagrechten geneigt.

b) Die deutschen Baumeister um 1770 konstruierten den Dachquerschnitt nach Fig. 34 derart,
dafs die Ebenen ab und cd des Unterdaches unter 60, die Ebenen bx und cx des Oberdaches unter

---

[*]) Faks.-Repr. nach: *Encyclopédie d'arch.* 1883, Pl. 849—850.

80 Grad zur Wagrechten geneigt waren. Sie wollten hierdurch einerseits erreichen, daß auf dem Oberdach das Wasser besser ablaufe und auf dem Unterdach der Schnee besser liegen bleibe, um die nahe am Gebäude Verkehrenden weniger zu gefährden; andererseits wurde diese Form für die statisch günstigste gehalten, weil die Sparren eines Dachbinders ohne weitere Verbindung in den Kreuzungspunkten sich gegenseitig das Gleichgewicht hielten.

Bei dieser, wie bei der vorhergehenden Querschnittsform hat das Dach die halbe Gebäudetiefe ($ae = ed$) zur Höhe (ex). Schlägt man über ad einen Halbkreis und teilt man diesen in bekannter Weise in den Punkten $1, 2, x, 3$ und 4 in 6 gleiche Teile, so erhält man durch die Sehnen $a2$ und $d3$ die Begrenzungen des Unterdaches und in den Sehnen $x1$ und $x4$ jene des Oberdaches; die Brechpunkte b und c zwischen Ober- und Unterdach ergeben sich alsdann von selbst.

Fig. 33.   Fig. 34. 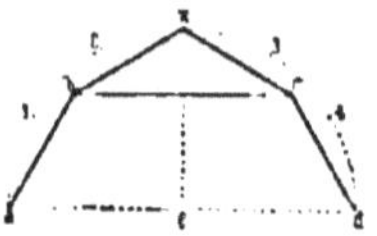   Fig. 35. 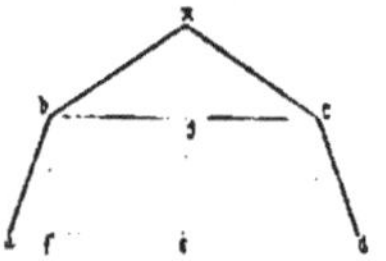   Fig. 36.

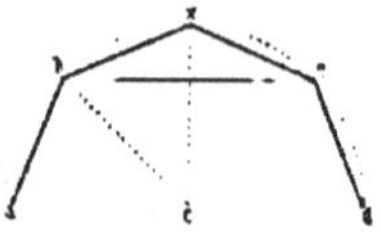

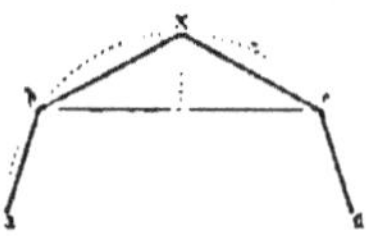

c) Nach *Gilly* (Fig. 35) nehme man die Höhe bf (des Mansardengeschosses) nach Bedarf an, mache $af = \frac{bf}{3}$ und ziehe das Lot fb; alsdann erhält man im Schnittpunkt b des letzteren mit der Wagrechten den Brechpunkt auf der einen Seite des Daches und in gleicher Weise auf der anderen Dachseite den Brechpunkt c. Macht man endlich die Höhe des Oberdaches $xg = \frac{bc}{9}$, so giebt der Punkt x die Höhenlage des Dachfirstes an.

b) Im allgemeinen dürfte festzuhalten sein, daß das Aussehen eines Mansardendaches ein günstiges ist, so lange die Kanten b, x und c (Fig. 36) auf dem über der Gebäudetiefe ad geschlagenen Halbkreise gelegen sind; kleine Abweichungen hiervon thun keinen Eintrag; durch größere Abweichungen gelangt man in der Regel zu einer unschönen Dachform.

Im übrigen sind der Zweck, dem der Hohlraum des Unterdaches dienen soll, und das beabsichtigte Dachdeckungsmaterial nicht selten von großem Einfluß auf die zu wählende Querschnittsform. Soll z. B. das Oberdach mit Holz-cement eingedeckt werden, so erhält es nur wenig geneigte Dachflächen.

Auch Pultdächer (siehe Art. 12, S. 10, unter α) können nach Art der Mansardendächer gestaltet werden, indem man in Fig. 33 bis 36 die eine, links oder rechts von der Lotrechten ex gelegene Dachhälfte als Querschnittsform wählt.

20.
Unsymmetrische Anlagen.   Seither war nur von im Querschnitt symmetrisch gestalteten Mansarden-Dächern die Rede, und thatsächlich sind diese auch die allerhäufigsten. Indes kann die Raumgestaltung im Inneren des betreffenden Gebäudes oder es können andere Gründe in manchen Fällen zu unsymmetrischen Anordnungen führen. So zeigt Fig. 37[26]) ein Mansardendach, bei welchem der Dachfuß auf der einen Seite höher, als auf der anderen gelegen ist.

Es fehlt aber auch nicht an Ausführungen, bei denen die eine Dachhälfte nach Art der Mansardendächer, die andere wie ein gewöhnliches Satteldach gestaltet ist (Fig. 38 u. 39[27], [28]).

21.
Satteldächer mit steilem Oberdach und flachem Unterdach.   Eine den Mansardendächern gewissermaßen entgegengesetzte Form haben diejenigen Satteldächer, bei denen zu beiden Seiten des Firstes steilere Dachflächen angeordnet sind als in den übrigen Teilen derselben. Meist geschieht dies in Rücksicht auf die Erhellung der darunter gelegenen Räume; die dem

---

[26]) Faks.-Repr. nach: *Revue gén. de l'arch.* 1865, Pl. 35.
[27]) Faks.-Repr. nach: *Zeitschr. f. Bauw.* 1862, Pl. 55.
[28]) Faks.-Repr. nach: *Revue gén. de l'arch.* 1873, Pl. 18.

Fig. 37.

Von einem Künstlerheim zu Paris[86].
¹/₁₁₀ w. Gr.

Fig. 38.

Vom Kreishaus zu Wittenberg[87].
¹/₁₀₀ w. Gr.

Fig. 39.

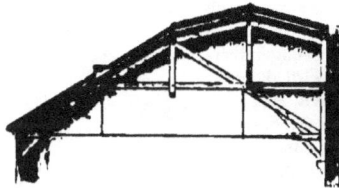

Vom *Dépôt des ponts et chaussées* zu Paris[80].
¹/₁₀₀ w. Gr.

Fig. 40.

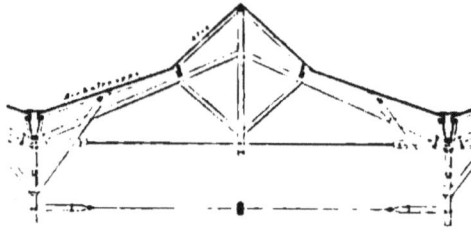

Von der Norddeutschen Fabrik für Eisenbahn-Betriebsmaterial [49].

Fig. 41.

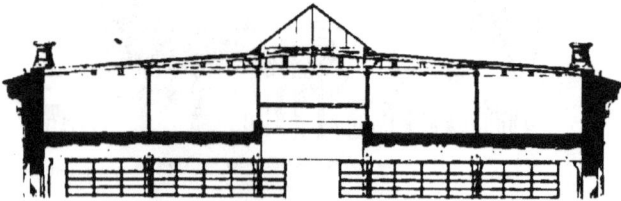

Von der Universitäts-Bibliothek zu Halle a. S. [50].
¹/₍ₐ₎ w. Gr.

First zunächst gelegenen Teile des Daches sind aus letzterem Grunde mit Glas einzudecken und müssen deshalb ein stärkeres Gefälle erhalten als die mit lichtundurchlässiger Deckung versehenen Dachflächen (Fig. 40 u. 41 [49 u. 50]). Indes kommen auch andere Anlagen dieser Art vor (Fig. 42 u. 43 [51]).

11. Mehrfach gebrochene Dachflächen. Verhältnismäfsig selten, und auch nur durch den Sonderzweck des betreffenden Gebäudes bedingt, kommt es vor, dafs die Dachflächen eines Satteldaches mehrfach gebrochen ausgeführt werden; auch in solchen Fällen sind in der Regel die Erhellungsverhältnisse des darunter befindlichen Raumes ausschlaggebend, wie z. B. in Fig. 44.

12. Satteldächer mit Aufsätzen. Um den unter einem Satteldach gelegenen Raum im First lüften, um Rauch und andere Gase aus diesem Raume rasch und genügend einfach abführen oder um letzteren genügend erhellen zu können, wird dasselbe nicht selten mit einem Aufsatz, wohl auch Laterne (im besonderen Firstlaterne) oder Dachreiter genannt, versehen. Ein

Fig. 42.

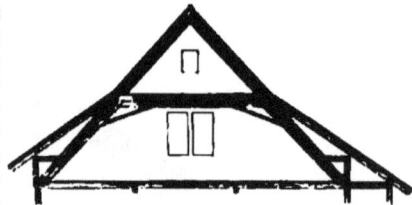

Querschnitt zu Fig. 43 [51].
¹/₍ₐ₎ w. Gr.

[49] Faks.-Repr. nach: Zeitschr. f. Bauw. 1871, Bl. 32.
[50] Faks.-Repr. nach ebendas. 1885, Bl. 49.
[51] Faks.-Repr. nach: GLADBACH, R. Charakteristische Holzbauten der Schweiz etc. Berlin 1889-93. Bl. 7, 8.

19

Fig. 43.

Vom Haus »Zum Hirschen« zu Marthalen[31].

Fig. 44.

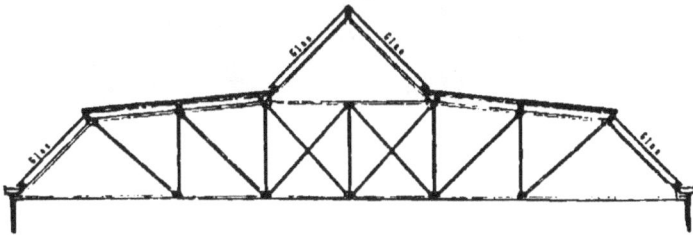

Von der Schreinerwerkstätte der Wagenfabrik in der *Harkort*schen Fabrik zu Duisburg-Hochfeld.
$\frac{1}{100}$ w. Gr.

solcher Dachaufsatz ist nichts anderes, als ein schmales, lang gestrecktes Satteldach, welches im First des Hauptdaches aufgesetzt ist, und zwar entweder

Fig. 45.

Von der Kaue des Spitzberg-Tunnels[32].
$\frac{1}{100}$ w. Gr.

nach Art von Fig. 45[33]) oder in der Weise, wie Fig. 46[33]) u. 47[34]) dies zeigen; in letzterem Falle sind lotrechte Wände, die häufig durchbrochen sind und durch Jalousievorrichtungen etc. mehr oder weniger geöffnet werden können, vorhanden, welche den Dachaufsatz tragen. Damit der mit letzterem beabsichtigte Zweck erreicht wird, muß das Hauptdach zu beiden Seiten seines Firstes offen gehalten werden, erhält sonach an dieser Stelle keine Eindeckung.

[31]) Faks.-Repr. nach: Zeitschr. f. Bauw. 1873, Bl. 33.
[33]) Faks.-Repr. nach: *Moniteur des arch.* 1870, Pl. 45.
[34]) Faks.-Repr. nach: *Encyclopédie d'arch.* 1883, Pl. 912.

Fig. 46.

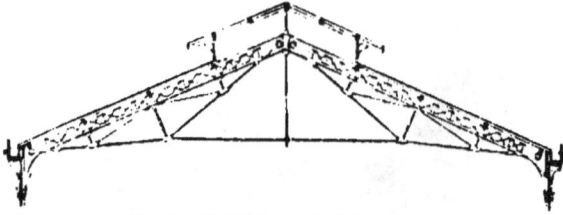

Von der Markthalle zu Paris-Grenelle[33].

Fig. 47.

Vom Theater zu Rotterdam[34].

Fig. 48.

Von einer Kirche zu Wilton[35].

$\frac{1}{\text{---}}$ w. Gr.

[33] Faks.-Repr. nach: Allg. Baus. 1849, Bl. 246.

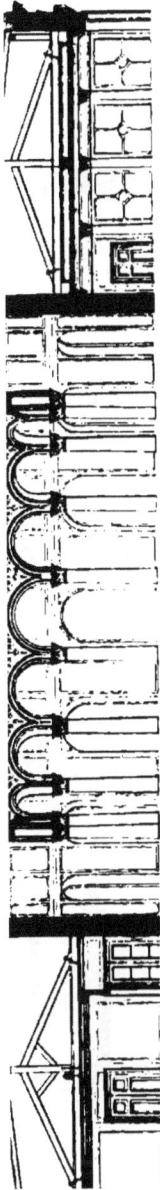

Mit der eben beschriebenen
Dachform verwandt ist das basilikale Dach, welches sich über
Gebäuden erhebt, in denen ein
höherer Mittelraum (Mittelschiff)
von daran liegenden, niedrige-
ren Seitenräumen (Seitenschiffen)
durch Pfeilerreihen oder Säulenstellungen getrennt ist und er-
sterer durch Lichtöffnungen, die
in seinen Hochwänden angebracht sind, erhellt wird (Fig.
48[39]). Eigentlich hat man es hier
mit einem Satteldach, welches
das Mittelschiff bedeckt, und zwei
Pultdächern, die über den beiden
Nebenschiffen angeordnet sind,
zu thun.

Vor allem sind es die rö-
mischen und altchristlichen Basi-
liken, sowie die späteren, nach
gleichem Grundgedanken erbau-
ten Kirchenanlagen (Fig. 48),
welche geeignete Beispiele für
die in Rede stehende Dachform
darbieten. Indes giebt es auch
eine nicht geringe Zahl neuzeit-
licher Profanbauten, welche mit
ihrer Dachform an dieser Stelle
einzureihen sind, wie z. B. Fig. 49[39]）
dies zeigt. Ferner giebt es neuere
Bauwerke, deren Gesamtanordnung zwar nicht auf dem Grundgedanken der dreischiffigen Ba-
silikalanlage beruht, bei denen
indes der Sonderzweck, dem sie
zu dienen haben, zu einer gleichen
Dachform geführt hat; Fig. 50[37])
u. 51[38]) sind einschlägige Beispiele.

Fünfschiffige Basilikalanlagen
zeigen die gleiche Dachform,
wenn je zwei Seitenschiffe mit
einem gemeinsamen Pultdach
überdeckt sind. Erhält jedes

[35]) Faks.-Repr. nach: Zeitschr. f. Baukde.
1879, Bl. 10.
[36]) Faks.-Repr. nach: Zeitschr. f. Bauw. 1869,
Bl. 33.
[37]) Faks.-Repr. nach ebendas. 1872, Bl. 40.

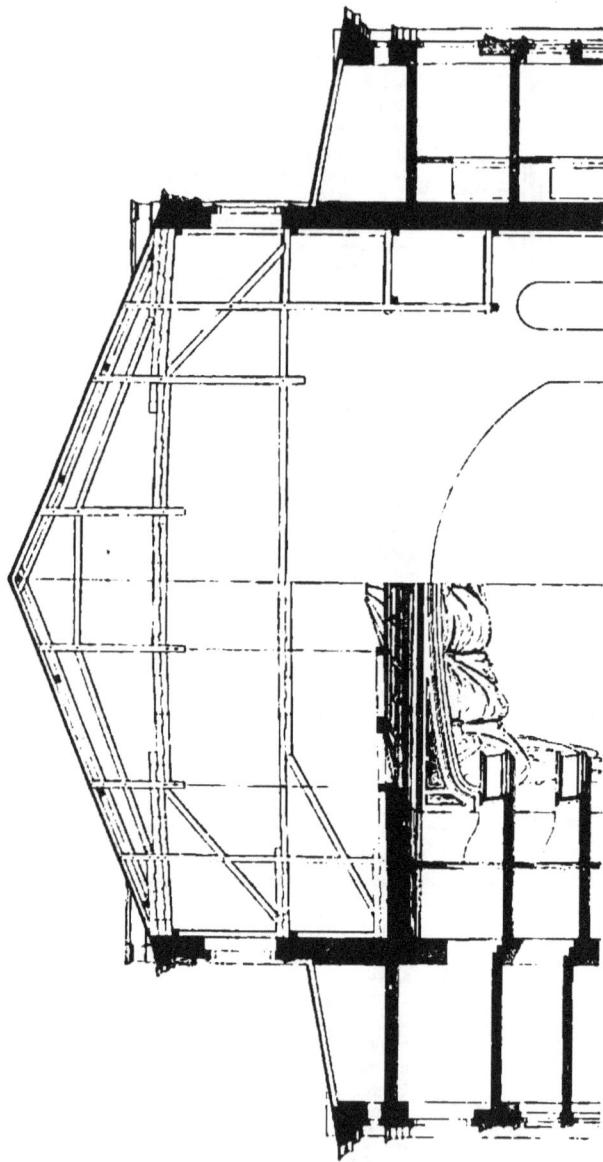

Fig. 50.

Vom Stadttheater zu Riga [17]).

$^1/_{100}$ w. Gr.

Fig. 51.

Von der
Rinderschlachthalle
des
Viehmarktes
zu
Berlin*)

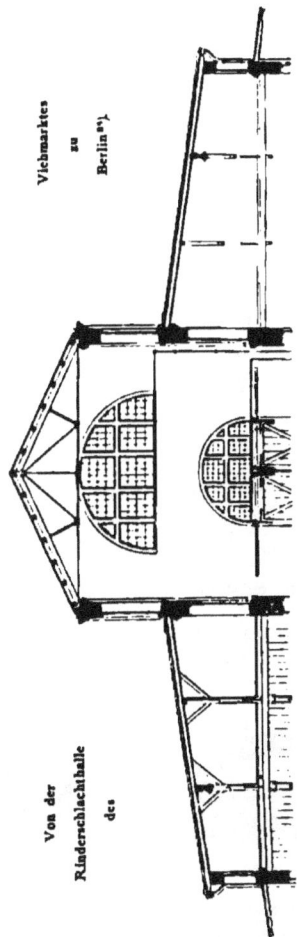

Fig. 52.

Vom
Dienstgebäude
für das
Ministerium
der
geistlichen
Angelegenheiten
zu Berlin*).

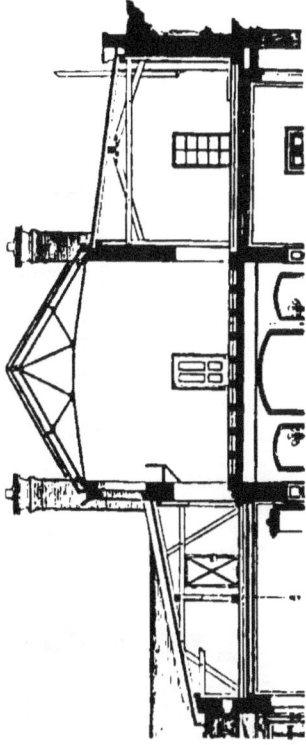

$\frac{1}{200}$ w. Gr.

Fig. 53.

Von der St. Demetrius-Kirche zu Thessalonich.
½₀₀ w. Gr.

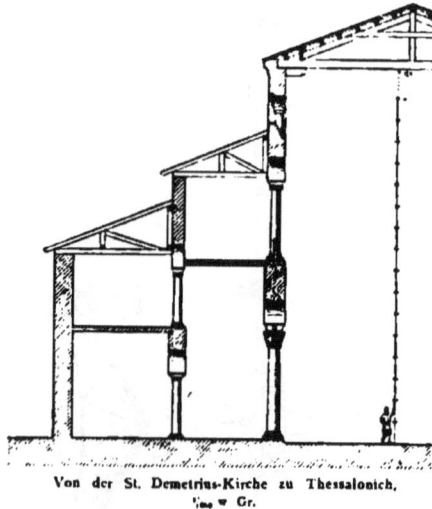

Seitenschiff ein besonderes Pultdach, so entsteht die aus Fig. 53 ersichtliche Dachform.

Der besondere Zweck, für den ein Gebäude bestimmt ist, kann unter Umständen auch zu unsymmetrisch gestalteten Anlagen führen (Fig. 52[89]).

Fig. 54.   Fig. 55.

½₀₀ w. Gr.

Von einer Exedra im *Bois de Boulogne* bei Paris[90].

**25.
Ringförmige
Satteldächer.**

Wenn das zu überdachende Gebäude im Grundriß ringförmig oder nach einem Ringabschnitt gestaltet ist, so bildet die Firstlinie des aufzusetzenden Satteldaches eine nach einem Kreis oder einem Kreisabschnitt gekrümmte Linie oder — noch häufiger — einen gebrochenen Linienzug; im Grundriß verläuft die Firstlinie konzentrisch zu den Gebäudebegrenzungen. Die Dachbinder liegen in lotrechten Ebenen, die am besten nach dem Mittelpunkt des betreffenden Kreisabschnittes, bezw. Polygonzuges

Fig. 56.

½₀₀ w. Gr.

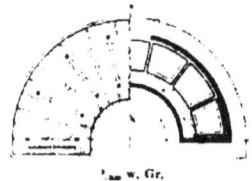

[89], Faks.-Repr. nach: DALY, C. *L'architecture privée au XIXme siècle.* Sektion 3. Paris 1876/77. Pl. 30.

Von einem
Lokomotiv-
schuppen

zu

Göttingen[40].

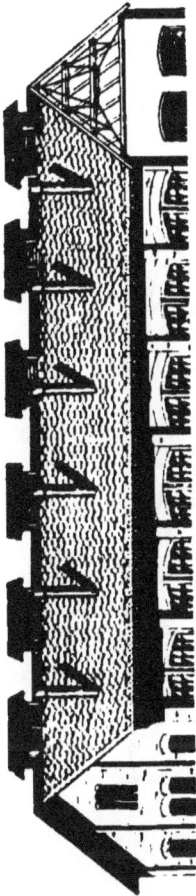

konvergieren, und die beiden Dachflächen gehören entweder Kegelflächen oder Pyramiden an (Fig. 54 bis 56[39]), sowie 57 u. 58[40]); im letzteren Falle entspricht jeder Gebäudeecke in der äufseren Dachfläche im Grat und in der inneren eine Kehle.

δ) Mehrfache Satteldächer.

Wenn ein Gebäude eine sehr bedeutende Tiefe hat, so würde ein darauf gesetztes Satteldach eine sehr grofse Höhe erhalten. Dies bietet unter Umständen konstruktive Schwierigkeiten dar oder bedingt doch wesentliche Mehrkosten; in anderen Fällen wird die Erwärmung des unter einem solchen Dach befindlichen Raumes schwierig, oder es zeigen sich andere Mifslichkeiten. Diesen Übelständen kann man in einfacher Weise begegnen, wenn man über dem betreffenden Gebäude statt eines einzigen Satteldaches eine Reihe von parallel nebeneinander gelegenen Satteldächern anordnet; dadurch entstehen die Paralleldächer.

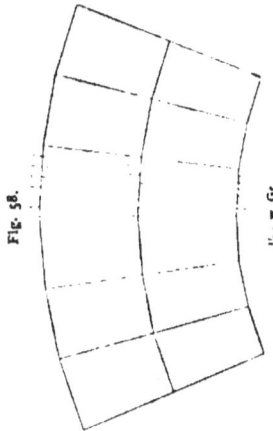

Hierzu können schmale Satteldächer gewöhnlicher Form verwendet werden (Fig. 59[41]), oder man setzt solche mit Dachaufsätzen nebeneinander (Fig. 60[42]); man kann aber auch Mansardendächer (Fig. 62[43]) oder Satteldächer mit anders gebrochenen Dachflächen (Fig. 61[44]) zur Anwendung bringen.

In allen diesen Beispielen haben die verschiedenen Satteldächer gleiche Weite und liegen in derselben Höhe. Wenn es indes der Zweck des betreffenden Gebäudes erfordert, können auch Satteldächer verschiedener Form, von denen sich einzelne über die anderen erheben, nebeneinander gesetzt werden (Fig. 63[45]).

[40] Faks.-Repr. nach: Zeitschr. f. Bauw. 1845, Bl. 68
[41] Faks.-Repr. nach ebendas. 1871, Bl. 67.
[42] Faks.-Repr. nach ebendas. 1845, Bl. 60.
[43] Faks.-Repr. nach ebendas. 1881, Bl. 47.
[44] Faks.-Repr. nach: Organ f. d. Fortschr. d. Eisenbahnw. 1882, Taf. XIX.
[45] Faks.-Repr. nach: Zeitschr. f. Bauw. 1873, Bl. 55.

Fig. 57.
¹⁄₁₀₀ w. Gr.

Fig. 58.
¹⁄₃₀₀ w. Gr.

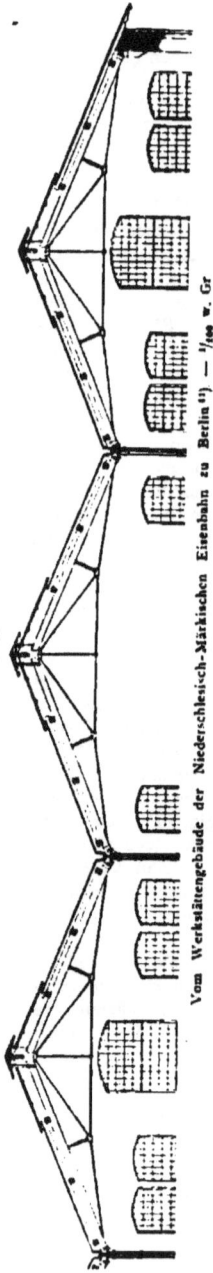

Fig. 59.

Vom Werkstättengebäude der Niederschlesisch-Märkischen Eisenbahn zu Berlin[11]) — 1/100 w. Gr.

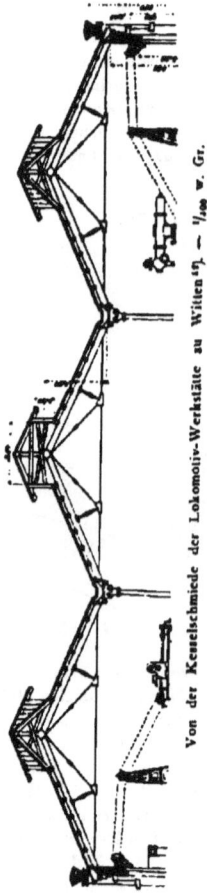

Fig. 60.

Von der Kesselschmiede der Lokomotiv-Werkstätte zu Witten[12]). — 1/100 w. Gr.

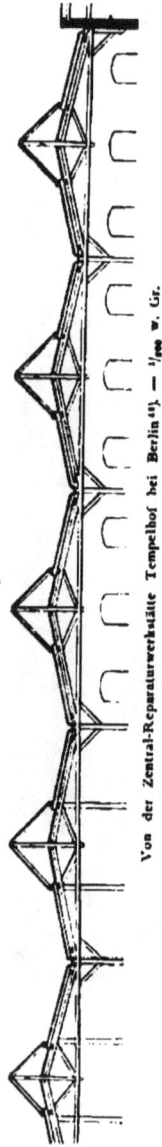

Fig. 61.

Von der Zentral-Reparaturwerkstätte Tempelhof bei Berlin[13]). — 1/100 w. Gr.

Fig. 62.

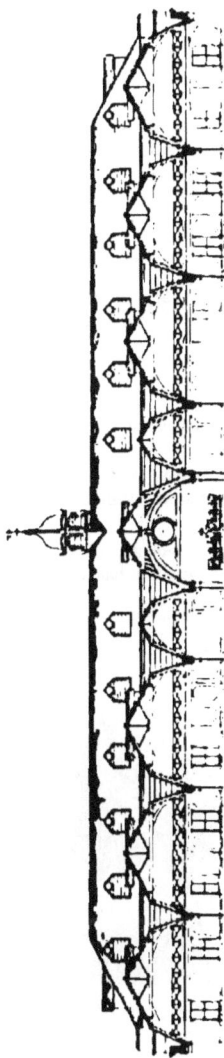

Vom Zentral-Fleisch- und Geflügelmarkt zu London[48]. — 1/600 w. Gr.

Fig. 63.

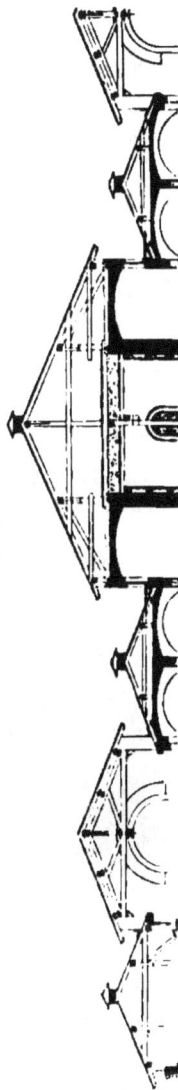

Von einer Schlachthalle im Schlachthof zu Budapest[49]. — 1/600 w. Gr.

Fig. 64.

Von der Lokomotiv-Reparaturwerkstätte auf dem Bahnhof zu Buchau[50]. — 1/600 w. Gr.

27.
Sägedächer. Paralleldächer werden stets aus im Querschnitt symmetrisch gestalteten Satteldächern zusammengesetzt. Werden hierzu unsymmetrische Satteldächer verwendet, so entstehen Säge- oder *Shed*-Dächer. Kennzeichnend für diese ist ferner, daſs die steileren Dachflächen zum Zweck des Lichteinfalles verglast sind (Fig. 64 [46]). Erfordern die Arbeiten und Verrichtungen, welche in den unter einem Sägedach befindlichen Raume vorgenommen werden sollen, eine thunlichst

Fig. 65.

Von der Reparaturwerkstätte der Berlin-Potsdam-Magdeburger Eisenbahn zu Potsdam [46].
$\frac{1}{4}$ w. Gr.

gleichmäfsige Erhellung, so werden die steileren (verglasten) Dachflächen nach Norden gerichtet.

Bisweilen hat man die steileren Dachflächen völlig lotrecht gestellt (Fig. 65 [47]); alsdann setzt sich das Sägedach aus mehreren Pultdächern zusammen (siehe Art. 11, S. 10).

28.
Kreuzdächer. Wenn über einem quadratischen (bisweilen über einem rechteckigen) Grundriſs zwei Satteldächer einander durchkreuzen, so entsteht das Kreuzdach; für

Fig. 66.

Vom Tiroler Haus auf der Weltausstellung zu Paris 1867 [48].

dasselbe ist kennzeichnend, daſs nach allen vier Seiten Giebel sich zeigen. Solche Dächer kommen namentlich bei viergiebeligen Türmen vor; doch haben sie auch sonst Anwendung gefunden (Fig. 66 [48]).

[46]) Faks.-Repr. nach ebendas. 1887, Bl. 37.
[47]) Faks.-Repr. nach ebendas. 1871, Bl. 23.
[48]) Faks.-Repr. nach: *Revue gén. de l'arch.* 1869, Pl. 13.

Fig. 67.

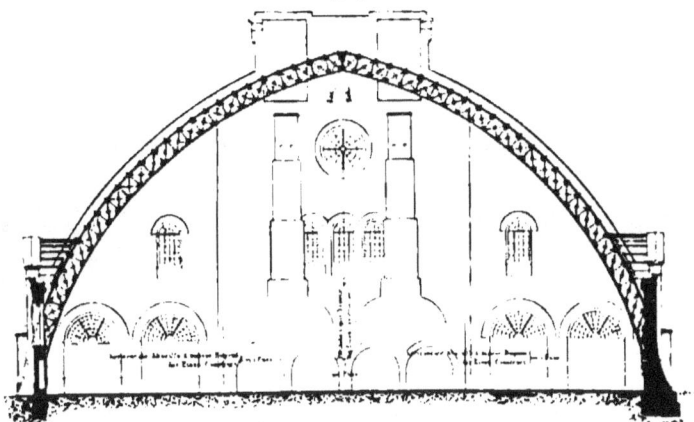

Vom Retortenhaus der Imperial-Continental-Gas-Association zu Berlin[19].
$^1/_{100}$ w. Gr.

ε) Satteldächer mit cylindrischen Dachflächen.

Anstatt ein Satteldach aus zwei ebenen Dachflächen zu bilden, kann man es auch aus zwei cylindrisch gekrümmten Flächen zusammensetzen. Dasselbe zeigt alsdann im Querschnitt in der Regel Spitzbogenform (Fig. 67[19]); doch sind auch geschweifte, karniesartig gekrümmte etc. Dachprofile zur Ausführung gekommen.

19.
Einfache
Dachformen.

Fig. 68.

Vom Nebengebäude eines Schlosses zu Leeuw St.-Pierre[20].
$^1/_{200}$ w. Gr.

[19] Faks.-Repr. nach: Zeitschr. f. Bauw. 1872, Bl. 19.
[20] Faks.-Repr. nach: Baravat, H. Travaux d'architecture exécutés en Belgique. Brüssel 1876. Pl. 2.

Fig. 69.

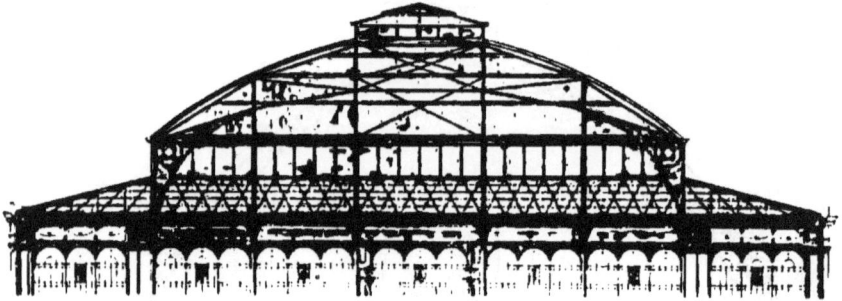

Von der Markthalle zu Frankfurt a. M.[51].
$\frac{1}{...}$ w. Gr.

Bei manchen Bauwerken sind nicht ausschließlich cylindrisch gekrümmte Dachflächen zur Anwendung gekommen; man hat solche wohl auch mit ebenen Dachflächen vereinigt (Fig. 68 u. 69[50 u. 51]).

3) Tonnendächer.

Cylindrische oder Tonnendächer haben die Gestalt eines Cylinderteiles mit wagrechten Erzeugenden; sie entstehen aus den in Art. 29 (S. 29) vorgeführten

Fig. 70.

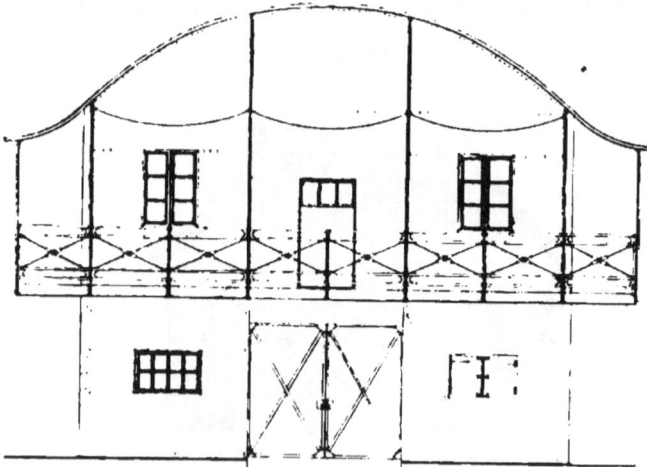

$\frac{1}{...}$ w. Gr.

Dächern, wenn eine Firstlinie nicht mehr wahrnehmbar wird. Da solche Dächer eine den Tonnengewölben ähnliche Querschnittsform haben, wurde für sie die Bezeichnung »Tonnendächer« gewählt.

Fig. 71.

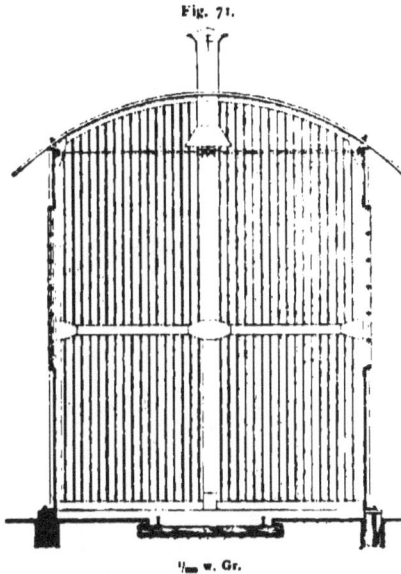

$^1/_{100}$ w. Gr.

Ähnlich wie die Satteldächer schliefsen auch die Tonnendächer entweder mit den Giebelwänden ab, oder sie springen noch ein Stück über die letzteren vor.

Die Tonnendächer kommen hauptsächlich in dreifacher Form vor:

α) Es ist eine einzige, stetig gekrümmte Dachfläche vorhanden (Fig. 70 u. 71).

β) Im obersten Teile der stetig gekrümmten Cylinderfläche erhebt sich, ähnlich wie bei den in Art. 23 (S. 18) beschriebenen Satteldächern, eine Laterne, auch Dachaufsatz oder Dachreiter genannt, welche auch hier zur Lüftung oder zur Erhellung des darunter befindlichen Raumes dienen kann (Fig. 73[**]).

γ) Die Cylinderfläche, aus welcher das Dach gebildet wird, ist nicht stetig gekrümmt; dieselbe ist vielmehr in schmale Satteldächer zerlegt, deren Firstlinien rechtwinkelig zur Achse des Hauptdaches stehen (Fig. 72). Eine solche verwickeltere Gestaltungsweise wird hauptsächlich dann ausgeführt, wenn man

Fig. 72.

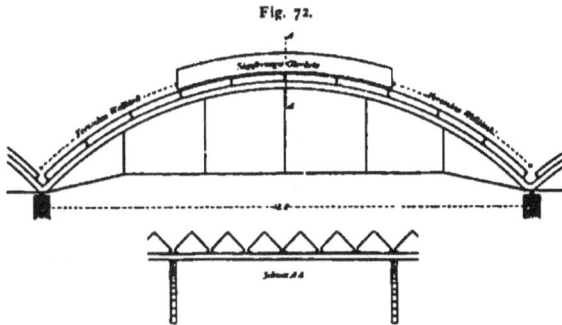

Von der Bahnhofshalle zu Oberhausen.

**) Faks.-Repr. nach: Zeitschr. f. Bauw. 1872, Bl. 64.

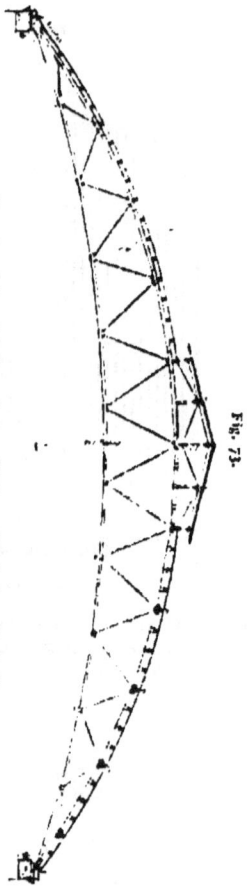

Fig. 73.

Von der Bahnsteighalle auf dem Görlitzer Bahnhof zu Berlin[52].

$\frac{1}{100}$ w. Gr.

Fig. 74.

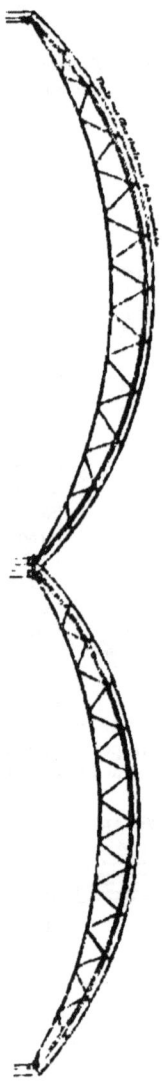

Von der Lime-street-Station zu London[53].

ca. $\frac{1}{100}$ w. Gr.

Fig. 75.

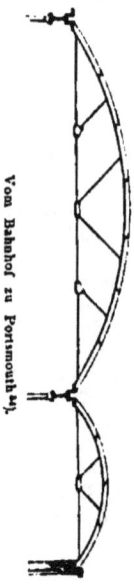

Vom Bahnhof zu Portsmouth[54].

steilere Dachflächen erzielen will; sind dieselben zum Zweck der Erhellung des darunter gelegenen Raumes zu verglasen, so erzielt man noch anderweitige Vorteile.

Den in Art. 26 (S. 25) erwähnten Paralleldächern ähnlich, kann man über gröfseren Räumen auch mehrere Tonnendächer nebeneinander setzen (Fig. 74[55]) u. 75[54]).

(Randbemerkung: 32. Zusammengesetzte Dachformen.)

b) Abgewalmte Dächer.

Die im vorhergehenden (unter α) vorgeführten Dächer waren an den rechtwinkelig oder auch schräg zur Firstlinie stehenden Seiten durch lotrechte Giebel (offene Giebel oder Giebelwände) abgeschlossen; man kann aber auch an diesen Stellen eine geneigte oder unter Umständen cylindrisch gekrümmte Dachfläche anordnen, welche dann mit den benachbarten Hauptdachflächen Grate bildet. Eine solche abschliefsende Dachfläche heifst Walm und das ganze Dach abgewalmtes, Walm-, Schopf- oder holländisches Dach.

(Randbemerkung: 33. Walm.)

Pultdächer werden verhältnismäfsig selten abgewalmt. Geschieht dies, so erhält der Walm in der Regel dieselbe Dachneigung, wie das Pultdach; der Walm bildet mit letzterem einen Grat, und wenn das Gefälle bei beiden dasselbe ist, halbiert im Grundrifs die Gratlinie den betreffenden Winkel (Fig. 76). Das Pultdach wird entweder an einem oder an beiden Enden abgewalmt (Fig. 76 u. 77).

(Randbemerkung: 34. Abgewalmte Pultdächer.)

Fig. 76.

Fig. 77.

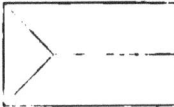
Fig. 78.

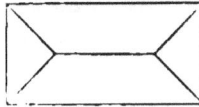
Fig. 79.

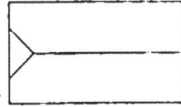
Fig. 80.

Häufiger kommen abgewalmte Satteldächer vor, und auch hier kann die Abwalmung nur an einer (Fig. 78 u. 81[55]) oder an beiden Seiten (Fig. 79 u. 82[56]) stattfinden. Ebenso wird hier gleichfalls den Walmflächen, auch Walmseiten genannt, meistens dasselbe Gefälle gegeben wie den beiden anderen Dachflächen; dadurch wird die Konstruktion des Dachstuhles vereinfacht.

(Randbemerkung: 35. Abgewalmte Satteldächer.)

Fig. 81.

Von einem Privathaus zu Valence[56].
¹⁄₈₀ w. Gr.

[55]) Faks.-Repr. nach: Zeitschr. f. Bauw. 1866, Bl. 44.
[56]) Faks.-Repr. nach ebendas. 1861, Bl. 33.
[57]) Faks.-Repr. nach: VIOLLET-LE-DUC &;NARJOUX, a. a. O., Pl. 71.
Handbuch der Architektur. III. 2, d. (2. Aufl.)

34

Fig. 82.

Von einer Villa zu St.-Cloud[84].
$^1/_{200}$ w. Gr.

Fig. 83.

Von einem Landhaus bei Cheny[84].

Fig. 84.

Vom Jägerhaus Schnepfen bei Lauenen[87].
$^1/_{200}$ w. Gr.

[84]) Faks.-Repr. nach: Sauvageot, C. *Habitations modernes.* Paris. Pl. 101 u. 103.
[87]) Faks.-Repr. nach: Gladbach, a. a. O., Pl. 2.

Reicht die Walmfläche bis zum Fuſs der beiden Satteldachflächen herab, so heiſst das Dach ein ganzes Walmdach (Fig. 78, 79, 81 u. 82[bb]); ist dies nicht der Fall, so entsteht das halbe Walmdach; der Walm wird Krüppel- oder Kröpelwalm genannt (Fig. 80, 83 u. 84).

An den Holzhäusern des Schwarzwaldes, der Schweiz, des südlichen Bayern, Oberösterreichs etc. kommen Krüppelwalme sehr häufig vor und sind nicht selten der Gegenstand eigenartiger, ja malerischer Gestaltung und reichen Schmuckes (Fig. 84[67]).

Fig. 85[bb].

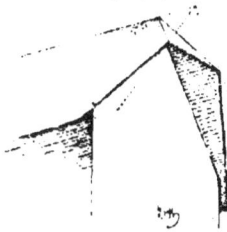

Der Krüppelwalm des Schwarzwälder Bauernhauses ist über die Giebelwand vorgebaut, und die beiden Satteldachflächen sind von der Walmtraufe schräg nach unten, gegen den Giebel zu, zurückgeschnitten (Fig. 85[bb]); hierdurch wird für das Gebäude eine Sturmhaube von malerischer Wirkung gebildet.

Die Walmfläche trifft mit den beiden Satteldachflächen in zwei Graten zusammen. Der Punkt, in welchem die beiden Grate die Firstlinie treffen, heiſst, dem in Art. 3 (S. 3) Gesagten gemäſs, Anfallspunkt.

Sind die Langseiten eines ganzen Walmdaches so kurz, daſs seine beiden Anfallspunkte zusammenfallen, also die Firstlinie ganz verschwindet, so übergeht das Walmdach in ein Zeltdach (siehe unter c). Bei gleicher Neigung sämtlicher Dachflächen setzt dies für das betreffende Gebäude quadratische Grundform voraus.

Haben die Walmseiten dieselbe Neigung wie die Satteldachflächen, so ergeben sich die Gratlinien im Grundriſs als die Halbierungslinien der betreffenden Winkel (Fig. 86); der Schnittpunkt x, bezw. y der beiden einem Walm angehörigen Gratlinien ergiebt den betreffenden Anfallspunkt, und die Firstlinie xy beginnt an letzterem. Die Firstlinie verläuft dabei wagrecht, wenn der Gebäudegrundriſs rechteckig ist, und wird bei anderweitiger Grundform schräg, nach der breiteren Gebäudeseite zu ansteigend (Fig. 86).

34.
Dach-
ausmittelung

Auch hier gewährt die schräge Firstlinie ein schlechtes Aussehen, dem man einigermaſsen abhilft, wenn man das bereits in Art. 16 (S. 14) beschriebene Verfahren anwendet und das Dach nach Fig. 87 gestaltet.

Fig. 86.

Fig. 87.

Darin ist uz = zv = xy und dabei uz parallel zu ab; die Punkte u, z und v liegen in der gleichen wagrechten Ebene, und an den beiden Langseiten erscheinen die Linien uzy und vzy als symmetrisch gebrochene Firstlinien. Die Dreiecksfläche uzv wird entweder als Plattform ausgebildet, oder es wird ein flaches Zeltdach darüber gesetzt.

Will man eine wagrechte Firstlinie xy (Fig. 88) erzielen, so müssen, ähnlich wie in Art. 17 (S. 14) gesagt worden ist, die beiden Satteldachflächen windschief ausgebildet werden; die Erzeugenden derselben werden auch hier am besten rechtwinkelig zur wagrechten Firstlinie xy gestellt. Durch die Eckpunkte a, x, d, bezw. b, y, c der beiden Walme läſst sich je eine Ebene legen, so daſs hiernach die Walmseiten als ebene Dachflächen ausgebildet werden

**) Faks.-Repr. nach: KRAFTH, Tit. & F. S. MEYER. Das Zimmermannsbuch. Leipzig 1893. S. 163.

3*

können; alsdann sind aber die Grate ax, dx, by und cy, als Schnittlinien von windschiefen Flächen mit Ebenen, keine gerade, sondern doppelt gekrümmte Linien, und die Gratsparren können nicht aus geraden Balken hergestellt werden. Letzteres ist mißlich. Man kann diesem Übelstande begegnen, wenn man nach Fig. 89 nur zwischen den beiden durch die Anfallspunkte x und y gelegten Erzeugenden mn und pq windschiefe Dachflächen anordnet, hingegen die drei-

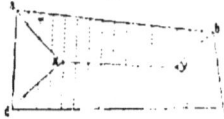

Fig. 88.

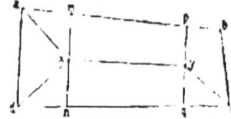

Fig. 89.

eckig gestalteten Flächen amx, bpy, cqy und dnx als Ebenen ausbildet; alsdann sind die Gratlinien gerade, und in mx, py, qy und nx entstehen Kehlen, die einen sehr stumpfen Winkel zeigen.

37. Vermeidung windschiefer Dachflächen. Aus den schon in Art. 18 (S. 14) angegebenen Gründen vermeidet man gern die Ausführung von Dächern mit windschiefen Flächen. Um solche zu umgehen, kann man in verschiedener Weise verfahren:

1) Man ordnet nach Fig. 90 wagrechte First-linien uy, yv und uv an, welche den betreffenden Trauflinien parallel laufen; man legt also durch den tiefer gelegenen Anfallspunkt y eine wagrechte Ebene, welche die Schnittlinien uy, yv und uv er-giebt. Auch hier kann man die übrig bleibende Dreiecksfigur uyv als Plattform oder als flaches Zeltdach ausbilden.

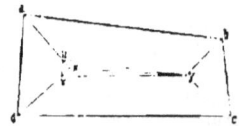

Fig. 90.

Das gleiche Verfahren kann angewendet werden, wenn das betreffende Gebäude eine andere als rechteckige Grundrißgestalt hat (Fig. 91).

2) Man löst die Dachfläche teilweise in dreieckige Ebenen auf. *Breymann* erläutert in seinem bekannten Werke dieses Verfahren durch mehrere Beispiele; da man indes auf diesem Wege zu verwickelten Dachstuhlkonstruktionen gelangt und da ferner viele Kehlen, die man gern vermeidet, entstehen, soll hier das in Rede stehende Verfahren nicht weiter verfolgt werden.

3) Überwiegt die Längenausdehnung des Gebäudes seine Tiefe nicht zu sehr, so sieht man am besten von der Schaffung einer Firstlinie ab und ordnet über dem betreffenden Gebäude ein Zeltdach an (siehe unter c); alsdann erhält man durchwegs ebene Dachflächen und gerade Gratsparren. Bei größerer Längenentwickelung des Gebäudes ist dieses Verfahren weniger zu empfehlen, weil leicht Dachflächen entstehen, die für das anzuwendende Deckungsmaterial eine zu geringe Neigung haben.

Fig. 91.

38. Abgewalmte Mansarden-, Parallel- und Zeltdächer. Mansardendächer über allseitig freistehenden Gebäuden werden in der Regel abgewalmt; da man bei den Walmseiten meist dieselben Dachneigungsverhältnisse giebt wie dem Hauptdach, so besteht der Walm gleichfalls aus zwei geneigten Dachflächen (Fig. 92 a,b).

---

*) Faks.-Repr. nach: Architektonische Rundschau 1893, Taf. 31; 1883, Taf. 24.

Fig. 92.

Villa Germania zu Baden-Baden[59].

Verhältnismäfsig selten werden Parallel- und *Shed*-Dächer mit Abwalmungen versehen (Fig. 93[60]).

39. Kegelförmige Walme. Bei Pult- und Satteldächern wird bisweilen die Abwalmung in der Form von Kegelflächen bewirkt, so dafs sich an die ebenen Dachflächen Viertel-, bezw. halbe Kreiskegel, sog. Kegelwalme anschliefsen (Fig. 94).

40. Abwalmung von Dächern mit cylindrischen Dachflächen. Ist ein Satteldach aus cylindrisch gestalteten Dachflächen zu bilden, so können an demselben gleichfalls Abwalmungen vorgenommen werden; die Walmfläche ist dann sowohl aus Zweckmäfsigkeits-, als auch aus Schönheitsrücksichten keine Ebene mehr, sondern wird ebenfalls cylindrisch geformt (Fig. 95[61]).

Derartige abgewalmte Tonnengewölbe werden häufig ohne First ausgeführt; an die Stelle des letzteren tritt eine Plattform (Fig. 96[62]).

Fig. 93.

Von der Montage-Werkstatt der Maschinenfabrik *Stieberit: & Müller* zu Apolda[60].

Fig. 94.

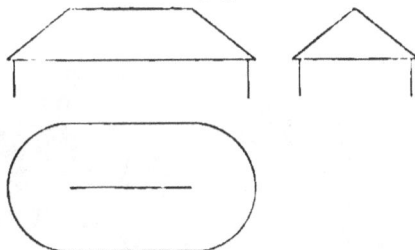

[59] Faks.-Repr. nach: Deutsche Baus. 1894, S. 317.
[61] Faks.-Repr. nach: WILLIAM & FARGA. *Le recueil d'architecture*. Paris. 20e année, J. 10.
[60] Faks.-Repr. nach: Architektonische Rundschau 1883, Taf. 24; 1889, Taf. 96.

Fig. 95.

Vom Sparcassa-Gebäude zu Flers[1]).

c) Pyramidal und konisch gestaltete Dächer.

Die unter vorstehender Überschrift zusammengefaßten Dächer haben entweder die Form einer Pyramide, bezw. Halbpyramide oder eines Kegels, bezw. Halbkegels, oder ihre Gestalt lehnt sich an diejenige einer Pyramide, bezw. eines Kegels an. Kennzeichnend für alle hier in Frage kommenden Dachformen ist das Fehlen einer Firstlinie, hingegen das Vorhandensein einer (meist central gelegenen) Spitze, in welcher die Dachflächen oben zusammenlaufen.

Man kann hier zunächst Zeltdächer und Kegeldächer unterscheiden, je nachdem das Dach die Form einer Pyramide oder eines Kegels hat; die Zeltdächer bezeichnet man, je nach der Neigung ihrer Dachflächen, als flache oder als steile Zeltdächer und heißt die letzteren wohl auch Turmdächer. Dazu

Fig. 96.

Vom Verwaltungsgebäude im neuen Zollhafen zu Mainz[2]).

kommen noch diejenigen Dächer, welche pyramidenähnlich geformt sind, und solche, welche, wie die einen Kreiskegel bildenden Dächer, nach Umdrehungsflächen gestaltet sind; diese sollen im nachstehenden als »entwickeltere« Turmdächer benannt werden.

1) Flache Zeltdächer.

41.
Flache
Zeltdächer.

Wird ein flaches Zeltdach über einer regelmäfsig gestalteten Grundrifsfigur errichtet, so liegt die Spitze lotrecht über dem Mittelpunkt derselben. Bei einem unregelmäfsigen Grundrifsvieleck sucht man am besten seinen Schwerpunkt auf und ordnet lotrecht über diesem die Spitze an.

Fig. 97.   Fig. 98.

 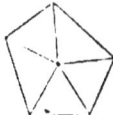

In der Grundrifsdarstellung solcher Dächer oder, was in diesem Falle das Gleiche ist, bei der Dachausmittelung bilden die Gratlinien Gerade, welche von den Ecken des Grundrifsvieleckes nach dem Mittel-, bezw. Schwerpunkt des letzteren laufen (Fig. 97 u. 98).

Die Dachflächen haben die Form von Dreiecken, und zwar bei regelmäfsiger Grundrifsfigur die Form voneinander durchwegs gleichen gleichschenkeligen Dreiecken; auch haben im letzteren Falle sämtliche Dachflächen dieselbe Neigung.

Das einfachste regelmäfsige Zeltdach ist das vierseitige (Fig. 99[42]); doch kommt das achtseitige (Fig. 100[43]) ebenso häufig vor; ein zehnseitiges Zeltdach findet sich über dem Schiff von St. Gereon zu Cöln (Fig. 101[44]). Bei Rundbauten (wie Cirkusgebäuden, Lokomotivrotunden etc.) sind auch Zeltdächer mit einer viel gröfseren Seitenzahl (Fig. 102[45]) anzutreffen.

Fig. 99.

Von einem Wasserturm zu Wachenheim[46].

Schon Fig. 102 zeigt, dafs auch flache Zeltdächer nicht selten in gleicher Weise und aus denselben Gründen, wie dies in Art. 23 (S. 18) für Satteldächer gezeigt wurde, mit Aufsätzen oder Laternen versehen werden. Die Erhellung des darunter befindlichen Raumes kann es mit sich bringen, dafs dieser Aufsatz sehr bedeutende Abmessungen annimmt, und dafs das Dach im lotrechten Schnitt ein den basilikal angeordneten Satteldächern ähnliches Aussehen darbietet (Fig. 103 u. 104[46]).

Bisweilen sind Zeltdächer mit gebrochenen Dachflächen versehen worden (Fig. 105[47]), und in anderen Fällen haben die Dachflächen eine leichte Krümmung erhalten (Fig 107 u. 108[48 u. 49]); letztere Dachform bildet den Übergang zu den Kuppeldächern.

42.
Zeltdächer
mit
gebrochenen
und
gekrümmten
Dachflächen.

[42] Faks.-Repr. nach: Architektonische Rundschau 1888, Taf. 37.
[43] Faks.-Repr. nach: Dollmann, C. Architektonische Reise-Skizzen aus Deutschland, Frankreich und Italien. Stuttgart 1871—87. Heft VI, Bl. 2.
[44] Faks.-Repr. nach: Revue gén. de l'arch. 1855, Pl. 36.
[45] Faks.-Repr. nach: Zeitschr. f. Bauw. 1865, Bl. 57.
[46] Faks.-Repr. nach: Daly, a. a. O., Bd. 2, Pl. 7.
[47] Faks.-Repr. nach: Zeitschr. f. Bauw. 1877, Bl. 35.
[48] Faks.-Repr. nach: Architektonische Rundschau 1889. Taf. 42.

Fig. 100.

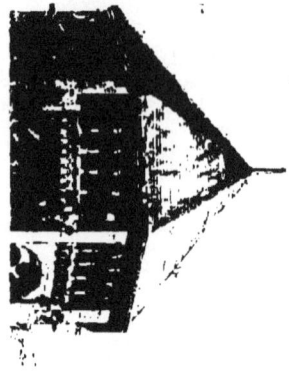

Von der neuen Synagoge zu München*).

Fig. 102.

Vom Cirkus Napoleon zu Paris[12]).
*) u. Gr.

Fig. 101.

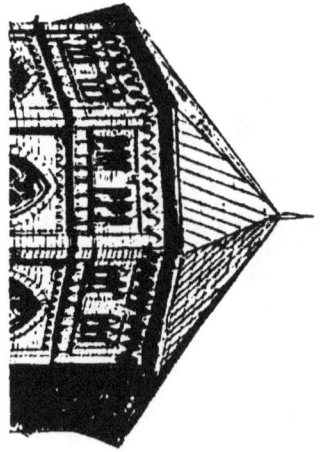

Von der St. Gereons-Kirche zu Köln[11]).

Fig. 103.

Fig. 104.

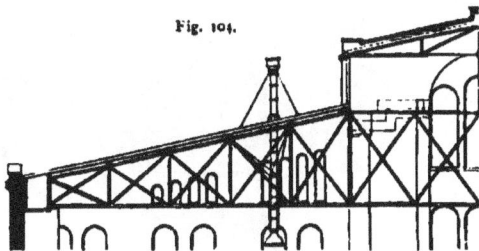

Von einem Lokomotivschuppen zu Berlin[66]. — $^1/_{800}$ w. Gr.

Über den Chören der Kirchen, über anderen apsidenartig vorspringenden Bauteilen etc. werden nicht selten halbe Zeltdächer zur Ausführung gebracht, wenn dieselben im Grundriſs nach einem halben Vieleck gestaltet sind (Fig. 106[70]).

43. Halbe Zeltdächer.

Fig. 105.

Von einer Villa zu Neuilly[67]. — $^1/_{100}$ w. Gr.

Umgekehrte flache Zeltdächer heiſsen Trichterdächer; die Dachflächen derselben haben nach einem Punkte des Gebäudeinneren Gefälle (Fig. 109[71]). Solche Dächer bieten den Vorteil dar, daſs alle Rinnenanlagen entfallen; nur im Zusammenstoſsungspunkte der Dachflächen (in der Nähe der Gebäudemitte) wird das Abfallrohr, geschützt gegen Einfrieren, angeordnet, durch welches sämtliche Dachflächen entwässert werden.

44. Trichterdächer.

[70] Faks.-Repr. nach: Zeitschr. f. Bauw. 1883, Bl. 56.
[71] Faks.-Repr. nach ebendas. 1891, Bl. 54.

Fig. 106.

Fig. 107.

Fig. 108.

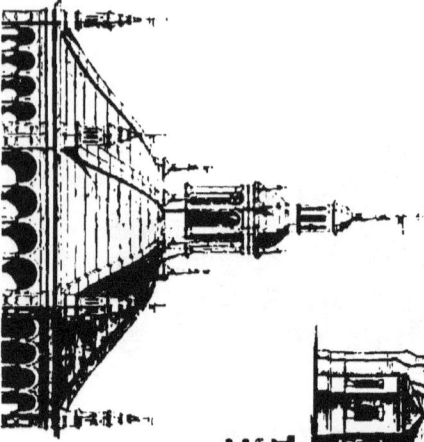

Von der Kirche Sta. Maria zu Busto-Arsizio.[1]

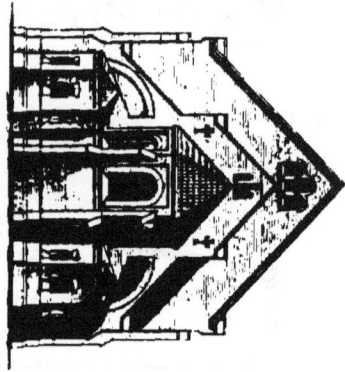

Von der Kirche zu Holl[20].

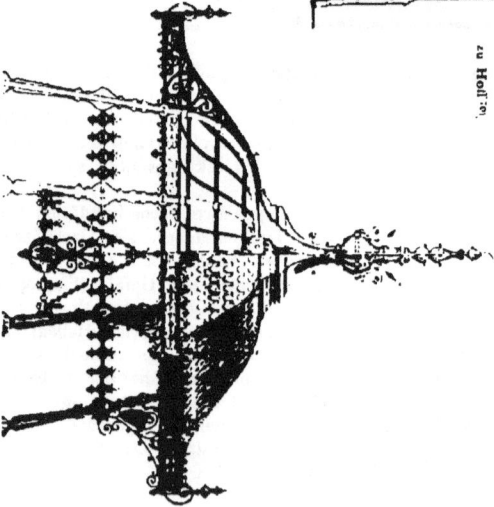

Von einem Kiosk zu Brüssel[21].

Fig. 109.

Vom Reichsbankgebäude zu Leipzig[71].
$\frac{1}{100}$ w. Gr.

2) Steile Zeltdächer und einfache Turmdächer.

Die einfachsten Turmdächer haben die reine Pyramidenform. Am häufigsten sind vier- und achtseitige Pyramiden, seltener Turmdächer mit noch mehr Seitenflächen. Die in Fig. 110 bis 113 beigefügten Beispiele rühren von kirchlichen und von Profanbauten her.

Der in Art. 3 (S. 2) bereits erwähnte Leistbruch kommt bei Turmdächern sehr häufig vor (Fig. 111 bis 113); alsdann ragt gleichsam aus einer flacheren Pyramide eine steilere mit etwas kleinerer Grundfläche hervor (Fig. 114). Häufig ist es das bessere Aussehen, welches zu einer solchen Anordnung Veranlassung giebt; doch sind in der Regel auch konstruktive Gründe dafür maßgebend.

Turmdächer werden auch Helmdächer, Turmhelme oder Turmhauben geheißen.

13. Steile Zeltdächer.

Fig. 110.

Fig. 111.

Fig. 112.

Von der Schloßkirche St. Pancratii zu Ballenstedt[72].
$\frac{1}{100}$ w. Gr.

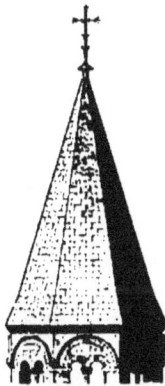

Von der Kirche zu Cogniat[73].
$\frac{1}{100}$ w. Gr.

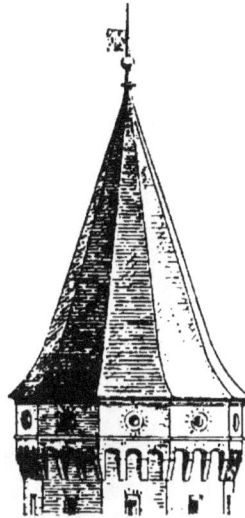

Von der Königlichen Stammburg Hohenzollern[74].
$\frac{1}{100}$ w. Gr.

[71] Faks.-Repr. nach: Zeitschr. f. Bauw. 1889, Pl. 61.
[73] Faks.-Repr. nach: Revue gén. de l'arch. 1854, Pl. 11.
[74] Faks.-Repr. nach: Zeitschr. f. Bauw. 1863, Bl. 7.

Fig. 113.

Von einer Villa
zu Blanquefort[76]).

Aufser diesen einfach gestalteten Turmdächern giebt es noch eine grofse Zahl derselben, bei denen die regelmäfsige Pyramidenform zwar deutlich erkennbar, aber doch in verschiedenartiger Weise abgeändert ist. Hier kann nicht der Ort sein, eine ausführliche und weitgehende Darlegung solcher Dachformen zu versuchen; vielmehr sollen nur einige häufigere Fälle dieser Art kurz vorgeführt werden. Zunächst solche, bei denen der Fuſs der Turmpyramide anderweitig gestaltet worden ist.

α) Eine Abänderung des Pyramidenfuſses erfolgt, wenn sich über den Turmseiten kleine Giebel (Wimperge) erheben; die Gestaltung ist dann eine verschiedene, je nachdem entweder die Turmkanten mit den Dachgraten übereinstimmen (Fig. 115[76])

Fig. 114.

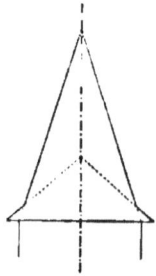

Fig. 118.

Fig. 115.

Von der Elisabeth-Kirche
zu Wilhelmshafen[76]).

Fig. 116.

Von der Kirche zu
Viersen[77]).

Fig. 117.

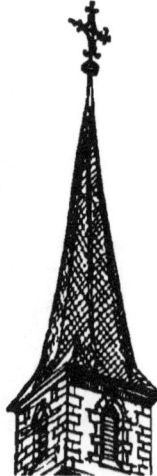

Von der Kirche zu
Wimpfen a. B.[78]).

Von der St.-Petri-
Kirche zu Rostock[79]).

[76]) Faks.-Repr. nach: DALY, C. L'architecture privée au XIXme siècle. Paris 1860 ff. Bd. 2, Sektion 1, Pl. 1.
[76]) Faks.-Repr. nach: Zeitschr. f. Bauw. 1874, Bl. 43.
[77]) Faks.-Repr. nach: Architektonische Rundschau 1885, Taf. 88.
[78]) Faks.-Repr. nach: DOLLINGER, a. a. O., Heft XII, Bl. 3.
[79]) Faks.-Repr. nach: SCTITER, C. Thurmdach. Thurmformen aller Stile und Länder. Berlin 1886. Taf. 73.

Fig. 119.

Fig. 120.

Fig. 121.

Fig. 122.

Von der Kirche
zu Hoff[80]).
¹⁄₁₀₀ w. Gr.

Von der Kirche zu
Wilmsheim[81]).

Von der Klosterkirche
zu Thalbürgel[82]).
¹⁄₁₀₀ w. Gr.

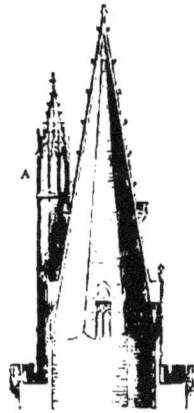

Vom alten Leuchtturm
zu La Rochelle[83]).
¹⁄₁₀₀ w. Gr.

Fig. 123.

Fig. 124.

Von der katholischen Stadtpfarrkirche
zu St. Anna am Lehel zu München[84]).

Vom Wohnhaus *Hayler*
zu München[85]).

oder letztere gegen erstere versetzt sind (Fig. 116 [77]. Im zweiten Falle laufen
die Grate von den Spitzen der Turmgiebel aus.

β) Eine weitere Sondergestaltung erhält der Fufs der Turmpyramide, wenn
letztere achtseitig, der Turm selbst aber im Grundrifs quadratisch geformt ist.
Der Übergang aus dem Quadrat in das Achteck ist in sehr verschiedener Art
bewirkt worden, wie die Beispiele in Fig. 117 bis 121 zeigen. Dieser Übergang
wurde an einigen Ausführungen in gelungener Weise durch strebepfeilerartige

Fig. 125.

Von einem Trinkhäuschen zu Köln [86].

Bildungen bewirkt; meist wird er jedoch blos durch Aufsätze über den Quadrat-
ecken oder durch besonders geformte Dachteile hergestellt.

γ) Ist der Turm selbst cylindrisch gestaltet und soll ein Dach nach einer

[81] Faks.-Repr. nach: Zeitschr. f. Bauw. 1851, Bl. 56.
[82] Faks.-Repr. nach: Zeitschr. f. Baukde., Bd. 5, Bl. 13.
[83] Faks.-Repr. nach: Zeitschr. f. Bauw. 1867, Bl. 28.
[84] Faks.-Repr. nach: Viollet-le-Duc, Dictionnaire raisonné de l'architecture française etc. Bd. 9, Paris 1868 S. 180.
[85] Faks.-Repr. nach: Architektonische Rundschau 1895, Taf. 1.
[86] Faks.-Repr. nach ebendas. 1890, Taf. 91.
[87] Faks.-Repr. nach: Neumeister, A. & E. Haberl, Die Holz-Architektur. Stuttgart 1895.

Fig. 126.

Fig. 127.

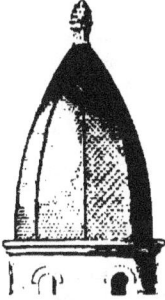

Vom Campanile der Kirche
zu Spa[87]. — 1/100 w. Gr.

Von einem Wohnhaus zu Landau[88].

mehrseitigen Pyramide geformt werden, so wird letztere, um den Übergang aus
dem Kreise in das Vieleck zu vermitteln, in ihrem untersten Teile in besonderer
Weise ausgebildet (Fig. 122[88]).

Bisweilen erfährt nicht blos der Fuſs der Turmpyramide, sondern auch sie
selbst eine solche Umgestaltung, daſs sie von der rein geometrischen Form einer

Fig. 128.

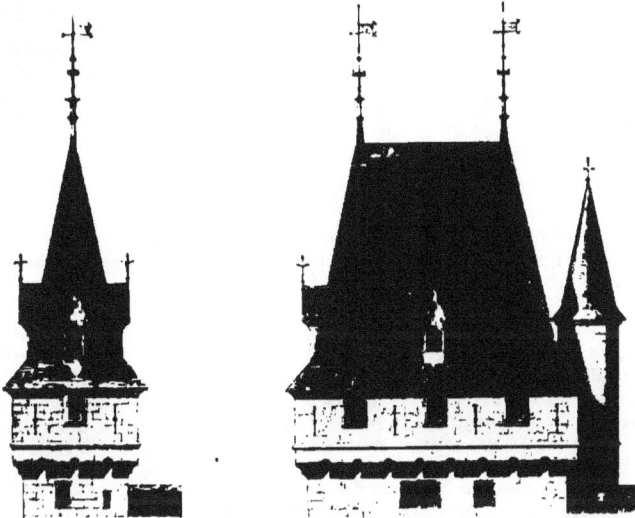

Von der Kirche *Jean sans peur*[90].

[87] Faks.-Repr. nach: *L'émulation* 1887, Pl. 6.
[88] Faks.-Repr. nach: Architektonische Rundschau 1893, Taf. 37.
[90] Faks.-Repr. nach: *Encyclopédie d'arch.* 1874, Pl. 193 u. 201.

Pyramide mehr oder weniger abweicht. Einige häufiger vorkommende Fälle sind die folgenden:

α) In der romanischen Bauperiode besaßen die Turmdächer mehrfach die durch Fig. 123 °⁴) veranschaulichte Form, bei der die Fußenden einer vierseitigen Pyramide durch lotrechte Ebenen, die in den Begrenzungen der Turmmitten liegen, abgeschnitten werden, so daß die Dachgrate auf die Giebelspitzen auslaufen. Solche Dächer werden wohl auch Rhomben-Haubendächer oder kurzweg Rhombendächer genannt.

β) Man versieht die Turmpyramide mit gekrümmten Seitenflächen (Fig. 125 °°) u. 126 ⁶⁷).

γ) Die Turmpyramide wird oben durch eine wagrechte Ebene abgeschnitten, so daß daselbst eine Plattform entsteht (Fig. 127 °°).

δ) Das Turmdach erhält statt einer Spitze einen kurzen wagrechten First. Solche Dächer, die ebenso bei Kirchtürmen (Fig. 127 °°), wie bei Profanbauten Fig. 124 ⁶⁴) vorkommen, sind eigentlich nichts anderes als hohe Walmdächer.

Fig. 129.   Fig. 130.

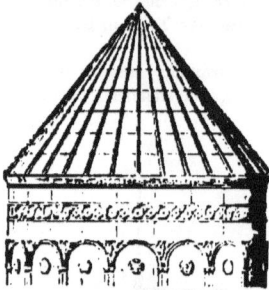

Von der Kathedrale zu Ani°°).
'/₁₀ w. Gr.

Von der Kirche zu St.-Genou.
'/₁₀ w. Gr.

3) Kegeldächer.

⁴⁸. Kegeldächer. Wenn die Seitenzahl eines regelmäßig gestalteten Zeltdaches unendlich groß wird, so entsteht ein Kegeldach oder konisches Dach; es hat hiernach die geometrische Form eines Kreiskegels.

Die Erzeugenden der Kegelflächen sind bald ziemlich flach, bald sehr steil, bald mit mittlerer Neigung angeordnet (Fig. 129, 131 u. 133); die steilen Kegeldächer (Fig. 131 u. 133) gehören zu den einfachen Turmdächern. Die kegelförmige Dachfläche ist in der Regel glatt; doch wird sie bisweilen auch mit Rippen, die in regelmäßiger Verteilung in der Richtung von Erzeugenden angebracht werden, versehen (Fig. 129 °°); das Dach erhält alsdann das Ansehen eines Zeltdaches.

Wie Fig. 131 u. 133 zeigen, kommt auch bei Kegeldächern der in Art. 45 (S. 43) nochmals erwähnte Leistbruch mehrfach vor.

⁴⁹. Halbe Kegeldächer. In den gleichen Fällen, in denen halbe Zeltdächer zur Anwendung kommen (siehe Art. 43, S. 41), sind halbe Kegeldächer am Platze, sobald die betreffende Grundrißfigur einen Halbkreis bildet. Fig. 130 zeigt ein flaches und Fig. 132 °¹) ein steileres Dach dieser Art.

Fig. 131.   Fig. 132.   Fig. 133.

Vom Lotteriehaus
im Haag[91].

Vom Dom zu Cammin[92].
$^1/_{100}$ w. Gr.

Von einem Wohnhaus
zu Cessoy[99].

Ebenso, wie steile Zeltdächer derart umgebildet werden, daſs sie oben statt einer Spitze einen kurzen First aufweisen (siehe Art. 47, S. 48), können auch

*50.
Kegeldächer
mit First.*

Fig. 134.   Fig. 135.

Von einem Aussichtsturm bei Cilli[94].

Vom Wasserturm zu Amsterdam[95].
$^1/_{100}$ w. Gr.

[90] Faks.-Repr. nach: *Moniteur des arch.* 1880, 17. 4.
[91] Faks.-Repr. nach: Architektonische Rundschau 1889, Taf. 16.
[94] Faks.-Repr. nach ebendas. 1893, Taf. 82.
[95] Faks.-Repr. nach ebendas. 1889, Taf. 60.

Kegeldächer behandelt werden. Wie Fig. 134[94]) zeigt, hat man es alsdann mit einem hohen Satteldach zu thun, welches mit kegelförmigen Abwalmungen versehen worden ist (siehe Art. 39, S. 37).

4) Entwickeltere Formen der Turmdächer.

51.
Turmdächer
mit Graten.
Je nach dem Zweck, dem der betreffende Turm und das Turmdach im besonderen dienen; je nach dem Baustil und je nach dem Bestreben, den Turmbau und sein Dach reicher oder weniger reich zu schmücken; je nach der künstlerischen Auffassung und Neigung, welcher der betreffende Architekt gefolgt ist — hat sich in der Formgestaltung der Turmdächer eine grofse Mannigfaltigkeit ausgebildet. Namentlich haben in der deutschen Renaissance die Türme oder »Turmhelme« in der verschiedenartigsten Weise gebauchte und gestreckte Formen erhalten, die an sich willkürlich erscheinen und nur in ihrer malerischen Wirkung eine Berechtigung erhalten. Hier ist weder der Ort, noch gestattet es der Rahmen, in welchem sich das vorliegende Kapitel zu bewegen hat, die geschichtliche Entwickelung der verschiedenen Turmformen vorzuführen oder eine systematische Darstellung derselben zu versuchen. Deshalb sollen die reicher entwickelten Turmdächer an dieser Stelle nur in zwei grofse Gruppen geschieden werden: in solche mit und solche ohne Grate.

Turmdächer mit Graten entsprechen einer vieleckigen Grundrisform und besitzen entweder im wesentlichen nur ebene Dachflächen, oder es zeigen sich an ihnen auch gekrümmte Dachflächen, welche bisweilen mehrfachen Aus- und Einbiegungen des Daches ihr Vorhandensein verdanken.

52.
Turmdächer
ohne Grate.
Während die Turmdächer mit Graten den einfach pyramidal gestalteten Zeltdächern verwandt sind, zeigen Turmdächer ohne Grate mit den Kegeldächern insofern Ähnlichkeit, als beide Umdrehungskörpern angehören; sie nähern sich den unter d zu behandelnden sphärischen Dächern, und ihr Grundrifs entspricht wie bei diesen einem Kreise.

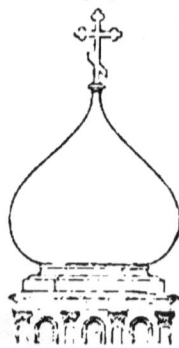

Fig. 136.

Von der Alexander-Kirche
bei Nowogeorgiewsk.
(*** w. Gr.*)

Wenn derartige Dächer — und zwar solche mit und ohne Grate — keine zu bedeutende Höhe haben, heifsen sie wohl auch Haubendächer. Viele derselben sind geschweifte Dächer mit karniesförmiger Profilgestalt, und man unterscheidet alsdann Glockendächer und Zwiebeldächer. Erstere sind im unteren Teile konkav und im oberen Teile konvex (Fig. 135[95]), letztere umgekehrt unten konvex und oben konkav gestaltet (Fig. 136).

Besitzt das Dach mehrfache Aus- und Einbiegungen, so nennt man es hier und da Kaiserdach oder wälsches Dach.

Zum Schlusse seien in Fig. 137 bis 140[96]) noch einige Beispiele von entwickelteren Turmhelmen hinzugefügt und im übrigen auf die beiden unten genannten Sammlungen[97]) verwiesen.

[94]) Faks.-Repr. nach: Architektonische Rundschau 1894, Taf. 7; 1876, Taf. 12.
[97]) Eine Zusammenstellung verschiedenartiger Turmformen enthalten die Werke:
SUTTER, C. Thurmbuch. Thurmformen aller Stile und Länder. Berlin 1888. — 2. Abth. 1895.
HANS, J. Tours et tourelles historiques de la Belgique. Brüssel 1881.

Fig. 137 bis 139**).

Pfarrthurm in Brünn [Madison]   Fassade in Wien ~ 1663

Thurmhelm der Seestkirche in Wien 17..

d) Kuppeldächer.

33.
Sphärische
Dächer.

Dem Begriff des Kuppelgewölbes entsprechend versteht man unter einem Kuppeldach in erster Reihe ein nach einem Kugel-
abschnitt geformtes oder sphäroidisch gestal-
tetes Dach; dabei erscheint die Dachfläche
entweder ganz glatt (Fig. 141[99]), oder sie ist
durch aufgelegte Rippen gegliedert und geziert Fig. 142 u. 143[99 u. 100]). Hat die Kuppel
eine geringe Höhe, so heißt sie Flachkuppel;
läuft sie oben in eine Spitze aus, so wird sie
Spitzkuppel genannt (Fig. 145[101]).

Wie einige der vorstehenden Beispiele
zeigen, wird das Kuppeldach häufig in seinem
Scheitel durch Aufsätze, Figuren, Kreuze etc.
geziert. Biswcilen werden noch größere Aufbauten aufgeputzt, wie z. B. in Fig. 144[102]), oder
es wird eine Laterne angeordnet (Fig. 150),
welche zur Erhellung, hier und da auch zur
Lüftung des unter der Kuppel befindlichen
Raumes dient.

Fig. 140[98]).

Dem Gesagten zufolge hat man es bei den bisher betrachteten Kuppeldächern mit Umdrehungskörpern zu thun, deren Erzeugende Viertelkreise,
andere Kreisbogen oder diesen ähnliche krumme Linien sind. Man hat aber
auch anders gestaltete Kurven, insbesondere geschweifte krumme Linien (wo-

Fig. 141.

Vom bosnischen Kaffeehaus zu Budapest[98]).

Fig. 142.

Vom *Franz-Deak*-Mausoleum zu Budapest[99]).

[98]) Faks.-Repr. nach: Architektonische Rundschau 1892, Taf. 9.
[99]) Faks.-Repr. nach ebendas. 1887, Taf. 1.
[100]) Faks.-Repr. nach ebendas. 1894, Taf. 17.
[101]) Faks.-Repr. nach: *Revue gén. de l'arch.* 1859, Pl. 35.
[102]) Faks.-Repr. nach: *La construction moderne,* Jahrg. 9, S. 101.

durch u. a. die sog. Glockendächer entstehen) als Erzeugende verwendet (Fig. 146 u. 147[105]).

Bei den seither betrachteten Kuppeldächern wurde ein kreisförmiger Grundrifs vorausgesetzt. Indes werden auch vielfach über Gebäuden, deren Grundform vieleckig gestaltet ist, Kuppeldächer errichtet; die einzelnen Dachflächen, aus denen sich das Gesamtdach zusammensetzt, gehören alsdann Cylinderflächen an und stofsen in nach aufsen konvex gekrümmten Gratlinien aneinander. Solche Kuppeldächer wirken am günstigsten, wenn der Grundrifs ein regelmäfsiges Vieleck bildet; keinesfalls darf eine der Grundrifsabmessungen die übrigen wesentlich überragen. Die Gestaltung solcher Dächer ist eine sehr mannigfaltige.

1) Das einfachste Kuppeldach dieser Art ist dasjenige über quadratischem oder rechteckigem Grundrifs; doch darf das Rechteck sich von der Quadrat-

54.
Kuppeldächer
über
vieleckigem
Grundrifs.

Fig. 143.

Von der Frankfurter Bank zu Frankfurt a. M.[100].

Fig. 144.

Vom Taubenhaus des Schlosses zu Usson[101].

form nicht zu sehr entfernen. Solche Dächer entstehen aus den in Art. 40 (S. 37) besprochenen Satteldächern mit cylindrischen Dachflächen und Abwalmungen, sobald die Anfallspunkte der beiden Walmflächen so nahe aneinander rücken, dafs die Firstlinie verschwindet. Wie jene Dächer, werden auch die in Rede stehenden Kuppeldächer häufig mit einer wagrechten Plattform versehen und in dieser Gestalt vielfach bei Profanbauten, zur Auszeichnung von Eckrisaliten, Eckpavillons etc., verwendet.

2) Sehr häufig wird das Kuppeldach über achteckigem Grundrifs verwendet. Fig. 148 u. 149[104 u. 105]) sind zwei Beispiele hierfür, die zugleich zeigen, dafs auch hier der Scheitel der Kuppel nicht selten durch Kreuze, Statuen etc.

---

[99] Faks.-Repr. nach: Zeitschr. f. Bauw. 1866, Bl. 1.
[100] Faks.-Repr. nach ebendas. 1861, Bl. 37.
[101] Faks.-Repr. nach ebendas. 1841, Bl. 10.

Fig. 145.

Vom Seminargebäude zu Kouba[16].

¹⁄... w. Gr.

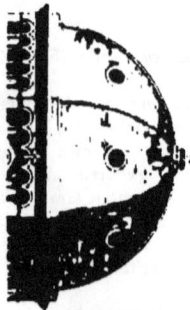

Fig. 148.

Von einem Mausoleum zu Wolfsberg[18].

¹⁄... w. Gr.

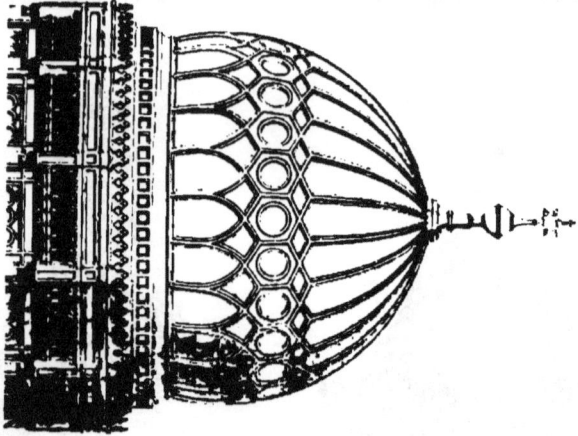

Fig. 147.

Von der Synagoge zu Berlin[18].

¹⁄... w. Gr.

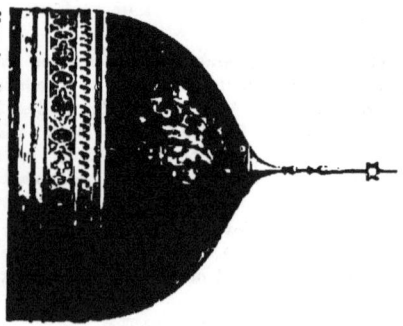

Fig. 146.

Vom israelitischen Tempel zu Czernowitz.

¹⁄... w. Gr.

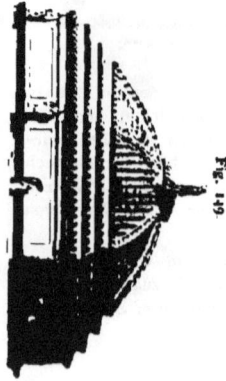

Fig. 149.

Von der Kirche San Giacomo zu Vicorato[19].

¹⁄... w. Gr.

Fig. 150.

Von der Kirche San Lorenzo zu Mailand[104].
$\frac{1}{200}$ w. Gr.

Fig. 151.

Fig. 152.

Von der Klosterkirche zu Ettal[105].
$\frac{1}{200}$ w. Gr.

Von der Kirche St. Augustin zu Paris[106].
$\frac{1}{300}$ w. Gr.

geziert wird. Dafs Dachlaternen nicht ausge-schlossen sind, ist aus Fig. 150[106]) zu ersehen, und dafs nicht gleichseitige Achteckformen eben-falls vorkommen, zeigt Fig. 153[109]).

3) Auch über Grundrifsformen von noch gröfserer Seitenzahl werden Kuppeldächer er-richtet, und zwar ebenso bei kirchlichen, wie bei Profanbauten. Fig. 151[107]) zeigt ein 12 sei-tiges, Fig. 152[108]) ein 16 seitiges, Fig. 154[110]) ein 24 seitiges und Fig. 155[111]) ein 36 seitiges Kuppel-dach. Bei Kuppeldächern von bedeutender Seitenzahl werden die Grate nahezu unsichtbar; die Kuppel erhält fast die Form eines Um-drehungskörpers.

4) Bei den unter 1 bis 3 vorgeführten Bei-spielen bildete die Umrifslinie der einzelnen Dachflächen einen Kreisbogen oder eine andere stetig gekrümmte Linie. Es sind aber auch an-ders geformte Dachflächen gewählt worden, wie die Beispiele in Fig. 156[112]) u. 157[113]) zeigen.

Fig. 153.

Vom Kurhaus zu Monte Carlo[106]).

Fig. 154.

Vom Lokomotivschuppen auf dem Centralbahnhof zu Magdeburg[110]).
¹/₄₀₀ w. Gr.

Fig. 155.

Vom Gasometer-Gebäude der dritten Gasanstalt zu Dresden[111]).
¹/₄₀₀ w. Gr.

[106]) Faks.-Repr. nach: Zeitschr. f. Bauw. 1860, Bl. 31.
[107]) Faks.-Repr. nach ebendas. 1890, Bl. 26.
[108]) Faks.-Repr. nach: Nouv. annales de la constr. 1872, Pl. 36.
[109]) Faks.-Repr. nach: Architektonische Rundschau 1895, Taf. 2.
[110]) Faks.-Repr. nach ebendas. 1870, Bl. 25.
[111]) Faks.-Repr. nach: Zeitschr. d. Arch.- u. Ing.-Ver. zu Hannover 1881, Bl. 858.
[112]) Faks.-Repr. nach: Architektonische Rundschau 1894, Taf. 11.
[113]) Nach: Daly, a. a. O., Bd. 2, D. 17. 9.

57

Fig. 156.   Fig. 157.

Von einem Eckpavillon des Belvedere zu Wien[119].
$^1/_{200}$ w. Gr.

Von einem Pavillon zu St.-Cloud[119].
$^1/_{200}$ w. Gr.

Bisweilen bringen es der Zweck und die diesem angepaſste Grundriſsanordnung des betreffenden Gebäudes mit sich, daſs ein Teil des Daches über die übrigen Teile desselben hoch gehoben werden muſs, meistens im Interesse

55. Kuppeln mit gegliederten Dachflächen.

Fig 158.

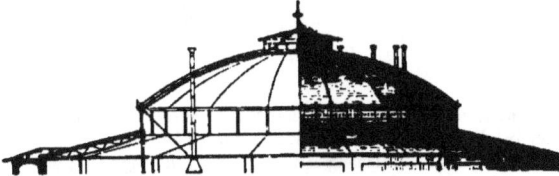

Von den Lokomotivschuppen der Schneidemühl-Dirschauer Eisenbahn[111].
$^1/_{200}$ w. Gr.

Fig. 159.

Von einem Lokomotivschuppen zu Moskau[111].
$^1/_{200}$ w. Gr.

[111] Fahr.-Repr. nach: Schmitt, E. Bahnhöfe und Hochbauten auf Locomotiv-Eisenbahnen. Theil II. Leipzig 1887. Taf. VIII u. IX.

der Erhellung; alsdann entstehen gegliederte Dachflächen. In Fig. 158[114]) u. 159[114]) wird der mittlere Teil des Gebäudes durch ein Kuppeldach abgedeckt, während sich über den äufseren, ringförmig gestalteten Teilen ein Kegeldach erhebt.

56.
Halbe
Kuppeldächer.
Über Kirchenchören und anderen apsidenartig vorspringenden Bauteilen erheben sich, wie in Art. 43 (S. 41) u. 49 (S. 49) bereits gesagt worden ist, nicht selten halbe Zelt- und Kegeldächer. In den gleichen Fällen können aber auch halbe Kuppeldächer Anwendung finden.

e) Zusammengesetzte und reicher gegliederte Dächer.

57.
Zusammen-
gesetzte
Dächer.
Die bisher vorgeführten Dachformen erhoben sich über Gebäuden mit ganz einfacher Grundrifsform. So häufig auch derartige Bauwerke vorkommen, so hat es der Architekt wohl ebenso oft mit Anlagen von weniger einfacher Grundrifsgestalt zu thun. Namentlich sind Dächer über Grundrissen, die sich aus mehreren Rechtecken zusammensetzen, nichts Seltenes; sie entstehen durch

Fig. 160[116]). Fig. 161[116]). Fig. 162[115]).

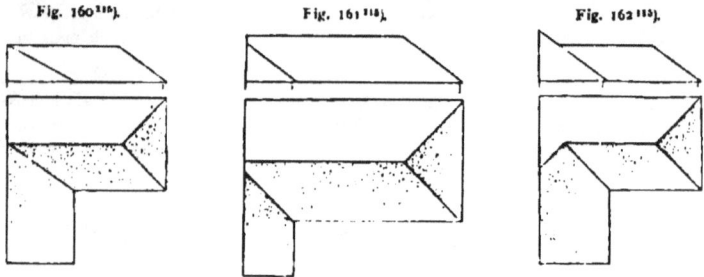

seitliche Anbauten, durch Hof- und Seitenflügel, durch sonstige vorspringende Gebäudeteile, bei Eckhäusern, bei Gebäuden mit Höfen etc.

Der einfachste Fall ist alsdann derjenige des L-förmigen Grundrisses, den man auch als »Wiederkehr« zu bezeichnen pflegt. In Fig. 160 bis 165[116]) ist für verschiedene Anlagen dieser Art die Dachausmittelung in Grund- und Aufrifs dargestellt; dabei sind bald Sattel-, bald Pultdächer, hier und da auch Abwalmungen vorgesehen worden. Aus diesen Abbildungen geht ohne weiteres hervor, dafs nunmehr nicht blos Firste und Grate, sondern auch Kehlen, in zwei Fällen (Fig. 162 u. 165) auch Verfallungslinien entstehen. Das Aussehen eines Daches, welches der Ausmittelung in Fig. 163 entspricht, ist aus Fig. 170[116]), ein solches nach Fig. 165 aus Fig. 171[117]) zu ersehen.

An die Dächer mit Wiederkehr reihen sich zunächst diejenigen über L-förmigen Grundrissen an. Für vier einschlägige Fälle zeigen Fig. 166 bis 169[115]) die zugehörigen Dachausmittelungen, und es ist hier, wie bei den vorhergehenden Dachanlagen vorausgesetzt, dafs sämtliche Dachflächen gleiche Neigung haben[118]). Naturgemäfs müssen bei solchen Grundrifsformen ebenfalls Kehlen sich ergeben, unter Umständen auch Verfallungslinien (Fig. 168).

[114]) Faks.-Repr. nach: Kaytin, Th. & F. S. Meyer, Das Zimmermannsbuch, Leipzig 1893. S. 164 u. 165.
[115]) Faks.-Repr. nach: Savvaget, a. a. O., Pl. 200.
[116]) Faks.-Repr. nach ebendas., Pl. 196.
[117]) In der Sprache des Zimmermanns heifst dies wohl auch, dafs das Dach mit »Dachverfüllung« auszuführen sei.

— 59 —

Die Ansicht eines hier einzureihenden Daches gewährt Fig. 172 [119]).
Eine Dachverfallung gewährt ein wenig schönes Aussehen und erschwert
auch die Dachstuhlkonstruktion. Man vermeidet sie deshalb gern und ist bisweilen schon beim Gestalten des Grundrisses darauf bedacht, daß keine Ver-

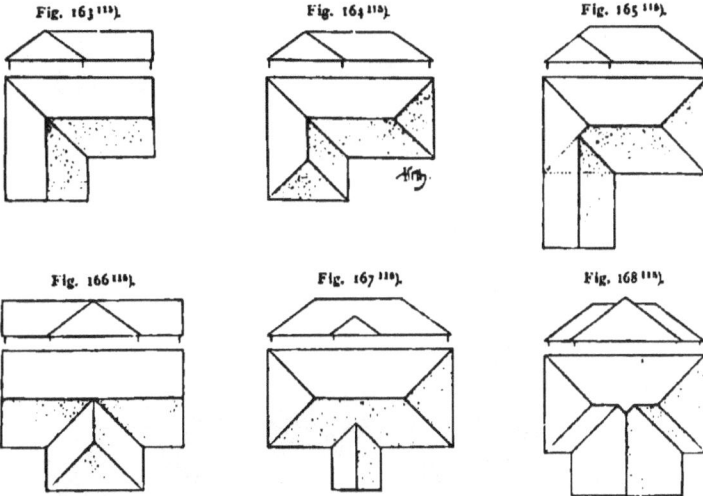

Fig. 163 [119]).

Fig. 164 [119]).

Fig. 165 [119]).

Fig. 166 [119]).

Fig. 167 [119]).

Fig. 168 [119]).

fallungen entstehen. Man kann letztere auch dadurch umgehen, daß man die
Dachneigungen etwas abändert oder die Trauflinien einzelner Dachteile höher
legt, als die der übrigen (Fig. 173 u. 174). Ein weiteres Mittel zur Abhilfe besteht in geeigneten Fällen darin, daß man die Dachflächen des Hauptgebäude-
teiles über Nebenteile, Vorsprünge etc. überschießen läßt, also für letztere die
Trauflinie tiefer legt; oder aber, daß man
die betreffende Umfassungswand des Gebäudes erhöht und eine Dachfläche bis
gegen dieselbe fortsetzt, daß man also
gleichsam einen nicht vorhandenen Gebäudeteil fortsetzt.

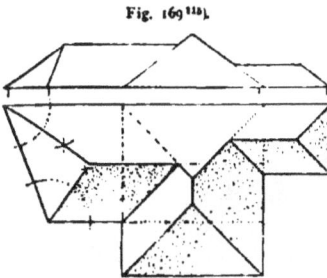

Fig. 169 [119]).

Bei noch verwickelteren Grundrißformen kommen neue Erscheinungen nicht
zu Tage; die Verschneidung der einzelnen
Dachteile miteinander läßt sich jedesmal
entweder auf den L- oder auf den T-förmigen Grundriß zurückführen (Fig. 175
bis 177).

Bezüglich der Dachverfallungen zeigt sich hier naturgemäß derselbe Miß-
stand wie vorhin erwähnt wurde, und man hat die gleichen Mittel anzuwenden,

[119]) Faks.-Repr. nach: Duly, a. a. O., Section 3. Pl. 7.

wenn man sie umgehen will. Hiernach zeigen Fig. 178 bis 180[121]) drei verschiedene Dachausmittelungen für denselben Grundrifs.

Auch bei Gebäuden, welche Hofräume in sich schliefsen, zeigen sich die gleichen Erscheinungen wie vorher. Fig. 181 bis 186[122]) bieten einige Beispiele hierfür.

Kleine Abweichungen entstehen, wenn an Gebäudeecken Abschrägungen vorgenommen werden, sei es an den aufsen gelegenen Ecken, sei es in den

Fig. 170.

Von einer Villa zu Houlgate[116]).

Ecken der etwa vorhandenen Hofräume (Fig. 187 bis 189[122]), oder wenn die Dachneigungen nicht durchwegs die gleichen sind (Fig. 192[122]).

Will man bei den seither betrachteten Grundrifsformen alle Grate und Kehlen vermeiden, so ersetze man, wo dies angeht, das zusammengesetzte Dach durch ein einfaches Satteldach, wie Fig. 190 bis 191[123]) zeigen; die beiden Dachsäume haben im Grundrifs eine abgetreppte Form, und die einzelnen Teile derselben sind in verschiedener Höhe gelegen. Man nennt solche Anlagen wohl auch eingeschnittene Dächer.

Setzt sich der Gebäudegrundrifs nicht mehr, wie seither angenommen,

Fig. 171.

Von einer Villa zu Chaumes[117]).

im wesentlichen blos aus Rechtecken zusammen, sondern kommen auch schiefwinkelige Anschlüsse von Flügelbauten etc. vor, so entstehen ansteigende Firstlinien, unregelmäfsig geformte und selbst windschiefe Dachflächen. Im vorhergehenden ist mehrfach gesagt worden, dafs derartige Erscheinungen ein unschönes Ansehen gewähren und die Konstruktion des Dachstuhles erschweren,

Fig. 172.

Vom Pförtnerhaus des Schlosses zu Bethmont[118]).

[116]) Faks.-Repr. nach: *Carpentry and building*. Bd. 16, S. 61.
[117]) Faks.-Repr. nach: HITTENKOFER, Dachausmittelungen etc. Leipzig 1873. Taf. 1, 2, 3, 4, 5, 6, 8, 13.

Fig. 173.   Fig. 174.

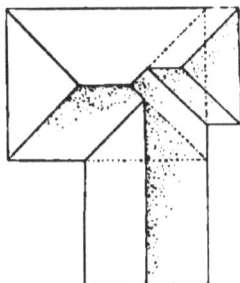 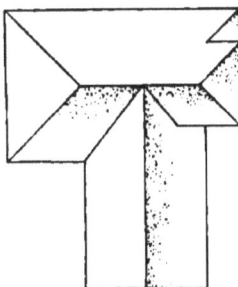

dafs man sie aus diesen Gründen gern vermeidet. Die hierfür zu Gebote stehenden Mittel wurden zugleich angegeben und sind auch hier zur Anwendung zu
bringen. So ist z. B. in Fig. 195 [112]) für einen einschlägigen Grundrifs die regel-
rechte Dachausmittelung mit einer ansteigenden Firstlinie und zwei windschiefen

Fig. 175.

Fig. 176. $^1/_{200}$ w. Gr.

Von einem Landhaus zu Nassandres [114]).

[112]) Faks.-Repr. nach: KRAUTH &,MEYER, a. a. O., S. 165.
[114]) Faks.-Repr. nach: SAUVAGEOT, a. a. O., Pl. 188 u. 189).

Fig. 177 [122].

Fig. 178.   Fig. 179.   Fig. 180 [121].

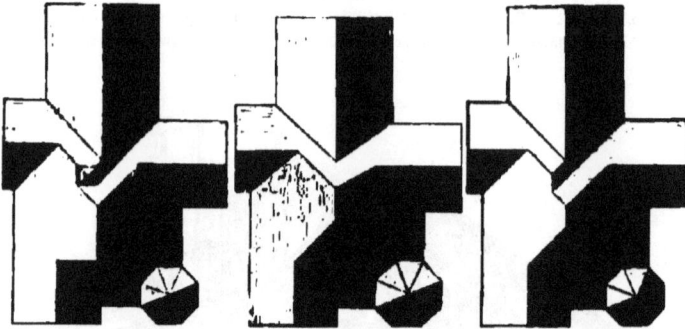

Fig. 181 [117].   Fig. 182 [118].   Fig. 183 [119].

Fig. 184 [120].   Fig. 185 [126].

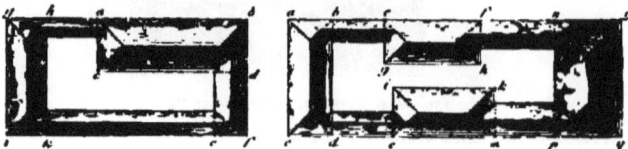

Fig. 186 [110].

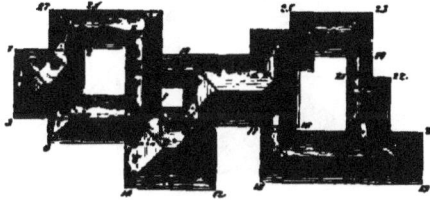

Fig. 187 [111].

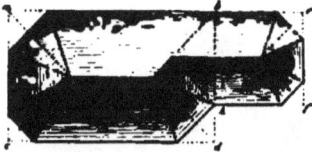

Fig. 188 [112].

Fig. 189 [113].

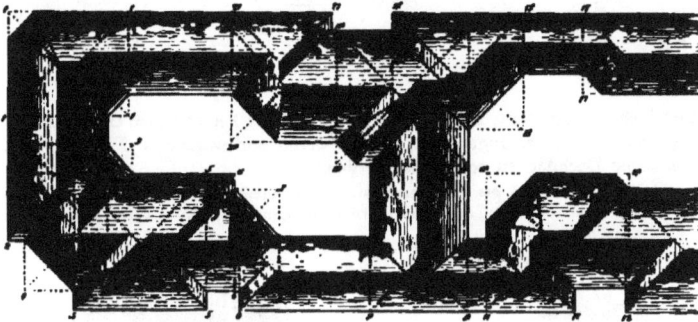

Fig. 190 [114].

Fig. 191 [115].

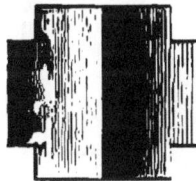

Fig. 192[128]).

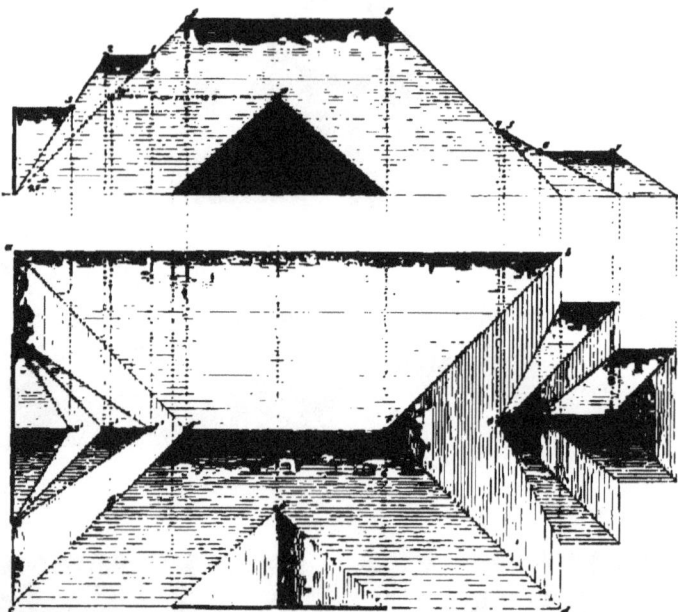

Dachflächen dargestellt; in Fig. 196[128]) hingegen ist bei gleichem Grundrifs eine wagrechte Plattform angeordnet, mittels deren nur wagrechte Firstlinien und blos ebene Dachflächen notwendig werden.

In Fig. 196 ist auch das vorhin angedeutete Auskunftsmittel angewendet, um die Dachkonstruktion zu vereinfachen. Auf der linken Grundrifsseite springt ein kleiner Gebäudeteil vor; über

Fig. 193[128]).

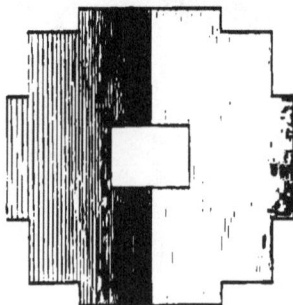

Fig. 194[128]).

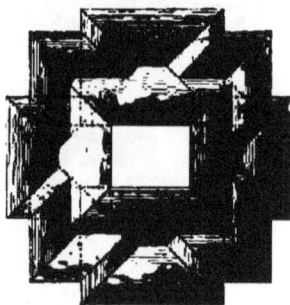

Fig. 195[118]. Fig. 196[119].

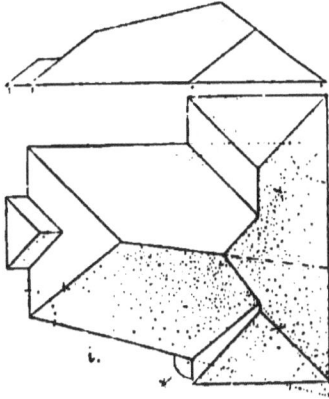
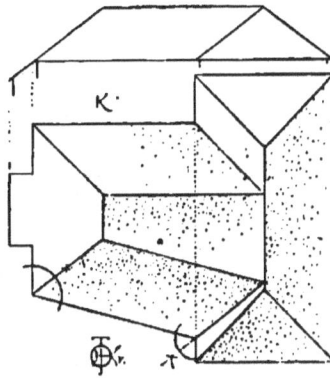

diesen ist die benachbarte Walmfläche fortgesetzt, wobei alsdann an diesem Gebäudevorsprung die Trauflinie tiefer gelegen ist.

Schliefslich sei noch des nicht selten vorkommenden Falles gedacht, dafs das Durchführen einer stetig geneigten Dachfläche dadurch unmöglich gemacht wird, dafs längs kürzerer Strecken — wie in Fig. 197 bei *ab* und *cd* — infolge

Fig. 197.

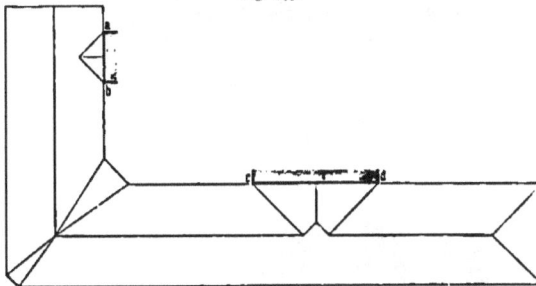

Fig. 198[119]. Fig. 199[119].

von angrenzenden Nachbargebäuden oder aus sonstigen Gründen der Wasser-
abfluß nach einer anderen Richtung geleitet werden muß. Alsdann werden in

Fig. 200 ¹⁹⁹).

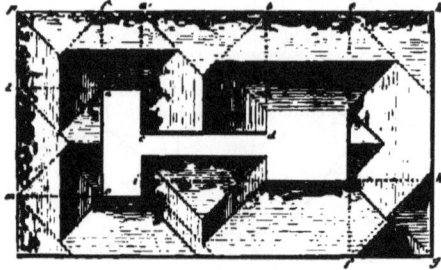

Fig. 201 ¹⁹⁹).

Fig. 202 ¹⁹⁹).

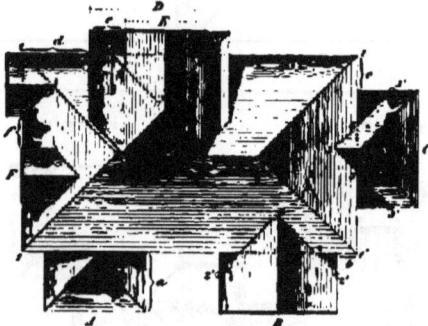

der Regel kleine Satteldächer eingeschaltet, welche an den fraglichen Strecken
ihren Giebelabschluß finden. Drei verwickeltere Anlagen zeigen Fig. 198 bis
200 ¹⁹⁹).

Bei allen seither in das Auge gefafsten Dachanlagen wurde fast aus-nahmslos vorausgesetzt, dafs die Trauflinien sämtlicher Dachflächen in gleicher Höhe gelegen sind. Man kann aber das Dach auch in anderem Sinne aus-bilden; man kann zunächst, wie schon früher angedeutet wurde, bei einzelnen

*34.
Reicher
gegliederte
Dächer.*

Fig. 203.

Fig. 204.

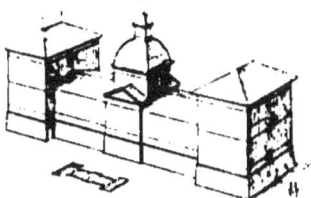
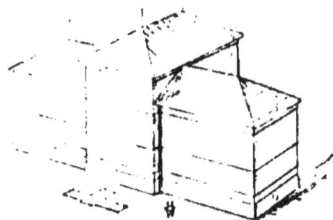

Fig. 205.

Fig. 206.

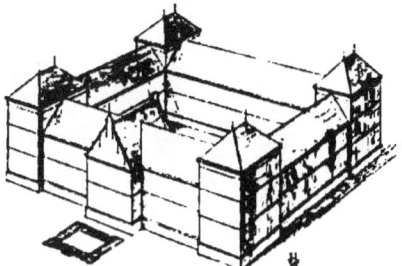

Fig. 207.

Fig. 208.

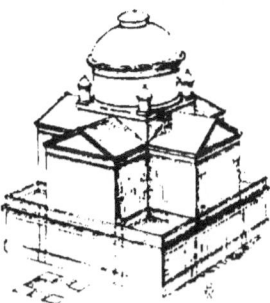
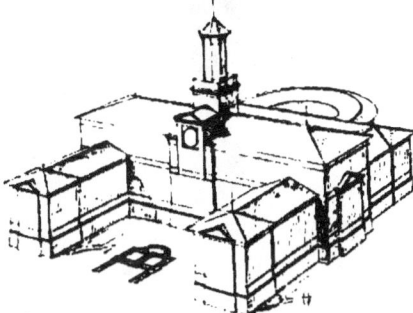

Teilen des Gebäudes den Dachsaum höher legen als bei den anderen. Fig. 201 u. 202 [15]) liefern zwei einschlägige Beispiele.

In Fig. 201 dringen in das Hauptdach *i i i i* die 3 kleineren Dächer *A, B* und *C* mit einem überhöhten Dachsaum ein. Für das Dach *A* liegt der Dachsaum um das Mafs *a* höher, als der be-nachbarte Dachsaum *i i* des Hauptdaches etc.

In Fig. 208 liegen die Dächer *A*, *B* und *C* um die bezw. Längen *a*, *b* und *c* tiefer als das Dach über dem Rechteck *1 1 1 1*, hingegen die Dächer *D*, *E* und *F* um die bezw. Längen *d*, *e + d* und *f* höher als der Dachsaum desselben Rechteckes.

Fig. 209.

Fig. 210.

Privathaus zu Frederiksborg [10].

Man kann aber auf gleichem Wege noch etwas weiter gehen, indem man einzelnen Teilen des Gebäudes eine gröfsere Höhe giebt, als den übrigen:

sei es, dafs aus inneren Gründen einzelne Teile des Gebäudes eine gröfsere Zahl von Geschossen erhalten, als die übrigen;

[10] Faks.-Repr. nach: VIOLLET-LE-DUC, E. & F. NARJOUX, *Habitations modernes* etc. Paris 1874—75. Pl. 60 u. 67.

Fig. 211.

Fig. 212.

$^{1}/_{300}$ w. Gr.

Landhaus zu Ingouville[199]).

[199]) Faks.-Repr. nach ebendas., Pl. 119 u. 120.

sei es, dafs man die verschiedenen Zwecke, denen die einzelnen Gebäudeteile zu dienen haben, dadurch zum Ausdruck bringt, dafs man sie in ungleicher
Höhe ausführt und jeweilig mit besonderem Dache abschliefst;

Fig. 213.

Fig. 214.

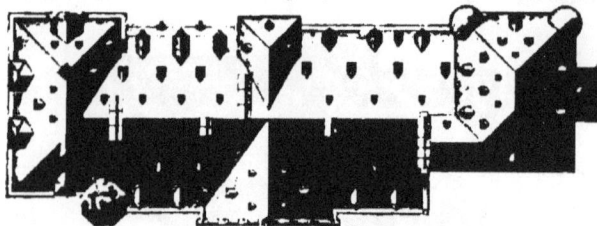

Schluß zu Wespelaer[1]).
Läu. w. Gr.

sei es endlich, dafs man eine lebendigere Gruppierung der Massen eines
Bauwerkes, eine wirksamere und kennzeichnendere Krönung desselben dadurch
erreichen will, dafs man jeden bedeutenden Raum, bezw. jede bedeutende Raum-
gruppe desselben im Dache auszeichnet.

[1] Faks.-Repr. nach: Beyaert. II. *Travaux d'architecture etc.* Brüssel.

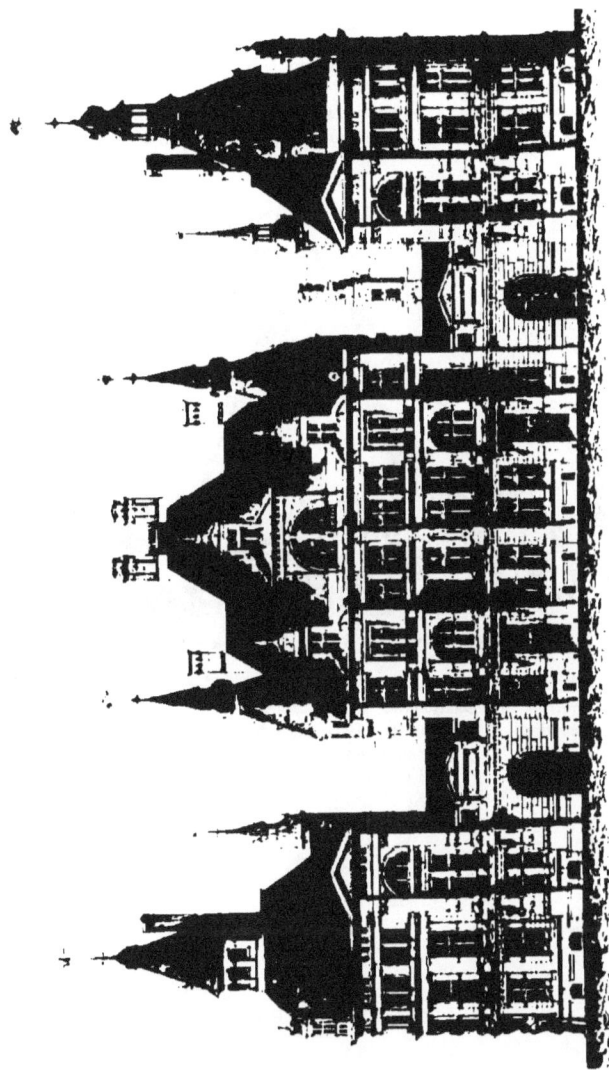

Fig. 213.

Nationalbank zu Antwerpen [107].

¹⁄₁₀₀ w. Gr.

Hier kann nicht der Ort sein, diesen Gegenstand weiter zu verfolgen; hiervon wird in Teil IV, Halbband I (Abt. I, Abschn. 3, Kap. 3, b, 2: Dachbildung) dieses »Handbuches« noch eingehender die Rede sein. Indes seien hier in Fig. 203 bis 208 einige Dachzusammensetzungen vorgeführt, die teils durch die

Fig. 216.

Dachausmittelung zu Fig. 215 [187]. — $^1/_{600}$ w. Gr.

Mannigfaltigkeit der Grundrifsform, teils durch die Verschiedenheit der Höhe, in welcher mittels der Dachfläche der Gebäudeabschlufs zu bewirken ist, hervorgerufen werden. Einige andere Beispiele, denen zugleich die betreffenden Dachausmittelungen beigefügt sind, zeigen Fig. 209 bis 216.

E. Dachstuhl-Konstruktionen.

Von Theodor Landsberg.

24. Kapitel.

Dachstühle im allgemeinen.

a) Einleitung.

Die Aufgaben, welche die Dächer zu erfüllen haben, wurden bereits in Art. 1 (S. 1) angegeben. Vom konstruktiven Standpunkte aus ist dem dort Gesagten hinzuzufügen, daſs die Dächer auch allen auf sie einwirkenden Kräften gegenüber genügend standfest sein müssen; insbesondere sind bei steilen Dächern die Windkräfte sicher durch die Dächer auf die Seitenmauern und durch diese in die Fundamente zu überführen. Die Erfüllung aller dieser Aufgaben bedingt einen möglichst genauen Anschluſs der Dachkonstruktion an die Grundform des zu überdeckenden Raumes.

Die Hauptteile der Dächer sind:

a) Die Dachbinder; diese sind die Hauptträger der Dachkonstruktion.

b) Die Zwischenkonstruktionen; zu diesen gehören:

1) die Pfetten oder Fetten,

2) die Sparren,

3) der Windverband und

4) die Dachdeckung nebst Dachlatten, bezw. Sprossen, letztere nur bei der Glasdeckung.

Über die verschiedenen Formen der Dächer und die dadurch bedingte Einteilung derselben ist im vorhergehenden Kapitel das Erforderliche gesagt worden. Man kann aber auch die Dächer noch nach anderen Gesichtspunkten einteilen.

a) Nach der Form des senkrecht zur Längsachse des Daches genommenen Querschnittes kann man unterscheiden:

1) Dreieckdächer — der Querschnitt bildet ein Dreieck (Pult- und Satteldächer).

2) Drempel- oder Kniestockdächer — der Querschnitt bildet ein Fünfeck; der lotrechte Teil braucht nicht an beiden Seiten gleich hoch zu sein; er kann sogar an der einen Seite Null sein (siehe Art. 6, S. 5).

3) Mansardendächer — die Dachfläche ist jederseits einmal gebrochen; aber die unteren Seiten der beiden Dachflächen sind nicht lotrecht (siehe Art. 19, S. 15). Beim Drempel- oder Kniestockdach reicht das Dach gewöhnlich um die Höhe der Drempelwand zwischen die gemauerten Seitenwände hinab, während das ganze Mansardendach frei über die Seitenmauern aufgeführt wird.

4) Cylinder- oder Tonnendächer — der Querschnitt der eigentlichen Dachfläche ist eine krumme Linie, die Dachfläche also eine Cylinderfläche; die krumme Linie kann ein Kreis, eine Ellipse, eine Parabel, auch wohl ein Korbbogen sein (siehe Art. 29 ff., S. 29 ff.).

b) Nach der Unterstützungsart der Binder teilt man die Dächer ein in:

1) Balkendächer. Durch lotrechte Belastungen werden nur lotrechte Drücke auf das Mauerwerk übertragen und von diesem nur lotrechte Auflagerdrücke auf die Binder. Damit diese (günstige) Wirkung eintrete, muß eines der beiden Binderauflager in der wagrechten Linie beweglich sein.

2) Sprengwerksdächer. Die lotrechten Belastungen des Daches rufen schiefe Auflagerdrücke hervor. Dieser Fall tritt ein, wenn beide Auflager fest oder in ihrer gegenseitigen Entfernung gewissen Beschränkungen unterworfen sind.

3) Auslegerdächer oder überhängende Dächer. Die Dächer sind nur an einer Seite unterstützt, müssen aber nicht nur wagrecht unterstützt, sondern auch verankert sein.

c) Nach dem verwendeten Baustoff ergeben sich:

1) Holzdächer. Sowohl Binder, wie Pfetten und Sparren sind aus Holz hergestellt.

2) Holzeisendächer. Die Binder bestehen zum Teil aus Holz, zum Teil aus Eisen.

3) Eiserne Dächer. Die Binder sind aus Eisen hergestellt. Dann sind meistens die Pfetten gleichfalls aus Eisen. Aber auch wenn die Pfetten bei Dächern mit Eisenbindern aus Holz hergestellt sind, rechnet man die Dächer zu den eisernen.

61. Einfluß des Baustoffes.

Die Verschiedenheit des Baustoffes hat auch Verschiedenheiten in der Konstruktion zur Folge.

Schweißeisen und Flußeisen sind gewissermaßen ideale Baustoffe; sie ertragen bei richtiger Konstruktion gleich gut Zug, wie Druck, sind sehr zuverlässig, gestatten, die Querschnitte genau dem Bedürfnis entsprechend zu bilden, ermöglichen einfache und klare Verbindung der Stäbe miteinander und dadurch einfache, klare Berechnung. Da die Größe der Querschnitte für die einzelnen Stäbe praktisch nahezu unbegrenzt ist, so kann man Eisendächer bis zu außerordentlich großen Weiten (die Maschinenhalle in Paris 1889 hatte 110,64 ᵐ und die Industriehalle in Chicago 1893 112,17 ᵐ Stützweite) herstellen; die erwähnte gute Verbindungsfähigkeit der Stäbe gestattet, im Verein mit der großen Tragfähigkeit der Pfetten, Anordnungen, bei welchen die Konstruktion beliebige Räume frei läßt, so daß man die Räume ganz nach Bedarf ausbilden kann. Allerdings hat sich herausgestellt, daß die Feuersicherheit der eisernen Dächer nicht so groß ist, wie man ursprünglich erwartet hatte; bei großen Bränden haben die eisernen Dächer nicht Stand gehalten. Gußeisen ist für die Herstellung von Baukonstruktionen, also auch von Dachbindern, nicht geeignet; es ist zu spröde und unzuverlässig. Für einzelne Teile (Lager u. dergl.) wird es aber mit Vorteil verwendet.

Das Holz ist als Baustoff bei weitem nicht so günstig wie das Schweißeisen und Flußeisen. Es erträgt Druck ganz gut, Zug weniger; insbesondere ist die Übertragung des Zuges an den Verbindungsstellen der Stäbe nicht leicht und sicher durchführbar. Die Abmessungen der Querschnitte erreichen bald die praktische Grenze, so daß, wo es sich um größere Dächer handelt, das Zerlegen in Einzelkonstruktionen wünschenswert wird. Da aber die Verbindungsfähigkeit der Stäbe gering ist, so ist dieses Zerlegen schwierig; infolgedessen eignet sich Holz für große Dächer nicht. Infolge der eigenartigen Knotenpunktsbildung ist auch das Fachwerk hier nicht so klar, wie es sein sollte; die geometrische Bestimmtheit des Fachwerkes verlangt Dreieckkonstruktion, d. h. für jedes Viereck eine Diagonale. Dies ist aus dem angegebenen Grunde und wegen der meist verlangten Ausnutzung der Dachräume schwer erfüllbar und selten erfüllt. Man ersetzt diesen Mangel durch Eckdreiecke, Kopf- und Fußbänder.

Auch die Auflagerung der Holzdachbinder ist nicht so klar, wie diejenige der Eisendächer. Bewegliche Auflagerung auf der einen Seite ist bei ihnen schwer erreichbar; das berechtigte Bestreben, die Mittelwände der Gebäude als Stützpunkte zu benutzen, führt zu eigenartigen Binderanordnungen.

Für große Weiten verwendet man deshalb statt der rein hölzernen Dächer vielfach gemischte Holzeisendächer, bei welchen die gedrückten Stäbe aus Holz, die Zugstäbe aus Eisen und die Knotenpunkte mit Zuhilfenahme des Eisens hergestellt sind.

Indes muß bemerkt werden, daß sich gut konstruierte Holzdächer aus früheren Jahrhunderten gut bewährt haben, so daß auch heute noch für die Holzdächer ein weites Verwendungsgebiet offen ist; selbst die Feuersicherheit derselben ist wenig geringer als diejenige der Eisendächer.

Wegen der geringen Tragfähigkeit der Holzpfetten kann man bei Holzdächern die Dachbinder nicht in großen Abständen anordnen.

b) Anordnung der Hauptkonstruktionsteile.

Die Binder tragen die Pfetten; letztere tragen die Sparren mit der Dachdeckung. Die Anordnung der Binder ist bestimmend für die ganze Konstruktion; sie ist verschieden bei Satteldächern, Walm- und Zeltdächern und den Dächern über Gebäuden mit Seitenflügeln, Vor- und Rücksprüngen. Die Pfetten laufen fast ausnahmslos, jedenfalls in der Regel, parallel zur Traufe, sind demnach wagrecht.

1) Bei Sattel- und Pultdächern werden die Binder im Grundriß möglichst winkelrecht zur Längsachse des Daches angeordnet, parallel der kleineren Abmessung der rechteckigen Grundfläche. Die Windverstrebung wird in Ebenen verlegt, welche den Dachflächen parallel laufen. Für die in der Binderebene wirkenden Kräfte ist jeder Binder stabil.

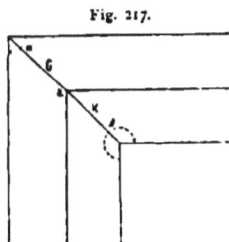

2) Bei Gebäuden mit Walmdächern, Seitenflügeln, Vor- und Rücksprüngen ergeben sich, wie im vorhergehenden Kapitel gezeigt wurde, Grate und Kehlen, wo sich benachbarte Flächen schneiden (Fig. 217).

In die Grate sowohl, als auch in die Kehlen müssen sog. Grat- bezw. Kehlsparren gelegt werden, gegen welche sich die Sparren dieses Teiles der Dachfläche setzen oder, wie der Kunstausdruck heißt, »schiften«. Die betreffenden Sparren heißen Schiftsparren.

Bei den Holzdächern werden die Grat- und Kehlsparren von den Pfetten getragen, ganz ähnlich, wie die anderen Sparren. Die Pfetten müssen genügend unterstützt sein, sei es durch Binder, sei es an einzelnen Punkten durch besondere Pfosten. Der Punkt, in welchem zwei Gratsparren, zwei Kehlsparren oder ein Kehl- und ein Gratsparren einander treffen, muß besonders sicher gestützt sein (Punkt a in Fig. 217; laut Art. 3 (S. 3) heißen diese Punkte Anfallspunkte.

Fig. 217.

6?.
Sattel-
und
Pultdächer.

6).
Walmdächer,
Seitenflügel
etc.

Der einfachste Fall ist der eines Walmdaches über rechteckiger Grundfläche; bei gleicher Dachneigung halbieren die Grate im Grundriſs die Eckwinkel; die Unterstützung der Anfallspunkte *a* erfolgt zweckmäſsig durch besondere Anfallsbinder B_1, B_1 (Fig. 218), welche die Last der Gratsparren aufnehmen. Zwischen diesen Anfallsbindern ist dann die Dachkonstruktion ein

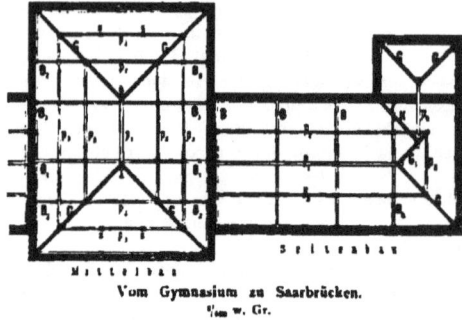

Fig. 218.

Vom Gymnasium zu Saarbrücken.
$\frac{1}{300}$ w. Gr.

gewöhnliches Satteldach. Die Pfetten laufen parallel den vier Seitenmauern, treffen sich in den Graten und werden hier durch besondere Binder oder durch Stiele unterstützt.

Ein Beispiel für die Anordnung des Daches mit Kehlen und Graten zeigt Fig. 218.

Fig. 219.

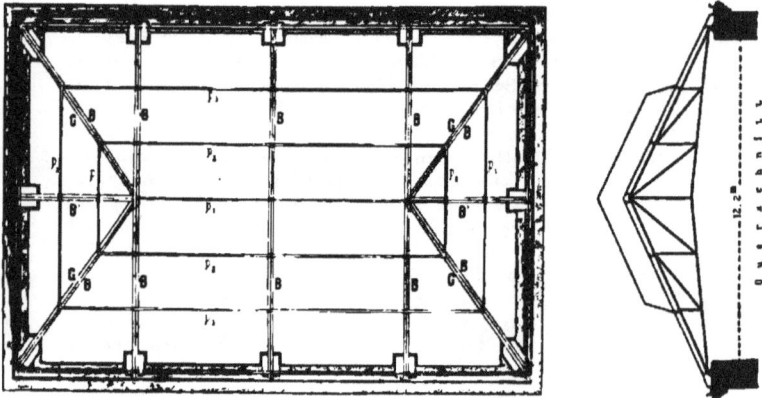

Grundriſs

Längsschnitt

Vom Land- und Amtsgerichtshaus zu Hannover.
$\frac{1}{300}$ w. Gr.

Der Mittelbau ist durch ein besonderes Walmdach überdeckt, welches mit dem anderen Dache in keiner Verbindung steht. G, G sind die Grate; a, a sind die Anfallspunkte; B_1, B_1 sind die Binder für die Anfallspunkte; p_1 ist die Firstpfette; p_2, bezw. p_3 sind herumlaufende Pfetten. Die Eckpunkte, in denen sich die Pfetten p_2 treffen, sind durch die Binder B_2, die Eckpunkte, in denen sich die Pfetten p_3 treffen, sind durch besondere Stiele unterstützt; da die Pfette p_3 im Seitenwalm sehr lang ist, so sind noch weitere Stiele (s in Fig. 218) zur Stützung dieser Pfetten verwendet.

Der Seitenbau zeigt einen anschließenden, abgewalmten Flügel von geringerer Breite, als der Hauptbau aufweist; G, G sind wiederum die Grate; K ist die Kehle; p_1, p_2 und p_3 sind die Pfetten. Da der Flügel schmaler ist, als der Seitenbau, so liegen die Firste verschieden hoch, und es läuft ein Grat, also auch ein Gratsparren G_1 von der Höhe des einen Firstes zu derjenigen des anderen. Die Pfetten des Seitenbaues werden durch drei Binder getragen, deren einer unter den Anfallspunkt gelegt ist; die Ecken der herumlaufenden Pfette p_3 werden durch Stiele unterstützt; die Gratsparren und der

Fig. 220.

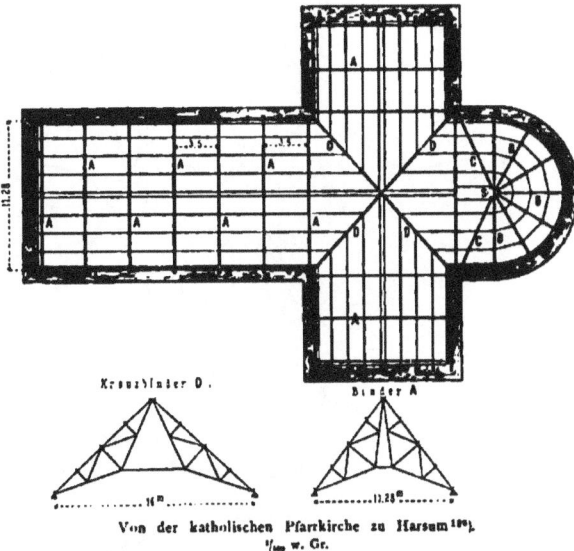

Kreuzbinder D .   Binder A

Von der katholischen Pfarrkirche zu Harsum[109].
$^1/_{100}$ w. Gr.

Kehlsparren ruhen auf den Pfetten und dem Anfallsbinder B_a; die Gratsparren des Seitenflügels endlich finden ihr oberes Auflager auf der etwas über die tragende Mauer verlängerten Firstpfette p_1.

Bei den eisernen Dächern werden unter den Graten, bezw. Kehlen besondere Grat-, bezw. Kehlbinder angeordnet, welche den Pfetten in ihren Endpunkten die erforderliche Stützung gewähren. Auch hier muß der Punkt, in welchem die Grat- oder Kehlbinder einander treffen, der Anfallspunkt, besonders sorgfältig unterstützt werden; zweckmäßig geschieht dies auch hier durch besondere Anfallsbinder.

Wenn die schmale Seite des Rechteckes im Grundriß so lang ist, daß sich die Pfetten nicht von dem einen Gratbinder zum anderen frei tragen können, so bringt man noch halbe Binder B', B' (Fig. 219) an; unter Umständen noch weitere Binder zwischen B' und der Ecke.

Beispiele solcher Anordnungen zeigen Fig. 219 u. 220.

In Fig. 219 ist das Dach zwischen den Anfallsbindern ein gewöhnliches Satteldach; unter den Graten sind die Gratbinder (*G B*); zwischen diesen ist jederseits ein halber Binder *B'*.

Besonders lehrreich ist die Dachkonstruktion in Fig. 220[176]. Lang- und Querschiff sind durch Satteldächer überdeckt; unter die Kehlen, in denen die Dachflächen einander schneiden, sind Kehlbinder (Kreuzbinder) *D* gesetzt, welche die Ecken der herumlaufenden Pfetten (und außerdem den Dachreiter) aufnehmen. *A, A* sind die normalen Binder; *D* sind die Kehlbinder (Kreuzbinder); *B, B* sind Halbbinder über der Apsis; *C, C* sind besondere Binder, welche nach dem Anfallspunkte über der Apsis laufen. Außer den Bindern sind im Grundriß noch die Pfetten gezeichnet.

Fig. 221.

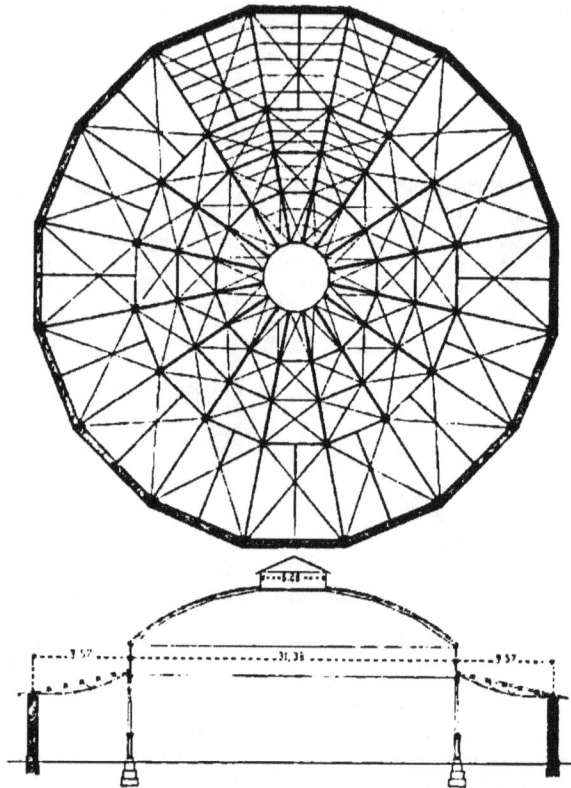

Von einem Lokomotivschuppen.
¹⁄₂₀₀ w. Gr.

3) Bei Zelt- und Kuppeldächern werden unter die Grate die Gratbinder gesetzt, welche die Pfetten tragen; letztere laufen wieder den Seiten der Grundfigur parallel und haben ihre Ecken über den Gratbindern. Wenn die zu überdachende Grundfläche ein regelmäßiges Vieleck ist, so liegt bei gleicher Neigung aller Dachflächen der Schnittpunkt aller Gratbinder lotrecht über dem Mittel-

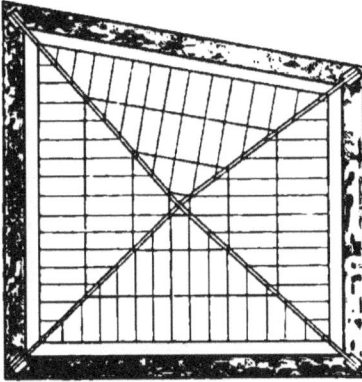

Fig. 222.

Dach über dem Hofe des Reichsbankgebäudes zu Berlin [119]. — $^1/_{800}$ w. Gr.

punkt des dem Vieleck umschriebenen Kreises. Aus praktischen Rücksichten führt man die Binder nicht bis zu ihrem mathematischen Schnittpunkte fort, sondern läßt sie sich gegen einen Ring setzen, der die Drücke der einzelnen Binder aufnimmt und ausgleicht (Fig. 221).

Wenn die Grundfläche eine unregelmäßige Figur ist, so kann man ebenfalls ein Zeltdach anordnen und den Schnittpunkt aller Gratbinder lotrecht über den Schwerpunkt der Fläche legen (Fig. 222 [119]). Man hat aber auch in einem solchen Falle das Dach aus einem Satteldach mit abgewalmten Seitenflächen hergestellt, wenn zwei Seiten der Grundfläche einander gleich und parallel sind. In Fig. 223 [180]) ist der mittlere Teil *abcd* als Satteldach konstruiert; die Seitendreiecke sind mit Walmdächern versehen. Gegen die beiden Anfallsbinder *A*, *A* lehnen sich die Gratbinder *B*, *B*. Die Dachflächen haben hier verschiedene Neigungen.

Bei den neueren Zelt- und Kuppeldächern liegen alle Teile der Binder in der Dachfläche; die Standfestigkeit wird durch wagrechte Ringe, welche, wie die Pfetten, den Umfangslinien der Grundfigur in verschiedenen Höhen parallel laufen, und durch Diagonalen erreicht. Diese Konstruktion zeigt auch Fig. 221.

Fig. 223.

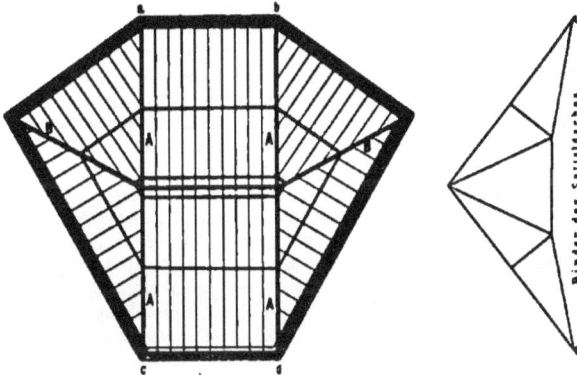

Binder des Satteldaches

Vom Postgebäude zu Stettin [180]).
$^1/_{800}$ w. Gr.

[119]) Nach: Zeitschr. f. Bauw. 1880, Bl. 11 u.
[180]) Nach ebendas. 1880, Bl. 51.

Neuerdings hat *Foeppl* [13]) den Vorschlag gemacht, auch bei den anderen Dächern — Tonnen-, Walm- etc. Dächern — alle Konstruktionsteile in die Dachflächen zu legen und die Möglichkeit dieser Konstruktion nachgewiesen. Auf diesen Vorschlag wird unten näher eingegangen werden.

**63.
Abstände
der Pfetten.**   Die Abstände der Pfetten dürfen höchstens so groß sein, wie es die Tragfähigkeit der Sparren gestattet, welche in den Pfetten ihre Auflager finden. Je nach der schwereren oder leichteren Dachdeckungsart, dem größeren oder kleineren Querschnitt der Sparren und der verschiedenen Dachneigung wird sich das Größtmaß des Pfettenabstandes verschieden ergeben. Eine allgemeine Untersuchung würde sehr umständlich sein, erscheint auch, besonders bei den Holzsparren, nicht als nötig; denn die vielhundertjährige Übung hat für diese genügende Erfahrung gezeitigt. Als Handwerksregel wird angegeben, daß die Pfetten einen Abstand gleich dem 24-fachen der Höhe des Sparrenquerschnittes haben dürfen. Hierzu kommt, daß man zweckmäßig die Pfettenlage nach den vorhandenen Stützpunkten für die Binder, also nach den Mittelmauern anordnet und so doch meistens vom zulässigen Größtmaß abweichen muß.

**60.
Abstände
der Binder.**   Die Abstände der Binder sind in erster Linie von der Belastung und der Tragfähigkeit der Pfetten abhängig und demnach ebenfalls nach Dachdeckung, Neigung u. s. w. sehr verschieden. Bei den Holzdächern wird der Binderabstand 4 bis höchstens 6^m groß gewählt. Bei den Eisendächern aber ist eine gründliche Untersuchung, bei welchem Binderabstand der Eisenverbrauch zu Bindern und Pfetten möglichst gering ist, unter Umständen, insbesondere bei weit gespannten Dächern, nicht unwichtig. Nach vom Verfasser angestellten Untersuchungen [14]) ist das theoretische Bindergewicht für das Quadr.-Meter überdeckter Fläche vom Binderabstande unabhängig. Für die wirklichen Gewichte der Binder gilt dies aber nicht. Zu den theoretischen Gewichten kommen nämlich in der Ausführung wesentliche Zuschläge, welche die verschiedensten Ursachen haben: man kann die theoretischen Querschnittsgrößen nie genau einhalten, muß wegen der Nietlöcher, wegen der Zerknickungsgefahr und aus anderen praktischen Gründen Zugaben machen; die Befestigung der Gitterstäbe erfordert Knotenbleche u. s. w., welche Gewichte sämtlich im theoretischen Ausdruck nicht berücksichtigt sind. Man kann sich mit dem praktischen Gewichte dem theoretischen desto weniger gut nähern, je leichter und schwächer die ganze Konstruktion ist; die Zuschläge, nach Prozenten gerechnet, sind bei n kleinen Bindern wesentlich größer als bei einem großen. Daraus folgt, daß ein kleiner Binderabstand, welcher viele schwache Binder bedingt, nicht günstig ist. Die Pfetten sind auf den Bindern gelagerte Träger, und zu diesen wird desto mehr Baustoff gebraucht, je länger sie sind, d. h. je weiter die Binder voneinander abstehen; für diese wäre daher ein geringer Binderabstand zweckmäßig. Aber auch hier ist in Wirklichkeit der kleine Binderabstand nicht empfehlenswert; denn die Verwendung der vorhandenen Profileisen (I-, ⌐-, Z-Eisen) setzt gewisse Mindestabstände der Binder voraus, wenn die Pfettenprofile voll ausgenutzt werden sollen.

Man sieht leicht, daß eine allgemeine Untersuchung auch hier kaum zum Ziele führt, vielmehr bestimmte Binder- und Pfettenformen den Berechnungen zu Grunde zu legen wären. Immerhin ergiebt sich aus vorstehendem, daß kleine Binderabstände unvorteilhaft, sehr große Abstände nur unter besonderen Verhältnissen zweckmäßig sind. Wenn es möglich wäre, die Binder ohne wesent-

[13]) In: Civiling. 1894, S. 163 u. a. a. O.
[14]) Siehe: Zeitschr. f. Bauw. 1885, S. 105, 245.

liche Erhöhung des Pfettengewichtes (für 1 qm Grundfläche) weit voneinander anzuordnen, so könnte damit eine Gewichtsersparnis erreicht werden. Diese Möglichkeit ist durch Anordnung der Pfetten als Auslegerträger gegeben, worauf weiter unten näher eingegangen werden wird.

Bei weit voneinander entfernten Bindern ordnet man dieselben neuerdings vielfach als Doppelbinder an, wodurch auch ein günstiges Aussehen erreicht wird; die Konstruktion wird dadurch massiger und verliert den spinnweben-artigen Charakter, welcher die Eisenkonstruktion vielfach unbefriedigend erscheinen läfst.

Noch möge betont werden, dafs die Kosten nicht immer dem Gewichte proportional sind; wenige schwerere Binder bedingen einen geringeren Einheits-preis als viele leichtere Binder, und können so im ganzen billiger zu stehen kommen als die letzteren.

In den meisten Fällen sind bei einem und demselben Bauwerke, wenn nicht besondere Gründe dagegen sprechen, alle Binder gleich weit voneinander entfernt; doch kommen wegen der Grundrifsgestaltung vielfach ganz verschiedene Binderentfernungen vor.

Bei den üblichen Holzdächern betragen die Binderabstände 3,50 bis 6,00 m, bei den Eisendächern etwa 3,50 bis 15,00 m und mehr. Bei den neueren grofsen Hallen für Bahnhöfe, bei Ausstellungsgebäuden u. dergl. kommen sehr grofse Binderweiten vor.

So z. B. betragen die Binderabstände

bei der Halle des Hauptbahnhofes zu Frankfurt a. M. . . . . . 9,80 m,

bei der Maschinenhalle der Weltausstellung zu Paris 1889 . . . 21,50 bis 26,40 m,

beim *Manufacture-building* der Weltausstellung zu Chicago 1893 15,24 m.

c) Anordnung der Binder über sehr breiten Räumen.

Wenn die Anordnung von mittleren Stützpunkten nicht zulässig ist, so ruhen die Dachbinder nur auf den beiden Seitenlangwänden. Mit der Stütz-weite wächst das auf das Quadr.-Meter überdachter Fläche entfallende Binder-

(marginal note) 67. Dächer ohne mittlere Stützpunkte.

Fig. 224.

Von der Gemäldegalerie zu Kassel [118]).
1/100 w. Gr.

gewicht wesentlich, nahezu in geradem Verhältnis, so dafs also ein Dach von doppelter Stützweite nahezu das doppelte Bindergewicht für 1 qm erfordert, als dasjenige von einfacher Stützweite. Demnach ist bei einem Dache mit zwei Stützweiten von je $\frac{L}{2}$ das Gewicht etwa halb so grofs (auf das Quadr.-Meter gerechnet, also auch im ganzen), als bei einem Dache mit der Stützweite L. Man wird deshalb, wenn irgend möglich, die grofsen Stützweiten durch Anordnung von Zwischenstützen, bezw. durch Benutzung der Zwischenmauern in mehrere kleine Weiten zerlegen.

[118]) Nach: Zeitschr. f. Bauw. 1879, Bl. 2.

Handbuch der Architektur. III. 2, d. (2. Aofl.)

6

68.
Dächer
mit mittleren
Stützpunkten.
Wenn Mittelmauern vorhanden sind, so empfiehlt es sich stets, diese für die Zwischenstützpunkte zu benutzen. Dabei vermeide man jedoch, die Binder als durchlaufende (kontinuierliche) Träger zu konstruieren; man überdecke vielmehr jede Öffnung durch einen selbständigen Träger. Eine solche gute Anordnung zeigt Fig. 225 [184]). Der mittlere Dachbinder ist ein Satteldach; die

Fig. 225.

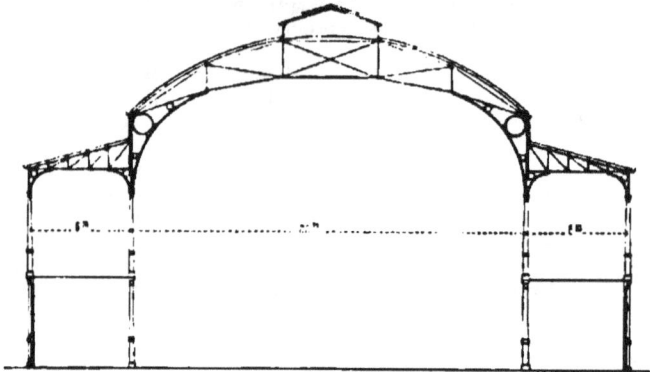

Von der Markthalle zu Frankfurt a. M. [184])
$^{1}/_{400}$ w. Gr.

Fig. 226.

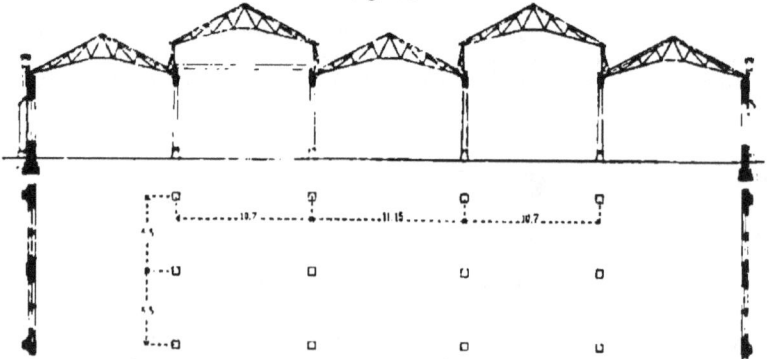

Vom Werkstättenbahnhof zu Leinhausen [185]).
$^{1}/_{400}$ w. Gr.

Binder für die beiden Seitendächer sind armierte Träger mit ungleich hohen Stützpunkten.

Sind Mittelmauern nicht vorhanden, andererseits aber einzelne Zwischenstützen (Säulen, Pfeiler etc.) nicht störend, so verwende man eine oder mehrere

[184]) Nach ebendas, 1880, Bl. 17—20.
[185]) Nach: Zeitschr. d. Arch.- u. Ing.-Ver. zu Hannover 1870, Bl. 770.

Fig. 227.

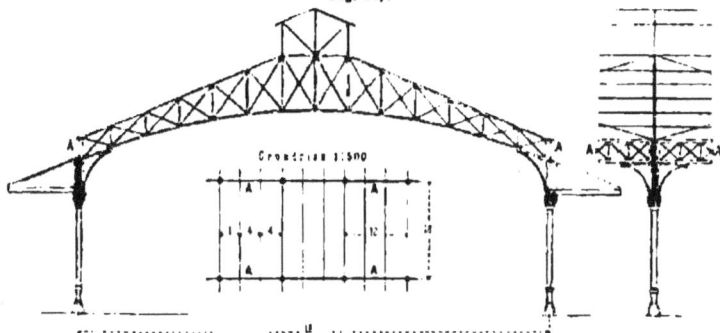

Von der Bahnhofshalle zu Châlons-sur-Marne[106].
¹⁄₄₀₀ w. Gr.

Fig. 228.

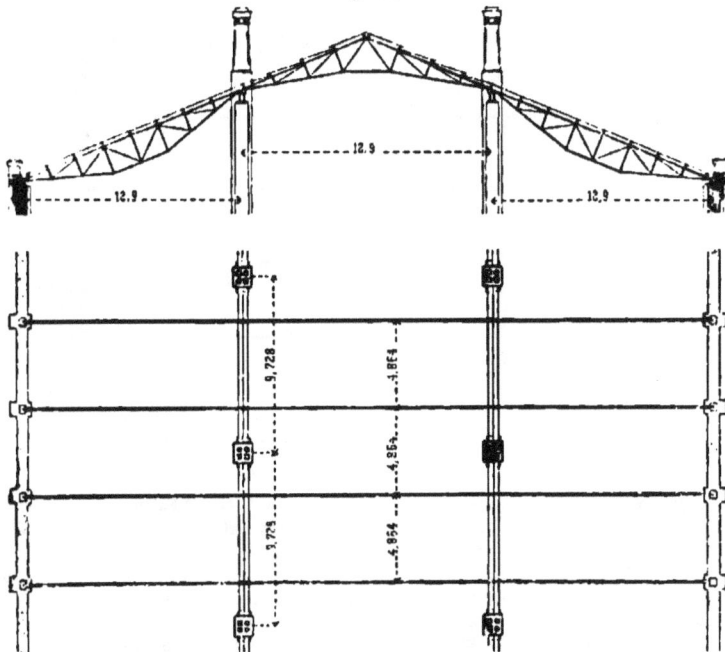

Von der Kesselschmiede auf dem Bahnhof Leinhausen[127].
¹⁄₄₀₀ w. Gr.

Reihen solcher Freistützen und lagere die Binder auf dieselben. In diesem Falle sind also die Mittelmauern in einzelne Stützen aufgelöst.

Fig. 225[136]) zeigt eine solche Dachkonstruktion mit zwei Reihen Zwischensäulen. Man ordnet dann zweckmäßig in den lotrechten Ebenen der Zwischenstützen hohes Seitenlicht an und erhält so eine basilika-artige Anlage. Ein Nachteil dieser Konstruktion ist, daß es schwer hält, die wagrechten Seitenkräfte der Winddrücke unschädlich in die Auflager hinabzuführen.

Auch bei den großen Werkstattanlagen der Neuzeit ist die Anlage ähnlich. Hier stören zahlreiche Säulen die Benutzung des Raumes nicht. Der ganze

Fig. 229.

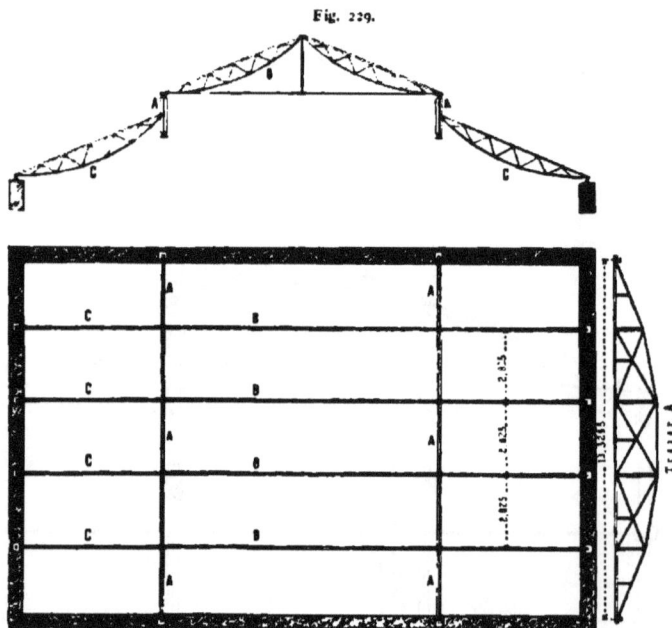

Vom Retortenhaus der *Imperial-Gas-Association* zu Berlin[138]).
$^1/_{750}$ w. Gr.

große Raum wird deshalb durch eine Anzahl von Säulenstellungen in eine Reihe kleinerer Räume zerlegt, welche dann mit Sattel-, Pult- oder *Shed*-Dächern überdeckt werden (Fig. 226[138]).

62.
Binder-
und
Säulenabstände.

Wenn die Dachkonstruktion durch Reihen von Säulen getragen wird, so kann man die Abstände der Säulen in den Reihen entweder gleich dem Binderabstand oder gleich einem Vielfachen des Binderabstandes machen. Ist letzterer klein, so würden die Säulen sehr nahe aneinander zu stehen kommen, wenn

[136]) Nach: *Collection des dessins distribués aux élèves. École des ponts et chaussées.*
[137]) Nach: Zeitschr. d. Arch.- u. Ing.-Ver. zu Hannover 1879, Bl. 732.
[138]) Nach: Zeitschr. f. Bauw. 1869, Bl. 25.

man unter jedes Binderauflager eine Säule setzte; dadurch wird unter Umständen der Verkehr bedeutend erschwert. Man setzt dann zweckmäfsig die Säulen weiter auseinander, lagert auf denselben Träger, welche nun ihrerseits die Dachbinder aufnehmen. Ein Beispiel zeigt Fig. 227[180]).

Der Binderabstand beträgt hier 4,00 m und der Säulenabstand in der Reihe 12,00 m, so dafs jeder Träger *AA* zwischen seinen Auflagern auf den Säulen noch zwei Dachbinder aufnimmt. Zu beachten ist, dafs die Träger *AA* durch wagrechte Kräfte stark beansprucht werden können, worauf bei der Konstruktion und Berechnung Rücksicht zu nehmen ist.

Eine verwandte Anordnung zeigt Fig. 228[181]).

Das Gebäude ist eine Kesselschmiede mit gemauerten Pfeilern, in welche die Schornsteine gelegt sind. Man hat auf die Pfeiler besondere Träger gelegt, auf welchen die Binder gelagert sind.

In Fig. 229[182]) ist endlich eine ganz eigenartige Konstruktion vorgeführt, bei welcher die Firstlinie aus besonderen Gründen parallel zur Schmalseite des Gebäudes geführt werden mufste.

Man hat in diesem Falle die grofse Stützweite in drei Teile zerlegt, den mittleren Teil durch ein Satteldach, die beiden Seitenteile durch parabolische Träger überdacht und für die mittleren Auflager der Binder zwei kräftige Träger *AA* angeordnet.

— · — · — · —

25. Kapitel.
Hölzerne Satteldächer.
a) Allgemeines.

Das einfachste Dach entsteht, wenn zwei Sparren derart zu einem Sparren- paare verbunden werden, dafs sie einander im First stützen. Soll der First- punkt unter den belastenden Kräften nicht hinabgehen und sollen die Auflager- stellen der Sparren nicht ausweichen, so müssen die wagrechten Seitenkräfte der Sparrenspannungen aufgehoben werden. Man könnte diese nach aufsen schiebenden Kräfte durch genügend starke Seitenmauern der Gebäude unschäd- lich machen; indes empfiehlt sich eine solche Anordnung bei hochliegenden Stützpunkten der Sparren nicht, weil die Seitenmauern dann sehr stark gemacht werden müfsten. Für die unschädliche Beseitigung der erwähnten Kräfte und die Erhaltung der geometrischen Form des Daches sind bei den Holzdächern hauptsächlich zwei Konstruktionsarten üblich: die ältere, welche man als das Kehlbalkendach, und die jüngere, welche man als das Pfettendach[183]) bezeichnet.

Beim Kehlbalkendach wird jedes Sparrenpaar zu einem geschlossenen Dreieck durch einen Balken, auch Tram geheifsen, vervollständigt, welcher die Sparrenfüfse miteinander verbindet; nach Bedarf ordnet man bei jedem Sparren- paare in verschiedenen Höhen noch weitere wagrechte Balken an. Die Sparren- paare stützen sich also beim Kehlbalkendach auf Balken (Träme), welche in den Ebenen der Sparrenpaare liegen.

Bei dem in der Gegenwart meistens ausgeführten Pfettendach ruhen die Sparrenpaare auf Balken, welche der Längenrichtung des Daches parallel laufen und in gewissen Abständen durch Binder getragen werden. Die tragenden Balken, deren Achsen die Ebenen der Sparrenpaare meistens unter einem rech- ten Winkel schneiden, heifsen Pfetten oder Fetten; sie überführen die von den Sparren aufgenommenen lotrechten und wagrechten Kräfte auf die Binder, in denen dieselben sich mit den Auflagerdrücken ausgleichen.

70. Einteilung.

[183]) In Österreich nennt man den Pfettendachstuhl auch sitalienischen Dachstuhls.

Für die Konstruktion der Holzdächer sind nachstehende Grundsätze maſs-gebend:

1) Man leite die belastenden Kräfte (Eigengewicht, Schnee- und Winddruck) auf möglichst einfachem, kurzem und klarem Wege in die Stützpunkte.

2) Man benutze die durch die Plananordnung verfügbaren Stützpunkte. So soll man, wenn Mittelmauern vorhanden sind, diese auſser den Seitenmauern als Stützpunkte verwenden; dabei vermeide man aber sog. durchlaufende oder kontinuierliche Träger als Dachbinder, weil bei denselben das Setzen der Gebäudemauern schädlich wirken kann.

3) Man ordne möglichst wenig auf Zug, sondern hauptsächlich auf Druck beanspruchte Konstruktionsteile an; denn die Holzverbindungen gestatten wohl eine gute Übertragung von Druck, aber nur eine wenig befriedigende Übertragung von Zug. Da auch die Übertragung von Schub annehmbar ist, so wird es oft möglich sein, die Zugkraft an einem Knotenpunkte mit Zuhilfenahme der Schubspannung zu übertragen, also gewissermaſsen den Zug in einen Schub zu verwandeln. Bei den aus Eisen und Holz bestehenden Dächern werden die Zugstäbe aus Eisen hergestellt.

4) Lange, durchgehende Hölzer sind mehr zu empfehlen, als kurze Stücke; denn an den Verbindungsstellen setzen sich die einzelnen Verbandstücke allmäh-

Fig. 230.

lich stets mehr und mehr ineinander, und daraus folgen Formänderungen, welche mit der Zahl der Einzelteile wachsen.

5) Viereckige oder eben ohne Diagonalen sind verschiebliche Figuren und gefährden die Konstruktion; wenn irgend möglich, soll man solche Felder mit Diagonalen versehen. Falls Diagonalen nicht angeordnet werden können, so sichere man die Erhaltung der Winkel durch Kopf- und Fuſsbänder.

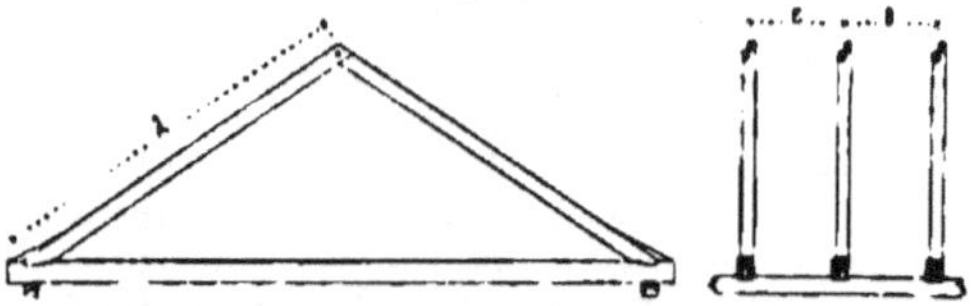

6) Wenn das Dach nicht ganz klein ist, so faſst man die Kräfte sowohl beim Kehlbalken-, wie beim Pfettendach an einzelnen Stellen zusammen und führt sie an diesen in die Stützpunkte über. Dieses Sammeln der Kräfte geschieht in den Dachbindern. Werden in den Bindern die Lasten durch lotrechte oder nahezu lotrechte Pfosten auf die Stützpunkte geführt, so hat man den sog. stehenden Dachstuhl; werden aber zu gleichem Zwecke schräge Pfosten verwendet, so hat man den liegenden Dachstuhl. Der liegende Dachstuhl gestattet, einen freieren Bodenraum anzuordnen als der stehende.

Bei geringen Abmessungen lehnen sich die Sparren im First aneinander und übertragen ihren Schub auf einen Balken, in welchen sie sich mit Versatzung setzen (Fig. 230). Die Sparrenlänge λ, bis zu welcher diese Anordnung ausreicht, ist abhängig von der Art der Dachdeckung, dem Neigungswinkel des Daches, dem Abstande e der Sparrenpaare, der Sparrenstärke und anderen Umständen. Um eine ausreichende Unterlage für die Beurteilung zu erhalten, soll eine kleine Berechnung vorgenommen werden.

Fig. 231.

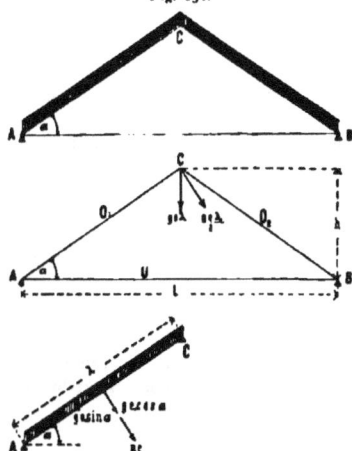

Der Abstand der Sparrenpaare (oder Sparrengebinde) sei e, die Länge jedes Sparrens λ und die lotrechte Belastung der Sparren auf das Quadr.-Met. schräger Dachfläche g; ferner sei die normale Windbelastung für 1 qm (wie oben) n und der Neigungswinkel des Daches α. Alsdann kann man die Kräftewirkung so auffassen, als ob die beiden Sparren durch ein besonderes Dreieck ABC (Fig. 231) unterstützt und in den Punkten A, C und B aufgelagert seien. Der in A und C unterstützte Sparren AC wird auf Biegung beansprucht; die lotrechte Belastung desselben für das lauf., in der Schräge gemessene Meter ist ge und zerlegt sich in $ge \cdot \cos \alpha$ normal zur Längsachse des Sparrens und $ge \cdot \sin \alpha$ in der Achsenrichtung des Sparrens. Außerdem wirkt noch winkelrecht zur Längsachse der Winddruck, welcher für das lauf. Meter des Sparrens ne beträgt. Durch diese Normalkräfte wird ein größtes Biegungsmoment hervorgerufen:

$$M_{max} = \frac{(ge \cos\alpha + ne)}{100} \frac{\lambda^2}{8} = \frac{(g \cos\alpha + n)}{8} \frac{e\lambda^2}{100}.$$

In diese Gleichung ist e in Met. und λ in Centim. einzuführen, so daß man M_{max} in Kilogr.-Centim. erhält.

Der Einfluß der Achsialkraft ist nicht bedeutend und kann für den vorliegenden Zweck vernachlässigt werden.

Auf das stützende Dreieck ACB wirkt in C lotrecht nach unten die Kraft $ge\lambda$, ferner winkelrecht zu einer der Dachflächen, etwa zu AC, die Kraft $\frac{\lambda e n}{2}$. Man erhält

$$O_1 = -\frac{\lambda e}{2}\left[\frac{g}{\sin\alpha} + \frac{n}{\operatorname{tg} 2\alpha}\right]$$

$$U = -\frac{\lambda e}{2}\left[\frac{g}{\operatorname{tg}\alpha} + \frac{n\cos\alpha}{\operatorname{tg} 2\alpha}\right] \qquad \ldots \ldots \ldots 1.$$

$$O_2 = -\frac{\lambda e}{2}\left[\frac{g}{\sin\alpha} + \frac{n}{\sin 2\alpha}\right]$$

In Wirklichkeit fallen die Sparren AC, bezw. BC mit den Stäben AC, bezw. BC des dreieckförmigen Fachwerkes ACB zusammen; dieselben erleiden also eine zusammengesetzte Beanspruchung. An der ungünstigsten Stelle im Sparren AC ist die Beanspruchung

$$\sigma_{max} = \frac{M_{max}}{\frac{J}{a}} + \frac{O_1}{F}.$$

Die Querschnittsfläche des Sparrens ist $F = bh$; σ_{max} darf höchstens die zulässige Grenze K erreichen, welche zu

$$K = 80^{kg} \text{ für } 1^{qcm}$$

gesetzt werden soll. Dann ist, da $\dfrac{7}{a}=\dfrac{bh^2}{6}$, die Bedingungsgleichung

$$K = \frac{6 M_{max}}{bh^2} + \frac{O_1}{bh} .$$

Hier soll untersucht werden, wie grofs in bestimmten vorliegenden Fällen λ angenommen werden darf. Der einfachen Rechnung halber vernachlässigen wir zunächst den Einfluß von O_1 und nehmen nur auf M Rücksicht. Dann lautet die Gleichung:

$$\frac{K bh^2}{6} = (g \cos \alpha + n) \frac{e\lambda^2}{800} ,$$

d. h.

$$\lambda^2 = \frac{400 K}{3e} \cdot \frac{bh^2}{(g \cos \alpha + n)} . \qquad \ldots \ldots \ldots 2.$$

Für $K = 80$ ist

$$\lambda^2 = \frac{10\,667\,bh^2}{e\,(g \cos \alpha + n)} , \text{ sonach } \lambda = 103h \sqrt{\frac{b}{e\,(g \cos \alpha + n)}} .$$

In diese Gleichung sind e in Met., g und n in Kilogr. für 1 ^{qm} schräger Dachfläche, b und h in Centim. einzusetzen, und man erhält λ in Centim. Schreibt man

$$\lambda = 1030 h \sqrt{\frac{b}{e\,(g \cos \alpha + n)}} , \qquad .$$

so ist alles in Met., bezw. bezogen auf Met. einzuführen, und man erhält dann auch λ in Met.

Ist das Dach mit $\dfrac{h}{L}=\dfrac{1}{3}$ geneigt, also $\alpha = 33^\circ 41'$ und $\cos \alpha = 0{,}832$, und ist dasselbe mit Schiefer gedeckt, so ist $g = 75^{kg}$ und $n = 83^{kg}$, wofür $n = 85^{kg}$ gesetzt werden soll. Gleichzeitige gröfste Schnee- und Windbelastung braucht bei einem so steilen Dache nicht angenommen zu werden; Schneedruck sei also nicht vorhanden. Der Abstand e der Gespärre betrage 1 ^{m}; die Querschnittsabmessungen des Sparrens seien $b = 12^{cm}$ und $h = 15^{cm}$. Alsdann wird

$$\lambda = 1030 \cdot 0{,}15 \sqrt{\frac{0{,}12}{75 \cdot 0{,}832 + 85}} = 4{,}1^m .$$

Zu der bei dieser Sparrenlänge auftretenden gröfsten Beanspruchung $K = 80^{kg}$ für 1 ^{qm} kommt noch diejenige durch die Kraft O_1. Im vorliegenden Falle ist

$$O_1 = - \frac{4{,}1 \cdot 1}{2} \left[\frac{75}{0{,}555} + \frac{85}{2{,}4} \right] = - 374^{kg} .$$

Die Sparren-Querschnittsfläche ist $f = 12 \cdot 15 = 180^{qcm}$, mithin die Erhöhung der Spannung durch O_1 nur $\sigma_2 = \dfrac{374}{180} = 2{,}1^{kg}$ für 1 ^{qcm}, d. h. unbedenklich gering. Man kann in den meisten Fällen nach der einfachen Formel für λ rechnen, ohne Rücksicht auf O_1 zu nehmen, und erhält, wenn $e = 1^m$ angenommen wird,

$$\lambda = 1030 h \sqrt{\frac{b}{g \cos \alpha + n}} \qquad \ldots \ldots \ldots 3.$$

(Hierin alle Mafse in Met., bezw. bezogen auf Met.)

Der Ausdruck 3 für λ kann auch zu Grunde gelegt werden, wenn es sich darum handelt, die gröfsten zulässigen Abstände der Sparrenstützpunkte bei Pfetten- und gröfseren Kehlbalkendächern zu ermitteln; die Anwendung obiger Formel setzt dann aber voraus, dafs auf die Kontinuität der Sparren keine Rücksicht genommen ist.

Je nach den Umständen kann man $\lambda_{m,s}$, die freitragende Sparrenlänge, zu 3,50 bis 5,00 m annehmen. Bezüglich der Abstände der Sparrenpaare voneinander wird auf das nächstfolgende Heft (Teil III, Abt. III, Abschn. 2, F: Dachdeckungen) dieses »Handbuches« verwiesen.

Auf die Länge λ kann auch die Anordnung im First von Einfluß sein. Die Sparren lehnen sich im First aneinander und sind daselbst mittels des sog. Scherzapfens miteinander verbunden; derselbe darf nicht überbeansprucht werden.

Die im First von einem Sparren auf den anderen übertragene Kraft infolge des Eigengewichtes ist (Fig. 232)

Fig. 232.

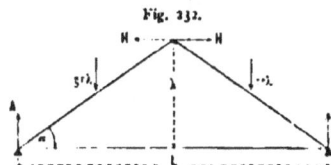

$$H_{\varepsilon} = \frac{g\,e\,\lambda\,L}{4h},$$

und es wird, da $L = 2\lambda\cos\alpha$ ist,

$$H_{\varepsilon} = \frac{g\,e\,\lambda^2\cos\alpha}{2h}.$$

Ferner entsteht zwischen beiden Sparren im First durch einseitigen Wind eine Kraft, welche nach Gleichung 1 (S. 87) den Wert hat:

$$O_1 = -\frac{\lambda\,n\,e}{2\sin2\alpha}.$$

Diese Kräfte sollen von einem Sparren auf den anderen übertragen werden, ohne daß der Holznagel am Scherzapfen merklich beansprucht wird. Bei dem unvermeidlich eintretenden Eintrocknen und Setzen des Daches ist es aber sehr wahrscheinlich, daß die Kräfte auch einmal durch den Holznagel übertragen werden müssen. Deshalb soll untersucht werden, bis zu welchen Abmessungen der Scherzapfen mit Holznagel genügt.

Zerlegt man H_{ε} in die beiden Sparrenspannungen $O_{1 \cdot \varepsilon}$ und $O_{2 \cdot \varepsilon}$, so wird

$O_{4 \cdot \varepsilon} = -\frac{g\,\lambda\,e}{4\sin\alpha}$, und die ganze zu übertragende Kraft wird

$$O_2 = -\frac{\lambda e}{2}\left[\frac{g}{2\sin\alpha} + \frac{n}{\sin2\alpha}\right],$$

$$O_3 = -\frac{\lambda e}{4\sin\alpha}\left[g + \frac{n}{\cos\alpha}\right] \quad\ldots\ldots\ldots 4.$$

Der Holznagel wird in zwei Querschnitten auf Abscherung beansprucht. Ist die zulässige Abscherungsspannung bei einem eichenen Nagel $K' = 22^{kg}$ für 1 qcm, so muß

$$2\cdot22\frac{d^2\pi}{4} = O_2 = \infty\,35d^2$$

sein, woraus

$$d = 0{,}17\sqrt{O_2}\ \text{Centim.} \quad\ldots\ldots\ldots 5.$$

Wird der Wert $O_2 = 35d^2$ in Gleichung 4 eingesetzt und nach λ aufgelöst, so erhält man

$$\lambda_m = \frac{140\,d^2\sin\alpha}{e\left(g + \dfrac{n}{\cos\alpha}\right)},$$

worin d in Centim. einzuführen ist.

In obigem Beispiel war $g = 75^{kg}$, $n = 86^{kg}$, $e = 1^m$, $\alpha = 33°41'$, $\cos\alpha = 0{,}832$ und $\sin\alpha = 0{,}555$; demnach wird $O_2 = -80\lambda$ Kilogr.

Der für λ zulässige Wert ergiebt sich sonach aus der Gleichung $80\lambda = 35\,d^3$ mit

$$\lambda_{zu} = 0{,}44\,d^3 \text{ Met.}$$

Ist $d = 2{,}5^{cm}$, so wird $\lambda_{zu} = 0{,}44 \cdot 6{,}25 = 2{,}75^{m}$.

Man findet wohl die Angabe, daſs die Sparren sich bis auf $2{,}50^{m}$ Länge mit Scherzapfen gegeneinander lehnen dürfen; diese Angabe würde annähernd mit dem eben gefundenen Ergebnis übereinstimmen.

Zu beachten ist: Wenn im First beide Sparren nur mittels Anblattung verbunden sind, so kommt nur eine einzige Abscherungsfläche zur Geltung; man erhält alsdann λ halb so groſs als nach Formel 5.

Am Sparrenfuſs muſs die wagrechte Seitenkraft der Sparrenspannung sicher in den Balken geführt werden und sich mit der entsprechenden Kraft des anderen Sparrens aufheben. Die Verbindung wird mittels der sog. Versatzung vorgenommen. Die Länge c des Balkenstückes vor der Versatzung muſs gegen Abscheren genügend groſs gewählt werden. Die wagrechte Seitenkraft der Sparrenspannung ist nach Gleichung 1 (S. 87)

$$U = \frac{\lambda e}{2}\left[\frac{g}{\operatorname{tg}\alpha} + \frac{n\cos\alpha}{\operatorname{tg}2\alpha}\right].$$

Ist die zulässige Beanspruchung auf Abscheren T und die Breite des Balkens b (in Centim.), so darf $Tbc = U$ sein, woraus

$$c = \frac{U}{Tb}$$

folgt. T kann zu 10^{kg} für 1^{qcm} gesetzt werden; alsdann wird

$$c = \frac{\lambda e}{20b}\left[\frac{g}{\operatorname{tg}\alpha} + \frac{n\cos\alpha}{\operatorname{tg}2\alpha}\right] \text{Centim.}$$

In dieser Formel sind alle Werte auf Met., bezw. auf Quadr.-Meter bezogen; nur b ist in Centim. einzuführen, und man erhält c in Centim.

Für obiges Beispiel erhält man $c = \frac{71\lambda}{10b}$; ist $b = 12^{cm}$ und $\lambda = 3{,}5^{m}$, so wird $c = 2^{cm}$; demnach genügt eine geringe Länge.

Aus vorstehender Rechnung ergiebt sich auch die Zulässigkeit der in Fig. 233 dargestellten Anordnung der Versatzung, welche natürlich nur bei kleinen Kräften in Anwendung kommen darf.

Fig. 233 u. 234 a, b u. c zeigen die gebräuchlichen konstruktiven Einzelheiten am Sparrenfuſs und am First. Nach *Breymann* sollen die Zapfen am Sparrenfuſs nicht verbohrt werden; der Sparren soll mit dem Balken auf einer Seite bündig

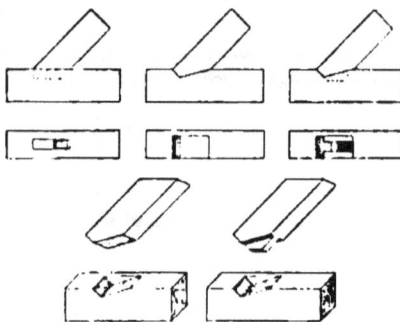

Fig. 233.

angeordnet werden. Bezüglich der sog. Aufschieblinge vergleiche im folgenden (Art. 76). Als gröſste Spannweite eines einfachen Dreieckdaches kann man 6,00 bis 7,00^{m} annehmen.

Die doppelte Versatzung (Fig. 234 *b, c* u. 235 *a, c*) wird verwendet, falls der Winkel zwischen Strebe und Balken sehr spitz ist, hauptsächlich bei den weiterhin folgenden Hängewerken und Sprengwerken. Es wird empfohlen, die hintere Versatzung tiefer hinabzuführen als die vordere, weil dadurch ein wesentlich größerer Abscherungswiderstand erzielt wird, als wenn beide Versatzungen gleich tief reichen. Die empfohlene Anordnung zeigen Fig. 235 *a* u. 235 *c*. Das Ausspringen der Strebe aus der Versatzung soll der Schraubenbolzen in Fig. 235 *b* verhindern. Fig. 235 *c* zeigt einen Schuh von hartem Holz, der mit dem Balken verdübelt ist (bezw. verzahnt sein kann), die Schubkraft von der Strebe aufnimmt und auf den Balken überträgt.

Fig. 234.

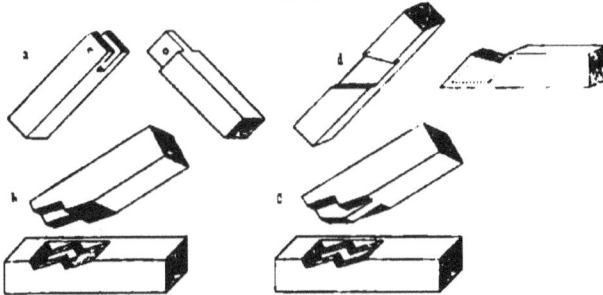

Fig. 235.

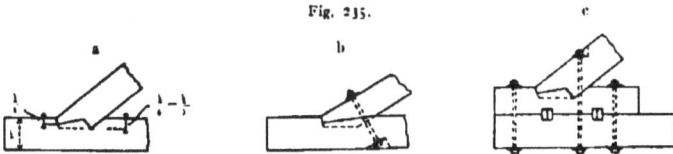

b) Kehlbalkendächer.

Wenn die Abmessungen des Daches so groß sind, daß die Sparren nicht mehr vom Fuß bis zum First ungestützt durchlaufen können, so ordnet man mittlere Stützpunkte, sog. Kehlbalken, an.

Das einfachste (zugleich am wenigsten wirksame) Kehlbalkendach ist in Fig. 236 dargestellt. Die Kehlbalken *c* wirken hier als mittlere Stützen der Sparren und dienen zur Verkürzung der freien Knicklänge derselben. Man sieht leicht ein, daß der Kehlbalken durch das Eigengewicht und den Wind auf Druck beansprucht wird und demgemäß mit Rücksicht auf Zerknicken berechnet werden müßte. Eine angestellte Berechnung hat aber ergeben, daß die in den einzelnen Kehlbalken auftretenden Druckkräfte so gering sind, daß ein Knicken bei den üblichen Maßen nicht zu befürchten ist. Die Querschnittsabmessungen der Kehlbalken werden zu 10×15 bis 12×20 cm gewählt. Es ist zu beachten, daß, wenn der First infolge der Belastung sich senkt, die beiden Anschlußpunkte des Kehlbalkens das Bestreben haben, sich voneinander zu entfernen; man trägt diesem Umstande durch eine Verbindung nach Fig. 234 d Rechnung, welche Zug übertragen kann.

Die vorbeschriebene Anordnung kann nur zur Ausführung kommen, wenn die Kehlbalken kurz, 2,50 bis höchstens 4,00 ᵐ lang sind. Unterstützung der Kehlbalken durch Kopfbänder oder Bügen, um größere Weiten zu erzielen, ist nicht empfehlenswert; sie ist wenig wirksam und kostet viel Holz.

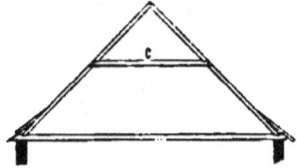
Fig. 236.

Kehlbalken von größerer Länge unterstützt man durch Rahmenhölzer, welche auf Stielen ruhen, die in geeigneten Abständen angeordnet sind. Diese Stiele heißen Bundpfosten; die Rahmenhölzer oder Rähme werden auch wohl Pfetten genannt; letztere Bezeichnung ist unzweckmäßig, weil sie zu Verwechselungen mit den unten zu besprechenden Hölzern, die man im besonderen Pfetten nennt, Veranlassung giebt. Der Abstand der Pfosten ist nach der Tragfähigkeit der Rahmenhölzer zu bemessen; er beträgt höchstens 4,60 ᵐ. Die

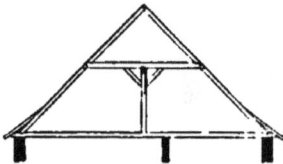
Fig. 237.

Einfacher stehender Kehlbalken-Dachstuhl.

Fig. 238.

Doppelter stehender Kehlbalken-Dachstuhl.

aus den Pfosten und Rahmen gebildeten sog. Stuhlwände stehen entweder lotrecht beim stehenden oder geneigt beim liegenden Dachstuhl.

74.
Stehender
Dachstuhl.

Die Kehlbalken werden bei kleineren Abmessungen und wenn eine nahe der Gebäudemitte vorhandene Wand als Stütze für die Pfosten verwendbar ist, durch eine in der Mitte des Daches angeordnete Stuhlwand gestützt (Fig. 237). Die Kehlbalken werden bei dieser Konstruktion ungünstig beansprucht; die Länge derselben darf nicht größer als 6,00 ᵐ sein. Man nennt diese Anordnung den einfachen stehenden Kehlbalken-Dachstuhl.

Besser ist der sog. doppelte stehende Kehlbalken-Dachstuhl (Fig. 238). Die beiden Stuhlwände sind nahe den Enden der Kehlbalken, 25 bis 30 ᶜᵐ von

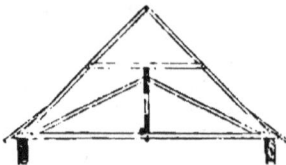
Fig. 239.

Kehlbalkendach mit einsäuligem Hängewerk.

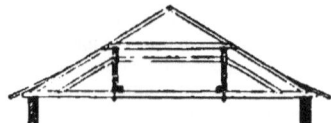
Fig. 240.

Kehlbalkendach mit zweisäuligem Hängewerk.

Fig. 241.

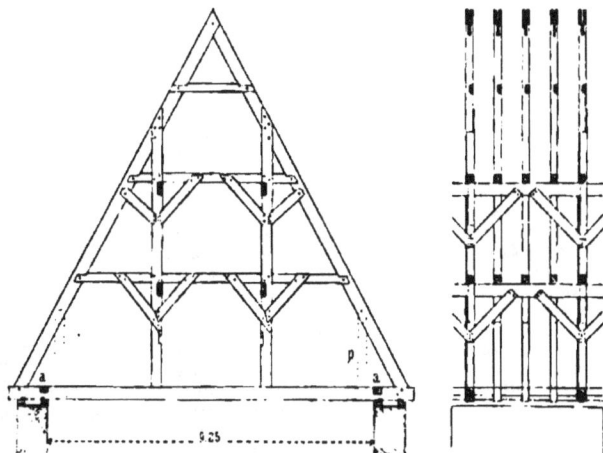

Von der St.-Stephans-Kirche zu Mainz[119].

$\frac{1}{100}$ w. Gr.

denselben entfernt, angebracht und stützen dieselben in durchaus zweckmäfsiger Weise. Das untere Sparrenstück, vom Sparrenfufs bis zum Kehlbalken, kann 3,50 bis 4,50 ᵐ und das obere Stück 2,50 bis 3,00 ᵐ lang gemacht werden. Bei steilen Dächern wird letzteres Stück unter Umständen länger, als das an-gegebene Mafs beträgt; dann ordnet man wohl noch weitere Kehlbalkenlagen an. Kehlbalken in der Nähe des Firstes wer-den Spitz-, Hain- oder Hahnenbalken ge-nannt.

Fig. 242.

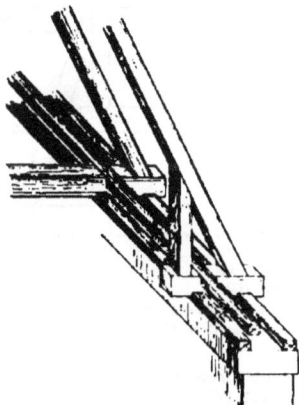

Ein Mangel dieser Konstruktionen ist, dafs die Fachwerke der Bindergebinde ver-schiebliche Figuren enthalten; Fig. 237 ent-hält zwei Vierecke und Fig. 238 ein Viereck. Man mufs deshalb, um diesem Mangel einigermafsen abzuhelfen und die Unver-änderlichkeit der Winkel möglichst herbei-zuführen, sog. Kopfbänder oder Bügen anbringen. Solche Kopfbänder dürfen auch in den Stuhlwänden nicht fehlen.

Wenn das Gebäude keine mittleren Stützpunkte für die Stuhlwände bietet, so kann man die Rähme durch einfache oder doppelte Hängewerke stützen (Fig. 239 u.

[119] Nach: Gürn, F. Statistische Übersicht bemerkenswerther Holzverbindungen Deutschlands. Mainz 1841.

240). Auf diese Konstruktionen wird bei den Pfettendächern näher eingegangen
werden.

Kehlbalkendächer werden heute nur noch ausnahmsweise gebaut; als
Beispiele sollen deshalb zwei Dächer aus früheren Jahrhunderten vorgeführt
werden, welche durch ihr langes Bestehen den Beweis der Güte geliefert
haben.

Fig. 241 ¹¹⁰) zeigt ein wahrscheinlich im XVI. Jahrhundert
erbautes Kehlbalkendach mit zweifachem stehenden Dachstuhl. Es
sind drei Kehlbalkenlagen übereinander angeordnet; die beiden
unteren sind durch Stuhlwände unterstützt. Die Pfosten derselben
sind lotrechte Zangen, welche von unten bis oben durchlaufen.
Nur in den Gespärren mit diesen Pfosten sind durchlaufende Balken
(Träme), welche die Pfosten und so die Last der Stuhlwände tragen;
diese Gebinde sind die Binder oder Hauptgebinde. In den anderen,
den Leergebinden, sind nur Sparren, Kehlbalken und statt der
durchlaufenden Tragbalken kleine Stichbalken, in welche sich die
Sparrenfüße setzen (ohne Versatzung, nur mittels eines Zapfens).
Die Stichbalken sind mit den durchlaufenden Balken der Binder
durch eine Verspannung a verbunden, welche sich mit dem Balken
auf halbe Holzstärke überschneidet. Zur Erhaltung des richtigen
Winkels sind bei den Leergebinden kleine Pfosten p angeordnet,
welche mit Stichbalken und Sparren auf halbe Holzdicke überschnitten sind. Eine isometrische Abbildung dieser Konstruktion
zeigt Fig. 242. Die Träme haben hier die gesamte Last zu tragen
und dem entsprechend große Stärke. Die Stärkenmaße sind:
Hauptbalken oder Träme 20 × 35, Kehlbalken 18 × 20 und
10 × 20, lotrechte Zangen 20 × 30, Rahmenhölzer 20 × 35 und
Kopfbänder 17 × 25 cm. Der Abstand der Binder beträgt 3,20 m
und derjenige der Gespärre 0,90 m.

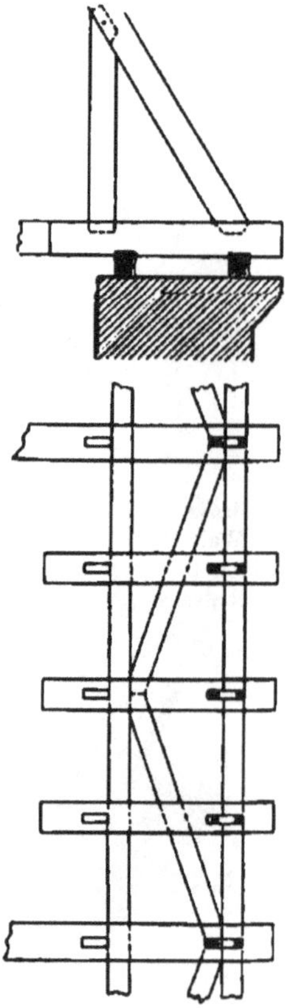

Eine bessere Übertragung des Schubes der Leergebinde auf
die Bindergebinde stellt Fig. 243 dar. Unter die Stichbalken sind
wagrechte Streben gelegt, welche im Grundriß eine Art von Sprengwerk bilden. Man nennt diese Hölzer wohl auch Schlangen.

Ein weiteres, gutes und altes Beispiel zeigt Fig. 244 ¹¹⁰) aus
dem XIV. Jahrhundert. Hier sind vier Kehlbalkenlagen übereinander, welche, mit Ausnahme der obersten, durch Rahmenhölzer in der Mitte ihrer Länge gestützt sind; die unterste Kehlbalkenlage findet jederseits eine weitere Unterstützung in einer
Stuhlwand. Die mittleren Rähme werden durch ein Hängewerk
getragen; die Hängesäule ruht nicht auf der unteren Schwelle,
welche auf den Trämen liegt, sondern ist nur genügend weit in
diese eingezapft, um Seitenschwankungen zu verhüten. Die
Sparren sind mit den Kehlbalken teilweise noch einmal durch
eine Art Fußband zu einem Dreieck verknüpft; das Fußband ist
parallel zur Neigung der gegenüberliegenden Dachseite. Die Pfosten für die Seitenrähme der untersten Kehlbalkenlage sind in
allen Gespärren, was etwas reichlich zu sein scheint. Die Haupt-
abmessungen und Stärken der einzelnen Teile sind: Binderabstand 2,50 m, Lichtweite zwischen den Mauern 10,90 m. Höhe
13,90 m, Abstand der Gespärre 0,833 m, Balken 21 × 42, Kehlbalken 14 × 22, bezw. 12 × 20, Sparren 16 × 25 (oben 14 × 21). Streben 15 × 17, doppelte Hängesäule 18 × 33, Rähme 15 × 24 und
Pfosten 17 × 17 cm.

Fig. 243.

15.
Liegender
Dachstuhl.

Wenn der Dachbodenraum von eingebauten Konstruktionsteilen möglichst
frei bleiben soll, so stützt man die Rähme durch eine Art Sprengwerk, welches

¹¹⁰) Nach ebendas.

Fig. 244.

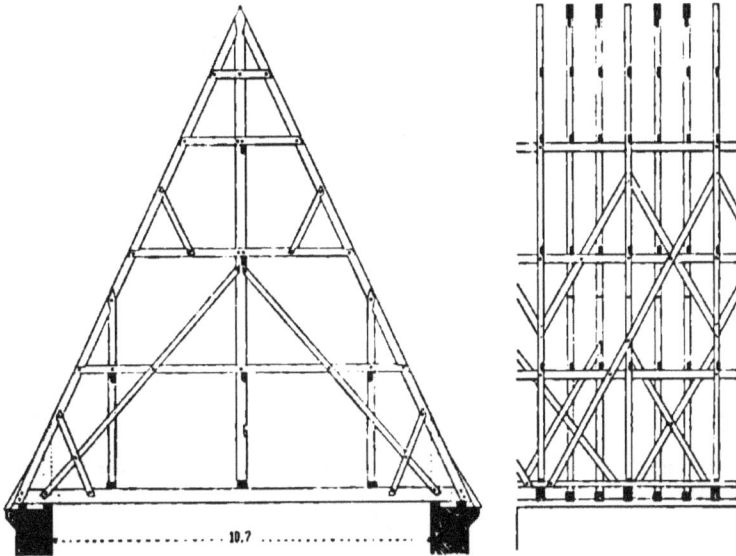

Von der St.-Bartholomäus-Kirche zu Frankfurt a. M.[141].

¹⁄₁₀₀ w. Gr.

im einfachsten Falle aus zwei schräg gelegten Pfosten *a* (Fig. 245) und einem wagrechten Spann- oder Brustriegel *b* besteht. Man sieht, dafs hier einfach die Stuhlwände der Fig. 238 in die Schräge der Dachneigung gelegt sind; der nicht

Fig. 245.

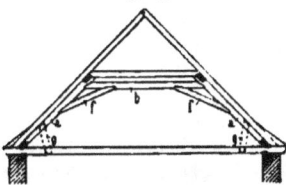

Kehlbalkendach mit liegendem Dachstuhl.

unbedeutende wagrechte Schub, welcher von den Schrägpfosten *a* (gewöhnlich liegende Stuhlsäulen genannt) auf den Balken ausgeübt wird, mufs sicher in denselben geleitet werden; zu diesem Zwecke empfiehlt es sich, eine Fufsschwelle anzuordnen. Das auf diese Weise in den Bindergebinden entstehende Fachwerk ist bei stets gleich bleibender Belastung beider Lastpunkte genügend; bei einseitiger Belastung durch Winddruck oder Schnee würde es einstürzen müssen, wenn

die Stäbe gelenkig miteinander verbunden wären. Da dies nicht der Fall ist, so treten nur starke Formänderungen ein, weil dem aus Balken, Stuhlsäulen und Spannriegel gebildeten Viereck der Dreieckverband fehlt. Als Notbehelf ordnet man Kopfbänder *f* an, welche hier meistens ziemlich flach sind und dann wenig nützen. Deshalb wird empfohlen, Fufsbänder *g*, ähnlich denjenigen in Fig. 244, anzubringen, welche wegen ihrer Lage den freien Dachraum sehr wenig verbauen.

Die in der Stuhlsäule und im Spannriegel auftretenden Beanspruchungen sollen überschläglich unter der Annahme aufgesucht werden, daſs die Sparren nicht wie durchlaufende Träger wirken; ferner soll gleichzeitig einseitiger Wind- und beiderseitiger Schneedruck eingeführt werden; letzterer werde mit s auf das Quadr.-Meter schräger Dachfläche bezeichnet (Fig. 246). Wenn das Dach so steil ist, daſs nicht gleichzeitig Schnee- und gröſster Winddruck auftreten können, so setze man in den nachstehenden Formeln einfach s gleich Null. Die beiden an die Kehlbalkenlage anschlieſsenden Sparrenstücke sollen

Fig. 246.

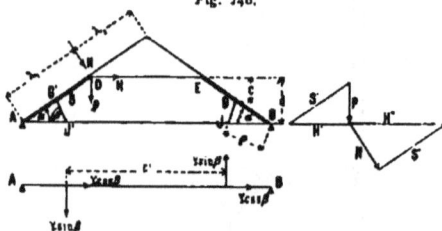

die Längen λ_1 und λ_2 haben; alsdann ist die lotrechte Belastung des Knotenpunktes

$$P = \frac{\lambda_1 + \lambda_2}{2} e (g + s)$$

und die normale Belastung durch Winddruck

$$N = \frac{\lambda_1 + \lambda_2}{2} e n.$$

Die Zerlegung ergiebt

$$H = -\left(\frac{P}{\mathrm{tg}\,\alpha} + \frac{N}{\sin \alpha}\right) = -\frac{\lambda_1 + \lambda_2}{2 \sin \alpha} e [(g + s) \cos \alpha + n],$$

$$S = -\left(\frac{P}{\sin \alpha} + \frac{N}{\mathrm{tg}\,\alpha}\right) = -\frac{\lambda_1 + \lambda_2}{2 \sin \alpha} e [(g + s) + n \cos \alpha];$$

$$\left. \begin{aligned} H &= -\frac{(\lambda_1 + \lambda_2)e}{2 \sin \alpha} [(g + s) \cos \alpha + n] \\ S &= -\frac{(\lambda_1 + \lambda_2)e}{2 \sin \alpha} [g + s + n \cos \alpha] \end{aligned} \right\} \quad \ldots \ldots \ldots \; 6.$$

Danach kann man die nötigen Querschnittsflächen ermitteln. Zu beachten ist, daſs wegen der Zerknickungsgefahr das kleinste Trägheitsmoment des Querschnittes, bezw. den Wert haben muſs:

für den Spannriegel $\mathcal{J}_{min} = 83\,Hr^2$,
für die Stuhlsäule $\mathcal{J}_{min} = 83\,S\lambda^2$.

In diesen beiden Gleichungen sind H und S in Tonnen, r (die Länge des Spannriegels) und λ in Met. einzuführen.

Ist die Querschnittsbreite b und die Querschnittshöhe h, so ist $\mathcal{J}_{min} = \frac{h\,b^3}{12}$.

Beispiel. Es sei $g = 75$ kg, $s = 75$ kg, $n = 75$ kg, $e = 3$ m, $\cos \alpha = 0{,}832$, $\sin \alpha = 0{,}555$, $\lambda_1 + \lambda_2 = 7$ m und $r = 6$ m. Alsdann wird

$$H = -\frac{(\lambda_1 + \lambda_2)3}{2 \cdot 0{,}555} (75 + 75) \, 0{,}832 + 85] = -567 (\lambda_1 + \lambda_2) = -7 \cdot 568 = -3969 \text{ kg} = \curvearrowright - 4 \text{ t}.$$

Da $\frac{h \, b^3}{12} = 63 \cdot 4 \cdot 96 = \curvearrowright 12\,000$ sein mufs, so wird für $h = 20$ cm; $b^3 = 7200$ und $b = 19{,}4$ cm. Ein quadratischer Querschnitt von 20×20 cm ist sonach ausreichend. Die Annahme gleichzeitigen gröfsten Wind- und Schneedruckes ist überaus ungünstig.

Nunmehr ist Sorge zu tragen, dafs derjenige Teil von H, welcher durch den einseitigen Winddruck N erzeugt ist, d. h. H_w, unschädlich in die festen Auflagerpunkte A und B befördert wird. H erstrebt Drehung des Stabes EB um den Punkt B und des Stabes DA um den Punkt A. Diese Drehungen sollen durch Anordnung der Stäbe $G\,\mathcal{J}$ und $G_1\,\mathcal{J}_1$ verhütet werden. Nimmt man an, dafs jeder dieser beiden Stäbe die Hälfte von H_w aufnimmt, vernachlässigt man den Biegungswiderstand der durchgehenden Hölzer bei D und E und nennt man Y die Spannung des Stabes $G\,\mathcal{J}$, bezw, $G'\,\mathcal{J}'$, so mufs

$$Y = \frac{H_w}{2} \cdot \frac{d}{p}$$

sein. Zu beachten ist, dafs $\frac{H_w}{2}$ auch den Stabteil EG bei G abzubrechen strebt; das Gröfstmoment ist hier $M_{max} = \frac{H_w c}{2}$. Während Y Zug ist, findet in $G_1\,\mathcal{J}_1$ ein gleich grofser Druck statt. Ferner wird darauf hingewiesen, dafs durch die beiden in $G\,\mathcal{J}$ und $G_1\,\mathcal{J}_1$ wirkenden Kräfte Momente im Balken AB erzeugt werden.

Die Anordnung der Fufs-bänder ist viel wirksamer, als jene der Kopfbänder.

Auch die Kehlbalkendächer mit liegenden Dachstühlen kommen in der Gegenwart nur noch ausnahmsweise zur Ausführung; es empfiehlt sich deshalb, die Beispiele für solche Dächer aus guten, alten Bauten zu entnehmen.

Fig. 247 [112]) zeigt den Dachstuhl vom Mittelschiff des Domes zu Limburg. Die Gesamtweite beträgt 11,20 m

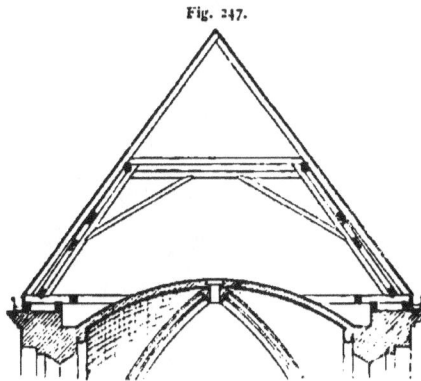

Fig. 247.

Vom Dom zu Limburg [112]).
$\frac{1}{100}$ w. Gr.

und die Firsthöhe 7,00 m. Unter die liegenden Stuhlsäulen, welche sich auf die Fufsschwellen setzen, legen sich noch weitere Stuhlsäulen, welche die Spannriegel und die Kopfbänder aufnehmen und mit ersteren ein Sprengwerk bilden.

In Fig. 248 [113]) ist der Dachstuhl des Münsters zu Ulm dargestellt. Die liegenden Stuhlsäulen, welche im Verein mit dem Spannriegel die Rahmenhölzer für die Kehlbalken tragen, umfassen dieselben; die Erhaltung der Form des Sprengwerkes wird durch Kopfbänder erstrebt. Die Sprengwerke sind in jedem vierten Gebinde; die Schrägstäbe im oberen Teile des Daches liegen in jedem Gebinde. Das Dach ist dadurch sehr steif. Jedes Gebinde hat einen — allerdings sehr weit frei liegenden — Balken zur Verbindung der Auflager; auch die Kehlbalken liegen weit frei.

---

[112]) Nach: Zeitschr. f. Bauw, 1874, Bl. 12.
[113]) Nach: Gusen. a. a. O.

Beim Dachstuhl der Marien-Kirche zu Hanau (Fig. 249 [101]) liegen drei Kehlgebälke übereinander; jedes derselben erhält in der Mitte eine Unterstützung durch ein Rahmenholz. Ein kräftiger Hängebock trägt die drei übereinander liegenden Rahmenhölzer und eine Schwelle in der Mitte des Daches. Die Enden der Kehlbalken sind in den beiden unteren Kehlgebälken durch Rahmenhölzer

Fig. 248.

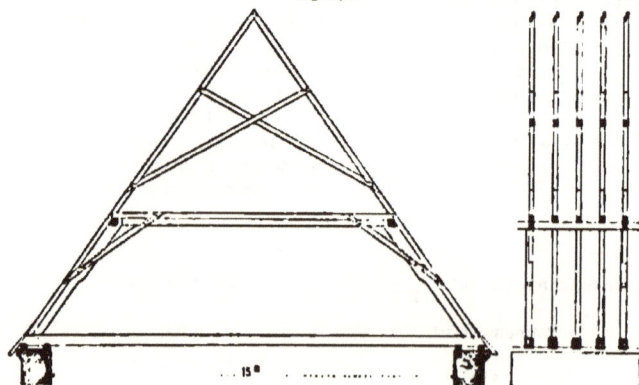

Vom Münster zu Ulm [102].
¹⁄₆₀ w. Gr.

Fig. 249.

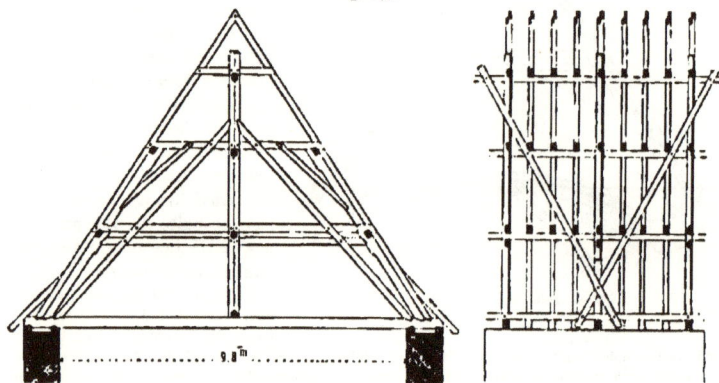

Von der Marien-Kirche zu Hanau [101].
¹⁄₁₂₀ w. Gr.

unterstützt, welche von Sprengwerken getragen werden. Durchgehende Verbindungsbalken beider Auflager sind hier nur in den Bindergebinden als Bundträme angeordnet. Die Konstruktion ist klar; die Gefahr liegt allerdings nahe, daß die Enden der Kehlbalken, wegen der mehrfachen übereinander liegenden Sprengwerke, sich stärker setzen als die Mitte, welche durch lange, durchlaufende Hölzer gestützt ist.

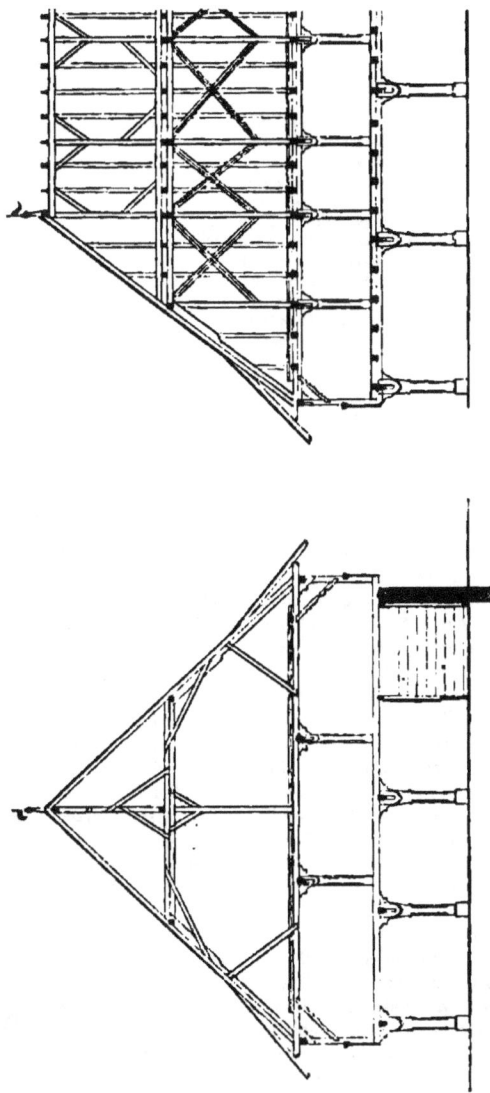

Fig. 230.

Vom Kornhaus zu Langnau (Kanton Bern[149]).

¹⁄₁₀₀ w. Gr.

7*

Eine kühne, im Jahre 1519 erbaute Dachkonstruktion zeigt Fig. 250[145]. Das übliche Sprengwerk zum Tragen der Rahmenhölzer für die Kehlbalken ist durch Fußbänder wirksam versteift; das
im First angeordnete Langholz, welches genau unseren heutigen Firstpfetten entspricht, ist durch eine
lotrechte, wohl versteifte Wand unterstützt; die Last dieser Wand wird durch Pfosten in den Bindergebinden auf die Balken der Dachbalkenlage über-
tragen. In letzterer ist durch wagrecht liegende
Schrägstäbe eine weitere Versteifung angebracht;
auch die Dachflächen sind mit Windkreuzen
(Sturmlatten) versehen. Das gut erhaltene, aus
Tannen- und Lärchenholz hergestellte Dach weist
verhältnismäßig geringe Holzstärken auf; dieselben
sind für die Balken 23 × 17, für die liegenden Stuhlsäulen im oberen Teil 19 × 16, im unteren Teil
15 × 16 und für alle anderen Hölzer 12 × 15 ᶜᵐ.
Bemerkenswert sind die langen, durchgehenden
Hölzer.

Fig. 251.   Fig. 252.

76. Aufschieblinge. Wegen des vom Sparren auf den Balken ausgeübten Schubes muß vor
dem Ende des Sparrenfußes nach Fig. 251 noch ein Stück Balken vorstehen.
Gewöhnlich rechnet man eine freie Länge des Balkens von 10 bis 15 ᶜᵐ vor dem
Sparrenende als erforderlich; alsdann muß aber wegen der
Eindeckung und der Rinne auf jedem Sparren ein sog. Aufschiebling angebracht werden. Verschiedene solche Aufschieblinge sind in Fig. 251 u. 252 zu ersehen; sie werden
auf dem Balken und dem Sparren durch Nagelung befestigt;
die Nägel sind etwa 20 ᶜᵐ lang. Die Aufschieblinge haben
immer einen unschön aussehenden Knick im Dache zur
Folge (siehe Art. 2, S. 2), an welchem auch leicht Undichtig-
keiten auftreten. Je weiter hinauf der Aufschiebling geführt wird, desto geringer wird der Knick, desto größer
aber auch der Holzaufwand. Man hat deshalb wohl, um
den Aufschiebling zu vermeiden, die Vorderkanten von
Balken und Sparrenfuß zusammenfallen lassen (Fig. 253), was
aber nur bei steilen Dächern zulässig ist; auch die Konstruktion in Fig. 254 hat man gewählt, um den Aufschiebling zu vermeiden. — Bei den unten zu besprechenden
Pfettendächern sind keine Aufschieblinge nötig.

Fig. 253.

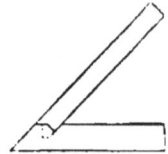

77. Beurteilung der Kehl- balkendächer. Die bezeichnende Eigentümlichkeit des Kehlbalkendaches ist, daß jedes Sparrengebinde für sich stabil ist, so
lange die äußeren Kräfte in der Ebene des Gebindes wirken, daß ferner die eigentlichen Gebinde bis auf die Stuhlwände sämtlich einander gleich sind, daß endlich die Sparren mit als Fachwerkstäbe wirksam und unentbehrlich sind.
Die Kehlbalken wiederholen sich bei einem vollständigen
Kehlbalkendache in allen Gebinden. Dadurch erhält das
ganze Dach eine sehr große Steifigkeit, welche ein nicht
zu unterschätzender Vorteil des Kehlbalkendaches ist. Ein
weiterer Vorteil ist, daß die Kehlbalken zugleich als Balkenlagen für Wohnräume im Dach benutzt werden können. Als Nachteil muß einmal der große
Holzverbrauch hervorgehoben werden, welcher das Dach schwer und teuer
macht, sodann die Notwendigkeit der Aufschieblinge. In der Neuzeit wird des-

Fig. 254.

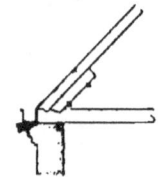

145) Nach: GLADBACH, E. Charakteristische Holzbauten der Schweiz etc. Berlin 1889-93, Bl. 17.

halb, wie bereits bemerkt, das Kehlbalkendach nur noch wenig angewendet, obgleich sich dasselbe in vielen Beispielen jahrhundertelang gut gehalten hat. Ein schönes Beispiel aus neuester Zeit ist im Hotel *Wentz* in Nürnberg[110]) zu finden.

c) Pfettendächer.

1) Konstruktion und statische Grundlagen.

Jedes Sparrenpaar wird beim Pfettendach auf Balken gelagert, welche — gewöhnlich — senkrecht zu den Ebenen der Sparrenpaare durchlaufen; diese Balken nennt man Pfetten oder Fetten. Die Pfetten werden von den in gewissen Abständen angeordneten Dachbindern getragen. Die beiden zu einem Gebinde gehörigen Sparren bilden ein unten offenes Dreieck, sind also für sich allein nicht stabil; sie werden erst durch die Pfetten stabil. Letztere sind die Auflager für die Sparren; sie nehmen deren Kräfte auf und führen sie nach den Bindern, welche sie weiter nach den auf Seiten- und Zwischenmauern der Gebäude angeordneten Stützpunkten leiten. Hier sind also die Sparren nicht unentbehrliche Teile der Tragkonstruktion, obgleich diejenigen Sparrenpaare, welche in der Ebene eines Binders liegen, oftmals und zweckmäßig mit dem Tragbinder verknüpft werden. Man unterscheidet demnach bei den Pfettendächern ganz klar und bestimmt: die Dachbinder (Hauptträger), die Pfetten und die Sparrenpaare.

Die Abstände der Binder voneinander betragen bei den Holzdächern 4ᵐ, 5ᵐ, bis höchstens 6,5ᵐ.

Die eisernen Dächer der Neuzeit sind wohl ausnahmslos Pfettendächer; aber auch die Holzdächer werden gegenwärtig fast ausschließlich als Pfettendächer gebaut. Bei den Holzdächern verwendet man auch hier sowohl den stehenden, wie den liegenden Dachstuhl; der erstere hat lotrechte oder nahezu lotrechte Pfosten zur Unterstützung der Pfetten; der letztere hat geneigte Pfosten. Als dritte Konstruktion kommt das Pfettendach mit freitragendem Dachstuhl hinzu.

Bei der Konstruktion des Pfettendaches handelt es sich nach vorstehendem hauptsächlich um die Konstruktion der Binder. Diese müssen so hergestellt sein, daß sie die von den Pfetten aufgenommenen Kräfte klar und bestimmt, auf möglichst kurzem Wege, in die Stützpunkte, d. h. in die Seiten- und Mittelmauern des Gebäudes leiten. Je klarer und einfacher dies geschieht, desto besser ist die Konstruktion, desto geringer im allgemeinen auch der Holzaufwand. Beim Entwerfen des Dachbinders hat man zunächst zu ermitteln, wie viele Pfetten etwa nötig sind: über jeder Seitenmauer muß, als Auflager für den Sparrenfuß, eine sog. Fußpfette angebracht werden; im First meistens eine weitere, die sog. Firstpfette, und wenn die Sparren sich von der Fuß- bis zur Firstpfette nicht frei tragen können, so kommen zwischen beiden jederseits noch eine oder mehrere sog. Zwischenpfetten hinzu. Diese Pfetten sind durch die Binder sicher zu unterstützen, wobei man die durch den Bau gegebenen Stützpunkte, bezw. die Zwischenpunkte zweckentsprechend benutzt.

Wenn sich die festen Stützpunkte der Binder lotrecht unter den Pfetten befinden oder nur wenig seitwärts von dieser Lage, so wird die Last der Pfette einfach durch Pfosten *p* (Fig. 255) nach unten geführt. Falls diese günstigste Lösung nicht möglich ist, so hat man bei Holzbauten für die Überleitung der

110) Veröffentlicht in: Zeitschr. f. Bauw. 1891, Bl. 65.

Lasten auf die Stützpunkte hauptsächlich drei Mittel, gewissermafsen Grund-
konstruktionen, nämlich:

1) den einfachen Hängebock,
2) den doppelten Hängebock und
3) den verstärkten (armierten) Balken.

Fig. 255.

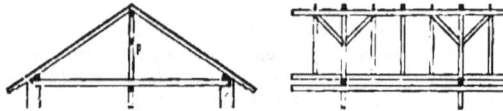

Pfettendach.

Im nachfolgenden wird gezeigt werden, wie man durch Benutzung derselben
die Dachbinder herstellt.

79.
Drempelbinder.

Sehr häufig läuft der Dachbinder in den Endauflagern nicht in Spitzen
aus, sondern hat sog. Drempel- oder Kniestockwände. Hierdurch ändert sich
an den Grundsätzen der Konstruktion nichts; nur mufs beachtet werden, dafs
die Fufspfette auf eine besondere hölzerne Drempelwand gelegt werden mufs,
und dafs die wagrechten Seitenkräfte der Sparrenspannungen nicht in die Fufspfette und die Drempelwand geleitet werden dürfen. Man führe dieselben durch
besondere (in der schematischen Fig. 256 punktierte) Streben in die Deckenbalken, in denen sie sich unschädlich aufheben, d. h. man verwandle die beiden
verschieblichen Seitenvierecke im Fachwerk durch Einziehen der Schrägstäbe
in unverschiebliche Figuren.

Die mit Drempelwänden versehenen Dächer
können demnach hier sofort mit behandelt werden.

80.
Statische
Grundlagen.

Um eine sichere Grundlage einmal für das
Entwerfen der Binder, sodann für die Beurteilung
üblicher, bezw. ausgeführter Konstruktionen zu
erlangen, ist eine Untersuchung über die statischen
Bedingungen zu führen, denen die Binder genügen müssen.

Fig. 256.

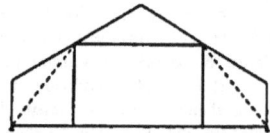

Die Binder der Pfettendächer sind ebene Fachwerke, mögen die Dächer
aus Holz oder aus Eisen hergestellt sein; sie müssen deshalb in beiden Fällen
stabil sein, d. h. sie müssen die Belastung ertragen können, ohne andere, als
elastische Formänderungen zu erleiden; ihre geometrische Form mufs bei jeder
zu erwartenden Belastung erhalten bleiben. Zu diesem Zwecke mufs aber
zwischen der Zahl der Knotenpunkte und der Stäbe ein ganz bestimmtes Verhältnis bestehen, welches von der Art der Unterstützung der Dachbinder
abhängt. Aufserdem müssen auch die Anordnungen der Stäbe gewissen Gesetzen genügen. Nur wenn diese Bedingungen erfüllt sind, ist das Fachwerk
geometrisch und statisch bestimmt. Die Betrachtung der seit lange üblichen
Dachbinder ergiebt, dafs bei diesen vielfach für die geometrische Bestimmtheit
Stäbe fehlen; wenn sich trotzdem gröfsere Übelstände bei der Benutzung solcher
Konstruktionen nicht herausgestellt haben, so hat dies seinen Grund darin, dafs
die Annahmen hier nicht genau erfüllt sind, welche der Fachwerktheorie zu
Grunde liegen. Bei dieser Theorie werden die Auflager der Binder teils als
feste, teils als bewegliche angenommen; bewegliche Auflagerungen sind aber

bislang bei Holzdächern nicht üblich, wenn sie auch ohne Schwierigkeiten durchführbar wären; ferner wird vorausgesetzt, daſs die einzelnen Fachwerkstäbe in den Knotenpunkten gelenkig miteinander verbunden seien. Diese Bildungsart der Knotenpunkte ist bei Holzkonstruktionen nicht gut durchführbar. Dennoch sollte man geometrisch bestimmte Fachwerke auch hier bilden. Die Verhältnisse bezüglich der Knotenpunkte liegen bei den vernieteten Brückenträgern ganz ähnlich wie hier; auch dort ist die bei der Berechnung angenommene Gelenkigkeit nicht vorhanden; aber kein Konstrukteur würde deshalb wagen, einen für den geometrischen Zusammenhang als erforderlich erkannten Stab fortzulassen.

Im Mittelalter legte man auch noch groſsen Wert auf die Zusammensetzung des ganzen Daches aus lauter Dreiecken, durch welche geometrische Bestimmtheit gewährleistet wurde; später aber trat diese Rücksicht mehr in den Hintergrund. — Es fehlte der klare Einblick in die Theorie der Fachwerke, welche erst in neuerer und neuester Zeit hinreichend gefördert ist, daſs man mit Sicherheit beurteilen hann, ob eine Fachwerkkonstruktion in allen möglichen Belastungsfällen ausreicht oder nicht. Weiter unten sollen auf Grund des heutigen Standes der Fachwerktheorie einige Vorschläge für die Konstruktion der Dachbinder gemacht werden und deshalb kurz die Ergebnisse der erwähnten Theorie, soweit sie hier in Frage kommen, angeführt werden.

Die Theorie der ebenen Fachwerke führt zu nachstehenden Forderungen, bezw. Ergebnissen:

1) Das Fachwerk muſs im stande sein, die auf dasselbe wirkenden Belastungen nach den Auflagerpunkten zu übertragen, ohne seine geometrische Form zu verändern, d. h. ohne andere, als elastische Formänderungen zu erleiden.

2) Ein Fachwerk wird statisch bestimmt genannt, wenn alle Stabspannungen und alle Auflagerdrücke sich nach den Gleichgewichtsgesetzen starrer Körper bestimmen, also auch aus diesen Gleichgewichtsbedingungen berechnet werden können.

3) Jedes feste Auflager bedingt zwei Unbekannte; jedes in einer Linie bewegliche Auflager (Linienauflager genannt) bedingt eine Unbekannte. Als Unbekannte am festen Auflager führt man zweckmäſsig die lotrechte und die wagrechte Seitenkraft des Auflagerdruckes ein. Hat also ein Binder ein festes und ein bewegliches Auflager, so beträgt die Zahl der Auflagerunbekannten $2 + 1 = 3$. Allgemein soll die Anzahl der Auflagerunbekannten mit n bezeichnet werden.

4) Wenn die Zahl der Auflagerunbekannten $n = 3$ ist, so kann man dieselben aus den allgemeinen Gleichgewichtsbedingungen für das Fachwerk — als Ganzes — ermitteln.

5) Wird die Zahl der Knotenpunkte mit k und die Zahl der Stäbe mit s bezeichnet, so muſs

$$s = 2\,k - n$$

sein, wenn das Fachwerk statisch bestimmt sein soll. Im häufigsten Falle eines festen und eines beweglichen Auflagers ist $n = 3$; also muſs dann $s = 2\,k - 3$ sein. Wenn die Stabzahl s kleiner als $2\,k - n$ (bezw. $2\,k - 3$) ist, so ist das Fachwerk labil; alsdann ist nur bei ganz bestimmten Gröſsen und Richtungen der wirkenden Kräfte Gleichgewicht möglich. Sobald die belastenden Kräfte diese Bedingungen nicht erfüllen, würde Einsturz eintreten, wenn die oben angeführten Voraussetzungen genau erfüllt wären; jedenfalls treten dann gröſsere Formänderungen ein.

Ein Beispiel hierfür ist der zweisäulige Hängebock (Fig. 257), der in vielen Dachbindern verwendet wird. Hier ist $k = 6$; mithin müßte die Zahl der Stäbe $s = 2k - 3 = 9$ sein; sie beträgt nur 8; somit ist ein Stab zu wenig vorhanden. Gleichgewicht ist nur möglich, wenn beide Lastpunkte C und D genau gleich und symmetrisch zur Mitte belastet sind. Für jede andere Belastung ist das Fachwerk labil. Wirkt beispielsweise in Punkt C der Winddruck N, so zerlegt sich derselbe in die Spannungen d und e; die Spannung e müßte sich im Punkte D nach h und f zerlegen; h kann aber am unteren Ende des Stabes nicht in die Stäbe b und c befördert werden, muß also gleich Null sein; die Spannung f allein kann aber die Spannung e nicht aufnehmen, weil beide nicht in eine Linie

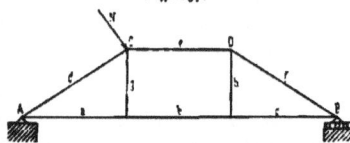
Fig. 257.

fallen. In Wirklichkeit ist allerdings AB ein durchgehender Balken, kann also die Spannung h als Last aufnehmen und wird dabei auf Biegung beansprucht; hierdurch erklärt sich, daß diese Konstruktion trotzdem bestehen kann. Biegungsbeanspruchungen sollen aber beim Fachwerk in den einzelnen Stäben nicht auftreten. Man kann die Anordnung leicht bestimmt machen und den Balken AB von der Biegungsbeanspruchung befreien, wenn man eine Diagonale im rechteckigen Felde anbringt, oder auch durch Anordnung zweier Streben (eines Bockes) in diesem Felde, wie in Fig. 258 angegeben ist. Dann erhält man einen Knotenpunkt mehr, aber auch drei Stäbe mehr als früher (der frühere Stab e zerfällt nun in zwei Stäbe), und die obige Bedingung ist erfüllt. Denn es ist nunmehr thatsächlich $k = 7$ und $s = 11$, d. h. $s = 2k - 3$. Die Spannung des Stabes e zer-

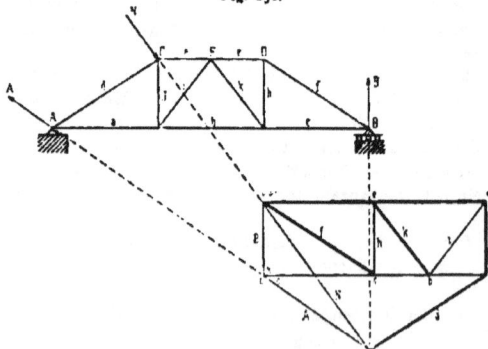
Fig. 258.

legt sich im Punkte F in die beiden Stabspannungen i und k. Der beigefügte Kräfteplan giebt über alle Spannungen Aufschluß.

6) Die Erfüllung der Bedingung $s = 2k - n$ genügt allein noch nicht für die statische Bestimmtheit des Fachwerkes; es muß auch jeder Teil des Fachwerkes statisch bestimmt sein. Hierbei gilt folgendes von *Foeppl*[147]) nach-

---

[147] Siehe: Foeppl, A. Das Fachwerk im Raume. Leipzig 1892. S. 30.

gewiesene Gesetz: Wenn ein Fachwerk die notwendige Zahl von Stäben ($s = 2k - n$) hat und geometrisch bestimmt ist, so ist es auch statisch bestimmt. Geometrisch bestimmt ist aber ein Fachwerk, wenn sich aus den Stützpunktlagen und den gegebenen Längen der Stäbe die Lage aller Knotenpunkte eindeutig und bestimmt ergiebt.

7) Die einfachste, durch die Stablängen geometrisch bestimmte ebene Figur ist das Dreieck. Fügt man an dieses stets einen weiteren Knotenpunkt und zwei weitere Stäbe, so bleibt das Fachwerk geometrisch bestimmt. Vorausgesetzt ist, daſs die Zahl der Auflagerunbekannten $n = 3$ sei.

8) Kann man das ganze Fachwerk in zwei Teile zerlegen, deren jeder nach Zahl der Stäbe und Knotenpunkte der Bedingung $s = 2k - 3$ genügt, so ist auch das ganze Fachwerk geometrisch bestimmt, sowohl wenn beide Teilfachwerke in einem Knotenpunkte zusammenhängen und auſserdem einen Verbindungsstab haben, als auch wenn beide Teilfachwerke keinen gemeinsamen Knotenpunkt, aber drei Verbindungsstäbe haben; die Richtungen letzterer dürfen aber nicht durch einen Punkt gehen, auch nicht parallel sein.

Man könnte z. B. das oben angeführte zweisäulige Hängewerk auch dadurch stabil machen, daſs man die Streben AF und BF (Fig. 259) hinzufügte.

Fig. 259.

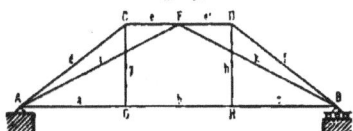

Alsdann ist $k = 7$ und $s = 11$, d. h. $s = 2k - 3$. — An das Dreieck ACF ist zunächst der Knotenpunkt G durch Stäbe a und g geschlossen; dieses Fachwerk ist eine geometrisch bestimmte Figur. Ebenso ist es mit $BFDHB$. Beide sind dann in F vereinigt, und es ist Stab b zugefügt. Das ganze Fachwerk ist, wenn A ein fester und B ein beweglicher Auflagerpunkt ist, geometrisch genau bestimmt, also auch statisch bestimmt. Der in Fig. 259 schematisch dargestellte Hängebock ist empfehlenswert; er läſst genügend freien Raum im mittleren Felde; auch die praktische Ausführung ist einfach, wenn man etwa die beiden Hängesäulen g und h als doppelte Hölzer konstruiert, welche die Streben und den Spannriegel CD zwischen sich nehmen.

Auf Grund der vorstehend angegebenen Gesetze sollen nunmehr zunächst die in der Praxis üblichen Hauptbinderarten für verschiedene Weiten vorgeführt und besprochen werden; dann soll gezeigt werden, wie man die Dachbinder als statisch bestimmte Fachwerke in den verschiedenen Fällen konstruieren kann. Dabei soll auf den Unterschied, ob der Dachstuhl ein stehender oder liegender ist, nur nebenbei hingewiesen werden, weil derselbe hier geringe Bedeutung hat. Es soll von den kleinen Dachbindern ausgegangen und darauf zu den gröſseren mit 5, 7 und mehr Pfetten übergegangen werden.

2) Übliche Pfettendachbinder.

α) Dachbinder mit Firstpfette und zwei Fuſspfetten. Fig. 255 (S. 102) zeigt die einfachste Lösung für den Fall, daſs eine Mittelwand vorhanden ist, auf welche die Last der Firstpfette mittels der Pfosten oder Stuhlsäulen p übertragen werden kann. Die beiden Sparren des Bindergebindes sind hier notwendige Teile des Fachwerkes, da sie die obere Gurtung des Binders bilden. — Wenn keine Mittelwand vorhanden ist oder dieselbe aus be-

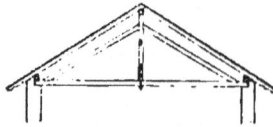

Fig. 260.

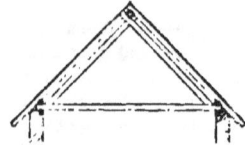

Fig. 261.

stimmten Gründen nicht benutzt werden soll, so wird die Last der Firstpfette durch einen einfachen Hängebock nach den auf den Seitenmauern befindlichen Auflagern geführt (Fig. 260). Dieser Binder ist stabil. Weniger gut, jedoch unbedenklich ist die Konstruktion mit Bockstreben, aber ohne Hängesäule (Fig. 261); sie ist allerdings stabil; aber die Querschnittsform der Firstpfette ist nicht günstig.

Die in Fig. 260 u. 261 dargestellten Binder können bis zu Weiten von etwa 8 bis 9 ^{m} ausgeführt werden.

β) **Dachbinder mit zwei Zwischenpfetten und zwei Fufspfetten.** In Fig. 262 ist die Anordnung angegeben, welche üblich ist, falls zwei Zwischenmauern vorhanden sind, auf welche die Pfettenlasten übertragen werden können; diese Übertragung erfolgt hier wieder einfach durch Pfosten (Ständer) unter den Pfetten. Die Pfosten können unbedenklich etwas seitwärts von den mittleren Auflagern auf die Balken (Bundträme) gestellt werden, wie dies in Fig. 262 geschehen ist. Auch hier bilden die Sparren des Bindergebindes (die Bundsparren)

83.
Binder
für vier
Pfetten.

Fig. 262.

notwendige Teile des Binders, da sie die obere Gurtung des Fachwerkes ersetzen müssen. Für die lotrechten Belastungen kann man allerdings von der Auffassung der Konstruktion als Fachwerk absehen und annehmen, dafs die Pfettenlasten durch die Pfosten auf den als durchgehenden Träger auf 4 Stützen wirkenden Balken kommen. Die schiefen Kräfte (Winddrücke) können aber durch die Konstruktion nicht ohne Formänderungen nach den Auflagern geführt werden, weil im Rechteck zwischen beiden Pfosten keine Diagonale ist. Es empfiehlt sich deshalb, wenn möglich, die in der Abbildung punktierten Streben y, y einzufügen. Sollte dies nicht zulässig sein, so unterlasse man nicht, Kopfbänder (Bügen) anzuordnen, um die rechten Winkel zu erhalten.

Fig. 263.

Pfettendach mit zweisäuligem Hängebock und Drempel.

Fig. 264.

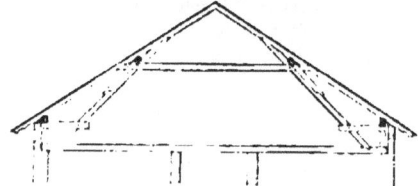

Pfettendach mit Drempel und liegendem Stuhl.

Falls keine mittleren Stützpunkte vorhanden sind oder wenn dieselben nicht benutzt werden können, so verwendet man zum Tragen der Pfetten einen doppelten (zweisäuligen) Hängebock. Fig. 263 zeigt diese Konstruktion mit Drempelwänden und Fig. 264 mit Drempelwänden, aber ohne Hängesäulen. Diese Konstruktion kann man als Sprengwerk ansehen und das Ganze als liegenden Dachstuhl bezeichnen. Die beiden Binder in Fig. 263 u. 264 sind, streng genommen, nicht stabil; jedem derselben fehlt ein Stab: die Diagonale des verschieblichen Viereckes, statt deren auch zwei nach Art der Stäbe y in Fig. 262 angeordnet werden können.

Bei Verwendung des doppelten Hängewerkes, bezw. des Sprengwerkes werden unter oder über den Zwischenpfetten stets Balken oder Doppelzangen angebracht, welche manchmal, wie in Fig. 264, zugleich als Spannriegel dienen; besser ist es, nach Fig. 263 außer dem Spannriegel noch Doppelzangen anzuordnen.

Diese Dachbinder können bis zu Weiten von etwa 12ᵐ verwendet werden.

γ) Dachbinder für Firstpfette und zwei Zwischenpfetten und solche für Firstpfette und vier Zwischenpfetten. Wenn das Sparrenstück

14.
Größere
Zahl von
Pfetten.

Fig. 265.   Fig. 266.

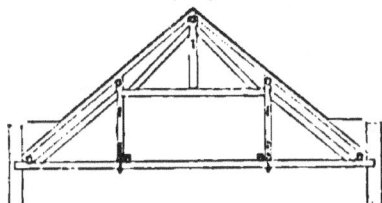

Vom Gymnasium zu Saarbrücken.
¹⸝₁₀₀ w. Gr.

von der Zwischenpfette bis zum First länger als etwa 3,00 bis 3,50ᵐ wird, muß man außer den beiden Zwischenpfetten noch eine Firstpfette anordnen. Die Last der letzteren überträgt man durch einen einfachen Hängebock auf die beiden Lastpunkte des zweisäuligen Hängebockes und von dort durch diesen nach den Seitenmauern des Gebäudes, falls nicht etwa Zwischenwände vorhanden sind, auf welche die Lasten ohne weiteres gebracht werden können. Ein Beispiel zeigt Fig. 265. An den zweisäuligen Hängebock kann dann auch die Decke des darunter befindlichen Raumes angehängt werden.

Mit diesem Binder verwandt ist der in Fig. 266 dargestellte, der nach gleichen Grundsätzen entworfen ist, bei dem aber die Firstpfette durch Bockstreben getragen wird.

Man wirft diesen Konstruktionen mit Recht vor, daß die große Zahl der Versatzungen und die geringe Länge der Hölzer das starke Setzen zur Folge haben. Auch fehlt hier für die statische und geometrische Bestimmtheit ein Stab; die Figuren sind wegen der Vierecke, welche keine Diagonalen haben, verschiebliche.

Den ersterwähnten Übelstand kann man dadurch beseitigen, daß man den einfachen Hängebock, welcher die Firstpfette trägt, bis zu den beiden Auflagern des Binders hinabführt und mit den Streben des zweisäuligen Hänge-

bockes durch Verzahnung oder Verdübelung verbindet (Fig. 267). Diese Anordnung ist den vorigen weitaus vorzuziehen. Immerhin fehlt auch hier ein
Stab für die statische Bestimmtheit.

Die Hängesäulen sind bei der Anordnung in Fig. 267 doppelt; sie nehmen
die Streben zwischen sich; dadurch kommen die unter den Zwischenpfetten angeordneten Doppelzangen weit auseinander, so dafs unter Umständen zwischen
den Sparren und Streben einerseits und den Zangen andererseits Futterstücke
eingelegt werden müssen. Besser würde es sein, wenn man hier die Zangen
über die Mittelpfetten legte; in dieser Lage sind sie bezüglich seitlicher Sicherung der Pfetten ebenso wirksam, wie bei der in Fig. 267 veranschaulichten

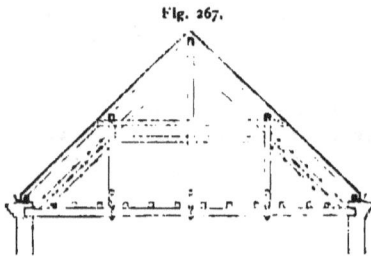

Fig. 267.

Fig. 268.

Vom Gymnasium zu Linden.
¹⁄₁₀₀ w. Gr.

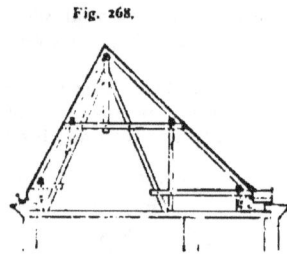

Vom Landgerichtshaus zu Bochum.
¹⁄₁₀₀ w. Gr.

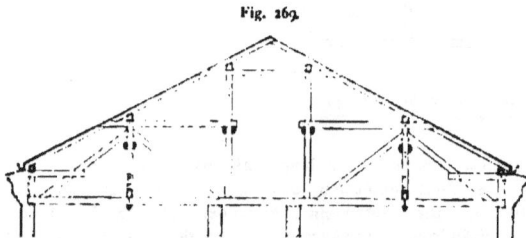

Fig. 269.

Vom Landgerichtshaus zu Flensburg.
¹⁄₂₀₀ w. Gr.

Lage, verlangen aber keine Verschwächung der Hängesäulen und sind leichter
anzubringen. Auch könnte man statt der Doppelzangen einfache Balken anbringen und mit den entsprechend gelegten Sparren der Bindergebinde über-
blatten; die Sparren würden dann nicht genau über dem Bindergebinde liegen,
was unbedenklich erscheint.

Diese Dachstühle können bis zu Weiten von 14 bis 15ᵐ verwendet werden.

Eine etwas andere Anordnung mit verschieden geneigten Dachflächen und
geschickter Benutzung einer Zwischenmauer ist in Fig. 268 vorgeführt.

Fig. 269 zeigt vier Zwischenpfetten, aber keine eigentliche Firstpfette; auch
hier sind die Zwischenmauern mit zum Tragen benutzt; die beiden dem First
zunächst liegenden Zwischenpfetten übertragen ihre Last durch lotrechte Pfosten,
die anderen durch einsäulige Hängeböcke.

d) Einzelheiten der Konstruktion für Kehlbalken- und Pfettendächer.

Für die einzelnen Dachteile können bei den gewöhnlich vorkommenden Dächern nachstehende Holzstärken als übliche angewendet werden. Alle Mafse sind Centimeter; das gröfsere der beiden Mafse bedeutet die Höhe des Querschnittes. 85. Übliche Holz- und Eisenstärken.

Sparren 10×13 bis 12×16; freie Länge 3,60 bis 4,00, höchstens 5,00 m.

Kehlbalken 10×13 bis 12×16.

Pfetten und Rahmhölzer 15×18 bis 18×22.

Stiele oder Pfosten 10×10 bis 18×18.

Streben 17×20 bis 20×20 und mehr.

Spannriegel 17×20 bis 20×20.

Dachbalken 18×22 bis 22×26.

Hängesäulen 20×20 bis 2 mal 15×20.

Zangen 17×20 bis 2 mal 13×20.

Kopfbänder oder Bügen 10×12 bis 15×15.

Die Schraubenbolzen erhalten 25 bis 30ᵐᵐ Durchmesser. Muttern und Köpfe sind vierkantig oder sechskantig; ersteres ist das gewöhnliche. Sowohl die Muttern als auch die Köpfe erhalten zweckmäfsig nicht zu kleine Unterlagsplatten, quadratisch mit 8 bis 10ᶜᵐ Seitenlänge im Geviert. Die Sparrennägel sind 120 bis 300ᵐᵐ lang und 10 bis 12ᵐᵐ stark.

Wo Holzteile mit ihren Hirnflächen zusammentreffen (Fig. 270d, 282 u. 283), werden zweckmäfsig Blechstücke (Zink) zwischengelegt, damit sich die Holzfasern nicht ineinander drücken; die Stofsstellen werden vorher abgehobelt. 86. Holz-verbindungen.

Die Verzapfungen werden, wenn möglich, verbohrt (vergl. aber Art. 72, S. 90); die Verbohrung ist möglichst nahe am Fufs des Zapfens anzubringen, damit dem Ausreifsen des Nagels eine grofse Holzfläche widersteht; bei kurzen Zapfen ist Verbohrung nicht möglich. Zapfenlöcher auf der oberen Seite wagrechter, im Freien liegender Hölzer sollen an tiefster Stelle durchbohrt werden, damit das etwa eingedrungene Wasser abfliefsen kann; sonst bilden sie Wassersäcke. Die am First zur Verbindung der Sparren angewendeten Scherzapfen werden stets verbohrt.

Die Versatzungen werden verwendet, wenn zwei zu verbindende Hölzer einen spitzen Winkel miteinander bilden; die schiebenden Kräfte sollen durch die Versatzung sicher von dem einen Holze auf das andere übertragen werden. Die Tiefe der Versatzung ist $\frac{1}{6}$ bis $\frac{1}{4}$ der Höhe des bei der Versatzung eingeschnittenen Holzes; die Stirn der Versatzung halbiert zweckmäfsig den stumpfen Winkel der beiden Hölzer. Falls der Winkel beider Hölzer sehr klein ist, so verwendet man die doppelte Versatzung; dieselbe ist besonders wirksam, wenn man die wagrechte Fugenkante der hinteren Versatzung tiefer legt als die vordere (Fig. 235a u. 235c); alsdann ist der Abscherungswiderstand gröfser als bei gleicher Tiefe beider Versatzungen. — Das Ausspringen der Strebe wird durch Schraubenbolzen verhütet; die Stellung derselben ist entweder senkrecht zur Strebenachse (Fig. 235b) oder senkrecht zur Balkenachse (Fig. 235c). Unter Umständen setzt sich die Strebe in einen Schuh aus hartem (Eichen-) Holze, der mit dem Balken durch Verdübelung oder Versatzung, sowie durch Bolzen verbunden wird (Fig. 235c).

Bei der Verklauung werden geneigt liegende Hölzer mit wagrechten verbunden, deren Achse nicht in derselben lotrechten Ebene liegen wie diejenigen

der ersteren. Dabei setzt sich das geneigte Holz in der Regel mit seiner Hirn-
fläche gegen zwei Langseiten des wagrechten Holzes. Damit das erstere Holz
nicht aufspalte, bricht man seine Ecken und läfst auch wohl im mittleren Quer-
schnittsteil einen Steg stehen, welcher in einen Ausschnitt des Langholzes hinein-
pafst (Fig. 270a). Verschiedene Verklauungen zeigen Fig. 270a bis 270d.

87.
Holzverbände
an den
Knotenpunkten.

An den Knotenpunkten der Binder von Kehlbalken- und Pfettendächern
ist manches Eigenartige hervorzuheben.

Verbindungen am First. Meistens wird eine Firstpfette angeordnet; man
erhält dadurch Gewähr für Erhaltung der geraden Firstlinie; auch wird das An-

Fig. 270.

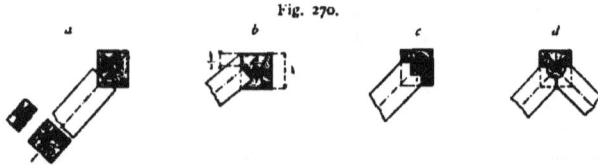

Fig. 272.

Fig. 271.

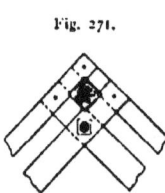

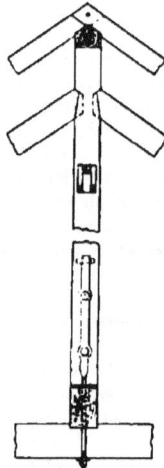

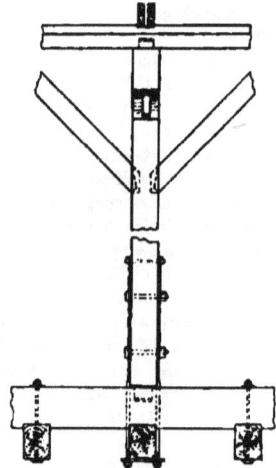

Fig. 273.

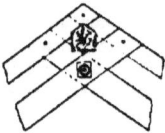

bringen des Blitzableiters erleichtert. Die Sparren werden auf die Firstpfette
aufgesattelt und genagelt. Ein Scherzapfen ist besser als die bei schwachen
Sparren angewendete Überblattung (Fig. 248). Fig. 271 bis 273 zeigen verschiedene Anordnungen im First, Einzelheiten von Fig. 260, 261 u. 266. Wenn möglich
unterstütze man die Firstpfette durch Kopfbänder, welche sich gegen die Stiele,
Hängesäulen u. s. w. setzen (Fig. 272).

Zwischenknotenpunkte und Fufsknotenpunkte. Kehlbalken werden
mit den Sparren verzapft (Fig. 274 rechts) oder besser überblattet (Fig. 274 links
u. 275). Ebenso verbindet man beim Pfettendach die Zangen mit den Sparren

Fig. 274.

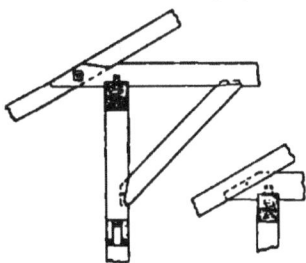

Fig. 275.

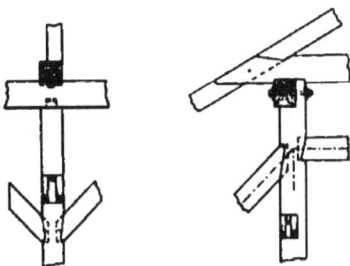

Fig. 277.

Fig. 276.

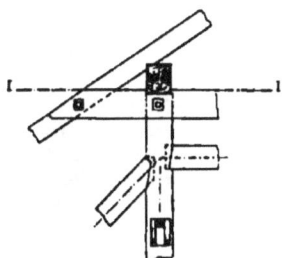

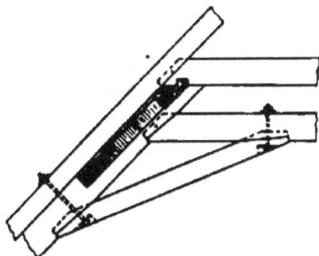

Schnitt nach I-I

Fig. 278.

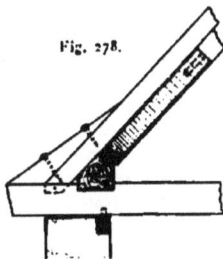

Fig. 279.

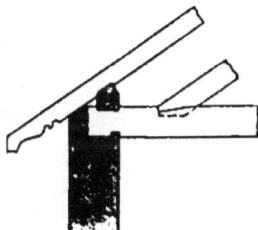

Fig. 280.

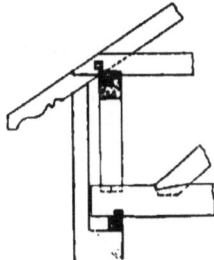

Fig. 281.

Fig. 282.

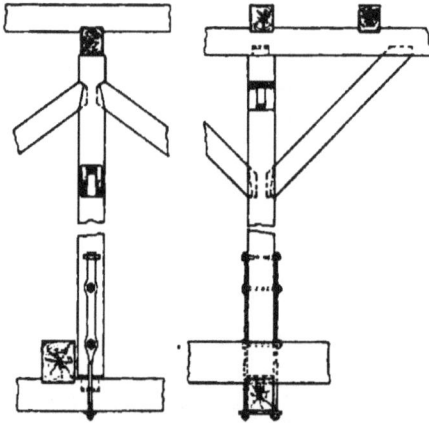

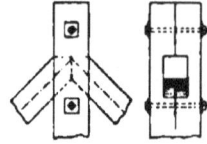

Fig. 283.

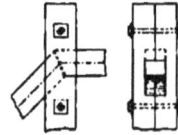

der Bindergebinde durch Überblattung und verkämmt sie mit den Pfetten. Die Zangen können unter oder über den Pfetten angebracht werden (Fig. 266, 267, 268 u. 280); wenn sie unter den Pfetten liegen, so nehmen sie die zur Unterstützung der Pfetten dienenden Pfosten, bezw. die Hängesäulen der Hängewerke zwischen sich und werden mit diesen verbolzt. Verschiedene Einzelheiten sind in Fig. 274 bis 280 vorgeführt. Auch hier verwendet man zur Sicherung der rechten Winkel Kopfbänder in ausgedehntem Mafse.

Fig. 284.

Fig. 285.

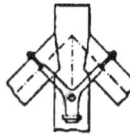

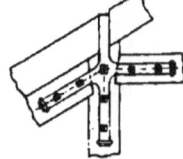

Hängewerke. Die Hängesäulen werden als einfache Hölzer oder aus zwei miteinander verbundenen Hölzern hergestellt. Die einfachen Hängesäulen (Fig. 272, 275 u. 276) werden mit den Streben und den Spannriegeln durch Versatzung verbunden; die Achsen der Streben und der Hängesäule, bezw. der Strebe, des Spannriegels und der Hängesäule, müssen sich in einem Punkte treffen, damit die Kräfte einander im Gleichgewicht halten können, ohne dafs schädliche Momente auftreten.

Fig. 286.

Fig. 287.

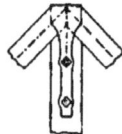

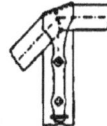

Vielfach empfiehlt sich die Verwendung aus zwei Halbhölzern hergestellter Hängesäulen, welche die Streben Spannriegel und den Balken zwischen sich nehmen (Fig. 267, 282 u. 283); alsdann stofsen die Streben beim einsäuligen Hängebock mit ihrem Hirnholz voreinander (Fig. 282), ebenso beim zweisäuligen Hängebock die Strebe und der Spannriegel (Fig. 283). Man

lege in diesem Falle zwischen die beiden Hirnhölzer Zinkbleche; die beiden
Hölzer, welche die Hängesäule bilden, werden miteinander verbolzt. Man hat
wohl auch den Teil der Hängesäule, welcher unterhalb der Strebenköpfe liegt,
einfach, den oberen Teil aus zwei Hölzern konstruiert und beide Teile so miteinander verbunden, daß der eine Teil auf den anderen Zugkräfte übertragen
kann (Fig. 292 u. 297). Wenn es ohne Holzverlust möglich ist, empfiehlt es sich,
bei einfachen Hängesäulen den Kopf, gegen welchen sich die Streben setzen,
stärker herzustellen als den Rest der Hängesäule (Fig. 292). Falls man die Hängesäule nicht oder nur wenig über die Ansatzstelle der Streben nach oben verlängern kann, so ordnet man Verstärkungen durch Eisen an. Fig. 284 bis 287
zeigen eine Reihe üblicher Konstruktionen; dabei ist darauf zu achten, daß das
Eisen möglichst auf Zug in Anspruch genommen werde. — Die Verbindung der
Hängesäule mit dem Balken des Hängewerkes ist in Fig. 272 u. 281 vorgeführt,
und zwar für einteilige Hängesäule; dieselbe wird mit dem Balken verzapft und
durch eiserne Bügel verbunden; die Zapfen sollen seitliche Bewegung verhindern,
müssen aber in lotrechtem Sinne Spielraum lassen. Solcher Spielraum muß stets
zwischen der Hängesäule und dem Tragbalken vorhanden sein, damit die Säule
keinen Druck auf den Balken ausübt, wodurch dieser auf Biegung beansprucht
werden würde. Der Balken muß durch die Säule getragen werden, nicht umgekehrt. — Die Verbindung der zweiteiligen Hängesäule mit dem Balken ist aus
Fig. 292 u. 297 zu ersehen.

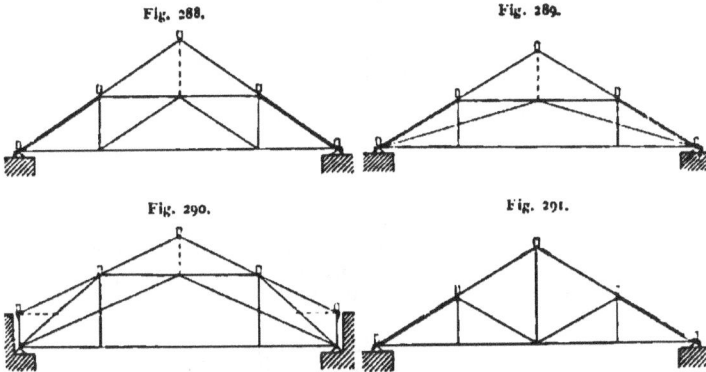

Fig. 288.   Fig. 289.

Fig. 290.   Fig. 291.

e) Konstruktion der Pfettendachbinder als statisch bestimmte Fachwerke.

88.
Binder
für drei
Pfetten.

Es sollen der Reihe nach für drei, fünf, sieben und mehr Lastpunkte (Pfetten)
nach den in Art. 81 (S. 103) entwickelten Grundsätzen statisch bestimmte Binder
angegeben werden.

α) Binder für drei Pfetten (eine Firstpfette und zwei Zwischenpfetten).
Die Firstpfette wird durch einen großen, bis nach den Auflagern geführten
Hängebock unterstützt, die beiden Zwischenpfetten werden durch einen zwei-
säuligen Hängebock getragen (Fig. 288). Das rechteckige Feld erhält zwei Streben,
welche einander in der Mitte des für den zweisäuligen Hängebock angeordneten
Spannriegels treffen. Will man den Dachbodenraum freier haben, so kann man

nach Fig. 289 diese Streben nach den Auflagern führen. Die punktierten Stäbe sind nicht erforderlich, werden aber meist ausgeführt; sie machen den Binder statisch unbestimmt, aber nicht labil. Die vorgeschlagenen Binder können auch verwendet werden, wenn das Dach einen Kniestock aufweist; dann empfiehlt sich das Anbringen der üblichen Zangen (in Fig. 290 punktiert).

Wenn ein freier Dachbodenraum nicht verlangt wird, so kann man auch nach Fig. 291 drei einsäulige Hängewerke verwenden: jederseits eines zum Tragen der Zwischenpfette und ein grofses zum Tragen der Firstpfette und zur Aufnahme der nach der Bindermitte übertragenen Kräfte der seitlichen Hängewerke Fig. 292 veranschaulicht einen nach dem Schema in Fig. 289 konstruierten Binder.

β) Binder für fünf Pfetten (eine Firstpfette und jederseits zwei Zwischenpfetten). Fig. 293 bis 296 zeigen eine Anzahl verschiedener Lösungen mit mehr oder weniger freien Dachbodenräumen. Dieselben sind ohne besondere Erläuterungen verständlich; alle sind stabil, ohne die punktierten Stäbe statisch bestimmt, mit diesen statisch unbestimmt.

In Fig. 297 ist ein nach dem Schema in Fig. 294 konstruierter Binder dargestellt; die Hängesäulen sind teils einfach, teils doppelt; der Dachbodenraum ist im mittleren Teile frei.

Fig. 292.

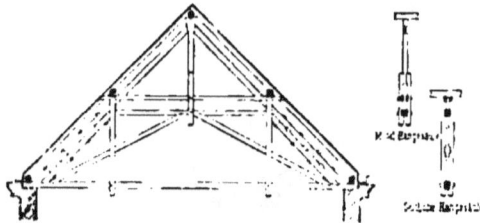

γ) Binder für sieben und mehr Pfetten. Das System in Fig. 298 zeigt die Auflösung des ganzen Binders in eine Zahl kleinerer Hängeböcke. Alle Streben sind als einfache, alle Hängesäulen als doppelte Hölzer gedacht. Mit diesem Binder können Stützweiten bis etwa 30ᵐ überdacht werden. Es ist $k = 18$ und $s = 33$, also wirklich $s = 2k - 3$.

Fig. 299 zeigt einen freieren Dachbodenraum; dabei ist $k = 16$ und $s = 29$, also ebenfalls ein statisch bestimmtes System. Diese Binder können auch vorteilhaft aus Holz und Eisen hergestellt werden; man kommt so beispielsweise zum sog. *Polonceau-* oder *Wiegmann-*Dachstuhl (Fig. 300).

Es ist leicht möglich, in vorstehend angegebener Weise auch für eine gröfsere Zahl von Knotenpunkten die Systeme so zu entwerfen, dafs das System statisch und geometrisch bestimmt ist.

δ) Binder mit mehr als zwei Auflagern. Falls die Binder mehr als zwei Auflager erhalten, so ist die Konstruktion eines statisch bestimmten Fachwerkes sehr schwierig, weil die unteren Gurtungsbalken (Bundtträme) durchlaufen und so der Binder ein kontinuierlicher Träger wird. Immerhin muſs man vor allem eine stabile Figur erstreben und die Lasten der Pfetten durch einfache Konstruktionen auf die Stützpunkte bringen.

Ein Beispiel für einen Binder mit 4 Stützpunkten und 3 Lastpunkten zeigt
Fig. 301. Für jede der 3 Pfetten ist ein Bock angeordnet, welcher die Lasten
sicher in die Stützpunkte überträgt; die Kräfte können beliebig gerichtet
sein; eine Unklarheit ist nicht vorhanden. Stäbe zwischen Mittel- und Seiten-

Fig. 293.

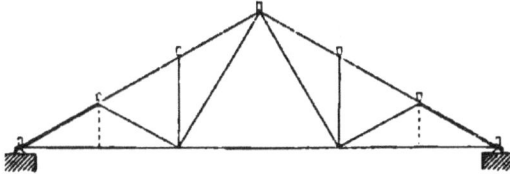

Fig. 294.

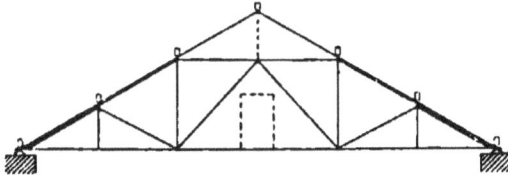

Fig. 295.

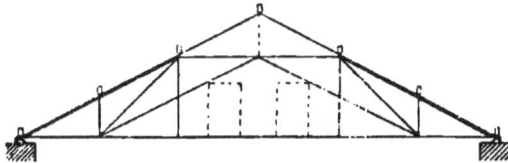

Fig. 296.

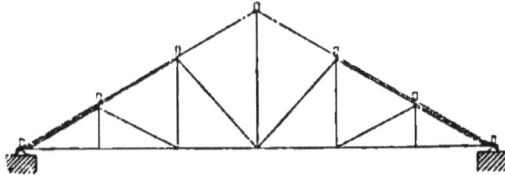

pfetten sind also eigentlich nicht nötig; gewöhnlich wird man sie anordnen, sowie auch die punktierten Zangen; dadurch wird die statische Bestimmtheit aufgehoben. Die Zahl der Auflagerunbekannten ist hier, weil ein Auflager als
fest, drei als beweglich angenommen werden, $n = 5$, und für statische Bestimmtheit muſs $s = 2k - 5$ sein; thatsächlich ist (ohne die punktierten Stäbe) $k = 9$
und $s = 13$.

8*

Fig. 297.

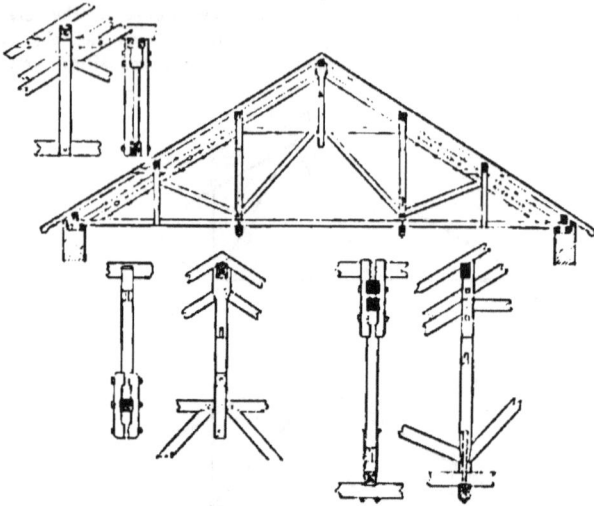

Ganz ähnlich ist die Anordnung mit 5 Pfetten in Fig. 302. Daselbst ist $k = 11$ und $s = 17$. Auch hier sind Verbindungsstäbe zwischen Mittel- und oberer Seitenpfette für die geometrische Bestimmtheit nicht nötig, werden aber

Fig. 298.

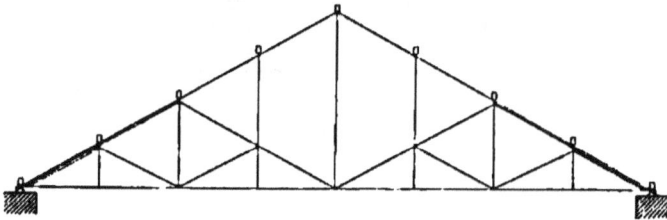

Fig. 300.

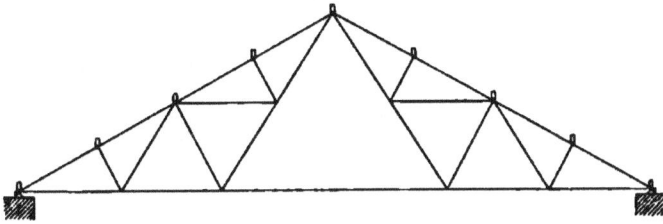

zweckmäfsig angeordnet. Wenn nur ei ne Mittelmauer als Stütze der Binder verfügbar ist, so kann man nach dem Schema in Fig. 303 verfahren. Hier ist $n = 4$, $k = 13$ und $s = 22$, d. h. $s = 2k - 4$.

Das in Fig. 269 (S. 108) dargestellte Dach zeigt einen ausgeführten Dach-binder mit zwei mittleren Stützpunkten. Fafst man dasselbe als ein doppeltes Pultdach auf, so sieht man, dafs es stabil ist.

Fig. 301.

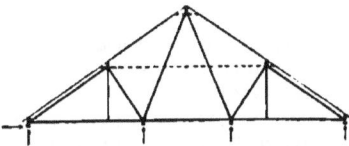

Endlich ist noch in Fig. 304 das System für einen Binder mit 4 Stütz-punkten ($n = 5$) und 7 Mittelpfetten angegeben; ohne die punktierten Stäbe ist $k = 15$ und $s = 25$. Es ist stets nach demselben Grundsatze ver-fahren: der ganze Träger ist in eine Anzahl einzelner Träger zerlegt.

Eine in hohem Mafse beachtenswerte Konstruktion ist das in Fig. 306[149]) dargestellte Dach vom Theater in Mainz. Dasselbe, von *Moller* entworfen, ist ein halbes Zeltdach, gehört demnach eigentlich nicht hierher; die Binder dieses Daches würden aber auch als Satteldachbinder geometrisch bestimmt sein und

Fig. 302.

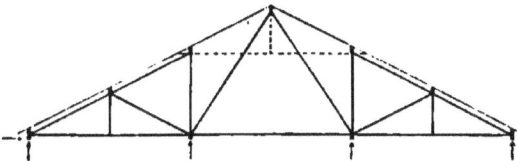

Fig. 303.

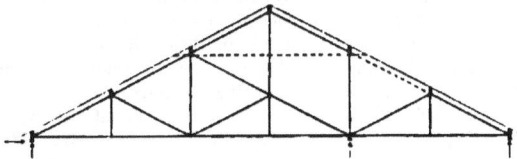

149) Nach: Moller, G. Beiträge zu der Lehre von den Constructionen. Darmstadt 1837.

können unter Umständen für Satteldächer nutzbringende Verwendung finden. Die Balken konnten, wegen der ansteigenden Decke, nicht durchgeführt werden; es handelte sich also darum, die Dachbinder ohne durchgehende Balken so anzuordnen, daſs möglichst wenig Schub auf die Mauern kam. Die schematische Zeichnung in Fig. 305, in welche nur die Hauptteile aufgenommen sind, zeigt, daſs zwei Auslegerträger verwendet sind, deren jeder auf zwei Stützpunkten, *A* und *B*, bezw. *C* und *D* ruht. Die Enden der Ausleger, die Knotenpunkte *4* und *6*, tragen den Dreieckträger *4. 5. 6.* Die Verbindungen sind hier natürlich

Fig. 304.

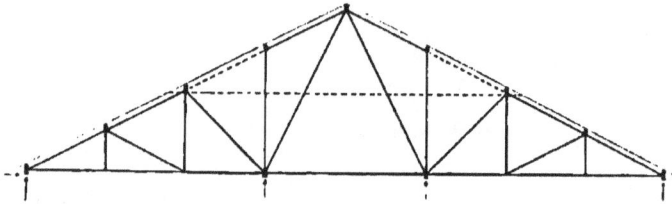

dem Baustoff entsprechend angeordnet; aber selbst wenn bei *4* und *6* Gelenke und nur die in Fig. 305 gezeichneten Stäbe vorhanden wären, so wäre auch beim Satteldach der Binder stabil und statisch bestimmt.

Die statische Untersuchung soll für diesen Fall kurz angedeutet werden. Das Auflager *A* wird als festes und die Auflager *B, C, D* werden als Linienauflager angenommen. Dann ist $n = 2 + 1 + 1 + 1 = 5$, $k = 13$ und $s = 21$, also wirklich $s = 2k - n$. — Die Berechnung dieses Daches, als Satteldach, ist folgendermaſsen vorzunehmen.

Fig. 305.

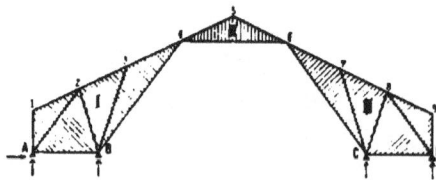

Der ganze Binder wird als aus 3 Scheiben, *I, II, III* (Fig. 305), bestehend angenommen; *I* ist der linke, *III* der rechte Auslegerträger und *II* der zwischen beiden auf den Gelenken *4* und *6* ruhende Dreieckträger. *C* und *D* werden als Linienauflager angenommen und leisten demnach nur lotrechte Stützendrücke; dann können aber auch im Punkte *6* auf die Scheibe *III* nur lotrechte Kräfte übertragen werden, falls auf dieselbe nur lotrechte äuſsere Kräfte (Belastungen) wirken. Die Kraft, welche im Gelenk *6* auf die Scheibe *II* als Stützendruck wirkt, ist der in demselben Punkte auf Scheibe *III* wirkenden Kraft gleich, aber dem Sinne nach entgegengesetzt gerichtet. Auch diese Auflagerkraft kann demnach nur lotrecht wirken, wenn auf Scheibe *III* lotrechte Belastungen übertragen werden. Damit kann aber auch der Stützendruck, welcher im Gelenkpunkt *4* auf Scheibe *II*, bezw. Scheibe *I* wirkt, gefunden werden, worauf das Verzeichnen des Kräfteplanes, bezw. die Berechnung der Spannungen in den Stäben leicht ist. Die Auflagerdrücke bei *A* und *D* können negativ werden, weshalb diese Auflager zu verankern sind.

Ein gutes, für alle möglichen Belastungszustände stabiles, allerdings statisch überbestimmtes Dach zeigt Fig. 307[119]); die mittleren Unterstützungen sind geschickt benutzt.

Als fernere gute Dachkonstruktion ist Fig. 308[120]) vorgeführt.

Ohne weitere Erläuterungen sind auch die in Fig. 309 bis 311[121] u. [122]) dargestellten Dächer mit Mittelstützen verständlich.

Gut konstruierte Pfettendächer sind zweckmäfsige Konstruktionen; die Belastungen werden durch die Pfetten in bestimmte Ebenen, die Binderebenen, gesammelt und in diesen durch die Binder nach den Auflagerpunkten derselben und damit nach den Stützpunkten des Daches geleitet. Diese Anordnung ist, wenn es sich nur um die Tragfähigkeit handelt, sparsamer, als wenn man jedes Sparrengebinde mit den zur Überführung der Kräfte nach den Auflagern erforderlichen Stäben, den sog. Kehlbalken, versieht; man kann letztere nicht so schwach machen, wie dies theoretisch zulässig wäre; daraus ergeben sich zahlreiche Zuschläge. Anders liegt die Sache, wenn man die Kehlbalken etwa für Deckenkonstruktionen von Räumen im Dache ohnedies braucht; dann kann ein Kehlbalkendach zweckmäfsiger sein. Vor allem müssen aber beim Pfettendach die Binder

98.
Beurteilung der Pfettendächer.

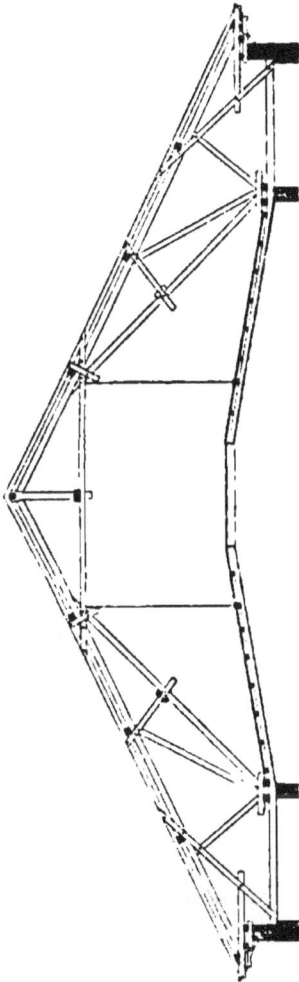

Fig. 306.

Vom Theater zu Mainz[118]).
":= w. Gr.

[118]) Nach: Centralbl. d. Bauverw. 1895, S. 440.
[119]) Nach freundlicher Mitteilung des Herrn Oberbaudirektors Prof. Dr. *Durm* in Karlsruhe.
[121]) Nach: *Nouv. annales de la constr.* 1893, Pl. 13.
[122]) Nach: Zeitschr. d. Arch.- u. Ing.-Ver. zu Hannover 1889, Bl. 13—14.

vollständig standfest sein, also unverschiebbare Fachwerke bilden; nur dann ist das Dach selbst standfest; daß diese Forderung leider noch bei vielen Dachkonstruktionen nicht erfüllt ist, wurde oben gezeigt. Das Pfettendach hat

Fig. 307.

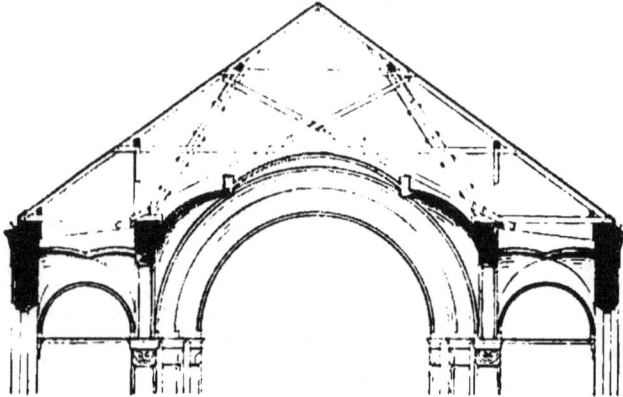

Von der reformierten Kirche zu Insterburg[119].
$^1/_{100}$ w. Gr.

Fig. 308.

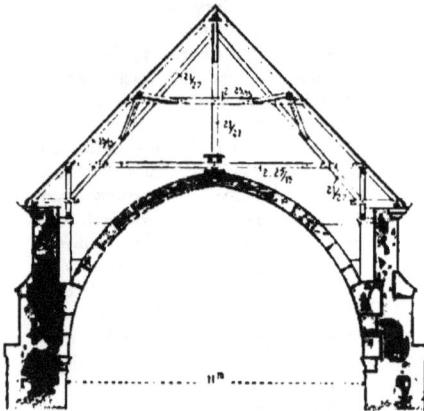

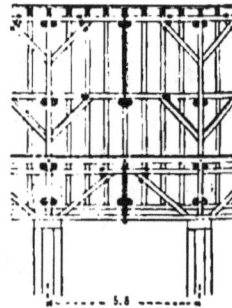

Von der Kirche zu Badenweiler[120].
$^1/_{100}$ w. Gr.

demnach den Vorzug größerer Klarheit, geringeren Holzverbrauches und nebenbei den weiteren Vorteil, daß keine Aufschieblinge nötig sind (vergl. Fig. 307 bis 311).

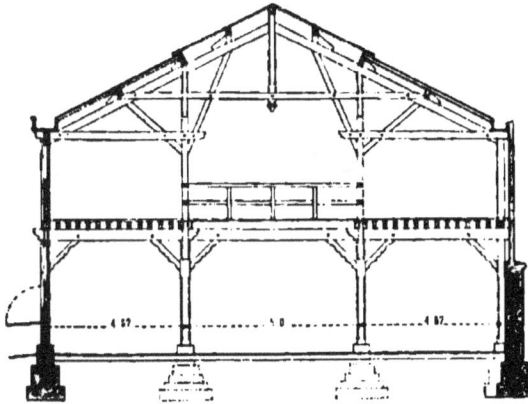

Fig. 309.

Von einem
Warenhaus
zu Paris [130].
$^1/_{100}$ w. Gr.

Fig. 310.

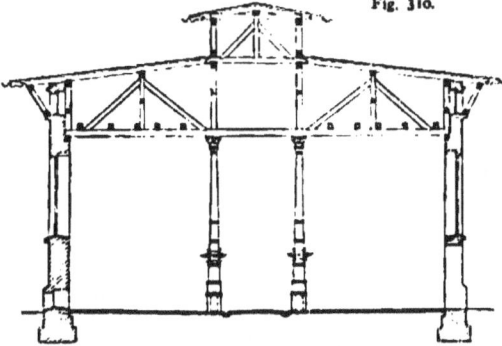

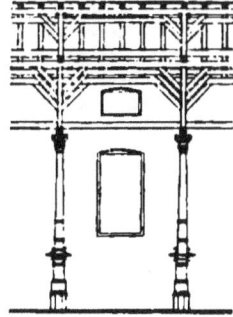

Fig. 311.

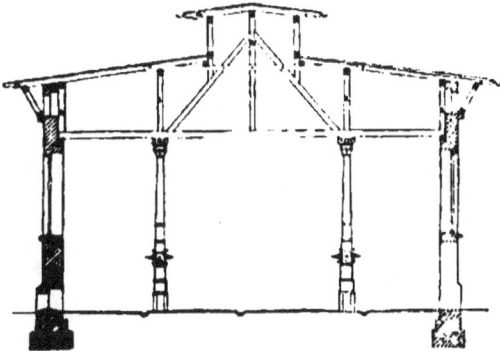

Von den Schlachthallen
auf dem Schlachthof
zu Osnabrück [131].
$^1/_{100}$ w. Gr.

26. Kapitel.

Hölzerne Mansarden- und Pultdächer;
Walme, Grate und Kehlen.

a) Mansardendächer.

Da bei Mansardendächern die vom First nach der Traufe verlaufenden Dachflächen jederseits einmal gebrochen sind, so bildet sich ein unterer steiler und ein oberer flacher Teil. $ACEDB$ (Fig. 312) stellt den Querschnitt eines solchen Daches in einfachen Linien dar. Grundsätzlich ist nun für die Konstruktion dieser Dächer alles gültig, was im vorhergehenden von der Konstruktion der Satteldächer, bezw. der Binder vorgeführt worden ist. In der Ausführung ergiebt sich aber manches Eigenartige, so dafs dieselben hier besonders besprochen werden sollen.

Wie schon in Art. 19 (S. 5) bemerkt wurde, bieten die in Rede stehenden Dächer hauptsächlich den Vorteil, dafs im Dachgeschofs noch verhältnismäfsig gute Wohnräume vorhanden sind, während andererseits die Temperaturunterschiede in diesen Räumen unangenehm empfunden werden, auch die Feuersicherheit in diesen zumeist aus Holz bestehenden Geschossen geringer als in denjenigen mit gemauerten Wänden ist.

Über die Querschnittsform der Mansardendächer, die ziemlich verschieden gewählt wird, war bereits in Art. 19 (S. 15) die Rede.

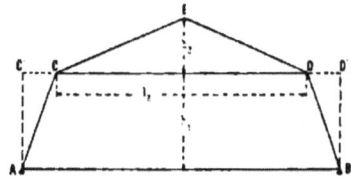

Fig. 312.

Es sind zwei Anordnungen des Mansardendaches üblich: bei der ersten wird das Dach durch eine Balkenlage in zwei getrennte Teile zerlegt; bei der zweiten Anordnung bildet man durch die Konstruktion nur einen einzigen Raum, der allerdings durch eine in beliebiger Höhe angebrachte Balkenlage in zwei übereinander befindliche Stockwerke zerlegt werden kann; hier ist aber dann die Balkenlage etwas nicht zur Konstruktion Notwendiges, während sie bei der ersterwähnten Anordnung einen notwendigen Teil derselben bildet.

Bei der ersten Anordnung besteht das Dach aus zwei Teilen, einem unteren mit steilen Dachflächen, dem sog. Unterdach, und einem oberen mit flacher Dachneigung, dem sog. Oberdach. Die beide Teile trennende Balkenlage wird gewöhnlich in die Höhe des Knickes, also nach CD gelegt.

Die Konstruktion bei dieser Anordnung besteht nun einfach darin, dafs man auf ein mit Fachwerkwänden hergestelltes Geschofs, das Unterdach, ein Dach, das Oberdach, setzt. AB (Fig. 312) entspricht der Dachbalkenlage; AC und BD sind die geneigten Seitenflächen des Unterdaches; CD ist die Balkenlage für das letztere und nimmt die Sparrengebinde des Oberdaches auf. Die Seitenwände des Unterdaches erhalten Schwellen, Rahmenhölzer und Pfosten, unter Umständen auch Streben; an den Seitenflächen AC und BD sind aufser den Fachwänden noch Sparren anzuordnen, welche sich gegen die als Pfetten dienenden Schwellen und Rahmenhölzer lehnen. Wenn, wie in Fig. 313, die tragenden Seitenwände geneigt gestellt sind, so darf im Binder der Spannriegel nicht fehlen; auch ordne man Kopfbänder an, da das Trapez im Querschnitt

93.
Allgemeines.

94.
Erste
Anordnung.

eine verschiebliche Figur ist. Das Unterdach kann also auch als Pfettendach aufgefaßt werden, während man das Oberdach bei geringen Weiten als Kehlbalkendach herstellt; für größere Weiten empfiehlt sich auch für dieses das Pfettendach. Bei der in Fig. 313 dargestellten Konstruktion sind Aufschieblinge anzuordnen. Man kann auch die tragenden Seitenwände lotrecht stellen (Fig. 314); alsdann sind in denselben die Schwellen nicht unbedingt nötig; auch kann der Spannriegel fortgelassen werden. Die Sparren der steilen Dachflächen setzen sich in die beiden Balkenlagen; auch hier ordne man Aufschieblinge und Kopfbänder an. Vor Kopf der zwischen Ober- und Unterdach liegenden Balkenlage sind gekehlte Hölzer mittels Zapfen angebracht.

    Bei der zweiten Anordnung ist die Konstruktion nichts anderes, als ein Drempeldach mit geneigten und ziemlich hohen Drempelwänden. Das Dach

95.
Zweite
Anordnung.

Fig. 313.

Fig. 314.

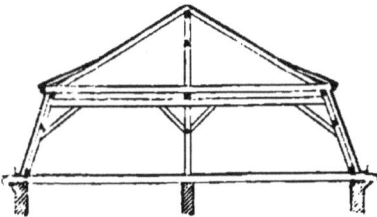
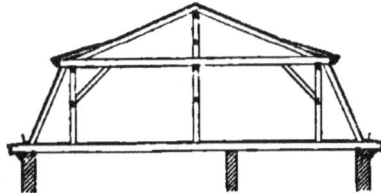

Fig. 315.

Fig. 316.

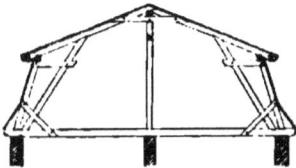
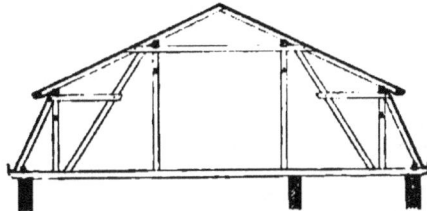

wird dann wohl ausschließlich als Pfettendach hergestellt; die Binder können also nach den oben entwickelten Grundsätzen konstruiert werden. Fig. 315 zeigt ein einfaches Beispiel. Auf die Dachbalkenlage setzen sich die geneigten Pfosten der Drempelwand, welche gleichzeitig die Sparren der steilen Dachflächen sind; sie tragen auch die Fußpfette für den oberen, flachen Teil des Daches. Die Streben zur Querversteifung des Drempeldaches und die Doppelzangen zur Verbindung dieser Streben mit den Binderpfosten sind wie beim gewöhnlichen Drempeldache; außerdem empfiehlt sich das Anbringen von Fußbändern, welche mit den Drempelstreben überschnitten werden können. Die Firstpfette ist in üblicher Weise angebracht und durch Pfosten unterstützt.

    Auch hier empfiehlt es sich, die stützenden Wände lotrecht zu stellen, die steilen Dachflächen aber durch besondere Sparren zu bilden, welche sich unten und oben gegen Pfetten stützen (Fig. 316). Man erhält dadurch auch im Dachgeschofs Gelasse mit lotrechten Wänden; der Raum zwischen der lotrechten inneren und der geneigten äufseren Wand kann zweckmäfsig zu Wandschränken u. dergl. Verwendung finden.

Fig. 317 [182].

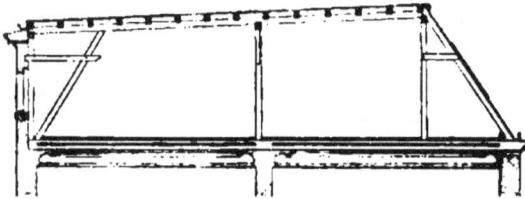

Fig. 318.

Fig. 319 [134].

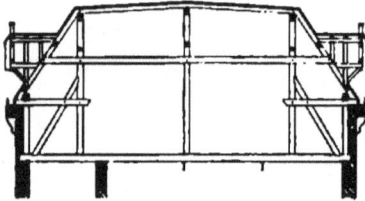
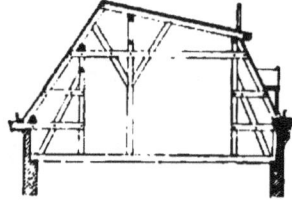

Von der Gardeschützen-Kaserne zu Berlin [134].

Ein Dach mit schräger Begrenzung an der einen und lotrechter Begrenzung an der anderen Seite zeigt Fig. 317 [185]); die stützenden Pfostenwände sind lotrecht; die eigentliche Dachfläche ist sehr wenig geneigt.

Vielfach werden diese Mansardendächer noch mit niedrigen Drempeln versehen; einige ohne weiteres verständliche Beispiele zeigen Fig. 318 [163]), 319 [164]) u. 320 [166]); bei Fig. 320 sind die Dachneigungen beider Dachhälften verschieden.

Fig. 320 [165].

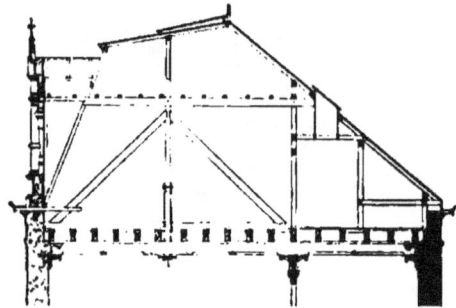

Die nach der zweiten Anordnung konstruierten Dachbinder sind besser als diejenigen der ersten Anordnung; man hat bei jenen eine zusammenhängende Konstruktion, während bei der erstbetrachteten zwei Konstruktionen aufeinander gesetzt sind. Immerhin genügen die üblichen Mansardendächer nicht allen an Unverschieblichkeit zu

[182] Nach: Zeitschr. f. Bauw. 1887, Bl. 59; 1891, Bl. 38.
[184] Nach: Wanderley, G. Die Constructionen in Holz. 2. Aufl. Halle 1877. S. 213.
[185] Nach: Zeitschr. f. Bauw. 1887, Bl. 42.

stellenden Anforderungen, weil vielfach der Dreieckverband im Interesse der bequemen Brauchbarkeit der Räume stiefmütterlich behandelt ist. Es ist ja hier besonders schwierig, beide Anforderungen zu vereinigen. Von der Vorführung stabiler Konstruktionen kann hier abgesehen werden, da alles, was in Art. 80 u. 81 (S. 102 bis 115) hierüber gesagt ist, auch von den nach der zweiten Weise hergestellten Dächern gilt und unter den besonderen hier vorliegenden Verhältnissen für die einzelnen Aufgaben verwertet werden kann.

b) Pultdächer.

Pultdächer werden vorzugsweise für Seitenflügel gröfserer Gebäude verwendet, welche an der Nachbargrenze liegen und bei denen nur nach der Hofseite die Wasserabführung zulässig ist. Die Konstruktion der Pultdächer ist grundsätzlich von derjenigen der Satteldächer nicht verschieden; man mufs auch hier dafür sorgen, dafs die auf das Dach wirkenden Kräfte sicher in die Auflager, d. h. in die Seitenmauern des Gebäudes, befördert werden. Im übrigen kann man das Pultdach sowohl als Kehlbalken-, wie als Pfettendach, mit stehendem und liegendem Dachstuhl, mit oder ohne Drempel konstruieren.

Fig. 321.

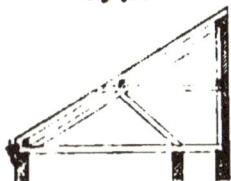

Fig. 322.

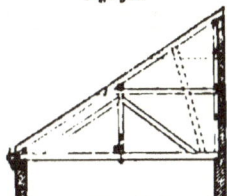

Die lotrechten Belastungen durch Schnee und Eigengewicht werden bei richtiger Unterstützung der Sparren durch die Pfetten, bezw. die Binder und Stuhlwände ohne Schwierigkeit in die Auflager geführt, ohne dafs ein bedenklicher Sparrenschub zu entstehen braucht; dagegen haben die senkrecht zur Dachfläche gerichteten Winddrücke schiefe Kräfte zur Folge, welche von der hohen Wand des Pultdaches möglichst fern gehalten werden müssen. Diese Kräfte sind desto gefährlicher, je steiler die Neigung des Pultdaches ist. Die oberen Enden der Sparren man deshalb nicht ohne weiteres auf das Mauerwerk der hohen Wand, sondern setze vor diese eine Fachwerkwand, deren oberes Rahmenholz als Pfette für die Sparren dient. Ferner sorge man durch Anbringen entsprechender Streben dafür, dafs die auf die anderen Pfetten entfallenden schiefen Kräfte nach den Balkenauflagern gebracht werden, ohne das obere Ende der erwähnten Fachwerkwand zu beeinflussen. Bei einem Pultdach mit Drempelwand beachte man, dafs auch der Kopf der Drempelwand vor den schief wirkenden Kräften möglichst geschützt werden mufs. Bei allen Pultdächern, welche ausgiebige Dachbodenbenutzung gestatten sollen, setze man die Streben so, dafs ein Gang von wenigstens 1,00 m Breite an der hohen Wand entlang verbleibt.

Fig. 323.

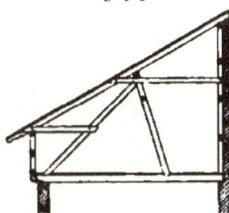

Vom Haus *Giesecke* zu Neu-Brandenburg [106].
1 : w. Gr.

Fig. 321 zeigt ein Pultdach mit einer Zwischenpfette, deren Last durch den Bock auf die Auflager

[106] Nach: Centralbl. d. Bauverw. 1890, S. 97.

geführt wird. Diese Anordnung kann bei 7,00 bis 8,00 ᵐ Weite gewählt werden. Bei gröfserer Weite und fehlender mittlerer Wand kann sie leicht in die Konstruktion in Fig. 322 verwandelt werden; die einpunktierte Strebe und Zange können verwendet werden, wenn eine weitere Pfette notwendig wird.

Pultdächer mit Drempelwänden sind in Fig. 323 bis 325 vorgeführt.

Ein Pultdach mit sehr flacher Dachneigung zeigt Fig. 326 [156]. Die schiefen Belastungen sind bei solchen Dächern gering, demnach auch die Streben von geringerer Bedeutung als bei den steilen Pultdächern. Bei den Mansarden-Pultdächern ist zu beachten, dafs dieselben grofse schiefe Lasten, nämlich die gegen den steilen Teil des Daches wirkenden Winddrücke, zu ertragen haben.

Fig. 324.

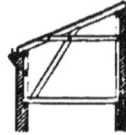

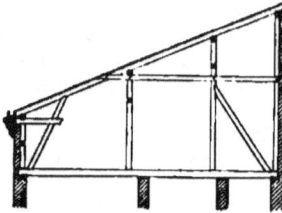

Vom General-Postamt zu Berlin [157]. ¹⁄₁₀₀ w. Gr.

Fig. 325.

Vom Generalpostamt zu Berlin [157]. ¹⁄₁₀₀ w. Gr.

Fig. 326.

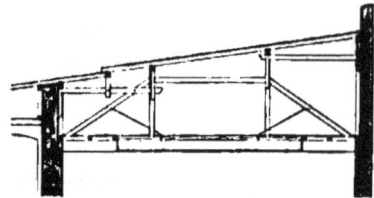

Von der landwirtschaftlichen Hochschule zu Berlin [158]. ¹⁄₁₀₀ w. Gr.

c) Walme, Grate und Kehlen.

Kehlen und Grate können gemeinsam und zusammen mit den Walmen besprochen werden. In Fig. 327 sind *ae*, *be* und *cf* Grate, während *df* eine Kehle ist; die Dachfläche *abheg* ist eine abgewalmte Dachfläche.

In der abgewalmten Dachfläche reichen die Sparren von der Traufe (*ag*, *ab*, *bh*) bis zum Grat, müssen also ihr oberes Auflager auf dem Grat finden. Demnach müssen in den Graten besondere Konstruktionsteile, die sog. Gratsparren, angebracht werden, welche die Sparren, aber auch die Dachschalung, Lattung u. s. w. aufnehmen können. Die Oberflächen der Gratsparren liegen in denselben Ebenen, wie die anschliefsenden beiden Dachflächen; dann kann die Dachschalung u. s. w. ordnungsmäfsig angebracht werden. Die theoretische Schnittlinie der beiden benachbarten Dachflächen wird in die Mitte der Oberfläche des Gratsparrens gelegt. Man nennt die Sparren, welche als obere Auflager den Gratsparren haben, wie schon erwähnt, Schiftsparren oder Schifter und sagt: diese Sparren schiften sich an den Gratsparren; die Sparren über den Flächen *abheg* und *fmel* sind Schiftsparren.

Jeder Schiftsparren hat eine andere Länge; die links von der Mittellinie des Walmes liegenden Schifter haben andere Anschlufsflächen an die Grat-

[156] Nach: Zeitschr. f. Bauverw. 1875. Bl. 35.
[158] Nach: Centralbl. d. Bauverw. 1883. S. 143.

sparren, als die rechts von der Mitte liegenden. Man unterscheidet deshalb linke und rechte Schifter; den mittelsten Schiftsparren nennt man wohl auch Mittelschifter. Bei den Kehlen ist die Anordnung derjenigen an den Graten ganz ähnlich; die sog. Kehlschifter finden ihr unteres Auflager auf dem Kehlsparren. In Fig. 327 ist *df* ein Kehlsparren; die Sparren über den Flächen *dfo* und *dfn* sind Kehlschifter.

Schiftsparren, welche, wie die bisher betrachteten, sich mit einem Ende, dem oberen oder unteren, an einen anderen Sparren schiften, nennt man einfache Schifter; indes kommen auch Sparren vor, welche sich unten gegen einen Kehlsparren und oben gegen einen Gratsparren lehnen; solche nennt man doppelte Schifter.

Fig. 327.

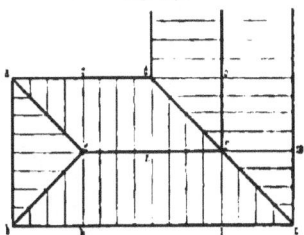

Die Grat- und Kehlsparren haben, da sie die Schiftsparren aufnehmen, ziemlich bedeutende Lasten zu tragen und müssen deshalb sorgfältig unterstützt werden; auch die Schiftsparren müssen, wenn ihre Länge nicht sehr gering ist, noch mittlere Stützpunkte erhalten. Diese Stützpunkte werden durch Pfetten gebildet, welche, den Trauflinien parallel laufend, unter den Dachflächen angeordnet und durch besondere Binder getragen werden (siehe Fig. 217, S. 77). Man bestimmt die Querschnittshöhe zweckmäfsig so, dafs Schift- und Gratsparren auf der Unterseite bündig werden. Die Querschnittsabmessungen der Grat-, bezw. Kehlsparren, sind durchschnittlich: 15 bis 18 ᶜᵐ Breite und 18 bis 20 ᶜᵐ Höhe.

Besonders sorgfältig sind die Endauflager der Grat- und Kehlsparren zu konstruieren. Das obere Endauflager der Gratsparren, der sog. Anfallspunkt, mufs sicher unterstützt werden; man lege unter diesen Punkt, wenn irgend möglich, einen Binder, gewöhnlich den letzten Binder des Satteldaches. Punkt *e* (Fig. 327) ist ein solcher Anfallspunkt, in welchem sich zwei Gratsparren treffen;

Fig. 328[160]).

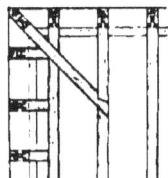

aber auch Punkt *f* ist ein Anfallspunkt, d. h. derjenige Punkt, in welchem sich Gratsparren und Kehlsparren treffen. Die unteren Auflager der Grat- und Kehlsparren sind so zu bilden, dafs die wagrechte Seitenkraft der im Sparren herrschenden Kraft sicher aufgehoben wird. Man ordnet zu diesem Zwecke einen besonderen, unter dem Gratsparren liegenden Stichbalken (Gratstichbalken, bezw. Kehlstichbalken) an, welchen man mit den zunächst liegenden durchgehenden Balken durch Schwalbenschwanzblätter und erforderlichenfalls auch durch eiserne Bänder verbindet (Fig. 328[160]). Auch für die gewöhnlichen Schiftsparren ordnet man unter der Walmfläche zweckmäfsig Stichbalken an, selbstverständlich bei Kehlbalkendächern; aber auch bei Pfettendächern ist das Anbringen von Stichbalken, in welche sich die Schifter setzen, zu empfehlen (Fig. 328).

Die Schiftsparren lehnen sich an die Seitenflächen der Gratsparren stumpf an und sollen nicht über die Kanten derselben hinausragen; die Verbindung er-

Anschluſs der Schifter an die Grat- und Kehlsparren.

[160]) Nach: Gottgetreu, R. Lehrbuch der Hochbauconstructionen. Theil II. Berlin 1882. S. 278.

folgt durch Vernagelung. Der Querschnitt der Gratsparren ist fünfeckig; die beiden oberen Flächen fallen in die beiden anschliefsenden Dachflächen (Fig. 329).

Wollte man dieselbe Verbindungsart auch auf die Kehlsparren anwenden, so würde man eine in der Mitte vertiefte obere Fläche des Kehlsparrens erhalten;

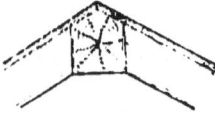

Fig. 329.

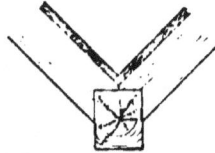

Fig. 330.

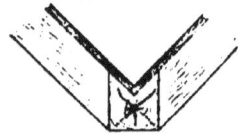

Fig 331.

dann würde man viel Holz brauchen, aufserdem aber eine wenig haltbare Verbindung der Kehlschifter mit den Kehlsparren erhalten (Fig. 331). Man setzt deshalb besser die Kehlschifter mit Klauen nach Fig. 330 u. 332 auf den Kehlsparren, wobei man eine gute Verbindung erhält und den Kehlsparren mit rechteckigem Querschnitt herstellen kann.

Fig. 332.

Die beim Schiften sich ergebenden Schnittlinien heifsen Schmiegen, und zwar: Lotschmiege ist die lotrecht verlaufende Schnittlinie (a in Fig. 333); Backen- oder Klebschmiege ist die Schnittlinie auf der Ober- oder Unterseite der Schifter, welche sich aus der gegenseitigen schrägen Lage der Grat-, bezw. Kehlsparren und Schifter ergiebt (b in Fig. 333); Fufsschmiege ist die wagrechte Schnittlinie, welche die Aufstandsfläche der Schifter seitlich begrenzt (c in Fig. 333).

Auf die Ermittelung der Längen, der Schmiegen u. s. w. für die Schifter, Grat- und Kehlsparren braucht hier nicht näher eingegangen zu werden. Ausführliche Vorschriften dafür finden sich in den Teil III, Band 1 (Abt. I, Abschn. 2, am Schlufs von Kap. 5) dieses »Handbuches« angegebenen Werken über Holzbau und Zimmerkunst.

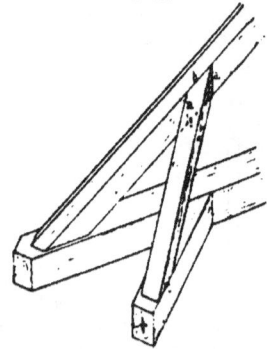

Fig. 333.

Die beiden Gratsparren stofsen stumpf voreinander. Aufser den beiden Gratsparren treffen hier vielfach noch die beiden letzten normalen Sparren des anschliefsenden Satteldaches und der Mittelsparren des Walmes zusammen (Fig. 334). Alsdann ist die Konstruktion etwas schwierig. Besser ist es, diejenigen Hölzer, welche nicht an diesen Punkt geführt zu werden brauchen, an andere Stellen zu verlegen; dies gilt besonders vom Mittelsparren des Walmdaches, dem sog. Mittelschifter. Man verteilt zweckmäfsig die Schifter so, dafs kein Sparren auf den Anfallspunkt kommt (Fig. 335). Man kann aber auch den Mittelschifter gegen einen kurzen Wechsel stofsen lassen und dadurch die Konstruktion vereinfachen (Fig. 336). Endlich kann man auch das letzte normale Sparrenpaar des Satteldaches ein wenig vom An-

140.
Anfallspunkt.

fallspunkt zurückrücken und den Anfallspunkt durch die Pfette, welche etwas über den Binder hinaus ragt, unterstützen (Fig. 337).

Der Verbindungspunkt des Gratsparrens und Kehlsparrens (Punkt *f* in Fig. 327, S. 127) macht besonders bei dem heute meistens ausgeführten Pfettendache keine Schwierigkeit. Die Firstpfette wird hier sorgfältig unterstützt und nimmt die oberen Enden beider Sparren auf.

Fig. 334.   Fig. 335.   Fig. 336.   Fig. 337.

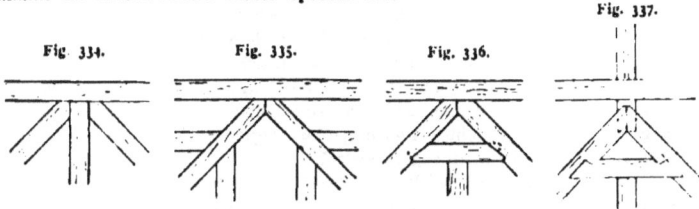

27. Kapitel.

Hölzerne Sprengwerksdächer.

Wenn die beiden Sparren eines Dachgebindes oder die beiden Streben eines Binders sich ohne weiteres auf die Gebäudemauern setzten, so würden sie auf dieselben schiefe Drücke ausüben, selbst bei nur lotrechten Belastungen. Da diese schiefen Drücke die Seitenmauern gefährden, so vermeidet man sie, und dies ist, wenigstens für lotrechte Belastungen, durch Anbringen von Verbindungsstäben beider Auflager möglich[100]); dadurch erhält man die Balkendächer. Allerdings erzeugen auch bei diesen die schief wirkenden Belastungen schiefe Auflagerdrücke auf die Stützpunkte; diese sind unvermeidlich. Oftmals aber ist es aus architektonischen Rücksichten wünschenswert, die durchgehenden Verbindungsstäbe, d. h. die durchlaufenden Balken fortzulassen, besonders bei Überdachung weit gespannter Räume, großer Festhallen, Kirchen u. s. w., bei denen die Dachkonstruktion sichtbar sein soll und der Innenarchitektur als Grundlage dienen soll. Alsdann verwendet man vielfach Sprengwerksdächer, die, wenn geschickt entworfen, einen sehr befriedigenden Anblick gewähren. Sprengwerksdächer sind Dächer, bei denen der durch die lotrechten Belastungen an den Auflagern der Binder erzeugte wagrechte Schub nicht durch die Binderkonstruktion aufgehoben wird.

Ob ein Dach ein Balkendach oder ein Sprengwerksdach ist, kann man nicht immer auf den ersten Blick entscheiden; es kommt nicht allein auf die Anordnung der Binderstäbe an, sondern in erster Linie auf die Art der Auflagerung. Ein Schub auf die Stützen findet bei lotrechten Belastungen nur dann statt, wenn beide Auflager des Binders fest, d. h. in ihrer gegenseitigen Lage unveränderlich sind oder wenn die gegenseitige Bewegung derselben nur in ganz geringen Grenzen möglich ist. In Fig. 338 sei das Auflager *A* fest mit dem Mauerwerke verbunden und *B* in der wagrechten Linie reibungslos beweglich; bei irgend einer lotrechten Belastung des Binders kann und wird *B* nach rechts gehen, so weit, als die elastischen Veränderungen der Binderstäbe dies bedingen. Die

---
100) Siehe Teil I, Band 1, zweite Hälfte (Art. 423, S. 386; 2. Aufl.: Art. 212, S. 195; 3. Aufl.: Art. 214, S. 215) dieses »Handbuches«.

Handbuch der Architektur. III. 2, d. (2. Aufl.)   9

beiden Auflager sind in ihrer gegenseitigen Lage veränderlich; der Binder in Fig. 338 ist also, trotz der Bogenform, ein Balkendachbinder.

Man kann sich dies auch folgendermafsen klar machen: Die Last erzeugt einen Stützendruck in B, welcher nur lotrecht sein kann, weil das Auflager in der Wagrechten reibungslos verschieblich ist. Wenn aber B lotrecht wirkt, so mufs die wagrechte Seitenkraft H des Stützendruckes in A gleich Null sein, weil diese die einzige auf den Träger wirkende wagrechte äufsere Kraft ist; es ist also auch der Stützendruck in A lotrecht. Wenn dagegen auch B, ebenso wie A, fest mit dem Mauerwerk verbunden ist, so kann sich B nicht von A entfernen, und vom Mauerwerk mufs auf den Punkt B des Trägers eine wagrechte Kraft übertragen werden, grofs genug, um jede Verschiebung von B zu verhindern. Eine wegen des Gleichgewichtes gleich grofse wagrechte Kraft wirkt alsdann in A; das Dach ist also ein Sprengwerksdach.

Wären die Auflager wie bei Fig. 338, aber eine Verbindungsstange AB vorhanden (Fig. 340), so könnte sich B soweit bewegen, als die elastische Verlängerung der Stange AB dies zuläfst. Die Seitenmauern erhalten in diesem Falle keinen schiefen Druck, weil, wie in Fig. 338, der auf die Mauer ausgeübte Stützendruck in B, also auch in A nur lotrecht sein kann. Auf den Träger dagegen

Fig. 338. Fig. 339. Fig. 340.

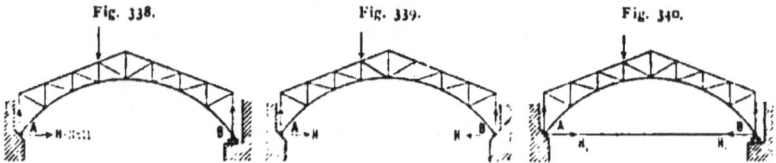

wirkt aufser diesen noch die wagrechte Spannung $H_1 = H_2$ des Stabes AB; der Träger ist also wie ein Sprengwerksträger zu berechnen und aufzufassen.

Ähnlich sind die Verhältnisse auch bei anderen Binderformen; es kommt demnach in erster Linie auf die Stützungsart an, ob ein Träger ein Balken- oder Sprengwerksträger ist.

Bei den eisernen Dachbindern ist die Stützung mittels eines beweglichen Lagers B möglich und üblich; die Auflager der Holzdächer sind aber nicht derart, dafs eine vollkommene bewegliche Unterstützung angenommen werden kann. Deshalb wird ein hölzerner Dachbinder viel eher wie ein Sprengwerksdach, als wie ein Balkendach wirken; dies wird besonders eintreten, wenn einzelne Stäbe des Binders sich als Streben gegen die Seitenmauern setzen, ohne dafs an den Anschlufsstellen der Schub aufgehoben wird. Durch solche Streben kann selbst ein sonst als Balken wirkender Binder in ein schiebendes Sprengwerk umgewandelt und so die Konstruktion verschlechtert werden.

a) Dächer mit Stabsprengwerken.

102.
Statische
Verhältnisse:
Rücksicht
auf die
Stützpunkte.

Jedes Sprengwerksdach übt schiefe Drücke auf die Stützpunkte aus; die stützenden Wände, Mauern oder Pfeiler müssen demnach in den Stand gesetzt werden, die erwähnten Kräfte aufzunehmen und unschädlich in die Fundamente zu leiten. Je weniger hoch über den Fundamenten die Übertragung der schiefen Drücke in die Stützen stattfindet, desto günstiger ist es; man ordne deshalb die Fufspunkte der Sprengstreben möglichst tief an. Weiter ist zu beachten, dafs eine auf das Mauerwerk der Seitenwände wirkende Einzelkraft sehr gefährlich ist; man verteile deshalb die durch die Streben übertragenen Einzelkräfte durch Anordnung besonderer Holzpfosten, in welche sich die Streben setzen, auf eine möglichst große Mauerfläche. Diese Pfosten sind unter Umständen auch als Stäbe des zu bildenden Fachwerkes wertvoll.

Der Sprengwerks-Dachbinder muß ein Fachwerk sein, welches unter Ein- wirkung der Belastungen und Stützendrücke im Gleichgewicht bleibt und seine Form behält, ohne daß unzulässig hohe Beanspruchungen in den einzelnen Teilen desselben auftreten. Derselbe muß vor allem geometrisch bestimmt sein; er darf nicht eine in labilem Gleichgewicht befindliche Konstruktion bilden, d. h. eine solche, welche bei den verschiedenen Kraftwirkungen verschiedene Gleichgewichtslagen hat.

Fig. 341.

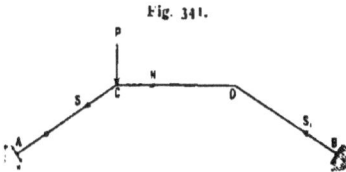

Die den meisten ausgeführten Sprengwerks-Dachbindern zu Grunde gelegte Hauptkonstruktion ist das Sprengwerk $ACDB$ (Fig. 341), welches die Belastungen nach den Kämpfern A und B übertragen soll. Nun ist aber die geometrische Form eines solchen Sprengwerkes nur für ganz bestimmte Belastungen Gleichgewichtsform. Wenn bei C und D Gelenke angebracht sind, d. h. wenn C und D nicht im stande sind, Momente aufzunehmen, so ist Gleichgewicht in $ACDB$ nur möglich, falls in C und D ganz gleiche Kräfte, symmetrisch zur lotrechten Mittelachse, wirken. Sobald dies nicht der Fall ist, sobald z. B. nur in C eine Last P wirkt, in D aber keine, so ist Gleichgewicht, Zerlegen der Kräfte nach den Stabrichtungen, nicht möglich; denn die Kraft H, welche bei der Zerlegung in den Stab CD fallen würde, kann bei D durch die in BD wirkende Kraft S_1 nicht aufgehoben werden, da ja beide Kräfte H und S_1 nicht in dieselbe Linie fallen und nach der Annahme weiter keine Kräfte in D wirken. Gleichgewicht findet also

Fig. 342.

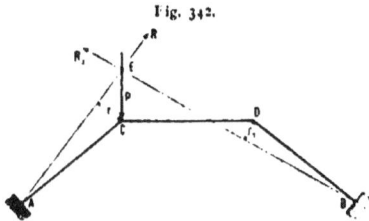

bei dieser Konstruktion und ungleicher Belastung der Punkte C und D nicht statt. Man muß die Punkte C und D ohne Gelenke herstellen, d. h. in den Stand setzen, Momente aufzunehmen. Sind C und D hierzu im stande, so wird irgend eine Last P sich etwa im Punkte E in die Richtungen EA und EB zerlegen (Fig. 342) und durch die Kämpferdrücke R und R_1 aufgehoben; der Punkt E muß auf der Kraftlinie von P liegen; weiter ist er zunächst nicht bestimmt. Auf C wirkt dann das Moment Rr, auf D das Moment $-R_1r_1$. Man kann also behaupten: Bei Verwendung des Sprengwerkes muß sowohl C, als auch D Momente aufnehmen können.

Bei den üblichen Sprengwerken sind allerdings weder bei C, noch bei D Gelenke; die gewöhnliche Anordnung dieser Punkte ist aber trotzdem nicht derart, daß sie Momente sicher aufnehmen können; demnach müssen besondere Vorkehrungen getroffen werden.

Das nächstliegende Verfahren ist, die Eckpunkte C und D des Spreng-

9*

werkes durch eine Folge von Stäben so mit den festen Kämpferpunkten in Verbindung zu bringen, daß Dreieck sich an Dreieck reiht. In einfachster Weise verbindet man C mit B und A mit D (Fig. 343); man erhält so ein geometrisch bestimmtes, jedoch wegen der unverschieblichen Kämpfer A und B einfach statisch unbestimmtes Fachwerk, d. h. es ist ein überzähliger Stab vorhanden. (Ließe man einen Stab, etwa BC, fort, so erhielte man das Stabsystem in Fig.

344, welches geometrisch und statisch bestimmt ist; doch ist dasselbe für die Ausführung nicht geeignet.) In Fig. 343 ist die wegen der übrigen Dachkonstruktion erforderliche Vervollständigung des Binders angegeben. Man könnte eine etwa verwendete Firstpfette E durch ein Hängewerk auf C, bezw. D stützen. Vorzuziehen wäre es, die

Fig. 343.

Streben AC und DB des Sprengwerkes bis zum Punkte E durchzuführen. Eine geringe Zahl von langen, durchlaufenden Hölzern ist besser als eine große Zahl kurzer.

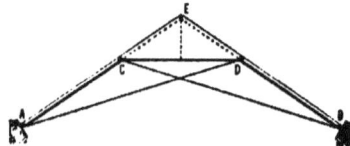

Eine andere Lösung deutet Fig. 345 an. Der Punkt F zwischen C und D ist mit A und B verbunden; dieser Punkt kann nunmehr auch die Last der Firstpfette E mittels des Pfosten EF aufnehmen. Das Fachwerk $ACFDB$ ist geometrisch und statisch bestimmt. Wirken in C und D gleiche Lasten, so überträgt sie das Sprengwerk auf die Kämpfer; wirkt nur in C eine Last, so zerlegt sie sich in die Richtungen CA und CF; erstere geht ohne weiteres in den Kämpferpunkt A; letztere geht bis F, wo sie sich nach den beiden Richtungen FA und FB zerlegt. Etwaige Belastung des Punktes F durch EF wird durch die Stäbe FA und FB in die beiden Kämpfer hinübergeleitet. Das Fachwerk $ACFDB$ kann als Dreigelenkträger mit Mittengelenk F aufgefaßt werden.

Fig. 344.

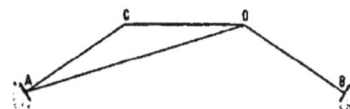

Nach dem in Art. 81 (S. 103) Vorgeführten sind hier $2 \cdot 2 = 4$ Auflager-Unbekannte und 5, bezw. 6 Knotenpunkte; für statische und geometrische Bestimmtheit muß also $s = 2k - 4$, d. h. $s = 6$, bezw. 8 sein; in der That ist die Stabzahl 6, bezw. 8, je nachdem man den Firstknotenpunkt E wegläßt oder hinzunimmt. Der punktierte Stab EF macht das Fachwerk statisch unbestimmt, aber nicht labil.

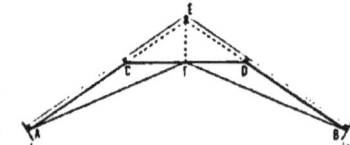

Werden die Streben AC und BD bis zum Firstpunkt E durchgeführt und

Fig. 345.

wird Stab EF hinzugefügt, so erhält man die einfachste Gestalt des sog. englischen Dachstuhles; alsdann hat man, wenn ein Auflager als beweglich angesehen werden kann, ein Balkendach. Je nach der Konstruktion der Auflager ist also der in Fig. 345 gezeichnete Dachstuhl ein Balken- oder ein Sprengwerksdach. Ein solches Dach ist der alte Dachstuhl des Bahnhofes zu Mannheim (Fig. 346[101])

[101] Nach: Giten, a. a. O.

Fig. 346.

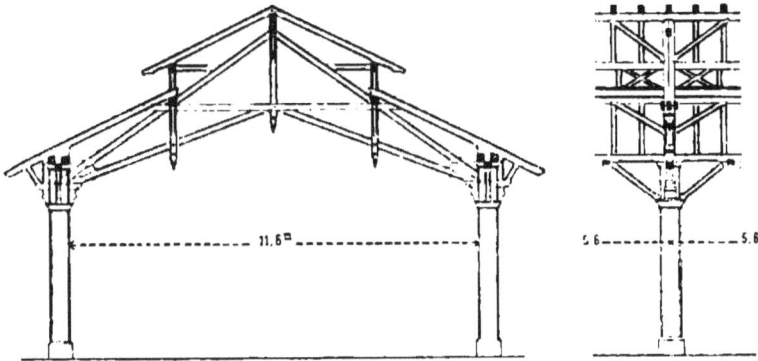

Dachstuhl der alten Bahnsteighalle auf dem Bahnhof zu Mannheim[*)].
¹/₁₀₀ w. Gr.

Wegen der Wirkungen auf die Stützen, bezw. Mauern ist die Anordnung des Balkendaches vorzuziehen.

Fig. 347.

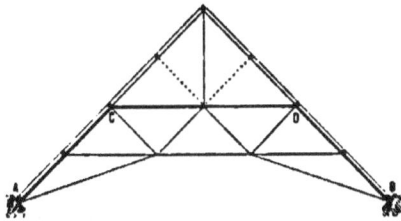

Fig. 348.

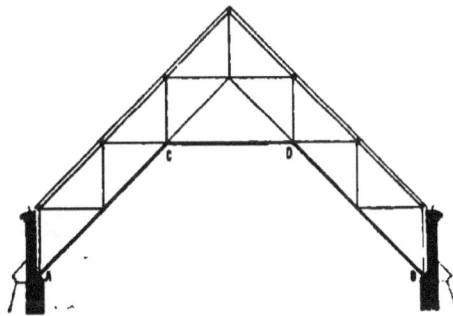

Die schematischen Skizzen in Fig. 347, 348 u. 349 zeigen einige weitere Lösungen, deren Zahl sich ohne Schwierigkeit vermehren liefse und bei denen stets das ursprüngliche Sprengwerk durch kräftigere Linien hervorgehoben ist; bei allen ist die Verwendung möglichst langer, durchlaufender Hölzer erstrebt. Alle diese Binder können unverändert oder mit kleinen Änderungen als Balkenbinder verwendet werden, wenn man die Auflager entsprechend anordnet. Man erreicht so die Vorteile der Sprengwerksdächer ohne ihre Nachteile.

Zu beachten ist, dafs dieselben, abgesehen vom Pfosten unter der Firstpfette, als Balkenträger statisch bestimmt, als Sprengwerksträger aber statisch unbestimmt sind, indem sie einen überzähligen Stab haben; auch aus diesem Grunde sind diese Konstruktionen als Balkenträger vorzuziehen.

105.
*Möller'sche
Binder.*

In etwas anderer Weise ist bei den meisten der ausgeführten Sprengwerks-Dachbinder verfahren worden. Zu der Zeit, als man (im ersten Drittel des XIX. Jahrhunderts) an die Konstruktion so weit gespannter Dächer herantrat, war die Fachwerktheorie noch wenig ausgebildet, und so konnte es nicht ausbleiben, dafs, trotz tüchtiger und für die damalige Zeit sogar hervorragender Leistungen, doch vieles Minderwertige entstand. Für längere Zeit waren die *Möller*'schen Konstruktionen Vorbild dieser Dächer. *Möller* machte die Punkte C und D des Haupt-sprengwerkes für die Momente aufnahmefähig durch Anordnung zweier mit den beiden Dachflächen parallel laufender Hölzer KL und PN (Fig. 350), wodurch sich auch zwei Punkte N und L ergaben, die zur Aufnahme von Lasten (Pfetten) geeignet waren. Eine

Fig. 349.

weitere Sicherung der Winkel bei C und D suchte *Möller* darin, dafs er an diese Punkte je ein Dreieck von unveränderlicher Lage anschlofs (in Fig. 350 sind diese Dreiecke schraffiert). Dieselben sind durch Verlängerung der Streben AC, bezw. BD und des Spannriegels CD über die Knotenpunkte C, bezw. D hinaus und durch Festlegen der Enden vermittels eines oberen Gurtsparrens $A'E$, bezw. $B'E$ gebildet. Doppelzangen reichten von A' nach Q, bezw. B' nach R. Es leuchtet ein, dafs diese Konstruktion nicht eine so klare Kraftverteilung bietet, wie unsere heutigen Fachwerke; als Fachwerk betrachtet genügt dieselbe nicht den an die Standfestigkeit zu stellenden Bedingungen; die Zahl der Auflagerunbekannten ist, wenn auch K und P als Auflager mit wagrechten Reaktionen eingeführt werden,

$$n = 2 \cdot 2 + 2 \cdot 1 = 6;$$

Fig. 350.

die Zahl der Knotenpunkte ist $k = 20$; mithin mufs die Stabzahl $s = 2 \cdot 20 - 6 = 34$ sein. Die Stabzahl ist aber nur $s_1 = 33$; mithin ist ein Stab zu wenig vorhanden. Nun darf man allerdings eine solche Konstruktion nicht als Fachwerk im heutigen Sinne betrachten, weil ja die Bedingungen desselben keineswegs erfüllt sind. Die an den Knotenpunkten durchgehenden Balken (Stäbe) können Momente aufnehmen. Eine einigermafsen genaue Berechnung dürfte allerdings bedeutende Schwierigkeit bereiten.

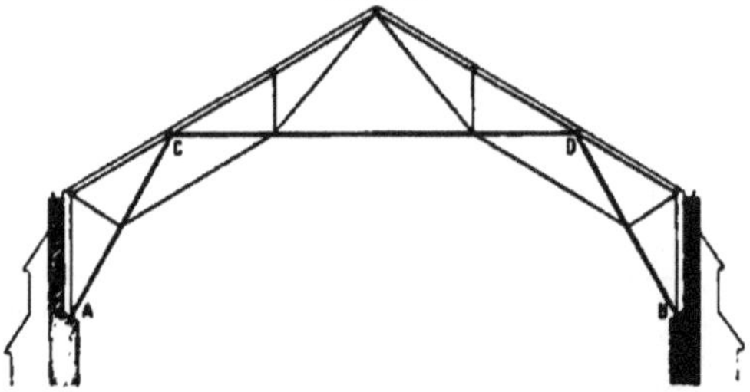

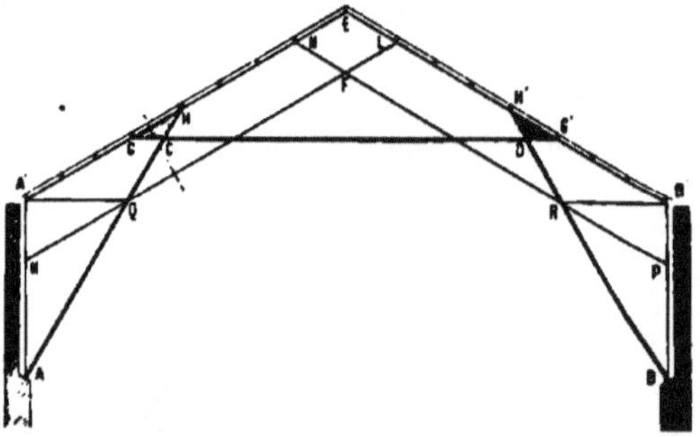

Die vorbesprochene Konstruktion ist als Reithalle in Wiesbaden ausgeführt und in Fig. 351 [142]) dargestellt. Eine verwandte, ähnliche Anordnung zeigt Fig. 352 [143]).

Ein gut aussehendes Sprengwerk zeigt auch die in Fig. 353 dargestellte Mittelhalle der im Jahre 1886 gelegentlich des Jubiläums der Universität Heidelberg errichteten Festhalle (Fig. 353 [164]). Das Hauptsprengwerk (entsprechend *ACDB* in der schematischen Skizze in Fig. 350) ist in den Punkten *C* und *D* durch Stäbe *c*, *c* zur Aufnahme der Momente fähig gemacht; diese Stäbe bean-

Fig. 351.

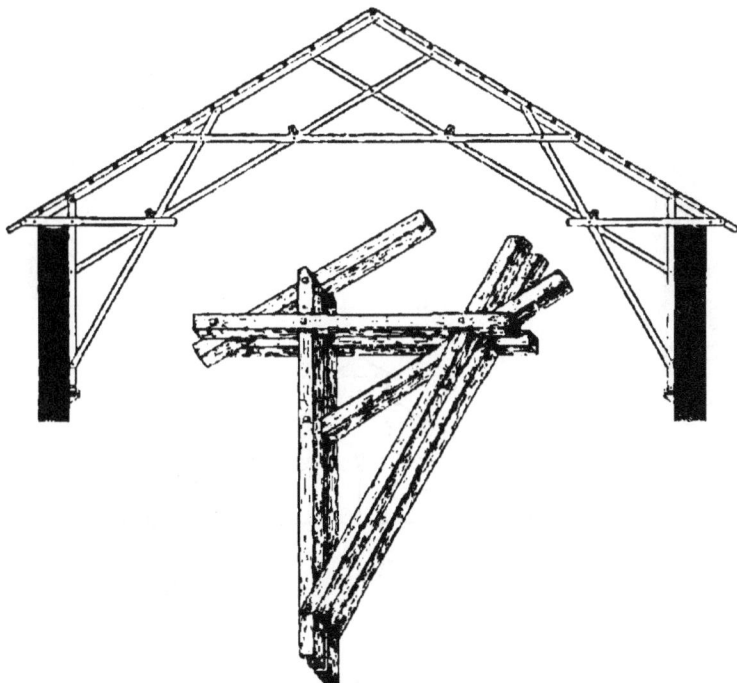

Von der Reithalle zu Wiesbaden. (Von *Möller* [141].)

spruchen dann allerdings den Spannriegel *CD* auf Biegung, was ein Nachteil ist. Im übrigen reiht sich Dreieck an Dreieck.

Das Sprengwerksdach über dem Turnsaal des Gymnasiums und der höheren Bürgerschule zu Hannover (Fig. 354 [165]) ist offenbar ebenfalls unter dem Einflusse der *Möller*'schen Konstruktion entstanden; hier sind gewissermassen zwei Spreng-

[142] Nach: GERBER, a. a. O.
[143] Nach: PROWDER, J. Der Holzbau. 2. Aufl. Halle 1871. S. 434.
[164] Nach freundlicher Mitteilung des Herrn Oberbaudirektors Professor Dr. Durm zu Karlsruhe.
[165] Fakt.-Repr. nach: Zeitschr. d. Arch.- u. Ing.-Ver. zu Hannover 1855. Bl. 11.

werke ineinander geschachtelt, deren eines zwei Lastpunkte aufweist und deren anderes einen mittleren Lastpunkt hat. Die Konstruktion ist nicht recht klar.

106. Andere Binder.

Auf Grund der vorstehenden Entwickelungen wird man leicht im stande sein, ein der gestellten Aufgabe entsprechendes Sprengwerksdach zu entwerfen, andererseits auch die Güte einer Konstruktion zu beurteilen. Mit besonderer

Fig. 352[188]).

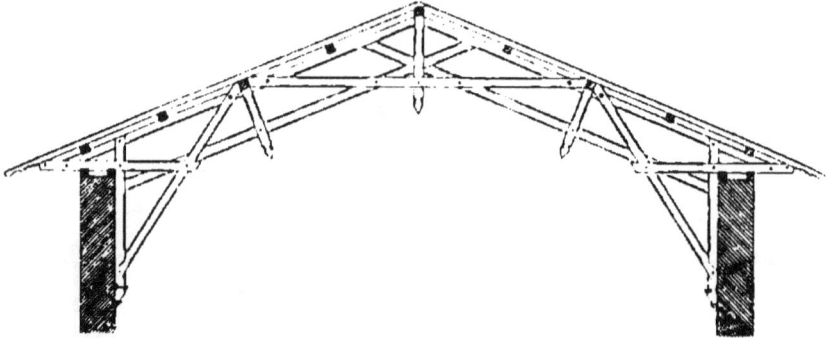

Fig. 353.

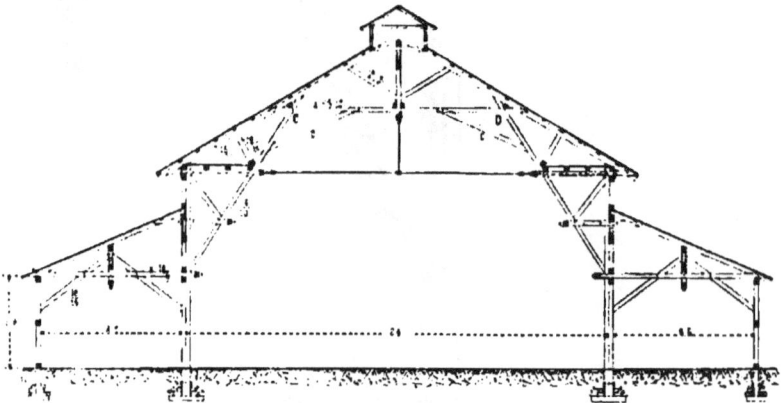

Von der Festhalle für das Universitäts-Jubelfest zu Heidelberg 1886[188]).

'= w. Gr.

Aufmerksamkeit sind Binder zu behandeln, welche nach dem Schema in Fig. 355[188]) gebaut sind. Das Sechseck *A C D E F B* ist nur bei ganz bestimmter Belastungs-art die Gleichgewichtsform; bei jeder anderen Belastung, also fast stets, ent-stehen Momente in den verschiedenen Binderstellen. Um dieselben in *C, D, E*

188) Nach: WANDERLEY, G. Die Constructionen in Holz. Halle 1877. S. 165.

Fig. 354. $^{1}/_{110}$ w. Gr.

Turnsaal des Gymnasiums und der höheren Bürgerschule zu Hannover [160]).

Fig. 355 [161]).

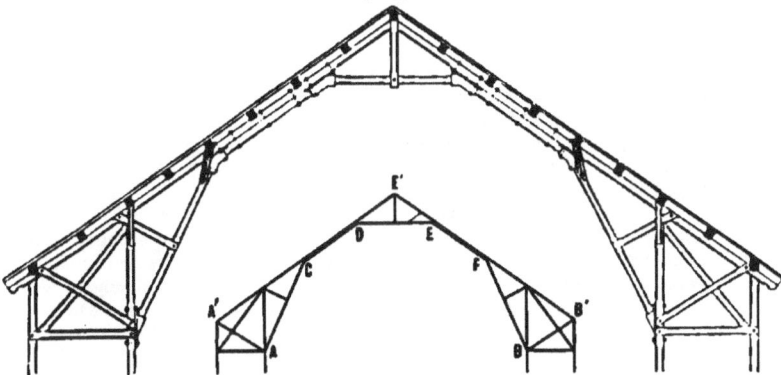

und F aufzunehmen, hat man wohl die durchgehenden Pfettenträger $A'E'$ und $E'B'$ mit den Sprengwerksstreben CD, bezw. EF verschraubt, verzahnt oder verdübelt. Alsdann nimmt der Querschnitt des Pfettenträgers die in den Eckpunkten wirkenden Momente auf; für die Strecke CD, bezw. EF wirkt der Querschnitt der beiden miteinander verbundenen Hölzer den Momenten entgegen.

b) Dächer mit Bogensprengwerken.

107. Verschiedenheit.

Das Bestreben, dem Dachbinder eine dem Auge angenehme Form zu geben, führte schon bei den aus einzelnen Stäben hergestellten Sprengwerksdächern zu einer dem Bogen angenäherten Vieleckform. Es ist nun auch möglich, für die tragenden Binder wirklich die Bogenform zu verwenden. Krumm gewachsene Hölzer stehen allerdings selten zur Verfügung; das Biegen starker Hölzer bietet gleichfalls Schwierigkeit. Man hat deshalb die Bogen aus einzelnen miteinander verbundenen Bohlen hergestellt, und zwar sind zwei verschiedene Anordnungen üblich:

1) Bogen aus lotrecht gestellten Bohlen und
2) Bogen aus wagrecht gelegten Bohlen.

108. Bogen aus lotrecht gestellten Bohlen.

Die Bogen aus lotrecht gestellten Bohlen sollen zuerst von *Philibert de l'Orme* 1561 ausgeführt sein; doch wird behauptet [167]), dafs sie schon mehrere Jahrhunderte früher in Gebrauch gewesen seien. In der neueren Praxis sind sie unter dem Namen »*de l'Orme*'sche Bogendächer« bekannt. Die Bogenstücke werden aus genügend breiten, 4 bis 6ᶜᵐ starken Brettern oder Bohlen ausgeschnitten, wobei innere und äußere Krümmung dem gewählten Halbmesser entspricht. Von diesen Stücken werden nunmehr, je nach Stützweite und Krümmung, mehr oder weniger Lagen aufeinander gelegt und miteinander durch hölzerne Fugen durch eiserne Nägel verbunden, wobei die Stoßfugen der einzelnen Lagen gegeneinander verwechselt werden müssen. Bei drei Lagen würde man z. B. die Fugen der zweiten und dritten Lage stets mit dem ersten, bezw. zweiten Drittel der Länge der zur ersten Lage verwendeten Bohlenstücke zusammenfallen lassen. Die eisernen Nägel werden an der einen Seite umgeschlagen. Die Länge der einzelnen Bohlenstücke richtet sich nach dem Halbmesser des Bogens und der Breite der verfügbaren Bretter; man schneidet aus diesen die einzelnen Stücke nach einer Schablone, welche man, um Holz zu sparen, abwechselnd umkehrt (Fig. 356). Man kann auch, wenn es die Architektur des Gebäudes gestattet, die innere Begrenzung der Bohlenstücke geradlinig lassen. Die Länge der einzelnen Bohlenstücke beträgt 1,25 bis 2,50ᵐ.

Fig. 356.

Ein Nachteil dieser Konstruktion ist, dafs die Längsfasern des Holzes aufsen und unter Umständen auch innen durchschnitten werden; es ist vorteilhaft, wenn möglichst viele Fasern nicht durchschnitten werden.

109. Bogen aus wagrecht gelegten Bohlen.

Die Bogen aus wagrecht gelegten Bohlen sind von *Emy* erfunden und im Jahre 1828 bekannt gemacht. Die Bohlen werden in mehreren Lagen übereinander gelegt und in die gewünschte Form über einer Lehre gebogen; dabei werden die einzelnen Lagen durch Schraubenbolzen und Bügel miteinander zu einem Ganzen verbunden. Als gröfste Pfeilhöhe kann man bei Fichten- und

[167]) Siehe: LIND, G. Zur Entwickelungsgeschichte der Spannwerke des Bauwesens. Riga 1890. S. 18.

Tannenholz $^1/_{25}$, bei Eichenholz $^1/_{40}$ der Bohlenlänge nehmen. Auch hier nagelt man die einzelnen Bretter aufeinander und versetzt die Stöfse. Als Vorteil dieser Konstruktion vor der älteren ist hervorzuheben, dafs man keinen Verschnitt hat, dafs die Längsfasern der Bohlen nicht durchschnitten werden und dafs man die Bretter, bezw. Bohlen in ihrer vollen Länge verwenden, ja bei vorübergehenden Bauten nach dem Abbrechen wieder zu anderen Zwecken gebrauchen kann. Nachteilig sind die zwischen den einzelnen Bohlen auftretenden Schubspannungen, welche aber durch die Schraubenbolzen und Bügel unschädlich gemacht werden können.

Man verwendet die Bohlenbogen sowohl als Sparren, so dafs also die einzelnen Gebinde sämtlich einander gleich sind und in geringen Abständen stehen (0,80 bis 1,50 ᵐ), sowie auch als Binder. Im letzteren Falle tragen die Bogen Pfetten und diese wieder Sparren in der sonst üblichen Weise.

Die Bohlenbogen sind Sprengwerke von unendlich vielen Seiten, d. h. von kontinuierlicher Krümmung; sie üben, wie alle Bogen, auf die Stützen (auch bei nur lotrechten Belastungen) schiefe Drücke aus, selbst wenn sie sich mit lotrechten Tangenten auf die Stützpunkte setzen. Bei der Berechnung ist dies zu beachten; die Ansicht, dafs keine wagrechte Seitenkraft in dem auf die Seitenstütze übertragenen Drucke vorhanden sei, ist unrichtig, es sei denn, dafs ein Stützpunkt wagrecht frei beweglich ist. Die Seitenmauern müssen also zur Aufnahme der schiefen Kräfte genügend stark sein. Bei der üblichen Konstruktionsart kann man den Bogen als einen solchen mit zwei Kämpfergelenken berechnen. Der Bogen ist statisch unbestimmt.

110.
Statische
Verhältnisse.

Fig. 357.

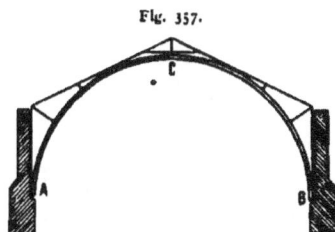

Ein Bogen bildet, wie auch ein Sprengwerk, nur für eine ganz bestimmte Belastungsart die Gleichgewichtsform; sobald die Belastung sich irgendwie ändert, wird er das Bestreben haben, seine Form zu ändern, d. h. die der neuen Belastung entsprechende Gleichgewichtsform anzunehmen. Diese Formänderung darf nicht eintreten; der Bogen mufs auch bei geänderter Belastung seine alte Form behalten. Um dies zu erreichen, macht man entweder den Querschnitt des Bogens so grofs, dafs er den auf die Formänderung hinwirkenden Momenten ohne unzulässige Beanspruchung widerstehen kann, oder verbindet den Bogen mit einem aus Dreiecken zusammengesetzten Fachwerk.

Die einfachste Anordnung ist in Fig. 357 angegeben: der tragende Bogen *A C B* ist als steifer Bohlenbogen gedacht; nach aufsen soll das Dach ein Satteldach sein; deshalb sind Gurtsparren angeordnet und mit dem Bohlenbogen durch Zangen verbunden. Wenn Bogen und Gurtsparren in sehr innige Verbindung gebracht werden, so kann man den Querschnitt der Sparren für die Berechnung des Bogens teilweise mit in Betracht ziehen.

Man kann auch, wie in Fig. 358 angedeutet ist, ähnlich wie bei den neueren Eisendächern, ein richtiges Fachwerk herstellen, dessen innere Begrenzung die Bogengurtung bildet und dessen obere Gurtungen parallel den Dachflächen sind. Die Stäbe der oberen Gurtung werden zweckmäfsig als durchlaufende Hölzer, das Gitterwerk mit nach dem Bogenmittelpunkt laufenden Pfosten und gekreuzten Schrägstäben in jedem Felde hergestellt. Statt dieses Gitterwerkes kann man auch Netzwerk nach Fig. 359 wählen. Für sehr weit gespannte Hallen empfiehlt es sich vielleicht, Bogen mit zwei gleich laufenden Gurtungen zu verwenden, welche durch Gitterwerk miteinander verbunden sind und zweckmäfsig bis zum Sockelmauerwerk herabreichen (Fig. 360). Beide Bogen können als Bohlensparren und die radialen Pfosten als Doppelzangen hergestellt werden. Auch ist nicht ausgeschlossen, dafs man mit Zuhilfenahme des Eisens bei den Fufspunkten des Bogens zwei Kämpfergelenke und im Scheitel ein drittes Gelenk anbringt, wodurch der Bogen für die Ermittelung der Kämpferdrücke statisch bestimmt würde.

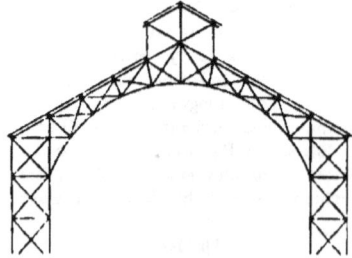

Fig. 358.

III.
Berechnung
der
Bohlenbogen.
Bei der Berechnung mufs der Bohlenbogen als elastischer Bogen angesehen und nach der Theorie der krummen Träger berechnet werden. Der Querschnitt des Bogens wird auf seine ganze Länge konstant ausgeführt, und die Verhältnisse liegen theoretisch ebenso, wie beim freitragenden Wellblechdache, für welches der Verfasser der vorliegenden Kapitel die Berechnung durchgeführt und Formeln aufgestellt hat[48]). Bei dieser Berechnung sind allerdings Durchzüge angenommen, welche die wagrechten Kräfte der beiden Stützpunkte ausgleichen; man sieht aber leicht, dafs, wenn die elastische Veränderung der Zugstange gleich Null gesetzt wird, die dann erhaltenen Formeln genau unserer Annahme fester Kämpferpunkte entsprechen müssen. Ferner trifft die dort bezüglich des Winddruckes gemachte Annahme hier nicht stets zu. Dort ist angenommen, dafs das Dach nach der Cylinderfläche geformt sei, welche dem Bogen entspricht, dafs also der Winddruck auf die Dachfläche stets radial wirke. Wenn aber über dem Bogen Gurt-

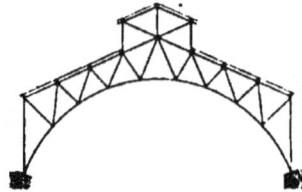

Fig. 359.

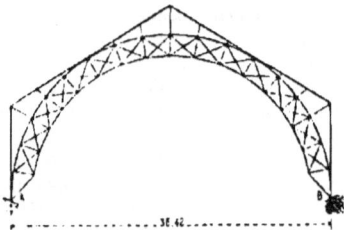

Fig. 360.

sparren liegen, welche mit dem Bogen durch radiale Zangen verbunden sind, so kann man mit genügender Genauigkeit annehmen, dafs die Winddrücke auch hier radial wirken, und wird bei Benutzung der a. a. O. entwickelten Formeln keinen grofsen Fehler machen. Will man jedoch auch hier genauer rechnen, so kann man auf dem in der genannten Schrift gezeigten Wege auch diese Rechnung ohne besondere Schwierigkeit durchführen.

[48]) Siehe: LANDSBERG, TH. Berechnung freitragender Wellblechdächer. Zeitschr. f. Bauw. 1891, S. 361. — Auch als Sonderabdruck erschienen; Berlin 1891.

Der Berechnung sind nun die folgenden Annahmen und Bezeichnungen zu Grunde gelegt. Der Bogen ist ein Kreisbogen (Fig. 361) vom Halbmesser R; beide Auflager liegen gleich hoch und wirken wie Kämpfergelenke; der Mittelpunktswinkel des ganzen Bogens ist 2α. Das Eigengewicht ist für das lauf. Meter der Grundfläche des Bogens gleich grofs eingeführt und für das Quadr.-Meter der Grundfläche mit g bezeichnet.

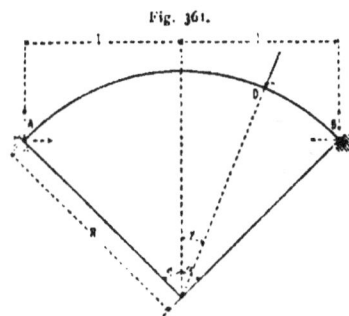

Fig. 361.

Die Schneelast p für das Quadr.-Meter der Grundfläche ist einmal als das ganze Dach, sodann als nur eine Dachhälfte gleichmäfsig belastend eingeführt.

Die Windbelastung ist für das Quadr.-Meter schräger Dachfläche, welche den Winkel φ mit der Wagrechten einschliefst, also in einem Punkte D sein Mittelpunktswinkel φ ist,
$$n = a \sin \varphi.$$
Die Stützweite des Bogens wird mit $2l$ bezeichnet. Alle Formeln beziehen sich auf ein Stück Dach, welches senkrecht zur Bildfläche gemessen 1^m lang ist.

Alsdann erhält man die folgenden Rechnungsergebnisse:

1) Belastung durch das Eigengewicht. Die wagrechte Seitenkraft des Kämpferdruckes in A, bezw. B ist
$$H_g = \frac{g R A_1}{C}.$$

Darin bedeutet $A_1 = \frac{7}{6}\sin^2\alpha - \frac{\alpha}{2}\cos\alpha + \alpha\cos^3\alpha - \frac{\sin\alpha}{2}$,

$$C = \alpha - 3\sin\alpha\cos\alpha + 2\alpha\cos^2\alpha.$$

Im Scheitel des Bogens ist das Moment
$$M'_{g\,max} = g R^2\left[\frac{\sin^2\alpha}{2} - \frac{A_1}{C}(1-\cos\alpha)\right].$$

Ein negativer Gröfstwert des Momentes findet für den Mittelpunktswinkel φ_{max} statt und hat die Gröfse
$$M'_{g\,max} = -g R^2\left[\frac{1}{2}\left(\frac{A_1}{C}\right)^2 - \frac{A_1}{C}\cos\alpha + \frac{\cos^2\alpha}{2}\right].$$

Für die verschiedenen Werte von α, also für die verschiedenartigen Bogen ist die folgende Tabelle ausgerechnet; der Bogen mit $\alpha = 90$ Grad würde z. B. dem Halbkreise entsprechen.

α	A_1	C	H_g	$M'_{g\,max}$	$M'_{g\,max}$	φ_{max} abgerundet
25	0,00385	0,03407	0,9460	0,00067	— 0,00079	18°54'
30	0,00914	0,05983	0,9583	0,00070	— 0,00880	20°14'
35	0,01808	0,08112	0,9865	0,00536	— 0,00799	26°18'
40	0,03408	0,04628	0,8640	0,00390	— 0,00499	30°
45	0,05862	0,07080	0,8523	0,00522	— 0,00764	33°40'
50	0,09873	0,11658	0,7954	0,00628	— 0,01103	37°18'
60	0,19805	0,27176	0,7331	0,01872	— 0,02276	41°30'
75	0,41339	0,73437	0,5615	0,05036	— 0,04579	55°51'
90	0,66667	1,57080	0,4211	0,07550	— 0,09968	64°53'
Grad			$\cdot g R$	$\cdot g R^2$	$\cdot g R^2$	

Man sieht, die absolut genommen ungünstigsten Momente sind die Werte $M''_{\varphi max}$ an den Stellen, welche den Mittelpunktswinkeln φ_{max} entsprechen. Die Momente werden in Kilogr.-Met. und die Werte H_g in Kilogr. erhalten.

2) Belastung durch volle Schneelast. Die Werte für H und ungünstigstes Moment werden aus den unter 1 entwickelten Gleichungen erhalten, indem man einfach p anstatt g einführt.

3) Belastung durch einseitige Schneelast. Die wagrechte Seitenkraft H_p der Kämpferdrücke ist halb so grofs, wie bei voller Belastung. Man erhält daher

$$H_p = \frac{pRA_1}{2C}.$$

Nennt man den Größtwert des Moments auf der belasteten Seite $M_{p max}$, denjenigen auf der unbelasteten Seite $M'_{p max}$, die zugehörigen Mittelpunktswinkel φ_{max} und φ'_{max}, so erhält man die folgende Tabelle, in welche auch die an den Maximalstellen der Momente wirkenden Axialkräfte P_p, bezw. P'_p aufgenommen sind.

α	H_p	Belastete Hälfte			Unbelastete Hälfte		
		φ_{max}	$M_{p\,max}$	P_p	φ'_{max}	$M'_{p\,max}$	P'_p
25	0,4730	11°48'	0,0110	0,4831	12°35'	− 0,0114	0,4846
30	0,4691	14°	0,0145	0,4835	14°56'	− 0,0168	0,4856
35	0,4480	15°33'	0,0201	0,4853	17°44'	− 0,0212	0,4706
40	0,4330	17°6'	0,0252	0,4599	20°22'	− 0,0268	0,4630
45	0,4162	18°20'	0,0304	0,4304	23°	− 0,0325	0,4329
50	0,3977	19°20'	0,0356	0,4215	26°2'	− 0,0391	0,4430
60	0,3567	20°30'	0,0462	0,3848	31°13'	− 0,0516	0,4170
90	0,2122	18°48'	0,0775	0,2240	49°40'	− 0,0780	0,3240
Grad	$p\,R$		$p\,R^2$	$p\,R$		$p\,R^2$	$p\,R$

Bei den Bogen mit grofsen Mittelpunktswinkeln sind diese Ergebnisse nur richtig, wenn die Dachneigung nicht dem Bogen folgt, weil sonst auf den steilen, nahe den Kämpfern gelegenen Bogenteilen der Schnee nicht liegen bleibt. Für die meist üblichen Anordnungen aber sind die Tabellenwerte richtig. Man sieht, dafs die gröfsten Momente auf der nicht belasteten Seite stattfinden. Der Vergleich mit der Tabelle unter 1 lehrt ferner, dafs mit Ausnahme des Wertes $\alpha = 90$ Grad für alle Bogen die einseitige Schneelast ungünstiger ist als die beiderseitige; nur für den Halbkreisbogen und die diesem nahe kommenden Bogen ist volle Schneelast die ungünstigere.

4) Belastung durch Winddruck. Da beide Kämpfer hier als fest gelten, so ist nur der Fall in das Auge zu fassen, welcher in der eingangs erwähnten Schrift zuerst behandelt ist, dafs nämlich die Belastung durch Wind von der Seite des festen Auflagers stattfinde. Man erhält für die Windbelastung der einen Seite die lotrechten und wagrechten Seitenkräfte der Auflagerdrücke (Fig. 362):

Fig. 362.

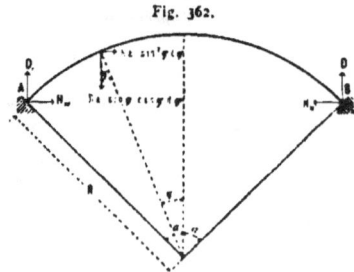

$$D_v = \frac{Ra}{2}\left(\frac{2\,\sin^3\alpha - \sin\alpha + \alpha\cos\alpha}{\sin\alpha}\right),$$

$$D' = \frac{Ra}{4}\left(\frac{\sin\alpha - \alpha\cos\alpha}{\sin\alpha}\right),$$

$$H_w - H'_w = \frac{Ra}{2}(\alpha - \sin\alpha\cos\alpha),$$

$$H_w = \frac{Ba\,R}{2\,C},$$

in welcher Gleichung C denselben Wert hat, wie auf S. 141, und

$$B = \frac{9}{4}\sin^2\alpha - 2 + 2\cos\alpha + \frac{\alpha^2}{4} + \alpha^2\cos^2\alpha - \frac{5}{2}\alpha\cos\alpha\cdot\sin\alpha$$

bedeutet. Abkürzungsweise werde $\frac{B}{2\,C} = \rho$ gesetzt; alsdann ist

$$H_w = \rho a R.$$

Man erhält für die verschiedenen Werte α die in nachstehender Tabelle zusammengestellten Werte.

α	B	C	$\rho = \dfrac{B}{2\,C}$
25°	0,00043	0,00407	0,0795
30°	0,00189	0,00996	0,0930
35°	0,00468	0,02113	0,1108
40°	0,01019	0,04024	0,1260
45°	0,02010	0,07090	0,1430
50°	0,03671	0,11658	0,1574
60°	0,10219	0,27176	0,1880
90°	0,84685	1,57060	0,2780

Aus dieser Tabelle können nun leicht die wagrechten Seitenkräfte H_w und H'_w, welche von den Bogen auf die Seitenmauern als Schub übertragen werden, entnommen und mit den lotrechten Seitenkräften D_0 und D' zusammengesetzt werden.

Die gröfsten durch den Winddruck an den beiden Seiten erzeugten Momente finden bezw. in den zu den Mittelpunktswinkeln φ_{max} und ψ_{max} gehörigen Bogenpunkten statt; dieselben haben die in nachstehender Tabelle zusammengestellten Werte.

α	Windseite			Vom Winde abgewendete Seite		
	φ_{max}	$M_{w\,max}$	P	ψ_{max}	$M'_{w\,max}$	P
25	16°	0,0032	0,0733	11°26'	— 0,0023	0,0811
30	18°40'	0,0065	0,0878	13°46'	— 0,0039	0,0978
35	21°50'	0,0090	0,0997	16°6'	— 0,0056	0,1150
40	24°50'	0,0135	0,1098	18°26'	— 0,0081	0,1330
45	27°50'	0,0192	0,1190	20°42'	— 0,0135	0,1520
50	31°	0,0254	0,1257	23°2'	— 0,0188	0,1710
60	36°45'	0,0450	0,1320	27°44'	— 0,0329	0,2120
90	53°7'	0,1630	0,0930	42°10'	— 0,1224	0,3700
Grad.		$\cdot K^2 a$	$\cdot R a$		$\cdot K^2 a$	$\cdot R a$

Die an den Maximalmomentstellen auftretenden Achsialkräfte P sind in die umstehende Tabelle gleichfalls aufgenommen.

Für andere Werte von α, als die in die Tabellen aufgenommenen, genügt es, zu interpolieren; doch macht auch eine genaue Berechnung nach den Formeln der erwähnten Arbeit keine Schwierigkeit.

117. Beispiel.

Beispiel. Es soll ein Bogendach von 16^m Stützweite zwischen den Kämpfern konstruiert werden; die Bogenform soll ein Halbkreis vom Halbmesser $R = 8^m$ sein. Das Dach ist nach außen als Satteldach ausgebildet mit der Dachneigung $\frac{h}{L} = \frac{1}{4}$; das Dach ist mit Pappe gedeckt. Das Eigengewicht auf das Quadr.-Met. Grundfläche wird zu $g = 60^{kg}$ angenommen; ferner ist $\alpha = 90$ Grad.

1) Eigengewicht für 1 lauf. Met. Dachlänge:
$$H_g = 0{,}4244\, g\, R = 0{,}4244 \cdot 60 \cdot 8 = \infty\ 204 \text{ Kilogr.;}$$
$$D_0 = D' = 8 \cdot 60 = 480 \text{ Kilogr.;}$$
$$M'_{g\, max} = -0{,}09006\, g\, R^2 = -0{,}09006 \cdot 60 \cdot 64 = -345{,}83 \text{ Kilogr.-Met.} = -34583 \text{ Kilogr.-Centim.}$$

2) Belastung durch Schnee. Volle Schneelast erzeugt ein größeres Moment ($-0{,}09006\, p\, R^2$), als einseitige Schneelast ($-0{,}078\, p\, R^2$). Demnach soll erstere der Berechnung zu Grunde gelegt werden. Man erhält, wenn $p = 75^{kg}$ ist,
$$H_p = 0{,}4244\, p\, R = 0{,}4244 \cdot 75 \cdot 8 = \infty\ 255 \text{ Kilogr.;}$$
$$D_0 = D' = 8 \cdot 75 = 600 \text{ Kilogr.;}$$
$$M'_{p\, max} = -0{,}09006\, p\, R^2 = -0{,}09006 \cdot 75 \cdot 64 = -432{,}29 \text{ Kilogr.-Met.} = -43229 \text{ Kilogr.-Centim.}$$

3) Belastung durch Winddruck. Der Winddruck für das Quadr.-Met. winkelrecht getroffener Fläche sei $a = 120^{kg}$. Dann ist
$$H_w = p\, a\, R = 0{,}276 \cdot 120 \cdot 8 = \infty\ 265 \text{ Kilogr.;}$$
$$H'_w = -\frac{R\,a}{2}(\alpha - \sin\alpha\cos\alpha) + H_w = -\frac{8 \cdot 120}{2}\,1{,}5\, + 265 = -489 \text{ Kilogr.;}$$
$$H'_w = -480 \text{ Kilogr.;}$$
$$D_v = \frac{8 \cdot 120}{2} = 480 \text{ Kilogr., und } D' = \frac{8 \cdot 120}{4} = 240 \text{ Kilogr.}$$

Das größte Moment findet auf der Windseite statt; dasselbe ist positiv; da aber das durch Eigengewicht und Schneedruck erzeugte Maximalmoment nahe bei dieser Stelle negativ ist, so hebt es sich mit dem positiven Windmoment zum Teile auf. Gefährlicher ist demnach das negative Windmoment auf der vom Winde abgewendeten Seite, welches sich mit den negativen Momenten durch Eigengewicht und Schnee addiert. Dasselbe ist
$$M_{w\, max} = -0{,}1234\, R^2\, a = -0{,}1234 \cdot 64 \cdot 120 = -940 \text{ Kilogr.-Met.} = -94000 \text{ Kilogr.-Centim.}$$

4) Querschnittsbestimmung. Nimmt man nun, etwas ungünstiger als in Wirklichkeit, an, daß alle Größtmomente an demselben Bogenpunkte stattfinden, und addiert sie einfach, so erhält man als ungünstigstenfalls auftretendes Größtmoment:
$$M_g + M_p + M_w = -(34583 + 43229 + 94000) = -171812 \text{ Kilogr.-Centim.,}$$
also
$$M_{max} = -171812 \text{ Kilogr.-Centim.}$$

Dieses Maximalmoment kommt auf die Dachlänge von 1^m. Bei einem Binderabstande e entfallen auf jeden Binder e Met. Dachlänge; das von einem Binder aufzunehmende Moment ist alsdann (e in Met. einzuführen)
$$M_{max} = -171812\, e \text{ Kilogr.-Centim.}$$

Ist der Binderabstand $e = 3^m$, so wird (absolut genommen)
$$M_{max} = 515436 \text{ Kilogr.-Centim.,}$$
und ohne Rücksicht auf die Achsialkraft muß
$$\frac{J}{a} = \frac{M_{max}}{K'}$$
sein. K' kann hier wegen der nur ganz ausnahmsweise gleichzeitig auftretenden ungünstigsten Belastungen ziemlich hoch angenommen werden; wir setzen $K' = 120$ Kilogr. für 1 qcm und nehmen den Querschnitt rechteckig mit der Breite b und der Höhe h an. Dann wird
$$\frac{b\,h^2}{6} = \frac{515436}{120} \text{ und } h^2 = \frac{515436}{120} \cdot \frac{6}{b} = \frac{25771}{b}.$$

Ist $b = 20$ cm, so wird

$$h^2 = \frac{26771}{20} = 1288 \text{ und } h = 35{,}9 = \backsim 36 \text{ Centim.}$$

Man kann also den Bogen aus 9 übereinander gelegten Lagen von je 4cm starken und 20cm breiten Brettern konstruieren.

5) Wirkung des Dachbinders auf die Seitenstützen. Die verschiedenen Belastungen rufen in den Kämpferpunkten Stützendrücke hervor, deren wagrechte, bezw. lotrechte Seitenkräfte auf Grund vorstehender Rechnungen in nachstehender Tabelle zusammengestellt sind, wenn e den Binderabstand (in Met.) bezeichnet.

Belastungsart	Linker Kämpfer		Rechter Kämpfer	
	D_0	H	D'	H
Eigengewicht . . .	480 e	204 e	480 e	204 e
Volle Schneelast . .	600 e	255 e	600 e	255 e
Winddruck links . .	480 e	− 489 e	240 e	285 e
Winddruck rechts .	240 e	265 e	480 e	− 489 e

Kilogr.

Die wagrechte Seitenkraft des bei linksseitigem Winddruck im linken Kämpfer entstehenden Druckes ist nach außen gerichtet; dies bedeutet das Minuszeichen. Da nun, nach dem Gesetze von Wirkung und Gegenwirkung, der vom Binder auf die Stütze ausgeübte Druck stets demjenigen genau entgegengesetzt wirkt, welcher von der Stütze auf den Binder wirkt, so erstrebt der von links kommende Winddruck Umsturz der linksseitigen Mauer nach innen. Ungünstigste Stützenbeanspruchung findet demnach bei der angenommenen Belastung auf der rechten Seite statt, wo die wagrechten durch alle drei Belastungen erzeugten Seitenkräfte in gleichem Sinne wirken, d. h. auf die Binder nach innen, auf die Stützen nach außen. Die ungünstigsten Werte der Seitenkräfte sind:

$$\Sigma(D') = (480 + 600 + 240)\, e = 1320\, e.$$
$$\Sigma(H_{rechts}) = (204 + 255 + 265)\, e = 724\, e.$$

Daraus kann nun in einem jeden Falle leicht das Umsturzmoment bestimmt und die Stabilität des Mauerpfeilers ermittelt werden. Nur kurz erwähnt zu werden braucht, daß bei von rechts kommender Windbelastung der linke Kämpfer in derselben Weise wirkt, wie oben der rechte.

Bei voller Schneebelastung, ohne Winddruck, ergiebt sich

$$\Sigma(H_{links}) = \Sigma(H_{rechts}) = 459\, e \text{ und } \Sigma(D_0) = \Sigma(D') = 1080\, e.$$

113.
Sprengwerks-
bogen mit
Durchzügen.

Die gefährlichen wagrechten Schubkräfte, soweit sie nicht von den Winddrücken herstammen, kann man von den Seitenstützen durch eiserne Durchzüge fernhalten, welche die beiden Kämpfer oder zwei über den Kämpfern symmetrisch zur lotrechten Mittelachse gelegene Bogenpunkte verbinden. Man verwandelt durch diese Eisenstäbe eigentlich das Sprengwerksdach in ein Balkendach; denn nunmehr heben sich die wagrechten Seitenkräfte der Kämpferdrücke

Fig. 363.

gegenseitig auf, und es bleiben nur die lotrechten Auflagerdrücke. Dennoch muß der Sprengwerks-, bezw. Bogenbinder wie ein Sprengwerk, bezw. Bogen berechnet werden; denn für den Dachbinder selbst macht es keinen grundlegenden Unterschied, ob die schiefe Auflagerkraft R als Mittelkraft der von der Stütze geleisteten Seitenkräfte H und D_0 auftritt oder als Mittelkraft des lotrechten Stützendruckes D_0' und der Stabspannung S (Fig. 363). Die Binder der Sprengwerksdächer mit Durchzug können also ebenfalls hier mit behandelt werden.

114.
Berechnung.

Auf die Stützpunkte der Binder werden nach vorstehendem nur lotrechte Kräfte und die durch den Winddruck erzeugten wagrechten Seitenkräfte übertragen. Dieselben werden berechnet, wie bei den Balkendächern [149]) angegeben

[149]) Siehe Teil 1, Band 1, zweite Hälfte (Art. 416, S. 380; 1. Aufl.: Art. 205, S. 187; 3. Aufl.: Art. 206 bis 207), S. 206 ff.) dieses »Handbuches«.

Handbuch der Architektur. III. 2, d. (2. Aufl.)　　　　10

ist. Eine Ungewißheit erhebt sich dadurch, daß nicht, wie dort angenommen ist, bei den Holzdächern ein Auflager als beweglich ausgeführt wird. Man kann für überschlägliche Rechnungen annehmen, daß jedes der beiden Auflager die Hälfte der wagrechten Seitenkraft des gesamten Winddruckes übernimmt.

Was den Bogen anbelangt, so berechne man, wie bei den Bogen ohne Durchzug gezeigt worden ist; die wagrechte Kraft H, welche am Kämpfer wirkend dort vom Seitenmauerwerk auf den Bogen übertragen wurde, wirkt hier als Seitenkraft der Spannung des Durchzuges. Dabei wird die elastische Form-änderung des Durchzuges unberücksichtigt gelassen, was meistens zulässig ist. Aus der Größe des Wertes H, der demnach als bekannt angenommen werden kann, erhält man nun leicht die Spannung im Durchzuge.

Für irgend eine Belastungsart sei (Fig. 364) R die Mittelkraft, welche von der Stütze geleistet werden muß, d. h. Mittelkraft der oben mit D_0, bezw. H bezeichneten Seitenkräfte; alsdann muß R durch den lotrechten Auflager-druck, der hier mit D_0' bezeichnet werde, und durch die Spannung S_0 des nächsten Durchzugstabes geleistet wer-den. Da H und D_0 bekannt sind, so auch R, und man sieht leicht, daß stattfindet:

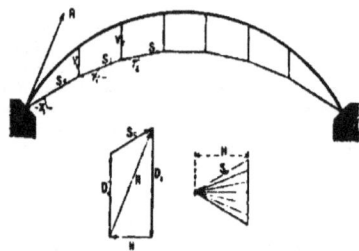

Fig. 364.

$$S_0 = \frac{H}{\cos \gamma_0} \quad \text{und} \quad D_0' = D_0 - H \operatorname{tg} \gamma_0.$$

Für $\gamma_0 = 0$ wird $S_0 = H$ und $D_0' = D_0$.

Die Spannungen der einzelnen Stäbe des Durchzuges und der lotrechten Hängestäbe folgen leicht aus den Gleichgewichtsbedingungen an den Knoten-punkten des Durchzuges. Es ist

$$S_1 = \frac{H}{\cos \gamma_1}, \quad S_2 = \frac{H}{\cos \gamma_2}, \quad V_1 = H (\operatorname{tg} \gamma_0 - \operatorname{tg} \gamma_1), \quad V_2 = H (\operatorname{tg} \gamma_1 - \operatorname{tg} \gamma_2).$$

Die vieleckige Form des Durchzuges hat zur Folge, daß in den Anschluß-punkten der Hängestäbe an den Bo-gen auf diesen die Spannungen die-ser Stäbe als Lasten übertragen wer-den; dadurch wird die Rechnung verwickelter. Die Kräfte V sind aber bei geringem Pfeil des Durchzuges so klein, daß man dieselben für die Berechnung des Bogens unbeachtet lassen kann.

Fig. 365.

Für genauere Berechnung muß man die Formänderung des Durchzuges berücksichtigen, zumal wenn derselbe stark nach oben gekrümmt ist.

Wenn der Durchzug wagrecht ist, so sind

$$S_0 = S_1 = S_2 \ldots = H \quad \text{und} \quad V_1 = V_2 = V_3 \ldots = \text{Null}.$$

Man ordne aber auch bei wagrechtem Durchzug einige Hängestäbe an, da sonst der Durchzug infolge seines Gewichtes durchhängt.

113.
Verschiedene
Konstruktionen. Der Durchzug wird am zweckmäßigsten nach den beiden Kämpfern, den Fußpunkten des Bogens geführt (vergl. die schematische Darstellung in Fig. 365).

In Fig. 366 [1*)] und 367 [171)] sind zwei Dachstühle dargestellt, in denen aufser von den Kämpferpunkten aus auch noch von den höher gelegenen Bogenpunkten C und D Verbindungsstäbe auslaufen. Dadurch wird die Kraftwirkung unklar. Diese Stäbe CI und IID (Fig. 365) dienen wohl dazu, den Schub der auf die Bogen

Fig. 366.

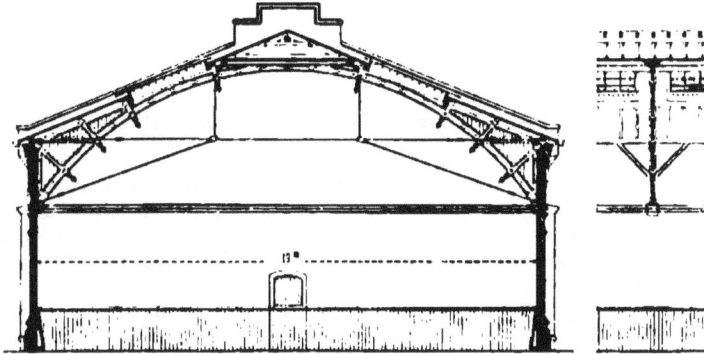

Vom Tattersall zu Mannheim [170)].
w. Gr.
Arch.: Manchot.

Fig. 367.

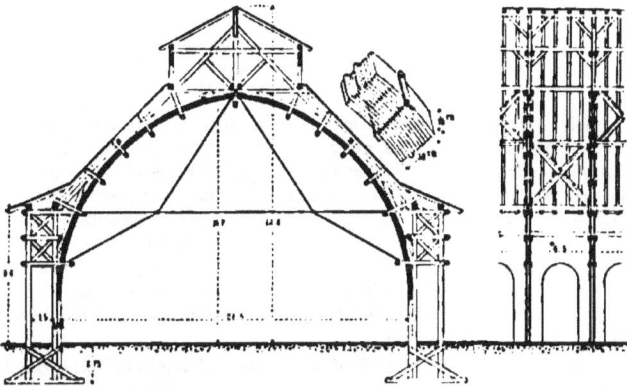

Von der Festhalle für das Mittelrheinische Turnfest zu Darmstadt 1893 [171)].
w. Gr.

gelegten besonderen Gurtungssparren aufzuheben; man lasse sie bei C und D um den Bogen herumgreifen und nach C', bezw. D' laufen. Die Spannung in AI

[1*)] Nach freundlichen Mitteilungen des Herrn Professor Manchot in Frankfurt a. M. — Vergl. auch: Centralbl. d. Bauverw. 1890, S. 117.
[171)] Nach: Deutsche Baus. 1893, S. 577.

ist nach vorstehendem leicht zu finden; aus derselben ergeben sich diejenigen in *I II*. Zu der Spannung in *I II*, welche hierdurch erzeugt wird, kommt noch diejenige hinzu, welche in *C' I* herrscht.

Die in Fig. 358, 359 u. 360 (S. 140) vorgeführten Bogendächer, bei denen der Bogen als ein Gitterwerk gebildet ist, können auch mit Durchzügen hergestellt werden.

---

28. Kapitel.

Hölzerne Turmdächer, Zelt- und Kuppeldächer.

a) Hölzerne Turmdächer.

116. Einleitung.
Turmdächer sind steile Zeltdächer über quadratischer oder achteckiger, auch wohl kreisförmiger, selten über einer anders geformten Grundfläche. Dieselben werden hauptsächlich durch den Winddruck gefährdet; Schnee bleibt wegen der Steilheit nicht liegen; das Eigengewicht erzeugt keine bedeutenden Beanspruchungen.

Eine gute Turmdach-Konstruktion muß folgenden Anforderungen Genüge leisten: sie muß standfest und fähig sein, auch bei ungünstigster Belastung die auf sie einwirkenden Kräfte sicher und, ohne merkbare Formänderung zu erleiden, in das unterstützende Mauerwerk zu leiten; sie muß der Zerstörung durch Feuchtigkeit und Faulen möglichst wenig Angriffspunkte bieten; sie muß leichten und sicheren Aufbau gestatten, bequemes Ausbessern und Auswechseln etwa schadhaft gewordener Hölzer ermöglichen; sie darf nicht zu viel Holz erfordern, um nicht zu teuer zu werden.

1) Statische Verhältnisse und theoretische Grundlagen für die Konstruktion.

117. Kräfte.
Die Turmdächer setzen sich stets auf hohe Mauern; für diese sind aber wagrechte Kräfte besonders gefährlich; deshalb ordne man die Konstruktion stets so an, daß die wagrechten Kräfte möglichst gering werden. Demgemäß sind Sprengwerkkonstruktionen, welche stets auch wagrechte Kräfte auf die Mauern übertragen, hier ausgeschlossen. Die schiefen Windkräfte haben allerdings stets wagrechte auf die Konstruktion wirkende Seitenkräfte, die man nicht fortschaffen kann. Man muß aber suchen, diese gefährlichen Seitenkräfte und ihr Umsturzmoment so klein wie möglich zu machen; durch eine zweckmäßige Form des Turmdaches ist eine solche Verkleinerung wohl möglich, wie die Überlegung unter α zeigt.

118. Windbelastungen.
2) Windbelastungen. Nach den Untersuchungen in Teil I, Band I, zweite Hälfte (2. Aufl., S. 23 u. 24; 3. Aufl., S. 25) dieses »Handbuches« ist der Winddruck gegen ein achtseitiges Prisma kleiner als derjenige gegen ein vierseitiges Prisma; das Gleiche gilt für die Pyramide. Nennt man die Höhe des Turmdaches *h*, den Winddruck auf das Flächenmeter senkrecht getroffener Fläche *p*, die Seite des Quadrates, bezw. des Grundquadrats der Grundfläche *B*, nimmt man den Winddruck als wagrecht wirkend an und berechnet (mit geringem Fehler) so, als ob die Seitenflächen lotrecht ständen, so erhält man als die auf Umsturz des ganzen Turmdaches wirkende Kraft *W*:

bei quadratischer Grundfläche $W = p\dfrac{Bh}{2} = 0{,}5\,pBh$;

bei regelmäfsiger Achteck-Grundfläche (Fig. 370) $W' = 0{,}414\,pBh$;

bei kreisförmiger Grundfläche (Kegeldach) $W = 0{,}39\,pBh$;

d. h. die auf Umsturz wirkende Kraft ist bei einem Turmdach über regel-mäfsigem Achteck um etwa 17 und bei einem Kreiskegeldach um etwa 22 Vom-hundert geringer als bei einem Dach über quadratischer Grundfläche (Höhe und untere Breite als gleich angenommen).

Bei dreieckiger Seitenfläche des Turmdaches liegt die Mittelkraft der Wind-kräfte in ein Drittel der Höhe über der Grundfläche; das Umsturzmoment ist dann

$$M_{Umstur} = W\frac{h}{3}.$$

Eine Verkleinerung des Umsturzmoments kann sowohl durch Verringerung von W, wie auch von h erreicht werden; die letztere Verkleinerung, d. h. eine tiefere Lage

Fig. 368.   Fig. 369.

Von der Kirche zu Schwarz-rheindorf[179].

Von der reformierten Kirche zu Insterburg[178].

von W wird durch Verbreitern der Grund-fläche und Anwendung verschiedener Dachnei-gungen in den verschiedenen Teilen des Turm-daches erzielt. Eine solche in Fig. 368[179] dar-gestellte Anordnung hat neben dem Vorteil der tiefen Lage von W noch den weiteren statischen Vorzug, dafs die den unteren Teil belastenden Winddrücke gröfsere Winkel mit der Wagrechten einschliefsen, als die auf den steileren Teil wirkenden; sie sind also kleiner und haben eine günstigere Richtung.

Statisch günstig ist auch die vielfach aus-geführte, architektonisch sehr wirksame An-ordnung von vier Giebeln (Fig. 369[178]); durch dieselben wird ein Teil des Daches der Ein-wirkung des Windes entzogen.

Endlich ist auch eine Form des Turm-daches zweckmäfsig, bei welcher dasselbe eine über Ecke gestellte vierseitige Pyramide bildet, deren Kanten nach den Spitzen der vier Giebel laufen; diese sog. Rhombenhaube (Rautenhaube) ist günstiger als die einfache Pyramide, deren Kanten nach den Ecken des Grundquadrats laufen. Die gröfste auf Umkanten wirkende Windkraft in der Diagonalebene ist allerdings genau so grofs, wie die in der Mittelebene des Turmes ungünstigstenfalls wirkende; beide sind aber annähernd 30 Vomhundert geringer, als wenn das Dach als vierseitige Pyramide mit nach den Ecken des Quadrats laufenden Kanten hergestellt wäre.

Den Winddruck auf das Flächenmeter lotrechter Turmquerschnittsfläche setze man $p = 200^{kg}$ für 1 ^{qm}; an besonders dem Wind ausgesetzten Stellen rechne man mit $p = 250^{kg}$ für 1 ^{qm}. Besonders vorsichtig mufs man bei Be-rechnung des Winddruckes auf die bekrönenden Teile (Kreuz, Windfahne, Knauf, Blitzableiter etc.) sein; die betreffenden Flächen sind verhältnismäfsig klein und bei ihrer bedeutenden Höhenlage besonders grofsen Stofswinden ausgesetzt.

[179] Faks.-Repr. nach: Dohme, R. Geschichte der deutschen Baukunst. Berlin 1890. S. 66.
[178] Faks.-Repr. nach: Centralbl. d. Bauverw. 1890, S. 451.

Man rechne als getroffene Fläche bei runden Stangen das Doppelte der vom Winde getroffenen Abwickelungsfläche, bei der Bekrönung die geradlinig umschriebene Figur der getroffenen Fläche, also beim Kreuz das Viereck, welches durch die vier Kreuzenden bestimmt ist. Für diese Teile setze man $p = 300$ kg für 1 qm.

119. Standsicherheit des Turmhelms.

β) **Standsicherheit des Turmhelms.** Für die Standsicherheit mufs zunächst verlangt werden, dafs nicht das Turmdach als Ganzes seitlich verschoben oder umgekantet werden könne. Der ersteren Bewegung wirkt der Reibungswiderstand an den Auflagern entgegen, der Drehung um eine Kante das Stabilitätsmoment. Nennt man die ganze ungünstigstenfalls auf das Turmdach wirkende Windkraft W, die Höhe des Angriffspunktes dieser Kraft über der Grundfläche ρ, den auf das Turmkreuz wirkenden Winddruck W'_0 und seine Höhe über der Turmspitze e_0, so ist das Umsturzmoment (Fig. 370)

$$M_{Umsturz} = W\rho + W'_0 (h + e_0);$$

ρ ist meistens nahezu gleich $\frac{h}{3}$. Das Stabilitätsmoment ist, wenn man das Gewicht des Turmdaches mit G und die Breite der Grundfläche mit B bezeichnet,

$$M_{Stab} = \frac{GB}{2}.$$

Fig. 370.

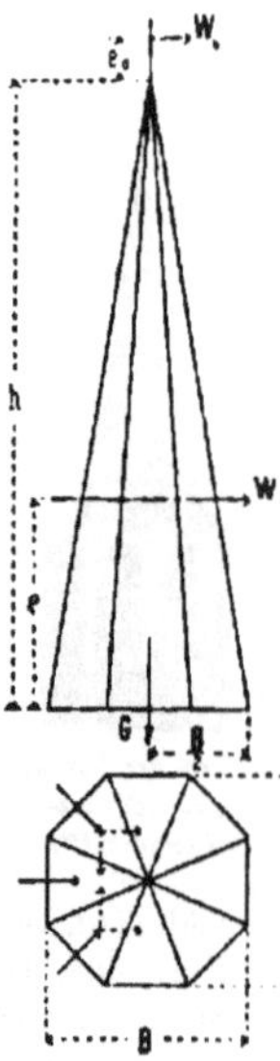

Damit stets ausreichende Sicherheit gegen Umkanten vorhanden sei, mache man das Stabilitätsmoment wenigstens zweimal so grofs, als das Umsturzmoment jemals werden kann.

Der ungünstigste Fall tritt unmittelbar vor der Fertigstellung des Turmes ein, wenn die Dachdeckung noch nicht aufgebracht, das Turmgewicht folglich verhältnismäfsig klein ist. Falls auch die Verschalung noch fehlt, kann der Wind im Zimmerwerk, in den Balkenlagen und ihren Abdeckungen unter Umständen gröfsere Angriffsflächen finden, als nachher; jedenfalls berechne man den Turm wenigstens so, dafs er ohne Dachdeckung, aber mit Lattung oder Schalung ausreichende Sicherheit gegen Umsturz und Verschieben bietet.

Soll ein frei auf das Turmmauerwerk gesetztes Turmdach nicht seitlich verschoben werden, so mufs die gröfste wagrechte Windkraft kleiner sein, als der Reibungswiderstand an den Auflagern. Der Reibungskoeffizient kann zu 0,5 bis 0,6 angenommen werden; demnach mufs

$$W + W'_0 < 0{,}5\, G$$

sein.

Wenn das Eigengewicht des Turmes die verlangte Standsicherheit nicht liefert, so bleibt nichts übrig, als das Turmdach mit dem Turmmauerwerk zu verankern.

120. Verankerung des Turmhelms.

Die Frage, ob eine Verankerung notwendig oder auch nur zulässig sei, wird verschieden beantwortet. Früher galt es als ausgemacht, dafs man eine Verankerung des Turmhelms im Mauerwerk vermeiden müsse, weil durch eine solche das Mauerwerk gezwungen würde, an den Bewegungen des Turmdaches teilzunehmen, was dem Mauerwerk über kurz oder lang schädlich werden müsse. Auch verwies man auf die aus alter Zeit stammenden, nicht verankerten Türme, welche sich gut gehalten haben. *Möller* schreibt bestimmt vor[174]), dafs das Zimmerwerk der Turmspitze unmittelbar auf den oberen Teil der Mauer gesetzt werden solle, so dafs die Holzkonstruktion ganz für sich bestehe und das Mauerwerk keine weitere Verbindung mit erstrerer habe, als dafs es derselben zur Unterlage diene. Das Eigengewicht der Dachkonstruktion mufs alsdann genügen, um das Kanten zu verhüten.

Andererseits mufs aber doch verlangt werden, dafs das Bauwerk unter allen Umständen standfest sei. Genügt hierzu das Eigengewicht nicht, so verankere man oder vermindere die Höhe so weit, bis das Gewicht für die Standfestigkeit ausreicht. Letzteres ist vielfach nicht möglich; folglich bleibt nur die Verankerung übrig. Es fragt sich nun, ob denn wirklich die gegen die Verankerung in das Feld geführten Bedenken so schwerwiegend sind. Die gefürchtete Bewegung der Füfse des Turmhelms kann dann nicht eintreten, wenn man dieselben fest und genügend tief mit dem Mauerwerk verankert; es kann sich stets nur um Verringerung des Auflagerdruckes handeln, der auch negativ werden kann und dann durch das Gewicht des an die Anker gehängten Mauerwerkes aufgehoben wird. So lange Gleichgewicht vorhanden ist, werden keine oder höchstens durch die Elastizität bedingte, sehr geringfügige Bewegungen eintreten, welche dem Mauerwerk nicht schaden. Aber auch die Erfahrung spricht nicht gegen die Verankerung. *Otzen* verankert seine hölzernen Turmhelme ohne nachteilige Ergebnisse; nach Mitteilung von *Mohrmann*[175]) hat auch der Altmeister der Gotik, *Haase*, unbedenklich zur Verankerung hölzerner Turmdächer gegriffen. Endlich ist auch nicht einzusehen, warum es zulässig sein soll, eiserne Türme zu verankern, ohne für das Mauerwerk schlimme Folgen zu befürchten, während dies für Holztürme unzulässig sei. Auch kann man auf die hohen eisernen Viaduktpfeiler hinweisen, welche stets verankert werden, ohne dafs man Befürchtungen für das Mauerwerk des Unterbaues hegt. Wenn aber auf die alten Türme hingewiesen wird, welche unverankert Stand gehalten haben, so ist zu bemerken, dafs diese ein nicht unbedeutend gröfseres Eigengewicht hatten; sie enthielten teilweise mehr Holz und vor allem schwereres Holz, da sie meist aus Eichenholz hergestellt wurden, während heute das leichtere Tannenholz die Regel bildet.

Nach dem Vorstehenden kann der Verfasser sich nur für die Verankerung der hölzernen Turmhelme aussprechen; dieselbe mufs im stande sein, auch bei ungünstigsten Kräftewirkungen die Standsicherheit zu erhalten.

Bereits oben ist bemerkt, dafs man den Winddruck zu 200 kg (bezw. 250 kg) für 1 qm senkrecht getroffenen Fläche setzen soll, dafs ferner der Zustand des noch nicht gedeckten, aber bereits verschalten oder verlatteten Turmes der Rechnung zu Grunde zu legen ist. Man bestimme nun die Verankerung so, dafs das Stabilitätsmoment, einschliefslich des Moments des an den Ankern hängenden Mauergewichtes, wenigstens doppelt so grofs ist als das Umsturzmoment[176]).

[174], In: Möller, G. Beiträge zu der Lehre von den Constructionen; Ueber die Construction hölzerner Thurmspitzen. Darmstadt und Leipzig 1832—44.

[175]) In: Deutsche Bauz. 1895, S. 391.

[176]) Siehe auch: Lohrmann. Verankerung der Thurmhelme mit dem Mauerwerk. Centralbl. d. Bauverw. 1895, S. 461.
    Steiners. Der Absturz des Thurmhelms an der St. Matthiaskirche zu Berlin. Deutsche Bauz. 1895, S. 392.
    Rincklake, Mohrmann. Ueber dasselbe. Deutsche Bauz. 1895, S. 393.
    Marschall, Cornehl. Ueber dasselbe. Deutsche Bauz. 1895, S. 477.
    Steiners. Desgl. Deutsche Bauz. 1895, S. 415.

Von grofser Bedeutung für die Standsicherheit ist das Verhältnis der Pyramidenhöhe h zur Breite B der Grundfläche (die Bezeichnungen entsprechen denjenigen in Fig. 370, S. 150). Dasselbe ist in erster Linie von architektonischen Erwägungen abhängig; doch dürfte es sich empfehlen, auch die statischen Verhältnisse in Betracht zu ziehen und allzugrofse Höhen zu vermeiden. Die Ausführungen zeigen die Verhältnisse $\frac{h}{B} = 3$ bis $4\frac{1}{2}$, ausnahmsweise auch wohl bis $\frac{h}{B} = 5$.

121.
Turm-
fachwerk.

γ) **Turmfachwerk; allgemeines.** Es genügt nicht, dafs die Turmpyramide, als Ganzes betrachtet, stabil sei; auch die einzelnen Teile derselben müssen ein unverrückbares Fachwerk bilden, welches die an beliebigen Stellen aufgenommenen belastenden Kräfte sicher und, ohne merkliche Formänderungen zu erleiden, in den Unterbau befördert; sie mufs ein geometrisch bestimmtes, wo möglich auch ein statisch bestimmtes Fachwerk sein. Um Klarheit über den Aufbau zu bekommen, sind einige allgemeine Untersuchungen über das räumliche Fachwerk hier vorzunehmen, welche sowohl für die Holztürme, wie für die Eisentürme Geltung haben.

Die Voraussetzungen, welche hier gemacht werden, sind allerdings bei den Holztürmen nicht ganz erfüllt; insbesondere ist die Annahme der gelenkigen Knotenverbindung der Fachwerkstäbe nicht genau. Dennoch sind die nachfolgenden Untersuchungen auch für die Holztürme nicht wertlos. Wenn sich ergiebt, dafs (für unsere Voraussetzungen) das Turmfachwerk bei der einen Anordnung der Stäbe labil, bei einer etwas geänderten Stabanordnung aber stabil sein würde, so wird man zweckmäfsig die zweite Anordnung vorziehen. Denn es ist stets mifslich, sich auf die unbekannten Hilfskräfte zu verlassen, welche auftreten, weil die Voraussetzungen nicht genau erfüllt sind, zumal wenn, wie hier, die rechnerische Ermittelung dieser Hilfskräfte eine äufserst umständliche und schwierige Arbeit ist. Da nun die folgenden Untersuchungen wegen der eisernen Türme u. s. w. ohnehin vorgenommen werden müssen und auf die üblichen Turmfachwerke klares Licht werfen, so dürfte für dieselben hier die geeignete Stelle sein.

Die Turmhelme sind Raumfachwerke. Die einfachste Stützung eines Raumfachwerkes ist diejenige vermittels dreier Fufspunkte. Die Zahl der in den Auflagerdrücken enthaltenen Unbekannten darf nicht gröfser als 6 sein, wenn die allgemeinen Gleichgewichtsbedingungen starrer Körper zu ihrer Ermittelung ausreichen sollen. Man mufs nun, um sowohl eine wagrechte Verschiebung der ganzen Konstruktion, als auch eine Drehung derselben um eine lotrechte Achse zu verhüten, ein Auflager fest, ein zweites in einer geraden Linie verschiebbar machen, während das dritte in der Stützungsebene frei beweglich sein kann. Der Auflagerdruck des festen Auflagers kann eine ganz beliebige Richtung annehmen, enthält also drei Unbekannte, als welche man zweckmäfsig die drei Seitenkräfte einführt, welche sich bei rechtwinkeliger Zerlegung des Auflagerdruckes nach drei Achsen ergeben. Der Auflagerdruck des in einer Geraden verschiebbaren Lagers mufs senkrecht zu der Geraden — der sog. Auflagerbahn — gerichtet sein, weil die in die Richtung dieser Linie fallende Seitenkraft, der Beweglichkeit wegen, stets Null ist; dieser Auflagerdruck enthält also nur zwei Unbekannte, nämlich die beiden Seitenkräfte in der zur Auflagerbahn senkrecht gerichteten Ebene. Im Auflagerdruck des dritten, in einer Ebene beweglichen Auflagers ist nur eine Unbekannte, die Gröfse der Kraft, enthalten; denn die Richtung ist diesem

Auflagerdruck vorgeschrieben: er muſs wegen der Beweglichkeit des Auflagers senkrecht zur Auflagerebene stehen.

Allgemein bedeutet nach vorstehendem beim Raumfachwerk jedes feste Auflager drei Unbekannte (entspricht drei Auflagerbedingungen), jedes in einer Linie bewegliche Auflager zwei Unbekannte (entspricht zwei Auflagerbedingungen) und jedes in einer Ebene bewegliche Auflager eine Unbekannte (entspricht einer Auflagerbedingung). Wir werden weiterhin die drei Arten der Auflager kurz als Punktlager, Linienlager, Ebenenlager bezeichnen.

Im oben angenommenen Falle dreier Auflager, von denen je eines ein Punkt-, ein Linien- und ein Ebenenlager ist, enthalten also die Auflagerkräfte $3 + 2 + 1 = 6$ Unbekannte, für deren Ermittelung die Gleichgewichtslehre bekanntlich 6 Gleichungen bietet. Die Auflagerkräfte werden sich demnach nach den Gleichgewichtsbedingungen starrer Körper bestimmen.

Allein auch die Spannungen der einzelnen Stäbe des Raumfachwerkes müssen für beliebige mögliche Belastungen ermittelt werden können. Am einfachsten kann dies geschehen, wenn das Fachwerk statisch bestimmt ist, d. h. wenn alle Stabspannungen aus den allgemeinen Gleichgewichtsbedingungen berechnet werden können. Damit dies möglich sei, muſs die Zahl der Stäbe zu derjenigen der Knotenpunkte in einem bestimmten Verhältnisse stehen.

Wir bezeichnen mit k die Anzahl der Knotenpunkte, s die Anzahl der Stäbe, p die Anzahl der festen Auflager (Punktlager), l die Anzahl der in Linien geführten Lager (Linienlager) und mit e die Anzahl der in Ebenen geführten Lager (Ebenenlager); alsdann ist die Zahl aller Unbekannten

$$s + 3p + 2l + e.$$

An jedem Knotenpunkte ergeben sich aus den drei Gleichgewichtsbedingungen drei Gleichungen; also bei k Knotenpunkten erhält man $3k$ Gleichungen. Die Zahl der Unbekannten muſs für statische Bestimmtheit gleich der Zahl der Gleichungen sein; mithin ist die Bedingung für statische Bestimmtheit:

$$s + 3p + 2l + e = 3k,$$

und wenn man abkürzungsweise die Zahl der Auflagerunbekannten

$$3p + 2l + e = n \quad . \quad . \quad . \quad . \quad . \quad . \quad . \quad . \quad . \quad . \quad 7.$$

setzt, so wird $s + n = 3k$ und

$$s = 3k - n \quad . \quad . \quad . \quad . \quad . \quad . \quad . \quad . \quad . \quad . \quad 8.$$

Bei der obigen Annahme dreier Auflager, eines Punkt-, eines Linien- und eines Ebenenlagers, war $p = 1$, $l = 1$ und $e = 1$, also $n = 3 + 2 + 1 = 6$; mithin muſs für diesen Fall sein

$$s = 3k - 6 \quad . \quad . \quad . \quad . \quad . \quad . \quad . \quad . \quad . \quad . \quad 9.$$

Das einfachste räumliche Fachwerk ist das Tetraëder, welches 4 Knotenpunkte und 6 Stäbe hat; bei demselben ist thatsächlich $s = 3k - 6 = 3 \cdot 4 - 6 = 6$; dasselbe ist also ein statisch bestimmtes Fachwerk. Ein Punkt im Raume wird aber geometrisch bestimmt, wenn er durch Linien (Stäbe) mit 3 festen Punkten verbunden wird, welche mit ihm nicht in derselben Ebene liegen; alsdann findet auch eine zweifellose Zerlegung jeder auf diesen Punkt wirkenden Kraft auf Grund der Gleichgewichtsbedingungen statt. Man kann also durch allmähliches Anfügen von je einem Knotenpunkte und 3 Stäben an den Grundkörper des Tetraëders ein geometrisch und statisch bestimmtes Raumfachwerk erhalten. Dies folgt auch aus der allgemeinen Gleichung 9. Nennt man die Zahl der zu einem statisch bestimmten Fachwerk hinzukommenden Knotenpunkte allgemein x,

. diejenige der hinzukommenden Stäbe σ, so ist das entstehende Fachwerk statisch bestimmt, wenn stattfindet:

$$s + \sigma = 3\,(k + \varkappa) - 6.$$

Es war aber auch $s = 3k - 6$, woraus folgt, dafs für den Fall statischer Bestimmtheit

$$\sigma = 3\,\varkappa$$

sein mufs.

Soll also das Fachwerk auch nach dem Hinzufügen der neuen Knotenpunkte statisch bestimmt bleiben, so mufs stets die Zahl der hinzukommenden Stäbe 3 mal so grofs sein als die Zahl der hinzukommenden Knotenpunkte. Für $\varkappa = 1$ mufs $\sigma = 3$ sein.

Die Anordnung eines Turmes mit nur drei Fufspunkten ist nicht üblich; es sind aber auch Stützungen auf mehr als drei Füfsen als statisch bestimmte, räumliche Fachwerke möglich. Dies könnte auffallen, wenn man bedenkt, dafs nur dann die Auflagerdrücke eines Körpers mit Hilfe der Gleichgewichtsbedingungen ermittelt werden können, wenn die Zahl der Fufspunkte nicht gröfser als 3 ist. Bei einem Fachwerk aber kann man die Auflagerdrücke dennoch bestimmen, auch wenn die Zahl der in diesen enthaltenen Unbekannten gröfser als 6 ist; nur mufs man dafür Sorge tragen, dafs das Fachwerk eine gleiche Zahl Stäbe, also Unbekannte, weniger enthält, wie die Zahl der Unbekannten in den Auflagerdrücken gröfser ist als 6 (bezw. n). Selbstverständlich darf man nicht beliebige Stäbe entfernen und mufs in jedem Falle genau untersuchen, ob das entstehende Fachwerk statisch und geometrisch bestimmt ist oder nicht. Ähnliche Anordnungen sind beim ebenen Fachwerk vorhanden, so bei den Bogenträgern mit 3 Gelenken, den Auslegerträgern etc. Man mufs also auch hier, wegen der hinzukommenden Auflagerunbekannten, neue Bedingungen durch die Konstruktion schaffen. Nachstehend sollen die beiden wichtigsten Fälle des vierseitigen und des achtseitigen Turmfachwerkes in dieser Hinsicht besprochen werden.

Fig. 371.

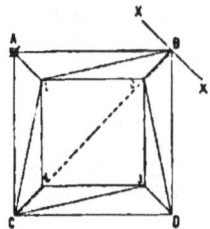

122.
Vierseitige
Turmpyramide.

b) Vierseitige Turmpyramide. Die vier Fufspunkte derselben seien A, B, C, D (Fig. 371); einer derselben, etwa A, sei fest, ein zweiter, B, sei in einer Linie, etwa XX, die beiden anderen in der Ebene $ABCD$ beweglich. Die Auflagerdrücke enthalten also $n = 3 + 2 + 1 + 1 = 7$ Unbekannte. Geht man vom Dreieck ABC aus, wobei A mit 3, B mit 2 und C zunächst mit einer Auflagerbedingung eingeführt werden, so sind alle drei Punkte in der Ebene genau durch die Auflagerbedingungen und die Längen der Dreieckseiten bestimmt, wenn nicht etwa die Auflagerbahn XX des Punktes B senkrecht zur Linie AB gerichtet ist. Der Punkt 1 in einer über ABC liegenden Ebene wird nunmehr durch die drei Stäbe $A\,1$, $B\,1$ und $C\,1$ geometrisch bestimmt. Das erhaltene Tetraëder ist geometrisch und statisch bestimmt. Verbindet man nunmehr den vierten Fufspunkt D mit 2 Punkten, etwa mit B und C, in derselben Ebene, so wird auch D geometrisch festgelegt, da dieser Punkt in der Ebene ABC bleiben mufs; der dritte Stab, welcher eigentlich erforderlich wäre, um C festzulegen, wird durch die Auflagerbedingung bei D ersetzt. Daraus folgt, dafs, wie die Spannung dieses (nicht angeordneten) Stabes stets bekannt wäre, wenn D kein Auflagerpunkt wäre, so auch der Auflagerdruck bei D stets nach statischen

Gesetzen ermittelt werden kann. D ist als in der Ebene $ABCD$ beweglich zu konstruieren. (Man kann auch, wie dies mehrfach geschehen ist, für die Untersuchung den Auflagerdruck durch einen gedachten Stab ersetzen.) Für das Fachwerk mit 4 Stützpunkten nach Fig. 371 ist also die Zahl der Auflagerunbekannten $n = 7$, die Zahl der Stäbe s und die Zahl der Knotenpunkte k; also muß für den Fall statischer Bestimmtheit

$$s + 7 = 3k \text{ oder } s = 3k - 7$$

sein. Man kann nun Knotenpunkt 2 mit 1, B, D, Punkt 3 mit 2, D, C und Punkt 4 mit 3, C, 1 verbinden und erhält so das in Fig. 371 gezeichnete Fachwerk, welches geometrisch und auch statisch bestimmt ist.

Bislang war angenommen, daß ein Stab BC vorhanden sei; dieser Stab ist unbequem und für die Benutzung störend. Es fragt sich, ob, bezw. unter welchen Bedingungen dieser Stab fortgelassen werden kann. Stab BC war angeordnet, um Punkt C in der Auflagerebene geometrisch festzulegen. Man kann dies auch dadurch erreichen, daß man für C, wie für B, eine Auflagerbahn, etwa YY' (Fig. 372), vorschreibt; dieselbe kann beliebige Richtung haben;

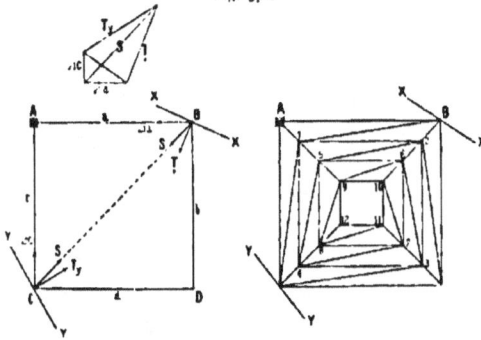
Fig. 372.

nur darf sie nicht senkrecht zu AC stehen, da sonst eine sehr kleine Bewegung des Punktes C, nämlich eine Drehung um A, möglich wäre. Wenn nun Punkt C ohne Stab BC festgelegt ist, so kann dieser fortfallen; das Fachwerk wird also durch Fortlassen des Stabes BC nicht labil.

Man kann sich dies auch dadurch klar machen, daß man zunächst den Stab BC als vorhanden annimmt und untersucht, ob die Spannung desselben durch das wirklich vorhandene Fachwerk, d. h. nach Fortnahme von BC, geleistet werden kann. Ist die Spannung des Stabes BC gleich S_C, so zerlegt sich S_C in zwei Seitenkräfte, deren eine senkrecht zur Auflagerbahn YY', deren andere in die Linie AC fällt. In die Linie CD kann kein Teil der Kraft fallen, weil er in D (dort ist ein bewegliches Flächenlager) nicht aufgenommen werden kann. Ebenso wird die in B angreifende Kraft $S_B = S_C$ durch den Gegendruck der Auflagerbahn XX und die hinzukommende Spannung in BA geleistet. Die beiden Kräfte Δa in AB und Δc in CA werden dann im festen Punkte A in das Mauerwerk geleitet. Der Turm mit vier Fußpunkten kann also als statisch bestimmtes Fachwerk hergestellt werden, wenn ein Auflager fest, ein zweites Auflager in der Auflagerebene, die beiden weiteren Auflager in geraden Linien beweglich gemacht sind und an diese vier Auflagerpunkte weitere Punkte nach der allgemeinen Regel (je 1 Knotenpunkt und 3 Stäbe) angeschlossen werden. Grundbedingung für die Stabzahl ist hier, weil $n = 3 + 2 + 2 + 1 = 8$ ist,

$$s = 3k - 8.$$

113.
Vierseitige
Turmpyramide
mit
Kaiserstiel.

Eine solche Anordnung zeigt Fig. 372, bei welcher die Spitze des Turmhelms nicht gezeichnet ist. Durch diese wird, weil hier ein Knotenpunkt mit 4 Stäben hinzukommt, das Fachwerk statisch unbestimmt; es bleibt aber geometrisch bestimmt.

Es liegt nahe, die vierseitige Turmpyramide dadurch zu versteifen, daß man in die beiden lotrechten Diagonalebenen Dreieckverband legt. Diese Anordnung ist von den Alten vielfach ausgeführt und hat sich bewährt; aufser dieser Versteifung ist aber noch eine solche in den Seitenebenen anzubringen, worauf bereits *Moller* [177]) aufmerksam gemacht hat. Fig. 373 zeigt den Grundrifs und den Diagonalschnitt eines solchen Turmdaches; die Helmstange reicht bis zum Punkt C hinab; die Diagonalebenen sollen durch die Schrägstäbe $A_1 C$, $A_2 C$, $A_3 C$, $A_4 C$, $a_1 D$, $a_2 D$, $a_3 D$, $a_4 D$, u. s. w. versteift werden.

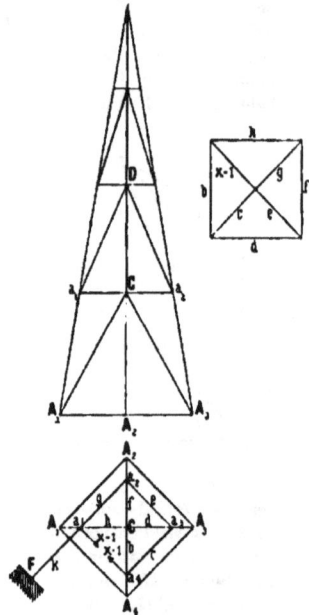

Fig. 373.

Um die Stabilität des Fachwerkes zu untersuchen, bauen wir von den vier festen Auflagern A_1, A_2, A_3, A_4 aus auf. Zunächst wird C mit allen vier Auflagern durch Stäbe verbunden; es würden schon drei Stäbe genügen, um C im Raume geometrisch fest zu legen; der vierte Stab macht die Konstruktion statisch unbestimmt, aber nicht labil. Nun verbinden wir a_1 durch Stäbe mit C und einem aufserhalb gelegenen festen Punkte F; wegen des Stabes $a_1 F$, des sog. Ersatzstabes k, ist noch eine weitere Untersuchung vorzunehmen. Ferner wird verbunden: Punkt a_2 mit A_2, a_1, C, Punkt a_3 mit A_3, a_2, C und Punkt a_4 mit A_4, a_3, C. Es fragt sich nun, ob an Stelle des Ersatzstabes $a_1 F$ der Stab $a_1 a_4$ treten kann, d. h. ob mit Stab $a_1 a_4$, aber ohne Stab k die Konstruktion stabil ist. Zieht man den Stab $a_1 a_4$ ein, so möge bei beliebiger äufserer Belastung in demselben die Spannung X entstehen, welche bei a_4 und bei a_1 je in der Stabrichtung wirkt. Wäre Stab $a_1 a_4$ nicht vorhanden, so möge die bei irgend einer Belastung im Ersatzstab auftretende Spannung die Gröfse $\mathfrak{S}_{0k}$ haben; die aufserdem vorhandenen Kräfte X im Stabe $a_1 a_4$ erzeugen im Ersatzstab die Spannung $X S_k'$; demnach ist im ganzen im Stabe k die Spannung

$$S_k = \mathfrak{S}_{0k} + X S_k'.$$

Soll die Konstruktion ohne Ersatzstab k stabil sein, so mufs für beliebige Belastung S_k gleich Null sein, X aber einen reellen Wert haben; d. h. es mufs

$$0 = \mathfrak{S}_{0k} + X S_k' \text{ und } X = -\frac{\mathfrak{S}_{0k}}{S_k'}$$

sein. Ergiebt sich $S_k' = 0$, so ist nur bei $X = \infty$ das Gleichgewicht möglich,

d. h. das Gleichgewicht ist dann überhaupt nicht möglich. S_k' ist die Spannung, welche in Stab k durch $X = 1$ erzeugt wird. Man sieht leicht aus der graphischen Zerlegung in Fig. 373, dafs $S_k' = 0$, das Fachwerk also nicht brauchbar ist. Ist aber dieser Unterbau nicht stabil, so gilt das Gleiche vom weiteren Aufbau, zumal sich die Anordnung in den oberen Geschossen wiederholt [17b]).

Zweifellos brauchbar wird aber die Konstruktion, wenn man in eines der trapezförmigen Seitenfelder eine Diagonale einzieht, z. B. die Diagonale $a_1 A_2$ (Fig. 373). Dann ergiebt sich der Aufbau wie folgt. Zunächst wird C wie oben im Raume festgelegt; nun wird verbunden: Punkt a_1 mit A_1, A_2, C, Punkt a_2

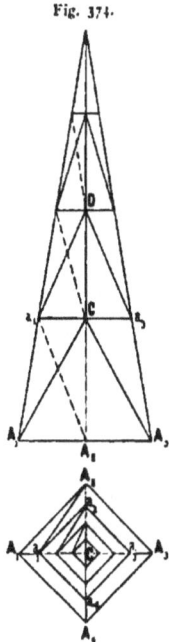

Fig. 374.

mit A_2, a_1, C, Punkt a_3 mit A_3, a_2, C und Punkt a_4 mit A_4, a_3, a_1. Stab $a_1 C$ wird gewöhnlich zugefügt; er ist überzählig, macht aber die Konstruktion nicht labil. In gleicher Weise kann man weiter gehen. Die Helmstange dient nur dazu, die Bildung der Knotenpunkte C, D u. s. w. zu erleichtern. In der Ansicht (Fig. 374) sind die in den Seitenfeldern liegenden Diagonalen punktiert. — Gewöhnlich wird man statt einer Diagonale Andreaskreuze oder gekreuzte Zugdiagonalen, und zwar nicht nur in einem Felde, sondern in mehreren Feldern anordnen.

Dieses Fachwerk ist nicht so klar, wie das zuerst (Fig. 372) besprochene, bei welchem nur in den Seitenebenen Stäbe liegen; die praktische Konstruktion ist aber sehr bequem: Doppelzangen in jeder Balkenlage verbinden die diagonal einander gegenüber stehenden Gratsparren und nehmen die Helmstange zwischen sich; gegen diese setzen sich in den einander kreuzenden Mittelebenen die Diagonalen. Die herumlaufenden Balken dienen als Pfetten; in diese setzen sich die Andreaskreuze.

ε) Achtseitige Turmpyramide. Bei dieser sind verschiedene Arten des Aufbaues möglich. Man kann die 8 Grate bis zu den Auflagern hinabführen; man kann ferner 4 Grate zur Auflagerebene hinabgehen lassen und die 4 zwischen diesen liegenden Grate auf Giebelspitzen setzen lassen (Fig. 378); endlich kann man von den 8 Graten im untersten Stockwerk je 2 zu einer Ecke des Grundquadrats zusammenführen. Bei den letzten beiden Anordnungen sind nur 4 Auflager vorhanden; die Überführung vom Viereck in das Achteck ist besonders zu untersuchen.

121.
Achtseitige
Turm-
pyramide
mit 4 Lager-
punkten.

α) Achtseitige Turmpyramide mit vier Lagerpunkten. Fig. 375 zeigt diese Lösung, wobei der größeren Allgemeinheit halber unter die achtseitige Pyramide noch eine vierseitige, ein Stockwerk hohe, abgestumpfte Pyramide ($A B C D \, 1 2 3 4$) gesetzt ist. Dieselbe kann man auch fortlassen; alsdann sind $1, 2, 3, 4$ die Auflager. Da dieses untere Stockwerk nach vorstehendem geometrisch und statisch bestimmt ist, so bleibt das Ganze ebenso, falls der hinzukommende, oberhalb $1 2 3 4$ befindliche Teil geometrisch und statisch bestimmt ist. Die zu führende Untersuchung gilt also auch für den in $1 2 3 4$ aufgelagerten

[17b]) Das vorstehend angewendete Verfahren, welches stets zum Ziele führt und in der Folge noch mehrfach benutzt werden wird, ist angegeben in: Müller-Breslau, Die neueren Methoden der Festigkeitslehre. 1. Aufl. Leipzig 1893. S. 4 u. 5.

Turm. Das achtseitige Turmdach soll nunmehr aus dem Unterbau dadurch entwickelt werden, daſs jeder neue Knotenpunkt durch drei Stäbe an drei bereits
vorhandene Knotenpunkte angeschlossen wird, welche mit ihm nicht in derselben
Ebene liegen dürfen. Punkt *12* ist mit *1, 4, 2* verbunden. Die Stäbe *12 1* und
12 4 liegen in begrenzenden Ebenen, *12 2* aber nicht. Ferner sind angegliedert:
Punkt *5* an *12, 1, 2*, Punkt *6* an *2, 5, 3* und so weiter. Die weiteren Stockwerke
ergeben sich einfach; sie sind der gröſseren Deutlichkeit halber in einer besonderen Abbildung (Fig. 375 *b*) gezeichnet. Bei diesen liegen alle Stäbe in den
begrenzenden Ebenen; das Innere bleibt frei. In Fig. 375 *a* sind 16 Knotenpunkte
und 40 Stäbe, also thatsächlich

$$s = 3k - 8.$$

Die vier in Fig. 375 *a* punktierten Stäbe (*12 2, 6 3, 8 4, 10 1*), welche weder
in Seitenflächen der Pyramiden noch in wagrechten Ebenen liegen, sind unbequem; man kann sie vermeiden. Man lege das
tiefstliegende Achteck (*5 6 7 8 9 10 11 12*) gegen
den unteren vierseitigen Teil geometrisch fest, indem man die Punkte *1, 2, 3, 4* als feste Punkte
betrachtet (was sie ja sind) und die 8 hinzukommenden Knotenpunkte durch 3·8 = 24 Stäbe anschlieſst. Dabei sind verschiedene Stabanord-
nungen möglich; eine solche ist in Fig. 376 angegeben. Man verbinde zunächst Punkt *5* durch
Stab *5 1* und *5 2* mit bezw. *1* und *2*; alsdann fehlt
zunächst für die Bestimmung von *5* noch ein Stab,
was vorläufig bemerkt werde. Nunmehr betrachte
man, vorbehältlich späteren Nachtrages, Punkt
5 als fest, verbinde Punkt *7* mit *5, 2, 3*, Punkt *9*
mit *7, 3, 4* und Punkt *11* mit *9, 4, 1*. Punkt *6*
kann man nun mit *5, 7, 2*, Punkt *8* mit *7, 3, 9*,
Punkt *10* mit *11, 9, 4* und Punkt *12* mit *5, 11, 1*
verbinden. Die Verbindungsstäbe der 4 letztge-
nannten Punkte können für die vorläufige Betrachtung fortgelassen werden, da das ganze Fachwerk stabil ist, wenn es ohne diese 12 Stäbe stabil
ist. Nunmehr fehlt noch ein Stab, da Punkt *5*
nur mit 2 festen Punkten durch Stäbe ver-
bunden war; es möge nun Stab *5 11* hinzugefügt werden; das Fachwerk hat
dann die vorgeschriebene Zahl von Stäben. Wird nur das Fachwerk ohne die
Knotenpunkte *6, 8, 10, 12* betrachtet, so sind 4 Knotenpunkte und 12 Stäbe
hinzugekommen. Ergiebt sich bei beliebiger Belastung für die Spannung des
Stabes *11 5* ein reeller Wert, so ist das Fachwerk statisch und geometrisch bestimmt. Um diese Untersuchung zu führen, werde der Stab *11 5* herausgenommen
und durch die darin herrschende, unbekannte Spannung X ersetzt; da aber dann
ein Stab fehlt, wird ein Ersatzstab S_g' angebracht, der, in der wagrechten Ebene
liegend, nach einem festen Punkte geführt werde. In Fig. 376 ist der feste Punkt
durch Schraffierung angedeutet. Nun wirke in Knotenpunkt *11* eine beliebige
äuſsere Kraft P in beliebiger Richtung, auſserdem X in der Richtung *11 5*; erstere
zerlegt sich in Punkt *11* nach den Richtungen der jetzt hier noch vorhandenen
Stäbe (*11 1, 11 4, 11 9*); diese Spannungen sind leicht zu ermitteln und können

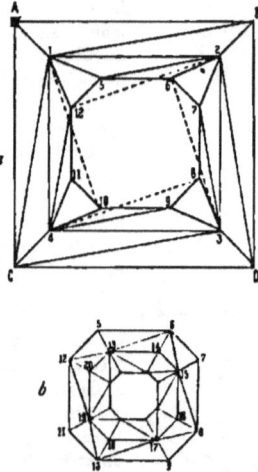

Fig. 375.

als bekannt angenommen werden. Die in *11 1* und *11 4* wirkenden Kräfte gehen nach den festen Punkten *1* und *4*; die Spannung in *11 9* zerlegt sich in Punkt *9* gleichfalls nach den Richtungen der dort zusammentreffenden 3 Stäbe, von welchen zwei nach den festen Punkten *4* und *3* gehen und diejenige in *9 7* nach Punkt *7* geht. So geht die Zerlegung weiter; die Spannung in *7 5* zerlegt sich in Punkt *5* nach den drei Stabrichtungen *5 1, 5 3* und S_e'. Alle diese Spannungen sind bestimmt und leicht zu finden. Wir bezeichnen sie mit $\mathfrak{S}$; diejenige im Ersatzstab sei $\mathfrak{S}_0$. Aufser der Kraft *P* wirken noch die beiden unbekannten Stabspannungen *X* in *11*, bezw. *5*. Die in Punkt *11* wirkende Kraft *X* erzeugt Spannungen, welche *X*-mal so grofs sind, als diejenigen, welche durch die Kraft *X* = 1 erzeugt werden würden. Wir nennen die letzteren σ und ermitteln dieselben. Die in Punkt *11*

Fig. 376.

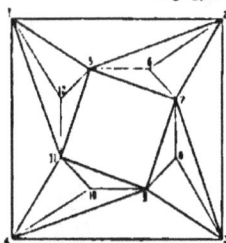

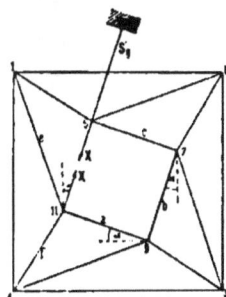

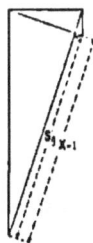

wagrecht wirkende Kraft $X = 1$ zerlegt sich in zwei wagrechte Kräfte: in die Resultierende von den Spannungen der Stäbe *e* und *f*, welche mit *e* und *f* in derselben Ebene liegt, also, da sie auch wagrecht ist, parallel zur Linie *1 4* sein mufs, und in die Spannung *a* des Stabes *a*. Man sieht leicht, dafs

$$\frac{a}{1} = \frac{\sin\alpha}{\cos\alpha} = \operatorname{tg}\alpha$$

ist; *a* ist Druck, also

$$a = -\operatorname{tg}\alpha.$$

Überlegt man in gleicher Weise, dafs *a* am Punkte *9* sich ganz ähnlich zerlegt, so erhält man (vergl. die graphische Zerlegung in Fig. 376):

$$\frac{b}{a} = \operatorname{tg}\alpha \text{ und } b = \operatorname{tg}^2\alpha.$$

b ist Zug. Weiter erhält man $c = -\operatorname{tg}^3\alpha$ und $d = -\operatorname{tg}^4\alpha$; *d* bedeutet die Spannung, welche im Ersatzstabe durch die im Punkte *11* wirkende Einzelkraft $X = 1$ er-

zeugt wird. Die im Punkte *5* wirkende Einzelkraft $X = 1$ ruft im Ersatzstabe die Zugspannung 1 hervor; beide Kräfte $X = 1$, welche in den Punkten *5* und *11* wirken, erzeugen demnach zusammen im Ersatzstabe die Summenspannung $\sigma = 1 - \operatorname{tg}^4\alpha$; die gesamte im Ersatzstabe durch beide Kräfte *X* und durch *P* erzeugte Spannung ist demnach

$$S = \mathfrak{S}_0 + (1 - \operatorname{tg}^4\alpha)\,X.$$

Da aber die Spannung im Ersatzstabe gleich Null sein mufs — derselbe ist ja nicht vorhanden —, so lautet die Bedingungsgleichung für *X*:

$$0 = \mathfrak{S}_0 + (1 - \operatorname{tg}^4\alpha)\,X \text{ oder } X = -\frac{\mathfrak{S}_0}{1 - \operatorname{tg}^4\alpha}.$$

X wird ∞, wenn $1 - \operatorname{tg}^4\alpha = 0$, d. h. wenn $\alpha = 45$ Grad ist. Auch für Winkel, deren Gröfse nahe an 45 Grad liegt, ist die Konstruktion nicht zu empfehlen. Für

Winkelwerte von α, welche von 45 Grad stark abweichen, ist die Konstruktion ausführbar. — Auf dem
Achteck $5 \cdot 6 \cdot 7 \cdot 8 \cdot 9 \, 10 \cdot 11 \cdot 22$ (Fig. 375a, bezw. 376)
kann nun der weitere Aufbau vorgenommen werden.
— Nicht brauchbar ist nach vorstehendem beispiel-
weise der Aufbau nach Fig. 377, bei welchem die Eckpunkte des oberen Quadrats den Mitten des unteren
Quadrats entsprechenden und α = 45 Grad ist.

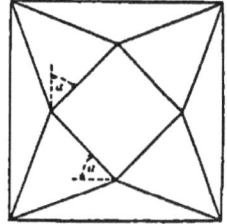

Fig. 377.

**125.
Achtseitige
Turm-
pyramide
mit vier
Gratsparren
auf
Giebelspitzen.**

Eine andere Lösung, die achtseitige Pyramide
auf nur vier Auflager zu setzen, wird unter Benutzung
von vier Giebeldreiecken im untersten Stockwerk des
Turmes erhalten; diese Turmkonstruktion ist vielfach
von *Otzen* ausgeführt. Nach den Ecken des Grundquadrats $a_1 a_2 a_3 a_4$ (Fig. 378)
gehen vier Gratsparren hinab, während die zwischen diesen liegenden Gratsparren sich auf die Spitzen
b_1, b_2, b_3, b_4 von vier Giebeldreiecken setzen, also ein
Stockwerk weniger weit hinabreichen, als die erstgenann-
ten Gratsparren. Von den
Spitzen der Giebeldreiecke
werden die Spannungen der
Gratsparren durch Stäbe in
die vier Auflagerpunkte der
anderen Sparren geführt. Die
Hauptauflager sind a_1, a_3, a_2,
a_4; die Punkte b_1, b_2, b_3, b_4
kann man als Giebelauflager
ansehen. Damit die Giebelspitzen nicht durch die wagrechten Seitenkräfte der Spar-
rendrücke aus den lotrechten
Ebenen herausgeschoben werden, sind in der Höhe derselben vier radiale Balken (b_1
b_2, b_3 b_1, b_5 b_7, b_4 b_6) angeordnet, welche im Verein mit dem
umlaufenden Ringe b_1 b_5 b_2 b_6
b_3 b_7 b_4 b_8 eine Scheibe bilden.
Es fragt sich, ob dieser Unter-
bau der achtseitigen Turmpyramide geometrisch bestimmt
ist. Ergiebt sich die geometrische Bestimmtheit des Unterbaues, so kann man auf
demselben weiter in der oben
angegebenen Weise aufbauen,
indem man stets einen neuen
Knotenpunkt durch drei neue

Fig. 378.

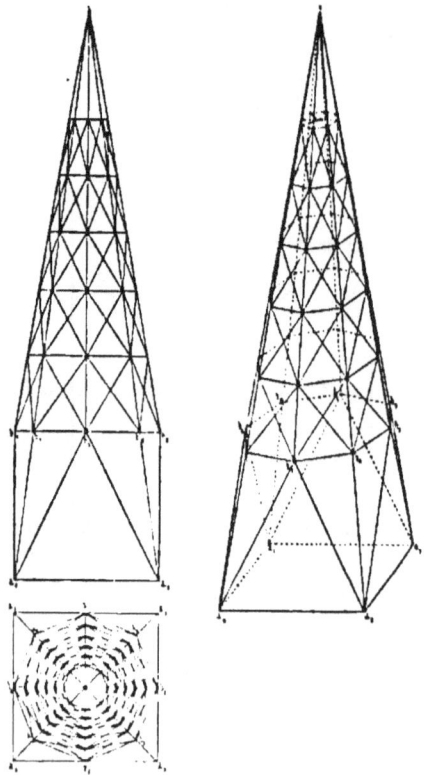

Stäbe an drei vorhandene Knotenpunkte anschliefst, welche mit dem neuen nicht in derselben Ebene liegen.

Im untersten Stockwerk sind vier Punktauflager vorhanden, nämlich a_1, a_2 a_3, a_4, also $n = 3 \cdot 4 = 12$ Auflagerunbekannte. Knotenpunkte sind in der Auflagerebene 4, in der durch die Giebelspitzen gelegten Ebene 8, also zusammen $k = 12$ vorhanden. Die Zahl der Stäbe muſs demnach $s = 3 k - n$ und $s = 3 \cdot 12 - 12 = 24$ sein. Vorhanden sind: 8 Stäbe der Giebeldreiecke, 8 Stäbe des Ringes $b_1 \ldots b_8$, 4 Gratsparren und 4 in der Ebene der Giebelspitzen angeordnete einander kreuzende Balken; die Zahl der Stäbe stimmt also. Es ist zu untersuchen, ob die Anordnung derselben das Fachwerk geometrisch und statisch bestimmt macht. Wir bauen das Fachwerk wieder von unten auf (Fig. 379). a_1, a_2, a_3, a_4 sind die 4 festen Punkte, von denen ausgegangen wird; Punkt b_1 wird mit a_1 und a_2 verbunden; zunächst fehlt noch ein Stab, was im Gedächtnis behalten wird; Punkt b_2 wird mit a_2, a_3, b_1, Punkt b_3 mit a_3, a_4, b_2 und Punkt b_4 mit a_4, a_1, b_3 verbunden. Nun fehlt noch ein Stab, da b_4 nur mit

Fig. 379.

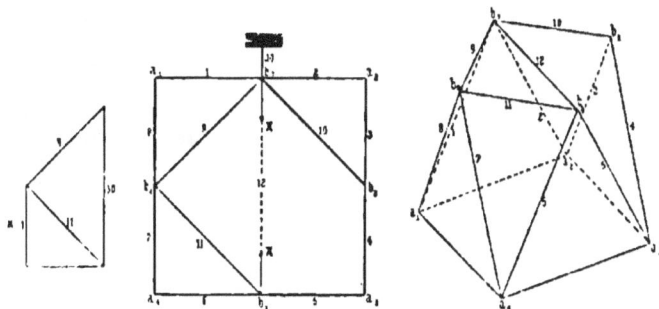

zwei festen Punkten verbunden war. Fügt man den Stab b_1 b_3 ein, so entspricht die Gesamtzahl der Stäbe für das so konstruierte Fachwerk der statischen und geometrischen Bestimmtheit; ob auch die Anordnung richtig ist, wird mittels des oben vorgeführten Verfahrens des Ersatzstabes untersucht. An Stelle des Stabes b_1 b_3 wird ein Ersatzstab 30 (Fig. 379) eingeführt, welcher das Fachwerk unzweifelhaft geometrisch und statisch bestimmt macht. Soll dieser Stab durch Stab 12 überflüssig werden, so muſs seine Spannung bei beliebiger Belastung des Fachwerkes gleich Null sein, ohne daſs im Stabe 12 eine unendlich grofse Spannung entsteht. Bezeichnet man die Spannung des Stabes 12 für beliebige Belastung des Fachwerkes mit X, so erzeugen die beiden Kräfte X, welche von Stab 12 in den Punkten b_1, bezw. b_3 auf das Fachwerk ausgeübt werden, in Stab 30 die Spannung $X \mathfrak{S}_{30}'$, in welchem Ausdruck $\mathfrak{S}_{30}'$ die Spannung ist, welche durch $X = 1$ im Stabe 30 erzeugt wird. Nennt man ferner die Spannung, welche durch irgend eine beliebige Belastung des Fachwerkes ohne den Stab 12, aber mit Stab 30 in diesem letzteren Stabe hervorgerufen wird, $\mathfrak{S}_{0\,30}$, so ist die gesamte bei dieser Belastung im Stabe 30 auftretende Spannung

$$S_{30} = \mathfrak{S}_{0\,30} + \mathfrak{S}_{30}' \, X.$$

$X = 1$ zerlegt sich im Punkte b_3 in eine Seitenkraft parallel zu $a_1 a_3$ und eine in die Stabrichtung 11 fallende Kraft; es ist

$$\mathfrak{S}_{11}{}' = -\frac{1}{\cos x}.$$

x ist der Winkel des Stabes 11 mit $b_1\, b_3$, hier $= 45$ Grad. $\mathfrak{S}_{11}{}'$ zerlegt sich in b_1 weiter nach der Richtung des Stabes 9 und nach der Parallelen zu $a_1\, a_1$; $\mathfrak{S}_9{}'$ im Punkte b_1 nach der Richtung parallel zu $a_1\, a_3$ und der Richtung von Stab 30. Die Spannung $\mathfrak{S}_{10}{}'$ ist Null, weil in b_3 keine Kraft von Stab 10 übertragen werden kann. Durch $X = 1$ im Punkt b_3 und $X = 1$ im Punkt b_1 wird demnach (vergl. die graphische Zerlegung in Fig. 379)

$$\mathfrak{S}_{30}{}' = 1 + 1 = 2$$

erzeugt; demnach ist

$$S_{30} = \mathfrak{S}_{0\,30} + 2\, X.$$

Der Ersatzstab 30 ist überflüssig, d. h. die Konstruktion ohne ihn ausreichend, wenn für beliebige Belastung die Spannung S_{30} gleich Null ist, dabei aber X einen reellen Wert hat. Für $S_{30} = 0$ wird

$$X = -\frac{\mathfrak{S}_{0\,30}}{2},$$

d. h. reell. Das Fachwerk ist also brauchbar.

Wollte man statt des Stabes $b_1\, b_3$ den vierten Stab des Viereckes in der oberen wagrechten Ebene, d. h. den Stab $b_3\, b_4$ einreihen, so erhielte man ein labiles Fachwerk. Man findet auf die gleiche Weise, wie eben gezeigt wurde, dafs dann $X = \infty$ wird, d. h. dafs dieses Fachwerk unbrauchbar wäre.

Dieses Ergebnis ist schon oben in Art. 124 (S. 160) gefunden; denn Fig. 377 enthält diesen Fall als Sonderfall; man braucht nur die in den vier Hauptseiten liegenden Dreiecke in lotrechte Ebenen zu legen, so erhält man diesen Sonderfall.

Nachdem nunmehr das Fachwerk in Fig. 379 als stabil erwiesen ist, kann man den Punkt

b_5 mittels der Stäbe $13,\ 14,\ 15,$
b_6 » » » $16,\ 17,\ 18,$
b_7 » » » $19,\ 20,\ 21,$
b_8 » » » $22,\ 23,\ 24$

festlegen (Fig. 380). Man sieht, dafs dieses Fachwerk statisch und geometrisch be-stimmt ist. Fügt man Stab $b_2\, b_3$ ein, so wird das Fachwerk statisch unbestimmt, aber nicht labil. Bei eisernen Türmen kann man diesen Stab an einer Seite mit länglichen Schraubenlöchern befestigen, so dafs er für die Berechnung als nicht vorhanden angesehen werden kann. Nun kann man weiter in bekannter Weise aufbauen. In Fig. 378 (S. 160) ist dieser Aufbau gezeichnet, dabei aber jedes Seiten-feld mit zwei gekreuzten Diagonalen versehen, welche als Gegendiagonalen wirken. Die Konstruk-tion ist, abgesehen von der Spitze, statisch bestimmt. In der isometrischen Ansicht von Fig. 378 sind der gröfseren Deutlichkeit wegen die Stäbe $9,\ 10,\ 11,\ 12$ weggelassen.

Fig. 380.

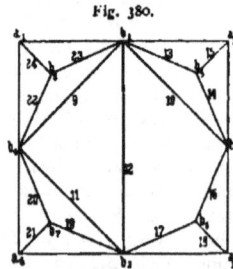

Nachdem die Stabilität von Fig. 380 nachgewiesen ist, bleibt zu unter-suchen, ob das Fachwerk stabil bleibt, wenn Stab 11 durch $b_5\, b_7$, d. h. durch 31,

Stab *9* durch b_6 b_8, d. h. durch *32*, Stab *10* durch b_2 b_4, d. h. durch *33*, und Stab *30* durch b_1 b_3, d. h. durch *12* ersetzt werden (Fig. 381).

Der Gang der Untersuchung ist folgender. Jeder neu einzuführende Stab überträgt in seinen Anschlußknotenpunkten noch unbekannte Kräfte X auf dieselben und erzeugt in den zu ersetzenden Stäben Spannungen, welche den Kräften X proportional sind. In den Stäben *31, 32, 33, 12* (Fig. 381) mögen die Spannungen X_1, X_2, X_3, X_4 wirken, welche in dem zu ersetzenden Stabe *11* die Spannungen

$$S_{11}{}'X_1, \quad S_{11}{}''X_2, \quad S_{11}{}'''X_3, \quad S_{11}{}''''X_4$$

und im Stabe *9* die Spannungen

$$S_9{}'X_1, \quad S_9{}''X_2, \quad S_9{}'''X_3, \quad S_9{}''''X_4 \quad \text{u. s. w.}$$

erzeugen mögen. Die sonst noch vorhandenen äußeren Lasten rufen in den Stäben die Spannungen $\mathfrak{S}$ hervor, d. h. in den Stäben *9, 10, 11, 30* die Spannungen $\mathfrak{S}_9$, $\mathfrak{S}_{10}$, $\mathfrak{S}_{11}$, $\mathfrak{S}_{30}$. Die Spannungen $\mathfrak{S}$ würden allein vorhanden sein, wenn die Stäbe *31, 32, 33, 12* nicht und nur die zu ersetzenden Stäbe *9, 10, 11, 30* vorhanden wären. Offenbar sind die S die durch $X_1 = 1$ erzeugten Spannungen, S', bezw. S'', S''' die durch $X_2 = 1$, bezw. $X_3 = 1$, $X_4 = 1$ erzeugten Spannungen. Die gesamten in den zu ersetzenden Stäben *9, 10, 11, 30* auftretenden Spannungen sind nunmehr

Fig. 381.

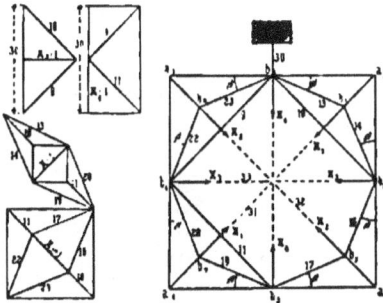

$$S_{30} = \mathfrak{S}_{30} + S_{30}{}'X_1 + S_{30}{}''X_2 + S_{30}{}'''X_3 + S_{30}{}''''X_4,$$
$$S_9 = \mathfrak{S}_9 + S_9{}'X_1 + S_9{}''X_2 + S_9{}'''X_3 + S_9{}''''X_4,$$
$$S_{10} = \mathfrak{S}_{10} + S_{10}{}'X_1 + S_{10}{}''X_2 + S_{10}{}'''X_3 + S_{10}{}''''X_4,$$
$$S_{11} = \mathfrak{S}_{11} + S_{11}{}'X_1 + S_{11}{}''X_2 + S_{11}{}'''X_3 + S_{11}{}''''X_4.$$

Sollen die Stäbe *9, 10, 11, 30* ersetzbar sein, so müssen die Spannungen dieser Stäbe den Wert Null haben, ohne daß dadurch diejenigen in den ersetzenden Stäben X_1, X_2, X_3, X_4 unendlich groß werden. Die Bedingungsgleichungen für die Werte von X_1, X_2, X_3, X_4 sind demnach:

$$S_{30} = S_9 = S_{10} = S_{11} = \text{Null},$$

d. h.

$$X_1 S_{30}{}' + X_2 S_{30}{}'' + X_3 S_{30}{}''' + X_4 S_{30}{}'''' = - \mathfrak{S}_{30},$$
$$X_1 S_9{}' + X_2 S_9{}'' + X_3 S_9{}''' + X_4 S_9{}'''' = - \mathfrak{S}_9,$$
$$X_1 S_{10}{}' + X_2 S_{10}{}'' + X_3 S_{10}{}''' + X_4 S_{10}{}'''' = - \mathfrak{S}_{10},$$
$$X_1 S_{11}{}' + X_2 S_{11}{}'' + X_3 S_{11}{}''' + X_4 S_{11}{}'''' = - \mathfrak{S}_{11}.$$

Sollen X_1, X_2, X_3, X_4 reell sein, so darf die Nennerdeterminante vorstehender Gleichungen nicht gleich Null sein; wenn dies stattfindet, so ist das Fachwerk labil. Wendet man diese Überlegung auf das zu betrachtende Turmfachwerk an, und bringt in den betreffenden Knotenpunkten die Kräfte X_1, X_2, X_3, X_4 als äußere Kräfte an, so erhält man durch Zerlegung die in nachstehender Tabelle zusammengestellten Werte der Stabspannungen S', S'', S''', S'''', welche bezw. durch die Kräfte $X_1 = 1$, $X_2 = 1$, $X_3 = 1$, $X_4 = 1$ erzeugt werden.

11*

Tabelle der Spannungen, welche in den Fachwerkstäben erzeugt
werden durch:

in Stab _14_	_14_	_16_	_17_	_19_	_20_
$X_1 = 1$	$\frac{1}{\sqrt{2}\,(\cos\beta - \sin\beta)}$	$-\frac{1}{\sqrt{2}\,(\cos\beta - \sin\beta)}$	0	0	$\frac{1}{\sqrt{2}\,(\cos\beta - \sin\beta)}$	$-\frac{1}{\sqrt{2}\,(\cos\beta - \sin\beta)}$
$X_2 = 1$	0	0	$\frac{1}{\sqrt{2}\,(\cos\beta - \sin\beta)}$	$\frac{1}{\sqrt{2}\,(\cos\beta - \sin\beta)}$	0	0
$X_3 = 1$	0	0	0	0	0	0
$X_4 = 1$	0	0	0	0	0	0

	Stab _22_	_23_	_9_	_10_	_11_	_30_
$X_1 = 1$	0	0	$\frac{\sin\beta}{\cos\beta - \sin\beta}$	$+\frac{\sin\beta}{\cos\beta - \sin\beta}$	$+\frac{\sin\beta}{\cos\beta - \sin\beta}$	0
$X_2 = 1$	$\frac{1}{\sqrt{2}\,(\cos\beta - \sin\beta)}$	$-\frac{1}{\sqrt{2}\,(\cos\beta - \sin\beta)}$	0	$+\frac{\sin\beta}{\cos\beta - \sin\beta}$	$+\frac{\sin\beta}{\cos\beta - \sin\beta}$	0
$X_3 = 1$	0	0	$-\sqrt{2}$	$-\sqrt{2}$	0	-2
$X_4 = 1$	0	0	$+\sqrt{2}$	0	$\sqrt{2}$	$+2$

Die Bedingungsgleichungen lauten also, wenn man abkürzungsweise

setzt:

$$\frac{\sin\beta}{\cos\beta - \sin\beta} = a \text{ und } \sqrt{2} = b$$

$$0\,X_1 + 0\,X_2 - b^2\,X_3 + b^2\,X_4 = -\mathfrak{S}_{30},$$
$$-a\,X_1 + 0\,X_2 - b\,X_3 + b\,X_4 = -\mathfrak{S}_9,$$
$$a\,X_1 + a\,X_2 - b\,X_3 + 0\,X_4 = -\mathfrak{S}_{10},$$
$$a\,X_1 + a\,X_2 + 0\,X_3 - b\,X_4 = -\mathfrak{S}_{11}.$$

Die Nennerdeterminante ist, wie man leicht sieht, gleich Null, also das Fachwerk labil.

Wenn aber der Stab _11_ im Fachwerk belassen und davon abgesehen wird, Stab _11_ durch Stab _37_ zu ersetzen, so erhält man ein stabiles Fachwerk. Alsdann lauten die Gleichungen, da nunmehr X_2 gleich Null ist:

$$X_1\,S_{30}' + X_3\,S_{30}'' + X_4\,S_{30}''' = -\mathfrak{S}_{30},$$
$$X_1\,S_9' + X_3\,S_9'' + X_4\,S_9''' = -\mathfrak{S}_9,$$
$$X_1\,S_{10}' + X_3\,S_{10}'' + X_4\,S_{10}''' = -\mathfrak{S}_{10},$$

Mit den Werten obiger Tabelle heissen diese Gleichungen:

$$0\,X_1 + 0\,X_3 + b^2\,X_4 = -\mathfrak{S}_{30},$$
$$-a\,X_1 + 0\,X_3 + b\,X_4 = -\mathfrak{S}_9,$$
$$a\,X_1 + a\,X_3 + 0\,X_4 = -\mathfrak{S}_{10}.$$

Die Nennerdeterminante dieser Gleichungen hat den Wert:

$$\begin{Bmatrix} 0 & 0 & b^2 \\ -a & 0 & b \\ a & a & 0 \end{Bmatrix} = -b^2 a^2 = -2\,\frac{\sin^2\beta}{(\cos\beta - \sin\beta)^2}.$$

Das in Fig. 382 dargestellte Fachwerk ist also stabil, falls nicht β gleich Null ist. Dieser Wert ist ausgeschlossen, ebenso der Wert $\beta = 45$ Grad, für den $a = \infty$ würde; aber auch Winkelwerte von β, welche sich dem Nullwerte nähern, sollten vermieden werden.

Die meist übliche Anordnung mit vier in der Ebene $b_1\ b_2\ b_3\ b_4$ einander kreuzenden Stäben ist dagegen nach vorstehender Entwickelung nicht stabil; wenn

Fig. 382.

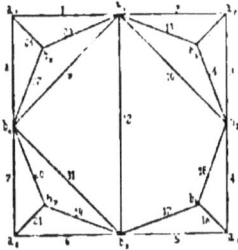

Fig. 383.

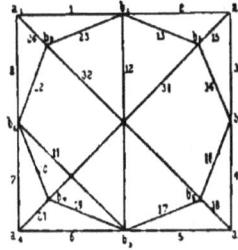

dieselbe trotzdem in der Praxis zu Aussetzungen bislang unseres Wissens keine Veranlassung gegeben hat, so liegt dies darin, daſs die Verbindungen nicht gelenkig sind und an den Knotenpunkten Momente übertragen werden können. So wenig man aber die Hängewerke mit für die statische Bestimmtheit fehlenden Stäben als eine in jeder Beziehung befriedigende Stabanordnung erklären kann, ebensowenig ist dies mit der hier angegebenen Konstruktion der Fall. Vielleicht empfiehlt sich am meisten das in Fig. 382 dargestellte Fachwerk. Eventuell ziehe man auch den Stab $b_2\,b_3$ ein, der das Fachwerk statisch unbestimmt, aber nicht labil macht.

Auf das Achteck $b_1\,b_5\,b_4\,b_6\,b_3\,b_7\,b_2\,b_8$ kann man nun die weitere Turm-

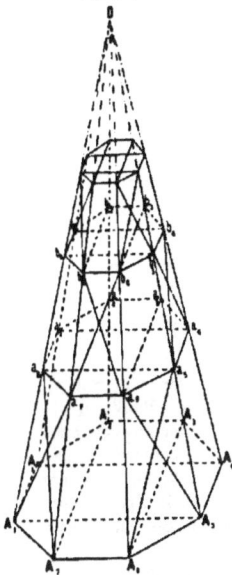

Fig. 384.

konstruktion aufbauen, wie in Art. 124 (Fig. 375 b) angegeben ist, indem man nach und nach stets einen Knotenpunkt und drei Stäbe hinzufügt. Besonders werde bemerkt, daſs in den wagrechten Trennungs-ebenen der oberen Geschosse nunmehr nur noch die achteckigen Ringe angeordnet zu werden brauchen. Das Raumfachwerk ist mit diesen stabil.

b) Achtseitige Turmpyramide mit acht Lagerpunkten. Hier ist zunächst die *Möller*'sche Turmpyramide (Fig. 384) zu betrachten. Alle acht Gratsparren sind bis zur gemeinsamen Auflager-ebene hinabgeführt; zwischen je zwei Stockwerken sind herumlaufende Ringe angeordnet und in jedem Stockwerk vier Seitenfelder mit gekreuzten Stäben derart versehen, daſs stets nur ein Feld um das andere ein solches Andreaskreuz hat; diese ver-kreuzten Felder wechseln in den verschiedenen Stockwerken. Auſserdem sind in den vier geneigten Ebenen $A_1\,A_4\,O$, $A_4\,A_3\,O$, $A_1\,A_7\,O$ und $A_3\,A_6\,O$ quer durchlaufende Balken, d. h. für das Stabsystem Stäbe $a_1\,a_4$, $a_4\,a_3$, $a_2\,a_7$, $a_3\,a_6$, bezw. $b_1\,b_4$, $b_4\,b_3$, $b_2\,b_7$, $b_4\,b_6$ vor-handen. In Fig. 384 bezeichnet O die Spitze der Turmpyramide. Demnach ergiebt sich zwischen je zwei Stockwerken eine Figur, wie in Fig. 385 b dar-gestellt ist. Nunmehr soll untersucht werden, ob dieses Fachwerk statisch und geometrisch bestimmt

126.
Möller'sche Turm-pyramide.

ist, wobei zunächst, wie bisher stets, von der Spitze abgesehen werden soll, welche das Ganze statisch unbestimmt macht; ferner soll vor der Hand nur der Unterteil geprüft werden (Fig. 385*a*).

Die Scheibe $a_1 a_2 \ldots a_7 a_8$ ist ein ebenes, aber nicht steifes Fachwerk; rechnet man die Schnittpunkte der Balken nicht als Knotenpunkte, so hat sie 8 Knotenpunkte und nur 12 Stäbe, während die statische Bestimmtheit 13 Stäbe verlangt. Rechnet man aber die Schnittpunkte der Balken als Knoten, so ist die Zahl der Knotenpunkte gleich 12 und die Zahl der Stäbe gleich 20; sonach fehlt für statische und geometrische Bestimmtheit wiederum ein Stab. Von den Auflagern werden vier als feste (als Punkt-

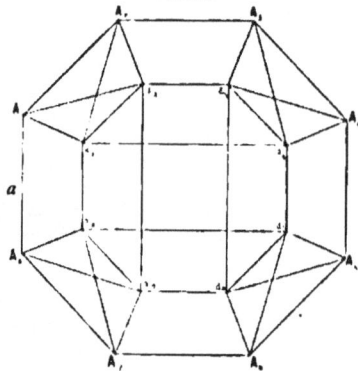

Fig. 385.

auflager) und vier als Ebenenauflager angenommen; immer wechseln ein Punkt- und ein Ebenenauflager ab. Die vier Querbalken in der Auflagerebene sind dann, wenn ein Ring in derselben angeordnet wird, für die geometrische Bestimmtheit überflüssig und sollen als nicht vorhanden angesehen werden. Die Anzahl der Knotenpunkte des untersten Stockwerkes ist $k = 16$, die Zahl der Auflagerunbekannten $n = 4 \cdot 3 + 4 = 16$ und diejenige der Stäbe $s = 36$; für geometrische und statische Bestimmtheit müßte $s^1 = 3k - n = 32$ sein; das betrachtete Raumfachwerk ist also vierfach statisch unbestimmt. Ordnet man aber statt der gekreuzten Stäbe in den vier Seitenfeldern einfache Stäbe an, so ist die erste Bedingung der statischen Bestimmtheit erfüllt.

Dieses Fachwerk soll untersucht werden; es genügt, ein Stockwerk, etwa das unterste, zu betrachten. Baut man dasselbe (Fig. 386) auf den acht Auflagern $A_1 \ldots A_8$ so auf, daß man jeden hinzukommenden Punkt mit drei bereits festen Punkten verbindet, so muß man wieder einige Ersatzstäbe — hier sind die Stäbe 25 und 26 gewählt — zu Hilfe nehmen. Verbunden sind: Punkt a_1 mit

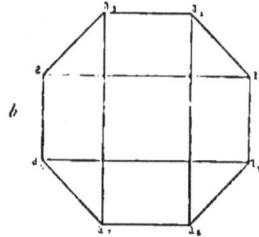

A_1, A_2, C, Punkt a_2 mit A_3, A_4, a_1, Punkt a_5 mit A_5, A_6, a_1, Punkt a_4 mit A_7, A_8, a_5; ferner Punkt a_3 mit A_2, a_1, D, Punkt a_5 mit A_7, a_4, a_2, Punkt a_8 mit A_6, a_3, a_7, Punkt a_6 mit A_3, a_1, a_6. In Wirklichkeit sind an Stelle der angegebenen Ersatzstäbe 25 und 26, welche das Fachwerk unzweifelhaft geometrisch und statisch bestimmt machen, die Stäbe $a_1 a_6$ und $a_3 a_8$ vorhanden. Nennt man ihre Spannungen bei beliebiger Belastung bezw. X_1 und X_2, so sind die Spannungen in den einzelnen Stäben, nach Früherem und mit den früheren Bezeichnungen,

$$S = \mathfrak{S} + S' X_1 + S'' X_2.$$

S' ist die in einem Stabe durch $X_1 = 1$, S'' die in einem Stabe durch $X_2 = 1$

erzeugte Spannung. In den Ersatzstäben müssen für beliebige Belastung die Spannungen $S = 0$ werden, wenn dieselben überflüssig sein sollen; die X_1 und X_2 dürfen dabei aber nicht unendlich grofs werden. Mithin ist die Bedingung für die Standfähigkeit des Fachwerkes: die Nennerdeterminante der Gleichungen

$$
\left.\begin{array}{l}
S_{25}' X_1 + S_{23}'' X_2 = -\mathfrak{S}_{25}\cdot \\
S_{26}' X_1 + S_{26}'' X_2 = -\mathfrak{S}_{26}
\end{array}\right\} \quad \ldots \ldots \ldots \ldots \text{ 10.}
$$

mufs von Null verschieden sein, d. h.

$$
\left\{\begin{array}{l}
S_{25}' . S_{23}'' \\
S_{26}' . S_{26}''
\end{array}\right\} \gtrless 0.
$$

Die Werte S' und S'' ergeben sich leicht aus den Kräfteplänen in Fig. 386. Man erhält:

$$
S_{23}' = -1, \quad S_{16}' = +1, \quad S_{21}' = -1,
$$
$$
S_{25}' = 0, \quad S_{26}' = 0,
$$
$$
S_{24}'' = -1, \quad S_{18}'' = +1, \quad S_{22}'' = 0,
$$
$$
S_{23}'' = -1, \quad S_{26}'' = 0, \quad S_{18}'' = 0 = S_{25}'',
$$
$$
\mathfrak{S}_{25}'' = 0.
$$

Fig. 386.

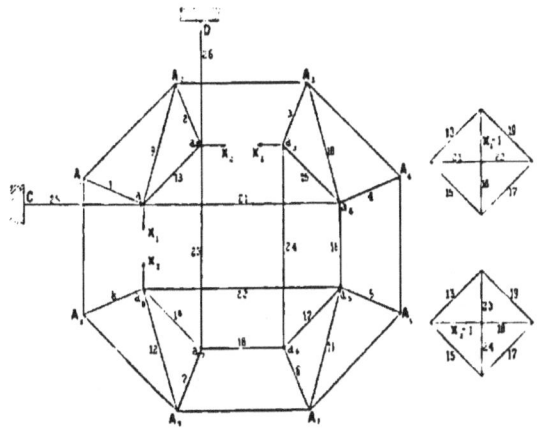

Da $S_{25}' = S_{26}' = S_{23}'' = S_{26}'' = 0$ sind, so ist die Nennerdeterminante gleich Null. Aber auch die Zählerdeterminante in den Ausdrücken für X_1 und X_2 der Gleichungen 10 wird gleich Null; mithin erhält man sowohl für X_1, wie für X_2 zunächst den Wert $\frac{0}{0}$, also einen unbestimmten Wert, der auch endlich sein kann. Dividiert man aber beide Gleichungen 10 durch $S_{25}' = S_{23}'' = S_{26}' = S_{26}''$, so sieht man, dafs sich $X_1 = X_2 = \infty$ ergiebt. Sonach dürfen die Ersatzstäbe nicht fehlen; das Fachwerk ist ohne dieselben labil.

Es könnte die Frage aufgeworfen werden, ob nicht durch Einziehen einer Gegendiagonale in eines der bereits mit Diagonalen versehenen Felder die Stabilität hergestellt würde. Versieht man etwa Feld $A_1 A_4 a_4 a_1$ mit einer zweiten

Diagonale, so wird zunächst die Gesamtzahl der Stäbe um einen Stab gröfser, als mit der statischen Bestimmtheit vereinbar ist; aber stabil wird das Fachwerk dadurch nicht. Denn in der Ebene dieses Feldes liegen die Punkte desselben schon, falls nur eine Diagonale vorhanden ist, fest, werden also durch die zweite Diagonale nur überbestimmt; das Verhältnis dieser Scheibe gegen das übrige Fachwerk aber, also für etwaige Drehungen derselben um die Achse $A_1 A_2$, bleibt vollständig unverändert. War sonach das frühere Fachwerk labil, so ist es auch das Fachwerk nach Einziehen der Gegendiagonale. Das Gleiche gilt von den anderen drei Gegendiagonalen, welche möglich und üblich sind. Das Fachwerk ist also auch mit den Gegendiagonalen eine labile Konstruktion.

Fig. 387.

Ob man unter diesen Verhältnissen weiterhin empfehlen kann, Turmdächer nach *Moller*'scher Konstruktion auszuführen, ist fraglich. Dieselben haben sich allerdings bisher gut gehalten; aber eine als nicht stabil erkannte Konstruktion, die überdies nicht berechnet werden kann, ist beim heutigen Stande der Konstruktionskunst nicht voll berechtigt.

Für Ausführung in Eisenkonstruktion ist die *Moller*'sche Turmpyramide nicht geeignet.

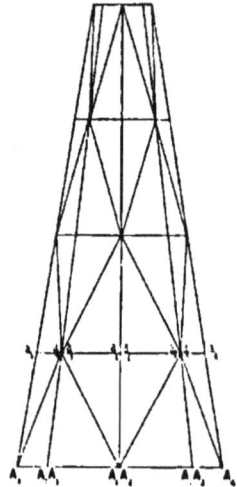

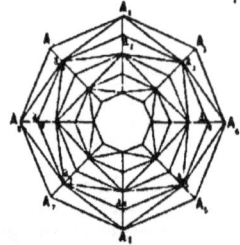

c) **Turmflechtwerk mit bis zur Auflagerebene geführten Graten.** Eine ganz klare Konstruktion, bei welcher ebenfalls die Grate bis zu den Auflagern hinabgeführt sind, wird erhalten, wenn man abwechselnd ein Auflager als Punktlager und eines als Ebenenlager konstruiert und nunmehr stets einen neuen Knotenpunkt mit drei neuen Stäben an vorhandene Knotenpunkte anfügt. Eine solche Anordnung ist in Fig. 387 angegeben. Punktlager sind A_1, A_3, A_5. A_7; Ebenenlager sind A_2, A_4, A_6, A_8. Die letzteren sind durch die Stäbe des Fufsringes mit den ersteren zu verbinden. Man verbinde Punkt a_1 mit A_1, A_2, A_8, Punkt a_3 mit A_2, A_3, A_4, Punkt a_5 mit A_4, A_5, A_6, Punkt a_7 mit A_6, A_7, A_8; alsdann sind a_1, a_3, a_5, a_7 als feste Punkte anzusehen. Nun verbinde man Punkt a_2 mit A_1, a_1, a_3, Punkt a_4 mit A_4, a_3, a_5, Punkt a_6 mit A_6, a_5, a_7, Punkt a_8 mit A_8, a_7, a_1. In solcher Weise kann man weiter bauen und erhält, abgesehen von der Spitze, ein statisch bestimmtes Raumfachwerk. Dasselbe kann in Holz (zweckmäfsig mit eisernen Diagonalen in den Seitenflächen) ohne Schwierigkeit hergestellt werden.

2) Konstruktion der hölzernen Turmhelme.

Für die Konstruktion der hölzernen Türme hat *Moller*[130]) vor mehr als einem halben Jahrhundert Grundsätze aufgestellt, welche zum grofsen Teile auch

---

[130]) A. a. O., Heft 4.

127.
Turm-
flechtwerk
mit bis zur
Auflagerebene
geführten
Graten.

128.
Grundsätze.

heute noch als gültig aufgeführt werden können, auch in vielen Hinsichten mit denjenigen übereinstimmen, welche sich als Folgerung der vorstehenden theoretischen Untersuchungen ergeben haben.

Moller schreibt u. a. vor: »Das Innere des Turmes werde möglichst leicht konstruiert; man verstärke dagegen die äußeren Dachwände; die langen und schweren sogenannten Helmstangen sind fortzulassen und auf eine kurze Hängesäule zum Tragen des Knopfes und zum Ansetzen der Sparren zu beschränken; die Eckpfosten oder Ecksparren (von uns als Gratsparren bezeichnet) dürfen nicht durch horizontale Hölzer unterbrochen, sondern sie müssen, wenn sie zu kurz sind, unmittelbar verlängert werden, so daß Hirnholz auf Hirnholz zu stehen kommt; die äußeren Dachwände sind so zu verbinden, daß sie keinen Seitendruck ausüben, sondern nur senkrecht auf die Mauer wirken können; dieselben sind durch horizontale Verbindungen (Kränze) in gewissen, nicht zu großen Entfernungen so abzuschließen, daß dadurch die Turmpyramide in mehrere kleine, abgestumpfte Pyramiden zerlegt wird.«

Man sieht, *Moller* verlangt das vorstehend entwickelte Fachwerk, bei dem die Gratsparren durchgehen, in den Höhen der einzelnen Balkenlagen umlaufende Ringe und in den trapezförmigen Seitenflächen Diagonalen angeordnet sind. Die letzteren führt er nicht besonders an, hat sie aber in dem nach ihm benannten Turmdach nahe den Seitenflächen angewendet. Die Kränze dienen als Pfetten, als Auflager für die Zwischensparren; der Turm ist im Inneren möglichst frei von Konstruktionsteilen zu halten. Wenn *Moller* fordert, daß die Dachkonstruktion nur lotrechten Druck auf die Mauer übertragen könne, so ist dies für lotrechte Belastungen möglich; bei den schiefen Belastungen durch Wind kann ein schiefer Druck auf die Mauer nicht vermieden werden.

Weiter fordert *Moller* von der Konstruktion für die Dauerhaftigkeit u. a.: »Alle Zapfenlöcher, in welchen sich Wasser sammeln könnte, sind zu vermeiden; wo dieses nicht möglich ist, müssen sie unten geschlitzt werden, damit das Wasser ablaufen kann. Der Luftzug ist zu befördern.«

Für die Ausbesserungen fordert er: »Alle Hölzer sind so zu verbinden, daß die schadhaften leicht weggenommen werden können; mithin sollen die Gebälke, Sparrenbalken u. s. w. nicht unter die Hauptpfosten oder Ecksparren gelegt werden, sondern neben dieselben. Bei größeren Türmen ist jedesmal außer den Ecksparren noch eine von denselben unabhängige Unterstützung anzubringen, so daß durch dieselbe, sowohl beim Aufschlagen, als bei Reparaturen, die Festigkeit des Ganzen gesichert wird und sie zugleich als Gerüst dienen kann. Die Kränze sind so einzurichten, daß dieselben als Gänge für die Bauarbeiter dienen können. In jedem Stockwerk ist wenigstens ein eisernes Fenster anzubringen, um jeden Schaden des Dachwerks leicht erkennen zu können.«

Die hauptsächlich tragenden Konstruktionsteile sind die Gratsparren; diese dürfen nicht durch wagrechte Hölzer unterbrochen, müssen vielmehr Hirnholz auf Hirnholz gestoßen werden, wobei auch Eisen zu Hilfe genommen werden kann (Fig. 399). Bei der Verbindung der Kränze oder Ringe, welche gleichzeitig als Pfetten dienen, mit den Gratsparren sind die letzteren möglichst wenig zu verschwächen; die Ringe sind etwa 2,5^{cm} bis 3,0^{cm} in die Gratsparren einzulassen und mit ihnen zu verbolzen; auch hier können eiserne Laschen zur Verbindung verwendet werden. An der Spitze treffen die Gratsparren einander auf der Helmstange, welche nur ein bis zwei Geschoßhöhen hinabzureichen braucht; an dieser schwierigen Stelle wendet man heute mit Vorteil Eisen an (siehe Fig. 402 und die Tafel bei S. 181. Die zwischen den einzelnen Geschossen erforderlichen Balken lagert man zweckmäfsig auf den Pfetten; womöglich befestigt man sie auch seitlich an den Gratsparren. Dadurch ist das Aufschlagen und Auswechseln schadhafter Balken und Pfetten leicht möglich. Die Dachbalkenlage kann mit Stichbalken für jeden Sparren hergestellt werden; gewöhnlich ruht sie auf zwei umlaufenden, auf dem Turmmauerwerk verlegten Mauerlatten. Eine solche Balkenlage zeigt Fig. 389. Man kann aber auch die Zwischensparren auf eine Art von Fufspfetten setzen, welche herumlaufend einen untersten Ring bilden; als Verbindung der Auflager wird besser ein umlaufender eiserner Ring angeordnet.

Nachstehend sind zu behandeln:

α) das vierseitige Turmdach;
β) das achtseitige Turmdach;
γ) das Rhombenhaubendach;
δ) das runde Turmdach oder das Kegeldach.

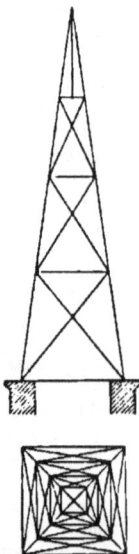

Fig. 388.

180. Vierseitiges Turmdach.

α) Vierseitiges Turmdach. Vier durchgehende, bezw. Hirn- auf Hirnholz gestofsene Ecksäulen unter den Kanten der Pyramide (die Gratsparren) bilden die Hauptkonstruktionsteile; dazwischen gesetzte Holme teilen die ganze Höhe in eine Anzahl Stockwerke von etwa 3,00 bis 5,00 m Höhe. Die Holme nehmen die Sparren auf. Die in den geneigten Seitenflächen liegenden trapezförmigen Felder werden mit Diagonalen verstrebt, welche als gekreuzte Holzstäbe (Andreaskreuze) oder als gekreuzte Eisenstäbe (Gegendiagonalen) konstruiert werden können. Alle tragenden Konstruktionsteile liegen hier in den Seitenflächen der Pyramide. Nach Früherem (siehe Art. 122, S. 154) ist die Konstruktion wegen der Spitze statisch unbestimmt, aber nicht labil. Eine schematische Darstellung giebt Fig. 388. Wegen der Einzelheiten, insbesondere der Verbindungen der Hölzer in den Knotenpunkten und an der Spitze, wird auf die weiterhin (Fig. 401 bis 404) folgenden Abbildungen und Erläuterungen verwiesen. Die Helmstange braucht nur ein bis zwei Stockwerke hinabzureichen.

181. Moller'sches Turmdach.

β) Achtseitiges Turmdach. Bei diesem kommen folgende Konstruktionen in Frage: das *Moller*'sche Turmdach, das Turmdach mit durchgehendem Kaiserstiel, dasjenige des Mittelalters, endlich das neuere *Otzen*'sche Turmdach.

ℵ) *Moller*'sche Turmdächer. Diese sind, als Raumfachwerk betrachtet, in Art. 126 (S. 165) bereits behandelt. Es wurde gezeigt, dafs das Fachwerk streng genommen nicht allen Ansprüchen an die Stabilität genügt; dennoch haben sich diese Dächer gut gehalten; sie bedeuten gegenüber den jenerzeit üblichen Konstruktionen einen ganz bedeutenden Fortschritt und sind ein Beweis vom hervorragenden Konstruktionstalent *Moller*'s. Sie sind nach den oben angeführten Grundsätzen folgendermafsen hergestellt.

Die Gratsparren bilden die Hauptteile; sie laufen von unten bis oben durch und setzen sich an der Spitze gegen einen lotrechten Stab, den sog. Kaiserstiel, welcher die Aufgabe hat, den Zusammenschlufs der Gratsparren zu erleichtern und das Anbringen des Turmkreuzes zu ermöglichen. Der ganze Turm ist in einzelne Stockwerke von 3,50 bis 4,60 m Höhe zerlegt; in jedem Stockwerk sind vier Wände angebracht, deren jede aus Schwelle, Holm und zwei Streben

Fig. 389.

Von der Kirche zu
Friedrichsdorf.

$^{1}/_{100}$ w. Gr.

Schnitt I-I

Schnitt II-II

Schnitt III-III

Schnitt IV-IV

Schnitt V-V

Unterste Balkenlage

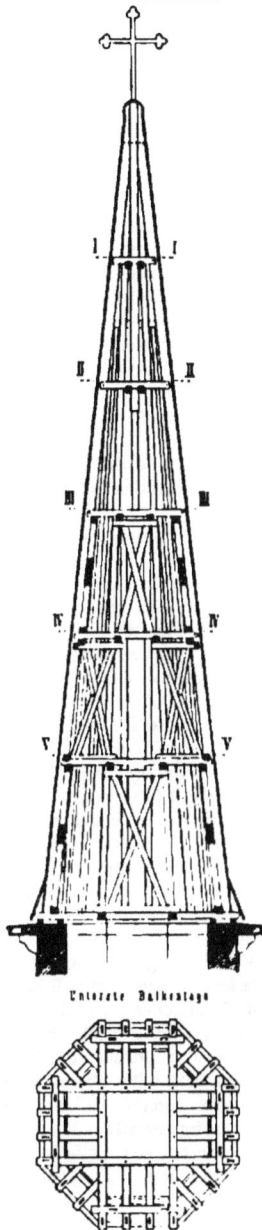

(Andreaskreuz) besteht. Diese Wände wechseln in den verschiedenen Stockwerken; wenn die Wände des einen Stockwerkes an den Seiten *1, 3, 5, 7* des Achteckes angeordnet sind, so sind sie in dem darüber folgenden Stockwerk in den Seiten *2, 4, 6, 8.* So bilden denn zwischen je zwei Stockwerken die Holme des unteren und die Schwellen des oberen Stockwerkes einen achteckigen Ring, gegen welchen sich auch die Zwischensparren, wie gegen Pfetten, lehnen.

Die Holme der verstrebten Wände tragen die in Art. 126 (S. 165) erwähnten Balken, welche in den vier grofsen, schräg liegenden Ebenen $A_1 A_1 O, A_2 A_2 O, A_3 A_3 O, A_3 A_3 O$ (Fig. 384, S. 165) angeordnet sind. Die Balken der einen Richtung sind über diejenigen der anderen, im Grundrifs lotrecht dazu stehenden Richtung gelegt; beide sind etwa 2,5 ^{cm} tief miteinander verkämmt und verschraubt. Auf diese vier Balken werden nun die Schwellen der vier verstrebten Wände des nächsten Stockwerkes gelegt. Die Helmstange (der Kaiserstiel) reicht nur um eine oder zwei Geschofshöhen hinab. Wo die Gratsparren gestofsen werden müssen, werden die Teile unmittelbar aufeinander gesetzt. Die Stockwerkshöhe wähle man etwa 3,00 bis 4,50 ^{m}.

Fig. 389 zeigt einen solchen Turm. Derselbe setzt sich auf das Gebälke, welches aus den in allen Böden sich wiederholenden vier Balken und den zwischen denselben, sowie übereck liegenden Stichbalken besteht. Diese Balken nehmen die Grat- und Zwischensparren auf. Die Balkenlage ruht auf zwei ringsum laufenden Mauerlatten; auf ihr liegen die Schwellen für die verstrebten Wände.

Vorteile der *Moller'*schen Konstruktionsweise sind:

a) Die vielfach bei anderen Türmen bis zum untersten Boden hinabgeführte Helmstange, welche den Turm unnötig beschwert, ist bis auf das kurze Stück an der Spitze fortgelassen.

b) Das Aufschlagen des Turmdaches ist sehr leicht. Zuerst wird die Grundbalkenlage gelegt und darauf werden die vier verstrebten Wände (die Andreaskreuze) gestellt, auf welche die vier Balken des zweiten Bodens kommen. Nunmehr stellt man die Gratsparren auf, welche jedesmal durch zwei Stockwerke reichen, jedoch so, dafs bei dem einen Boden vier (etwa *1, 3, 5, 7*), beim nächsten Boden die anderen vier Gratsparren (etwa *2, 4, 6, 8*) gestofsen werden. So geht der Aufbau weiter. Ein besonderes Gerüst kann erspart werden, da die verstrebten Wände als Gerüste dienen können.

Fig. 390.

c) Das Beseitigen schadhafter und das Neueinbringen guter Hölzer ist bei dieser Konstruktion ohne besondere Schwierigkeit möglich.

b) Der innere Turm ist von Hölzern frei und überall leicht zugänglich.

Ein gutes Beispiel zeigt gleichfalls Fig. 422.

Das *Moller'*sche Turmdach kommt auch dann vorteilhaft zur Verwendung, wenn nach Fig. 368 (S. 149) die achtseitige Turmpyramide über quadratischem Turmmauerwerk erbaut wird und die Überführung aus dem Achteck in das Viereck mit Hilfe von 4 Fünfecken *B* und 4 Dreiecken *C* vorgenommen wird, welche geringere Neigung haben als die darüber aufsteigende achtseitige Turmpyramide (Fig. 390). Man führt dann zweckmäfsig die *Moller'*sche Konstruktion wie üblich aus, läfst alle 8 Gratsparren geradlinig bis zur Auflagerebene durchgehen und bildet die flachen Dachflächen *B* und *C* mit Hilfe von Aufschieblingen. Die Aufschieblinge setzen sich mit ihrem unteren Ende auf rings im Quadrat umlaufende Pfetten, welche auf die Dachbalkenlage gestreckt sind; die oberen Enden der Aufschieblinge setzen sich teils auf die Turmsparren, teils auf die Gratsparren, welche zwischen den Flächen *B* und *C* angeordnet werden. Bei der in Fig. 391 dargestellten Konstruktion besteht die Balkenlage auf dem Mauerwerk aus vier sich kreuzenden Hauptbalken, zwischen denen Wechsel und Stichbalken, sowohl in den Seitenrichtungen des Grundquadrats, wie übereck angeordnet sind. Auf die Balkenlage werden für die Aufschieblinge im Quadrat umlaufende Pfetten gestreckt. Die Gratsparren für die Aufschieblinge haben ihr oberes Auflager auf den Hauptgratsparren des Turmhelmes und ihr unteres Auflager auf der äufseren Pfette.

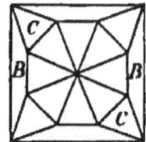

131
Turmhelm mit
durchgehendem
Kaiserstiel. **B) Turmhelme mit durchgehendem Kaiserstiel.** Die hölzernen Turmkonstruktionen sind bis zur neuesten Zeit vielfach mit einem bis zur Grundfläche des Turmhelmes hinabreichenden sog. Kaiserstiel ausgeführt worden. Der Zu-

173

sammenschnitt der Gratsparren an der Spitze hat wohl schon früh zur Anwendung einer lotrechten Helmstange geführt, welche einerseits die Schwierigkeit der Herstellung dieses Knotenpunktes verminderte, andererseits eine gute Befestigung des Turmkreuzes ermöglichte; zu diesem letzteren Zwecke mußte man aber die Helmstange wenigstens einige Meter weit hinabreichen lassen und das

Fig. 391.

Fig. 392.

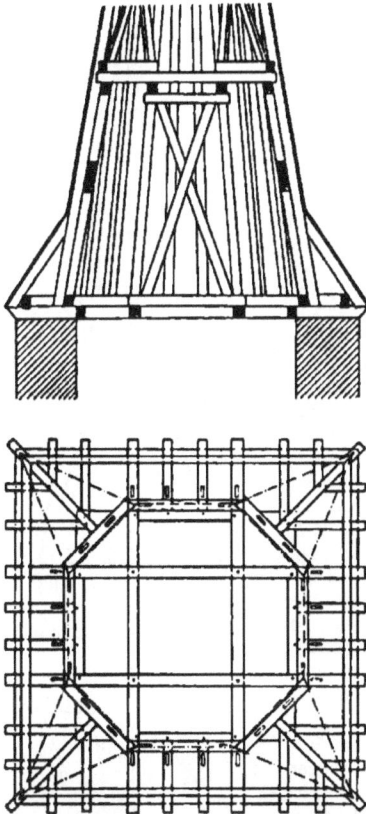

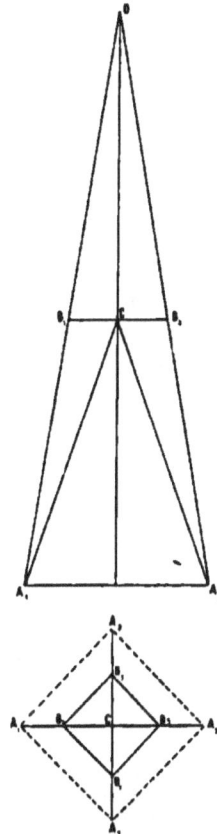

untere Ende derselben gegen seitliche Bewegungen sichern. So kam man leicht dazu, diesen Konstruktionsteil ganz hinab zu führen und als Hauptteil des Turmhelmes auszubilden.

Bei niedrigen und mittelhohen Türmen wird diese Anordnung auch heute noch vielfach ausgeführt. A_1, A_3, A_5, A_7 (Fig. 392) seien vier feste Punkte in der Auflagerebene; alsdann wird Punkt C zu einem festen Punkte durch Verbindung mit dreien dieser Punkte; verwendet man zwei einander unter rechtem Winkel kreuzende Hängewerke mit gemeinsamer Hängesäule, so ist die vierte Strebe eigentlich ein überzähliger Stab, der aber das Fachwerk nicht labil macht. Ebenso ist Punkt D an der Turmspitze durch die beiden Hängewerke $A_1 D A_5$ und $A_3 D A_7$ ein fester Punkt, wobei gleichfalls ein überzähliger Stab verwendet ist. In der Höhe des Punktes C oder etwas höher, bezw.

Fig. 393.

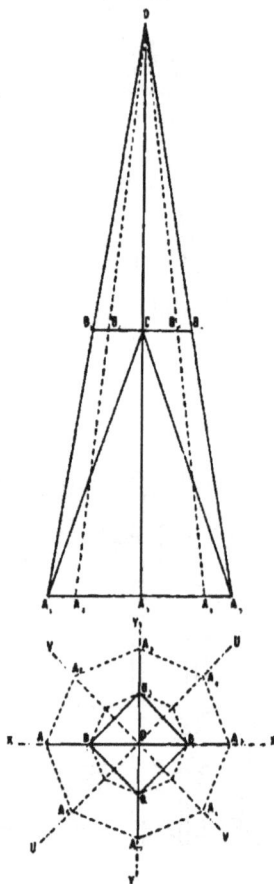

tiefer als C ordnet man Zangen $B_1 B_5$ und $B_8 B_7$ an, um die freie Knicklänge der langen Streben $A D$ zu verringern; auch an Zwischenstellen kann man nach Bedarf Zangen zu gleichem Zwecke anordnen. Um die achtseitige Pyramide zu bilden, werden aufser den Hauptgratsparren $A_1 D$, $A_3 D$ u. s. w. und zwischen diese noch die Nebengratsparren $A_3 D$, $A_4 D$ u. s. w. (Fig. 393) angebracht; dieselben lehnen sich oben an den Kaiserstiel und werden gleichfalls durch Doppelzangen an den Kaiserstiel angeschlossen, welche Zangen in etwas andere Höhe gelegt werden, als die Zangen der Hauptgratsparren. Kräfte, welche in den lotrechten Ebenen $X D X$ oder $Y D Y$ der Hauptgratsparren wirken, werden durch die Hängewerke nach den Hauptauflagern $A_1 A_5$, bezw. $A_3 A_7$ geführt; Kräfte in den lotrechten Ebenen $U D U$, bezw. $V D V$ der Nebengratsparren werden durch die Zangen, teilweise unter Beanspruchung der Hölzer auf Biegung, zunächst auf den Kaiserstiel gebracht, dann von diesem durch die Hängewerke der Ebenen $X X$ und $Y Y$ in die Hauptauflager. Die Stäbe $B_1 B_3$, $B_3 B_5$, $B_5 B_7$, $B_7 B_1$ werden dabei nicht beansprucht. Kräfte, welche in Ebenen wirken, welche die Mittellinie $C D$ nicht enthalten, verdrehen das Fachwerk; für diese kommt zur Geltung, dafs, wie in Art. 123 (S. 156) entwickelt ist, das Fachwerk labil ist. Die Konstruktion ist demnach nicht einwandfrei; auch ist sie durch die Nebenauflager unklar.

Man könnte der Ansicht sein, durch Verbindung von C mit drei (oder vier) Auflagerpunkten A und nachherige Verbindung der vier Punkte B mit C und den Auflagern A_1, A_3, A_5, A_7 werde ein stabiles Fachwerk geschaffen, an welches sich dann die anderen Stäbe zur Bildung der achtseitigen Pyramide anschliefsen könnten. Die in Art. 123 (S. 156) geführte Untersuchung lehrt, dafs das so gebildete Fachwerk nicht stabil ist. Man hat vielfach in die Randbalken $B_1 B_3$, $B_3 B_5$ ...., bezw. in Balken, welche diesen entsprechen, aber näher an C liegen, Stichbalken gesetzt und diese zur Unterstützung der vier Zwischengratsparren benutzt. Da das Viereck $B_1 B_3 B_5 B_7$

Fig. 394.

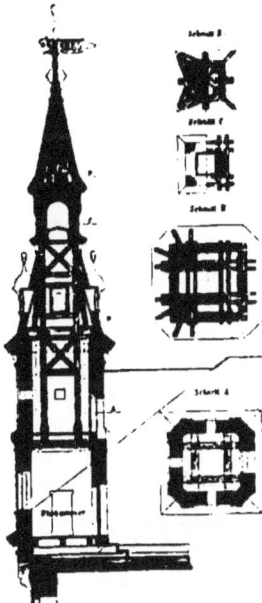

Uhrturm des Amtsgebäudes zu
Joslowitz[140].

nicht als eine Scheibe gelten kann, deren Eckpunkte im Raume festgelegt sind, so können
auch die Anschlußpunkte der Stichbalken nicht
im Raume als festliegend angesehen werden.
Die vorderen Enden der Stichbalken hat man
durch Wände unterstützt, welche mit herumlaufenden Schwellen und Ringen gebildet und
durch Andreaskreuze verstrebt sind. Daß diese
Wände ein stabiles Fachwerk geben, ist oben
nachgewiesen; aber bei diesem Fachwerk ist
der bis zur Grundfläche reichende Kaiserstiel
überflüssig. Die ganze auf diese Weise gebildete Konstruktion ist nicht zweckmäßig.
Die tragenden Wände in den schräg liegenden
Seitenflächen der Turmpyramide enthalten in
den Rahmen und Schwellen viele Hölzer, welche in der Höhenrichtung des Turmes schwin-
den und im Verein mit den vielen Fugen ein
bedeutendes Sacken zur Folge haben. Kaiserstiel und Gratsparren müssen aus einem Holze
gearbeitet oder Hirnholz auf Hirnholz gestoßen werden. Diese Teile setzen sich nur
äußerst wenig, so daß also ein ungleichmäßiges
Sacken eintritt und die einzelnen Teile aus
dem Zusammenhange kommen. Diese Konstruktionsweise ist deshalb mit Recht verlassen
worden.

Fig. 394 [140]) zeigt ein ohne weiteres ver-
ständliches Beispiel eines kleinen Turmes mit
weit hinabreichendem Kaiserstiel.

C) **Turmhelme des Mittelalters.** Die bemerkenswerteste Eigentümlichkeit der mittelalterlichen Turmhelme ist nicht der durchgehende Kaiserstiel,
sondern die sichere Stützung des achtseitigen Turmdaches auf eine vierseitige
Pyramide; dadurch wird die ganze Belastung klar und sicher auf vier Punkte,
die Auflagerpunkte, geführt. In der acht-
seitigen Turmpyramide, welche in den Kanten
die Gratsparren aufweist, steckt als tragende
Konstruktion eine nur vierseitige Pyramide
$A_3 A_4 A_4 A_9 O$ (Fig. 395), deren Kanten unter
den Gratsparren liegen. Diese vierseitige
Pyramide ist in einer vollständig befriedigenden Weise in ihren vier geneigten Seiten-
wandungen mit Holmen, Streben und Stielen
versehen, so daß sich ein stabiles, steifes
Raumfachwerk, bildet. Die Holme entsprechen den heute sog. Ringen;
die Streben gehen vielfach durch mehrere

132.
Turmhelme
des
Mittelalters.

Fig. 395.

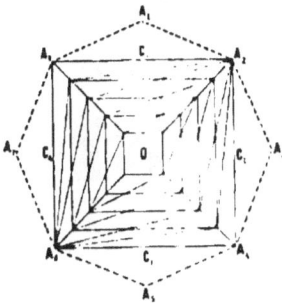

[140]) Faks.-Repr. nach: Allg. Bauz. 1891, Bl. 11.

Fig. 396.

Fig. 397.

Fig. 398.

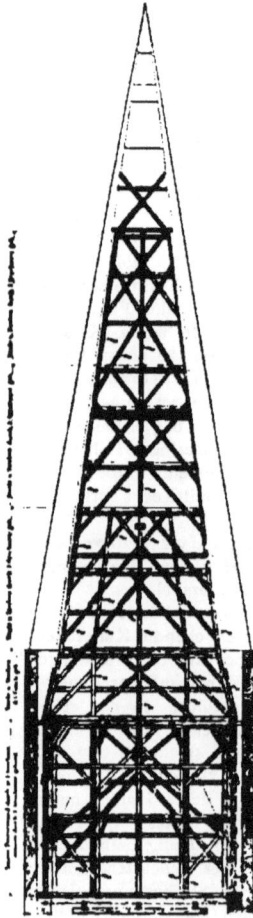

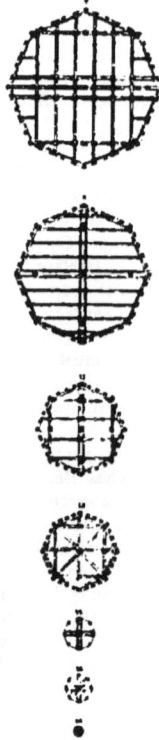

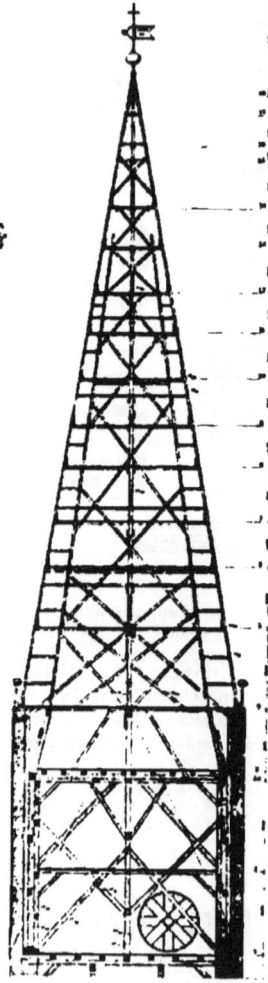

Seitenfläche der vierseitigen inneren Pyramide.

Lotrechter Schnitt durch die Mitte.

Von der Johanniskirche zu Lüneburg [101].

$^1/_{100}$ w. Gr.

Stockwerke durch; man kann aber dieselbe Konstruktion, unserer heutigen Bauweise entsprechend, so anordnen, dafs jedes Stockwerk für sich verstrebt ist.

Die beschriebene Konstruktion ist steif; dennoch ist noch eine weitere Versteifung dadurch vorgenommen, dafs in zwei senkrecht zu einander stehenden lotrechten Ebenen $(C_1 O C_2, C_3 O C_4$ in Fig. 395) verstrebte Fachwerke angebracht sind; diese Fachwerke haben an der Schnittstelle ihrer Ebenen den sog. Kaiserstiel. Derselbe soll hauptsächlich die zu grofse Länge der in den beiden Ebenen liegenden Streben und Zangen verkürzen. Um nun die achtseitige Form der Turmpyramide zu erhalten (die punktierte Grundform in Fig. 395), lagert man auf die Holme in den Seiten der vierseitigen Pyramide die Balken der Zwischenböden und versieht dieselben mit verschieden langen Auskragungen, so dafs ihre Enden im Grundrifs das verlangte Achteck bilden. Die Balken gehen in den einen Richtung durch; in der dazu senkrechten Richtung werden Stichbalken angeordnet. Auf die Balkenenden werden die im Achteck herumlaufenden Pfetten gelegt, gegen welche sich sowohl die Gratsparren, wie die Zwischensparren legen. Die Balken der Zwischenböden gehen bald in der einen, bald in der zu dieser winkelrechten Richtung durch.

Ein gutes Beispiel ist der in Fig. 396 bis 398 dargestellte Turm der Johanniskirche in Lüneburg[181]).

Der lotrechte Schnitt in Fig. 398 zeigt die verstrebte Fachwand in der lotrechten Mittelebene des Turmes; Fig. 396 veranschaulicht die Seitenwand der tragenden vierseitigen Pyramide. Die Gratsparren spielen hier kaum eine wichtigere Rolle als die anderen Sparren; beide sind gleich stark (15 × 16 cm). Fig. 399 zeigt den Sparrenstofs mittels des einfachen Scherzapfens und die Verbindung der Sparren mit den Pfetten vermittels der Knaggen. Fig. 400 giebt den sehr sorgfältig gearbeiteten Stofs des Kaiserstieles; dieselbe Abbildung zeigt das Hakenblatt, mit welchem sich

Fig. 399.

Fig. 400.

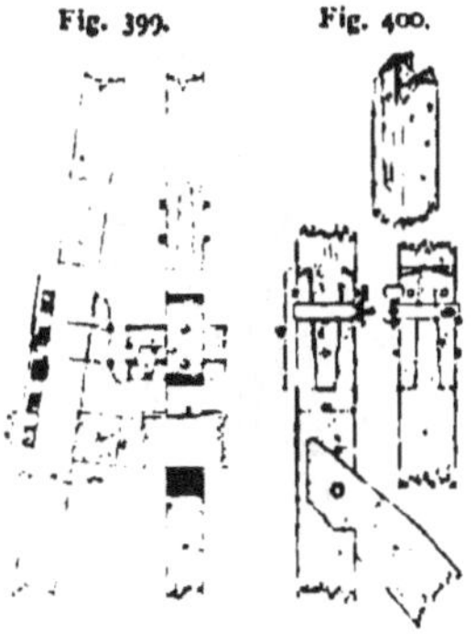

Einzelheiten zu Fig. 396 bis 398.

die Streben an die Stiele setzen; um den Stiel dabei so wenig wie möglich zu schwächen, ist die Strebenbreite in der gezeichneten Weise am Anschlufspunkt vermindert. Der Turm ist aus Eichenholz hergestellt und hat sich gut gehalten. *Prieß* sagt in der unten angegebenen Abhandlung[181]) über die Konstruktion u. a.: »Der Helm ist in möglichst wenig Geschossen mit langen durchgehenden Stielen als ein starres, nach allen Seiten gut versteiftes Ganzes aufgebaut. Diese Anordnung übertrifft ohne Zweifel die der neueren Entwürfe, bei denen es üblich geworden ist, den Aufbau aus vielen niedrigen Geschossen mit kurzen Stielen bestehen zu lassen und dabei mehrfach übereinander gelegte Hölzer in den Haupttragewänden zu verwenden, eine Ausführungsweise, die nicht nur von vornherein einen mangelhaften Verband der ganzen Spitze abgiebt, sondern die sich vor allem auch wegen des notwendigen stärkeren Schwindens des Holzes in der Querfaser bei Bauten, die für längere Zeit berechnet sind, sicherlich nicht bewähren wird.«

Es empfiehlt sich, die vorstehend angeführte Bauweise wieder mehr in die Konstruktion einzuführen: die ganze Last auf vier Gratsparren zu stellen, welche Hirnholz auf Hirnholz gestofsen werden, dazwischen herumlaufende Ringe anzuordnen, die Seitenfelder durch gekreuzte (Holz- oder Eisen-) Diagonalen zu verstreben. Der Kaiserstiel braucht nur in den oberen Stockwerken vorhanden zu sein, um den Zusammenschlufs der Gratsparren zu erleichtern und das Turmkreuz aufzunehmen.

Eine ähnliche, aber wesentlich weniger gute Konstruktion zeigen die Turm-

---

helme der St. Marienkirche in Lübeck [142].
Auch hier ist eine innere, vierseitige Pyramide angeordnet; aber das Turmgerüst besteht aus einzelnen, voneinander unabhän-
gigen stehenden Stühlen, welche nach oben,
der Verjüngung der Innenpyramide entsprechend, geneigt sind. Die Verbindung der
einzelnen Stockwerke miteinander durch die
Sparren und die innere Querverstrebung ist
mangelhaft. Thatsächlich sind bei letzteren
Türmen bedeutende Formveränderungen im
Laufe der Jahrhunderte eingetreten.

*133.
Otzen'sche
Turmdächer.*

D) *Otzen'sche Turmdächer.* Die
von *Otzen* in neuerer Zeit konstruierten
Turmdächer sind sowohl in ihrer Gesamtordnung, wie in der Ausbildung der Einzelheiten in hohem Mafse bemerkenswert. Der
Gesamtanordnung zunächst ist eigentümlich,
dafs alle trapezförmigen Felder der achtseitigen Turmpyramide — soweit möglich
— mit gekreuzten Schrägstäben verstrebt
sind; zwischen je zwei Stockwerken ist ferner ein herumlaufender Pfettenring angeordnet, dessen einzelne Hölzer sich in die Gratsparren setzen. Werden die Gratsparren bis
zur gemeinsamen Auflagerebene hinabgeführt, so ergiebt sich ein stabiles, räumliches
Fachwerk, wie in Art. 127 (S. 168) nachgewiesen ist. Abgesehen von der Spitze und
den sich kreuzenden Gegendiagonalen ist
dieses Fachwerk sogar statisch bestimmt.
Sodann ist diesen Dächern die Verankerung
mit dem Turmmauerwerk eigentümlich. Bei
den neueren *Otzen*'schen Turmhelmen ist
endlich die ausgedehnte Verwendung des
Eisens hervorzuheben, nicht nur zur Konstruktion der Schrägstäbe in den Seitenflächen, sondern auch zur Bildung der Knotenpunkte. Auf die Ausbildung der Knotenpunkte, auch der Turmspitze, unter geschickter Benutzung des Eisens, wird besonders aufmerksam gemacht.

Fig. 401 [143] zeigt im Hauptturm der
Kirche zu Apolda einen fast ausschliefslich
in Holz konstruierten Turm.

[142] Beschrieben von *Schwirning* in: Zeitschr. f. Bauw. 1894.
S. 505 u. Bl. 62, 63.
[143] Nach den von Herrn Geheimen Regierungsrat Professor
Otzen zu Berlin freundlichst zur Verfügung gestellten Zeichnungen.

Fig. 401.

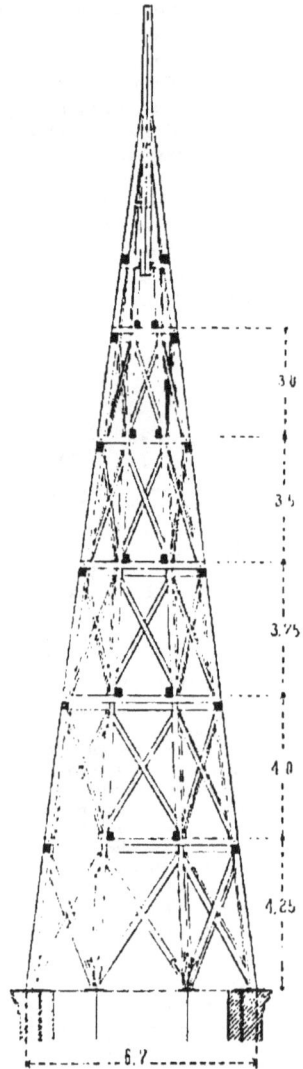

Hauptturm der Kirche zu Apolda [144].
$\frac{1}{100}$ w. Gr.

Fig. 402.

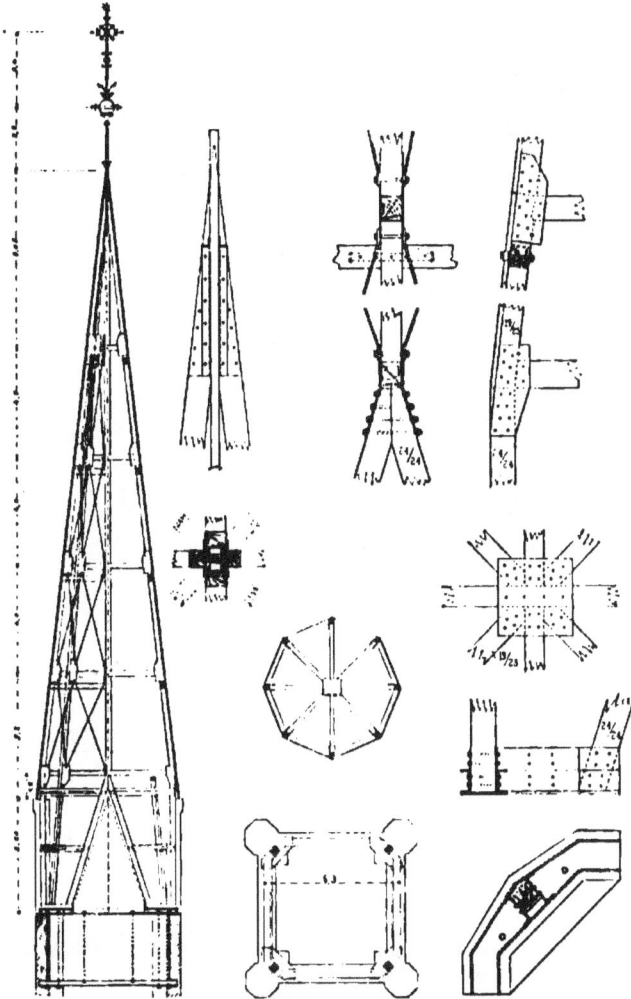

Von der Lutherkirche zu Berlin[122].
$^1/_{100}$, besw. $^1/_{10}$ w. Gr.

Die Gratsparren setzen sich sämtlich auf die Auflagerebene am Turmmauerwerk, und zwar mit dem Hirnholz unmittelbar auf die Auflagerschuhe; sie sind stumpf nur mit Langblatt gestoßen, so daß Höheveränderung möglichst ausgeschlossen ist. Die Stöße der Gratsparren wechseln und sind, mit Ausnahme der obersten, stets oberhalb der Aussteifungen zwischen den Strebenfüßen (d. h. oberhalb der

12*

Ringel. Die Streben sind aus Holz hergestellte Andreaskreuze, in der Kreuzung miteinander vernagelt. Auf den Aussteifungen (den Pfettenringen) ruhen zwischen je zwei Stockwerken je zwei parallele Balken, welche einander im Grundriß unter rechtem Winkel kreuzen; die Balken sind mit den Gratsparren durch Bolzen verbunden, auch an den Kreuzungsstellen miteinander verbolzt. Die Gratsparren setzen sich in den aus 4 Hölzern von 18 × 18 cm Querschnitt bestehenden Kaiserstiel, welcher etwa 6 m unter denjenigen Punkt hinabreicht, in dem die Gratsparren zusammenschneiden; er ist mehrfach durch Winkeleisen gefaßt, die einander im Grundriß unter rechten Winkeln schneiden. In der Ebene der acht Auflager verbindet ein umlaufendes Randwinkeleisen die eisernen Auflagerschuhe; außerdem sind zur Querverbindung der acht Auflager vier Winkeleisen (oder Flacheisen) angeordnet, welche einander in der Mitte schneiden. Die Gesamthöhe des Turmes beträgt 27,75 m und die Breite des unteren Achteckes 6,70 m. Holzstärken: Gratsparren 20 × 24 cm, Streben 18 × 18 m, Pfettenringe 15 × 18 cm, Balken 15 × 18 cm. Die Stockwerkshöhen sind von unten nach oben bezw. 4,85, 4,00, 3,75, 3,50, 3,00 und 1,85 m.

Fig. 403.

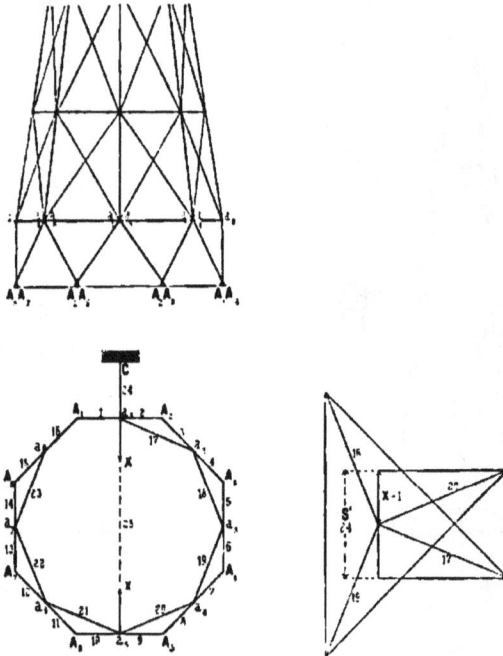

Eine ausgedehnte Verwendung des Eisens zeigt Fig. 402[188]), den Turm der Lutherkirche zu Berlin darstellend.

Hier setzen sich vier von den acht Gratsparren auf Giebeldreiecke, während die anderen vier Gratsparren bis zu derjenigen Auflagerebene hinabreichen, auf welche sich auch die Streben der Giebeldreiecke setzen. In der Höhe der Giebelspitzen ist eine achteckige Scheibe durch umlaufende Ringhölzer und vier quer angeordnete Balken gebildet; dieser Übergang aus dem Viereck in das Achteck ist in Art. 125 (S. 160) besprochen. Dort ist auch nachgewiesen, daß diese Konstruktion streng genommen nicht stabil ist. Bei der in Fig. 402 vorgeführten Art der Knotenbildung kann man jedoch die Scheibe als starre Scheibe annehmen, welche gegen die Auflagerebene durch die vier Giebeldreiecke und die vier untersten Teile der Gratsparren festgelegt ist. — Auf dem Unterbau ist nun die weitere achtseitige Pyramide errichtet; die vier einander kreuzenden Balken wiederholen sich zwischen je zwei Balkenlagen; sie sind für die geometrische Bestimmtheit, also die Stabilität in diesen nicht mehr erforderlich.

Eine etwas andere Anordnung zeigt Fig. 403.

Hier setzen sich alle acht Gratsparren auf Giebeldreiecke. Der mittlere Sparren jeder Pyramidenseite ist bis zur gemeinsamen Auflagerebene aller Giebeldreieckstreben hinabgeführt. Es ist zu untersuchen, ob diese Anordnung ein stabiles Raumfachwerk bietet; für diese Untersuchung dient Fig. 403. Die Fußpunkte der Giebelstreben seien A_1, A_2...A_8, die Giebelspitzen a_1, a_2...a_8. Die Giebelspitzen a_1...a_8 sind durch die wagrechten Stäbe $a_1 a_2$, $a_2 a_3$, $a_3 a_4$...$a_8 a_1$ miteinander verbunden. Wir bauen das Raumfachwerk von unten auf, indem wir jeden hinzukommenden Punkt mit drei bereits festen Punkten verbinden, welche mit ihm nicht in einer Ebene liegen. Die Auflagerpunkte A_1 bis A_8 sind fest; den ersten Giebelpunkt, etwa a_1, verbinden wir durch Stäbe 1 und 2 mit A_1, A_8 und

Fig. 403.

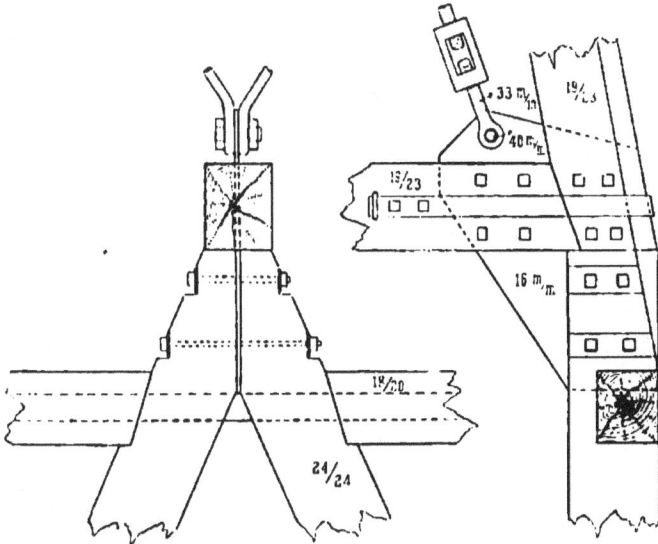

Von der Kirche zu Plagwitz-Leipzig [115]. — $^1/_{68}$ w. Gr.

vorläufig noch durch einen Hilfsstab mit dem festen Punkte C in der wagrechten Ebene $a_1 a_2 \ldots a_8$. Damit ist a_1 ein fester Punkt.

Nun verbinde man nacheinander: Punkt a_2 mit A_2, A_3, a_1, Punkt a_3 mit A_3, A_4, a_2, Punkt a_4 mit A_4, A_5, a_3, Punkt a_5 mit A_5, A_6, a_4, Punkt a_6 mit A_6, A_7, a_5, Punkt a_7 mit A_7, A_8, a_6 und Punkt a_8 mit A_8, A_1, a_7. Damit sind alle Punkte a fest, wenn a_1 fest ist. An Stelle des Ersatzstabes von a_1 nach C werde jetzt der Stab 25 von a_1 nach a_5 gesetzt. Soll dadurch ein stabiles Raumfachwerk entstehen, so muß die Spannung im Stabe 24 für die Kräfte $X = 1$ im Stabe 25 einen Wert haben, der von Null verschieden ist. Man erhält leicht, wenn der Winkel des Stabes 20 mit der wagrechten Linie in der Ebene $A_4 A_5 a_5$ mit β bezeichnet wird: $S_{20}' = -\dfrac{1}{\sin \beta}$, $S_{19}' = +\dfrac{1}{\sin \beta}$, $S_{18}' = -\dfrac{1}{\sin \beta}$,

$S_{17}' = +\dfrac{1}{\sin \beta}$, und weil das Gleichgewicht am Knotenpunkt a_5 bedingt: $0 = 1 + S_{17}' \sin \beta - S_{24}'$, $0 = 1 + 1 - S_{24}'$, $S_{24}' = 2$. Der Stab 25 kann also an die Stelle des Ersatzstabes 24 treten; er macht das Raumfachwerk stabil.

Außer den in Fig. 403 gezeichneten Stäben sind noch der Randstab $a_0 a_1$ und die Querbalken oder Querstäbe $a_0 a_6$, $a_2 a_7$, $a_4 a_3$ angeordnet. Dieselben sind überzählige Stäbe, welche das Fachwerk statisch unbestimmt machen, aber die Stabilität desselben nicht ändern. Der Unterbau der Pyramide ist also stabil, und das Fachwerk bleibt stabil, wenn nunmehr auf die Punkte a_1, a_2...a_6 der weitere Aufbau eines Flechtwerkes erfolgt

Die Einzelausbildung der Stoßstellen und Knotenpunkte ist bei den *Otzen'*schen Turmhelmen mit Hilfe eiserner Blechlaschen vorgenommen. Die Gratsparren setzen sich an den Stoßstellen aufeinander und sind beiderseits mit Blechlaschen (7 bis 8 mm stark) versehen, welche durch Schraubenbolzen mit dem Holz verbunden sind; mittels solcher Stoßbleche werden auch die Querbalken an die Gratsparren gefügt. Wo die Gratsparren sich auf die Spitzen der Giebeldreiecke setzen, sind die verbindenden beiderseitigen Blechlaschen entsprechend gebogen, so daß sie teils in die Seitenfläche der Gratsparren, teils in diejenige der Giebelstreben fallen. Die schmiedeeisernen Diagonalen der Seitenfelder sind an denselben Knotenblechen durch Bolzen befestigt (Fig. 402); in dem neueren Beispiel (siehe die nebenstehende Tafel) sind auf die erwähnten Knotenbleche noch besondere Anschlußbleche für die Diagonalen genietet, welche zum Teile in die Seitenebenen der Pyramide fallen. Beachtenswert ist auch die Ausbildung der Giebelspitze in Fig. 404, bei welcher ein mittleres Knotenblech zwischen die beiden Giebelstreben gelegt ist. Die Überschneidung der radial angeordneten Balken ist in Fig. 402 dargestellt; ein Balken geht durch, die anderen stoßen stumpf vor diesen; die Kräfte werden durch zwei genügend große Blechlaschen, eine obere und eine untere, übertragen. An den Auflagern treffen sich bei der Anordnung in Fig. 402 je ein Hauptgratsparren und zwei Streben der Giebeldreiecke; für diese Stellen sind eigenartig geformte Schuhe aus Eisenblech und Walzeisen konstruiert. Ein solcher Schuh ist in Fig. 402 dargestellt; er besteht aus einem 20 mm starken Fußblech, zwei gebogenen [-Eisen (N.-Pr. Nr. 20) und zwei gleichfalls entsprechend gebogenen Stehblechen. Dieser Schuh ist durch Anker aus 80 mm starkem Rundeisen kräftig mit dem Turmmauerwerk verankert. Auch an der Spitze, wo die Gratsparren zusammenschneiden, ist Eisen verwendet. Die Helmstange in Fig. 402 ist aus Quadrateisen von 80 mm Seitenlänge; sie ist mit vier [-Eisen und trapezförmigen Seitenblechen verbunden, in welche sich die vier Hauptgratsparren setzen. Auf der nebenstehenden Tafel ist die Helmstange ein eisernes Rohr, welches aus einer Anzahl schwach kegelförmiger Stücke von 1,25 m Länge besteht und durch welches die gleichfalls rohrförmige eiserne Stange für den Turmhahn hindurchreicht. Die Verbindung beider Stangen miteinander ist auf der nebenstehenden Tafel im Maßstabe 1:10 dargestellt. Endlich ist auch die Verankerung durch herumlaufende I-förmige Walzbalken und die Verbindung der Ankerpunkte miteinander durch Querbalken veranschaulicht.

Fig. 405.

$^1\!/_{10}$ w. Gr.

Fig. 406.

Bei Türmen in Barockformen, also knopf- oder zwiebelartigen Turmdächern, wird das tragende Dach mit geradlinigen Hölzern in den vorbeschriebenen Konstruktionsweisen hergestellt; die krummen Flächen werden dadurch gebildet, daß man auf die Sparren Bohlen aufnagelt, welche nach den gewünschten krummen Linien ausgeschnitten sind. Ein Beispiel zeigt Fig. 405; auf den Gratsparren sind doppelte Bohlen angeordnet, welche die Gratsparren und eine außensitzende Bohle zangenartig umfassen. Eine stärkere Schweifung zeigt Fig. 406; die langen Zangen sind gegen Formänderung durch eine diagonal angebrachte Bohle gesichert.

Bei stark gekrümmten Flächen bildet man die Verschalung nicht aus Schalbrettern, sondern aus Latten, welche auf die Bohlenrippen genagelt werden. (Vergl. auch Fig. 437 u. 438.)

$^1\!/_{20}$ w. Gr.

γ) Rhombenhaubendach. Dieses Dach, bei welchem die Gratsparren nach den Spitzen der vier Seitengiebel laufen, kann in der Weise angeordnet werden, welche in Fig. 407 schematisch dargestellt ist. Am Fuß der Giebel sind die vier

γ) Rhombenhaubendach.

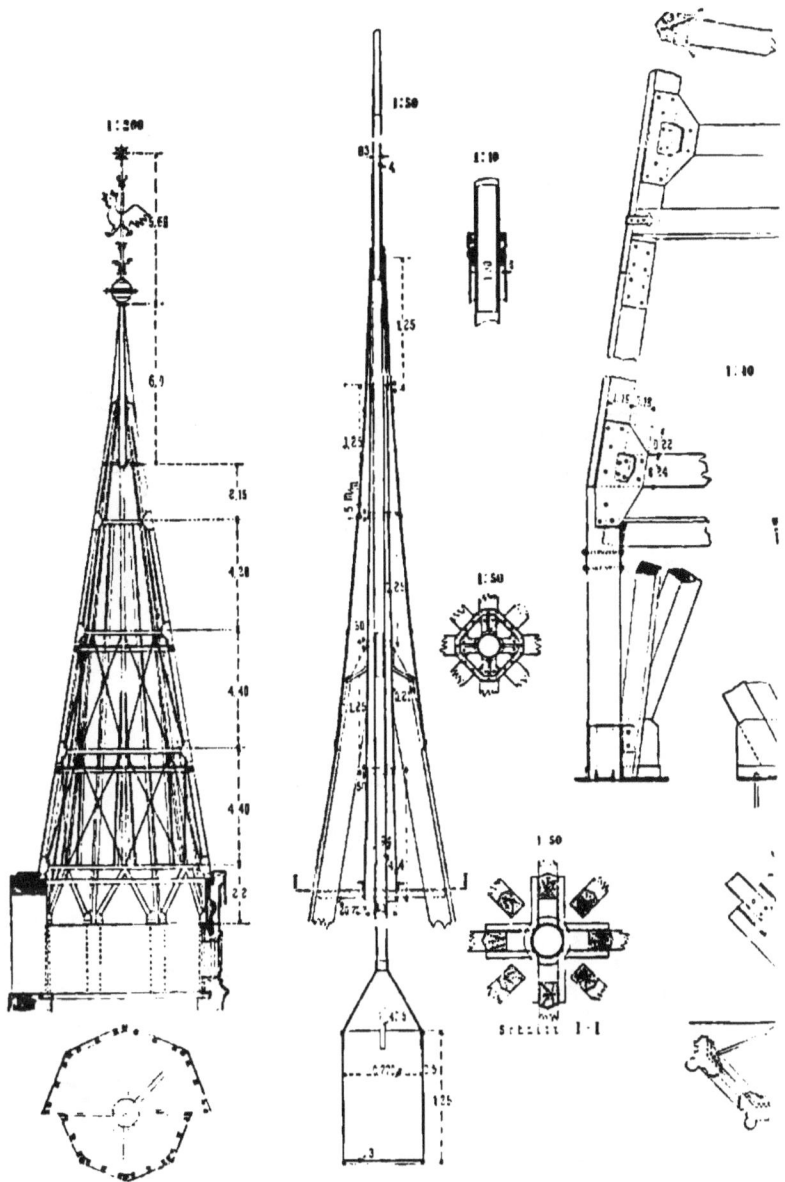

1:200

1:50

1:10

1:40

1:50

1:50

Schnitt I-I

1:20

Verankerung

1:20

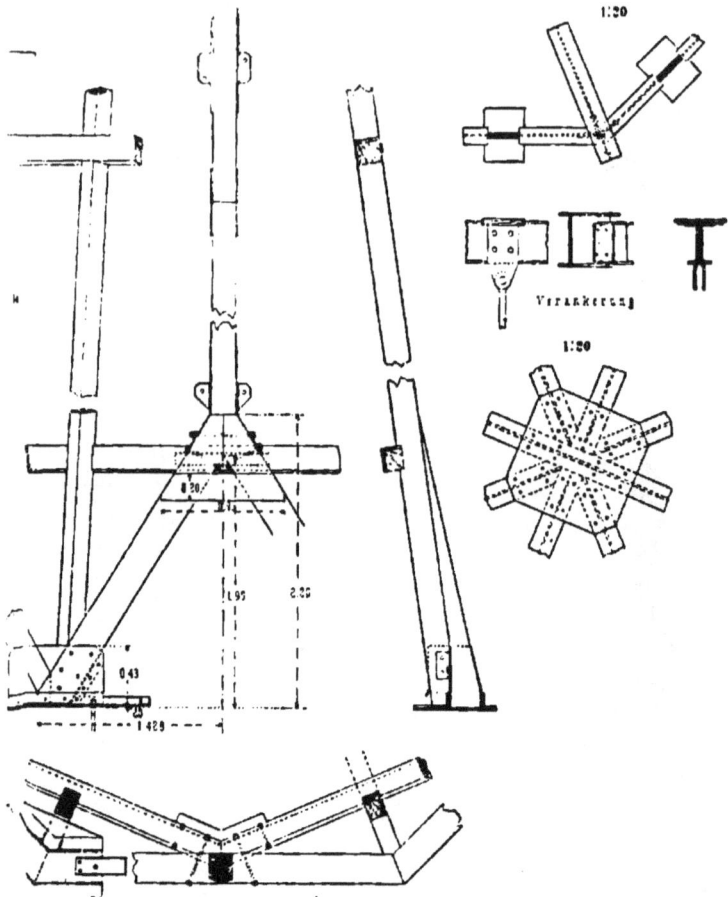

Von der Kirche zu Leipzig-Plagwitz.

Nach freundlichen Mitteilungen des Herrn Geh. Regierungsrats Professor Otzen in Berlin.

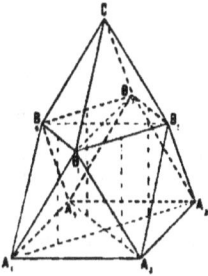

Fig. 407.

Stützpunkte A_1, A_2, A_3, A_4, von denen aus die Giebelstreben $A_1 B_1$, $A_2 B_2$, $A_3 B_3$, $A_4 B_2$ u. s. w. ausgehen. Die vier Giebelspitzen B_1, B_2, B_3, B_4 bilden ein Viereck, welches durch die Diagonalen $B_1 B_3$, $B_2 B_4$ versteift ist. Auf dieses Viereck setzen sich nun die Gratsparren $C B_1$, $C B_2$, $C B_3$, $C B_4$. Von den Diagonalen $B_1 B_3$ und $B_2 B_4$ ist eine wegen des Schubes in den Gratsparren nötig (vergl. die Untersuchung auf S. 161); die zweite Diagonale ist ein überzähliger Stab. Man braucht die Punkte B_1, B_4, B_3, B_4 nicht als Auflagerpunkte auszubilden; dadurch wird die Kraftwirkung unklar. Diese Auflagerung wird aber ausgeführt; z. B. findet sie sich auch in der Konstruktion der Fig. 408. Die Linien $B_1 B_4$, $B_3 B_4$ . . . entsprechen Pfetten, welche einerseits durch die Diagonalbalken, andererseits durch besondere Stiele gestützt werden, die auf den Balken $A_1 A_3$

Fig. 408 [141]).

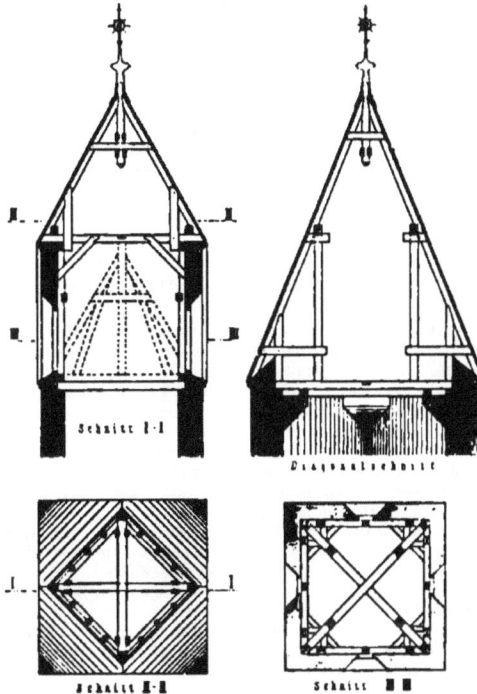

Schnitt I·I

Diagonalschnitt

Schnitt II·II

Schnitt II·II

141) Nach: Hanner, B. Die Schule des Zimmermanns. Theil I. 7. Aufl. Berlin 1880. S. 118.

und $A_2 A_4$ stehen. Die Sparren in den rhombischen Seitenflächen schiften sich an die Giebelstreben und Gratsparren.

Ein derartiges Dach zeigt Fig. 408 [144]).

Die Gratsparren sind, wie oben angegeben, angeordnet; in den lotrechten Diagonalebenen des Turmes sind vier bis zur Auflagerebene $A_1 A_2 A_3 A_4$ reichende Sparren, welche auf den Auflagern und den in Höhe der Giebelspitzen umlaufenden Pfetten ruhen; diese sind in den Mitten ihrer freien Längen durch besondere in den Diagonalebenen liegende Stiele gestützt. Hinter den gemauerten Giebeln laufen diesen parallel die Giebelstreben (im Querschnitt I-I punktiert), auf welchen die Schiftsparren ihr unteres Lager finden. Die Helmstange dient zum Zusammenführen der Grat- und Diagonalsparren und zum Tragen des Kreuzes; sie ist am unteren Ende durch Zangen gefaßt. Damit die sich in der Auflagerebene kreuzenden Balken nicht zu weit frei liegen, sind die Ecken kragsteinartig vorgemauert.

Es steht nichts im Wege, die Rhombenhaube mit einem Dache nach der *Otzen*'schen Bauweise zu versehen, demnach als Auflager nur die vier Punkte A_1, A_2, A_3, A_4 in der unteren Ebene zu verwenden, die Giebelstreben durch eiserne Knotenbleche miteinander und mit den durchgehenden Balken zu verbinden und die beiden nach einem Auflagerpunkte A laufenden Giebelstreben in einen gemeinsamen eisernen Schuh zu setzen. Um den Zusammenschnitt der Sparren in der Turmspitze einfacher zu erhalten, lege man in die lotrechten Diagonalebenen keine Sparren.

Fig. 409 [145]) veranschaulicht ein Rautendach über einem quadratischen Raume von 9 m lichter Weite.

Das Dach wird durch vier Hängewerke H getragen, welche einander rechtwinkelig kreuzen und ein quadratisches Mittelfeld von 4,50 m Lichtweite bilden. In der Höhe der Giebelspitzen läuft eine Pfette P rings herum, welche durch die Säulen der Hängewerke und das Mauerwerk der Giebel getragen wird. Auf die Pfetten stützen sich die Sparren der Rautenfläche, die sich außerdem an die Gratsparren und Giebelhölzer schiften; die Pfetten tragen ferner Balken, welche Stiele zum Stützen der Gratsparren und Streben für die Helmstange aufnehmen. Die sichtbare Decke der Kirche ist an die Hängewerke gehängt.

Fig. 410 [146]) zeigt ein kleines, nach gleichen Grundsätzen konstruiertes Rhombenhaubendach.

135.
Kegeldach.

8) **Kegeldach oder rundes Turmdach.** Die alte Konstruktionsweise solcher Dächer wird durch das in Fig. 411 [147]) dargestellte Dach vom großen Zwinger in Goslar gut verdeutlicht.

Man verwendete als tragende Konstruktion zwei Hängewerksbinder in zwei lotrechten Ebenen, die einander unter rechtem Winkel kreuzten. Wo die Binder sich durchdringen, ist der Kaiserstiel angebracht, gegen den sich die tragenden Hängewerksstreben, sowie die Bindersparren in beiden Ebenen setzen; der Kaiserstiel dient als gemeinsame Hängesäule. In verschiedenen Höhen werden Kehlbalkenlagen angebracht, und in den Höhen der Balkenlagen liegen in den Binderebenen Doppelzangen, welche einander aber nicht überschneiden, sondern über, bezw. untereinander durchgehen. In der Dachbalkenlage sind in beiden Binderebenen Spannbalken angeordnet, um den Zug aufzunehmen; diese sind in dieselbe Ebene gelegt; sonach kann nur einer von beiden durchgehen. Der andere stößt stumpf vor den ersteren und ist durch ein darüber gelegtes, genügend langes Holz, eine Lasche, gestoßen. Der Kreuzungspunkt ist an der Hängesäule, dem Kaiserstiel, aufgehängt. Auf diese tragende Konstruktion ist nun die Last des übrigen Dachwerkes übertragen; zwischen die vier Hauptsparren der Bindergebinde setzen sich noch in jedem Viertel 7 Leersparren, welche ihre Auflager in Stichbalken finden; letztere sind in Wechsel geführt, die sich in die Hauptspannbalken setzen. Die Leersparren finden weitere Unterstützung in den Kehlbalkenlagen, deren radial angeordnete Kehlbalken sich nach Fig. 411 Schnitt II-II in die Doppelzangen der Hauptbinder setzen. Das ganze Dach ruht auf zwei ringförmig verlaufenden Mauerlatten. Zur Verbindung der Streben mit dem Kaiserstiel sind nur Zapfen, keine Versatzungen verwendet; die Bindersparren sind mit der Doppelzange durch Bolzen, die Streben mit den Doppelzangen aber nur durch starke eiserne Nägel verbunden. Um den Kaiserstiel sind die

---

[144]) Ansicht und Schnitt Faks.-Repr. nach: Centralbl. d. Bauverw. 1883. S. 478.
[145]) Faks.-Repr. nach: Zeitschr. f. Bauw. 1893. Bl. 57.
[146]) Nach: Zeitschr. f. Bauw. 1893. Bl. 57.

Fig. 409.

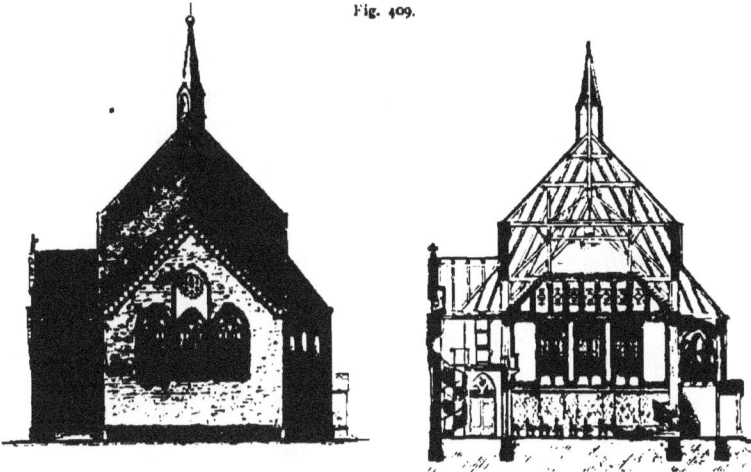

Kapelle der   klinischen

Universitäts-   institute

zu   Halle a. S.[190]).

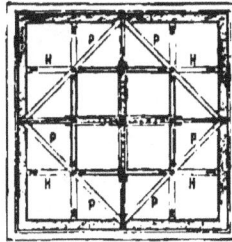

¹/₂₀₀ w. Gr.

Fig. 410.

Von der Kirche

¹/₂₀₀ w. Gr.

zu Dausenau[191]).

Fig. 411.

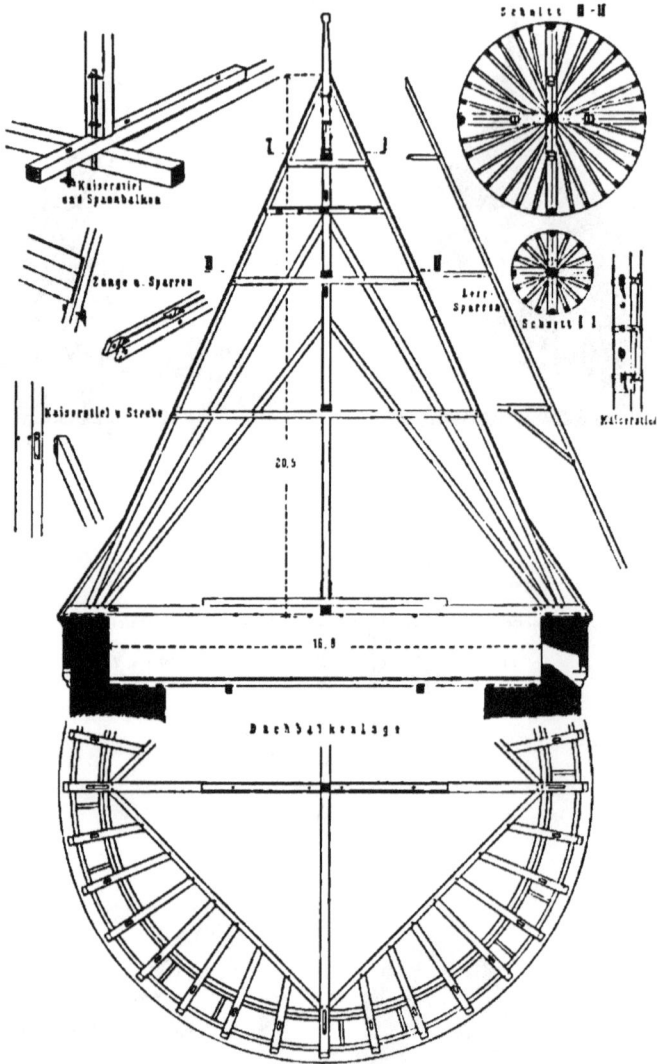

Schnitt II-II

Kaiseratiel
und Spannbalken

Zange u. Sparren

Leer-
Sparren

Schnitt I I

Kaiseratiel v Strebe

Kaiseratiel

20.5

16.9

Dachbalkenlage

Vom grofsen Zwinger zu Goslar [187]).
$\frac{1}{100}$ w. Gr.

Doppelzangen einfach herumgeführt. Der Kaiserstiel ist 30 × 30ᶜᵐ stark; die Sparren sind unten 25 × 25ᶜᵐ, oben 16 × 16ᶜᵐ und die Stichbalken etwa 30 × 30ᶜᵐ stark.

Eine etwas andere, grundsätzlich aber ähnliche Anordnung zeigen Fig. 412 bis 414 [109]), ebenfalls eine alte Konstruktion.

Auch dieses Kegeldach hat zwei sich im Kaiserstiel schneidende Binder, sowie Kehlbalkenlagen in verschiedenen Höhen. Die Stelle der Streben vertreten hier runde Kopfbänder; zwei Kehlbalken-

Fig. 412 [109]).

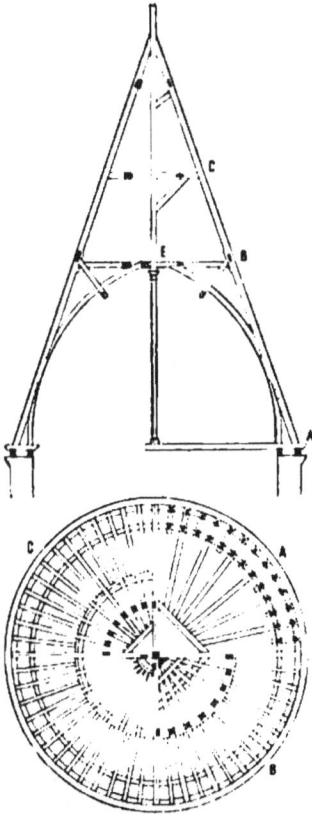

Fig. 413 [109]).

Fig. 414 [109]).

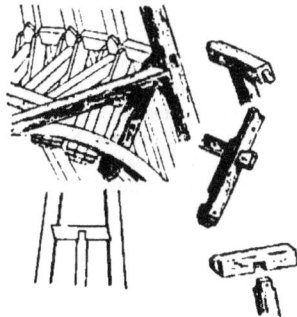

lagen mit radialen Balken stützen die Sparren; bei beiden sind die Kehlbalken in Wechsel eingezapft, welche sich in die Binderbalken setzen. Außer den Bindersparren sind in jedem Kreisviertel 6 bis zur Spitze durchgehende Leersparren und weitere 6 nur bis zur ersten Kehlbalkenlage reichende Leersparren angeordnet; letztere sind in besondere, zwischen die durchgehenden Sparren eingesetzte Wechsel eingezapft. Nahe unter der Dachspitze, an welcher sich die Sparren vereinigen, finden sie eine Unter-

---

[109]) Nach: VIOLLET-LE-DUC, *Dictionnaire raisonné de l'architecture française* etc. Bd. 3. Paris 1859. S. 49 ff.

stützung in vier pfeilenartigen Hölzern, die in die vier Bindersparren eingezapft sind, je einer in jedem Viertel. Auch die Leersparren sind durch runde Kopfbänder gestützt, welche sich in besondere kurze Wechsel setzen, die in der Höhe der ersten Balkenlage angebracht sind.

Fig. 412 zeigt im Grundriß in den Höhen *C, B, A* und nahe unter der Spitze genommene Schnitte, je zu ein Viertel; Fig. 413 u. 414 geben die Punkte *E* und *B* schaubildlich.

Es steht nichts im Wege, auch hier die Konstruktionsteile in die Dachfläche zu verlegen, das Kegeldach aus einer vielseitigen, etwa 12- oder 16-seitigen Pyramide zu entwickeln und in der von *Otzen* bei den achtseitigen Turmpyramiden eingeführten Weise herzustellen. Die Einschalung des Kegeldaches ist schwierig. Steile Kegeldächer verschalt man nach der Höhe; zu diesem Zwecke legt man zwischen die Sparren ringförmig verlaufende wagrechte Bohlenkränze, auf welche die Schalbretter genagelt werden. Eine solche Anordnung zeigt Fig. 415 im Aufriß und Grundriß. Die Bohlenkränze, welche aus zwei Lagen einander kreuzender Bohlen bestehen, sind besonders dargestellt. In dieselben sind für die Sparren Einschnitte hergestellt.

Fig. 415.

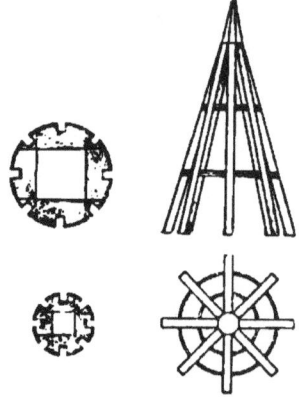

b) Hölzerne flache Zeltdächer.

136.
Einleitung.

Die flachen Zeltdächer sind von den steilen Zeltdächern oder Turmdächern grundsätzlich nicht verschieden; auch bei ihnen schneiden sich die einzelnen Dachflächen in den sog. Graten und alle Gratlinien in einem Punkte, der Spitze. Dennoch empfiehlt es sich, die flachen Zeltdächer besonders zu behandeln; die Konstruktionsweise ist derjenigen der Türme nicht ganz gleich, und die in Betracht kommenden Kräfte sind andere als bei den Turmdächern. Bei diesen spielt das Eigengewicht eine geringe und die Schneelast gar keine Rolle; dagegen ist der Wind sehr gefährlich. Gerade umgekehrt liegen die Verhältnisse bei den flachen Zeltdächern; der Sparrenschub bei den Türmen ist verhältnismäßig gering, hier ziemlich grofs.

Im folgenden sollen die Zeltdächer über einem geschlossenen Vieleck als vollständige, diejenigen über dem Teile eines Vieleckes als unvollständige bezeichnet werden; die letzteren kommen vielfach bei Kirchen als Apsidendächer vor.

Die meist übliche Konstruktion der flachen Zeltdächer weist unter jedem Grat einen Binder auf; diese tragen herumlaufende Pfetten und sind der Hauptsache nach, wie die gewöhnlichen Satteldachbinder, also für Kräfte in der Binderebene, stabile Fachwerke. Eine andere Konstruktionsweise verlegt alle tragenden Teile in die Dachhaut; diese Konstruktion ist dem *Schwedler*'schen Kuppeldache nachgebildet.

137.
Konstruktion
mit Bindern
unter den
Graten.

Befindet sich unter jedem Grat ein Binder, so schneiden sich alle Binder in der lotrechten Mittelachse des Daches; die dadurch entstehende Schwierigkeit wird durch Anordnung einer Helmstange an der Spitze und von eisernen Ankern mit gemeinsamem Schlofs an den unteren Durchschneidungsstellen oder durch

Fig. 416.

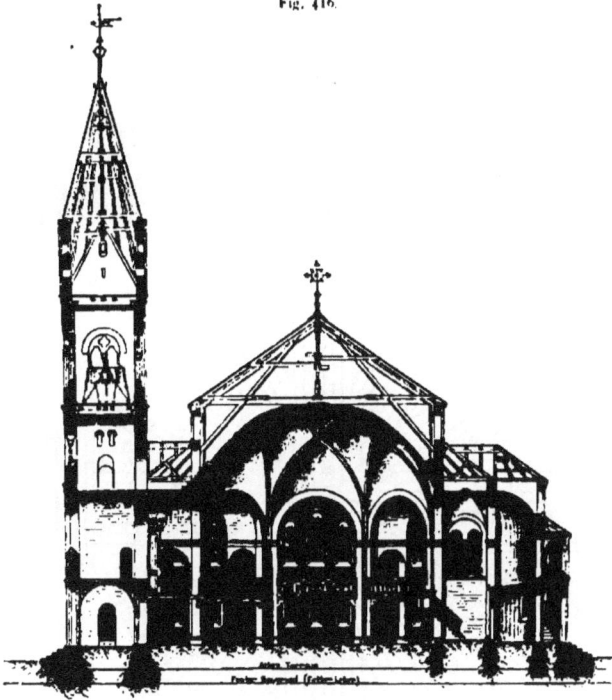

Von der Kirche zu Nietleben[149].

Konstruktionen, wie in Fig. 417 u. 418, beseitigt. Die für die einzelnen Binder erforderlichen Doppelzangen werden in verschiedene Höhen gelegt, so daß sie einander nicht hindern. Eine solche Konstruktion zeigt Fig. 416[149].

[149] Faks.-Repr. nach: Centralbl. d. Bauverw. 1890, S. 318.

Fig. 417.

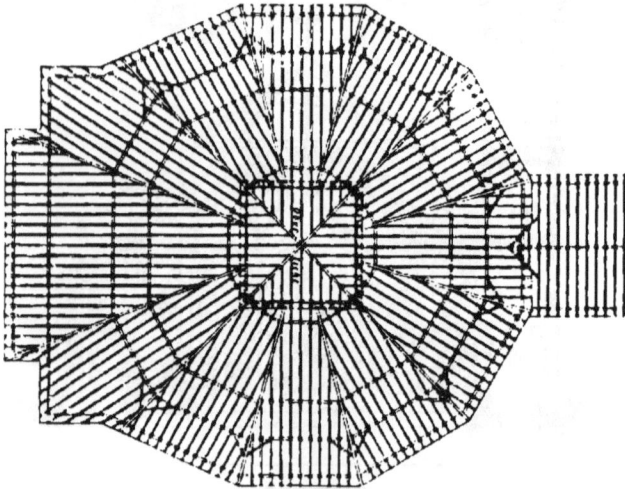

¼ₘ w. Gr

Fig. 418.

Vom Luther-Festspielhaus zu Hannover[100]).

Je zwei einander unter 90 Grad im Grundriß schneidende Binder sind als zusammengehörig behandelt. Die für die mittlere Pfette erforderlichen Zangen sind bei zwei Bindern unter, bei den beiden anderen Bindern über die Pfette gelegt. Die unteren Zangen sind in ihrem mittleren Teile durch eiserne Zugbänder ersetzt, welche sich in einem Schloß vereinigen.

Ein beachtenswertes Zeltdach hat das in Fig. 417 u. 418 [189]) dargestellte Luther-Festspielhaus zu Hannover.

Dasselbe, über einem Zwölfeck errichtet, ruht auf zwei Reihen konzentrischer Stützen, so daß ein 6,80 m breiter Umgang gebildet wird, welcher als wirksames Widerlager dient. Zwei einander unter 90 Grad im Grundriß schneidende Binder unter den Diagonalen des quadratischen Dachlichtes sind als durchlaufende Binder angeordnet. Diese nehmen den Rahmen für das Dachlicht auf, gegen welchen Rahmen sich dann die anderen Gratbinder setzen (vergl. das Schaubild in Fig. 418). Ursprünglich sollten gegen den Seitenschub starke mit den äußersten Ständen fest verbundene Streben angebracht werden; später ersetzte man dieselben durch die Zugstangen, welche unter den Diagonalen des Dachlichtes, also in den Hauptbindern die Zangen verbinden.

Eine gute Konstruktion ist das Dach über einem Lokomotivschuppen, welches in Fig. 419 [190]) vorgeführt ist.

Die Grundfigur ist ein regelmäßiges Zwölfeck; jeder einzelne Binder ist ein Auslegerträger; eine Laterne belastet die Enden der Ausleger.

Es möge hier auch an das ähnlich konstruierte Dach des Theaters zu Mainz (siehe Fig. 306, S. 119) erinnert werden.

Wird die Konstruktion nach Art der *Schwedler*'schen Kuppeln durchgeführt, so liegen alle tragenden Teile in den Dachflächen; unter die Grate kommen die Gratsparren, dieselben werden durch herumlaufende Ringe verbunden, die gleichzeitig als Pfetten dienen. Gegen die ungleichmäßige Belastung ordnet man in den Dachflächen liegende Schrägstäbe an. Die Berechnung dieser Konstruktion ist in Teil I, Band 1, zweite Hälfte (Art. 456 bis 460, S. 427 u. ff. [191]) dieses »Handbuches« vorgeführt, worauf hier verwiesen wird. Die Sparren werden gedrückt; die Schrägstäbe in den Dachflächen werden stets als gekreuzte ausgeführt, können demnach sowohl als Zug-, wie als Druckdiagonalen ausgebildet werden. Von den Ringen erhält der Fußring stets Zugbeanspruchung; derselbe wird deshalb meist aus Eisen hergestellt. Wenn der Wind unter die Dachkonstruktion kommen kann, so ist bei der Konstruktion darauf Rücksicht zu nehmen; die Verbindungen sind dann so auszubilden, daß sie den geringen auftretenden Zug übertragen können.

(Randnotiz: 134. Konstruktion nach Schwedler'scher Art.)

Ein Beispiel eines solchen Daches, bei welchem fast ausschließlich Holz verwendet ist, zeigt Fig. 420 [192]), eine 18-eckige Scheune, entworfen von *Hacker*.

Ringe und Sparren sind durch Verzapfungen miteinander verbunden, was zulässig ist, da an den Verbindungsstellen nur Druck übertragen zu werden braucht. Eigenartig ist die Ausbildung des Fußringes, der ganz aus Holz hergestellt ist. Rechnungsmäßig findet in demselben ein Zug von 64400 kg statt; die in einer Ecke zusammentreffenden Ringstücke sind je zur Hälfte überblattet, können also einen der halben Holzstärke entsprechenden Zug übertragen (dabei sind die überstehenden Enden so lang gehalten, daß genügende Sicherheit gegen Abscheren verbleibt); außerdem sind seitliche Laschen angebracht, um den Rest des Zuges zu übertragen. Ringstücke und Laschen werden von einem aus zwei Hölzern gebildeten Schloß umfaßt. Das untere Holz nimmt das obere Ende der doppelten Eckstücke und die Wandstreben, die andern auf den Sparren mit Hakenblatt auf. Die Sparren tragen herumlaufende Pfetten, deren Oberfläche höher liegt, als diejenige der Sparren. Die Sparrenstärke beträgt am Fuß 26 × 26 cm und am First 14 × 14 cm.

Man kann beim achteckigen Zeltdach die Schwierigkeit des Zusammenschneidens aller Binder in einer Linie dadurch vermeiden, daß man in der durch

[189]) Fabr.-Rept. nach: Zeitschr. d. Arch.- u. Ing.-Ver. zu Hannover 1888, III, 26.
[190]) 2. Aufl.: Art. 245 bis 249, S. 234 u. ff.; 3. Aufl.: Art. 251 bis 254, S. 265 u. ff.
[191]) Nach: Lacroix, F. La construction des ponts, 1e partie: Ponts en bois. Paris. Bl. 11, 12.
[192]) Nach: Zeitschr. d. Arch.- u. Ing.-Ver. zu Hannover 1888, S. 134.

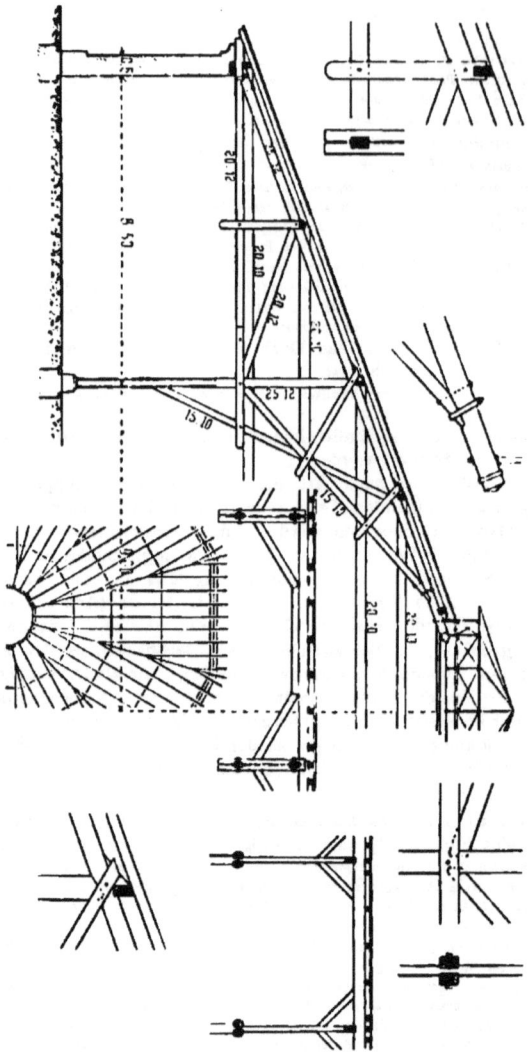

Fig. 419.

Von einem Lokomotivschuppen der Versailler Bahn (linkes Ufer) ¹/₁₀₀ w. Gr.

Fig. 420[198]).

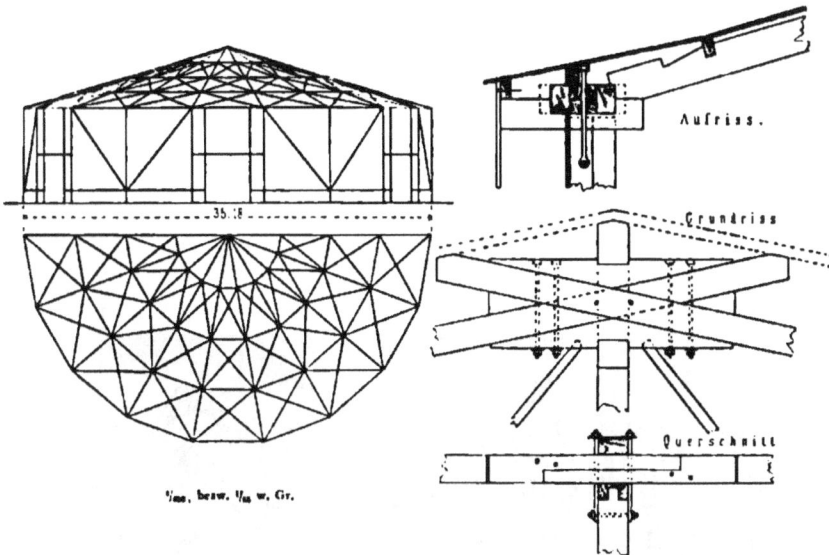

Aufriss.

Grundriss

Querschnitt

$^1/_{100}$, bezw. $^1/_{50}$ w. Gr.

Fig. 421[194]) vorgeführten Weise zwei parallele Binder im angemessenen Abstande anordnet, welche die ganze Konstruktion tragen. Im vorgeführten Beispiel tragen die beiden Hängewerke eine im Quadrat herumlaufende Pfette, auf

Fig. 421.

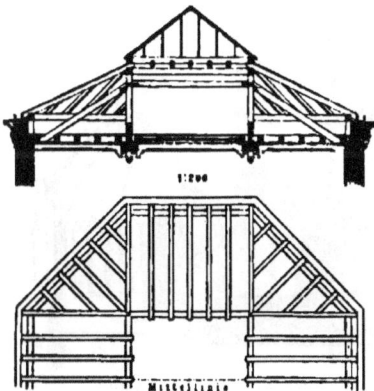

1:200

Mittellinie

Vom pathologischen Institut zu Halle a. S.[194]).

$^1/_{100}$ w. Gr.

Handbuch der Architektur. III. 2, d. (2. Aufl.)

welche sich die Sparren der im Grundrifs entstehenden vier Rechteckfelder legen; diejenigen der dreieckigen Grundrifsfelder schiften sich gegen die äufsersten Seitensparren der Rechteckfelder. Der mittlere quadratische Teil in Fig. 421 ist durch ein Dachlicht überdeckt.

Unvollständige Zeltdächer werden wie gewöhnliche Zeltdächer behandelt; besondere Sorgfalt ist dem Anfallspunkte zu widmen, in welchem die Grate einander schneiden. Man ordnet hier zweckmäfsig einen ganzen Binder an und konstruiert, wie bei den Walmdächern gezeigt ist. Der Anfallspunkt erhält eine Helmstange; die Zuganker vereinigt man in einem Schlofs, von

139. Unvollständige Zeltdächer.

[194]) Nach: Centralbl. d. Bauverw. 1881, S. 210, 219.

13

Fig. 422.

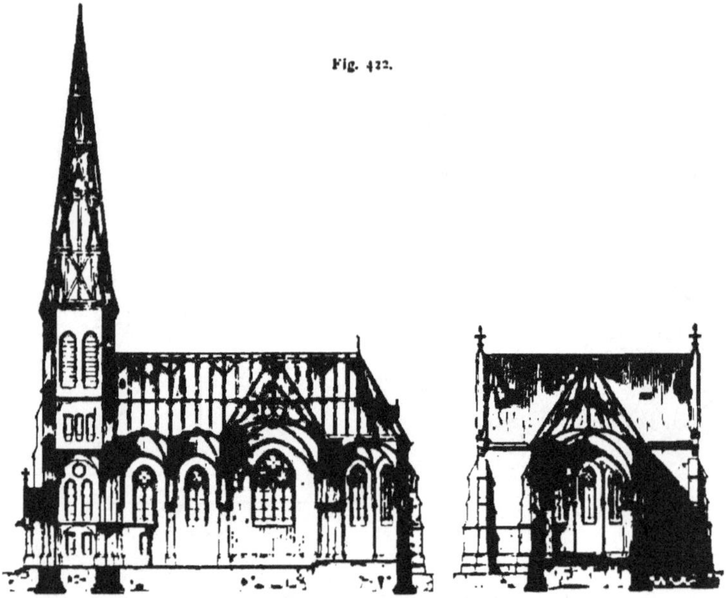

Von der Kirche zu Neuenkirchen[198].
¹⁄₁₀₀ w. Gr.

Fig. 423.

welchem aus die resultierende wag-
rechte Kraft weiter nach festen
Punkten geführt werden muß (siehe
Fig. 422 [198]).

Man hat auch den von den
Gratbindern auf die Helmstange
ausgeübten Schub durch eine Strebe und Schwelle in der Mittelachse
der Kirche aufgehoben (Fig. 423 [199]).
Die Schwelle ist auf die Schluß-
steine der beiden letzten Gewölbe
gelegt.

Ferner wird auf den Dachstuhl
der Kirche zu Badenweiler hingewiesen, welcher auf der Tafel bei
S. 206 dargestellt und auf S. 206
ausführlich beschrieben ist.

---

[198] Faks.-Repr. nach: Zeitschr. d. Arch.- u.
Ing.-Ver. zu Hannover 1891, Bl. 21.
[199] Faks.-Repr. nach ebendas. 1875, Bl. 623.

Von der Kirche zu Astfeld[199].
¹⁄₁₀₀ w. Gr.

c) Kuppeldächer.

140.
Allgemeines.

Die Kuppeldächer sind Zeltdächer mit gekrümmter Dachlinie; sie werden über kreisförmiger, elliptischer oder vieleckiger Grundfläche aufgebaut. Auch über dem Teile eines Kreises, einer Ellipse oder eines Vieleckes erbaut man Kuppeldächer und erhält so bezw. eine halbe, Drittel-, Viertelkuppel. Fast stets hat das Kuppeldach in seiner Mitte eine sog. Laterne, die oft als Turm ausgebildet ist und von der Dachkonstruktion getragen wird. Wichtig ist, dafs man den vom Kuppeldach umschlossenen inneren Raum möglichst frei von Konstruktionsteilen hält, sei es, weil die Konstruktion von unten sichtbar bleibt und die architektonische Wirkung durch die kreuz- und querlaufenden Stäbe gestört werden würde, sei es, weil man den Raum in der Kuppel ausnutzen will. Wenn die Holzkuppel als Schutzkuppel für eine gemauerte innere Kuppel dient, so läfst man die innere Kuppel möglichst in den freien Kuppelraum hineinreichen und kann dann nicht gut durchgehende Hölzer anbringen. Es ist ferner nicht zweckmäfsig, das Kuppeldach auf die innere gemauerte Kuppel zu stützen, und so bietet sich für das Kuppeldach nur die ringsum laufende Mauer zur Anordnung der Auflager. Die Aufgabe ist demnach hier, eine Konstruktion als stabiles, räumliches Fachwerk herzustellen, welche nur auf der Umfangsmauer Auflager findet und im Inneren einen möglichst freien Raum läfst. Falls die Kuppel eine turmartig ausgebildete Laterne trägt, so ist dieselbe genügend weit hinabzuführen und gegen die hochangreifenden wagrechten Kräfte sorgfältigst zu verankern. Bezüglich derartiger Konstruktionen wird auf Fig. 435 u. 436 verwiesen.

141.
Konstruktion.

Die Bedingungen der Stabilität beim räumlichen Fachwerk sind in Art. 121 (S. 152) untersucht; dieselben haben auch hier Geltung; die neuere Konstruktionsweise konstruiert die Kuppeldächer nach den dort entwickelten Bedingungen.

Bei der älteren Konstruktionsart stellte man eine gröfsere Zahl von Bindern radial auf. Diese Anordnung, bei welcher der innere Kuppelraum stark verbaut wird, ist heute fast ganz zu gunsten derjenigen verlassen, bei welcher alle tragenden Teile in die Dachfläche verlegt werden; die letztere Konstruktionsweise ist von *Schwedler* für die eisernen Kuppeln erfunden und für diese vielfach ausgeführt; sie eignet sich auch für Holzkuppeln. Gewöhnlich ersetzt man die stetig gekrümmte Kuppelfläche (die Umdrehungsfläche) durch ein dieser Fläche eingeschriebenes Vieleck mit Kanten unter den Graten und den Ringen der Kuppel.

Die äufseren auf die Kuppel wirkenden Kräfte (Belastungen) und die Berechnung sind in Teil I, Band 1, zweite Hälfte dieses »Handbuches« entwickelt.

Nach den Untersuchungen in Art. 121 (S. 152) erhält man ein statisch bestimmtes, räumliches Fachwerk folgendermafsen. Man wähle als Zahl der Auflager eine gerade Zahl, mache die Hälfte der Auflager fest (Punktlager), die andere Hälfte frei in der Auflagerebene beweglich (Ebenenlager), verbinde jedes bewegliche Lager mit zwei festen Lagern durch Stäbe, ordne die Gratsparren, sowie die der Grundfigur ähnlichen, in verschiedenen Höhen liegenden Ringe an und versehe jedes Seitenfeld mit einer Diagonale. Das entstehende räumliche Fachwerk ist, falls oben ein Laternenring liegt, statisch bestimmt. Bei der in Fig. 424 dargestellten Kuppel über einer zwölfeckigen Grundfigur sind 6 Punktlager und 6 Ebenenlager vorhanden; mithin ist die Zahl der Auflagerunbekannten $n = 3 \cdot 6 + 6 = 24$. Sonach mufs, falls k die Zahl der Knotenpunkte bedeutet, die Zahl der Stäbe $s = 3k - n = 3k - 24$ sein. Die Zahl der Knotenpunkte ist $k = 4 \cdot 12 = 48$; also mufs $s = 3 \cdot 48 - 24 = 120$ sein. In der That ist $s = 10 \cdot 12 = 120$. Da nun aufserdem jeder Knotenpunkt durch Aufbau von den Auflagern aus stets dadurch im Raume festgelegt ist, daß er mit drei festen, nicht mit ihm in einer Ebene liegenden Punkten verbunden ist, so ist das Fachwerk statisch bestimmt.

Die in den Seitenfeldern liegenden Diagonalen haben Zug und Druck zu erleiden. Will man, daß dieselben nur Zug oder nur Druck erhalten, so ordne man in jedem Felde gekreuzte Diagonalen an; dieselben können sowohl als Zugdiagonalen aus Eisen, wie als Druckdiagonalen aus Holz hergestellt werden. Der oberste Ring, der Laternenring, erhält stets Druck und wird, wie die übrigen Ringe, aus Holz ausgeführt; den Fußring, welcher die Ebenen- und Punktlager miteinander verbindet und nicht unbedeutenden Zug zu erleiden hat, bildet man zweckmäßig aus Eisen.

Wegen der Einzelausbildung der Knotenpunkte kann auf diejenige hingewiesen werden, welche in Art. 133 (S. 178) bei den *Olzen*'schen Turmdächern vorgeführt ist; die Knotenpunkte können hier ganz ähnlich angebildet werden, wobei Zuhilfenahme von Eisen sich empfiehlt.

Auf die unter den Graten angeordneten Kuppelsparren, welche die Stelle der Binder vertreten, kommen ringsherum laufende Pfetten für die Dachschalung. Wenn die freie Länge der Pfetten in den unteren Feldern zu groß wird, so kann man sie durch zwischengesetzte Kuppelsparren unterstützen, wodurch die Seitenzahl der Grundfigur vergrößert wird. Diese zwischengesetzten Sparren brauchen nicht bis zum Laternenring zu reichen.

Fig. 424.

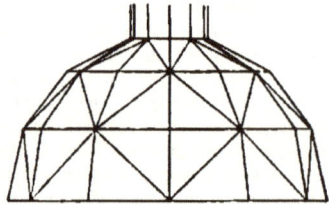

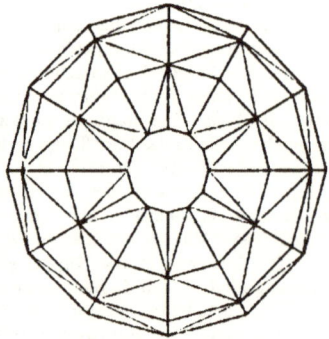

143.
Bohlenkuppeln.

Es liegt nahe, die Kuppelsparren als gekrümmte Bohlensparren herzustellen, wie in Art. 108 (S. 138) für Satteldächer vorgeführt wurde. Dadurch erhält man die Dachform in natürlichster Weise. Man kann die Gratsparren der Kuppel aus hochkantigen Bohlen ausbilden, durch Pfetten als Ringe verbinden und mit Diagonalen in allen Seitenfeldern versehen; dann erhält man das vorstehend beschriebene Kuppelgerippe. Man kann auch die Bohlengespärre so nahe aneinander stellen, daß auf ihnen ohne weiteres die Schalung, welche dann die Diagonalen ersetzt, angebracht werden kann. Eine solche Kuppel ist die von *Moller* entworfene und ausgeführte Kuppel der katholischen Kirche zu Darmstadt (Fig. 425 [197]), welche, zweckmäßig und wohl überlegt erdacht, vielfach als Vorbild gedient hat und weit bekannt geworden ist.

Sie überspannt einen Grundkreis von 33,50m Durchmesser, besteht aus 56 radial gestellten Bohlensparren, welche sich oben gegen einen gleichfalls aus Bohlen hergestellten Laternenring lehnen und unten auf einen gemeinsamen Fußring setzen. Zwischen je zwei dieser Hauptsparren ist ein weiterer angeordnet, der aber nicht bis zum Laternenring hinaufreicht. Die Sparren werden durch herum-

---

[197] Nach: Moller, a. a. O., Heft 1.

Fig. 425.

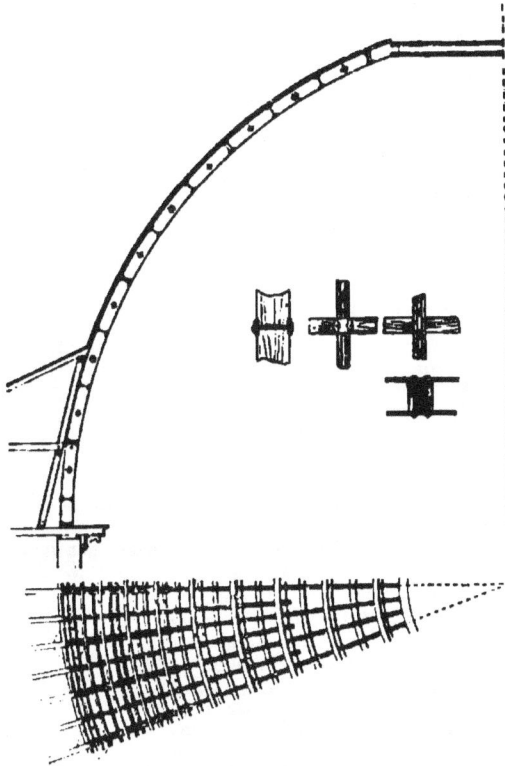

1/100 w. Gr.

Fig. 426.

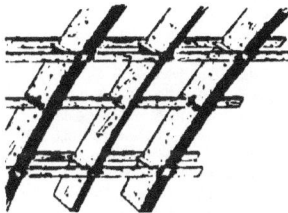

1/100 w. Gr.

Von der katholischen Kirche zu Darmstadt [197]).

laufende Ringe — von *Möller* Gurtbänder genannt — miteinander verbunden, welche Ringe 2,18 voneinander entfernt sind. Außer diesen laufen auch Querriegel rings um die Kuppel, alle Bohlenbogen miteinander verbindend; je ein Querriegel liegt zwischen zwei Gurtbändern. Endlich ist noch, etwa in ein Drittel der Höhe über der Auflagerebene, ein herumlaufender Ring aus zwei übereinanderliegenden Hölzern angeordnet, welcher durch schief gestellte Pfosten gestützt wird und für das äußere Dach als Pfette dient; dieser Ring soll eine wagrechte Verschiebung der ganzen Kuppel verhüten. Diagonalen sind nicht angebracht; ihre Stelle vertritt wohl die Schalung. Die Bohlenbogen bestehen im unteren Teile aus 5 und im oberen Teile aus 3 hochkantigen Bohlenlagen, jede 6 cm stark und 38 cm breit; sie sind aus 1,00 m langen Bohlenstücken zusammengesetzt; die Zwischensparren haben nur je drei Bohlenlagen. Die Gurtbänder sind aus jungem, gerissenem Eichenholz, 10 cm hoch, 2,5 cm stark und laufen außen und innen um die ganze Kuppel herum. Die Verbindung derselben mit den Bohlensparren ist in Fig. 426 dargestellt, ebenso die der Querriegel, welche aus 12 cm hohen Bohlen gebildet sind und durch die Bohlenbogen hindurchgehen. Besonders gefürchtet wurde bei der Herstellung dieser Kuppel das ungleiche Setzen und Senken einzelner Bohlensparren, da bei der großen Länge der Sparren eine große Zahl von Stoßfugen vorhanden ist. Deshalb wurden die Gurtbänder mit ihrer halben Stärke in die Bohlensparren eingelassen, so daß sie mit der hohen Seite tragen; dadurch sollte verhindert werden, daß die ungleichmäßigen Senkungen sich nach oben oder unten fortsetzten. Wegen weiterer Einzelheiten wird auf die auf S. 196 erwähnte Quelle[197] verwiesen.

Fig. 427.

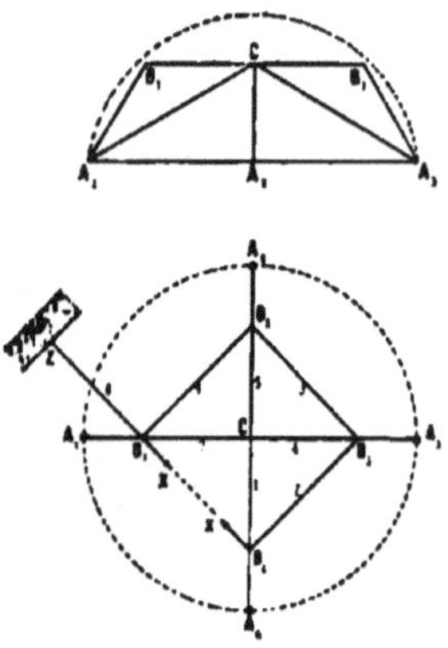

142. Ältere Kuppelkonstruktion. Unter Umständen kann auch die Anordnung mit radialen Bindern empfehlenswert sein; nur muß man Sorge tragen, daß das entstehende Fachwerk stabil ist. Die zwei nachstehend beschriebenen Konstruktionen bieten keine stabilen Fachwerke, worauf hier besonders hingewiesen wird.

Zwei in lotrechten, einander unter 90 Grad schneidenden Ebenen liegende Fachwerke $A_1 C A_3$ und $A_2 C A_4$ (Fig. 427) stützen sich auf die vier festen Auflager A_1, A_2, A_3, A_4. Punkt C ist durch Verbindung mit A_1, A_2, A_3 und A_4 gleichfalls im Raume festgelegt, und zwar mit einem Stabe mehr, als nötig wäre. Fügt man nun B_1, B_2, B_3, B_4 hinzu, indem man diese Punkte je mit C und dem betreffenden Auflagerpunkt A verbindet und die Stäbe $B_1 B_2$, $B_2 B_3$, $B_3 B_4$, $B_4 B_1$ anbringt, so wäre zu untersuchen, ob dieses Fachwerk stabil ist. Wäre dies der Fall, so könnte man weiter darauf aufbauen, insbesondere zwischen die Hauptbinder Zwischenbinder setzen, welche sich gegen die Hölzer $B_1 B_2$, $B_2 B_3$, $B_3 B_4$, $B_4 B_1$ lehnen.

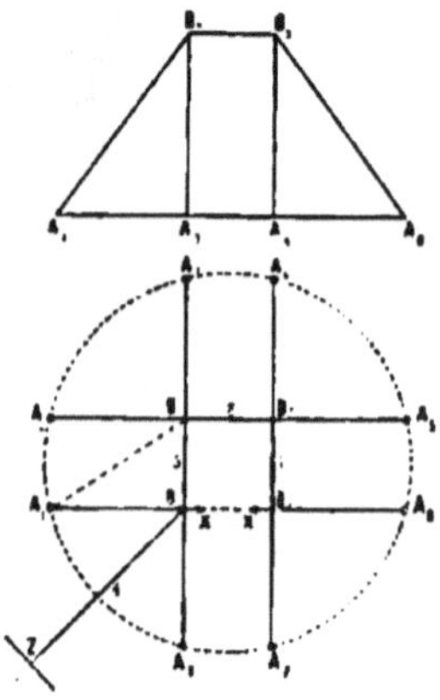

Die Zahl der Auflagerunbekannten ist $n = 3 \cdot 4 = 12$, die Zahl der Knotenpunkte $k = 9$; demnach muß die Zahl der Stäbe $s = 3 \cdot 9 - 12 = 15$ sein. Vorhanden sind 16 Stäbe, und da C durch einen Stab zu viel mit den Auflagern verbunden ist, so wäre demnach Stabilität möglich.

Baut man von unten auf, indem man die Auflager A und Punkt C als fest ansieht, so verbinden wir B_1 mit A_1, C und Z (der Verbindungsstab $B_1 Z$ ist ein nachher fortzulassender Ergänzungsstab); Punkt B_2 wird mit A_2, C, B_1, Punkt B_3 mit A_3, C, B_2, Punkt B_4 mit A_4, C, B_3 verbunden. Es fragt sich, ob Stab $B_1 Z$ durch $B_4 B_1$ ersetzt werden kann.

Fig. 428.

Fig. 429.

'/₁₀₀ w. Gr.

Von der Mädchenvolksschule zu Neutitschein [126].

Wirkt in der Richtung $H_4 B_1$ in den Punkten B_1 und B_4 je X, so erhält man leicht als Spannungen in den Stäben *1, 2, 3* ...

$$S_1' = -2\,X \sin 45^\circ, \quad S_2' = +X = S_3' = S_5',$$
$$S_4' = -2\,X \sin 45^\circ, \quad S_6' = 0.$$

Stab $B_1 B_4$ kann also Stab $B_4 Z$ nicht ersetzen (siehe Art. 123, S. 156); die Konstruktion ist nicht stabil. Man kann also auf dieser Grundlage nicht weiter aufbauen.

Fig. 430.

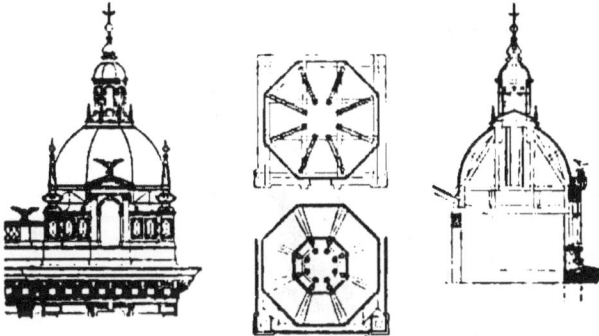

Von einem Wohnhaus zu Wien [127].
'/₁₀₀ w. Gr.

[126] Faks.-Repr. nach: Allg. Baus. 1889, Bl. 17.
[127] Faks.-Repr. nach ebendas. 1883, Bl. 65.

Man hat wohl im Grundrifs vier einander unter 90 Grad kreuzende Ilängewerke, deren je zwei parallel sind, angeordnet (Fig. 428); in den Schnittpunkten derselben sind die Hängesäulen, welche unter Umständen als Laternen-, bezw. Dachreiterpfosten weiter geführt werden.

Verführt man hier so, wie soeben gezeigt, und führt $B_1 Z$ als Ergänzungsstab ein, so erhält man, wenn in den Punkten B_1, bezw. B_6 je X als Zug in der Richtung $B_1 B_6$ wirkt,

$$S_1 = -X, \quad S_2 = +X, \quad S_3 = -X, \quad S_4 = 0.$$

Auch dieses Fachwerk ist also eigentlich unbrauchbar. Dennoch kann man es ausführen, wenn die Abmessungen kleine oder mittlere sind und die Kuppel verschalt wird. Man sieht nämlich leicht, daß das räumliche Fachwerk sofort stabil wird, wenn man die Diagonale $A_1 B_6$ einsieht; denn dann wird Punkt B_6 durch Verbindung mit A_1, A_6, A_2 räumlich bestimmt, ebenso Punkt B_5 durch Verbindung mit B_6, A_1, A_5, Punkt B_6 mit B_6, A_6, A_6, und Punkt B_1 mit B_6, A_6, A_1. Die Diagonale wird aber durch die Schalung vollständig ersetzt.

Eine in dieser Weise konstruierte Kuppel zeigt Fig. 429 [198]).

Den günstigen Einfluß der Schalung kann man auch bei der in Fig. 430 [199]) dargestellten Konstruktion mit in Betracht ziehen.

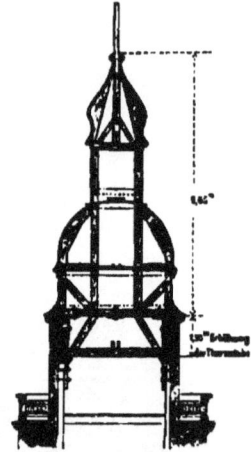

Fig. 431.

Vom Rathaus zu Münsterberg [200]).
$\frac{1}{100}$ w. Gr.

Acht radiale Halbbinder setzen sich gegen die durch einen im Grundriß achteckigen Laternenring miteinander verbundenen Pfosten. Wenn in den Seitenflächen der Kuppel Diagonalen wären, so würde das Fachwerk (als Flechtwerk) stabil sein; die Schalung vertritt die Stelle der Diagonalen.

Ähnlich ist die Anordnung in Fig. 431 [200]).

Dieselbe zeigt ein kuppelartiges Turmdach für eine kleine Weite über achteckigem Grundriß. Es scheint, daß die ganze Konstruktion auf zwei einander unter 90 Grad schneidenden Balken ruht, in welche sich Wechsel unter 45 Grad setzen, die dann die übereck gelegten Stichbalken aufnehmen. Auf diese 8 radial liegenden Balken sind die 8 Stiele aufgesetzt, welche oben einen Laternenring tragen; gegen diesen, bezw. die Stiele setzen sich die Kuppelsparren.

Sehr einfach wird die Konstruktion, wenn es zulässig ist, die Holzkuppel auf die innere, gemauerte Kuppel zu stützen. Eine solche ohne weiteres leicht verständliche Anordnung zeigt Fig. 432 [201]).

Am Widerlager der Kuppel stehen auf einer Holzschwelle Stiele, die an ihrem oberen Ende wagrechte Zangen tragen; die Zangen finden ein zweites Auflager auf dem Kuppelmauerwerk; sie nehmen die tragenden Sparren auf, welche sich oben in einen Laternenring setzen, der gleichfalls vom Kuppelmauerwerk getragen wird.

Fig. 432.

Vom Badehaus zu Oeynhausen [201]).
$\frac{1}{100}$ w. Gr.

[198]) Faks.-Repr. nach: Centralbl. d. Bauverw. 1891, S. 131.
[201]) Faks.-Repr. nach: Zeitschr. f. Bauw. 1858, Bl. 23.

d) Dachreiter.

Die Dachreiter sind Türme von gewöhnlich kleinen Abmessungen, welche sowohl auf einfachen Satteldächern, wie besonders bei Kirchen, gern an der Schnittstelle des Lang- und Querschiffes, also über der Vierung angeordnet werden;

144.
Zweck und
Konstruktion.

Fig. 433.

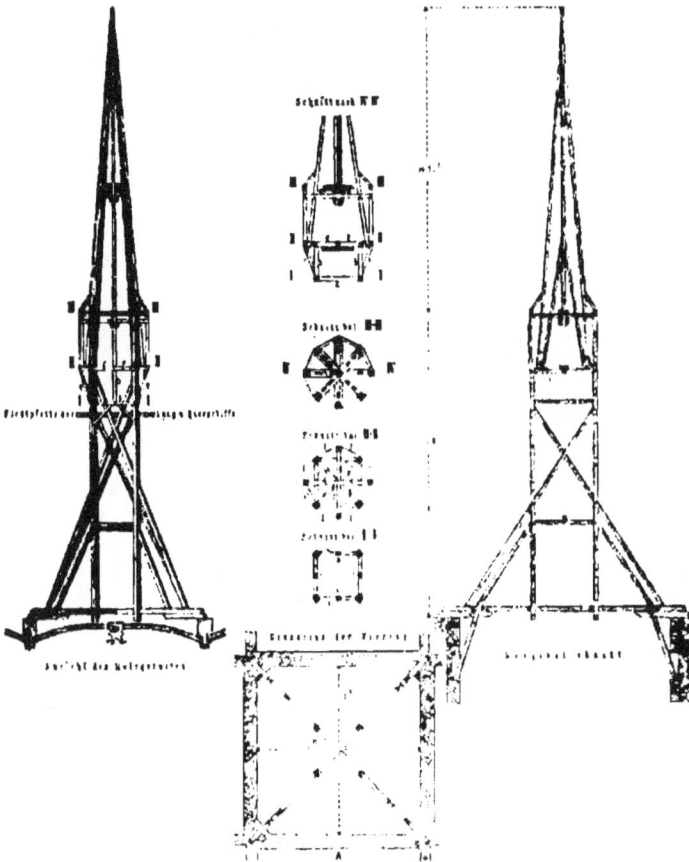

Von der Weißgerberkirche zu Wien [20]).
¹/₇₈ w. Gr.

auch als Schmuck von flachen Zeltdächern und Kuppeldächern kommen Dachreiter vielfach zur Anwendung. Sie haben meistens zunächst über der Dach-

²⁰), Nach: WIST, J. Studien über ausgeführte Wiener Bau-Constructionen. Wien 1872. Bd. I, Bl. 20, 21.

fläche einen lotrechten, vier- oder achtseitigen Teil, über welchem dann der pyramidale Teil, der eigentliche Turm folgt. Damit die auf den Dachreiter wirkenden Kräfte, besonders die wagerechten Windkräfte, sicher in das stützende Mauerwerk geführt werden, setze man die Dachreiter auf genügend starke Konstruktionen, z. B. auf die Dachbalkenlage oder Hängewerke u. dergl. Auch ordne man in wenigstens zwei lotrechten Ebenen, die im Grundriß miteinander einen rechten Winkel bilden, Verstrebungen an. Nur ganz kleine Dachreiter dürfen auf die Kehlbalken gestellt werden; doch muß man über die Kehlbalken zunächst Schwellen strecken, auch Fußbänder und Zangen zur Sicherung anordnen. Wenn der im Inneren des Daches befindliche Teil der Konstruktion vier Stiele hat, aus denen oberhalb des Dachfirstes der Übergang in das Achteck erfolgt, so kann man diese Stiele entweder in die Firstlinie, bezw. in die beiden sich kreuzenden Firstlinien legen oder zwischen dieselben anordnen; für beide Lagen sind weiterhin Beispiele vorgeführt. Zur Erläuterung der Konstruktion der Dachreiter dienen Fig. 433 bis 438.

Fig. 433[101]) zeigt den Dachreiter von der Weißgerberkirche zu Wien.

Derselbe ist über der Vierung errichtet, ruht vermittels vier Doppelpfosten auf Balken, welche in die lotrechten Diagonalebenen der Vierung verlegt sind. Die Doppelpfosten sind in den beiden Diagonalebenen vermittels mehrfacher Hängewerke kräftig verstrebt, deren Streben zwischen den Doppelstielen durchgehen. Die Lage der Firstpfetten der anschließenden Dächer ist in Fig. 433 angegeben. Beachtenswert ist auch die Überführung aus dem Viereck der Pfosten in das Achteck. Bei I—I ist das Gerüst noch vierseitig; dort sind zwischen die Doppelpfosten Balken a eingezapft, welche in den vier Seitenebenen befindlichen Pfosten b tragen. Bei II—II sind in denselben Seitenebenen die Balken c angebracht, welche die Querbalken d tragen;

Fig. 434.

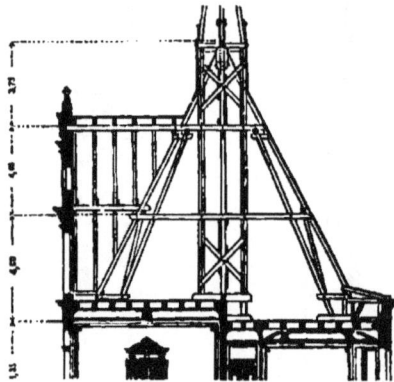

Vom Bankgebäude des Sparkassenvereins zu Danzig[108]).
¹/₁₀₀ w. Gr.

diese reichen über die Seitenebenen so weit hinaus, wie es die Achteckform bedingt, und sind durch Kopfbänder e gegen die Balken in der Höhe I—I abgestützt. Randhölzer f verbinden die Balken d mit den Doppelstielen. Auf das so gebildete Achteck baut sich nunmehr der Turm mit einem lotrechten und einem pyramidenförmigen Teile weiter auf. In der Höhe II—II sind zwischen den Doppelstielen diagonal laufende Balken g angebracht, welche die Streben für den Kaiserstiel aufnehmen.

In Fig. 434[104]) ragt der Dachreiter aus dem Langdach an einer Stelle hervor, an welcher etwas weiter unten ein Querdach einschneidet. Die vier Pfosten des Dachreiters stehen hier in den lotrechten Ebenen der betreffenden Firstpfetten.

Auch hier ist die Konstruktion des Dachreiters bis zur Dachbalkenlage hinabgeführt; die vier Pfosten sind auf kräftige Schwellen in dieser Balkenlage gestellt. Je zwei sich gegenüberstehende Stiele sind miteinander gut verkreuzt. An das Gerüst des Dachreiters schließt sich das Satteldach an. Die in die lotrechte Mittelebene des Dachreiters fallenden Sparren des Satteldaches setzen sich gegen die Pfosten; der eine dieser Sparren nimmt dann noch die Kehlsparren auf. Die Firstpfette des Quer-

[101]) Faks.-Repr. nach: Centralbl. d. Bauverw. 1886, S. 510.

daches setzt sich beim Dachreiter als Doppelzange fort, welche die Pfosten und Sparren umfaßt. Die Unterstützung der Pfetten und Sparren des Hauptdaches ist aus Fig. 434 vollständig ersichtlich.

Eine eigenartige und gute Anordnung ist durch Fig. 435 [104]) veranschaulicht. Die Last des Daches, einschliefslich des Dachreiters, sollte auf die Seitenmauern gebracht und von den Mittelstützen ferngehalten werden. Der über der Kirchenmitte sich erhebende Dachreiter ist achtseitig; an die unter 45 Grad liegenden Seiten des Achteckes setzen sich im Grundrifs entsprechende Dachflächen.

Fig. 435.

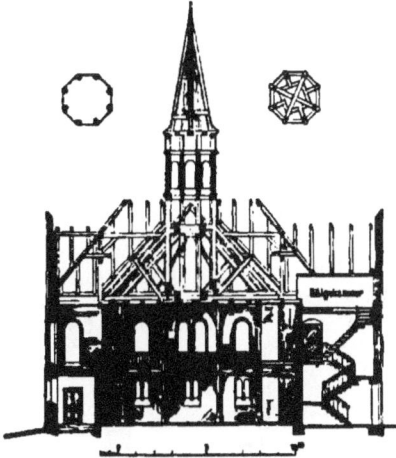

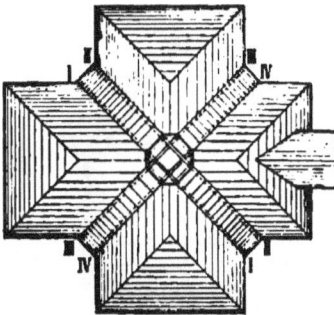

Von der evangelischen Kirche zu Kupp [104]).

Der Dachreiter weist 8 Eckstiele auf; Dach und Dachreiter werden durch vier Hängewerke (I—I, II—II, III—III, IV—IV) getragen; die Hängewerke liegen in den Richtungen der Diagonalen des grundlegenden Viereckes; die 8 Stiele des Dachreiters dienen als Hängesäulen der Hängewerke; die Spannriegel und Zugbalken der Hängewerke sind in etwas verschiedene Höhen gelegt, so daß sie einander nicht im Wege stehen. Für die Pfetten sind noch besondere Gegenstreben angebracht; die Pfetten nehmen auch die Kehlsparren auf. Die Anordnung ist durch die Abbildung klargestellt.

Fig. 436 [105]) stellt einen achtseitigen Dachreiter auf flachem achtseitigem Zeltdach dar.

Das ganze Dach wird durch vier Hängewerke getragen, welche gemeinsame Hängesäulen haben, wo ihre Ebenen sich durchschneiden; die Hängesäulen bestehen aus je vier Hölzern. Auf den Spannriegeln der Hängewerke liegen Doppelzangen, welche die Gratsparren umfassen. Zwei dieser Doppelzangen gehen in ganzer Länge durch (in etwas verschiedener Höhe); diese bilden miteinander im Grundrifs rechte Winkel. An denselben sind Wechsel befestigt, in welche sich die anderen vier Doppelzangen einzapfen. Der Dachreiter reicht bis zu diesen Zangen herab; seine 8 Doppelstiele umfassen die Gratsparren des Zeltdaches und sind in eine umlaufende, achteckige Schwelle gezapft, die auf den Zangen ruht. Die Doppelstiele sind im Dachraume noch weiter dadurch gesichert, daß sie zwischen Schwelle und First 8 Kehlbalken umschliefsen, die an die 8 Gratsparren des Zeltdaches angeblattet sind. Die weitere Konstruktion ist einfach. Seitliche Verstrebung des achteckigen Dachreiters erschien nicht als erforderlich.

Eine gute, ohne weiteres verständliche Anordnung ist in Fig. 437 u. 438 [106]) vorgeführt.

[104]) Nach: Centralbl. d. Bauverw. 1804. S. 366, 367.
[105]) Faks.-Repr. nach: Breymann, G. A. Allgemeine Bau-Constructions-Lehre etc. Teil 2. 4. Aufl. Stuttgart 1870. Bl. 57.
[106]) Faks.-Repr. nach: Allg. Bauz. 1890, Bl. 19, 20.

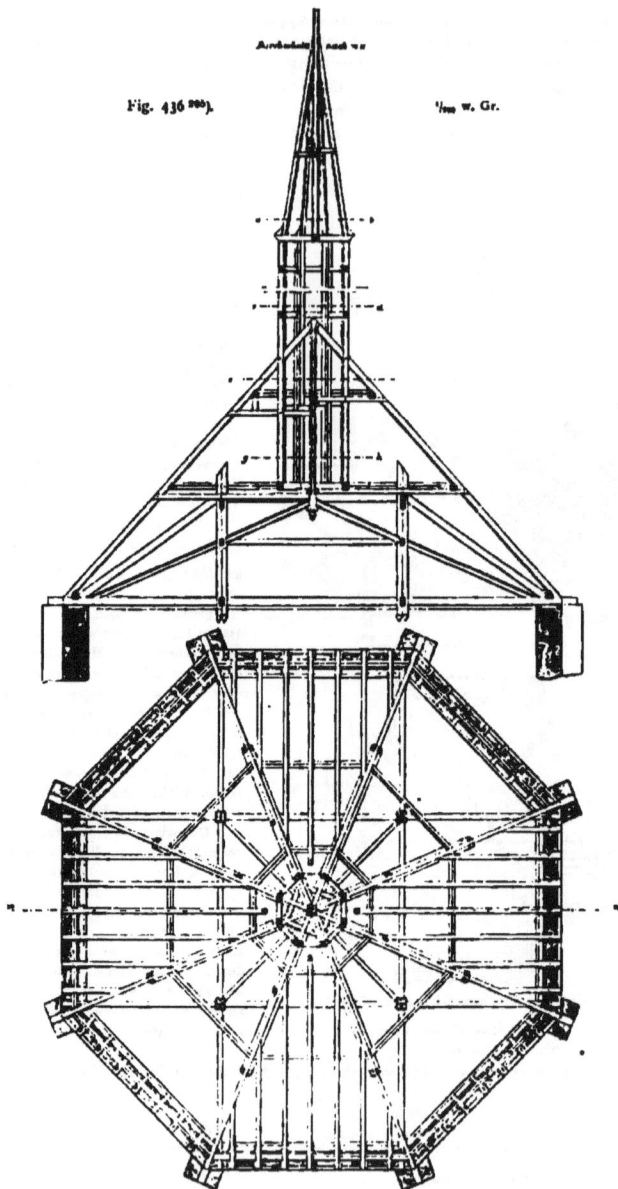

Fig. 436). Arbeitsblatt nach x-x ¹/₁₀₀ w. Gr.

Fig. 437.

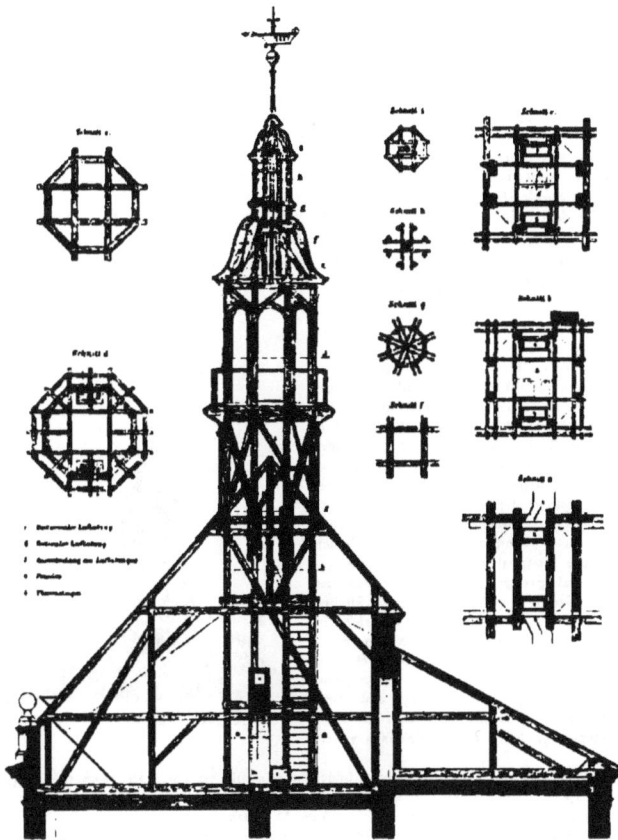

Vom Amtsgebäude der Gemeinde Feldberg in Oberösterreich.[104]

1 : 200 w. Gr.

e) Anhang zu Kap. 26 und 27.

Beispiele für Dächer über verwickeltem Grundriß.

Das Entwerfen eines Daches auch über verwickeltem Grundriß wird nicht schwierig sein, wenn man die in den vorigen Kapiteln gegebenen Anleitungen über die Konstruktion der Sattel-, Pult- und Zeltdächer beachtet. Nachstehend sind einige Beispiele solcher Dächer vorgeführt.

145. Beispiele.

Fig. 439 bis 442 [207]) zeigen die Dachkonstruktion der Kirche zu Ellerstadt
(Arch.: *Manchot*). Fig. 442 giebt den Grundrifs der Vierung, Fig. 440 den Diagonalschnitt, Fig. 441 den Längsschnitt durch die Vierung und Fig. 439 einen Satteldachbinder. Die Dachkonstruktion ist bis auf einen kleinen Teil in der Kirche
sichtbar und dementsprechend ausgebildet.

An den vier Seiten der Vierung sind Satteldachbinder (Fig. 439); für die Vierung selbst sind
Diagonal-(Kehl-)binder angeordnet; die oberen Gurtungen derselben dienen zugleich als Kehlsparren
und setzen sich gegen eine gemeinsame Hängesäule, welche an ihrem unteren Ende durch zwei Doppelzangen gefaßt ist; vier eiserne Zugbänder verbinden diesen Punkt mit den vier Auflagern. In solcher
Weise ist eine Art deutschen Dachstuhles gebildet; die beiden dem First zunächst liegenden Pfetten
sind noch durch liegende Druckstäbe gegen die Hängesäule abgestützt.

Ein sehr lehrreiches Beispiel bietet die nebenstehende Tafel, den Dachstuhl
der Kirche zu Badenweiler darstellend (Arch.: *Durm*); daselbst ist die Dachkonstruktion über der Vierung und den an diese anschliefsenden Schiffen im
Grundrifs und den Schiffen dargestellt.

Das Dach ist ein Pfettendach mit Firstpfette, zwei
Fuß- und zwei Zwischenpfetten. Die Dachbinder haben
Drempel; die durchgehende Zugstange liegt höher als
der Schlußstein des Gewölbes. Über der Vierung laufen
die Zwischenpfetten sowohl des Langschiffes, wie des
Querschiffes durch; sie liegen in gleicher Höhe und sind
überschnitten; daselbst sind zwei Diagonalbinder angeordnet, welche den Bindern des Lang- und Querschiffes
entsprechen. Die im Grundrifs sich ergebenden Eckpunkte der Zwischenpfetten sind durch besondere Streben gegen die Eckpfeiler der Vierung abgestützt; diese
Streben sind über der Fußpfette durch Doppelzangen
gefaßt, welche ein Zugband aus Rundeisen zwischen
sich nehmen. Die Firstpfetten werden durch eine gemeinsame Hängesäule getragen, gegen welche sich vier
weitere in den beiden Diagonalbindern liegende Streben
setzen; diese gehen von Doppelzangen aus, welche in
halber Dachhöhe liegen. Ganz oben, unter dem Firstpunkt, sind in den Diagonalbindern noch zwei Paar
Doppelzangen angebracht; gegen das obere dieser Paare
setzen sich die vier Firstpfetten vom Lang- und Querschiff; die Verbindung derselben mit der Helmstange
unter Zuhilfenahme von Eisen ist im einzelnen veranschaulicht.

Fig. 438.

Teilansicht zu Fig. 437 [208].
¹⁄₉ w. Gr.

Die vier Zwischenpfetten über der Vierung bilden im Grundriß ein durch vier wagrecht gelegte
Bügen versteifte Quadrat; die Pfetten sind noch durch Kopfbänder gegen die Diagonalbinder verstrebt;
sie tragen in den Mitten ihrer Längen kleine Pfosten zum Abstützen der Firstpfetten.

Bei den Apsiden ergeben sich halbe Zeltdächer. Da der eigentliche Binder etwa 1,40 m hinter
dem Anfallspunkt liegt, so ist die Firstpfette über den letzten Binder hinaus bis zum Anfallspunkt
vorgestreckt, durch ein Kopfband unterstützt und mit einem eisernen Bügel belastet, der eine eiserne
Scheibe trägt. In diese Scheibe sind die von den einzelnen Halbbindern ausgehenden Zugbänder
(Rundeisen) geführt; der hier angesammelte Zug ist noch weiter nach den beiden nächsten Bindern
geleitet. Die umlaufende Zwischenpfette ist in jedem Halbbinder durch eine Strebe gestützt, die durch
eine Doppelzange gefaßt wird; an der Innenseite der umlaufenden Zwischenpfette ist ein eiserner Ring
angeordnet, welcher dieselbe auch zur Aufnahme von Zugspannungen befähigt. Die Gratsparren der
Halbbinder werden durch die umlaufenden Pfetten (Zwischen- und Fußpfetten) getragen; gegen dieselben lehnen sich die Schifter; für den mittelsten Sparren ist in jedem Felde ein Wechsel angebracht.
Die Sparrenlage ist bei der Apsis des einen Querschiffes im Grundriß der Abbildung gezeichnet.

²⁰⁷) Nach freundlicher Mitteilung des Herrn Professor *Manchot* in Frankfurt a. M.

Zu S. 206.

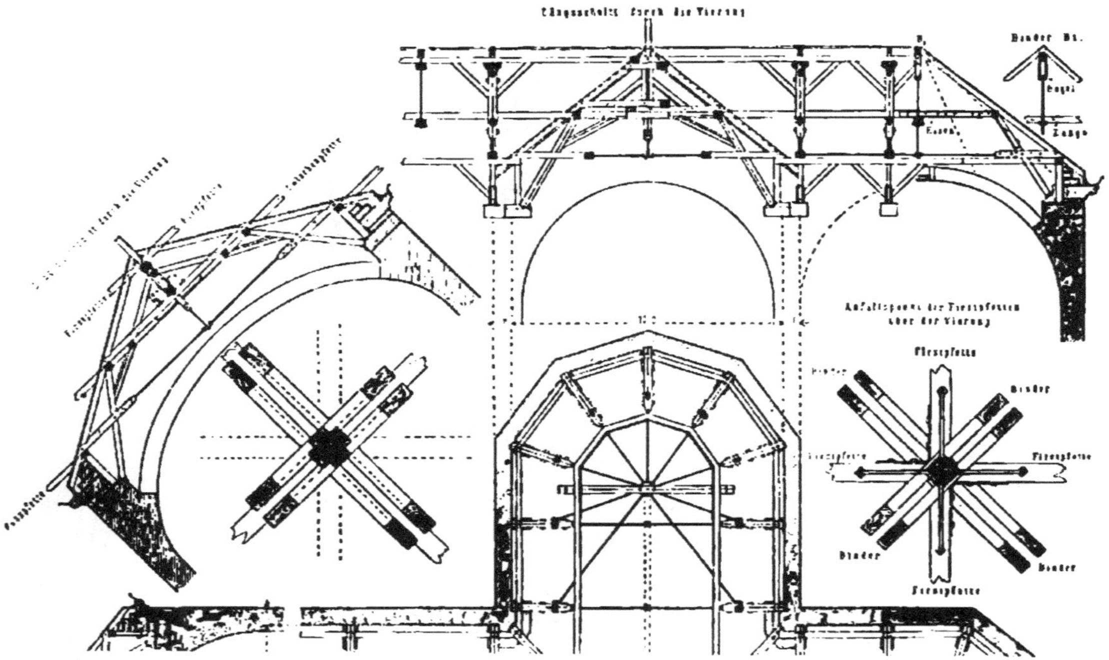

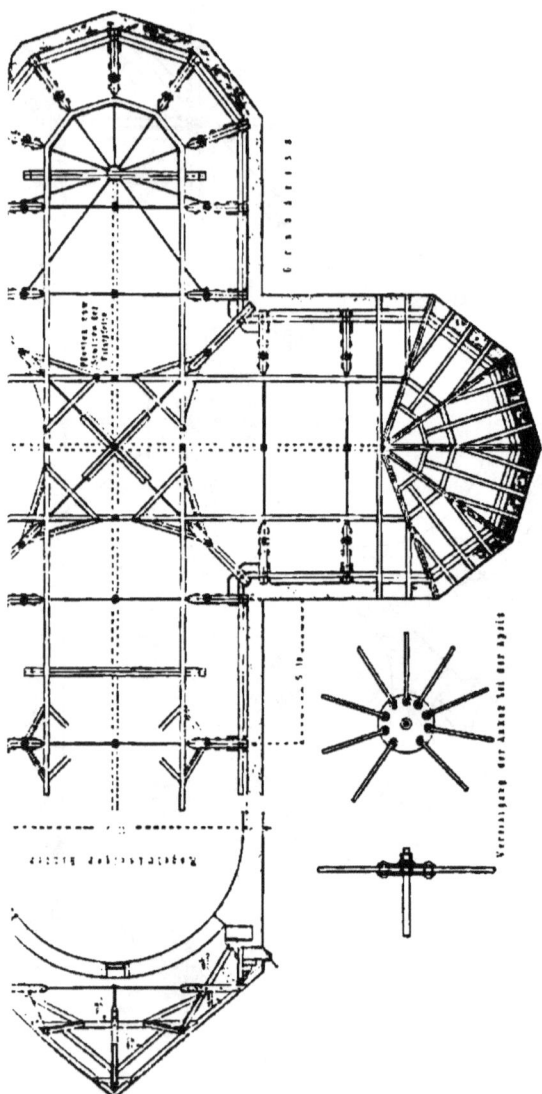

Von der Kirche zu Badenweiler.

G r u n d r i s s

1:200

Handbuch der Architektur. III, 2, d. (2. Aufl.)

Nach freundlichen Mitteilungen des Herrn Oberbaudirektors
Professor Dr. *Durm* zu Karlsruhe.

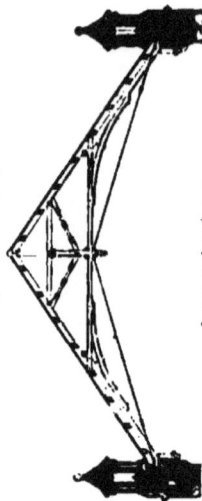

Fig. 44a.

Querschnitt.

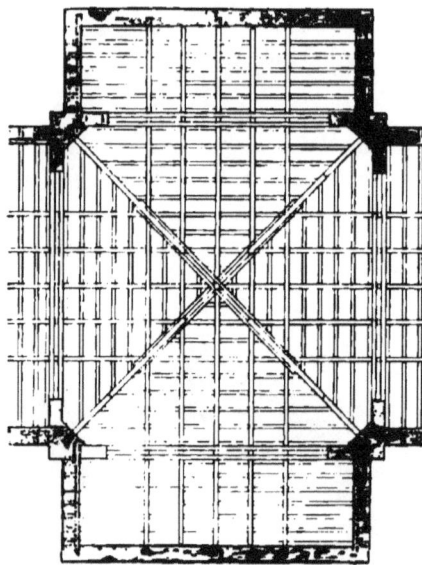

Fig. 443.

Grundriss.

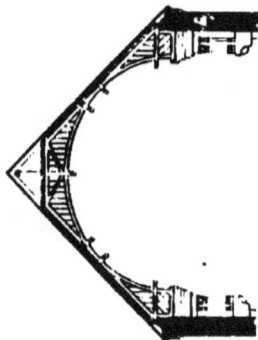

Fig. 439.

Satteldachbinder.

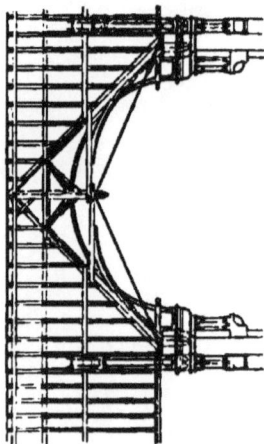

Längsschnitt durch die Vierung.

Fig. 441.

Von der Kirche zu Ellerstadt [67].

29. Kapitel.

Eiserne Sattel-, Tonnen- und Pultdächer.

Unter der Gesamtbezeichnung »Eiserne Dächer« sollen nicht nur diejenigen Dachkonstruktionen vorgeführt werden, welche in ihren tragenden Teilen ausschliefslich aus Eisen hergestellt sind, sondern auch solche Dächer, bei denen Pfetten und auch Teile der Binder aus Holz bestehen. Die Dachbinder mit hölzernen und eisernen Stäben oder die »Dachbinder aus Holz und Eisen« sind älter als die rein eisernen Binder; sie bilden in der Entwickelung der Dachkonstruktionen das Übergangsglied vom Holzdach zum Eisendach. Dennoch erscheint es zweckmäfsig, zunächst die rein eisernen und danach erst die gemischt eisernen Dächer zu besprechen.

a) Gesamtanordnung der eisernen Dachbinder.

Die eisernen Dächer sind fast ausschliefslich Pfettendächer: die Binder tragen die Pfetten, diese die Sparren, die Sprossen und die Dachdeckung. Die Binder sind Träger, und zwar je nach der Art ihrer Auflagerung: Balkenträger, Sprengwerksträger, Auslegerträger.

Neuerdings ist von *Foeppl* vorgeschlagen worden, die Dächer aus Flechtwerk herzustellen; auf diesen Vorschlag, der ganz neue Gesichtspunkte eröffnet, wird unter 7 näher eingegangen werden.

Bei den eisernen Dachbindern können die in der Berechnung gemachten Voraussetzungen nahezu vollständig erfüllt werden, sowohl bezüglich der Auflagerung, als auch bezüglich der Bildung der Knotenpunkte. Die Möglichkeit genauer Berechnung hat denn auch zu immer kühneren und weiter gespannten Konstruktionen geführt. Hierher gehören insbesondere die neueren Bahnhofshallen und die grofsen Ausstellungsgebäude, Wunderwerke heutiger Konstruktionskunst. Da die bei den Holzkonstruktionen vielfach noch unvermeidlichen Unklarheiten hier nicht vorhanden zu sein brauchen, so soll man sie auch nicht auf die Eisenkonstruktionen übertragen; jede Eisenkonstruktion, welche nicht genau berechnet werden kann, ist unberechtigt und sollte vermieden werden. Hierhin rechnen wir vor allem solche Stabwerke, welche bei gelenkigen Knotenverbindungen wegen fehlender Stäbe unstabil sein würden und welche nur durch die starre Verbindung der Stäbe an den Knotenpunkten standfähig sind. Solche Anordnungen werden besser vermieden, falls nicht besondere Gründe praktischer Art für dieselben sprechen. Auch bilde man die Binder möglichst als statisch bestimmte Fachwerke; die Berechnung derselben ist einfach, kann leicht vorgenommen werden und wird deshalb auch wirklich durchgeführt. Bei statisch unbestimmten Fachwerken dagegen bleibt selbst bei sorgfältiger Berechnung manches Schätzungen (wie die Gröfse der Elastizitätsziffer) oder Annahmen überlassen, die schwer zu prüfen sind (z. B. beim Bogen mit zwei Gelenken die Unverrückbarkeit der Kämpferpunkte). Für ebene Konstruktionen sind statisch bestimmte Fachwerke den statisch unbestimmten meistens vorzuziehen.

Für die Raumfachwerke dagegen sind die statisch unbestimmten Konstruktionen wegen ihrer gröfseren Steifigkeit im allgemeinen den statisch bestimmten vorzuziehen. Allerdings erhöht sich die Schwierigkeit und Umständ-

lichkeit der Berechnung durch Verwendung statisch unbestimmter Raumfachwerke wesentlich; diese Unbequemlichkeit liegt aber in der Natur der Aufgabe[100]).

Die für die Erkenntnis und den Aufbau des statisch bestimmten Fachwerkes wichtigsten Ergebnisse sind bei der Besprechung der Holzdächer (Kap. 25)
vorgeführt, und darauf kann hier verwiesen werden. Bemerkt werden möge,
dafs die Binder fast ausnahmslos als Fachwerk hergestellt werden.

Obwohl grundsätzlich die Dachbinder mit zwei, drei und vier Auflagern
gemeinsam behandelt werden können, soll die Behandlung aus praktischen
Gründen gesondert erfolgen; ebenso gesondert diejenige der Balken-, Spreng-
werks- und Ausleger-Dachbinder.

1) Balkendachbinder.

Die Balkendachbinder auf zwei Stützpunkten sind die bei weitem
am meisten angewendeten, sowohl für Satteldächer, wie für Tonnen- und Pultdächer. Vieles, was für diese gilt, hat auch Bedeutung für die Dachbinder auf
mehr als zwei Stützpunkten.

Man macht stets das eine Auflager fest und das andere gegen die Unterlage beweglich. Dann ist die Zahl der Auflagerunbekannten $n = 2 + 1 = 3$,
und die Stabzahl s des statisch bestimmten Fachwerkes mufs, wenn, wie oben,
k die Zahl der Knotenpunkte bedeutet, $s = 2k - 3$ sein. Aufserdem mufs das
Fachwerk geometrisch bestimmt sein.

Das einfachste statisch bestimmte Fachwerk wird hier erhalten, indem man
Dreieck an Dreieck reiht oder, vom einfachen Dreieck ausgehend, an dieses
zwei einander in einem neuen Knotenpunkt schneidende Stäbe fügt, an die so
gebildete Figur wieder zwei neue Stäbe mit einem neuen Knotenpunkte setzt u. s. w.
Beispiele zeigen Fig. 288, 291, 293, 294, 296 u. a.

Eine vielfach verwendete Dachbinderform wird durch Zusammensetzung
zweier einfacher Fachwerke gebildet. Setzt man zwei aus Dreiecken bestehende
statisch bestimmte Stabsysteme derart zusammen, dafs dieselben einen gemeinsamen Knotenpunkt haben, so mufs man, um ein statisch bestimmtes Balkendach zu erhalten, einen neuen Stab zufügen, der einen Knotenpunkt des einen
mit einem Knotenpunkte des anderen Systems verbindet. Der erhaltene Dachbinder ist als »*Polonceau*- oder *Wiegmann*-Dachbinder« bekannt (Fig. 443).
Jedes einzelne Stabsystem bezeichnet man wohl als Scheibe; die Untersuchung,
wie man durch verschiedene Verbindungen von Scheiben und Stäben neue
Träger schaffen kann, die ebenfalls statisch bestimmt sind, hat zu sehr frucht-
baren Ergebnissen geführt, wegen deren u. a. auf die unten angegebene Quelle
verwiesen wird[101]).

Die Formen der Dachbinder sind sehr verschiedenartig: in erster Linie
ist die Gestalt der oberen Gurtung, dann diejenige der unteren Gurtung, endlich
die Anordnung des Gitterwerkes wichtig.

Die obere Gurtung der Dachbinder wird meistens in die Dachfläche,
bezw. möglichst nahe der Dachfläche gelegt, sowohl bei Balken-, wie bei Spreng-
werks- und Auslegerdächern. Diese Anordnung ist empfehlenswert und im
allgemeinen der selteneren Binderform vorzuziehen, bei welcher der Binder als
besonderer Träger ausgebildet wird, auf welchen die Pfettenlast durch lotrechte

146.
Balken-
dachbinder
auf zwei
Stützpunkten.

[100]) MÜLLER-BRESLAU. Beitrag zur Theorie der Kuppel- und Turmdächer u. s. w. Zeitschr. d. Ver. deutsch. Ing.
1898, S. 1103 ff.
[101]) LANDSBERG. Ueber Mittengelenkbalken. Zeitschr. d. Arch.- u. Ing.-Ver. zu Hannover 1889, S. 629.

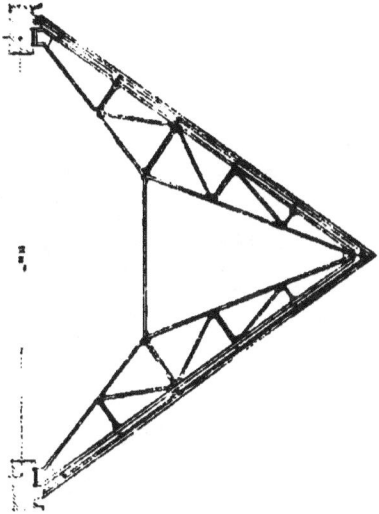

Fig. 443.

Von der Kirche zu Sachsenhausen.
$\frac{1}{100}$ v. Gr.

Fig. 445.

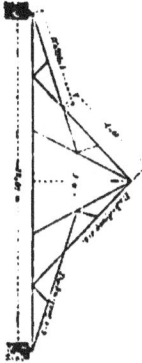

Von der Wagenreparaturwerkstätte zu Hannover.
$\frac{1}{100}$ v. Gr.

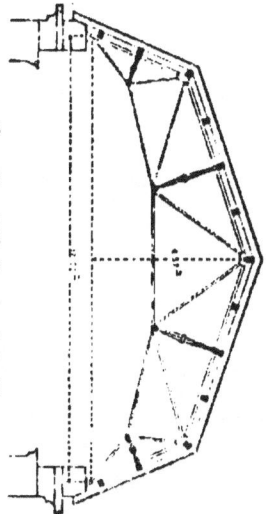

Fig. 444.

Vom Abbey Mill's Pumping Station etc.
$\frac{1}{100}$ v. Gr.

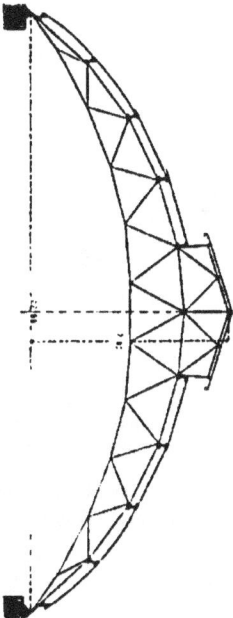

Fig. 446.

Vom Bahnsteigdach zu Elberfeld-Doeppersberg
$\frac{1}{100}$ v. Gr.

oder geneigte Pfosten übertragen wird. Erstere (Fig. 443, 444, 446 u. a.) ist deshalb zweckmäfsiger, weil sie eine gute Aussteifung der gedrückten Gurtung durch die Pfetten und die in den Dachflächen liegende Windverstrebung bietet; bei der anderen Anordnung fehlt diese Aussteifung. Für Beanspruchung auf Zerknicken können die Knotenpunkte der oberen Gurtung bei der ersten Konstruktion als feste Punkte angesehen werden; bei der anderen Konstruktion sind diese Knotenpunkte wohl in der Binderebene fest, gegen Ausbiegen aus dieser Ebene aber nicht genügend gesichert.

Wenn die obere Gurtung in der Dachfläche liegt, so ist dieselbe, entsprechend der Sattelform des Daches, ebenfalls meistens sattelförmig (Fig. 443); aber auch bei mehreren, verschieden geneigten Dachflächen kann man die

Fig. 447.

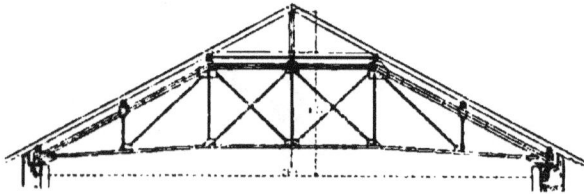

Vom Maschinenhaus der dritten Dresdener Gasanstalt[110].
$^1/_{200}$ w. Gr.

Fig. 448.

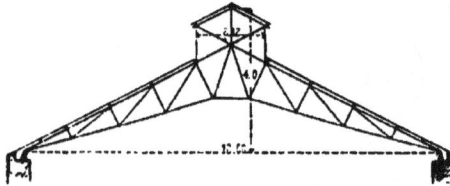

Vom Retortenhaus auf dem Bahnhof zu Hannover.
$^1/_{200}$ w. Gr.

Binderform so wählen, dafs die obere Gurtung der Dachfläche folgt. Ein Beispiel für einen ausspringenden Winkel zeigt Fig. 444 und für einen einspringenden Winkel Fig. 445. Bei einer gröfseren Zahl verschieden geneigter Dachflächen erhält man das sog. Sicheldach (Fig. 446); man kann auch den mittleren Teil des Dachbinders nach Fig. 447[111]) mit wagrechter oberer Gurtung konstruieren, wodurch der Binder eine Art Trapezträger wird.

Die untere Gurtung ist entweder geradlinig und wagrecht, oder sie bildet eine gebrochene, meistens nach oben gekrümmte Linie (Fig. 446 u. 449); unter Umständen ist sie auch wohl nach unten gekrümmt.

Das Gitterwerk der Dachbinder wird zweckmäfsig aus zwei Scharen von Stäben gebildet; diese Scharen sind entweder beide geneigt (Fig. 446), oder eine

[110] Nach: Hunter. A complete treatise on cast and wrought iron bridge construction. London 1876.
[111] Nach: Zeitschr. d. Arch.- u. Ing.-Ver. zu Hannover 1881, III. 659.

14*

derselben ist lotrecht (Fig. 447), oder eine Schar steht senkrecht zur Dachfläche (Fig. 448). Für die letztgenannte Anordnung spricht, daß bei ihr die gedrückten Gitterstäbe verhältnismäßig kurz werden, was wegen der Zerknickungsgefahr günstig ist. Es kommen auch wohl gekreuzte Stäbe zwischen den lotrecht oder senkrecht zur Dachfläche angeordneten Pfosten vor, und zwar dann, wenn man

Fig. 449.

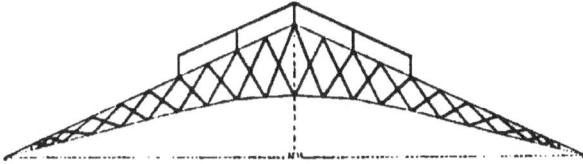

Vom Dach über einem Ausstellungsgebäude[119].
¹⁄₄₀ w. Gr.

Fig. 450.

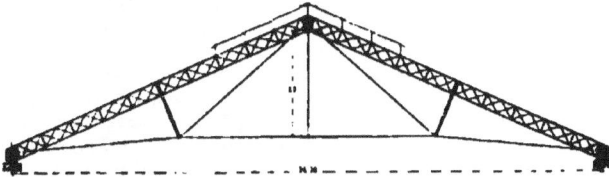

Von der Bahnhofshalle zu Neapel[119].
¹⁄₄₀₀ w. Gr.

Fig. 451.

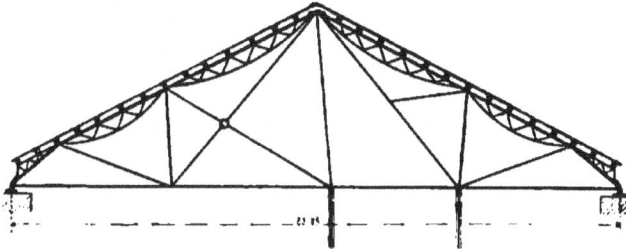

Vom Dach über dem Stadtverordnetensaal im Rathaus zu Berlin[114].
¹⁄₄₀₀ w. Gr.

stets nur gezogene Schrägstäbe haben will. Dann wirken die gekreuzten Schräg-stäbe wie Gegendiagonalen, über welche das Erforderliche in Teil I, Band 1, zweite Hälfte (Statik der Hochbaukonstruktionen) dieses »Handbuches« gesagt ist. Im allgemeinen ist man neuerdings von der Anordnung der Gegendiagonalen —

[112] Nach: Nouv. annales de la constr. 1870, Bl. 23-24.
[113] Nach ebendas. 1875, Bl. 47, 48.
[114] Nach: Zeitschr. f. Bauw. 1869, Bl. 56.

Fig. 452.

Fig. 453.

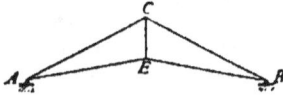

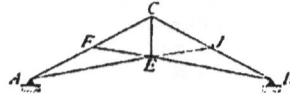

auch im Brückenbau — abgekommen und zieht es vor, die Schrägstäbe auf
Zug und Druck zu beanspruchen; die Rücksichtnahme auf die Zerknickungsgefahr ist leicht, die wegen derselben erforderliche Querschnittsvergröfserung bei
den Dachbindern in der Regel nicht sehr bedeutend, so dafs man in der That besser
nur zwei Scharen von Gitterstäben anordnet und von den Gegendiagonalen absieht.
Auch Binder mit mehrfachem Gitterwerk kommen wohl vor, wenn auch selten
(Fig. 449 [11]); diese Konstruktion ist statisch unbestimmt und nicht empfehlenswert.

Lastpunkte zwischen den Knotenpunkten des Fachwerkes sollen
vermieden werden; durch die Lasten zwischen den Knotenpunkten werden in
den Stäben der oberen Gurtung, welche diese Belastungen nach den Hauptknoten-
punkten zu übertragen haben, Biegungsmomente erzeugt, und damit entsteht in
der oberen Gurtung eine ungleichmäfsige und ungünstige Spannungsverteilung.
Wenn sich aus besonderen Gründen Zwischenlastpunkte — also Pfetten — als
zweckmäfsig ergeben, so ordne man für dieselben besondere Unterkonstruktionen,
Fachwerksträger zweiter Ordnung, an, die von einem Knotenpunkt zum anderen
reichen. Beispiele hierfür geben Fig. 450 [12]) u. 451 [14]. Die Fachwerksträger
zweiter Ordnung können mit gekrümmten unteren Gurtungen als Parabelträger
oder auch als Parallelträger konstruiert werden. Man erreicht hierdurch die
Verwendung sehr einfacher Hauptträger, welche sich durch eine geringe Zahl
von Knotenpunkten und grofse Klarheit auszeichnen. *Schwedler* hat diese Dachbinder mit Vorliebe verwendet.

Infolge der geschichtlichen Entwickelung spielen einige Binderarten bei
den Balkendächern eine besonders wichtige Rolle:

149.
Verschiede n-
heit.

α) das einfache Dreieckdach (Fig. 452);
β) der deutsche Dachstuhl (Fig. 453);
γ) der englische Dachbinder (Fig. 448);
δ) der *Polonceau*- oder *Wiegmann*-Dachbinder (Fig. 443), und
ε) der Sicheldachbinder (Fig. 446).

Die Anordnung dieser Binder ist in Teil I, Band 1, zweite Hälfte (Art. 424,
S. 389 [15]) dieses »Handbuches« vorgeführt, worauf hier Bezug genommen werden
kann. Die Abbildungen sind zum Teile der dortigen Besprechung entnommen.

Beim einfachen Dreieckdach und beim deutschen Dachstuhl hat man
vielfach Unterkonstruktionen angewendet. Ordnet man die Träger zweiter Ordnung beim einfachen Dreieckdach nach Fig.

Fig. 454.

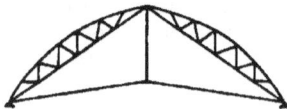

454 an, so addieren sich die vom Hauptsystem
in der oberen Gurtung vorhandenen Druck-
spannungen zu den im Träger zweiter Ordnung an derselben Stelle erzeugten Zugspannungen. Unter Umständen kann dadurch die
Anordnung in Fig. 454 sehr vorteilhaft sein.

[12]) 2. Aufl.: Art. 113, S. 166 u. 197; 3. Aufl.: Art. 215, S. 216.

Fig. 455.

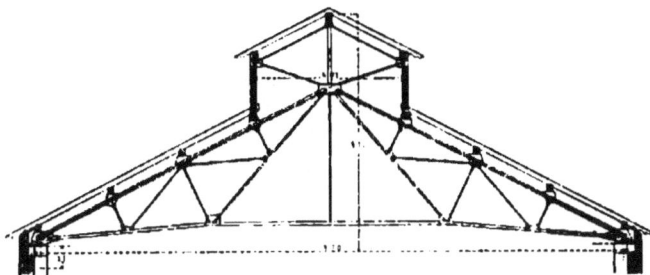

Vom Ofenhaus der dritten Dresdener Gasanstalt[116]).
¹⁄₁₀₀ w. Gr.

Fig. 456.

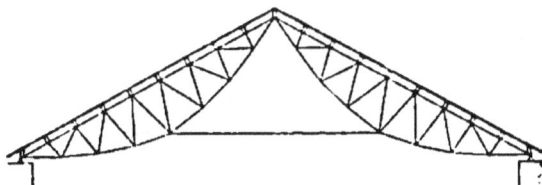

Dachbindersystem *Arajd*[117]).

Fig. 457.

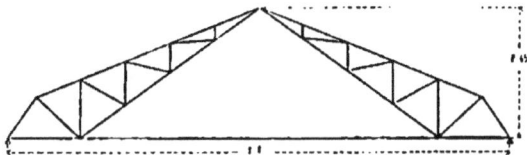

Vom Güterschuppen auf dem Bahnhof zu Hannover.
¹⁄₁₀₀ w. Gr.

Fig. 458.

Vom neuen Packhof zu Berlin.
¹⁄₁₀₀ w. Gr.

[116] Nach: Zeitschr. d. Arch.- u. Ing.-Ver. zu Hannover 1851, Bl. 85a.
[117] Nach: *Nouv. annales de la constr.* 1862, Bl. 46—47.

Beim englischen Dachbinder ist die eine Schar der Gitterstäbe meistens lotrecht oder senkrecht zur Dachfläche.

Der *Polonceau-* oder *Wiegmann-*Dachstuhl hat die Eigentümlichkeit, daſs zwei genügend stark hergestellte Träger sich im First gegeneinander legen; wollte man keinen Stab weiter hinzufügen, so würde dadurch ein Dreigelenkträger entstehen, welcher nur mit zwei festen Auflagern stabil wäre und der auf die Auflager grofse wagrechte Kräfte übertragen würde. Diese Kräfte werden durch einen weiteren Stab, der beide Hälften des Trägers miteinander verbindet, aufgehoben; nunmehr muſs aber eines der beiden Auflager beweglich gemacht werden, damit der Träger ein statisch bestimmter Balkenträger werde. Die gewöhnlichen Formen dieses Trägers sind in Fig. 443 u. 455[210]) dargestellt; nach der gegebenen Erklärung gehören aber auch die Dachbinder in Fig. 456[211]), 457 u. 458 hierher.

Fig. 459.

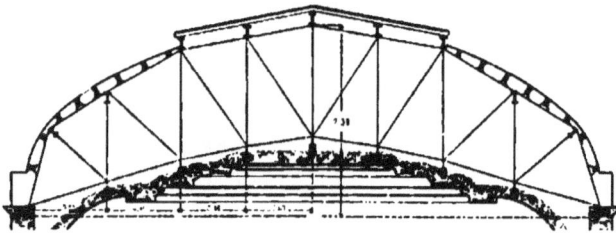

Vom groſsen Borsensaal zu Zürich[211]).
¹/₂₀₀ w. Gr.

Fig. 460.

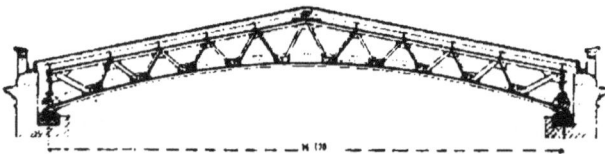

Vom Wartesaal III. und IV. Klasse auf dem Bahnhof zu Bremen[212]).
¹/₁₅₀ w. Gr.

Die Knotenpunkte der Sicheldachbinder werden gewöhnlich auf Parabeln oder Kreisbogen angeordnet. Einen Sichelbinder zeigt Fig. 446.

Wenn es sich um die Überdeckung weiter Räume handelt, in welche man nicht gut Stützen setzen kann, so benutzt man zweckmäſsig die Dachbinder auch zum Tragen der Decken; man hängt die Decke an die Dachbinder. Alsdann richtet man sich wohl in der Form der Binder nach der Lage der Lastpunkte. Fig. 451, 459[213]) und 460[214]) zeigen einige Dachbinder mit angehängten Decken. Unter Umständen kann man die untere Gurtung des Binders sofort zum Herstellen der Decke verwenden; eine solche Anordnung ist in Fig. 460 dargestellt,

(Randnotiz:) Dachbinder mit angehängter Decke.

[211]) Nach: Eisenbahn, Bd. 9, Beil. zu Nr. 8.
[212]) Nach: Zeitschr. d. Arch.- u. Ing.-Ver. zu Hannover 1892. Bl. 17.

wo die untere Gurtung der Dachbinder die eisernen Längsträger aufnimmt, zwischen welche die Deckengewölbe gespannt sind.

151.
Balken-
dachbinder
auf drei
Stützpunkten.
Wenn eine mittlere Unterstützung des Binders möglich ist, so ordne man dieselbe an, setze also den Binder auf drei Stützpunkte; dabei vermeide man es aber, denselben als durchlaufenden (kontinuierlichen) Träger herzustellen, sondern mache ihn statisch bestimmt. Man kann dies erreichen, wenn man jede Binderhälfte für sich frei auflagert. Eine solche Anordnung ist in Fig. 461[170]) dargestellt. Im First läuft ein durch besondere Stützen getragener Gitterträger durch, welcher den beiden Hälften des Dachbinders je ein Auflager bietet; die beiden anderen Auflager sind auf den Seitenmauern. Grundsätzlich ähnlich ist die Konstruktion in Fig. 462[171]); der mittelste Stab der oberen Gurtung ist beweglich angeschlossen, so daß er für die Berechnung als nicht vorhanden angesehen werden kann; man erhält so zwei getrennte Träger. Auch auf andere Weise kann man statisch bestimmte Binder auf drei Stützen herstellen, z. B. durch Einfügen eines Gelenkes in die eine der beiden Hälften.

Fig. 461.

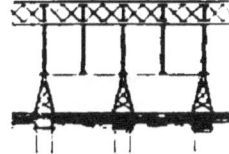

Von der Universitätsbibliothek zu Göttingen[170]).
[171] w. Gr.

Fig. 462.

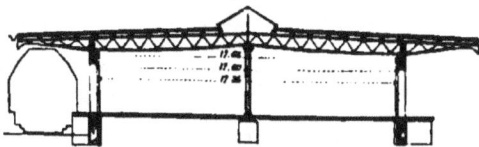

Vom Güterschuppen auf dem Bahnhof zu Bremen[171]).
[171] w. Gr.

152.
Balken-
dachbinder
auf vier
Stützpunkten.
Bei den Balkendachbindern auf vier Stützpunkten vermeide man ebenfalls, die Binder als durchlaufende Träger auszuführen, stelle vielmehr über der mittleren Öffnung ein statisch bestimmtes Satteldach her und versehe die beiden äußeren Öffnungen mit statisch bestimmten Pultdachbindern. Ein Beispiel hierfür zeigt Fig. 224 (S. 81). Man kann so auch leicht eine basilikale Anlage mit hohem Seitenlicht erhalten, welche für Ausstellungshallen, Markthallen u. s. w. sehr geeignet ist (Fig. 225, S. 82\.

Die statische Bestimmtheit wird auch durch Einfügen zweier Gelenke in die Mittelöffnung erreicht, wodurch man zwei seitliche Auslegerträger und einen zwischengehängten Mittelträger erhält. Ein schönes Beispiel zeigt Fig. 463; der eingehängte Träger muß ein Auflager mit Längsbeweglichkeit bekommen, da sonst das Ganze statisch unbestimmt wird; auch darf aus demselben Grunde von jedem Seitenträger nur ein Auflager fest sein.

[170] Nach ebendas, 1887, Bl. 5.
[171] Faks.-Repr. nach ebendas. 1892, Bl. 23.

Fig. 463.

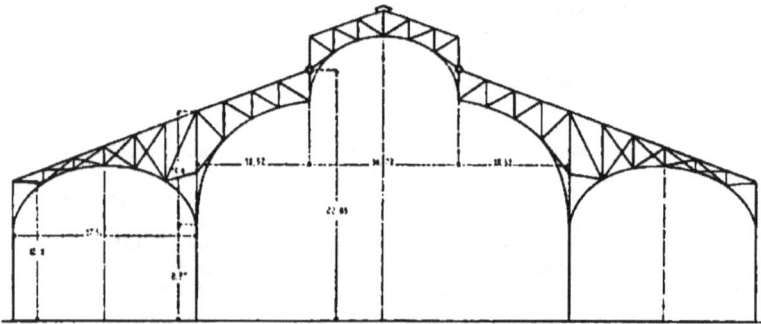

Vom Bergwerksgebäude der Weltausstellung zu Chicago 1893.
¹/₁₀₀ w. Gr.

2) Sprengwerks- und Bogendachbinder.

Sprengwerks-Dachbinder sind solche, bei denen beide Auflager fest oder in ihrer gegenseitigen Beweglichkeit beschränkt sind (vergl. die Erläuterungen in Art. 101, S. 126). Diese Binder übertragen auf ihre Stützpunkte schiefe Kräfte, welche für die Seitenmauern des Gebäudes desto gefährlicher sind, je höher die Stützpunkte liegen. Man ist deshalb bei den neueren, weit gespannten Sprengwerksdächern dazu übergegangen, die Auflager ganz tief zu legen, so daß die Fußpunkte der Binder sich sofort auf die Fundamente setzen. Solche Sprengwerksdächer mit tief liegenden Stützpunkten sind für weite Hallen (Bahnhofshallen, Markt- und Reithallen, Ausstellungsgebäude) die naturgemäßen Dachkonstruktionen und allen anderen vorzuziehen: sie halten von den Gebäudemauern die gefährlichsten Kräfte, die auf Umsturz wirkenden wagrechten Kräfte, ganz fern. Sie sind aus diesem Grunde auch den Balkendachbindern vorzuziehen, weil bei diesen sicher an der Seite des festen Auflagers die wagrechten Kräfte auf die Seitenmauern übertragen werden und bei der hohen Lage dieses Stützpunktes ungünstig wirken. Aber auch am beweglichen Auflager ist stets Reibung vorhanden, und demnach kann hier ebenfalls eine wagrechte Kraft übertragen werden. Thatsächlich ist man seit verhältnismäßig kurzer Zeit für die großen Hallen der Neuzeit von den Balkendachbindern (Sicheldächern, *Polonceau-* oder *Wiegmann-*Dächern) abgegangen und führt fast ausschließlich Sprengwerksdächer mit tief gelegten Stützpunkten aus.

Man kann die Sprengwerksbinder als statisch unbestimmte oder als statisch bestimmte Konstruktionen herstellen. Beide Stützpunkte sind fest, d. h. die Zahl der Auflagerunbekannten beträgt $n = 2 \cdot 2 = 4$. Da nur drei Gleichgewichtsbedingungen, also nur drei Gleichungen für die Berechnung dieser vier Unbekannten verfügbar sind, so ist der Binder nur dann statisch bestimmt, wenn seine Konstruktion eine weitere Bedingung vorschreibt. Ordnet man z. B. in dem Binder ein Gelenk an, so bedeutet dies, daß bei jeder beliebigen Belastung das Moment aller an der einen Seite des Gelenkes wirkenden äußeren Kräfte für diesen Gelenkpunkt gleich Null sein muß. Damit ist eine vierte Gleichung gegeben, der Binder demnach jetzt statisch bestimmt. Fig. 464 u.

153.
Sprengwerks-
Dachbinder.

465 ²²²) zeigen einige neuere Beispiele solcher Dreigelenk-Dachbinder; das Gelenk wird in die Mitte gelegt; doch kann es theoretisch auch an anderer Stelle liegen. Eine sehr zweckmäfsige, hierher gehörige Konstruktion zeigt Fig. 466 ²¹⁸), bei welcher ein grofses Mittelschiff durch Sprengwerks-Dachbinder (Zwei- oder Dreigelenkbogen), jederseits ein Seitenschiff durch Pultdachbinder überdeckt ist. Wenn die punktierten Stäbe der unteren Gurtung bei den letzteren fortgelassen

Fig. 464.

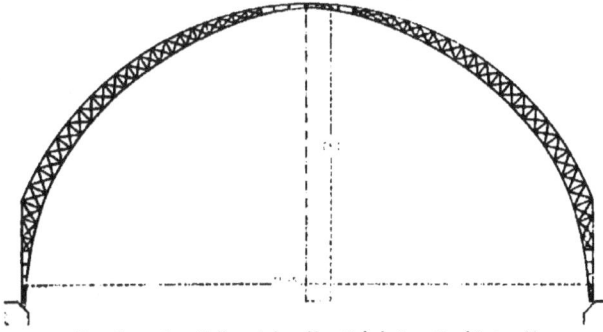

Von der grofsen Halle auf dem Hauptbahnhof zu Frankfurt a. M.
½₀ w. Gr.

Fig. 465.

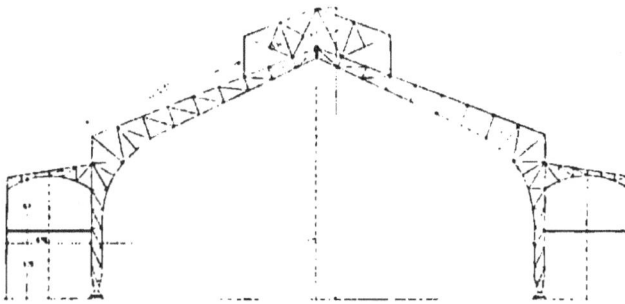

Von der Markthalle zu Hannover ²¹²).
½₀ w. Gr.

werden, so sind diese Binder statisch bestimmt; gewöhnlich wird man diese Stäbe aber anbringen und an einer Seite mit Schrauben und länglichen Löchern anschliefsen. Dann ist genügende Beweglichkeit, so dafs die Träger wie einfache Pultdachträger wirken. — Wird der Sprengwerksbinder ohne Mittelgelenk ausgeführt und werden die punktierten Stäbe fest angeschlossen, so ist die gesamte Konstruktion dreifach statisch unbestimmt.

²²²) Nach: Zeitschr. d. Arch.- u. Ing.-Ver. zu Hannover 1894, Bl. 11.
²¹²) Nach: Deutsche Bauz. 1897, S. 464.

Eigenartig und kühn ist die in Fig. 467 vorgeführte Dachkonstruktion der Olympiahalle zu London[281]).

Der mittlere Raum ist durch ein Sprengwerks- (Bogen-) Dach ohne Scheitelgelenk, von 51,60 m Kämpferweite, überspannt; um die Unterstützungen der großen Binder möglichst leicht erscheinen zu lassen, leitete man den Bogenschub des Daches in Höhe der Seitendächer *A F* durch diese auf steife

Fig. 466.

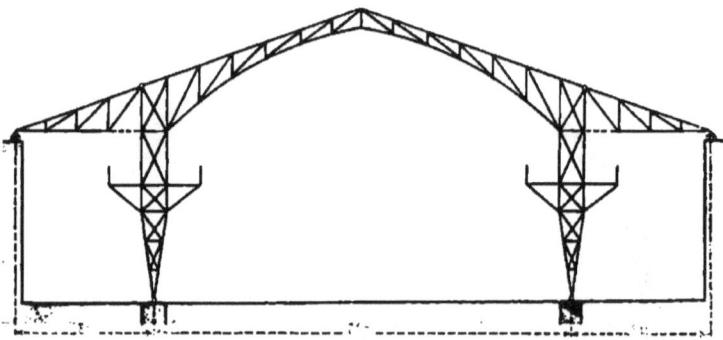

Von der Maschinenhalle der Ausstellung zu Stockholm[213].
¹⁄₂₀ w. Gr.

Fig. 467.

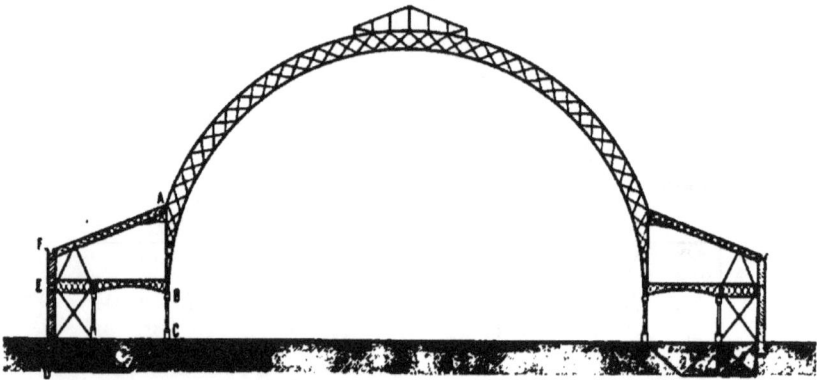

Von der Olympiahalle zu London[281].
¹⁄₂₀ w. Gr.

Rahmen. Jeder dieser Rahmen besteht aus einem durch Diagonalen verkreuzten Felde, welches sich auf einen Querträger *G D C* aus Fachwerk setzt, dessen vorderes Ende *C* durch die Säule *B C* des Dachbinders belastet ist. Die Säule *B C* hat oben wie unten Kugelgelenke; der Hebel *G D C* ist in Beton gebettet. Auch bei *A* ist gelenkförmiger Anschluß.

²⁸¹) Nach: Centralbl. d. Bauverw., 1896, S. 417. — MEHRTENS, L. Eiserne Dächer und Hallen in England. Berlin 1890.

154.
Bogen-
dachbinder
mit
Durchzügen.

Zu den Sprengwerks-Dachbindern können auch die Bogendachbinder mit Durchzügen gerechnet werden, welche ebenfalls für weitè Hallen vielfach Anwendung gefunden haben. Die Bogenbinder sind Sprengwerke, welche Schub auf die Auflager ausüben; dieser für das Mauerwerk gefährliche Schub wird durch den Durchzug aufgehoben, welcher in einfachster Weise aus einem wagrechten Stabe bestehen kann, der beide Auflager verbindet. Damit der wagrechte Stab infolge seines Eigengewichtes nicht durchhängt, ordnet man Hängeeisen an, welche den Stab an verschiedenen Stellen halten. Man kann auch den Durchzug aus mehreren Stäben herstellen, welche zusammen eine gebrochene, von einem Auflager zum anderen verlaufende Linie bilden, die für das Auge angenehmer wirkt als die gerade, wagrechte Linie (Fig. 469). Wenn bei solchem Binder ein Auflager beweglich angeordnet wird, so wirkt derselbe auf die Stützpunkte als Balkenbinder. Für die Ermittelung der im Träger auftretenden Spannungen aber muſs derselbe als Bogenträger aufgefaſst werden; denn die Entfernung der beiden Auflager voneinander muſs stets gleich der wagrechten Projektion des Durchzuges sein; sie vergröfsert bezw. verkleinert sich mit der elastischen Vergröfserung, bezw. Verkleinerung derselben, ist also nicht frei veränderlich. Bei nicht unterbrochenem Bogen ist diese Konstruktion

Fig. 468.

Fig. 469.

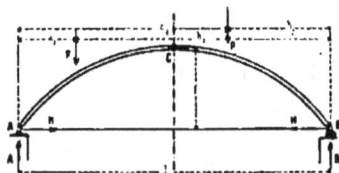
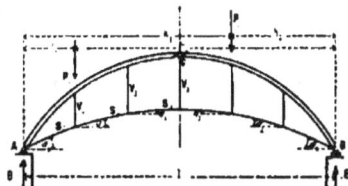

statisch unbestimmt, ein Bogenträger mit zwei Gelenken, deren Entfernung veränderlich ist; sie kann durch Anordnung eines Gelenkes (gewöhnlich im Scheitel) statisch bestimmt gemacht werden. Für die vier Auflagerunbekannten A, B, H und H' (Fig. 468), welche auch die Scheitelunbekannten bestimmen, sind die drei Gleichgewichtsbedingungen und die Gleichung verfügbar, welche besagt, daſs für den Scheitel das resultierende Moment aller an der einen Seite desselben wirkenden Kräfte gleich Null ist. Man erhält also:

$$A = \frac{P_1 b_1 + P_2 b_2}{l}, \quad B = \frac{P_1 a_1 + P_2 a_2}{l} \text{ und}$$

$$0 = -Hf + A\frac{l}{2} - P_1\left(\frac{l}{2} - a_1\right),$$

woraus folgt:

$$H = \frac{P_1 a_1 + P_2 b_2}{2f},$$

$$H' = H = \frac{P_1 a_1 + P_2 b_2}{2f}.$$

Wenn der Durchzug aus einer Anzahl von Stäben besteht, welche eine gebrochene Linie bilden, so kann man A, B, H und H' ähnlich ermitteln, wie soeben gezeigt ist, und danach die Spannungen in den Stäben des Durchzuges aus der Bedingung finden, daſs die wagrechte Seitenkraft der Spannung jeden

Stabes gleich H ist. Wenn man die Höhe des Sichelpfeiles (Fig. 469) mit f_1 bezeichnet, so erhält man

$$A = \frac{P_1 b_1 + P_2 b_2}{l}, \quad B = \frac{P_1 a_1 + P_2 a_2}{l}, \quad H = \frac{1}{f_1}\left[A\frac{l}{2} - P_1\left(\frac{l}{2} - a_1\right)\right],$$

woraus sich mit dem Werte für A ergiebt:

$$H = \frac{P_1 a_1 + P_2 b_2}{2 f_1}.$$

Die Spannungen im Durchzug sind bezw.

$$S_1 = \frac{H}{\cos \sigma_1} \text{ und } S_2 = \frac{H}{\cos \sigma_2}, \quad \ldots \ldots \ldots \quad 11.$$

diejenigen in den Hängeeisen

$$V_1 = H\,(\text{tg }\sigma_1 - \text{tg }\sigma_2)$$
und
$$V_2 = H\,(\text{tg }\sigma_2 - \text{tg }\sigma_3) \quad \ldots \ldots \ldots \quad 12.$$

In ähnlicher Weise ergeben sich auch die durch Windbelastungen erzeugten Auflagerdrücke und Spannungen der Zugstange, sowie der Hängeeisen.

Fig 470.

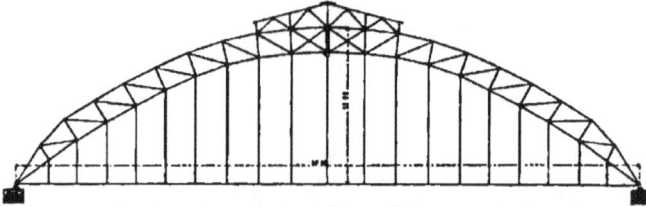

Von der großen Halle des Anhalter Bahnhofes zu Berlin[**].
$\frac{1}{300}$ w. Gr.

Durch die Hängeeisen werden auf die Bogenhälften Zugkräfte übertragen; um diese und die sonstigen Belastungen ertragen zu können, müssen die Bogen steif hergestellt werden, d. h. so, daß sie Biegungsmomente aufnehmen können. Bei kleinen Spannweiten stellt man die Bogen als vollwandige Blechträger, bei größeren Weiten als Gitterträger her. Ein hervorragendes Beispiel eines Bogendachbinders mit Durchzug zeigt Fig. 470.

Fig. 471.

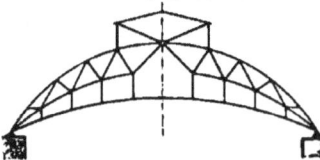

Diese Dächer ähneln bei oberflächlicher Betrachtung den oben betrachteten Sicheldächern, von denen sie sich aber vorteilhaft durch das Fehlen der verwirrenden Schrägstäbe unterscheiden, wodurch das Ganze in der Wirkung viel ruhiger ist als bei jenen. Hierher gehört auch die in Fig. 471 dargestellte Form.

Die Berechnung der gelenklosen Bogen mit Durchzug ist etwas umständlich; bezüglich derselben wird auf die Lehrbücher über statisch unbestimmte Konstruktionen, insbesondere über Bogenträger verwiesen.

Sprengwerks- und Bogenbinder mit Durchzügen werden für große Spann-

**) Nach: Zeitschr. d. Arch.- u. Ing.-Ver. zu Hannover 1891, Bl. 9.

Fig. 471.

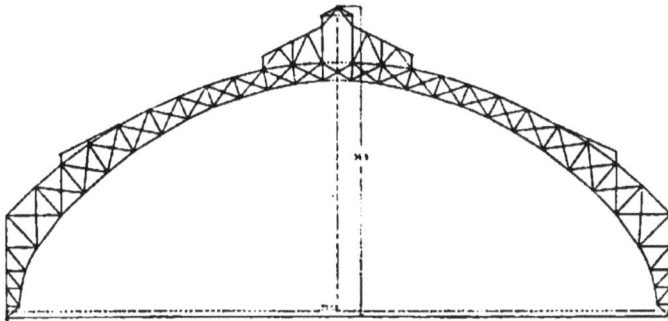

Von der grofsen Bahnhofshalle der Pennsylvania-Eisenbahn zu Jersey City.

$^{1}/_{400}$ w. Gr.

weiten zweckmäfsig und fast ausschliefslich als Doppelbinder hergestellt: zwei in geringem Abstande voneinander angeordnete Binder werden durch wagrechte und schräg gelegte Stäbe (Andreaskreuze) zu einem Ganzen vereinigt. Dadurch wird dem Binder die notwendige Widerstandsfähigkeit gegen Ausknicken aus seiner Ebene gegeben; es wird ein gröfserer Binderabstand ermöglicht und auch ästhetisch ein guter Eindruck erzielt; die Träger, welche die grofse Weite überspannen, erhalten so die wünschenswerte Massigkeit. In nachstehender Tabelle sind von einer Reihe bedeutender Bauwerke die Stützweiten, Binderabstände und Entfernungen der Binderhälften voneinander zusammengestellt.

Hauptabmessungen einiger neuerer grofser Bogendächer.

Nr.	Bezeichnung des Bauwerkes	Binderart	Stütz-weite	Pfeil-höhe	Abstand der Teilbinder	Abstand der Hauptbinder von Achse zu Achse
1	Anhalter Bahnhof zu Berlin . .	Dreigelenkbogen m. Zugband	62,5	15	8,5	14,0
2	Bahnhof Alexanderplatz zu Berlin	Dreigelenkbogen	37,5	20	1,5	8,5
3	Bahnhof Friedrichsstrafse zu Berlin	»	36,0	20	1,92 bezw. 1,60	9,0 bezw. 9,0
4	Hauptbahnhof zu Frankfurt a. M.	»	56,0	28,6	1,1	9,3
5	Centralbahnhof zu Mainz . . .	Dreigelenkbogen m. Zugband	42,5	—	nur je ein Binder	8,5 bis 14,8
6	Hauptbahnhof zu Bremen . . .	Zweigelenkbogen	59,5	27,1	1,0	7,2
7	Hauptbahnhof zu Köln	»	63,9	24,0	0,8	8,5
8	Manufacture building auf der Weltausstellung zu Chicago 1893	Dreigelenkbogen	112,16	62,25	nur je ein Binder	15,24 bezw. 22,86
9	Maschinenhalle zu Paris auf der Weltausstellung 1889	»	110,6	44,90	..	21,5
10	Bahnhalle zu New-Jersey (Fig. 472)	» mit Zugband	77,0	27,3	4,11	17,68
11	Markthalle zu Hannover . . .	» (Einzelbind.)	34,96	16,2	nur je ein Binder	6,11

Meter

3) Ausleger- oder Kragdachbinder.

Die Auslegerbinder sind nur an einer Seite aufgelagert und übertragen unter Umständen bedeutende Zugkräfte auf die Gebäudemauern (vergl. Teil I, Band 1, zweite Hälfte [Art. 447, S. 415*²⁰)] dieses ›Handbuches‹). Sie müssen

155.
Ausleger-
binder.

Fig. 473.

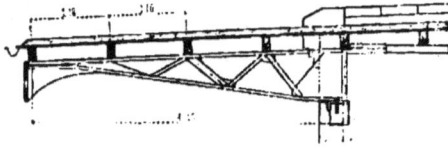

Vom Bahnhof zu Bremen.
¹⁄₂₀ w. Gr.

Fig. 474.

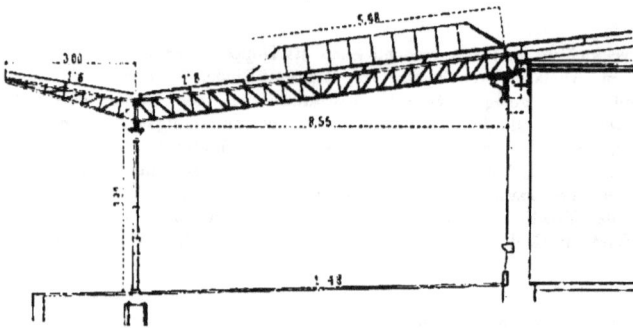

Vom Bahnhof zu Duisburg.
¹⁄₁₀₀ w. Gr.

Fig. 475.

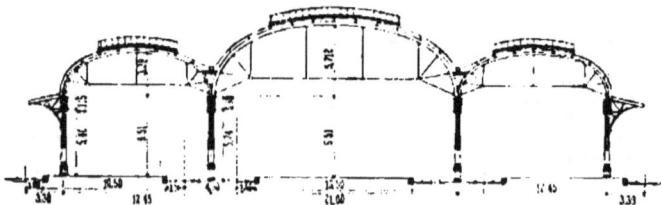

Von der Bahnhofshalle zu Münster i. W.
¹⁄₂₆₀ w. Gr.

kräftig verankert werden. Man verwendet sie vielfach für Bahnsteigüber-deckungen von geringer Breite, Vordächer, bei Güterschuppen u. dergl. Fig. 473 zeigt ein solches Beispiel; die Ausladung beträgt 4.40ᵐ.

---

*²⁰) s. Aufl.: Art. 436, S. 222; 3. Aufl.: Art. 238, S. 243.

Wenn möglich, soll man die Zugkräfte vom Mauerwerk fernhalten; Fig. 474 zeigt, wie dies erreicht werden kann. Der Bahnsteigbinder ruht außer auf dem Seitenmauerwerk des Gebäudes noch auf einer Säule, über welche hinaus er verlängert ist; diese Verlängerung bildet den Kragbinder. Der Träger muß über der Säule genügend stark sein, um das hier auftretende (negative) Moment des Kragträgers aufnehmen zu können.

Man kann auch den Zug vom Kragträger in den Dachbinder des Gebäudes führen, wie dies in Fig. 458 (S. 214) gezeigt ist. Eine gleichfalls gute Anordnung zeigt Fig. 475 in den an die Hallen anschliefsenden Vordächern.

4) Laternen.

156.
Laternen.

Nicht selten wird eine über das Dach erhöhte Laterne angeordnet; dieselbe wird auf die obere Gurtung des Binders gesetzt. Man könnte auf die Breite der Laterne die obere Gurtung des Binders fortfallen lassen und durch diejenige der Laterne ersetzen (Fig. 476), wodurch man im mittleren Teile des Trägers eine größere Höhe erzielte. Diese Anordnung ist nicht üblich, obgleich sie nicht unzweckmäßig erscheint. Gewöhnlich konstruiert man den Binder ohne besondere Rücksicht auf die Laterne und setzt letztere dann

Fig. 476.

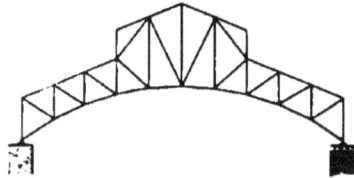

nachträglich auf denselben. Dabei beachte man, daß nicht durch Zufügen der Laterne das statisch bestimmte Fachwerk des Binders labil oder statisch unbestimmt werde; fast in allen ausgeführten Laternenkonstruktionen ist diese Rücksicht außer acht gelassen.

Fig. 477.

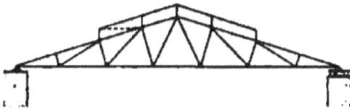

Fig. 478.

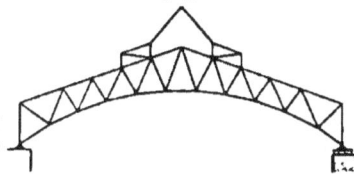

Fig. 479.

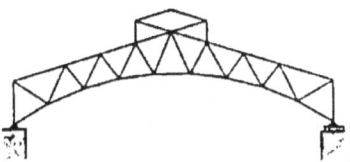

Fig. 480.

In einfachster Weise setzte man auf die Knotenpunkte der oberen Gurtung Pfosten, welche an ihren oberen Enden durch Stäbe verbunden wurden (Fig. 477). Es leuchtet ein, daß das Fachwerk hierdurch labil wird; die im Beispiel hinzugefügte Zahl der Knotenpunkte ist 5; die hinzugefügte Zahl der Stäbe muß also (siehe Art. 81, S. 103) gleich 10 sein; es sind aber nur 9 Stäbe hinzugefügt. Man sieht leicht, daß das Fachwerk durch Einfügen einer Diagonale statisch bestimmt gemacht werden kann. Die Diagonale kann in jedem der viereckigen Felder angeordnet werden, aber nur in einem derselben ist sie erforderlich (in Fig. 477 ist sie einpunktiert); ordnet man mehrere Diagonalen an, so wird das Fachwerk statisch unbestimmt.

Fig. 481.

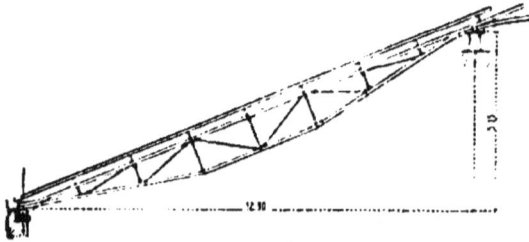

Von der Schmiedewerkstätte auf dem Bahnhof zu Hannover.
$^1/_{90}$ w. Gr.

Fig. 482.

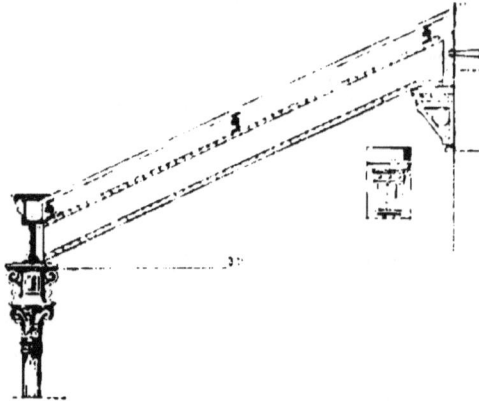

Von der Bahnsteighalle zu Ruhrort.
$^1/_{40}$ w. Gr.

Beachtet man, daß der Binder ohne die Laterne statisch bestimmt war und daß ein Fachwerk diese Eigenschaft behält, wenn man nach und nach stets zwei neue Stäbe und einen neuen Knotenpunkt hinzufügt, so erkennt man, daß die in Fig. 478 u. 479 schematisch gezeichneten Binder statisch bestimmt sind. Bei Fig. 479 darf der mittlere Pfosten nicht angeordnet werden; derselbe würde einen überzähligen Stab bilden. Bei flacher Dachneigung erzeugen die lotrechten Lasten des Firstknotenpunktes in den am First zusammentreffenden Gurtungsstäben der Laterne große Spannungen. Es steht aber nichts im Wege, diese beiden Stäbe steiler zu stellen und so die Spannungen zu verringern (Fig. 478). Die in Fig. 446, 448 u. 455 veranschaulichten Laternenkonstruktionen zeigen nach Vorstehendem je einen überzähligen Stab, den man besser fortläßt. Die ange-

Fig. 483.

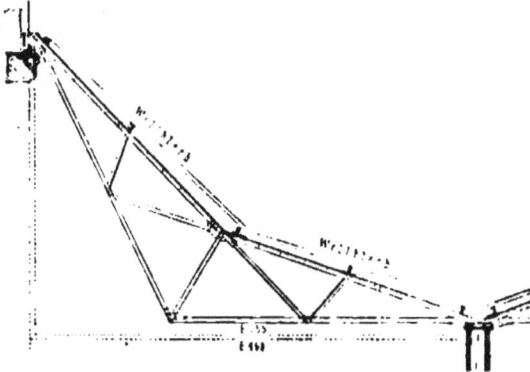

Von der Wagenreparaturwerkstätte auf dem Bahnhof zu Hannover.
⅛ w. Gr.

Fig. 484.

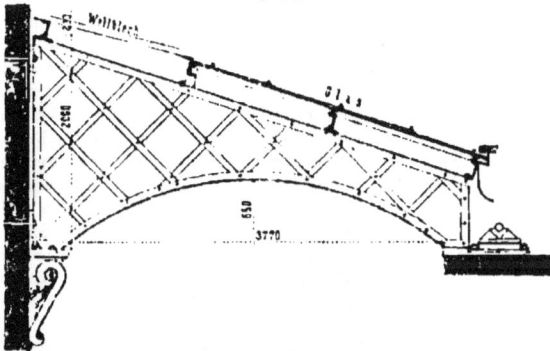

Vom Bahnsteigdach auf dem Bahnhof zu Hannover.
¹⁄₄₀ w. Gr.

gebene Regel gilt allgemein, also auch, wenn der Binder ein Dreigelenkbogen ist (Fig. 480).

Etwas anders, aber nach demselben Grundgedanken, ist die Laterne der Markthalle zu Hannover (Fig. 465) gebildet; jede statisch bestimmte Hälfte des Dreigelenkbogens ist durch ein statisch bestimmtes Fachwerk vermehrt; beide aufgesetzte Laternenhälften sind aber nicht miteinander verbunden; nur im Scheitelgelenk hängen die beiden Binderhälften miteinander zusammen; das ganze Fachwerk ist statisch bestimmt.

5) Pultdachbinder.

Bei den eisernen Dächern sind die Binder der Pultdächer einfache Träger, wie diejenigen der Satteldächer, und werden zweckmäfsig als Balkenträger hergestellt; man ordne deshalb ein Auflager fest, das andere in der wagrechten Ebene beweglich an. Die Auflager werden meistens in verschiedene Höhen gelegt; doch kommt auch gleiche Höhe beider Auflager vor. Die Binder können Blechbalken oder Fachwerkbalken sein. Einige Anordnungen solcher Binder sind in Fig. 481 bis 484 gegeben; dieselben sind ohne besondere Erläuterung verständlich.

157.
Pultdach-
binder.

6) Einige Angaben über die Gewichte der wichtigsten Balkendachbinder.

Bei der Entscheidung über die zu wählende Binderart ist unter anderem auch die Rücksicht auf das Gewicht des Binders von Bedeutung; denn das Gewicht bestimmt in gewissem Mafse auch die Kosten. Allerdings kann ein leichtes, aber kompliziertes Dach teurer sein als ein schwereres einfaches. Jedenfalls aber ist es erwünscht, auch ohne genauen Entwurf bereits das Gewicht des Daches ungefähr angeben zu können. Leider ist dieses Gebiet noch wenig bearbeitet. Einige für den Vergleich der Gewichte verschiedener Balkendächer verwertbare Untersuchungen hat der Verfasser an der unten angegebenen Stelle [117]) veröffentlicht; die Ergebnisse sollen hier kurz angeführt werden.

158.
Theoretisches
Gewicht.

In 'der angegebenen Arbeit sind nur die sog. theoretischen Gewichte ermittelt, d. h. diejenigen Gewichte, welche sich ergeben würden, wenn es möglich wäre, jeden Stab an jeder Stelle genau so stark zu machen, wie die Kräftewirkung es verlangt. Zu diesen theoretischen Gewichten kommen noch ziemlich bedeutende Zuschläge hinzu, welche durch verschiedene Umstände bedingt sind. Einmal ist es nicht möglich, die Querschnitte dem theoretischen Bedürfnisse genau entsprechend zu gestalten und sie stetig veränderlich zu machen; nur stufenweise kann man den Querschnitt ändern; sodann mufs bei den gezogenen Stäben ein Zuschlag wegen der Nietverschwächung und bei den gedrückten Stäben ein solcher wegen der Gefahr des Zerknickens gemacht werden. Einen weiteren Zuschlag bilden die zur Verbindung der einzelnen Teile und Stäbe erforderlichen Knotenbleche, Stofs- und Futterbleche, Nietköpfe, Gelenkbolzen u. s. w. Endlich erhält man, besonders bei kleinen Dächern, oft so geringe theoretische Querschnittsflächen, dafs schon die praktische Herstellbarkeit bedeutende Vergröfserung bedingt.

Vergleicht man bei einer Reihe ausgeführter Dächer die wirklichen Gewichte mit den aus den Formeln erhaltenen theoretischen Gewichten, so kann man die sog. Ausführungsziffern (Konstruktionskoeffizienten), d. h. die Zahlenwerte finden, mit denen die theoretischen Werte multipliziert werden müssen, um die wirklichen Gewichte zu ergeben. Die Ausführungsziffern sind noch nicht ermittelt; sie sind für die verschiedenen Binderformen und für die verschiedenen

159.
Konstruktions-
koeffizient.

---

117) In: LANGENBAU, TH. Das Eisengewicht der eisernen Dachbinder. Zeitschr. f. Bauw. 1885, S. 105. — Auch als Sonderabdruck erschienen: Berlin 1885.

15*

Tabelle der Werte für C.

$\frac{f}{l} =$	$\frac{1}{8}$					$\frac{1}{4}$					$\frac{1}{2}$				
$\frac{f_1}{l} =$	I	II	III	IV	V	I	II	III	IV	V	I	II	III	IV	V
$= 0$	1,525	1,649	1,8	1,778	1,548	1,774	1,867	1,967	1,986	1,335	2,096	2,297	2,175	2,875	1,849
» $= \frac{1}{20}$	1,654	1,767	1,911	1,889	1,30	2,03	2,151	2,150	2,216	1,458	2,38	2,706	2,40	2,608	1,743
» $= \frac{1}{15}$	1,707	1,821	1,952	1,943	1,323	2,135	2,30	2,84	2,823	1,368	2,734	2,930	2,63	2,801	1,671
» $= \frac{1}{10}$	1,835	1,950	2,05	2,053	1,384	2,40	2,60	2,445	2,561	1,681	3,862	3,431	3,01	3,489	2,221
» $= \frac{1}{5}$	1,531	1,949	2,134	2,151	1,439	2,46	2,606	2,63	2,682	1,847					
» $= \frac{1}{2}$	2,017	2,04	2,20	2,236		2,49	3,033	2,782	3,061						
» $= \frac{1}{6}$		2,324	2,30	2,361	1,569	8,641	3,15	3,444	2,236						
» $= \frac{1}{5}$		2,596	2,47	2,578											
» $= \frac{1}{4}$		3,154	2,775	3,028											

Stützweiten, ja sogar nach dem Geschick des Konstrukteurs verschieden und nehmen bei wachsender Stützweite ab. Für einen Vergleich der verschiedenen Binderarten sind übrigens die Ausführungsziffern nicht von sehr grofser Bedeutung; die für die theoretischen Gewichte gefundenen Ergebnisse können deshalb für den Vergleich — allerdings mit Vorsicht — verwertet werden.

len. Bindergewicht In der erwähnten Abhandlung wurden untersucht: der englische Dachstuhl, der *Wiegmann*- oder *Polonceau*-Dachstuhl, das Dreieckdach, das deutsche Dach, das Sicheldach. Beim Dreieck- und deutschen Dach sind auch die Anordnungen mit Unterkonstruktionen in Betracht gezogen. Bezeichnet man mit l die Stützweite des Dachbinders, e die Entfernung der Dachbinder voneinander, f die Firsthöhe und f_1 die Mittenhöhe der unteren Gurtung, beides über der wagrechten Verbindungslinie der Auflager gemessen, q die Gesamtbelastung für das Quadr.-Meter der Grundfläche (Eigengewicht, Schnee und lotrechte Seitenkraft des Winddruckes), K die als zulässig erachtete Beanspruchung des Eisens für 1^{qm} (in Tonnen), C eine Zahl (der Wert von C ist je nach der Dachform und Dachneigung verschieden) und sind alle Werte auf Meter, bezw. Kilogramm bezogen, so ergiebt sich als theoretisches Bindergewicht für das Quadr.-Meter überdeckter Fläche

$$g^t = 0{,}0011 \, C q l.$$

Aus der Formel für g^t ersieht man, dafs das Bindergewicht für das Quadr.-Meter Grundfläche von der ersten Potenz der Stützweite abhängig, dagegen vom Binderabstand e unabhängig ist. Die Werte für C sind in den beiden obenstehenden Tabellen zusammengestellt; in denselben gilt jedesmal:

> Spalte I für den englischen Dachstuhl,
> Spalte II für den *Wiegmann*- oder *Polonceau*-Dachstuhl mit 16 Feldern,
> Spalte III für das Dreieckdach und
> Spalte IV für das deutsche Dach;

bei den beiden letzteren sind als Träger zweiter Ordnung Parabelträger mit dem Pfeilverhältnis 1:6 angenommen; die obere, gedrückte Gurtung des Parabelträgers ist mit der Druckgurtung des Fachwerkes zusammengelegt; es ist also nicht die denkbar günstigste Anordnung gewählt, weil dieselbe doch wenig ausgeführt wird.

> Spalte V gilt für das Sicheldach mit Gitterwerk aus lotrechten Pfosten und Schrägstäben.

Tabelle der Werte für *C*.

$\frac{f}{l} =$			$^1/_5$					$^1/_6$					$^1/_7$		
	I	II	III	IV	V	I	II	III	IV	V	I	II	III	IV	V
$\frac{f_1}{l} = 0$	2,125	2,705	2,70	2,493	1,687	2,775	2,971	2,93	2,911	1,920	3,104	3,91	3,11	3,657	2,149
$= ^1/_{10}$	3,112	3,401	2,884	3,278	2,114	9,707	4,279	3,35	4,018	2,87					
$= ^1/_{15}$	3,47	3,815	3,10	3,63	2,945										

Der Vergleich der Werte für *C* lehrt:

α) Das Sicheldach (V) ist bezüglich des Eisenverbrauches von den betrachteten die beste Konstruktion. Sieht man von dem für die Ausführung des Sicheldaches wenig geeigneten Pfeilverhältnis $\frac{f}{l} = \frac{1}{2}$ ab, so beträgt die Eisenersparnis beim Sicheldach gegenüber dem englischen Dachstuhl (I) 25 bis 32 Vomhundert, gegenüber dem *Wiegmann*-Dachstuhl (II) 25 bis 39 Vomhundert des zu diesen beiden Dachbindern bezw. verwendeten Baustoffes. Das Sicheldach erfordert also nur 68 bis 75 Vomhundert des zum englischen, nur 61 bis 75 Vomhundert des zum *Wiegmann*-Dachstuhl nötigen Eisens. Ähnlich ist die Ersparnis gegenüber den hier zu Grunde gelegten Konstruktionen des deutschen (IV) und Dreieckdaches (III); dieselbe wird desto größer, je flacher das Dach und je kleiner die Pfeilverhältnisse $\frac{f}{l}$ und $\frac{f_1}{l}$ sind. Das Sicheldach ist demnach sehr günstig, wobei noch bemerkt werde, daß bei der Berechnung der Tabellenwerte für dasselbe nicht die günstigste Gitteranordnung angenommen ist und daß es beim Sicheldache, wegen der wenig veränderlichen Gurtungsquerschnitte, leichter ist, sich dem theoretischen Stoffaufwand zu nähern, als bei den anderen Konstruktionen, daß also hier die Konstruktionskoeffizienten unter übrigens gleichen Verhältnissen kleiner sind als dort.

β) Der englische Dachstuhl (I) erfordert theoretisch weniger Material, als der *Wiegmann*-Dachstuhl (II); die Ersparnis beträgt bei den in der Tabelle angegebenen Verhältnissen 4 bis 10 Vomhundert der Stoffmenge des *Wiegmann*-Dachstuhles; doch gilt dies nur für Stützweiten, bei denen der letztere 8 bis 16 Felder hat. Beim *Wiegmann*-Dachstuhl mit 4 Feldern ist der Stoffverbrauch demjenigen beim englischen Dachstuhl ziemlich gleich: bei den steileren Dächern etwas kleiner und bei den flachen Dächern etwas größer. Der Unterschied beträgt beiderseits bis 6 Vomhundert.

Für den theoretischen Rauminhalt sind ferner die Tabellen auf S. 230 u. 231 berechnet.

Aus den Tabellen a und b im Vergleich mit der großen Tabelle auf S. 228 u. 229 ergibt sich, daß Dreieckdach und deutscher Dachstuhl für kleine Spannweiten sehr vorteilhaft sind; aber auch für größere Stützweiten sind sie empfehlenswert, besonders wenn es möglich ist, die gedrückte Gurtung des Hauptsystems mit der gezogenen Gurtung des Nebensystems zusammenzulegen.

a) Theoretischer Rauminhalt eines Dreieck-Dachbinders ohne Träger zweiter Ordnung, d. h. des einfachen Hauptsystems nach Fig. 452 (S. 212).

b) Theoretischer Gesamtrauminhalt des Dreieck-Dachbinders, wenn die Träger zweiter Ordnung Parallelträger sind.

Die obere Gurtung des Hauptsystems und die untere Gurtung des Trägers zweiter Ordnung fallen zusammen; das Pfeilverhältnis der Träger zweiter Ordnung ist 1 : 10.

$\frac{f}{l} =$	$\frac{1}{2}$	$\frac{1}{3}$	$\frac{1}{4}$	$\frac{1}{5}$	$\frac{1}{6}$	$\frac{1}{8}$	$\frac{1}{10}$
$\frac{f_1}{l} = 0$	0,75	0,917	1,125	1,33	1,58	2,06	2,55
» = $\frac{1}{20}$	0,861	1,109	1,44	1,834	3,30	—	—
» = $\frac{1}{15}$	0,905	1,19	1,58	2,03	—	—	—
» = $\frac{1}{10}$	1,000	1,395	1,98	—	—	—	—
» = $\frac{1}{8}$	1,084	1,57	—	—	—	—	—
» = $\frac{1}{7}$	1,15	1,783	—	—	—	—	—
» = $\frac{1}{6}$	1,25	2,0	—	—	—	—	—
» = $\frac{1}{5}$	1,43	—	—	—	—	—	—
» = $\frac{1}{4}$	1,725	—	—	—	—	—	—

$$\frac{q\,l^2}{K}$$

$\frac{f}{l} =$	$\frac{1}{2}$	$\frac{1}{3}$	$\frac{1}{4}$	$\frac{1}{5}$	$\frac{1}{6}$	$\frac{1}{8}$	$\frac{1}{10}$
$\frac{f_1}{l} = 0$	1,225	1,364	1,568	1,793	2,016	2,490	2,970
» = $\frac{1}{20}$	1,336	1,556	1,977	2,363	2,731	—	—
» = $\frac{1}{15}$	1,378	1,635	2,015	2,506	—	—	—
» = $\frac{1}{10}$	1,475	1,942	2,397	—	—	—	—
» = $\frac{1}{8}$	1,556	3,016	—	—	—	—	—
» = $\frac{1}{7}$	1,624	2,178	—	—	—	—	—
» = $\frac{1}{6}$	1,725	2,447	—	—	—	—	—
» = $\frac{1}{5}$	1,842	—	—	—	—	—	—
» = $\frac{1}{4}$	2,225	—	—	—	—	—	—

$$\frac{q\,l^2}{K}$$

c) Theoretischer Gesamtrauminhalt des Dreieck-Dachbinders, wenn die Träger zweiter Ordnung Parabelträger sind, deren untere (Zug-) Gurtung mit der Druckgurtung des Hauptsystems zusammenfällt (nach Fig. 454, S. 213).

b) Theoretischer Rauminhalt eines deutschen Dachbinders ohne Träger zweiter Ordnung, d. h. des einfachen Hauptsystems (nach Fig. 453, S. 212).

$\frac{f}{l} =$	$\frac{1}{2}$	$\frac{1}{3}$	$\frac{1}{4}$	$\frac{1}{5}$	$\frac{1}{6}$	$\frac{1}{8}$	$\frac{1}{10}$
$\frac{f_1}{l} = 0$	1,05	1,217	1,438	1,75	1,98	2,86	2,85
» = $\frac{1}{20}$	1,161	1,409	1,74	2,134	2,61	—	—
» = $\frac{1}{15}$	1,202	1,49	1,88	2,35	—	—	—
» = $\frac{1}{10}$	1,30	1,695	2,36	—	—	—	—
» = $\frac{1}{8}$	1,384	1,87	—	—	—	—	—
» = $\frac{1}{7}$	1,45	2,032	—	—	—	—	—
» = $\frac{1}{6}$	1,55	2,3	—	—	—	—	—
» = $\frac{1}{5}$	1,78	—	—	—	—	—	—
» = $\frac{1}{4}$	2,085	—	—	—	—	—	—

$$\frac{q\,l^2}{K}$$

$\frac{f}{l} =$	$\frac{1}{2}$	$\frac{1}{3}$	$\frac{1}{4}$	$\frac{1}{5}$	$\frac{1}{6}$	$\frac{1}{8}$	$\frac{1}{10}$
$\frac{f_1}{l} = 0$	1,25	1,488	1,75	2,075	2,416	3,125	3,85
» = $\frac{1}{20}$	1,361	1,69	2,17	2,75	3,49	—	—
» = $\frac{1}{15}$	1,414	1,795	2,363	3,092	—	—	—
» = $\frac{1}{10}$	1,525	2,053	2,9	—	—	—	—
» = $\frac{1}{8}$	1,625	2,304	—	—	—	—	—
» = $\frac{1}{7}$	1,708	2,583	—	—	—	—	—
» = $\frac{1}{6}$	1,833	2,916	—	—	—	—	—
» = $\frac{1}{5}$	2,05	—	—	—	—	—	—
» = $\frac{1}{4}$	2,5	—	—	—	—	—	—

$$\frac{q\,l^2}{K}$$

Falls die Druckgurtung der Träger zweiter Ordnung bei c mit der Druckgurtung des Hauptsystems zusammenfällt, so sind die entsprechenden Werte aus der großen Tabelle auf S. 228 u. 229 zu finden.

Alsdann erhält man, wie der Vergleich der Tabellen b, c und e mit den entsprechenden Werten der Tabelle auf S. 228 u. 229 lehrt, wesentlich geringere Mengen, als beim englischen und *Wiegmann*-Dach und nur wenig mehr, als beim Sicheldach. Bei den Annahmen, welche der Tabelle c zu Grunde liegen, erspart man gegen das englische Dach 20 bis 28 Vomhundert, gegen das *Polonceau*-Dach 25 bis 35 Vomhundert. Das Dreieckdach mit Parabelträgern

ε) Theoretischer Gesamtrauminhalt eines deutschen Dachbinders, wenn die Träger zweiter Ordnung Paralleltträger mit $1/_{10}$ Pfeilverhältnis sind, deren untere (Zug-) Gurtung mit der Druckgurtung des Hauptträgers zusammenfällt (ähnlich wie bei Fig. 450; nur ist dort das Hauptsystem ein *Polonceau*-Binder.)

ζ) Theoretischer Gesamtrauminhalt eines deutschen Dachbinders, wenn die Träger zweiter Ordnung Parabelträger von $1/_6$ Pfeilverhältnis sind, deren obere Gurtung mit der Druckgurtung des Hauptträgers zusammenfällt.

$\frac{f}{l} =$	$1/_2$	$1/_3$	$1/_4$	$1/_5$	$1/_6$	$1/_8$	$1/_{10}$
$\frac{f_1}{l} = 0$	1,48	1,68	1,97	2,291	2,651	3,329	4,064
» = $1/_{90}$	1,508	1,914	2,30	2,96	3,705	—	—
» = $1/_{11}$	1,632	2,019	2,583	3,08	—	—	—
» = $1/_{10}$	1,763	2,377	3,12	—	—	—	—
» = $1/_4$	1,861	2,58	—	—	—	—	—
» = $1/_7$	1,944	2,757	—	—	—	—	—
» = $1/_6$	2,071	3,14	—	—	—	—	—
» = $1/_5$	2,88	—	—	—	—	—	—
» = $1/_3$	2,738	—	—	—	—	—	—

$$\frac{q \cdot l^2}{K}$$

$\frac{f}{l} =$	$1/_2$	$1/_3$	$1/_4$	$1/_5$	$1/_6$	$1/_8$	$1/_{10}$
$\frac{f_1}{l} = 0$	1,891	2,104	2,306	2,721	3,088	3,771	4,196
» = $1/_{90}$	2,007	2,394	2,810	3,391	4,136	—	—
» = $1/_{13}$	2,05	2,441	3,009	3,738	—	—	—
» = $1/_{10}$	2,171	2,699	3,546	—	—	—	—
» = $1/_4$	2,369	2,95	—	—	—	—	—
» = $1/_7$	2,354	3,179	—	—	—	—	—
» = $1/_6$	2,479	3,563	—	—	—	—	—
» = $1/_5$	2,691	—	—	—	—	—	—
» = $1/_3$	3,146	—	—	—	—	—	—

$$\frac{q \cdot l^2}{K}$$

zweiter Ordnung nach Fig. 454 gebraucht nahezu ebensoviel Eisen wie das Sicheldach, ist demnach sehr empfehlenswert.

Will man die vorstehenden Tabellen für überschlägliche Ermittelung des Eigengewichtes verwerten, so sind die Werte noch mit Konstruktionskoeffizienten zu multiplizieren, die bei Weiten zwischen 15 und 35 ᵐ nicht unter 1,5 liegen, je nach der gewählten Anordnung aber bis zu 3,5 und höher ausfallen können. Zu beachten ist auch, daß in dem Werte für g das noch unbekannte Bindergewicht enthalten ist; es empfiehlt sich, zunächst beim Einsetzen von q in die Formel das Bindergewicht zu schätzen und darauf das ermittelte Gewicht multipliziert mit einem Konstruktionskoeffizienten zum früheren Wert von g hinzuzufügen; das mit diesem Werte gefundene Bindergewicht wird für die Berechnung meistens genügen.

7) *Foeppl*'sche Flechtwerkdächer.

Die neuerdings von *Foeppl*[***] vorgeschlagenen sog. Flechtwerkdächer unterscheiden sich grundsätzlich von den bisher betrachteten Dachkonstruktionen. *Foeppl* verlegt alle Konstruktionsteile in die Dachflächen, ähnlich wie dies bei den *Schwedler*'schen Kuppeldächern und den Zeltdächern schon längere Zeit üblich ist. Während bei den gewöhnlichen Dächern jeder Binder für die in seiner Ebene wirkenden Lasten eine stabile Konstruktion ist, welche die Pfetten trägt, ist hier das dem Binder entsprechende Fachwerk für sich allein nicht stabil; es wird erst durch die Pfetten und die in den Dachflächen liegenden Schrägstäbe, welche notwendige Stäbe des räumlichen Fachwerkes sind, stabil. Das über rechteckiger Grundfläche konstruierte Flechtwerk nennt *Foeppl* ein Tonnenflechtwerk.

161. Grundgedanken.

***) Foeppl, Ein neues System der Überdachung für weit gespannte Räume, Deutsche Bauz. 1891, S. 113.
Foeppl, Das Fachwerk im Raume, Leipzig 1892.
Foeppl, Über die Konstruktion weitgespannter Hallendächer, Civiling. 1891, S. 461.

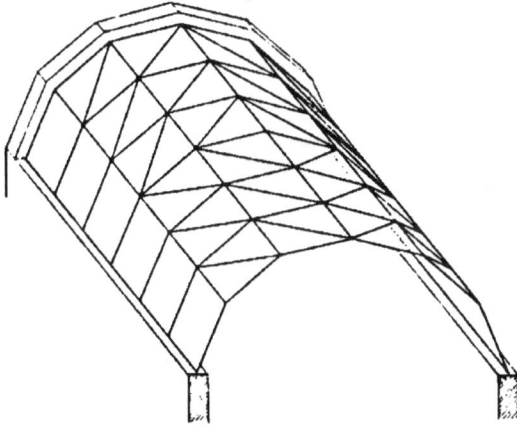

Der Querschnitt des Daches (Fig. 485) ist ein Vieleck mit geringer Seitenzahl; mehr als 10 Seiten zu verwenden, empfiehlt sich nicht; an beiden Giebelseiten des zu überdeckenden Raumes sind einzelne Eckpunkte der Vielecke gelagert; aufserdem stützen sich die untersten Stäbe jedes Vieleckes auf die Seitenmauern. Eine Reihe von Feldern des Fachwerkes wird mit Diagonalen versehen.

Fig. 486.

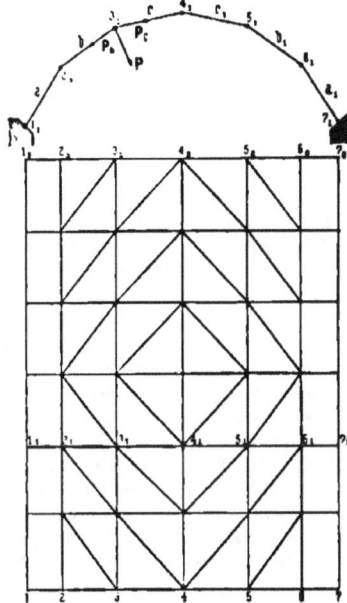

167.
Statische
Verhältnisse.

Um Klarheit über die Stabanordnung zu erhalten, soll untersucht werden, wie irgend eine an beliebiger Stelle wirkende Kraft P nach den Auflagern geführt wird. P wirke im Knotenpunkte 3_1 irgend eines mittleren Vieleckes (Fig. 486), zunächst in der lotrechten Ebene dieses Vieleckes, sei im übrigen beliebig gerichtet. P zerlegt sich nach den Richtungen der beiden im Punkte 3_1 zusammentreffenden Sparren in die Seitenkräfte P_3 und P_4. Die Kraft P_4 kann aber im Knotenpunkte 2_1 nicht von dem Vielecksstabe $1_1 2_1$ aufgenommen und weitergeführt werden, weil sich im Punkte 2_1 nur zwei in der lotrechten Ebene liegende Stäbe treffen, welche nicht in dieselbe Linie fallen. Deshalb wird die Kraft P_b durch einen in der Ebene b liegenden Fachwerkträger nach seinen in den Giebelwänden liegenden Auflagerpunkten 3 und 3_0 geleitet; die Rechteckfelder in der Ebene b müssen aus diesem Grunde mit Diagonalen versehen werden, wie aus der isometrischen Ansicht zu ersehen ist.

In ähnlicher Weise belastet die Seitenkraft P_c den in der Ebene c angeordneten Träger und wird durch dessen Stäbe nach den Endauflagern 4 und 4_0 geführt. Ebenso, wie mit der Belastung eines Knotenpunktes 3_1, ist es mit denjenigen der Punkte 4_1 und 5_1. Nur bei den Knotenpunkten an denjenigen Pfetten, welche den Seitenauflagern 1_1 und 7_1 zunächst liegen, verhält es sich etwas anders. Eine in 2_1 wirkende Last P_c zerlegt sich (Fig. 487) in die Seitenkräfte P'_b und P'_a; P'_b wird, wie oben gezeigt ist, nach den Endauflagern des Trägers in der Ebene b geführt; P_a dagegen wird ohne weiteres vom Auflager 1_1 aufgenommen. In den Ebenen a und f brauchen also keine Diagonalen angeordnet zu werden. Allerdings erleiden dann die Seitenauflager 1 und 7 schiefe Drücke; will man diese von den Seitenmauern fernhalten, so kann man die Stäbe $1\,2$, bezw. $6\,7$ lotrecht stellen oder auch in den Ebenen a und f Diagonalen anbringen, so dafs auch die Kräfte P_a, P_{a1} nach den Endauflagern geleitet werden.

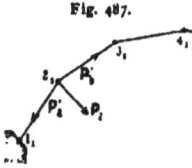

Fig. 487.

Bei richtiger Anordnung der Auflager und falls einfache Diagonalen in den Feldern der geneigt liegenden Felder angeordnet sind, ist das entstehende Raumfachwerk statisch bestimmt. Die Pfetten bilden die Gurtungen der geneigt liegenden Träger, wobei besonders günstig wirkt, dafs dieselbe Pfette gleichzeitig Zuggurtung des einen und Druckgurtung des Nachbarträgers ist. Durch Belastung der Knotenpunkte $2, 3, 4 \ldots$ werden in diesen Stäben Spannungen erzeugt, welche einander teilweise aufheben, so dafs die wirklichen Spannungen durch Eigengewicht, Schnee- und Windlast nur gering ausfallen. Am gefährlichsten sind die Einzellasten, die aber bei den Dächern bekanntlich keine grofse Bedeutung haben.

Ungünstig für den Stoffverbrauch wird diese Anordnung, wenn die Länge des Daches, demnach auch die Stützweite der schräg liegenden Träger, grofs ist; man kann aber durch Unterteilung in kürzere Abteilungen auch dann die Vorteile dieser Dachart verwerten, vielleicht unter Verwendung von Auslegerträgern in den schrägen Dachflächen.

Bislang war angenommen, dafs die Lasten P in der lotrechten Ebene eines der Vielecke $1, 2, 3, 4, 5, 6, 7$ liegen. Bei beliebiger Richtung der Kraft P zerlege man sie in eine Seitenkraft, welche in der lotrechten Vieleckebene liegt, und eine in die Ebene c fallende Seitenkraft. Erstere behandelt man ganz, wie oben gezeigt ist; letztere zerlegt man weiter in eine in die Längsachse des Daches fallende und eine hierzu senkrechte Seitenkraft, welche also in die Richtung der Kraft P_c fällt. Auch diese wird, wie oben gezeigt, nach den Endauflagern geführt, während für die in die Längsachse des Daches, also in die Pfettenrichtung fallende Seitenkraft wenigstens auf einer Seite ein festes Auflager vorhanden sein mufs. Hiernach können auch ganz beliebig wirkende Kräfte durch das Flechtwerk klar und sicher nach den Auflagern befördert werden.

An einem bestimmten Beispiele soll gezeigt werden, wie man Auflager und Stäbe anordnen kann.

163.
Beispiel.

In Fig. 488 ist das in die Grundrißebene abgewickelte Flechtwerk gezeichnet. Die Reaktionen der auf den Seitenmauern gelegenen 10 Auflager E und D sind durch die Richtungen der von ihnen in den Ebenen a und a_1 liegenden, von ihnen ausgehenden Stäbe bestimmt; jedes dieser Auflager bedingt also nur eine Unbekannte. Faßt man die Stäbe in den Seitenebenen a und a_1 als Auflagerstäbe auf, so hat man nur das in den Ebenen b, c, c_1, b_1 liegende Fachwerk zu untersuchen. Dasselbe hat $k = 25$ Knotenpunkte. Die Lager an der einen Stirnseite sollen eine Längsverschiebung des Ganzen verhindern. Zu diesem Zwecke ist das Lager A ganz fest gemacht, entspricht also 3 Auflagerunbekannten; die Lager B sind parallel den Stabrichtungen c, bezw. c_1 verschieblich, außerdem auch längs verschieblich. Etwaige in die Pfettenrichtung fallende Seitenkräfte, welche auf B kommen, werden nach Punkt 3, bezw. 5 im Vieleck II

Fig. 488.

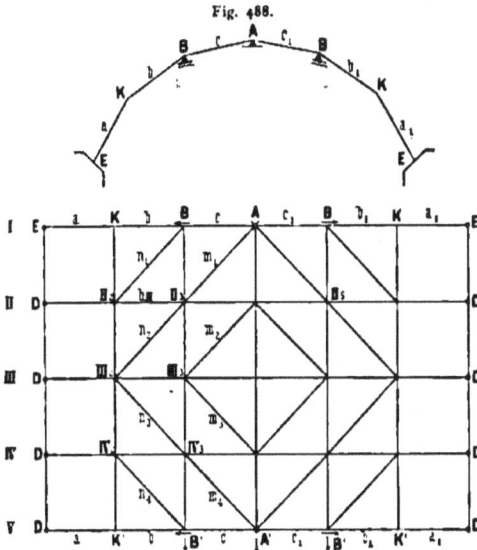

und von da durch den Träger in der Ebene c, bezw. c_1 nach dem Auflager A gebracht; Längsverschieblichkeit bei B ist also zulässig; jedes dieser Auflager entspricht einer Auflagerunbekannten.

Auf der anderen Stirnseite bedingen A' zwei, B' und B' je eine Auflagerunbekannte; alle drei müssen längsverschieblich sein, B' und B' Verschiebung auch in den Richtungen 43, bezw. 54 (vergl. Fig. 486) gestatten. Die Punkte K sind ohne Auflager räumlich bestimmt, da sie durch je drei Stäbe mit drei nicht in einer Ebene liegenden Punkten verbunden sind. Demnach sind vorhanden:

10 Auflagerstäbe	$= 10$ Auflagerunbekannte,
1 Auflager A mit 3, d. h.	$= 3$ »
1 Auflager A' mit 2, d. h.	$= 2$ »
4 Auflager B, B, B', B' mit je 1, d. h. 4×1.	$= 4$ »
	zusammen 19 Auflagerunbekannte.

Die Stabzahl muſs also bei k Knotenpunkten $s = 3k - 19$ sein, und da $k = 25$ ist, so muſs für statisch bestimmtes Raumfachwerk $s = 56$ sein. Thatsächlich sind 56 Stäbe im Fachwerk der Ebenen b, c, b_1, c_1 vorhanden.

Die vorhandene Stabzahl ist also die für ein statisch bestimmtes Fachwerk richtige. Es wäre noch nachzuweisen, daſs die Stäbe auch richtig angeordnet sind; diese Nachweisung führt man am einfachsten durch die Untersuchung, ob beliebige Belastung ganz bestimmte Stabspannung ergiebt, bezw. ob beliebige belastende Kräfte in unzweifelhafter Weise auf die Lager geführt werden können. Nach obigem ist dies hier der Fall.

Nunmehr soll zur Bestimmung der Spannungen geschritten werden, welche eine Einzellast in einem beliebigen Knotenpunkt hervorbringt. Eine an beliebiger Stelle, etwa im Knotenpunkte 3 einer Vieleckebene (Fig. 486), wirkende Kraft zerlegt sich in P_b und P_c; P_b wird im schrägen Träger der Ebene b und P_c im schrägen Träger der Ebene c nach den Giebelauflagern geführt. Nur die Stäbe der Träger b und c erleiden also durch diese Belastung Beanspruchung. Daraus folgt das Gesetz:

α) Jede Belastung erzeugt Spannungen nur in den beiden Trägern, welchen der belastende Knotenpunkt angehört; für alle diesen Trägern nicht angehörigen Stäbe ist sie ohne Einfluſs; demnach:

Jeder Stab erhält Spannungen nur durch Belastung von Knotenpunkten eines Trägers, zu dem er gehört; dabei ist zu beachten, daſs jeder Pfettenstab zwei Trägern angehört.

Damit sind die Belastungsgesetze auf diejenigen der Balkenträger zurückgeführt; für Gurtungen und Gitterstäbe der schräg liegenden Träger gelten nunmehr die bekannten Gesetze der Balken-Fachwerkträger. Man findet auf diese Weise:

β) Gröſster Druck in einem Pfettenstabe findet statt, wenn alle Knotenpunkte der betreffenden Pfette und nur diese belastet sind; gröſster Zug in einem Pfettenstabe tritt ein, wenn alle Knotenpunkte beider Nachbarpfetten und nur diese belastet sind (die Pfette selbst also auf ihre ganze Länge unbelastet ist).

γ) Die Schrägstäbe (Diagonalen) eines Sonderträgers erleiden Zug oder Druck, je nachdem die Last in einem Knotenpunkte liegt, nach welchem hin der Schrägstab fällt oder steigt. Die Belastung des Knotenpunktes $IV 3$ (Fig. 488) erzeugt z. B. in den Schrägstäben n_1, n_3, n_4 und m_4 Zug, in den Schrägstäben n_8, m_4, m_1 und m_8 Druck. Die anderen Diagonalen bleiben bei dieser Last spannungslos. Gröſster Zug, bezw. Druck tritt also in einer Diagonalen auf, wenn von dem Träger, welchem sie angehört, alle diejenigen Knotenpunkte belastet sind, nach denen zu die Diagonale fällt, bezw. steigt. In n_3 findet gröſster Zug, bezw. Druck statt, wenn die Knotenpunkte

$$III 3, IV 2, II 3,$$
$$\text{bezw. } III 2, II 2, IV 3$$

belastet sind.

δ) Bei den Sparren ist zu beachten, daſs diese auch zugleich Pfosten für die schräg liegenden Träger sind. Man denke sich den Sparren aus zwei Teilen bestehend, dem eigentlichen Sparren, der einen Teil des lotrechten Vieleckes bildet, und dem Pfosten des schräg liegenden Trägers. Der eigentliche Sparren erleidet seinen gröſsten Druck bei voller Belastung der beiden Vieleck-Knoten-

Fig. 489.

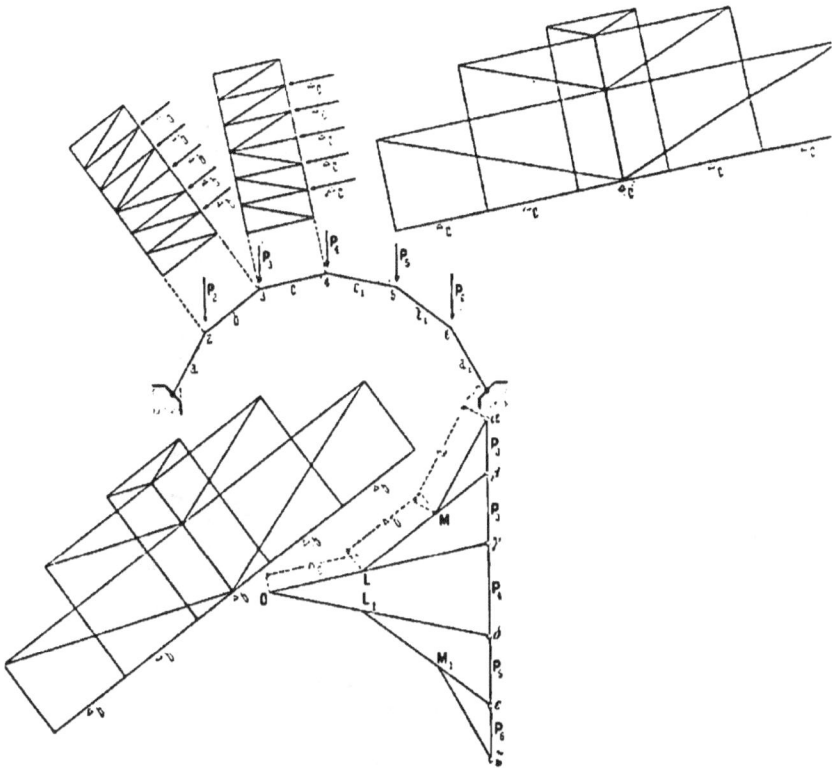

punkte, welche ihn begrenzen. Bezüglich der ungünstigsten Belastung des Pfostens ergiebt sich: größter Druck tritt ein, wenn die begrenzende Pfette so belastet ist, daß der dem Pfosten zugeordnete Schrägstab größten Zug erhält; als zugeordnet gilt derjenige Schrägstab, der mit dem Pfosten an der anderen Pfette zusammentrifft. So wird in b_{II} (Fig. 488) die Belastung derjenigen Knotenpunkte der Pfette *3* größsten Druck erzeugen, welche in n_1 größsten Zug erzeugt, und diejenige Belastung der Pfette *2*, welche in n_2 größsten Zug erzeugt. Für den größsten Druck in b_{II} müßte man also alle Knotenpunkte der Pfette *3* und Knotenpunkt *II 2* der Pfette *2* belasten.

Für die Berechnung des Daches braucht man diese unwahrscheinliche Belastung nur unter Umständen einzuführen; bedenkt man aber, daß die Belastung aller Knotenpunkte der Pfetten *4, 5, 6, 7* (Fig. 486) ohne Einfluß auf den betreffenden Sparren ist, so sieht man ein, daß diese Belastungsart, bei der also das ganze Dach, mit Ausnahme der Knotenpunkte *III 2* und *IV 2*, belastet ist, nicht ausgeschlossen ist. Jedenfalls ist diese Untersuchung geeignet, Licht über die Beanspruchungen zu verbreiten.

Die in Fig. 488 dargestellten Pfosten des mittelsten Vieleckes, welches zur Ebene *III* gehört, folgen anderen Gesetzen; dieselben werden nur durch Belastung der Knotenpunkte dieses Vieleckes belastet; als Pfosten der schräg liegenden Träger erleiden sie weder Zug noch Druck.

In der Regel werden bei den Dächern hauptsächlich die Spannungen durch Eigengewicht, Schnee- und Winddruck in das Auge zu fassen sein; dieselben sind hier weniger ungünstig als diejenigen durch Einzellasten.

165.
Spannungen
durch
Eigengewicht.

In Fig. 489 sind die Lasten P_2, P_3, P_4, P_5, P_6 graphisch in die einzelnen Kräfte zerlegt, welche als Belastung der schrägen Träger einzuführen sind. Im Punkte *4* zerlegt sich P_4 in γO und $O\delta$; im Punkte *3* zerlegt sich P_3 in βL und $L.\gamma$. Die beiden in die Ebene *c* fallenden Kräfte γO und $L.\gamma$ heben einander zum Teile auf; als wirklich belastende Kraft des Trägers in der Ebene *c*

Fig. 490.

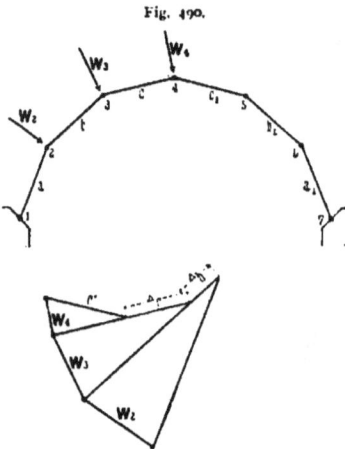

bleibt nur die Differenz der beiden genannten Kräfte, d. h. $L.O = \Delta c$. Ebenso bleibt als belastende Kraft des Trägers in der Ebene *b* die Kraft Δb und in der Ebene *a* die ganze Kraft αM, die aber sofort durch das Seitenlager in das Seitenmauerwerk geführt wird. Jeder Knotenpunkt des Trägers *c* wird mit Δc und jeder Knotenpunkt des Trägers *b* mit Δb belastet; die Stabspannungen sind daraus nach bekannten Gesetzen leicht zu finden. Zu beachten ist, daß die Spannungen in den Gurtungsstäben der Träger (d. h. in den Pfetten) sich algebraisch addieren, d. h. hier voneinander subtrahieren; zu den Pfostenspannungen kommen noch die Sparrenspannungen hinzu, welche hier bezw. γL, βM, αM sind.

Nur die Teile Δc und Δb werden durch die schräg liegenden Träger zu ihren Endauflagern geleitet; man kann natürlich die Form des Vieleckes so wählen, daß für bestimmte Lastengröfsen, z. B. für das Eigengewicht, diese Teile gleich Null werden. Alsdann sind bei dieser Belastung nur in den Sparren Spannungen.

Bezüglich der Belastung durch Schnee ist zu ermitteln, ob bezw. für welche Stäbe volle und für welche Stäbe einseitige Schneebelastung ungünstiger ist. Man wird hier die übliche Annahme, nach welcher die einseitige Schneelast bis zum First reicht, als nicht der Wirklichkeit entsprechend verlassen und für die ungünstigste Schneelast die mittleren Pfettenpunkte *3, 4, 5* als belastet annehmen, da auf den steilen Dachflächen *a* und *a₁* der Schnee nicht liegen bleibt; von der geringen Belastung der Knotenpunkte *2* und *6* sieht man zweckmäßig ab. Die Ermittelung der Spannungen ist eine einfache Arbeit (entsprechend Fig. 489). Wenn bei einseitiger Belastung die Pfette *5* nur eine geringere Last hat, als in Fig. 489 angenommen war, so wächst Δc_1 entsprechend.

166.
Spannungen
durch Schnee,
Wind etc.

Die auf die einzelnen Träger bei Windbelastung entfallenden Knotenpunktslasten sind aus dem Kräfteplan in Fig. 490 zu entnehmen.

Einzellasten, besonders die Gewichte der Arbeiter, welche Ausbesserungen vornehmen, sind hier gefährlich; man sorge deshalb durch die Art der Dachdeckung und etwaige besondere Vorkehrungen (Schalung, Wellblech u. s. w.) dafür, dafs diese Lasten sich auf mehrere Knotenpunkte verteilen. Anderenfalls mufs man die Stäbe so wählen, dafs aufser dem Eigengewicht wenigstens ein Arbeiter an beliebigem Knotenpunkte ohne Gefahr sich befinden kann.

167.
Materialmenge.

Die für ein Dach nötige Materialmenge ist hier aufser von der Spannweite auch von der Länge des Daches abhängig. Da noch keine Erfahrungen vorliegen, so können auch die Angaben über den Materialaufwand nur spärlich sein.

Foeppl hat einige Konstruktionen berechnet und gefunden:

Bei 13,80 m Spannweite, 18,80 m Länge und 5,70 m Höhe ergab sich das Gewicht der Eisenkonstruktion mit 19 kg für 1 qm Grundfläche; dabei waren aufgemauerte Giebelwände angenommen; für Giebel in Eisenkonstruktion stellt sich ihr Gewicht auf zusammen 2,6 t.

Bei 30 m Spannweite, 40 m Länge und 12 m Höhe ergab sich das Gewicht der Eisenkonstruktion zu 25 kg für 1 qm Grundfläche, ebenfalls ohne Giebelwände.

In beiden Fällen war der Winddruck mit 120 kg auf 1 qm senkrecht getroffener Fläche, die bewegliche Last mit 20 kg für 1 qm Grundfläche angenommen, das Eigengewicht der Eindeckung und Schneelast für 1 qm Grundfläche im ersten Beispiel zu 100 kg, im zweiten Beispiel zu 120 kg vorausgesetzt.

168.
Schlussbemerkungen.

Bei gröfserer Seitenzahl des Vieleckes zerlegt sich die Knotenlast *P* in sehr grofse, auf die schrägen Träger wirkende Lasten; es empfiehlt sich deshalb eine kleine Seitenzahl des Vieleckes, 6 bis 10, wie oben angegeben.

Fig. 491.

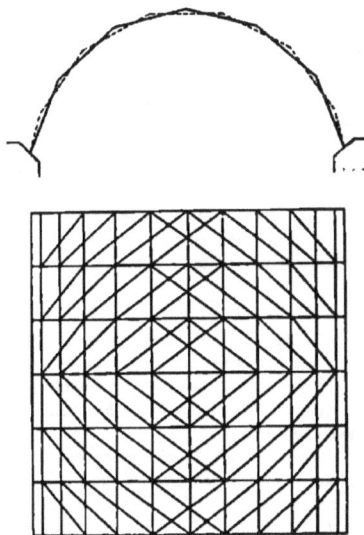

Bei sehr grofsen Spannweiten empfiehlt *Foeppl* das doppelte oder mehrfache Flechtwerk (Fig. 491). Bei diesem ordnet man zwei oder mehrere getrennte Flechtwerke mit abwechselnd liegenden Knotenpunkten an, die sich gegenseitig durchdringen.

Das Flechtwerk hat voraussichtlich für die Dachkonstruktionen der Zukunft Bedeutung; die Hauptvorzüge desselben bestehen darin, dafs der ganze Dachraum frei von irgend welchen Einbauten ist und dafs bei zweckentsprechender Verwendung der Stoffverbrauch gering ist.

Noch möge kurz bemerkt werden, dafs das Flechtwerk als stabile Konstruktion sich aus folgendem Satze ergiebt, der in dieser Form zuerst von *Foeppl* entdeckt ist: Man erhält ein unverschiebliches Stabwerk im Raume, wenn man Dreiecke mit ihren Seiten derart aneinander reiht, dafs das entstehende Dreiecknetz eine zusammenhängende Oberfläche (einen Mantel) bildet, der einen inneren Raum vollständig umschließt; an keinem Knotenpunkte dürfen aber alle von ihm ausgehenden Stäbe in derselben Ebene liegen. Ersetzt man nun einen Teil des Mantels durch die feste Erde, so bleibt das Stabwerk unverschieblich, und man erhält das Flechtwerk. Beim Tonnenflechtwerk muß dann auch jede Stirnseite entweder ein obiger Bedingung entsprechendes Dreiecknetz bilden oder mit Mauern versehen werden, welche als Teile der festen Erde anzusehen sind. Unter Beachtung dieses wichtigen Satzes kann man für die verschiedensten Aufgaben Flechtwerke konstruieren.

b) Konstruktion der Stäbe.

Die Fachwerke der Binder und der Flechtwerke setzen sich aus einzelnen Stäben zusammen, welche auf Zug, bezw. Druck beansprucht werden. Nach Ermittelung der in den Stäben ungünstigstenfalls auftretenden Kräfte können die Querschnitte der Stäbe bestimmt werden. Dabei ist zu unterscheiden, ob der Stab nur auf Zug, bezw. nur auf Druck oder sowohl auf Zug, wie auf Druck beansprucht wird. Bei den nur gezogenen Stäben genügt es, wenn wenigstens die berechnete Querschnittsfläche an der schwächsten Stelle vorhanden ist; die Form der Querschnittsfläche ist nicht ganz gleichgültig, hat aber bei diesen Stäben eine mehr untergeordnete Bedeutung. Bei den auf Druck beanspruchten Stäben dagegen muß die Querschnittsform sorgfältigst so gewählt werden, dafs sie genügende Sicherheit gegen Ausbiegen und Zerknicken bietet; hier genügt der Nachweis der Größe der verlangten Querschnittsfläche allein nicht. Deshalb soll im folgenden zunächst die Größe der Querschnittsfläche, sodann die Form des Querschnittes besprochen werden.

Randnotiz: 169. Gezogene und gedrückte Stäbe.

ι) Größe und Form der Querschnittsfläche.

Bezüglich der Ermittelung der Größe der Querschnittsfläche der Stäbe kann auf die Entwickelungen in Teil I, Bd. 1, zweite Hälfte (Art. 281 bis 288, S. 247 bis 252[110]) dieses »Handbuches« verwiesen werden; der bequemeren Verwendung wegen mögen die Formeln für die Querschnittsberechnung hier kurz wiederholt werden.

Randnotiz: 170. Größe der Querschnittsfläche.

Es bezeichne P_0 die durch das Eigengewicht im Stabe erzeugte Spannung; P_1 die größte durch Schnee- und Winddruck, sowie sonstige zufällige Belastung im Stabe erzeugte Spannung, welche gleichen Sinn mit P_0 hat, d. h. Druck, bezw. Zug ist, wenn P_0 Druck, bezw. Zug ist, und P_2 die größte durch Schnee- und Winddruck, sowie sonstige zufällige Belastung im Stabe erzeugte Spannung, welche entgegengesetzten Sinn mit P_0 hat, d. h. Druck, bezw. Zug ist, wenn P_0 Zug, bezw. Druck ist. Alle Werte in nachstehenden Angaben sind in absoluten Zahlen, d. h. ohne Rücksicht auf die Vorzeichen, einzusetzen.

ι) Schweifseisenstäbe. Falls die Stäbe nur auf Zug oder nur auf Druck beansprucht werden, so ist P_2 gleich Null; alsdann ist die Querschnittsfläche

$$F = \frac{P_0}{1050} + \frac{P_1}{700} \quad \text{oder} \quad F = \frac{P_0 + 1{,}5 P_1}{1050} \quad . . . . . . 13.$$

P_0 und P_1 sind in Kilogr. einzusetzen, und F wird in Quadr.-Centim. erhalten.

Die Formeln 13 gelten auch, wenn zeitweilig P_2 auftritt, so lange $P_2 < \frac{2}{3} P_0$ ist.

---

[110] 1. Aufl.: Art. 76 u. 77, S. 50 bis 53; 2. Aufl.: Art. 83 bis 85, S. 60 bis 63.

Falls die Stäbe zeitweise auf Zug, zeitweise auf Druck beansprucht werden können und $P_2 > \frac{2}{3} P_0$ ist, so verwende man,

wenn $P_2 - P_1 < \frac{4}{3} P_0$ ist: $F = \frac{P_0}{1675} + \frac{P_1}{700} + \frac{P_2}{2100}$; . . . . 14.

wenn $P_2 - P_1 > \frac{4}{3} P_0$ ist: $F = -\frac{P_0}{1575} + \frac{P_1}{2100} + \frac{P_2}{700}$ . . . 15.

Auch in den Gleichungen 14 u. 15 einschliefslich der zugehörigen Kriterien sind P_0, P_1, P_2 in Kilogr. und in absoluten Werten einzusetzen; F wird in Quadr.-Centim. erhalten.

2) Flufseisenstäbe. Falls die Stäbe nur auf Zug oder nur auf Druck beansprucht werden, so lange also $P_2 = 0$ oder $P_2 < \frac{2}{3} P_0$, ist

$$F = \frac{P_0}{1350} + \frac{P_1}{900} \text{ oder } F = \frac{P_0 + 1.5 P_1}{1350} \quad \ldots \ldots 16.$$

Falls die Stäbe zeitweise auf Zug, zeitweise auf Druck beansprucht werden können und $P_2 > \frac{2}{3} P_0$ ist, so verwende man,

wenn $P_2 - P_1 < \frac{4}{3} P_0$ ist: $F = \frac{P_0}{2000} + \frac{P_1}{900} + \frac{P_2}{2700}$; . . . . 17.

wenn $P_2 - P_1 > \frac{4}{3} P_0$ ist: $F = -\frac{P_0}{2000} + \frac{P_1}{2700} + \frac{P_2}{700}$ . . . 18.

3) Gufseisenstäbe. Gufseisen soll niemals bei Stäben verwendet werden, welche auf Zug beansprucht werden; nur bei gedrückten Stäben darf man es allenfalls noch benutzen, wenn keine stofsweise Belastung zu erwarten ist. Man kann alsdann setzen:

$$F_0 = \frac{P_0 + P_1}{600} . \quad \ldots \ldots \ldots 19.$$

4) Holz. Auch Holz sollte man nur für gedrückte Stäbe verwenden; man kann alsdann setzen:

$$F = \frac{P_0 + P_1}{80} . \quad \ldots \ldots \ldots 20.$$

171.
Form der
Querschnitts-
fläche
der Stäbe.

Bei den gezogenen Stäben empfiehlt es sich, die einzelnen Teile des Querschnittes möglichst gleichmäfsig um den Schwerpunkt zu gruppieren; der kreisförmige und der kreuzförmige Querschnitt ist gut, auch der aus anderen praktischen Gründen empfehlenswerte Rechteckquerschnitt (Flacheisen); man mache die Höhe des Rechteckes gegenüber seiner Dicke nicht zu grofs. Wegen guter Kraftübertragung in den Knotenpunkten lege man den Schwerpunkt des Querschnittes in die Kraftebene; womöglich ordne man letzteren so an, dafs er durch die Kraftebene in zwei symmetrische Hälften geteilt wird.

Bei den gedrückten Stäben sind zunächst die vorstehend für die gezogenen Stäbe angeführten Rücksichten gleichfalls zu nehmen; aufserdem ist aber auf genügende Sicherheit gegen Zerknicken der allergröfste Wert zu legen. Nennt man die gröfstmögliche Druckkraft im Stabe P, die freie Stablänge λ, nimmt man in den Enden des freien Stabstückes Gelenke an, so dafs also λ von Gelenkmitte bis Gelenkmitte reicht, und bezeichnet man mit J_{min} den kleinsten Wert aller auf Schwerpunktsachsen bezogenen Trägheitsmomente des Querschnittes (also das kleinste Schwerachsen-Trägheitsmoment); so muſs nach Teil I, Band 1, zweite Hälfte (2. Aufl.: Art. 137, S. 116; 3. Aufl.: Art. 141, S. 131) dieses »Handbuches« sein:

für schweifs- und fluſseiserne Stäbe $\quad J_{min} = 2{,}5\ P\lambda_m{}^2$

für Guſseisenstäbe . . . . $J_{min} = 8\ P\lambda_m{}^2$ . . . 21.

für Holzstäbe . . . . $J_{min} = 83\ P\lambda_m{}^2$

Hierin soll P in Tonnen und λ in Metern eingesetzt werden; J_{min} wird auf Centim. bezogen erhalten. In diesen Formeln ist vorausgesetzt, daſs die Stäbe nach allen Richtungen ausbiegen können.

Wenn die Stäbe an ihren Enden eingespannt sind, so ergeben sich für J_{min} Werte, welche nur den vierten Teil der oben angegebenen betragen (vergl. a. a. O.); die wirklichen Stäbe können aber in den meisten Fällen weder als gelenkförmig angeschlossen, noch als eingespannt betrachtet werden; insbesondere würde die letztere Annahme meistens zu günstig sein.

Beiderseits vernietete Gitterstäbe kann man nach der Formel so berechnen, als wären sie beiderseits mit drehbaren Enden versehen; die Annahme ist etwas zu ungünstig; aber die Sicherheit wird durch dieselbe vergröſsert.

Die Stäbe der Druckgurtung (oberen Gurtung) gehen gewöhnlich in den Knotenpunkten durch, könnten also in der Ebene des Binders als eingespannt angesehen werden; es empfiehlt sich aber nicht, diese besonders günstige Annahme zu machen, weil man eine vollkommene Einspannung nicht mit Sicherheit annehmen kann. Deshalb wird empfohlen, für diese Stäbe den im eben genannten Heft dieses »Handbuches« (Art. 337, S. 300[110]) durchgeführten Fall 4 zu Grunde zu legen, also nach folgenden Formeln zu rechnen:

für Schweifs- und Fluſseisen $\quad J_{min} = \dfrac{5}{4}\ P\lambda_m{}^2$

für Guſseisen . . . . . . $J_{min} = 4\ P\lambda_m{}^2$ . . . . . 22.

für Holz . . . . $J_{min} = 41\ P\lambda_m{}^2$

Auch hier ist P in Tonnen und λ in Metern einzuführen, und man erhält J_{min} auf Centim. bezogen.

Wenn die Knotenpunkte der oberen Gurtung durch die Pfetten eine so ausreichende Querversteifung haben, daſs sie nicht aus der Binderebene herausgebogen werden können, so kann man sie als feste Punkte ansehen und die Länge zwischen den Knotenpunkten als Knicklänge λ einführen; wenn aber eine solche Querversteifung nicht vorhanden ist, so kann unter Umständen ein Ausbiegen aus der Binderebene eintreten; dann muſs man für die Zerknickungsgefahr in der betreffenden Ebene die Entfernung zwischen den beiden für diese Beanspruchung als fest anzusehenden Punkten als λ einführen. Gerade die Gefahr des Ausbiegens aus der Binderebene spricht gegen Binder, in deren Druckgurtung nicht die Pfetten angebracht sind; man sollte solche Anordnungen vermeiden.

2) Praktische Querschnittsformen für Schweifs- und Fluſseisenstäbe.

α) Querschnitte, welche sowohl für gezogene, wie auch für gedrückte Gurtungsstäbe geeignet sind.

Den hier zu betrachtenden Querschnittsformen ist die Widerstandsfähigkeit gegen Zerknicken gemeinsam. Da es sich um Querschnitte für Gurtungen

110) 2. Aufl.: Art. 122 u. 137, S. 104 u. 117. — 3. Aufl.: Art. 141, S. 131.

Handbuch der Architektur. III. 2, d. (3. Aufl.)　　16

handelt, müssen dieselben die bequeme Befestigung der Gitterstäbe und (bei der oberen Gurtung) der Pfetten gestatten.

α) Zwei Winkeleisen (Fig. 492). Zwischen den beiden lotrechten Schenkeln ist ein Zwischenraum zum Einlegen der Anschlußbleche für die Gitterstäbe, der sog. Knotenbleche, vorhanden. Die Winkeleisen können gleichschenkelig oder ungleichschenkelig sein; der größere Schenkel kann in die lotrechte oder wagrechte Richtung gelegt werden. Kleinste zu verwendende Winkeleisen sind etwa $45 \times 45 \times 7$ ᵐᵐ; größte Kaliber ziemlich beliebig, je nach Bedarf bis $150 \times 160 \times 14$ ᵐᵐ und mehr. Dieser Querschnitt wird vielfach ausgeführt; er ist für obere Gurtungen sehr empfehlenswert, gestattet bequemen Anschluß der Gitterstäbe und der Windverkreuzung durch Knotenbleche, welche auf die wagrechten Schenkel kommen; die Pfetten finden auf diesen Schenkeln ein bequemes Auflager.

Fig. 492.

Damit für die Zerknickungsgefahr der Querschnitt als Ganzes wirke, legt man in gewissen Abständen Blechstücke ein und verbindet daselbst beide Teile durch einen Niet; die Abstände dieser Einlagen betragen gewöhnlich 35 bis 50 ᶜᵐ. Daß man mit diesem Maße weiter gehen kann, zeigt nachstehende Rechnung. Nennt man den gesuchten Abstand λ und versteht unter P und $\mathcal{J}_{min}$ dieselben Begriffe, wie oben in Gleichung 21 u. 22, so kommt auf jede Hälfte des Querschnittes die Kraft $\frac{P}{2}$ (Fig. 493). Legt man den zweiten Zerknickungsfall [181]) zu Grunde, was jedenfalls ungünstiger ist, als die Wirklichkeit, so muß, damit kein Ausbiegen eintritt, für jede Hälfte des Querschnittes $\mathcal{J}_{min} = 2{,}5 \frac{P}{2} \lambda^2$ sein. Die Querschnitts-fläche f (in Quadr.-Centim.) einer Querschnittshälfte kann hier allgemein, weil stets etwas zugegeben wird, gesetzt werden:

Fig. 493.

$$f = \frac{P}{2 \cdot 500},$$ wenn f in Quadr.-Centim. und P in Kilogr. eingesetzt wird, oder

$$f = \frac{P \cdot 1000}{2 \cdot 500} = P,$$ wenn P in Tonnen ausgedrückt wird.

Aus letzterer Beziehung folgt $P = f$. Dieser Wert in die Gleichung für $\mathcal{J}_{min}$ eingesetzt, ergiebt $\mathcal{J}_{min} = \frac{2{,}5 f}{2} \lambda^2$, woraus

$$\lambda^2 = \frac{2 \mathcal{J}_{min}}{2{,}5 f} = \frac{0{,}8 \mathcal{J}_{min}}{f} \quad \ldots \ldots \ldots \quad 23.$$

Anstatt $\mathcal{J}_{min}$ müßte hier eigentlich das Trägheitsmoment, bezogen auf die lotrechte Schwerpunktsachse eines der beiden Winkeleisen, eingeführt werden; setzt man aber selbst den Wert des kleinsten Trägheitsmoments eines Winkeleisens ein, so erhält man noch ziemlich große Werte für λ, d. h. für den Abstand der Einlagen.

Für das Winkeleisen von $55 \times 55 \times 8$ ᵐᵐ Querschnitt ist $\mathcal{J}_{min} = 9{,}38$ (auf Centim. bezogen) und $f = 8{,}16$ ᵠᶜᵐ, sonach

$$\lambda = 0{,}96 \text{ ᵐ};$$

181) Siehe das mehrfach genannte Heft dieses »Handbuchs«. Art. 338. S. 301. •(2. Aufl.: Art. 123, S. 105; 3. Aufl.: Art. 139. S. 129.)

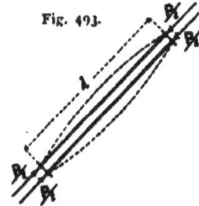

für das Winkeleisen von $60 \times 60 \times 8$ ^{mm} ist $\mathcal{J}_{min} = 12{,}27$ (auf Centim. bezogen) und $f = 9$ ^{qcm}; mithin

$$\lambda = 1{,}04 \text{ }^m.$$

Die Abstände können also ziemlich grofs sein.

Die Weite des Zwischenraumes der beiden lotrechten Winkeleisenschenkel wählt man wenigstens gleich der Eisenstärke der Winkel; besser macht man dieses Mafs gröfser, und zwar empfiehlt sich eine Weite, welche gleich der Summe der Eisenstärken beider Winkel ist. Dann erhält auch das einzulegende Knotenblech diese grofse Stärke; die Zahl der Anschlufsniete der Gitterstäbe, sowie die Gröfse des Knotenbleches kann alsdann kleiner sein als bei geringer Stärke, und beide Winkeleisen können durch dasselbe Knotenblech gestofsen werden. Das Trägheitsmoment des Querschnittes für die lotrechte Symmetrieachse kann durch Vergröfserung des Zwischenraumes vergröfsert werden; meistens allerdings wird dieses Trägheitsmoment nicht für die Querschnittsbestimmung mafsgebend sein, da es gewöhnlich das gröfsere der beiden Hauptträgheitsmomente ist.

Fig. 494.   Fig. 495.   Fig. 497.

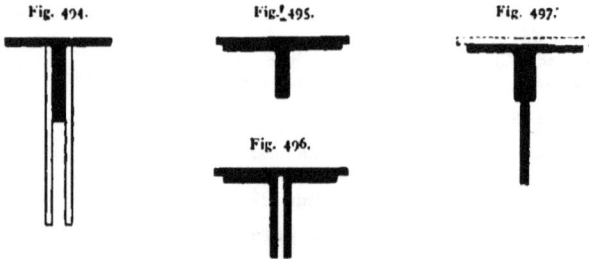

Fig. 496.

Zwischen die lotrechten Schenkel setzt sich im Laufe der Zeit Staub, Schmutz u. s. w.; auch ist bei geringer Stärke des Zwischenraumes die Beseitigung etwa auftretenden Rostes und die Erneuerung des Anstriches schwierig. Man vermeidet diese Übelstände, indem man die Winkeleisen ohne Zwischenraum aneinander setzt (Fig. 494); die dann erforderlichen beiden Knotenbleche (in Fig. 494 mit weifs gelassenem Querschnitte eingezeichnet) werden aufsen aufgenietet.

Die Lagerung der Pfetten und der Anschlufs der Windknotenbleche ist wie beim Querschnitt in Fig. 492.

Eine Verstärkung der besprochenen Querschnitte ist durch Aufnieten einer oder auch mehrerer Platten möglich (Fig. 495 u. 496), sowie durch Anordnung eines durchlaufenden Stehbleches zwischen den Winkeleisen (Fig. 497). Damit das Stehblech unter dem Drucke nicht ausbeule, wähle man seinen Überstand über die Winkeleisen nicht gröfser, als 10 δ bis 12 δ, worin δ die Stärke des Stehbleches bedeutet. Die Gitterstäbe können hier an das Stehblech genietet werden. Je nach Bedarf kann die Querschnittsfläche durch Aufnieten von Blechplatten auf die wagrechten Winkeleisenschenkel weiter vergröfsert werden; die Verringerung der Querschnittsfläche wird erreicht, indem man dem Stehblech geringere Breite giebt, bezw. dasselbe ganz fortläfst. Eine gute Stofsanordnung des Stehbleches ist nicht einfach; doch kann man bei den Dächern oft ohne

16*

Stofs des Stehbleches auskommen. Die Stärke des Stehbleches wähle man nicht zu klein: 13 ㎜ bis 20 ㎜.

b) I-förmiger Querschnitt. Hier ist zunächst der in Fig. 498 angegebene Querschnitt zu besprechen; derselbe besteht aus einem Stehblech und je zwei Winkeleisen längs jeder Kante des Stehbleches, erinnert also an den Blechträgerquerschnitt. Diese Querschnittsform hat den Nachteil, dafs der Anschlufs der Gitterstäbe umständlich ist. Gewöhnlich werden an jedem Knotenpunkte zwei Winkeleisenstücke untergenietet, welche das Knotenblech zwischen sich nehmen (Fig. 498). Besser ist die in Fig. 499 [***]) dargestellte Konstruktion. Das Knotenblech reicht hier zwischen die Winkeleisen der Gurtung und tritt an die Stelle des Stehbleches; Stofslaschen verbinden das Knotenblech mit dem

Fig. 498. ·

Fig. 499.

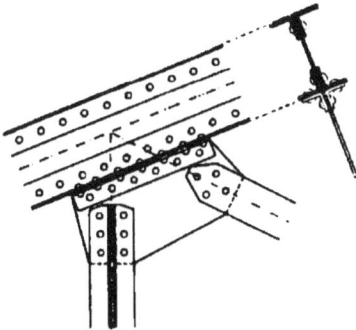

⅒ w. Gr.

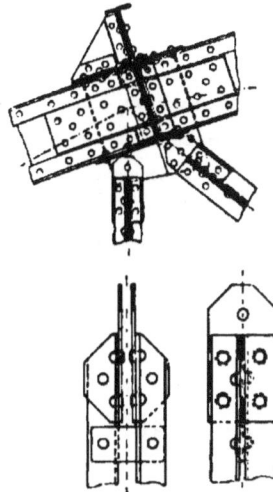

lotrechten Stehblech auf beiden Seiten. Statt des Stehbleches kann man für die lotrechte Wand auch Gitterwerk anordnen; dann treten an den Knotenpunkten an Stelle des Gitterwerkes die Knotenbleche. Diese Konstruktion ist gut.

Der I-förmige Querschnitt kann nicht nur Zug und Druck, sondern auch Biegung ertragen; derselbe empfiehlt sich deshalb in

Von der Einsteigehalle auf dem Centralbahnhof zu München [***].

⅒. bezw. ¼.₄ w. Gr.

hohem Mafse für Bogendächer mit oder ohne Durchzug und ist für diese auch vielfach gewählt. Eine Verstärkung durch aufgenietete Deckplatten ist leicht möglich. Bei diesen Bogenbindern sind die anzuschliefsenden Gitterstäbe meistens schwach, so dafs die Knotenpunkte leicht nach Fig. 500 ausgeführt werden können. Eine gute Stofsanordnung in einem Bogenträger zeigt Fig. 501.

Hierher gehört auch der aus zwei C-Eisen nach Fig. 502 hergestellte Querschnitt, welcher besonders von *Schwedler* vielfach angewendet worden ist. Den Zwischenraum zwischen den C-Eisen wähle man womöglich so grofs, wie die Summe der beiden Wandstärken der C-Eisen. In gewissen Abständen sind

Fig. 501.

Fig. 500.

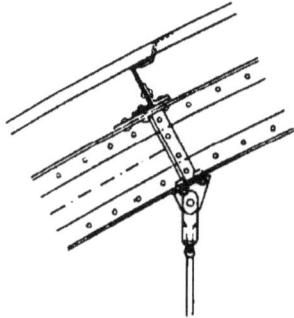

Fig. 501.

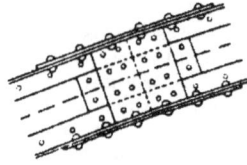

$^1/_{10}$ w. Gr.

Von der Bahnhofshalle zu Münster.

Blecheinlagen anzuordnen, wie oben unter α. Der Abstand derselben kann wie oben berechnet werden aus: $\lambda^2 = 0{,}8 \dfrac{J_{min}}{f}$.

J bedeutet hier das Trägheitsmoment eines J-Eisens für die lotrechte Schwerpunktsachse. Man erhält für

Norm.-Profil Nr.				J	f			λ^2	λ	
10				33,1	13,5	Quadr.-Centim.		1,96	1,4	Met.
»	»	»	12	49,2	17	»	»	2,315	1,5	»
»	»	»	14	71,2	20,4	»	»	2,79	1,67	»
»	»	»	16	97,4	24	»	»	3,25	1,80	»
»	»	»	18	130	28	»	»	3,71	1,92	»
»	»	»	20	171	32,2	»	»	4,24	2,06	»

Fig. 502.

Fig. 503.

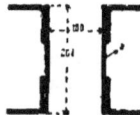

Fig. 504.

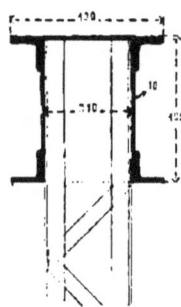

$^1/_{10}$ w. Gr.

Fig. 505.

$^1/_{10}$ w. Gr.

Von der Bahnhofshalle zu Münster.

Fig. 506.

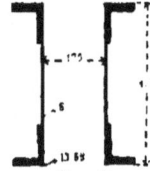

Von der Bahnhofshalle zu Hannover.

$^1/_{10}$ w. Gr.

Ein Nachteil dieser Querschnittsform ist, daſs das Biegen der ⌶-Eisen, wie es an einzelnen Knotenpunkten nötig wird, eine schwierige Arbeit ist, besonders an den Auflagerknotenpunkten, daſs eine Verringerung der Querschnittsfläche nicht gut möglich ist, daſs sich Staub und Schmutz zwischen beide ⌶-Eisen setzen und Beseitigung des Rostes, sowie Erneuerung des Anstriches zwischen beiden ⌶-Eisen umständlich sind. Vergröſserung der Querschnittsfläche auf kürzere Strecken ist durch aufgenietete Blechlamellen erreichbar.

Anstatt der ⌶-Eisen kann man je zwei, also im ganzen vier Winkeleisen verwenden (Fig. 503). Dies ist ein empfehlenswerter Querschnitt; die Veränderung der Querschnittsfläche kann durch Veränderung der Winkeleisensorten erfolgen.

Ersetzt man die ⌶-Eisen durch je ein Stehblech mit zwei säumenden Winkeleisen, so erhält man den Querschnitt in Fig. 504, welcher ebenfalls als doppelt T-förmiger Querschnitt aufgefaſst werden kann. Wenn die beiden Teile so weit auseinander gerückt werden, daſs man die ⌶-förmigen Pfosten zwischen ihnen anbringen kann, so erhält man eine gegen seitliche, normal zur Binderebene wirkende Kräfte sehr wirkungsvolle Anordnung. Diese Querschnittsform wird für die am Ende längerer Hallen liegenden Endbinder, die sog. Schürzenbinder, vorteilhaft verwendet. Die Verstärkung kann durch aufgelegte Blechstreifen oben und unten bewirkt werden (Fig. 505); auch oben durchgehendes Blech kommt vor und ist praktisch (Fig. 506). Die Veränderung der Querschnittsfläche kann durch Anordnung verschiedener Winkeleisensorten erfolgen; Befestigung der Gitterstäbe und Unterhaltung im Anstrich können gut durchgeführt werden.

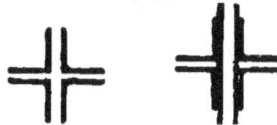

c) **Kreuzförmiger Querschnitt.** Derselbe ist als zweckmäſsig zu bezeichnen; er ist gegen Zerknicken sehr wirksam. Der Zwischenraum der lotrechten Winkeleisenschenkel nimmt die Knotenbleche auf, von denen das oben unter a Gesagte gilt; in den Zwischenraum der wagrechten Winkeleisenschenkel legt man die Windknotenbleche (Fig. 507). Dieser Zwischenraum kann fehlen; dann werden die Windknotenbleche auf den Winkeleisenschenkeln befestigt. Die einzelnen Winkeleisen können gleichschenkelig oder ungleichschenkelig sein; Vergröſserung und Verringerung der Querschnittsfläche ist nach Bedarf durch Verwendung verschiedener Winkeleisensorten möglich. Nachteilig sind die Zwischenräume (siehe unter a) und daſs die Pfetten nicht auf der Gurtung gelagert werden können; doch ist eine gute Befestigung der Pfetten möglich, wenn man die lotrechten Knotenbleche nicht zu schwach (15 bis 20 ᵐᵐ stark) macht. Die Verstärkung kann auch durch eingelegte lotrechte Blechlamellen (Fig. 507) geschehen.

Bei dieser Querschnittsform sind gleichfalls Blecheinlagen anzuordnen; der Abstand derselben berechnet sich, wie oben angegeben. Für eine Anzahl deutscher Normalprofile diene die folgende Tabelle.

175. +-förmiger Querschnitt.

Fig. 507.

Winkeleisen	J_{min}	f	λ_s	λ
6,5 × 6,5 × 0,8 Centim.	9,38	8,16 Quadr.-Centim.	0,919	0,98 Met.
6,0 × 6,0 × 0,9 »	12,40	8,90 » »	1,11	1,05 »
6,5 × 6,5 × 0,9 »	17,6	10,9 » »	1,29	1,13 »
7,5 × 7,5 × 1,0 »	30,5	14 » »	1,73	1,31 »
8,0 × 8,0 × 1,0 »	37,1	15 » »	1,98	1,40 »
10 × 10 × 1 »	75	19 » »	3,30	1,78 »

β) Querschnitte für gedrückte Gitterstäbe.

Diese Querschnitte müssen widerstandsfähig gegen Zerknicken sein und bequeme Befestigung an beiden Gurtungen gestatten; da die in Betracht kommenden Kräfte hier klein sind, so kommt man vielfach mit sehr geringen Querschnitten aus.

Fig. 508.

a) Ein Winkeleisen, gleichschenkelig oder ungleichschenkelig. Dasselbe hat den Vorteil bequemer Befestigung an den Knotenblechen, hingegen den Nachteil, daß die im Winkeleisen wirkende Kraft außerhalb der lotrechten Mittelebene des Binders auf das Knotenblech übertragen wird, also ein Drehmoment für letzteres zur Folge hat. Bei kleinen Kräften und starkem Knotenblech ist dies nicht bedenklich, zumal wenn der zweite, im gleichen Knotenpunkte anschließende Gitterstab an der anderen Seite des Knotenbleches angenietet wird.

Fig. 509.

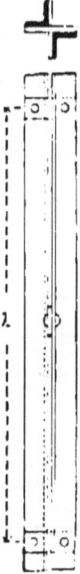

b) Ein T-Eisen. Hier gilt dasselbe, wie beim Winkeleisen. Vorzugsweise sind die sog. breitfüßigen T-Eisen geeignet, von den hochstegigen nur die schweren Nummern, weil die leichteren nicht genügende Fußbreite haben, um Niete aufnehmen zu können.

c) Zwei Winkeleisen, welche zusammen ein ⌐ oder ein Z bilden (Fig. 508).

b) Zwei über Ecke gestellte Winkeleisen (Fig. 509). Diese Querschnittsform ist sehr empfehlenswert; sie bietet große Sicherheit gegen Zerknicken bei verhältnismäßig geringem Stoffaufwand, ermöglicht guten Anschluß an die Gurtungen und die Kraftübertragung in der lotrechten Mittelebene des Binders. Die beiden Winkeleisen müssen stellenweise miteinander durch Bleche verbunden werden, damit nicht jedes für sich ausbiegen kann. Der Abstand der Bleche (von Mitte Niet bis Mitte Niet λ) ergiebt sich nach früherem wieder aus der Gleichung $\lambda^2 = \dfrac{0,8\ J_{min}}{f}$, worin f in Quadr.-Centim. einzuführen ist. Für einige in Betracht kommende Winkeleisen ist nachstehende Tabelle ausgerechnet:

Winkeleisen	J_{min}	f	λ^2	λ
50 × 50 × 7 Millim.*	6,18	6,51 Quadr.-Centim.	0,76	0,87 Met.
55 × 55 × 8 »	9,88	8,16 » »	0,98	0,99 »
60 × 60 × 8 »	12,4	8,96 » »	1,10	1,05 »
60 × 60 × 10 »	14,8	11,00 » »	1,08	1,04 »
65 × 65 × 9 »	17,6	10,9 » »	1,89	1,14 »
75 × 75 × 10 »	80,3	14,0 » »	1,73	1,31 »

Man versetzt die Verbindungsbleche in den senkrecht zu einander stehenden Ebenen um je $\dfrac{\lambda}{2}$, wodurch die Widerstandsfähigkeit gegen Zerknicken noch erheblich vergrößert wird. Die Breite der Bleche braucht nicht größer zu sein, als daß man sie vernieten kann, also etwa 50 bis 60 mm. Wo der Stab an das Knotenblech anschließt, ordnet man zweckmäßig ein Verbindungsblech in der senkrecht zum Knotenblech stehenden Ebene an (Fig. 499).

Fig. 510.

e) Zwei T-Eisen, welche zusammen ein Kreuz bilden (Fig. 510). Der Zwischenraum beider entspricht dem Knotenblech. Dies ist ein sehr zweckmäfsiger Querschnitt. — Statt der zwei T-Eisen kann man auch vier Winkeleisen verwenden (siehe unter α); dieselben genügen schon für sehr schwere Dachbinder.

γ) Querschnitte, welche nur für gezogene (Gurtungs- und Gitter-) Stäbe geeignet sind.

Bei den nur gezogenen Stäben fällt die Rücksicht auf das Zerknicken fort.

α) Rechteckquerschnitt. Eisen mit rechteckigem Querschnitt nennt man Flacheisen. Flacheisen und aus mehreren Flacheisen bestehende Querschnitte sind für Zugstäbe sehr geeignet: die Verbindung an den Knotenpunkten ist einfach und leicht herstellbar; die Kräfte wirken in der lotrechten Mittel-

179. Rechteck- querschnitt.

Fig. 511.

Fig. 512.

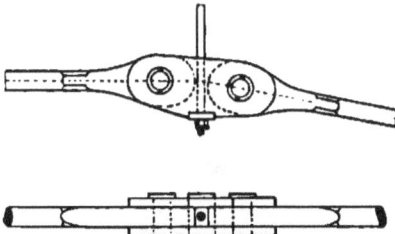
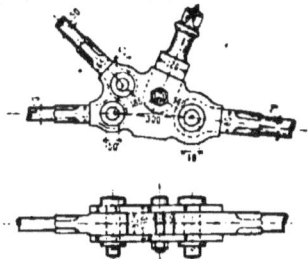

Von der Bahnhofshalle zu Oberhausen.
¹⁄₁₄ w. Gr.

Von einem *Polonceau*-Dachstuhl ⁎⁎).
¹⁄₁₀ w. Gr.

ebene der Binder; man kann sich dem theoretischen Bedarf ziemlich genau anschliefsen und diese Querschnittsform für kleine und grofse Kräfte wählen. Man verwendet einfache und doppelte Flacheisen, hochkantig oder flach gelegt, vermeidet aber gern die sehr breiten Flacheisen, weil diese der Konstruktion ein schweres Aussehen geben. Flacheisen kommen hier von 8 ᵐᵐ Stärke und 60 ᵐᵐ Breite bis zu etwa 15 ᵐᵐ Stärke und 350 ᵐᵐ Breite, ja in noch gröfseren Abmessungen vor. Einfache Flacheisen schliefse man nicht einseitig an die Knotenbleche an (falls es sich nicht um sehr kleine Kräfte handelt), sondern lasse sie stumpf vor das Knotenblech stofsen und verbinde beide durch Doppellaschen (Fig. 544, 547 u. 556). Doppelte Flacheisen verbinde man in nicht zu grofsen Abständen (1 bis 2 ᵐ) miteinander durch zwischengelegte Futterbleche, damit beide möglichst gleichmäfsig beansprucht werden. Bei sehr grofsen Dächern kommt man leicht zur Verwendung von

Fig. 513.

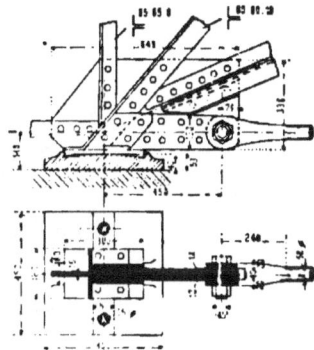

Vom neuen Packhof zu Berlin.
¹⁄₁₀ w. Gr.

⁎⁎) Nach: *Nouv. annales de la contr.* 1876, Pl. 47—48.

Fig. 514.

Fig. 515.

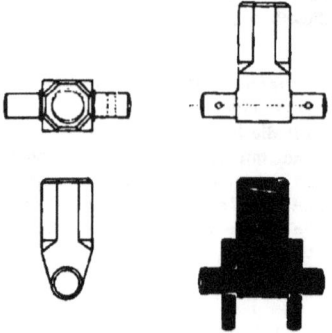

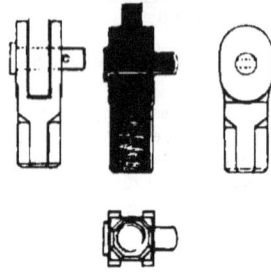

Von der Bahnhofshalle zu Münster.
¼ w. Gr.

Fig. 516.

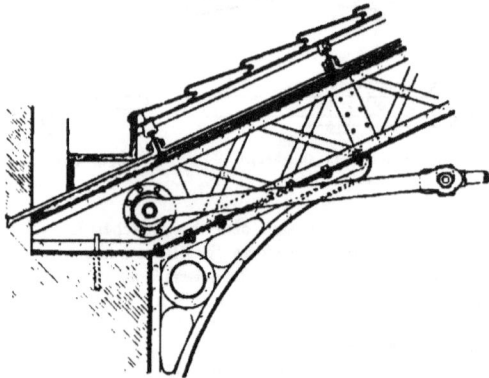

¹/₂₀ w. Gr.

Fig. 517.

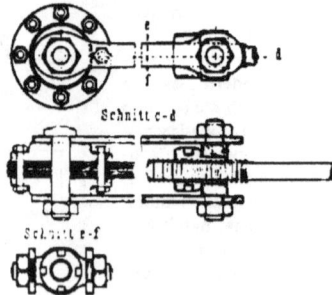

¹¹/₁₆ w. Gr.

Schnitt c-d

Schnitt e-f

Von einem *Polonceau*-Dachstuhl ²²¹).

vier Flacheisen. Im allgemeinen beachte man, daß, je größer die Zahl der Teile ist, aus denen ein Stab besteht, desto weniger sicher auf gleichmäßige Beanspruchung aller Teile gerechnet werden kann. Vier Flacheisen mit drei Zwischenräumen, d. h. mit je einem Zwischenraum zwischen zwei Lamellen, sind deshalb

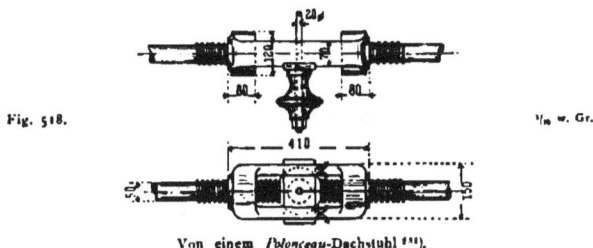

Fig. 518. $^1/_{10}$ w. Gr.

Von einem *Polonceau*-Dachstuhl [**].

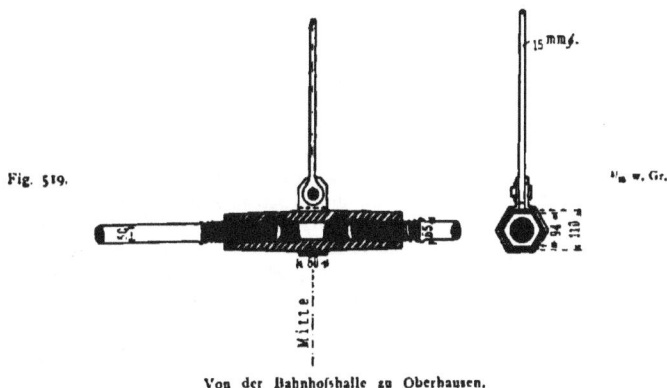

Fig. 519. $^1/_{10}$ w. Gr.

Von der Bahnhofshalle zu Oberhausen.

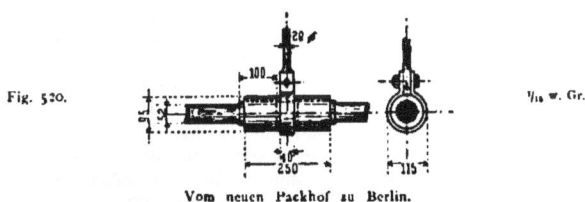

Fig. 520. $^1/_{10}$ w. Gr.

Vom neuen Packhof zu Berlin.

nicht gut; zulässig dagegen sind vier Flacheisen, wenn man je zwei Flacheisen miteinander auf ihre ganze Länge vernietet; alsdann erhält man einen schließlich nur aus zwei Teilen bestehenden Stab. Besser ist aber in einem solchen Falle die Verwendung eines kreuzförmigen, genügend starken Querschnittes (nach Fig. 507, S. 246).

**] Nach: *Nouv. annales de la constr.* 1876, Pl. 47—48.

b) Der Kreisquerschnitt ist für Zugstäbe sehr zweckmäfsig: die einzelnen Teile der Querschnittsfläche sind gut um den Schwerpunkt gelagert; durch Anbringen von Spannvorkehrungen, sog. Schlössern, kann man etwaige Ungenauigkeiten der Herstellung und die bei der Aufstellung gemachten Fehler wieder gut machen. Dagegen ist der Anschlufs an die Knotenpunkte, bezw. Knotenbleche nicht so einfach, wie beim Rechteckquerschnitt. Gewöhnlich wird der Kopf des Rundeisens im Gesenk so ausgeschmiedet, dafs er den Bolzen aufnehmen kann; meistens ist er einteilig. Der kreisrunde Querschnitt wird gewöhnlich zuerst in einen achteckigen, dann in einen rechteckigen übergeleitet (Fig. 511 u. 512[181]). Wenn die Knotenbleche doppelt sind, so setzt man den Kopf des Rundeisens zwischen beide Knotenbleche; bei einfachem Knotenbleche verbindet man den Rundeisenstab und das Knotenblech durch beiderseits aufgelegte Laschenbleche (Fig. 545 u. 553). Falls das Knotenblech geringere Stärke hat als der Kopf des Stabes, so kann man die Doppellaschen entsprechend auseinander biegen (Fig. 553). Etwas schwieriger ist die Anordnung, wenn man das Ende des Stabes an ein gehörig verstärktes Knotenblech zweiseitig ohne besondere Laschen anschliefsen will. Dann kann man den Kopf nach Fig. 513 zweiteilig machen. Einen Anschlufs der Rundeisen an die Knotenbleche mit Hilfe besonderer Hülsen veranschaulichen Fig. 514 u. 515. In die Hülsen werden die Enden der Rundeisenstäbe eingeschraubt. Fig. 514 zeigt eine Hülse, welche sich zwischen zwei Knotenbleche setzt und deshalb beiderseits einen Zapfen hat, Fig. 515 eine solche für einfaches Knotenblech, welches durch die Hülse umfafst wird. Endlich schaltet man auch wohl zwischen den Rundstab und den Knotenpunkt Bügel aus zwei Flacheisen ein, auf welche der Rundstab seinen Zug mittels eines in den Bügeln gelagerten Zwischenstückes überträgt (Fig. 516 u. 517).

Ein grofser Vorzug des Kreisquerschnittes ist, dafs die Stablänge mittels einfacher Vorkehrungen ein wenig verändert werden kann, so dafs es möglich ist, kleine Ausführungsfehler leicht zu verbessern. Als solche Vorkehrungen dienen mit Rechts- und Linksgewinde versehene Hülsen, in welche die beiden Teile des Stabes eingeschraubt werden. Das Drehen der Hülse verkürzt oder verlängert den Stab. — Wenn der betreffende Stab mittels eines weiteren Stabes aufgehängt ist, so ist bei der Verbindung Sorge zu tragen, dafs eine Drehung durch den Hängestab nicht verhindert wird. Fig. 518 zeigt eine gufseiserne Hülse[184]), bei welcher die Hängestange nur geringe Drehung gestattet; besser ist bei den Hülsen in Fig. 519 u. 520 vorgesorgt; bei Fig. 519 ist die Hülse aufsen sechskantig, wodurch das Drehen erleichtert wird.

Fig. 521.

Fig. 522[181]).

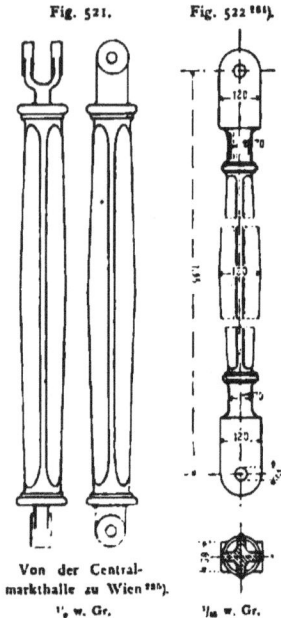

Von der Centralmarkthalle zu Wien[120b]).

1/5 w. Gr.

1/10 w. Gr.

[120] Nach: WILT, J. Studien über ausgeführte Wiener Bau-Constructionen. Wien 1871. Bd. I, Taf. 34—35.

3) Gufseisenstäbe und Holzstäbe.

101.
Anwendung.

Gezogene Stäbe sollten überhaupt nicht, gedrückte Stäbe nur bei kleinen Dächern und wenn keine Biegungsbeanspruchung in dieselben kommt, aus Gufseisen hergestellt werden. Nur bei gedrückten Gitterstäben ist deshalb allenfalls noch die Verwendung von Gufseisen zulässig. Als Querschnittsform kommen hauptsächlich der Kreis, das Kreuz und der Kreis mit vier kreuzförmigen Ansätzen in Betracht. Die Art der Herstellung durch Guß ermöglicht es, die mittleren Teile des Stabes mit größerem Querschnitt zu bilden als die Enden, welche Stabform der Zerknickungsgefahr wegen günstig ist. Die Ausbildung der Stabenden für die Aufnahme der Bolzen ist hier ohne Schwierigkeit. Fig. 521[xxx]) u. 522[xxx]) geben einige Beispiele gufseiserner Druckstäbe.

Die Holzstäbe erhalten rechteckigen, bezw. quadratischen Querschnitt. Auf dieselben wird bei Besprechung der Holzeisendächer näher eingegangen werden. Bei den rein eisernen Dächern kommen sie nicht vor.

Fig. 523.

Fig. 524.

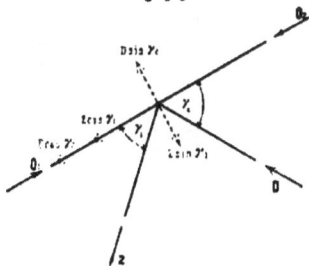

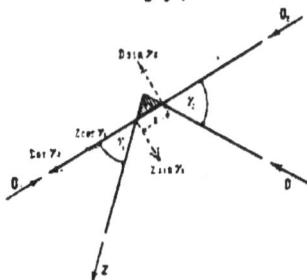

c) Knotenpunkte.

1) Gelenk- und vernietete Knotenpunkte.

102.
Gleichgewicht
in den
Knotenpunkten.

Die Stäbe sollen in den Knotenpunkten so miteinander verbunden werden, dafs sie die in ihnen wirkenden Kräfte sicher abgeben können, dafs also ein Ausgleich der Kräfte in jedem Knotenpunkte eintritt oder, wie man sagt, dafs die Kräfte einander im Knotenpunkte im Gleichgewicht halten. Je einfacher und klarer der Ausgleich der Kräfte vor sich geht, desto besser ist im allgemeinen die Anordnung. Als Hauptbedingung für die Bildung der Knotenpunkte sollte man aufstellen, dafs die bei der Berechnung gemachten Annahmen auch erfüllt werden. Die Berechnung wird aber unter den Voraussetzungen geführt, dafs an jedem Knoten die Stabachsen einander in einem Punkte schneiden und dafs die Stabenden drehbar befestigt seien. Die erstgenannte Annahme ist leicht erfüllbar; dafs die Vernachlässigung derselben unter Umständen große Zusatzspannungen erzeugen kann, lehrt der Vergleich von Fig. 523 u. 524. In Fig. 523 treffen sich alle Stabachsen in einem Punkte; die Seitenkräfte $Z \sin \gamma_1$ und $D \sin \gamma_2$ der Gitterstabspannungen heben einander auf; die Seitenkräfte $D \cos \gamma_2$ und $Z \cos \gamma_1$ addieren sich; Gleichgewicht ist vorhanden. In Fig. 524 schneiden sich die Stabachsen in den drei Eckpunkten des schraffierten Dreieckes; Gleichgewicht ist nicht möglich ohne Biegungsbeanspruchung der geradlinigen

Gurtung, die durch das Kräftepaar $D \sin \gamma_s \cdot t = Z \sin \gamma_t \cdot t$ erzeugt wird. Ist das Trägheitsmoment des oberen Gurtungsquerschnittes, bezogen auf die wagrechte Schwerpunktsachse desselben, gleich $\mathcal{J}$, der Abstand der weitesten Querschnittspunkte von dieser Achse gleich a, das in irgend einem Querschnitt durch die beiden Kräfte $D \sin \gamma_s$ und $Z \sin \gamma_t$ erzeugte Moment $\mathfrak{M}$; so ist die Beanspruchung, welche zu der im Querschnitt vorhandenen an der ungünstigsten Stelle hinzukommt: $\Delta \sigma = \mathfrak{M} \dfrac{a}{\mathcal{J}}$. Diese Bedingungsspannungen sind besonders bei den Querschnittsformen mit kleinem $\dfrac{\mathcal{J}}{a}$ bedenklich, also beim T-förmigen und kreuzförmigen Querschnitt der oberen Gurtung; weniger gefährlich sind sie bei Querschnittsformen, deren $\dfrac{\mathcal{J}}{a}$ grofs ist, also beim I-förmigen Querschnitt, mag er aus vier Winkeleisen nach Fig. 503 (S. 245) oder aus zwei ⌷-Eisen nach Fig. 505 (S. 245) oder aus Stehblech mit vier Winkeleisen und vielleicht auch Deckblechen bestehen (Fig. 505, S. 245). Immerhin läfst sich die Anforderung, dafs alle Stabachsen einander in einem Punkte treffen, leicht erfüllen.

Fig. 525.

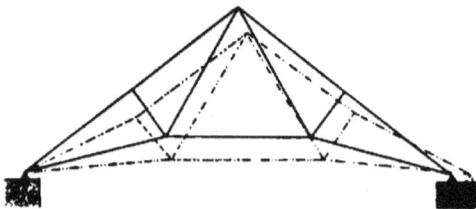

Anders ist es mit der zweiten Voraussetzung, dafs die Stäbe in den Knotenpunkten frei drehbar befestigt seien. Wenn diese Voraussetzung erfüllt ist, so sind etwaige durch Formänderungen erzeugte Winkeländerungen der Stäbe ohne weiteres möglich. Nimmt der Dachbinder in Fig. 525 infolge der durch die Belastung hervorgerufenen Längenänderungen der Stäbe die punktierte (verzerrt gezeichnete) Lage ein, so ändern sich die Winkel der Stäbe; die Winkeländerung wird bei der Berechnung als möglich angenommen. Die Möglichkeit ist bis zu einem gewissen Grade vorhanden, wenn die Stäbe in den Knotenpunkten durch Gelenkbolzen miteinander vereinigt sind. Denkt man sich bei jedem Knotenpunkte einen Bolzen im Schnittpunkte der Stabachsen so angeordnet, dafs jeder Stab auf demselben drehbar befestigt ist, so sind die Winkeländerungen möglich. (Allerdings treten Reibungsmomente auf, welche der Drehung entgegenwirken.) Man nennt diese Knotenpunkte Gelenkknotenpunkte, rechnet hierher aber auch solche Knotenpunkte, bei denen verschiedene Stäbe mit besonderen Bolzen an einem gemeinsamen Konstruktionsteil angeschlossen sind. In der Folge sollen diejenigen Knotenpunkte als Gelenkknotenpunkte bezeichnet werden, bei denen sich die Stabwinkel entsprechend etwaigen elastischen Längenänderungen der Stäbe ändern können.

Eine zweite Art der Knotenpunktsbildung ist diejenige vermittels der Vernietung. Bei den sog. vernieteten Knotenpunkten werden die Stäbe durch Niete derart miteinander verbunden, dafs die Stabwinkel unverändert bleiben, auch wenn die Stäbe sich elastisch verlängern oder verkürzen. Dabei treten dann Verdrehungen der Stäbe und Momente auf, welche unter Umständen bedeutende Zusatzspannungen hervorrufen können. Trotzdem ist diese Knoten-

143. Gelenk-knotenpunkte.

144. Vernietete Knotenpunkte.

punktsbildung bei uns die weitaus meist übliche und auch für die gedrückten Gurtungen wegen der gröfseren Sicherheit gegen seitliches Ausbiegen sehr zweckmäfsig. Für die Knotenpunkte in der gezogenen Gurtung empfiehlt sich aber die Bolzenverbindung mehr; an der gedrückten Gurtung kommt auch vielfach eine Vermischung beider Konstruktionsarten vor: man verbindet die beiden Nachbargurtungsstäbe miteinander durch Vernietung (oder läfst sie ungestofsen durchlaufen) und schliefst die Gitterstäbe mittels Gelenkbolzen an.

Es ist bereits oben erwähnt, dafs die Kräfte im Knotenpunkt einander im Gleichgewicht halten sollen; zu diesem Zwecke ist ein gemeinsamer Konstruktionsteil empfehlenswert, in welchen alle Stäbe ihre Kräfte abgeben. Dieser Konstruktionsteil ist bei der Gelenkknotenverbindung der Centralbolzen; bei den vernieteten Knotenpunkten dient als gemeinsamer Konstruktionsteil ein genügend starkes Blech, das Knotenblech, mit welchem alle Stäbe durch Vernietung verbunden werden. Man kann es sich so vorstellen, dafs am Knotenblech zunächst die Gitterstäbe befestigt werden und im Knotenblech die Gitterstabkräfte sich zu einer Mittelkraft vereinigen, die dann durch die zwischen Knotenblech und Gurtung angeordneten Niete in letztere übergeführt wird. Die Frage der richtigen Vernietung ist bei dieser Auffassung nicht schwierig zu lösen.

2) Bildung der vernieteten Knotenpunkte.

185.
Allgemeines.

Nach dem Vorstehenden ist es zweckmäfsig, die Stäbe der gedrückten Gurtung an den Knotenpunkten durchlaufen zu lassen, an dieselben die Knotenbleche und daran die Gitterstäbe, sowie unter Umständen auch die Pfetten zu befestigen. Auch bei der gezogenen Gurtung kann eine ähnliche Anordnung empfehlenswert sein.

Der Betrachtung soll der in Fig. 526 schematisch dargestellte Knotenpunkt der oberen Gurtung zu Grunde gelegt werden. Die in das Knotenblech übertragenen Kräfte G, P_3 und P_4 müssen mit der Differenz der Gurtungskräfte P_1 und P_2 im Gleichgewicht sein. Das Kraftpolygon $\alpha\,\beta\,\gamma\,\delta\,\epsilon$ giebt über die Gröfsen

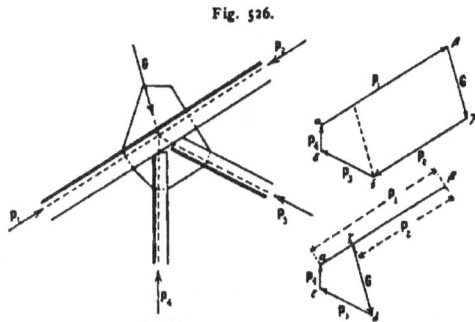

Fig. 526.

der Kräfte Ausschlufs. Zeichnet man die Kräfte so, dafs P_1 und P_2 teilweise zusammenfallen, so sieht man sofort, dafs nur die Resultierende von G, P_3 und P_4, d. h. $\zeta\alpha = P_1 - P_2$, durch das Knotenblech in die Gurtung geführt wird; der Teil von P_1, welcher absolut genommen gleich P_2 ist, bleibt im durchlaufenden Gurtungsstabe. Allerdings gilt dies streng genommen nur, wenn die beiden Gurtungsstäbe in eine gerade Linie fallen und gleichen Querschnitt haben; aufserdem natürlich nicht, wenn die Gurtungsstäbe im Knotenpunkte mittels des Knotenbleches gestofsen werden; in letzterem Falle wird auch die

Kraft, welche in dem durch das Knotenblech gestofsenen Teile des Gurtungs-
stabes wirkt, durch das Knotenblech geleitet. Jeder Stab, der am Knotenblech endet, muſs seine Kraft ganz in dasselbe
übertragen können; endet nur ein Teil des Stabes am Knotenblech, so muſs er
die in diesem Teile wirkende Kraft in das Knotenblech leiten können. Danach
ist die Zahl der Niete zu bestimmen. Läuft also, wie in Fig. 526, die obere
Gurtung ununterbrochen durch, so ist zunächst jeder Gitterstab mit so vielen
Nieten anzuschlieſsen, daſs die gröſste in ihm herrschende Kraft übertragen
werden kann; das Knotenblech seinerseits ist mit den Gurtungsstäben durch so
viele Niete zu verbinden, daſs die gröſstmögliche Mittelkraft von G, P_s und P_t
durch dieselben in die Gurtung geleitet werden kann; diese ist gleich der gröſst-
möglichen Differenz $P_1 - P_4$; danach kann man die erforderliche Nietenzahl
ermitteln. Enden aber auch die Gurtungsstäbe am Knotenblech und dient dieses
etwa zum Stoſsen der lotrechten Winkeleisenschenkel, während die wagrechten
Winkeleisenschenkel durch besondere Deckplatten gestoſsen werden, so ermittele
man die Nietenzahl, welche nötig ist, um jede Stabkraft, einschlieſslich der in
den lotrechten Winkeleisenschenkel wirkenden, in das Knotenblech zu bringen;
diese Kräfte heben einander im Knotenblech auf, welches natürlich in jeder
Hinsicht stark genug für dieselben sein muſs. Die in den wagrechten Winkeleisenschenkeln wirkende Kraft geht nicht durch das Knotenblech.

Die Anzahl der zur Stabbefestigung erforderlichen Niete ist so zu bestimmen, daſs weder eine zu groſse Beanspruchung der Niete auf Abscheren
eintritt, noch der Druck in der Lochlaibung der Niete die zulässige Grenze überschreitet. Man nimmt bei der Berechnung an, daſs sich alle Niete gleichmäſsig
an der Kraftübertragung beteiligen. Diese Annahme ist sicher nicht richtig.
Angenähert dürfte sie zutreffen, so lange die infolge warmer Vernietung auftretende Reibung genügt, um die Kräfte zu übertragen. Diese Reibung kann
man zu 500 bis 700 ^{kg} für 1 ^{qcm} Nietquerschnitt annehmen, falls die zu verbindenden Teile sich in einer einzigen Fläche berühren (bei einschnittiger Vernietung), doppelt so groſs, wenn sie sich in zwei Flächen berühren (bei zwei-
schnittiger Vernietung). In Deutschland rechnet man meistens nicht unter
Rücksichtnahme auf Reibung.

Es bezeichne f_{netto} den Nettoquerschnitt des Stabes, bezw. des zu ver-
nietenden Stabteiles (in Quadr.-Centim.), n die Anzahl der Nietquerschnitte, d den
Nietdurchmesser (in Centim.) und δ die Stärke der schwächeren der beiden zu
verbindenden Teile (in Centim.); alsdann muſs mit Rücksicht auf Abscheren

$$ n \, \frac{d^2 \pi}{4} \, k > f_{netto} \, k, \quad \text{d. h.} \quad n \geq \frac{4 f_{netto}}{d^2 \pi} \quad \ldots \ldots \ldots \quad 24. $$

sein. Der Lochlaibungsdruck darf für das Quadr.-Centim. der senkrecht zur
Kraftrichtung genommenen Projektionsfläche des Nietes nicht gröſser als $1{,}5 k$ sein;
auf einen Niet darf also $1{,}5 \, k \, d \, \delta$ entfallen, da die Projektionsfläche des Nietes
$d \, \delta$ ist. Mithin muſs

$$ n \cdot 1_{,5} \, k \, d \, \delta > P $$

sein, wenn P die Stabkraft ist; da aber $\frac{P}{k} = f_{netto}$ ist, so folgt

$$ n > \frac{2 f_{netto}}{3 \, d \, \delta} \quad \ldots \ldots \ldots \ldots \quad 25. $$

186.
Nietenzahl.

Für die Ausführung ist stets der größere der beiden für n erhaltenen Werte zu wählen; ergiebt sich für n ein Bruch, so ist nach oben auf eine ganze Zahl abzurunden. Die zweite Formel giebt gewöhnlich größere Werte für n als die erste. Beide Werte für n sind gleich, wenn

$$\frac{4 f_{netto}}{d^2 \pi} = \frac{2 f_{netto}}{3 d \delta} \, , \quad \text{d. h. wenn } d = \frac{6 \delta}{\pi} \, ,$$

d. h. wenn nahezu stattfindet:

$$d = 2 \delta \; \ldots \ldots \ldots \ldots \; 26.$$

Wenn ein zweiteiliger Stab mit einem einteiligen zu verbinden ist, so kommt für δ entweder die Stärke des einteiligen oder die Summe der beiden Stärken in Frage, welche sich für den zweiteiligen Stab ergeben. In die Gleichung 25 für n ist der kleinere dieser beiden Werte einzusetzen.

Einseitige Befestigung eines Stabes (mittels einschnittiger Niete) ist nicht empfehlenswert, weil die Niete und Stäbe dann sehr ungünstig beanfprucht werden. Befestigung mittels nur eines Nietes vermeide man; auch wenn die Rechnung $n = 1$ ergiebt, ordne man zwei Niete an, falls es sich nicht um einen ganz untergeordneten Stab handelt.

Fig. 527.

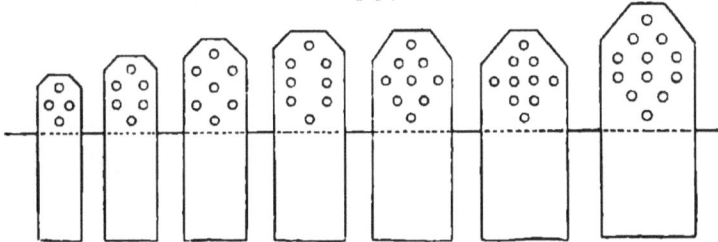

187.
Stellung
der Niete. Bei vorstehender Berechnung der erforderlichen Nietenzahlen war angenommen, dafs sich alle Niete gleichmäfsig an der Kraftübertragung beteiligen. Diese Annahme wird um so weniger erfüllt sein, je gröfser die Zahl der hintereinander befindlichen Nietreihen ist. Man vermeide deshalb die Anordnung sehr vieler Nietreihen hintereinander. Bei einer vielfach ausgeführten Anordnung befindet sich in der ersten Nietreihe jederseits nur ein Niet, in der zweiten sind zwei Niete, in die dritte könnte man vier Niete setzen. Dabei überlegt man folgendermaßen: Durch jeden der Niete wird der n^{te} Teil der im Stabe vorhandenen Kraft aus dem Stabe hinausbefördert; wenn etwa 9 Niete zur Verbindung erforderlich sind, so wird durch den ersten Niet $^1/_9$ der Kraft P fortgeschafft; hinter der ersten Nietreihe bleibt also im Stabe nur noch die Kraft $\frac{8}{9} P$. Man könnte also hier den Querschnitt des Stabes um $\frac{1}{9}$ verringern, ohne dafs die Festigkeit desselben kleiner würde als bei vollem Querschnitt vor dem ersten Niet. Entspricht nun die Verschwächung durch ein Nietloch gerade einem Neuntel (dem n-ten Teile) des ganzen Nettoquerschnittes, so kann man hier ein Nietloch anordnen, ohne die Festigkeit zu verringern. Es ist aber unnötig, dieselbe Festigkeit zu haben, wie im unverschwächten Querschnitt; man braucht nur eine solche, welche derjenigen des durch den ersten Niet verschwächten Querschnittes gleich ist. Diese wird erhalten, wenn

man in unseren Querschnitt noch einen zweiten Niet setzt. Gleiche Festigkeit würde man erhalten, wenn man in die folgende Nietreihe $3 + 1 = 4$ Niete setzte u. s. w. Diese Überlegung führt bei symmetrischer Anordnung zu den in Fig. 527 skizzierten Nietstellungen, welche vielfach ausgeführt sind. Sie sind nicht einwandfrei, da die Voraussetzung der gleichmäfsigen Kraftverteilung auf alle Niete sicher nicht stets erfüllt ist. Man erhält bei dieser Anordnung, bezw. der ihr zu Grunde liegenden Auffassung den Nettoquerschnitt aus dem Bruttoquerschnitt durch Abzug nur eines Nietloches, da als schwächster Querschnitt derjenige gilt, welcher durch den ersten Niet gelegt ist.

Man setze die Niete so, dafs jederseits der Stabachse möglichst die gleiche Nietzahl ist und dafs die Niete symmetrisch zur Stabachse stehen.

Die im Stabe herrschende Kraft verteilt sich nach der allgemein üblichen Annahme gleichmäfsig über den Querschnitt; an jeder Seite der Achse wirkt also die Kraft $\frac{P}{2}$; ordnet man nun an einer Seite derselben etwa 2 und an der anderen Seite 5 Niete an (Fig. 528), so käme auf jeden Niet auf der ersteren Seite $\frac{P}{4}$ und auf jeden Niet der letzteren Seite $\frac{P}{10}$ (angenähert); berechnet sind

Fig. 528.

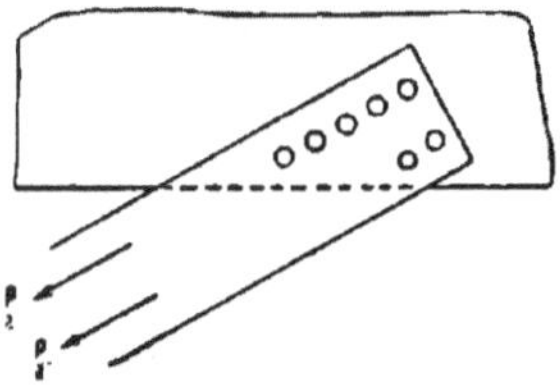

Fig. 529.

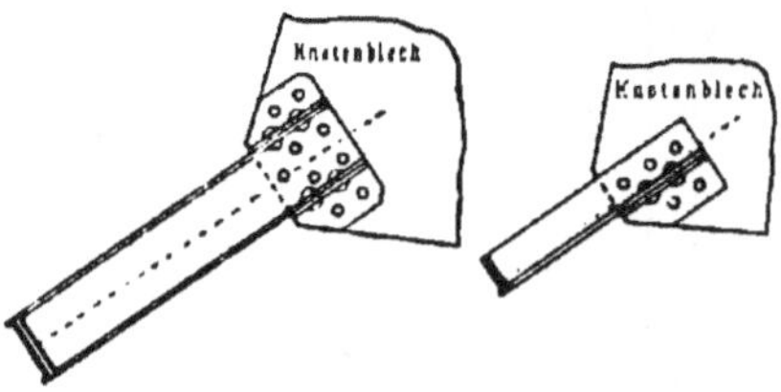

die Niete so, als ob auf jeden derselben $\frac{P}{7}$ käme. Die eine Seite wird also weit überansprucht. Nimmt man dagegen an, dafs die 5 Niete der einen Seite wirklich $\frac{5}{7} P$ übertragen, so werden die Stabteile auf dieser Seite wesentlich höher beansprucht, als bei der Berechnung angenommen war und als zulässig ist. Fig. 528 giebt also eine zu vermeidende Anordnung.

Wenn der zu befestigende Stab aus mehreren Teilen besteht (Winkeleisen, T-Eisen, Blechen etc.), so ordne man zur Verbindung jedes Teiles die für diesen allein erforderliche Zahl von Nieten an.

Zur Befestigung von Winkeleisen und [-Eisen gebraucht man oft eine verhältnismäfsig grofse Zahl von Nieten, 5 bis 6 (oftmals noch mehr) und damit eine lange Reihe hintereinander stehender Niete. Man vermeidet dies durch Hinzufügen eines kurzen Winkeleisenstückes, welches die im senkrecht zur Knotenblechebene stehenden Schenkel wirkende Spannung aufnimmt und in das Knotenblech weiter leitet (Fig. 529).

188. Nietdurchmesser, Abstand etc.

Man wählt den Nietdurchmesser d gewöhnlich und zweckmäfsig doppelt so grofs, wie die Stärke des anzuschliefsenden Stabes, d. h. man macht $d = 2\delta$ (vergl. Art. 186, S. 255). Bei den Dachbindern dürfte als kleinster regelmäfsiger

Nietdurchmesser $d = 16$ ™ und als gröfster
$d = 23$ ™ (ausnahmsweise 26 ™) zu wählen
sein. Es empfiehlt sich aber wegen der einfachen Herstellung nicht, viele verschiedene
Nietsorten zu verwenden, sich also an die
Formel $d = 2\,\delta$ ängstlich zu halten. Man ordne
nur wenige, zwei, höchstens drei, verschiedene
Nietsorten an. Als Grundeinheit führt man
den Nietdurchmesser d ein. Wir empfehlen

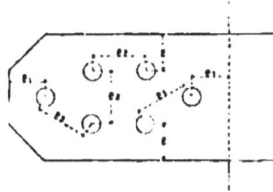

Fig. 530.

folgende Abmessungen (Fig. 530), an welche
man sich aber nicht ängstlich zu halten braucht; die angegebenen Werte sind
Mittelwerte:

Abstand der Mitte des äufsersten Nietes vom Rande des Stabes, gemessen in der
Richtung der Stabachse:

$$e_1 = 2\,d \text{ bis } 2{,}5\,d\,;$$

Abstand der Mitte des äufsersten Nietes vom Rande des Stabes, gemessen in der
Richtung senkrecht zur Stabachse:

$$e = 2\,d \text{ bis } 2{,}5\,d\,;$$

Abstand der Nietmitten voneinander in der Richtung senkrecht zur Stabachse und
in der Richtung der Stabachse:

$$e_2 = 3\,d.$$

Wenn die Niete in den Reihen gegeneinander versetzt sind, so wähle man den
in der Schräge gemessenen Abstand der Nietmitten nicht kleiner als

$$e_3 = 3\,d.$$

189.
Zusammen-
stellung.
Fafst man die im vorstehenden vorgeführten Regeln für die Vernietung
an den Knotenpunkten zusammen, so ergiebt sich das Folgende.

Alle Stabachsen sollen sich in einem Punkte schneiden; die Zahl der zur
Befestigung eines Stabes am Knotenbleche erforderlichen Nietquerschnitte mufs

$$n \geq \frac{4\,f_{netto}}{d^2\,\pi}, \quad \text{bezw.} \quad n \geq \frac{2\,f_{netto}}{3\,d\,\delta}$$

sein. Der gröfsere der beiden für n erhaltenen Werte ist zu einer ganzen Zahl
aufzurunden. Befestigung eines Stabes mittels eines einzigen Nietes ist nicht
empfehlenswert. Jederseits der Stabachse ordne man die gleiche Zahl von Nieten
an; man setze die Niete möglichst symmetrisch zur Stabachse. Man mache
$d = 2\,\delta$, $e = 2\,d$ bis $2{,}5\,d$, $e_1 = 2\,d$ bis $2{,}5\,d$, $e_2 = 3\,d$ und $e_3 = 3\,d$. Das Knotenblech ist sehr stark zu nehmen; annähernd sei seine Stärke gleich dem Niet-
durchmesser d; befestigt man die Gitterstäbe an einem durchlaufenden Stehblech
der Gurtung, so mache man seiner Stärke annähernd gleich d.

Man befestige die Stäbe am Knotenblech, bezw. am Stehblech wenn
möglich durch zweischnittige Niete. Einzelne Winkeleisen schliefse man mit
Zuhilfenahme kleiner Winkeleisenstücke (nach Fig. 529) an.

3) Beispiele für die Bildung vernieteter Knotenpunkte.

190.
Gleicharmiger
Gurtungs-
querschnitt.
Fig. 531 bis 536 haben einen aus 2 Winkeleisen gebildeten Gurtungsquer-
schnitt; zwischen den lotrechten Schenkeln der Winkeleisen befindet sich ein
Zwischenraum zum Einlegen der Knotenbleche.

Fig. 531 [*]) hat gleichschenkelige Winkeleisen; am Knotenblech sind Zug- und Druckdiagonalen
befestigt; ähnlich ist der Knotenpunkt der unteren Gurtung (Fig. 532 [*]), bei welcher auf die wag-

[*] Nach: Zeitschr. d. Arch.- u. Ing.-Ver. zu Hannover 1892, Bl. 17.

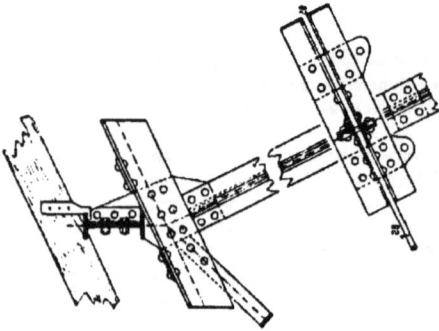

Fig. 534.

Von einem Lokomotivschuppen auf dem
Bahnhof zu Avricourt.
¹/₂₀ w. Gr.

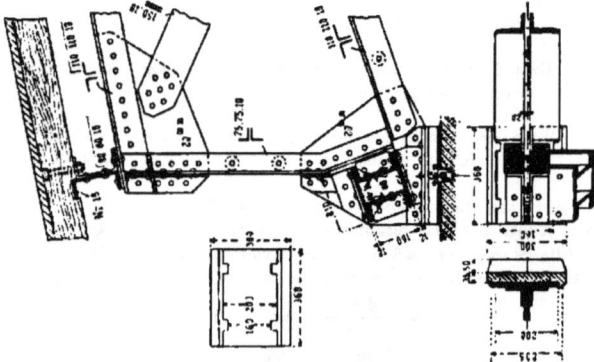

Fig. 533.

Vom Dache über den Warteskälen I. und II. Klasse im Bahnhof zu Bremen⁾.
¹/₂₀ w. Gr.

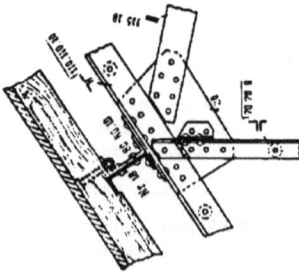

Fig. 531.

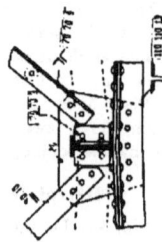

Fig. 532.

17*

rechten Winkeleisenschenkel Verstärkungsbleche gelegt sind. Die an die Knotenbleche angeschlossenen I-Träger tragen die gewölbte Decke des unter dem Dache befindlichen Raumes. Fig. 533 [286]) zeigt den Auflagerknotenpunkt desselben Trägers und den in der Auflagerlotrechten liegenden Knotenpunkt der oberen Gurtung.

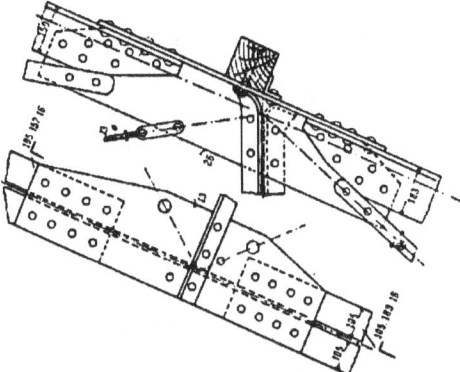

Fig. 535.

Vom Rathaus zu Berlin [287]).
¹/₁₀ w. Gr.

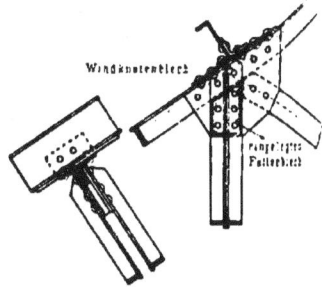

Fig. 536.

Windknotenblech

rechtwinklig Fallwerkblech

¹/₁₀ w. Gr.

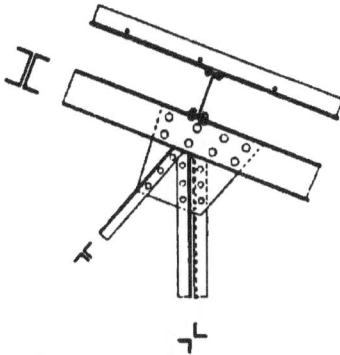

Fig. 537.

Von der Kunstgewerbeschule zu Karlsruhe [288]).
¹/₁₀ w. Gr.

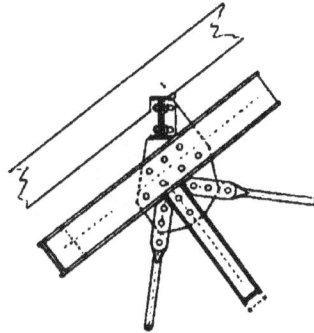

Fig. 538.

Vom Retortenhaus am Hellweg zu Berlin [289]).
¹/₁₀ w. Gr.

Der in Fig. 534 dargestellte obere Gurtungsknotenpunkt hat ungleichschenkelige Winkeleisen; dieselben gestatten die Befestigung der Zugdiagonalen zwischen den lotrechten Schenkeln. Eigenartig ist die Anordnung in Fig. 535 [287]). Die Gurtungswinkeleisen sind am Knotenpunkte durch wagrechte und lotrechte Knotenbleche gestoßen, an denen auch die Gitterstäbe angebracht sind. Wenn diese

[1] Nach: Zeitschr. f. Bauw. 1869, Bl. 56.
[88] Nach freundlicher Mitteilung des Herrn Oberbaudirektors Professor Dr. Durm in Karlsruhe.
[77] Nach: Zeitschr. f. Bauw. 1869, Bl. 24, 27.

Fig. 539.

$^1/_{20}$ w. Gr.

Nr. 15

4 W.E.
100.100.10

2 E Nr 12

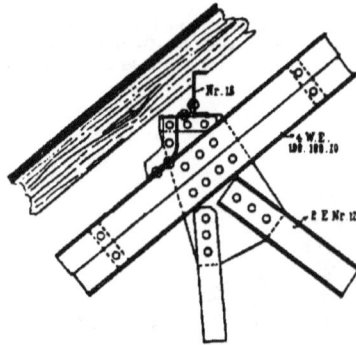

Vom Dache
über der
Eingangshalle
des Bahnhof-
gebäudes
zu
Hildesheim.

Fig. 540.

$^1/_{20}$ w. Gr.

4 W. E: 80 80 11

2 Fl. E. 50. 9.

2 Fl E : 50 9.

2 W E. 80 80 10.

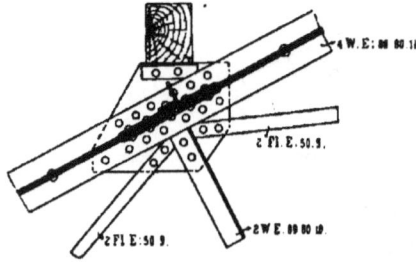

Von
der dritten
Gasanstalt
zu
Dresden [240]).

Fig. 541.

4 W. E. 80 80 10

4 W. E. 80 80 10

2 63 11

2 63 11

Ansicht

Grundriss

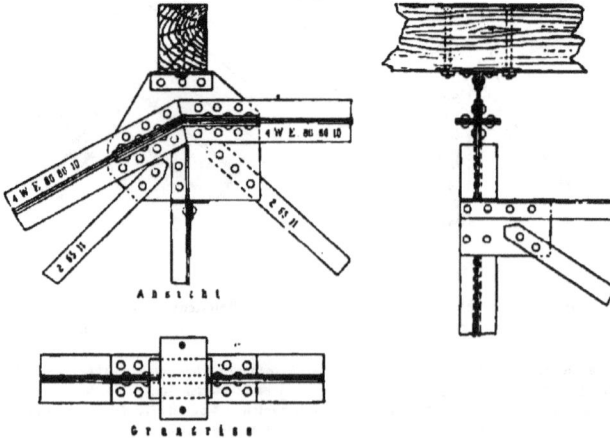

Von der dritten Gasanstalt zu Dresden [240]). — $^1/_{20}$ w. Gr.

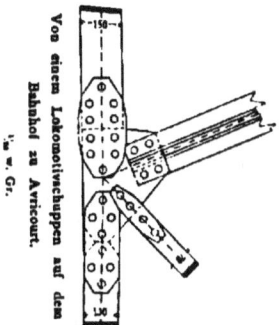

Fig. 542.

Von einem Lokomotivschuppen auf dem Bahnhof zu Avricourt.
¹⁄₁₀ w. Gr.

Fig. 545.

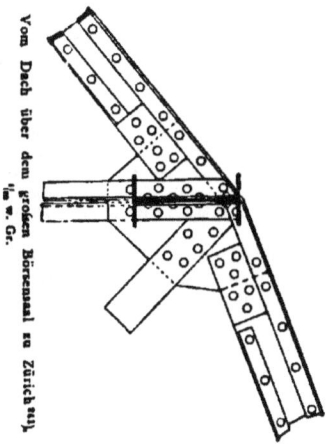

Fig. 543.

Vom Dach über dem großen Börsensaal zu Zürich³⁴¹).
¹⁄₁₀ w. Gr.

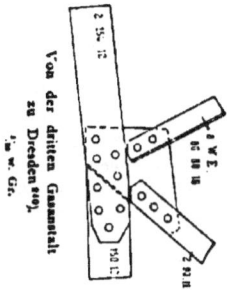

Fig. 544.

Von der dritten Gasanstalt zu Dresden³⁴⁰).
¹⁄₁₀ w. Gr.

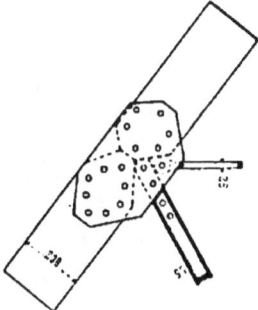

Fig. 546.

Von den Retortenhäusern am Hellweg zu Berlin³³⁹).
¹⁄₁₀ w. Gr.

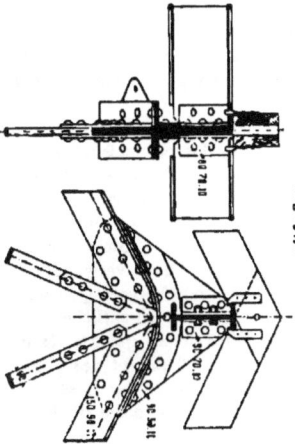

Fig. 547.

Vom Bahnhof zu Avricourt.
¹⁄₁₀ w. Gr.

Stelle gegen Zerknicken genügend gesichert ist, so ist diese Konstruktion zweckmäßig. Gut ist auch die Anordnung in Fig. 536; dabei sind die Winkeleisen der Gurtung ohne Zwischenraum aneinander gelegt und doppelte auf die lotrechten Winkeleisenschenkel gelegte Knotenbleche verwendet, zwischen welche sich die Zugdiagonalen setzen, während die Druckstäbe aufgenietet sind.

Die zur Befestigung der Winddiagonalen dienenden Knotenbleche, welche zweckmäßig in die durch die oberen Gurtungen bestimmte Ebene gelegt werden, können hier leicht und bequem angebracht werden; man legt sie auf die wagrechten Winkeleisenschenkel (Fig. 531, 534 u. 536) oder unter dieselben; in letzterem Falle sind in jedem Knotenpunkte zwei solche sog. »Windknotenbleche« erforderlich.

Fig. 537[135]) u. 538[135]) zeigen Mittelknotenpunkte für Gurtungen aus 2 ⸢-Eisen. Bei Fig. 538 betragen die Abstände der ⸢-Eisen 20ᵐᵐ; in diesem Abstand ist das Knotenblech gelegt.

191.
Zwei ⸢-Eisen als Gurtung.

Um die Schwierigkeiten beim etwa erforderlichen Biegen der ⸢-Eisen zu vermindern, kann man jedes ⸢-Eisen durch zwei Winkeleisen ersetzen. Einen Knotenpunkt für diesen Gurtungsquerschnitt zeigt Fig. 539. Für die Anordnung von 4 zu einem Kreuz vereinigten Winkeleisen geben Fig. 540 u. 541[140]) gute Beispiele. Knotenblech und Windknotenbleche können hier leicht zwischen den Winkeleisen angebracht werden.

192.
Vier ⸢-Eisen als Druckgurtung.

Die Bildung der Knotenpunkte für diese Querschnittsform der Gurtungen ist in Art. 174 (S. 244) bereits besprochen, und in Fig. 498 u. 499 (S. 244) sind Beispiele vorgeführt. Eine etwas andere Lösung zeigt Fig. 543[141]).

193.
I-förmiger Gurtungs-querschnitt.

Als wirksamer Druckquerschnitt ist hier offenbar nur der aus Stehblech und beiden oberen Winkeleisen bestehende Teil angenommen, so daß man die unteren beiden Winkeleisen vor den Laschen des Stehbleches aufhören lassen konnte. Das Knotenblech ist in die Ebene der Stehbleche gelegt, ersetzt dieselben, wo sie fehlen, und nimmt sowohl die Pfosten und Diagonalen, wie auch die Pfetten auf. Die im Stehbleche herrschenden Kräfte werden durch Doppellaschen in das Knotenblech geleitet.

Wenn die untere (Zug-) Gurtung einen der vorbesprochenen Querschnitte hat, so ist die Knotenpunktsbildung wie vorstehend angegeben. Etwas einfacher ist die Konstruktion meistens, weil hier keine Pfette ansetzt. Fig. 532 giebt einen unteren Gurtungsknotenpunkt, in welchem allerdings die Konstruktion kaum einfacher ist als an den Knotenpunkten der oberen Gurtung, da sich in Fig. 532 ein Deckenbalken gegen das Knotenblech setzt. Sehr einfach wird die Anordnung meistens, wenn der Querschnitt der unteren Gurtung aus einem oder zwei Flacheisen besteht. Fig. 542, 544 bis 546[140] u. [141]) geben gute, ohne besondere Erläuterung verständliche Beispiele.

194.
Knotenpunkte der Zuggurtung.

In Fig. 547 bis 554 ist eine Reihe von Beispielen für die Konstruktion von Firstknotenpunkten vorgeführt; die Grundsätze, welche hierbei maßgebend sind, stimmen mit den in Art. 185 (S. 254) entwickelten überein. Meistens wird es sich empfehlen, am First die Gurtungsstäbe zu stoßen und hierbei als Stoßblech das Knotenblech zu verwenden. In Fig. 547 dient das Knotenblech zum Stoßen der lotrechten Schenkel beider Winkeleisen, während für den Stoß der wagrechten Schenkel besondere Winkeleisen aufgelegt sind. Eine verwandte Anordnung zeigen Fig. 548[140]) u. 549[137]). In dem zu Fig. 550 gehörigen Querschnitt sind die zum Stoß verwendeten Teile schwarz gehalten, die eigentlichen Querschnittsteile weiß geblieben; das wagrechte auf die Winkeleisen gelegte Knotenblech nimmt auch die Winddiagonalen auf. In Fig. 551[140]) nimmt das Knotenblech die sämtlichen Stabkräfte auf; gegen Ausbeulen ist es durch senkrecht zu den Binderebenen angeordnete Gitterträger gesichert, welche die Binder miteinander verbinden.

195.
First-knotenpunkte.

[140]) Nach: Zeitschr. d. Arch.- u. Ing.-Ver. zu Hannover 1881, Bl. 858, 859.
[141]) Nach: Eisenbahn, Bd. 9, Beil. zu Nr. 8.

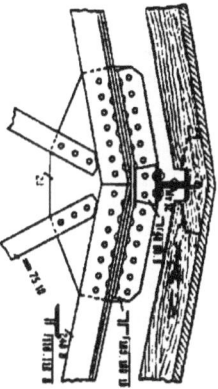

Fig. 548.

Vom Dach über dem Wartesaal III. und IV. Klasse im Bahnhof zu Bremen[366].

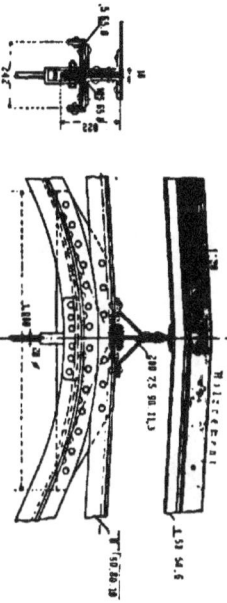

Fig. 550.

½₀ w. Gr.

Vom neuen Packhof zu Berlin.

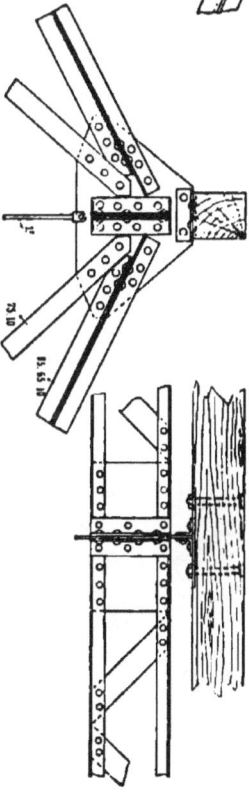

Von der dritten Gasanstalt zu Dresden[368].

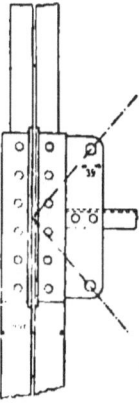

Fig. 551.

Vom Rathaus zu Berlin[367].

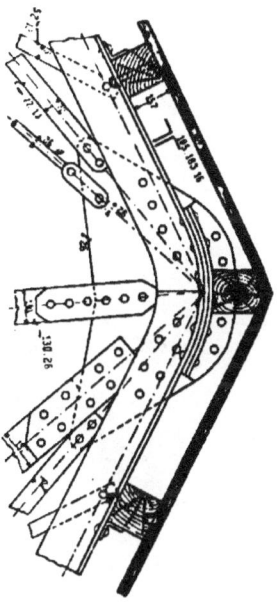

Fig. 549.

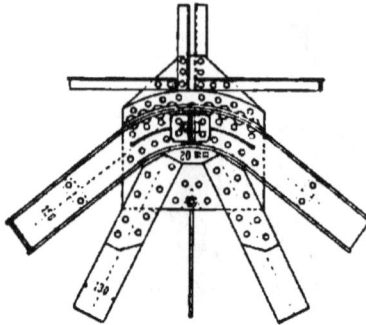

Fig. 552.

⁵/₁₀₀ w. Gr.

Von den
Retortenhäusern
am Hellweg
zu Berlin [626]).

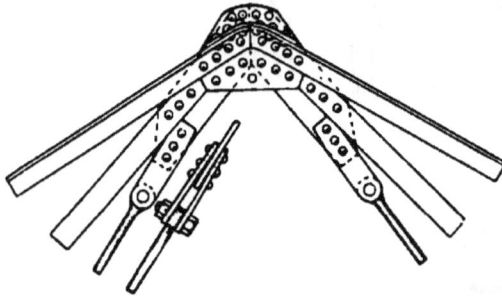

Fig. 553.

⁵/₁₀₀ w. Gr.

Von den
Retorten-
häusern
am Hellweg
zu
Berlin [627]).

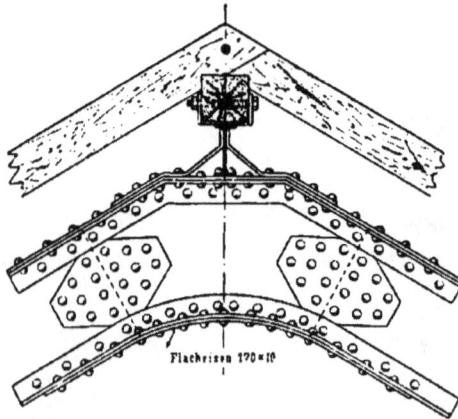

Fig. 554.

⁵/₁₀₀ w. Gr.

Vom Waschhaus
des Kaiserin
Augusta-Bades
zu
Baden-Baden [628]).

Flacheisen 170 × 10

Fig. 552 **¹⁰⁰**) ist ein von *Schwedler* entworfener
Knotenpunkt am First eines *Polonceau*-(*Wiegmann*-)
Daches; die beiden die Gurtung bildenden [-Eisen
sind gebogen; ob sie am First gestofsen sind, geht
aus der Zeichnung nicht hervor.

Eine gute Aussteifung des Firstpunktes gegen
Ausbiegen aus der lotrechten Kraftebene ist sehr
wichtig; wo diese Aussteifung durch die Firstpfette
nicht erreichbar ist, sei es, weil sie aus Holz ist oder
weil sie zu hoch über dem eigentlichen Knotenpunkte
liegt, bringe man eine besondere Verbindung an.
Fig. 553 **¹⁰⁰**) u. 554 **¹⁰⁰**) sind ohne weitere Erläuterung verständlich.

Die Spannungen der im Auflagerknotenpunkte
zusammentreffenden Gurtungsstäbe müssen mit dem
Auflagerdruck im Gleichgewicht sein; die drei
Kräfte *O*, *U* und *A* (Fig. 555) müssen sich demnach
in einem Punkte schneiden. Bei den beweglichen
Auflagern wirkt der Auflagerdruck senkrecht zur
Auflagerbahn, zweckmäfsig in der Mitte des Auflagers; der Schnittpunkt der
Achsen der hier zusammentreffenden Gurtungsstäbe soll also auch auf der senkrecht
zur Auflagerbahn in der Mitte des Auflagers errichteten Linie liegen. Bei den
festen Auflagern kann bekanntlich der Auflagerdruck Richtungen annehmen,
welche von der Senkrechten zur Auflagerbahn abweichen. Hier sehe man den
Schnittpunkt der beiden Endstabachsen als theoretischen Auflagerpunkt an und
lege das Auflager so, dafs der ungünstigenfalls auftretende Auflagerdruck weder
Auflager noch Mauerwerk gefährdet.

Es wird empfohlen, beim Entwerfen zuerst die beiden Stabachsen und die
lotrechte Mittellinie des Auflagers zu zeichnen und danach den Knotenpunkt
zu konstruieren.

Der Ausgleich der Kräfte erfolgt auch hier zweckmäfsig vermittels eines
(15 bis 20 ᵐᵐ) starken Knotenbleches, in welches die Gurtungsstäbe ihre Spannungen durch eine genügend grofse Zahl von Nieten übertragen; der Auflagerdruck wird durch eine Auflagerplatte
und zwei das Knotenblech säumende
Winkeleisen in letzteres geleitet (Fig.
556 u. 557 **¹¹⁰**). Die Befestigung des
Windknotenbleches wird wie bei den
anderen Knotenpunkten der oberen
Gurtung vorgenommen. Damit das
Knotenblech nicht ausbeule, wähle man
die freie Höhe desselben von den säumenden Winkeleisen an bis zu den
Winkeleisen der oberen Gurtung möglichst klein. Man hat wohl am mauer-
seitigen Ende des Knotenbleches zur
Aussteifung lotrechte Winkeleisen angeordnet (Fig. 563). Besser setzt man
diese über die Auflagermitte. Auch

Fig. 555.

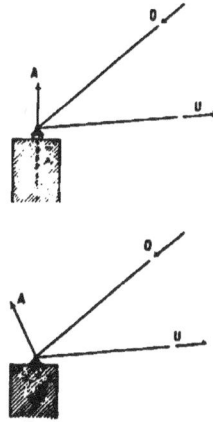

Fig. 556.

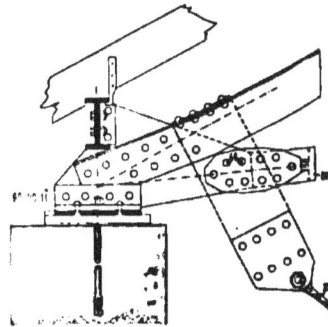

Fig. 557.

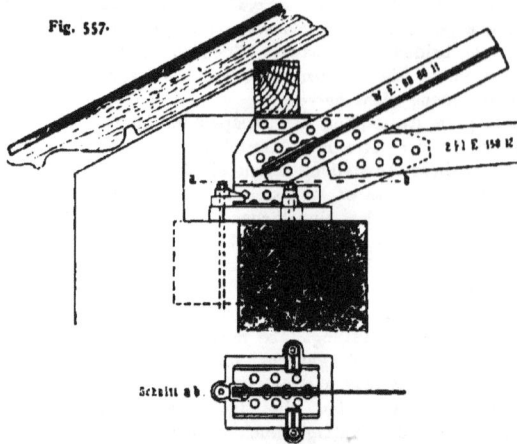

W. E. 80 60 11

2 l-1 E 150 12

a

b

Schnitt a b.

Von der dritten Gasanstalt zu Dresden[840]. $\frac{1}{60}$ — w. Gr.

Fig. 558.

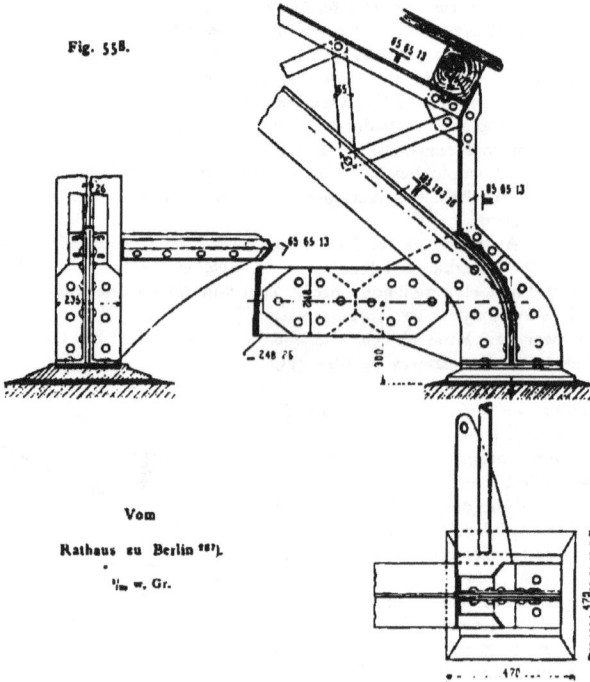

85 65 13

85 65 13

65 65 13

Vom

Rathaus zu Berlin[887].

$\frac{1}{60}$ w. Gr.

Fig. 559.

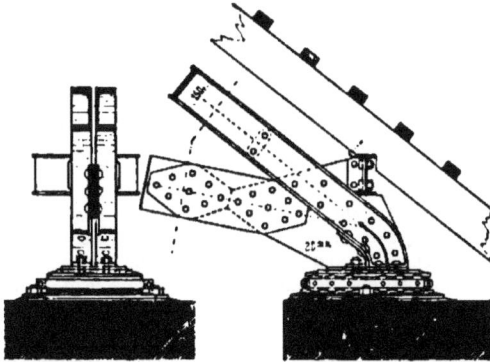

Fig. 560.

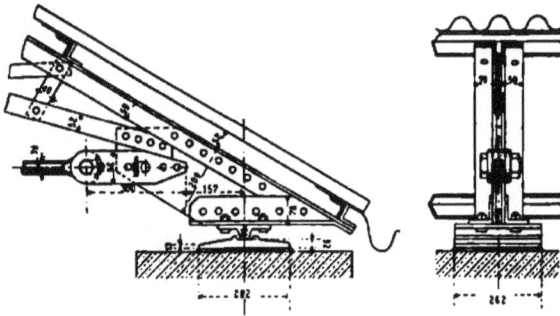

Fig. 561.

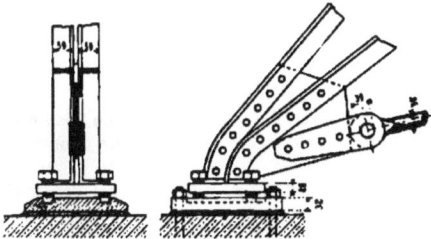

Von den Retortenhäusern am Hellweg zu Berlin[***].

¹⁄₈ w. Gr.

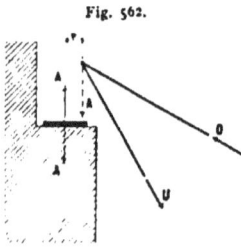

Fig. 562.

hat man die Enden der Winkeleisen, bezw. ⌐-Eisen, welche den Querschnitt der oberen Gurtung bilden, gebogen, so dafs sie an ihren Enden eine lotrechte Tangente haben (Fig. 558 u. 559 [187] u. [189]), aufserdem den einen Schenkel in die wagrechte Ebene umgelegt, wodurch bequeme Verbindung mit der Auflagerplatte möglich wird. Gute Beispiele von Auflagerknotenpunkten für die verschiedenen Gurtungsquerschnitte zeigen Fig. 556 bis 561. Auflagerknotenpunkte von Gelenkdächern mit und ohne Durchzug werden weiter unten vorgeführt werden.

197.
Obere
Auflager-
Knotenpunkte
bei
Puitdächern.

Bei den Pultdächern ist es am oberen Auflager oft schwierig, den Schnittpunkt der beiden Stabachsen O und U (Fig. 562) in die Lotrechte der Auflagermitte zu legen. Ein Beispiel der nicht empfehlenswerten Anordnung, bei welcher der Schnittpunkt der Stabachsen seitwärts von der Auflagermitte liegt, ist in Fig. 563 dargestellt. Für die Druckverteilung an der Unterfläche des Auflagers ist aufser dem Auflagerdruck A auch das Moment $A\,e$ (Fig. 562) mafsgebend. Es leuchtet ein, dafs hier das Mauerwerk sehr ungünstig, auch das Knotenblech stark auf Abscheren in Anspruch genommen wird. Eine bessere Konstruktion ist in Fig. 564 gegeben.

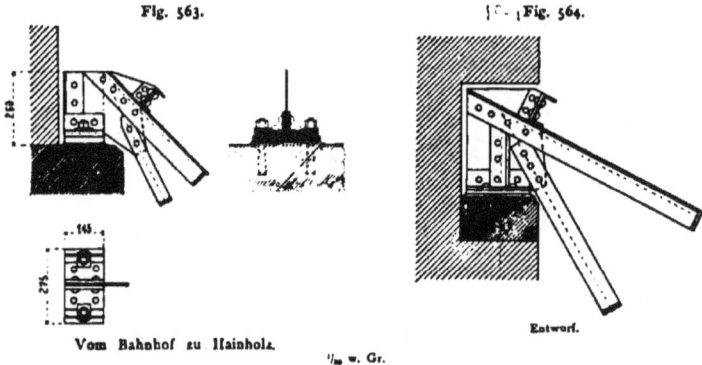

Fig. 563.

Fig. 564.

Vom Bahnhof zu Hainhola.

$^1/_{20}$ w. Gr.

Entwurf.

4) Gelenkknotenpunkte.

Im nachstehenden sollen unterschieden werden:

198.
Allgemeines.

1) Vollkommene Gelenkknotenpunkte, d. h. solche, bei denen alle im Knotenpunkte zusammentreffenden Stäbe durch einen oder mehrere Bolzen miteinander verbunden sind.

2) Unvollkommene Gelenkknotenpunkte, d. h. solche, bei denen ein Teil der im Knotenpunkte zusammentreffenden Stäbe durch Vernietung miteinander verbunden ist, während die anderen Stäbe mit Gelenkbolzen angeschlossen sind.

Die vollkommene Gelenkknotenpunkt-Verbindung kommt hauptsächlich in der gezogenen Gurtung zur Anwendung, die unvollkommene dagegen in der gedrückten (oberen) Gurtung. Die benachbarten Gurtungsstäbe werden bei

letzterer miteinander vernietet, bezw. sie laufen einfach durch, und die Gitter-
ftäbe schliefsen sich mit je einem oder mit einem gemeinsamen Bolzen an diese
Verbindung. Der Anschlufsbolzen eines Stabes mufs die gröfste im Stabe herrschende Kraft aufnehmen und an die Ausgleichsstelle der Kräfte leiten können;
die Ausgleichung findet bei Verwendung eines Centralbolzens in diesem statt,
wenn mehrere Einzelbolzen und ein Knotenblech verwendet werden, im Knotenblech.

179.
Holzen-
abmessungen. Es darf weder ein Abscheren des Bolzens, noch ein zu grofser Druck in
der Lochlaibung oder am Umfange des Gelenkbolzens auftreten. Wenn für
einen Stab die Anzahl der auf Abscheren beanspruchten Querschnitte gleich n
ist, der Bolzendurchmesser d, die zulässige Beanspruchung des Stabes für das

Quadr.-Centim. gleich K, diejenige des Bolzens auf Abscheren $K' = \frac{4}{5} K$ ist
und die im Stabe wirkende Gröfstkraft P genannt wird, so mufs

$$\frac{4}{5} K \frac{d^2 \pi}{4} > \frac{P}{n}$$

sein, falls man annehmen kann, dafs nur Beanspruchung auf Abscheren eintritt
und die gesamte Stabkraft sich gleichmäfsig über die abzuscherenden Querschnitte verteilt. Mit $f = \frac{P}{K}$ folgt, worin f die erforderliche Nettoquer-
schnittsfläche des Stabes ist,

$$\frac{d^2 \pi}{5} \geq \frac{f}{n} \quad \text{und} \quad d \geq 1{,}26 \sqrt{\frac{f}{n}} \quad \ldots \ldots \ldots 27.$$

Einseitiger Anschlufs erhöht die Beanspruchung des Bolzens bedeutend durch
die hinzukommenden Biegungsspannungen; man vermeide deshalb einseitigen Anschlufs, falls es sich nicht um sehr kleine Kräfte handelt. Gewöhnlich ordnet
man den Anschlufs so an, dafs durch jeden Stab zwei Querschnitte des Bolzens
auf Abscheren beansprucht werden; alsdann ist $n = 2$ und man erhält

$$d \geq 0{,}89 \sqrt{f} \quad \ldots \ldots \ldots \ldots \ldots 28.$$

Damit der Druck am Umfange des Bolzens, bezw. in der Lochlaibung nicht
zu grofs werde, mufs, wenn δ (in Centim.) die gesamte Dicke des betreffenden
Stabes auf dem Bolzen ist,

$$1{,}5 \, K d \delta > P \quad \text{sein, woraus} \quad d > \frac{P}{1{,}5 K \delta}$$

folgt, und mit $\frac{P}{K} = f$

$$d > \frac{2}{3} \frac{f}{\delta} \quad \ldots \ldots \ldots \ldots \ldots 29.$$

Wenn der Stab in mehreren Stücken auf dem Bolzen sitzt, so ist als δ die
Summe der einzelnen Dicken einzuführen. Von den beiden Werten, welche sich
für d aus den Gleichungen 27 u. 29 ergeben, ist für die Ausführung der gröfsere
zu wählen; erhält man aus der letzteren Gleichung sehr grofse Werte, so kann
man dieselben durch Vergröfsern von δ, d. h. durch Verdickung der Stabenden
verkleinern. Beispiele hierfür sind in Fig. 512 u. 566 vorgeführt. Die Vergröfserung der Dicke kann durch Ausschmieden im Gesenk (bei den sog. Augenstäben)
oder durch Aufnieten von Platten, letzteres sowohl beim Stabe selbst, wie beim
Knotenblech, erreicht werden.

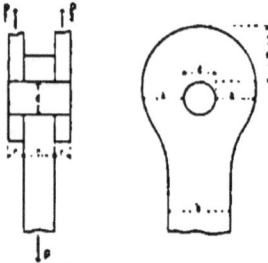

Die Bolzen werden in Wirklichkeit nicht nur auf Abscheren beansprucht, sondern sie erleiden eine zusammengesetzte Beanspruchung auf Biegung und Abscheren. Bei den einfachen, hier hauptsächlich vorkommenden Fällen, in denen ein zweiteiliger Stab mit einem Bolzen an einem Knotenbleche oder ein einteiliger Stab zwischen einem doppelten Knotenbleche befestigt wird (Fig. 565), braucht auf diese vereinte Beanspruchung keine Rücksicht genommen zu werden. Es genügt, die Berechnung, außer mit Rücksichtnahme auf Abscheren, auch unter Zugrundelegung der Biegungsbeanspruchung vorzunehmen; die Stärke des Bolzens ergiebt sich für den Fall von Fig. 565 unter letzterer Rücksicht wie folgt. Nimmt man an, daß die Kraft P sich auf die Länge c_1 des Bolzens gleichmäßig verteilt, so ist die Belastung desselben auf die Längeneinheit $p = \dfrac{P}{c_1}$, und in einem Querschnitt, der

Fig. 565.

um x von der Berührungsfläche des Knotenbleches und Stabes nach innen liegt ist das Biegungsmoment

$$M_x = \frac{P}{2}\left(\frac{c}{2} + x\right) - \frac{P}{c_1}\frac{x^2}{2},$$

und mit $c_1 = 2c$

$$M_x = \frac{P}{4}\left(c + 2x - \frac{x^2}{c}\right).$$

Das Moment erreicht seinen Größtwert für $x = c$, also in der Mitte des Knotenbleches, d. h. es ist $M_{max} = \dfrac{Pc}{2}$, und die größte Biegungsbeanspruchung in diesem Querschnitt

$$\sigma_{max} = \frac{M_{max}\, d}{2\,\mathcal{J}} = \frac{M_{max}\,32}{d^3\,\pi}.$$

Soll σ_{max} die zulässige Beanspruchung K nicht überschreiten, so muß

$$d^3 = \frac{M_{max}\,32}{K\,\pi} = \frac{32\,Pc}{2\,K\,\pi} \text{ sein, und mit } \frac{P}{K} = f \text{ wird } d^3 = \frac{16\,fc}{\pi} \text{ oder}$$

$$d = 1{,}72\sqrt[3]{fc} \quad \ldots \ldots \ldots \ldots \quad 30.$$

Beispiel. Es sei $P_{max} = 22000$ kg, $K = 800$ kg für 1 qcm, also $f = \dfrac{P}{K} = 27{,}5$ qcm; ferner sei $c = 3$ cm und $c_1 = 6$ cm. Alsdann müßte sein:

nach Formel 28: $d > 0{,}99\sqrt{f}$ oder $d \gtrless 4{,}47$ cm,

nach Formel 29: $d \gtrless \dfrac{2}{3}\dfrac{f}{c_1}$ oder $d \gtrless 3{,}05$ cm,

nach Formel 30: $d = 1{,}72\sqrt[3]{fc}$ oder $d = 7{,}5$ cm.

Man wird $d = 7{,}5$ cm wählen; es genügt also nicht, nur nach den Formeln 28 u. 29 zu rechnen.

Große Durchmesser der Bolzen sind nicht wünschenswert; der bei dieser Gelenkkonstruktion erstrebten Drehbarkeit der Stäbe um die theoretischen Knotenpunkte wirkt das Moment des Reibungswiderstandes am Umfange der Bolzen, d. h. mit dem Hebelarme $\dfrac{d}{2}$, entgegen. Dasselbe hat, wenn der Reibungskoëffizient zu 0,15 angenommen wird, den Wert $0{,}15\,\dfrac{Pd}{2} = 0{,}075\,Pd$.

Schon bei verhältnismäßig nicht großen Werten von d ist dieses Moment genügend, um jede Drehung zu verhindern, so daß sich der Stab dann so verhält, als wäre er vernietet. Man hält deshalb die Bolzendurchmesser möglichst klein; zu diesem Zwecke vermindert man die Momente $\frac{Pc}{2}$ (siehe oben) möglichst durch Verringerung von c und gestattet ziemlich große Werte für den Einheitsdruck an der Hinterseite des Bolzens. Dieser Wert kann bei Schweißeisen und Flußeisen auf 1500 bis 1800 ^{kg} für 1 ^{qcm} angenommen werden.

zul.
Form der
Stabenden. Die Enden der Stäbe müssen so geformt werden, daß ein Ab- und Aufreißen derselben nicht eintreten kann. In Amerika, wo diese Knotenpunktverbindung sehr verbreitet ist, wählte man früher eine längliche Form, falls der Stab ein Flacheisen von der Breite b war und am Bolzen dieselbe Stärke δ hatte, wie an den anderen Stellen; man nahm (vergl. Fig. 565) $a = \frac{b}{2} + \frac{d}{3}$ und $e = \frac{b}{2} + \frac{2}{3}d$. Neuerdings ist man dort aber dazu übergegangen, die Ösen in ihrem äußeren Umfange konzentrisch mit

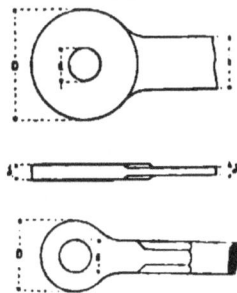

Fig. 566.

den Bolzenlöchern zu konstruieren. Der Kopf wird so breit gemacht, daß seine Querschnittsfläche an der schwächsten Stelle diejenige des Stabes um 33 bis 40 Vomhundert übertrifft.

Bei dem nicht verdickten Stabende ist dann

$$\delta\,(D - d) = 1{,}40\,b\delta, \quad \text{d. h.} \quad D = d + 1{,}40\,b$$

und bei einem auf δ_1 verdickten Kopfe

$$\delta_1\,(D - d) = 1{,}40\,b\delta, \quad \text{d. h.} \quad D = d + 1{,}40\,b\,\frac{\delta}{\delta_1}.$$

Wenn der Zugstab statt eines rechteckigen einen anderen Querschnitt hat, so kann man statt $b\delta$ in die obigen Formeln die wirkliche Querschnittsfläche f einführen. Beim kreisförmigen Querschnitt (Fig. 566) würde man erhalten:

$$\delta_1\,(D - d) = 1{,}40\,f \quad \text{und} \quad D = d + 1{,}40\,\frac{f}{\delta_1}.$$

Die Werte, welche sich hieraus für D ergeben, sind etwas klein; es empfiehlt sich, D größer zu wählen.

Beispiel. Im vorhergehenden Beispiel war $P_{max} = 22000$ ^{kg}, $f = 27{,}5$ ^{qcm} und $d = 7{,}5$ cm; hiernach würde ein Rundeisen von $5{,}92 = \sim 6$ ^{cm} Durchmesser genügen, da seine Querschnittsfläche $\frac{5{,}92^2 \cdot 3{,}14}{4} = 27{,}5$ qcm ist. Man erhält aus obigen Formeln $D = d + 1{,}4\,\frac{27{,}5}{\delta_1}$; ist $\delta_1 = 6{,}0$ cm, so wird $D = 7{,}5 + 1{,}4\,\frac{27{,}5}{6{,}0} = 13{,}94$ cm $= \sim 14$ cm.

In Deutschland macht man die Enden der Stäbe sowohl länglich (Fig. 511, 576 u. 577), wie auch konzentrisch (Fig. 590). In Frankreich scheint die letztere Form mehr üblich zu sein (Fig. 572).

Es wird empfohlen, an dieser Stelle nicht mit dem Material zu sparen; die Sicherheit des Ganzen hängt von dieser Stelle ab, und gerade hier spielt die mögliche Ersparnis nur eine sehr untergeordnete Rolle.

Bei einer Querschnittsform des Stabes, welche nicht ohne weiteres das Anbringen eines Bolzenloches gestattet — wie z. B. bei den kreuzförmigen,

Fig. 567.

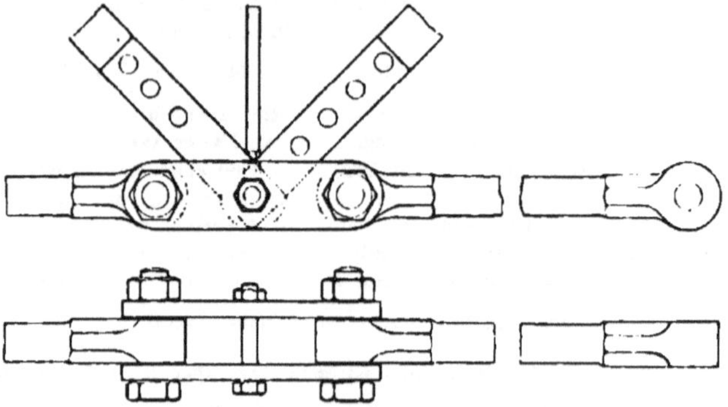

Von den Central-Markthallen zu Wien [618].
1/10 w. Gr.

Fig. 568.

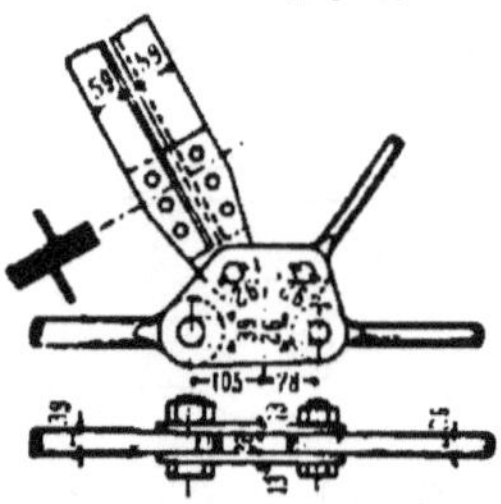

Vom Retortenhaus
am Hellweg zu Berlin [709].
1/15 w. Gr.

Fig. 569.

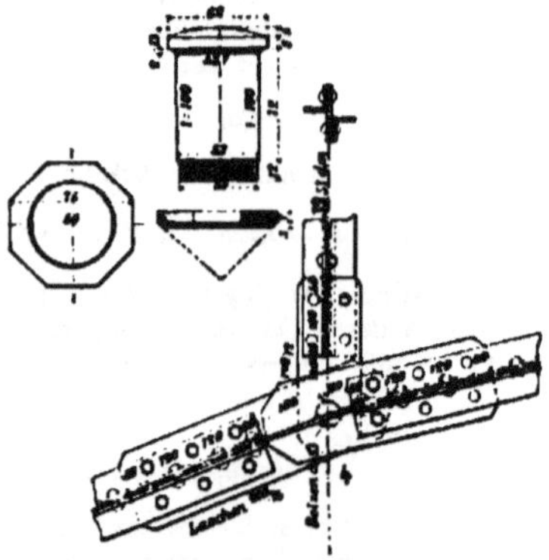

Von der Einsteigehalle auf dem Centralbahnhof
zu München [643].
1/10 w. Gr.

Fig. 570.

1/10 w. Gr.

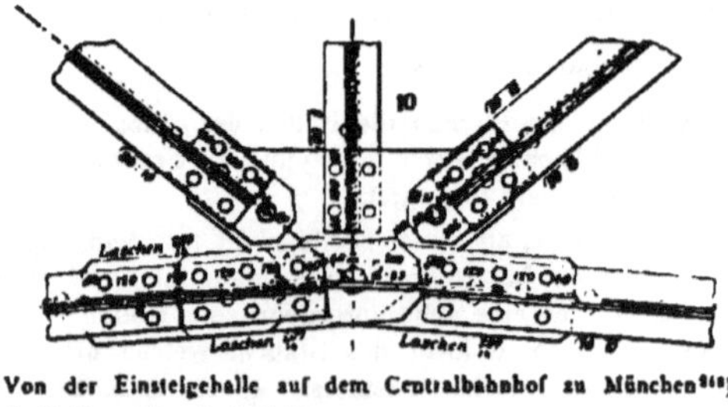

Von der Einsteigehalle auf dem Centralbahnhof zu München [643].

[- und I-förmigen Querschnitten — verwandelt man zunächst den Querschnitt in einen rechteckigen durch Einlegen oder Aufnieten von Blechen. Beispiele sind in Fig. 499, 568, 569 u. 570 vorgeführt.

Bei den auf Druck beanspruchten Stäben ist hier zu beachten, daß die eingelegten Bleche gegen Ausbeulen, bezw. Ausknicken stark genug sein müssen.

Schraubenmutter und Kopf können die üblichen Mafse erhalten (Durchmesser des dem sechseckigen Kopfe eingeschriebenen Kreises $D = 1,4d + 0,5^{cm}$, Höhe der Mutter $h = d$, Höhe des Kopfes $h_1 = 0,7d$); die Muttern und Köpfe können aber auch viel weniger hoch gemacht, ja sogar ganz fortgelassen und durch einen kleinen Splint ersetzt werden (Fig. 511), da eine Beanspruchung in der Längsrichtung des

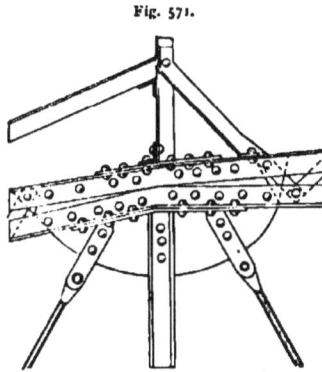

Fig. 571.

Vom früheren Empfangsgebäude der Niederschlesisch-Märkischen Eisenbahn zu Berlin[144].
$^1/_{40}$ w. Gr.

Bolzens nicht eintritt und die durch die Stabspannungen am Bolzenumfange erzeugte Reibung weitaus genügt, um Verschiebung zu verhüten.

Fig. 567[141]), 568[142]) u. 570[140]) zeigen vollkommene Bolzenverbindungen, bei denen die Stäbe je mit besonderen Bolzen angeschlossen sind. Die Konstruktion mit einem einzigen Bolzen für alle Stäbe ist in Fig. 569[143]) vorgeführt; bei der-

Fig. 572.

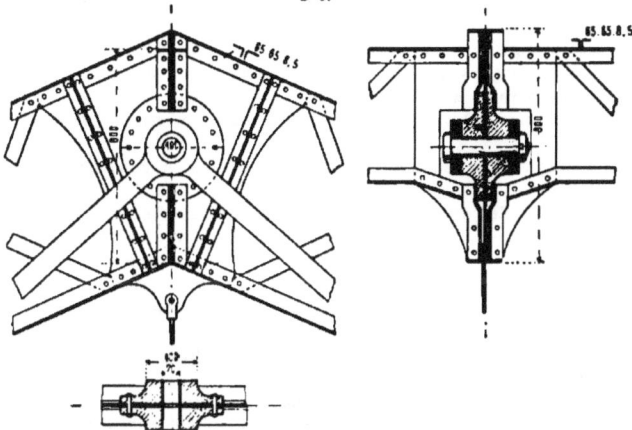

Von der Bahnhofshalle zu Neapel[145]).
$^1/_{40}$ w. Gr.

[141]) Nach: Wist, a. a. O., Bd. I, Taf. 28.
[142]) Faks.-Repr. nach: Organ f. d. Fortschr. d. Eisenbahnw. 1867, Taf. XXXII.
[143]) Nach: Zeitschr. f. Bauw. 1870, Bl. 33.
[144]) Nach: Nouv. annales de la const. 1857, Pl. 47—48.

selben kommt man häufig zu großen Bolzenlängen; die Momente, welche im Bolzen Biegungsspannungen erzeugen, werden dann groß und damit auch der erforderliche Bolzendurchmesser. Um nicht zu große Bolzendurchmesser zu erhalten, empfiehlt es sich deshalb, wenn eine größere Zahl von Stäben sich im Knotenpunkte trifft, für jeden Stab einen besonderen Bolzen zu wählen; jeder derselben kann kurz und schwach sein.

Besonders wird auf die seitliche Versteifung der von *Gerber* konstruierten, in Fig. 569 u. 570 dargestellten Knotenpunkte hingewiesen. Für Momente, welche senkrecht zur Binderebene wirken, ist bei Fig. 567 u. 568 keine Vorkehrung getroffen; *Gerber* hat für diese ein besonders geformtes Blech zwischen den Stäben der Gurtung angeordnet, welches senkrecht zur Binderebene liegt, daher der Drehung der Stäbe in der lotrechten Ebene sehr geringen Widerstand entgegensetzt, aber eine Biegung der Stäbe aus der Binderebene heraus sehr wirksam verhindert. Für die Muttern und Köpfe der Bolzen ist das Blech ausgeschnitten; an demselben können auch Querverbindungsstäbe und Winddiagonalen befestigt werden.

Fig. 571 [145]) u. 572 [146]) zeigen die unvollkommene Bolzenverbindung mit Knotenblechen, an welche sich die Zugstäbe mit Doppellaschen anschließen. Die Knotenbleche können einfach oder doppelt sein, auch an der Stelle, wo der Bolzen durchgeht, durch aufgenietete oder aufgeschraubte Platten verstärkt werden.

Die Kämpfer- und Scheitelgelenke der Gelenkdächer werden bei der Besprechung der Auflager mit behandelt werden.

5) Auflager.

Zwischen die Binderfüße und die Auflagersteine werden bei den eisernen Dächern besondere Konstruktionsteile eingeschaltet, die sog. Auflager. Dieselben haben die Aufgaben:

201. Aufgaben.

1) die Berührungsfläche zwischen dem Eisen und dem Mauerwerk so zu vergrößern, daß der ungünstigstenfalls auf die Flächeneinheit des Mauerwerkes (bezw. des Auflagersteines) entfallende Druck nicht zu groß wird;

2) die Stelle, an welcher der Auflagerdruck wirkt, möglichst genau fest zu legen;

3) eine Bewegung des Binders gegen das Mauerwerk in gewissem Grade zu ermöglichen.

Die Wichtigkeit der zuerst angegebenen Aufgabe ist ohne weiteres einleuchtend. Selbst wenn man sehr harten Stein als Auflagerstein wählt, kann man nicht denselben Druck zwischen diesem und dem Eisen zulassen wie zwischen Eisen und Eisen. Gewöhnlich wird der Binderfuß auf eine gußeiserne Platte gesetzt, deren untere Fläche auf dem Lagerstein ruht; diese Fläche muß so groß bemessen werden, daß die zulässige Beanspruchung des Steines nicht überschritten wird. Man kann als zulässige Druckbeanspruchung für das Quadr.-Centimeter einführen [147]):

202. Größter Druck auf das Mauerwerk.

10 kg Druck für Ziegelmauerwerk in Cementmörtel;

15 kg Druck für Klinkermauerwerk in Cementmörtel und Quader aus Sandstein mittlerer Güte;

25 kg Druck für Quader aus Kalkstein und Sandstein bester Güte;

50 kg Druck für Quader aus Granit;

75 kg Druck für Quader aus Basalt.

---

[146]) Nach: SCHARROWSKY, C. Musterbuch für Eisen-Konstruktionen. Teil I, Leipzig u. Berlin 1888. S. 48.

203.
Lage
des Angriffs-
punktes.
Die unter 2 angeführte Aufgabe der Lager ist gleichfalls sehr zu beachten. Man berechnet die Binder unter der Annahme einer ganz bestimmten Lage der Auflagerdrücke, muß dann aber Sorge tragen, daß diese Annahme durch die Konstruktion erfüllt wird. Auch auf die Beanspruchung der Gebäudemauern hat die Lage dieser Kräfte großen Einfluß. Unrichtige Konstruktion der Auflager kann zur Folge haben, daß die Auflagerkraft nahe an die Vorderkante der Mauer fällt, wodurch das Mauerwerk sehr ungünstig beansprucht wird. Die heutige Konstruktionskunst legt mit Recht großen Wert darauf, daß, wie auch die Belastung sich ändere, nur die Größe und Richtung des Stützendruckes sich ändere, nicht aber die Lage des Angriffspunktes dieser Kraft.

204.
Bewegliche
und feste
Auflager.
Was endlich die unter 3 erwähnte Beweglichkeit des Binders gegen das Mauerwerk anlangt, so ist auf die Notwendigkeit einer solchen für die Balkendachbinder bereits in Teil I, Band 1, erste Hälfte (Art. 216, S. 380 [1]) dieses »Handbuches« hingewiesen. Bei Wärmeänderungen verlängert, bezw. verkürzt sich das Eisen; diese Verlängerungen und Verkürzungen müssen möglich sein; anderenfalls entstehen bedeutende wagrechte Kräfte, welche von den Bindern auf das Mauerwerk übertragen werden, die Seitenmauern gefährden und die Auflagersteine lockern. Es genügt, wenn von den beiden Auflagern das eine beweglich gemacht wird; das andere muß fest mit dem Binder und dem Mauerwerk verbunden werden, damit die wagrechten Seitenkräfte der Winddrücke in die Seitenmauern übertragen werden können. Hinzu kommt, daß die Berechnung der Balkenbinder bei zwei festen Auflagern ungenauer und schwieriger wird, als bei einem festen und einem beweglichen Auflager.

Bei den Sprengwerkdächern dagegen müssen beide Auflager feste sein, da an jedem derselben der Auflagerdruck, welcher hier Kämpferdruck genannt wird, eine wagrechte Seitenkraft hat; hier beseitigt man die Temperaturspannungen der Stäbe durch Anordnung eines Zwischengelenkes, das meistens in den Scheitel gelegt wird.

Nach vorstehendem unterscheiden wir demnach feste und bewegliche Auflager; bei den ersteren ist eine Bewegung des Binders gegen das Mauerwerk nicht möglich; bei den letzteren wird dieselbe thunlichst erleichtert. Bewegung ist aber nur in dem Maße möglich, wie die Stäbe des Fachwerkes durch Spannungen oder Temperaturänderungen ihre Längen ändern. Um die Bewegung möglichst leicht zu machen, verwendet man bei größeren Dachbindern Rolllager, d. h. Lager bei welchen zwischen Binder und Mauerwerk ein Rollenwagen eingeschaltet ist; hier kommt also rollende Reibung in Frage. Für kleinere Dächer genügen sog. Gleitlager; bei der Bewegung der einzelnen Teile der Gleitlager tritt gleitende Reibung auf.

Man kann unter Umständen vorteilhaft Lager verwenden, welche je nach Bedarf als feste oder als bewegliche wirken. Von dem auf das Dach ausgeübten Winddruck muß, falls ein festes und ein bewegliches Lager den Binder unterstützen, die wagrechte Seitenkraft ganz (oder fast ganz) am festen Auflager in das Mauerwerk übertragen werden. Die Seitenmauer mit dem festen Lager wird, wenn der Wind von dieser Seite kommt, sehr ungünstig durch ein nach innen wirkendes Umsturzmoment beansprucht, dem man meistens wegen Raummangels nicht durch innere Pfeiler entgegenwirken kann. Das vorerwähnte Lager bezweckt nun, die wagrechte Seitenkraft des Winddruckes stets nach derjenigen Seitenmauer zu leiten, welche im Windschatten liegt; auf

[1] 2. Aufl.: Art. 205, S. 187. — 3. Aufl.: Art. 207, S. 208.

diese wirkt das Umsturzmoment dann nach aufsen, und man kann demselben leicht durch aufsen angebrachte Pfeiler entgegenwirken. Zu diesem Zwecke werden beide Auflager des Binders als wagrecht nach innen bewegliche konstruiert, aber nach aufsen gegen die Seitenmauern seitlich abgestützt. Für Winddruck von links wirkt dann das linke Auflager als bewegliches, das rechtsliegende als festes; für Winddruck von rechts ist das rechte Lager beweglich, das linke fest. Damit der Binder aber nicht für die Eigenlasten als Sprengwerksbinder wirke, wird das Dach auf den beweglichen Lagern aufgebaut und fertig eingedeckt; erst nach der Fertigstellung, also nachdem die Deformation durch das ganze Eigengewicht eingetreten ist, werden die Lager durch Einbringen von Pafsstücken gegen die Seitenmauern festgelegt. — Die vorbeschriebene, vom Verfasser angegebene und zum Patent angemeldete Lageranordnung wird z. Z. (1901) bei einer grofsen Dachkonstruktion ausgeführt.

Die Ermittelung der lotrechten Stützendrücke, welche auf ein wagrecht bewegliches Lager wirken, ist im eben angeführten Halbband dieses »Handbuches« Art. 417 u. 418, S. 381 u. 382 [148]) gezeigt; aber auch wagrechte Kräfte können am beweglichen Auflager auftreten. Solange dieselben kleiner sind, als der zwischen den beiden Berührungsflächen wirkende Reibungswiderstand, findet keine Bewegung statt; solange wirkt das Auflager genau wie ein festes. Nennt man den Reibungskoeffizienten für Eisen auf Eisen μ, den lotrechten Stützendruck an diesem Lager A, so ist der Reibungswiderstand hier

$$H < \mu A.$$

805.
Auf bewegliche Lager wirkende Kräfte.

Für A ist der denkbar gröfste Wert einzuführen, d. h. derjenige Wert, welcher sich bei gleichzeitiger Belastung durch Eigengewicht, Schnee und Winddruck ergiebt. Man erhält leicht beim Satteldach für einen Binderabstand c, für eine Sparrenlänge λ und für den Winddruck w auf 1 qm schräger Dachfläche, falls die Firsthöhe des Binders mit h, die Stützweite mit l bezeichnet wird und Σ (N) die vom Winde auf eine Dachseite übertragene Kraft bedeutet,

$$A_{max} = (g + s)\frac{lc}{2} + \Sigma(N)\frac{\cos\alpha}{4}(3 - tg^2\alpha).$$

Nun ist Σ (N) $= \lambda w c$ und tg $\alpha = \frac{2h}{l}$, also

$$A_{max} = (g + s)\frac{lc}{2} + \lambda w c \cos\alpha \left(\frac{3}{4} - \frac{h^2}{l^2}\right).$$

Der Reibungskoeffizient μ für Eisen auf Eisen ist etwa 0,15 bis 0,2; doch wird man sicherer (wegen der Verunreinigungen der Lager durch Staub u. s. w.) μ = 0,25 annehmen, womit jedoch noch nicht der ungünstigste Wert eingeführt ist.

Beispiel. Es sei $l = 16$ m, $g = 40$ kg, $s = 75$ kg, $c = 4,3$ m, $\alpha = 26^040'$ und $w = 72$ kg; alsdann wird

$$A_{max} = 5666 \text{ kg}$$

und

$$H < 0,25 \cdot 5666 = \sim 1420 \text{ kg}.$$

Diese Gröfse kann die auf die Gebäudemauern übertragene wagrechte Kraft H an jedem Binder annehmen; durch dieselbe werden hauptsächlich die Seitenmauern gefährdet; aber auch die inneren Spannungen im Fachwerk werden durch die Kraft H vergröfsert. Diese Zusatzkräfte sind für den in Fig. 573 angegebenen Binder umstehend graphisch ermittelt.

Bei weit gespannten Dachbindern kann H recht grofs werden. Eine Verminderung ist durch Verkleinerung des Reibungskoeffizienten möglich, und zwar durch Einführung der rollenden Reibung an Stelle der gleitenden. Wenn d der

[148]. 1. Aufl.: Art. 206 u. 207, S. 155. — 3. Aufl.: Art. 208 u. 209, S. 218.

Rollendurchmesser (in Met.) ist, so kann man den Reibungskoeffizienten für die zwischen zwei Platten laufenden Rollen

$$\mu_1 = \frac{0,002}{d} \text{ setzen}^{149}), \text{ d. h. für}$$

$d =$	0,04	0,05	0,08	0,10	0,15 m
$\mu_1 =$	0,05	0,04	0,025	0,02	0,013.

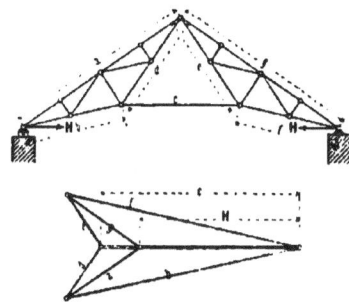

Fig. 573.

In Wirklichkeit wird auch hier μ_1 gröfser sein, als obige Tabelle angiebt, weil man Staub und Schmutz nicht fern halten kann. Immerhin ist aber der Reibungskoeffizient hier wesentlich kleiner, als bei den Gleitlagern.

306. Gleitlager. Gleitlager genügen erfahrungsgemäfs bis zu Stützweiten der Binder von 20 bis 25 m; bei schweren Dächern und weiten Binderabständen wird die untere Grenze, bei leichtem Deckmaterial und kleinen Binderabständen die obere Grenze in Frage kommen. Bei gröfseren Weiten ist es üblich und zweckmäfsig, Rollenlager zu wählen.

307. Konstruktion der Auflager. Die Auflager haben zwei Hauptteile: den Oberteil, welcher in fester Verbindung mit dem Binder ist, und den Unterteil, welcher mit dem Mauerwerk fest verbunden wird. Je nachdem sich der obere Teil gegen den unteren bewegen kann oder nicht, hat man ein bewegliches oder ein festes Auflager; beide unterscheiden sich allein hierdurch. Man kann ein bewegliches Lager durch Anordnung einer Nase, einer Schraube und dergl. leicht zu einem festen machen, ebenso umgekehrt durch Beseitigung des Hemmmittels ein festes Auflager zu einem beweglichen. Wir werden deshalb beide Arten der Auflager gemeinsam besprechen können; nur die Rollenlager werden besonders behandelt.

Über dem Oberteil, unter dem Binderende, ist meistens noch eine Blechplatte angeordnet; ebenso soll man stets zwischen dem Unterteil und dem Auflagerstein eine Zwischenlage, aus Blei oder Cement, anordnen; die Bleiplatte macht man 3 bis 4 mm und die Cementschicht 10 bis 15 mm stark. Diese Zwischenlage soll für eine möglichst gleichmäfsige Übertragung des Druckes auf die ganze Fläche des Auflagersteines Gewähr leisten. Das Lager mufs ferner so gestaltet sein, dafs es eine Bewegung des Binders auch in der Richtung senkrecht zur Binderebene verhindert.

308. Flächenlager. Bei den älteren Dachbindern und auch heute noch bei kleinen Bindern überträgt der Dachbinder seinen Druck auf das Lager mittels einer ebenen Berührungsfläche. Die nicht ganz glücklich gewählte Bezeichnung dieser Lager ist Flächenlager. Diese Lager haben den Nachteil, dafs bei einer Durchbiegung des Binders die der Innenkante nahe liegenden Teile der Auflagerfläche viel stärker beansprucht werden, als die nahe der Außenkante liegenden Teile; die letzteren erhalten unter Umständen gar keinen Druck. So verlegt sich die Mittelkraft aller Drücke, d. h. der Auflagerdruck, weit nach vorn, nach der Innenkante zu, und hierdurch wird das Seitenmauerwerk ungünstig beansprucht. Solche Auflager zeigen Fig. 533, 557, 558, 563, 564 u. 574.

---

149) Vergl. des Verfassers Abhandlung in: Handbuch der Ingenieur-Wissenschaften, Brückenbau, Abt. II. 2. Aud. S. 33.

Fig. 574.

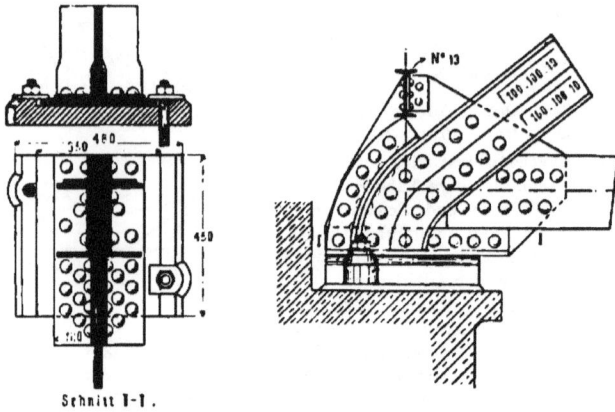

Schnitt I-I.

Vom Bahnhof zu Hildesheim.

$\frac{1}{10}$ w. Gr

Fig. 575.

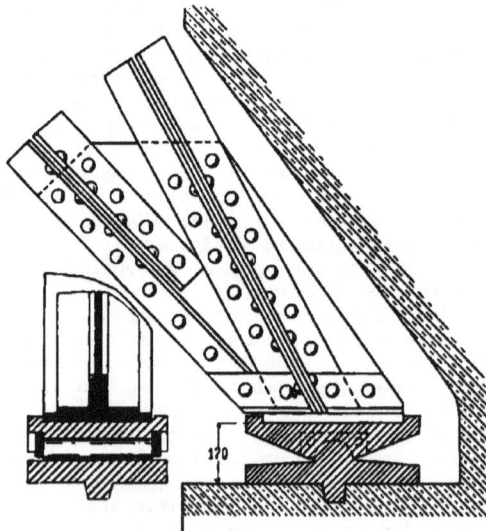

Vom Erbgroßherzoglichen Palais zu Karlsruhe [18].

$\frac{1}{10}$ w. Gr.

Die Kipplager sind wesentlich besser; sie gestatten das Kippen des oberen
Auflagerteiles gegen den unteren und damit zugleich das Durchbiegen des
Binders, ohne daſs die Lage des Auflagerdruckes sich merklich verschiebt.
Man unterscheidet Zapfenkipplager und Tangentialkipplager.

Bei den Zapfenkipplagern findet die Berührung zwischen Oberteil und
Unterteil in einem Zapfen statt, welcher gewöhnlich am Unterteile sitzt
(Fig. 575); der Oberteil des Auflagers enthält die zugehörige Pfanne. Meistens
haben Zapfen und Pfanne gleichen Durchmesser; doch kann man auch die
Pfanne mit einem gröſseren Durchmesser herstellen als den Zapfen. Wenn
der Zapfen im Querschnitt einen Halbkreis bildet, an welchen sich der Unterteil berührend anschlieſst, so darf man die Pfanne nicht mit einem vollen
Halbkreis von gleichem
Durchmesser konstruie-
ren, weil sich dann bei
einer Drehung beide
Teile ineinander » fres-
sen«. — Die saubere Be-
arbeitung der Berüh-
rungsflächen macht
einige Schwierigkeit.

    Zweckmäſsiger ist
die Verwendung eines
besonderen Kippbolzens
aus Schweiſseisen, Fluſs-
eisen oder Stahl zwi-
schen Oberteil und Un-
terteil. Man kann Ober-
teil und Unterteil (mit
entsprechender Spreng-
fuge) dann zunächst in
einem Stücke gieſsen,
das Loch für den Kipp-
bolzen sauber ausboh-

Fig. 576.

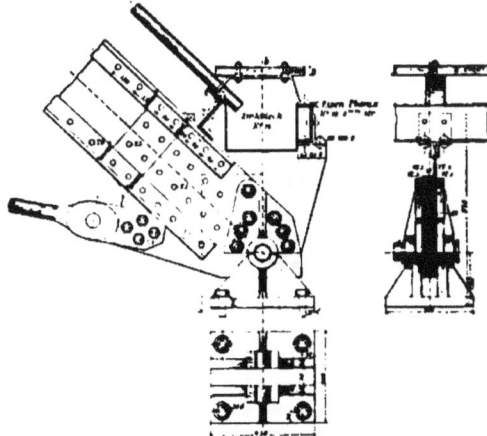

Von der Bahnhofshalle zu Hannover[**]),
ca. ¹/₁₀ w. Gr.

ren und den Bolzen selbst sauber abdrehen. Eine für Oberteil und Unterteil ver-
wendbare Form zeigt Fig. 594. — Eine entsprechende Konstruktion giebt
Fig. 576 an. Die Knotenbleche sind durch aufgelegte Bleche und die auf-
geschraubten Guſsstücke verstärkt; sie übertragen ihren Druck auf den im
guſseisernen Unterteil gelagerten Stahlbolzen von 80 ᵐᵐ Durchmesser. Wenn
der Unterteil des Kipplagers wie in Fig. 576 fest mit dem Mauerwerk verbunden
ist, so hat man ein festes Auflager; soll das Auflager ein bewegliches sein,
so setzt man den Unterteil auf einen Rollenwagen. Dann bildet gewissermaſsen
das ganze oberhalb des Rollenwagens befindliche Lager den Oberteil, und nur
die unter dem Rollenwagen anzuordnende Platte stellt den Unterteil vor
(Fig. 577).

    Nennt man den gröſsten möglichen Auflagerdruck A_{max} (in Tonnen), den
Zapfendurchmesser d (in Centim.) und die Zapfenlänge (senkrecht zur Bildfläche
gemessen) b (in Centim.), so kann man, falls eine guſseiserne Pfanne verwendet

wird.
$$d = \frac{5\,A_{max}}{b} \quad \ldots \ldots \ldots \ldots \ldots \quad 31.$$

setzen. Man mache d nicht kleiner als 50 ᵐᵐ, selbst wenn Gleichung 31 kleinere Werte ergiebt.

Bei den Tangential- oder Berührungsebenen-Kipplagern wird der Unterteil oben durch eine Cylinderfläche begrenzt; unter dem Binderende ist eine ebene Platte aus Gußeisen oder Blech befestigt; seitliche Verschiebung des Binders gegen das Auflager senkrecht zur Binderebene wird durch seitliche Vorsprünge am Unterteil (oder besondere Vorrichtungen am Oberteil) verhindert. Der große Vorzug dieser Lager gegenüber den Zapfenkipplagern besteht darin, daß hier bei der Durchbiegung des Binders der eine Teil am anderen abrollt, also viel geringere Reibungswiderstände auftreten als bei jenen. Um das Lager zu einem festen zu machen, ordnet man einen Dorn an, dessen aus dem Unterteil hervorstehender oberer Teil kegelförmig ist und. in ein

Fig. 577.

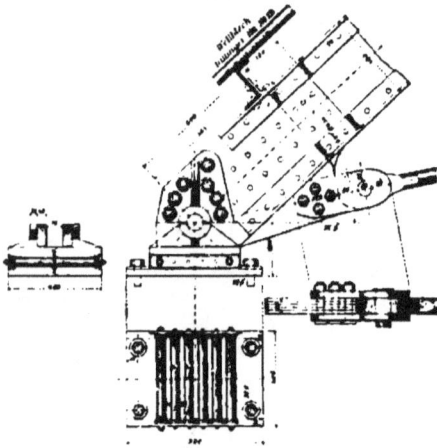

Von der Bahnhofshalle zu Hannover [180].
¹/₂₅ w. Gr.

passendes, aber cylindrisches Loch des Oberteiles reicht. Verschiebung des Trägers gegen das Auflager wird hierdurch verhindert; Durchbiegung des Trägers ist aber möglich, da genügender Spielraum zwischen dem abgestumpften Kegel und dem cylindrischen Loch vorhanden ist. Fig. 578 zeigt ein solches Lager.

Besonders möge noch auf das in Fig. 560 dargestellte Auflager hingewiesen werden, welches von *Schwedler* konstruiert ist und zu den Tangentialkipplagern gerechnet werden kann. Es empfiehlt sich jedoch, den am Binderende angeschraubten Oberteil des Lagers unten durch eine Cylinderfläche (statt durch eine Ebene) zu begrenzen, um allzugroßen Druck auf die Flächeneinheit an der Innenkante der Druckfläche zu verhüten.

Nennt man den Halbmesser der Cylinderfläche R (in Centim.) und die Breite derselben senkrecht zur Binderebene b (in Centim.), so kann man

Fig. 578.

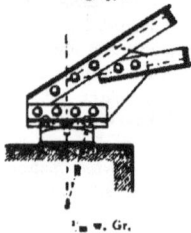

¹/₂₅ w. Gr.

$$R = \frac{90\,(A_{max})^2}{b^2} \quad \ldots \ldots \ldots \quad 32.$$

wählen, wobei A_{max} wieder in Tonnen einzuführen ist.

Zu den Tangentialkipplagern gehören auch diejenigen Anordnungen, bei denen Zapfen und Hohlcylinder verschiedene Halbmesser haben; der Hohlcylinder hat den größeren Halbmesser, und auch hier findet Abrollen statt.

_____

[180] Faks.-Repr. nach: Zeitschr. d. Arch. u. Ing.-Ver. zu Hannover 1860, Bl. 16.

Fig. 579.

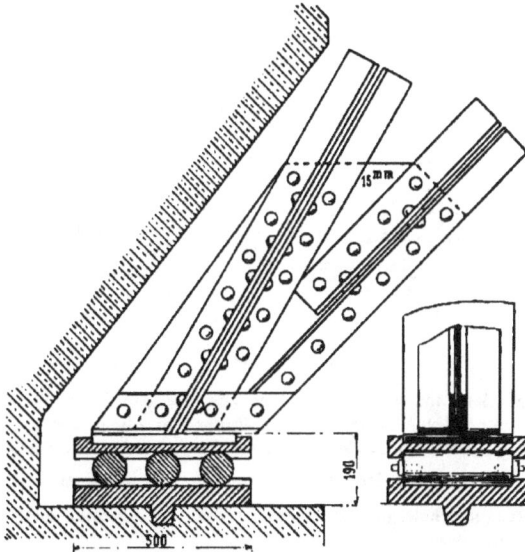

Vom Erbgrofsherzoglichen Palais zu Karlsruhe***).
¹/₁₆ w. Gr.

Der Fall in Fig. 578 ist nur ein Sonderfall dieser Konstruktion, wobei der Halbmesser des Hohlcylinders unendlich grofs ist.

**911.
Rollenlager.** Bei den Rollenlagern befindet sich zwischen Ober- und Unterteil ein sog. Rollenwagen; demnach sind hier drei Teile vorhanden (Fig. 579):

1) Der Unterteil, gewöhnlich eine gufseiserne, über einem Cementbette auf dem Lagerstein befestigte Platte; die Befestigung geschieht mittels Steinschrauben, welche etwa 25 ᵐᵐ stark und 12,5 bis 15 ᶜᵐ lang zu wählen sind.

2) Der Rollenwagen.

3) Der Oberteil, entweder ebenfalls eine einfache, am Binderfufs befestigte Gufseisenplatte oder ein Kipplager. Eine einfache Gufsplatte zeigt Fig. 559. Dieselbe hat oben einen ringsum laufenden Vorsprung, welcher eine Verschiebung des Binderendes gegen die Platte verhindert; Schrauben, deren untere Köpfe in ausgesparten Löchern Platz finden, verbinden Platte und Binderfufs. Ein Rollenlager mit Kipplager als Oberteil zeigt Fig. 577 ¹⁶⁰).

**912.
Rollenwagen.** Die Rollen werden durch einen einfachen Rahmen zu einem Ganzen zusammengefafst; im Rahmen sind die Rollen durch Zapfen an jedem Ende gelagert. Bei den Dachbindern sind die Rollen gewöhnlich aus Gufseisen und haben 40, 50, 60 bis 80 ᵐᵐ Durchmesser. Die Zahl der Rollen beträgt 3 bis 8, ausnahmsweise auch wohl nur 2. An ihren Enden erhalten die Rollen Vorsprünge, welche die seitliche Verschiebung derselben gegen den Oberteil, bezw. den Unterteil verhindern sollen. Die Länge der Rollen richtet sich nach der Breite des Oberteiles des Auflagers. Besteht dieser aus einer Gufsplatte

nach Fig. 559, so nutzt es wenig, wenn man diese Platte viel breiter macht als den Binder; man kann nicht annehmen, daß der Druck sich gleichmäßig über eine Platte verteilt, die sehr viel breiter ist als die Platte, welche den Druck vom Binder aus auf die erstere überträgt. Man wähle die Plattenbreite etwa als das 1,3- bis 1,5-fache der Binderbreite. Kann man nach der Konstruktion eine gleichmäßige Verteilung des Druckes auf die Rollen annehmen, nennt man die Zahl der Rollen n, ihre Länge b (in Centim.) und ihren Halbmesser r (in Centim.), so läßt sich für Gußeisenrollen und -Platten nach *Weyrauch*[20]) $n\,b\,r = 45\,A$ bis $20\,A$, also im Mittel $n\,b\,r = 30\,A$ setzen. Ist $A = 20^t$, $b = 30^{cm}$ und $r = 3^{cm}$, so ergiebt sich die Anzahl der Rollen im Mittel zu

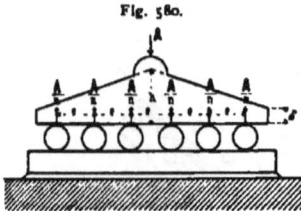

Fig. 580.

$$n = \frac{30\,A}{b\,r} = \frac{30 \cdot 20}{30 \cdot 3} = 7.$$

Die Berechnung des Oberteiles und der den Unterteil bildenden Platte erfolgt unter der Annahme gleichmäßiger Verteilung des größten Auflagerdruckes A_{max} auf alle Rollen, bezw. auf die ganze Auflagerfläche an der Unterfläche des Unterteiles. Jede der n Rollen (Fig. 580) übt einen Gegendruck $\frac{A}{n}$ aus; im Mittenquerschnitt des Oberteiles ist, falls der Abstand der Rollenachsen mit e bezeichnet wird,

$$M_{mitte} = \frac{A}{2} \cdot \frac{n\,e}{4} = \frac{A\,n\,e}{8}, \text{ wenn } n \text{ eine gerade Zahl ist;}$$

$$M_{mitte} = \frac{A\,e}{8}\left(\frac{n^2-1}{n}\right), \text{ wenn } n \text{ eine ungerade Zahl ist.}$$

Man erhält für

$n =$	2	3	4	5	6	7	8
$M_{mitte} =$	$\frac{1}{4}$	$\frac{1}{3}$	$\frac{1}{2}$	$\frac{3}{5}$	$\frac{3}{4}$	$\frac{6}{7}$	1

$$\cdot A\,e$$

Bei vollem Rechteckquerschnitt von der Breite b und Höhe h muß

$$\frac{b\,h^2}{6} = \frac{M_{mitte}}{k}$$

sein. Für Gußeisen ist k mit 250^{kg} oder $0{,}25^t$ für 1^{qcm} einzusetzen, also, wenn M in Tonnen-Centim. eingeführt wird:

$$\frac{b\,h^2}{6} = 4\,M_{mitte} \text{ und } h^2 = \frac{24\,M}{b};$$

hierin ist b in Centim. einzusetzen, und man erhält h in Centim.

Beispiel. Es sei $A_{max} = 20^t$, $b = 30^{cm}$, die Zahl der Rollen $n = 7$ und $e = 6{,}5^{cm}$; alsdann ist $M_{mitte} = 20 \cdot 6{,}5 \cdot \frac{6}{7} = 112$ Tonnen-Centim., und es ergiebt sich $h^2 = \frac{24 \cdot 112}{30} = 89{,}6$, woraus $h = 9{,}5^{cm}$. Dafür ist abgerundet $h = 10^{cm}$ zu setzen.

Man kann leicht auch für jede Stelle des Oberteiles das Moment berechnen und daraus die erforderliche Stärke bestimmen. Nimmt man an, daß im Grenz-

*) Siehe: WEYRAUCH. Ueber die Berechnung der Brücken-Auflager. Zeitschr. d. Arch.- u. Ing.-Ver. zu Hannover 1891, S. 142.

fall die Last einen gleichmäfsig über die Unterfläche verteilten Gegendruck erzeuge, der auf die Längeneinheit die Gröfse $p = \dfrac{A}{2l}$ habe (wenn $2l$ die Länge des Oberteiles ist), so ist an beliebiger Stelle im Abstande x von der Mitte das Moment $M_x = \dfrac{p\,(l-x)^2}{2}$, und die erforderliche Stärke z ergiebt sich aus der Gleichung

$$\frac{b\,z^2}{6} = \frac{p\,(l-x)^2}{2k} = \frac{A\,(l-x)^2}{4\,l\,k}.$$

Für $k = 0{,}25$ ' ist, wenn A in Tonnen eingeführt wird,

$$\frac{b\,z^2}{6} = \frac{A\,(l-x)^2}{l} \quad \text{und} \quad z = (l-x)\sqrt{\frac{6\,A}{l\,b}},$$

d. h. die Endpunkte von z liegen auf einer Geraden. Für $x = 0$ ist

$$z_{mitte} = l\sqrt{\frac{6\,A}{b\,l}} = h;$$

für $x = l$ wird $z = 0$. Wegen der in der Rechnung nicht berücksichtigten Querkräfte und aus Herstellungsrücksichten kann man die Stärke nicht in Null auslaufen lassen. Man macht die Stärke der Platte am Ende $\delta = 25$ bis 30^{mm} und verbindet den Endpunkt von δ mit demjenigen von h durch eine Gerade.

Die Unterplatte mache man 25 bis 50^{mm} stark.

Braucht man für beide Teile eine gröfsere Ilöhe, so ordnet man Rippen an (Fig. 577, S. 281), welche 20 bis 40^{mm} stark gemacht werden. Bei der Berechnung ist der sich dann ergebende Querschnitt zu Grunde zu legen.

Die Rollen werden fast stets aus Gufs- eisen hergestellt; die beiderseitigen Zapfen (20^{mm} stark) aus Schweifseisen werden eingesetzt; sie können auch eingeschraubt werden. Alle Rollenzapfen finden jederseits ihr Lager in einem hochkantig gestellten Flacheisen (8 bis 10^{mm} stark); die beiden Flacheisen werden durch zwei Rundeisen (Fig. 581) von 13 bis 15^{mm} Durchmesser oder auf andere Weise miteinander verbunden. Man hat auch wohl die beiden äufsersten Rollen mit durchgehenden Rundeisen versehen, welche in dieser Weise gleichzeitig als Zapfen der betreffenden Rollen dienen (Fig. 577, S. 281).

Der Rollenweg hängt vom möglichen Unterschied der höchsten, bezw. kleinsten Temperatur gegenüber der mittleren, bezw. Aufstellungstemperatur ab. Wird die Wärmeausdehnungsziffer des Eisens α genannt, die Stützweite l und die Anzahl Grade Celsius, um welche sich die höchste, bezw. niedrigste Temperatur von der mittleren unterscheidet $\pm t$, so ist der Weg nach jeder Seite $\Delta = \alpha\,t\,l$. Es ist $\alpha = 0{,}0000118$ und $t = 30$ Grad C., also $\Delta = 0{,}00035\,l$; der mög-

Fig. 581.

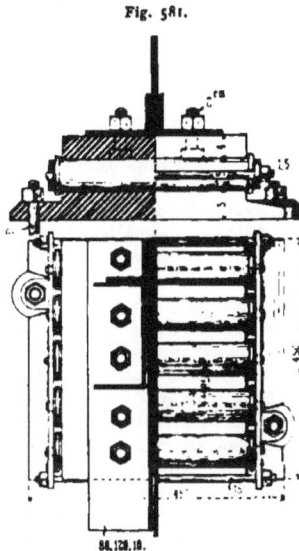

84,128,18.

Vom Bahnhof zu Hildesheim.

$^1/_{40}$ w. Gr.

liche Weg ist also 0,0007 l; statt dessen läfst man zweckmäfsig einen etwas
gröfseren Spielraum und wählt

$$s = 0,001 \, l, \ldots \ldots \ldots \ldots \ldots \quad 33.$$

d. h. für jedes Meter der Stützweite rechne man 1 mm Weg.

Im Anschlufs an das Vorstehende sollen die Vorschriften angegeben wer- 113.
den, welche für die Lager der eisernen Brücken im Bereich der preufsischen Preufsische Vorschriften.
Staatsbahnen erlassen und auch für die eisernen Dachbinder mit geringen Ab-
änderungen zweckmäfsig sind. Nur diejenigen Bestimmungen werden vorgeführt, welche auf die Dächer Bezug haben [117]).

„Für die einzelnen Lagerteile sind thunlichst einfache, gedrungene Formen zu wählen,
insbesondere ist die unter den Rollen oder Stelzen liegende Platte stets aus einem einzigen,
starken Gufsstück zu bilden. Bei den Lagern gröfserer Dächer kann von einer Befestigung
der unteren Platte durch Steinschrauben, deren Anbringung leicht eine Beschädigung des
Auflagersteines zur Folge hat, abgesehen werden." (Dann mufs bei Dächern aber an der
Unterseite eine Nase angeordnet werden, welche genügt, um eine wagerechte Verschiebung
zu verhindern.)

„Die Ausbildung der Kippvorrichtung in der Weise, dafs an dem einen Gufsstück
eine erhabene, an dem anderen eine dazu passende vertiefte Cylinderfläche angebracht wird,
empfiehlt sich wegen der Schwierigkeiten, mit denen die genaue und saubere Herstellung
dieser Flächen verknüpft ist, nicht. Statt dessen ist zweckmäfsiger ein besonderer Kippbolzen zwischen zwei hohlcylindrisch bearbeiteten Lagerstücken anzuwenden. Wenn diese
Teile (mit entsprechender Sprengfuge) zunächst in einem Stück gegossen werden, so läfst
sich das Loch für den Kippbolzen leicht sauber ausbohren. Dieser selbst kann genau dazu
passend abgedreht und nach Trennung der Lagerstücke eingefügt werden. Falls Rollenlager nicht erforderlich sind, kann die Kippvorrichtung der beweglichen sowohl, wie der
festen Lager in der Weise angeordnet werden, dafs die untere Lagerplatte oben in der
Längsrichtung schwach gewölbt, die darauf ruhende obere Platte dagegen eben geformt
wird. Die nur in ihrer Mitte belastete untere Platte der Kippvorrichtung soll den Druck
möglichst gleichmäfsig auf die Rollen oder den Auflagerstein verteilen, ist also auf Biegung zu berechnen. Die obere Platte kann meist wesentlich kürzer und schwächer gehalten
werden, als die untere.

Die Rollvorrichtung ist besser mit Rollen als mit Stelzen auszuführen. Es empfiehlt
sich, eine Vorrichtung anzubringen, die gröfsere Verschiebungen des Rollen- oder Stelzen-
satzes bei etwaiger Entlastung eines Lagers verhütet. Vorspringende Nasen an den Laufflächen sind jedoch zu vermeiden, da sie das Abhobeln dieser Flächen erschweren.

Die Zapfen, mit denen die Rollen oder Stelzen in den Leitschienen geführt werden,
an ihren äufseren Enden mit Gewinden zu versehen und darauf Muttern zu schrauben,
erscheint als überflüssig und nachteilig, weil durch kräftiges Anziehen dieser vielen Muttern
unter Umständen die Beweglichkeit des Lagers aufgehoben werden kann. Aus demselben
Grunde ist es nicht zweckmäfsig, diese Zapfen als Stiftschrauben mit äufserem Kopf auszuführen, die durch die Leitschienen hindurch in die Rollen oder Stelzen eingeschraubt
werden. Durch einen Bund oder eingelegte ringförmige Plättchen ist dafür zu sorgen, dafs
die Leitschienen die Stirnflächen der Rollen oder Stelzen nicht unmittelbar berühren.

Ganz besonderer Wert mufs darauf gelegt werden, dafs der Ansammlung von (Wasser
und) Schmutz zwischen den beweglichen Teilen möglichst vorgebeugt wird. Zu diesem
Zweck sind die Laufflächen der Rollen niemals vertieft, sondern stets erhöht anzuordnen.
Die als Schutz gegen seitliche Verschiebung erforderlichen Rippen dürfen also nicht an den
Platten angebracht werden, wo sie im Verein mit den dazwischen liegenden Rollen oder

---

[117]) Nach: Centralbl. d. Bauverw. 1894. S. 495.

Fig. 582.

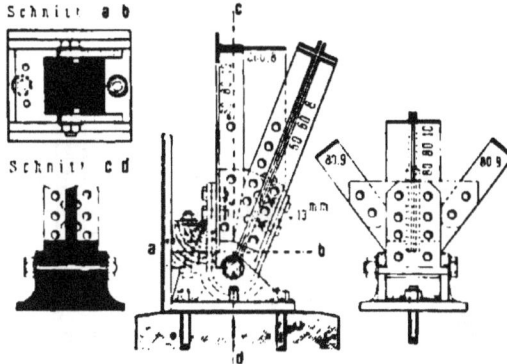

Schnitt a b

Schnitt c d

Vom Schuppen für den Bochumer Hammer[252]).
$^1/_{20}$ w. Gr.

Fig. 583.

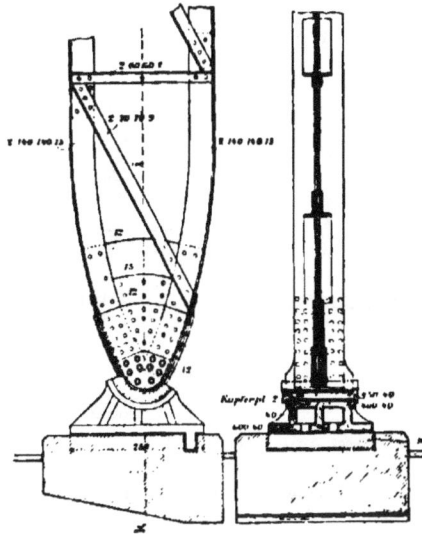

Von der Markthalle zu Hannover[253]).
$^1/_{40}$ w. Gr.

252) Nach: Zeitschr. f. Bauw. 1869, Bl. 62.
253) Faks.-Repr. nach: Zeitschr. d. Arch.- u. Ing.-Ver. zu Hannover 1894, Bl. 11.

Stelzen fast unzugängliche Wassersäcke bilden würden. Diese Rippen sind vielmehr, als Bünde, an die Rollen oder Stelzen zu verlegen, wo sie die Lagerkörper ohne Nachteil seitlich umfassen können.

Wünschenswert ist auch, die Rollvorrichtung möglichst hochliegend anzuordnen, damit sie den Schmutzteilchen möglichst entzogen, gut zugänglich und leicht zu reinigen

Fig. 584.

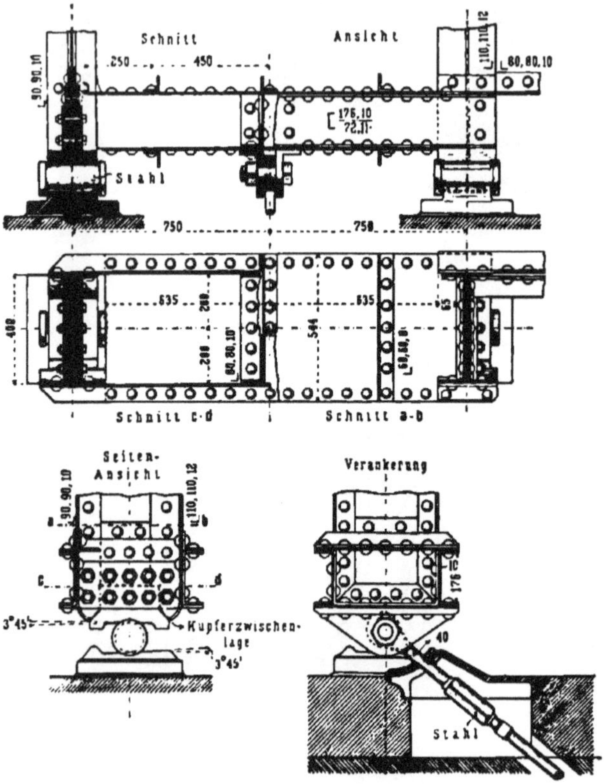

Vom Bahnhof Alexanderplatz der Berliner Stadteisenbahn[286]).
$\frac{1}{10}$ w. Gr.

ist. Es empfiehlt sich, nicht zu schwache Grundplatten anzuwenden und dieselben nicht etwa in die Auflagersteine einzulassen, sondern im Gegenteil, die Auflagersteine über das Pfeilermauerwerk hervorragend anzuordnen."

6) Kämpfer- und Scheitelpunkte der Gelenkdächer.

Die Kämpfer der Gelenkdächer sind eine besondere Form der Auflager; sie sollen feste Punkte darstellen, also weder lotrecht noch wagrecht verschieblich

214.
Kämpfer-
gelenke.

286) Nach: Zeitschr. f. Bauw. 1885, Bl. 16.

sein. Allerdings kommen auch Kämpfer mit geringer, in sehr engen Grenzen möglicher Verschieblichkeit vor, und zwar bei den Sprengwerkdächern mit Durchzügen. Die an den Kämpferpunkten auf das stützende Mauerwerk übertragenen Kräfte können in der Kraftebene — also in der Binderebene — beliebige Richtung haben: sie können sowohl Druckkräfte, wie unter Umständen

Fig. 585.

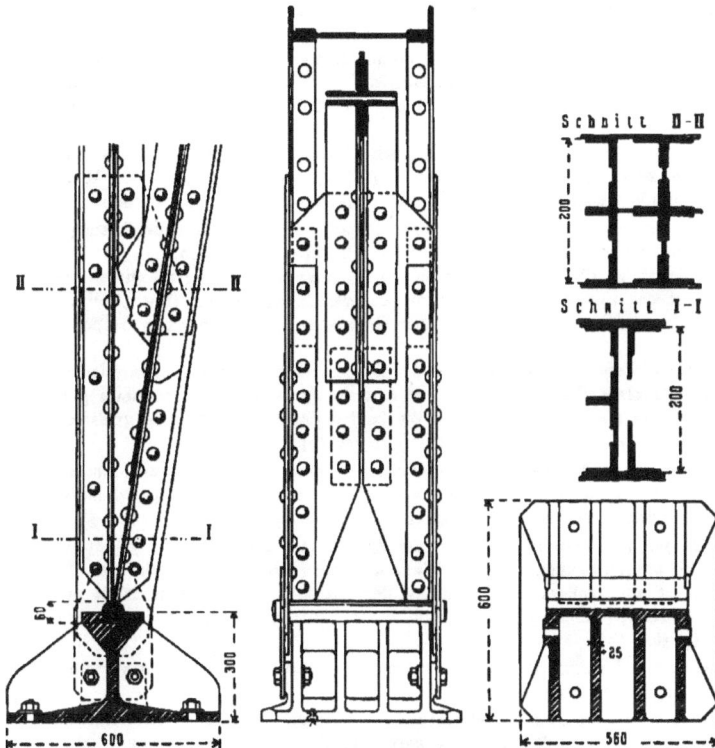

Schnitt II-II

Schnitt I-I

Von der Personenhalle auf dem Centralbahnhof zu Mainz[86]).
$^1/_{10}$ w. Gr.

auch Zugkräfte sein, so dafs oft eine ausgiebige Verankerung der Binderfüfse vorgenommen werden mufs (Fig. 584). Meistens treffen im Kämpferpunkte zwei Gurtungsstäbe zusammen; die Spannungen· dieser müssen mit der Kämpferkraft im Gleichgewicht sein, also sich mit dieser in einem Punkte schneiden. Da die Kraft aber die verschiedensten Richtungen annehmen kann und nur an die Bedingung gebunden ist, stets durch den Kämpferpunkt gehen zu müssen, so folgt:

**) Nach freundlicher Mitteilung des Herrn General-Direktors *Rieppel* zu Nürnberg.

Die Achsen der beiden am Kämpfer zusammentreffenden Stäbe müssen sich im theoretischen Kämpferpunkte schneiden.

Soll ferner das Gelenk als solches wirksam sein, so muß die Drehung der betreffenden Binderhälfte um den Kämpfer möglich sein; sie darf nicht durch das am Kämpfer auftretende Reibungsmoment verhindert werden. Demnach ist der etwa anzuordnende Kämpferzapfen mit möglichst kleinem Durchmesser zu konstruieren, da das Reibungsmoment mit dem Zapfendurchmesser in geradem Verhältnis wächst, wobei allerdings die zulässigen Druckbeanspruchungen am Zapfenumfang nicht überschritten werden dürfen. Am besten sind diejenigen Konstruktionen, bei welchen der eine Teil auf dem anderen nicht gleitet, sondern rollt, wenn Drehung um den Zapfen eintritt. Das Gelenk ist ferner derart auszubilden, daß eine Verschiebung senkrecht zur Mittelebene des Binders verhindert wird.

Für die Konstruktion der Kämpferpunkte ist die Anordnung des Endknotenpunktes einerseits und die Art der Auflagerung andererseits von Wichtigkeit. Beide Rücksichten sollen gesondert in das Auge gefaßt werden.

Bei der Ausbildung des Endknotenpunktes sind verschiedene Lösungen möglich, um die hier zusammentreffenden Stabkräfte zu vereinen:

1) Man führt die Endstäbe der beiden Gurtungen geradlinig zusammen und konstruiert den Endknotenpunkt wie die anderen Knotenpunkte (Fig. 582 ***).

2) Man ordnet die Endstäbe der Gurtungen als gekrümmte Stäbe an (Fig. 583 ***).

3) Man bildet das Kämpferende des Binders vollwandig aus, etwa mit dem Querschnitte eines Blechträgers. Diese Anordnung wird besonders dann gern gewählt, wenn aus anderen Gründen die beiden Gurtungen schon in größerem Abstande vom Kämpfer nahe aneinander liegen (Fig. 584 ***).

Bei den Anordnungen 1 und 2 verwendet man zweckmäßig am Knotenpunkte ein kräftiges, gemeinsames Knotenblech; dieses muß bei der gekrümmten Form der Endstäbe (2) die radial wirkenden Kräfte aufnehmen können.

Fig. 582 giebt ein Beispiel für die Anordnung unter 1 und Fig. 583 ein solches für die Anordnung unter 2. Wenn die dritte Konstruktionsweise gewählt wird, so ist auf genügende Versteifung der Blechwand zu achten, damit dieselbe den großen örtlichen Druck ohne Beulen aufnehmen kann. Ein Beispiel zeigt Fig. 584.

Auch bei der Auflagerung des Kämpfergelenkes kann man drei verschiedene Lösungen der Aufgabe unterscheiden.

Bei der ersten ist ein Gußeisenstück am Kämpferknotenpunkt des Binders befestigt und in einer mit dem Mauerwerk verankerten Gußeisenpfanne drehbar gestützt. Diese Anordnung zeigt Fig. 582. Dies ist eine ältere, von *Schwedler* ersonnene Konstruktion bei einer der ersten Anwendungen der Gelenkdächer. Gute Verbindung der Binderstäbe mit dem Gußstück wird durch ein 13 mm starkes, schmiedeeisernes Blech hergestellt, welches um den Gußklotz greift. Der 26 mm starke Bolzen zur Verbindung von Binderfuß und Lagerschale nimmt nicht den Kämpferdruck auf; derselbe wird vielmehr durch das abgerundete Ende des Binderfußes auf die Lagerschale übertragen.

Eine ähnliche Anordnung zeigt Fig. 583 ***. Die abgerundeten, mit außen aufgelegten Blechlamellen versehenen Binderenden ruhen in kräftigen, auf Granitunterlagen gestellten, gußeisernen Lagerkörpern, in welche gußeiserne Lager-

schalen eingelegt sind. Der guten Druckübertragung wegen ist zwischen Lagerschale und Binderfuß 2 ᵐᵐ starkes Kupferblech gelegt.

Man kann auch die Abscherungsfestigkeit eines Bolzens für die Kraftübertragung am Kämpfer in Anspruch nehmen, insbesondere für etwaige Zugkräfte,
welche das Abheben des Binders vom Kämpfer erstreben. Ein Beispiel solcher
Kämpferauflagerung zeigt Fig. 585 ᵃᵃ⁾. Der Druck wird von den Endstäben

Fig. 586.

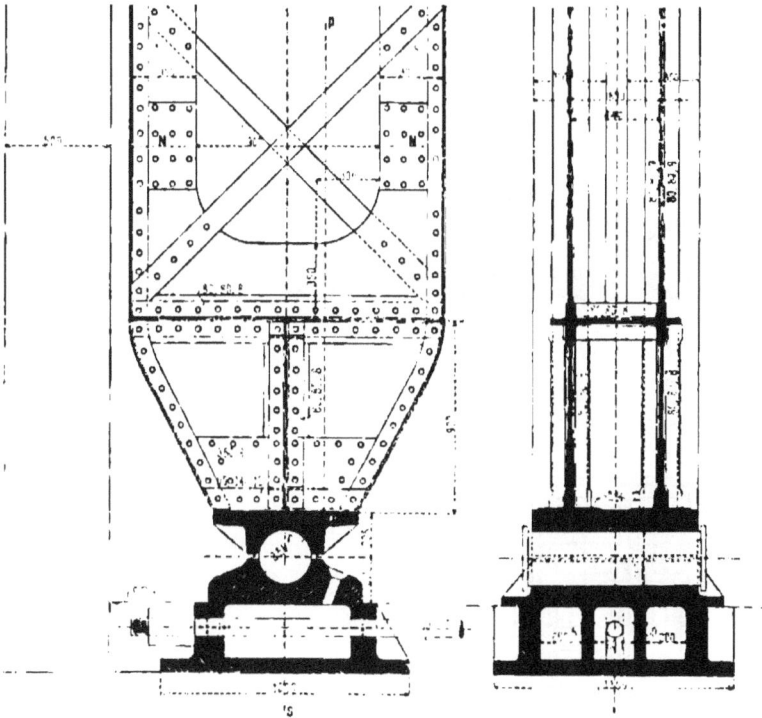

Vom Gebäude der schönen Künste auf der Weltausstellung zu Paris 1889 ᵐ⁾.
¹ₐ w. Gr.

unmittelbar auf den 60 ᵐᵐ starken Bolzen übertragen; außerdem umfassen denselben die beiden 10 ᵐᵐ starken Knotenbleche, welchen zwei am Gußeisenfuß
angeschraubte, gleich starke Bleche entsprechen.

Ganz freie Auflagerung auf einem Zapfen, bei welcher Reibungsmomente
vermieden sind, weist das Hallendach auf dem Bahnhof Alexanderplatz der
Stadtbahn zu Berlin (Fig. 584 ᵃ⁵⁵) auf. Die ganze Anordnung ist höchst beach-

---

ᵃ⁾ Nach: *Nouv. annales de la constr.* 1889, H. 31, 31, 33, 42-43.

tenswert und mustergültig. Das Binderende rollt auf dem Zapfen ab, wenn die Binderhälfte sich dreht. Da aber der Kämpferpunkt ein fester Punkt sein muß und unter Umständen auch Zugkräfte vom Binder auf das Mauerwerk übertragen werden müssen, so ist noch eine besondere Verankerung erforderlich.

In Fig. 584 ist zunächst die am Binderende gehörig ausgesteifte Blechwand dargestellt. Die Aussteifung ist dadurch erreicht, daß jederseits auf die Blechwand zuerst zwischen die Winkeleisenschenkel ein Verstärkungsblech gelegt ist, darauf über dieses und die Winkeleisenschenkel jederseits ein zweites; am Ende sind dann 5 Bleche übereinander vorhanden. Der so ausgesteifte Binderfuß ist auf ein Gußstück gesetzt und mit demselben durch beiderseits aufgelegte Blechplatten verschraubt.

Fig. 587.

Schnitt a b

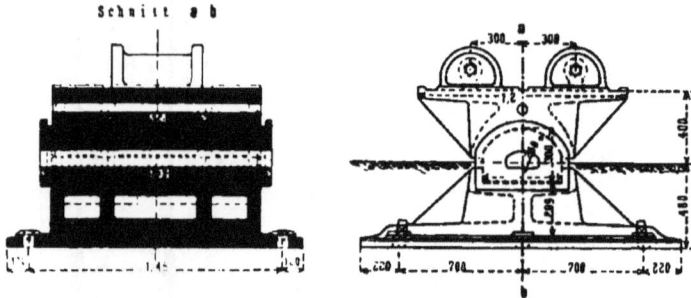

Grundriss des Obertheils.

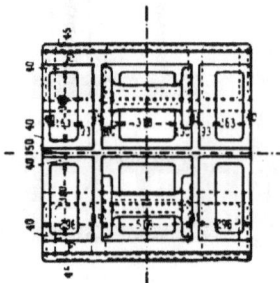

Von der Maschinenhalle

auf der Weltausstellung zu Paris 1889[7]).

$\frac{1}{40}$, bezw. $\frac{1}{80}$ w. Gr.

Zwischenlagen aus Kupfer sichern gute Druckübertragung auf das Gußstück. Dieses ruht nunmehr auf einer Stahlwalze von 100 mm Durchmesser und 190 mm Länge. Bislang ist dieses Auflager noch ein bewegliches Auflager, also noch nicht geeignet, als Kämpferlager zu dienen; deshalb ist die in Fig. 584 dargestellte Verankerung angeordnet. Jeder Binder besteht aus zwei Einzelbindern, welche 1,30 m voneinander abstehen; in der Mitte zwischen den beiden Einzelbindern befindet sich ein 40 mm starker Anker aus Stahl (Rundeisen), welcher an einem kräftigen Kastenträger angreift. Genaues Einstellen des Ankers ist durch ein Schloß mit Rechts- und Linksgewinde möglich. Der Anker ist durch den Viaduktpfeiler geführt und mit diesem verankert; die ganze Bahnhalle steht auf einem Viadukt. Zur Aufnahme der möglichen, nach innen wirkenden wagrechten Kraft hätte eine zweite, nach außen gerichtete Ankerstange angebracht werden müssen; da sich dies hier durch die örtlichen Verhältnisse verbot, hat man die obere Fläche der Lagerplatte für den Zapfen nach der Halle zu steigend angeordnet. Die Neigung bestimmte man so, daß die Lagerfläche senkrecht zu der ungünstigsten Stellung

19*

des Kämpferdruckes gerichtet ist; gleiche Neigung hat auch die Unterfläche des Gußstückes am Binderfuß erhalten. Der Winkel gegen die Wagrechte beträgt 3° 45'. Seitliche Verschiebung des Binderfußes gegen die Walze, bezw. letzterer gegen die Lagerplatte wird durch Vorsprünge an den Kopfenden der Walze verhindert.

Fig. 586 [267]) zeigt den Fußpunkt der Gelenkdachbinder vom Gebäude der schönen Künste bei der Pariser Weltausstellung 1889.

Die Stützweite der Binder betrug 51,80 m, und der Binderabstand 18,10 m; der Höhenunterschied zwischen Kämpfer- und Scheitelgelenken war 28,80 m. Ein Zugband (Rundeisen) von 90 mm Durchmesser (mit 3 Schlössern versehen) verband unter dem Fußboden die beiden Kämpfergelenke; die Gelenkwalze aus Stahl hat 800 mm Länge und 250 mm Durchmesser; die Pfannen sind aus Gußeisen; dieselben haben einen etwas größeren Durchmesser erhalten als die Walze.

Fig. 588.

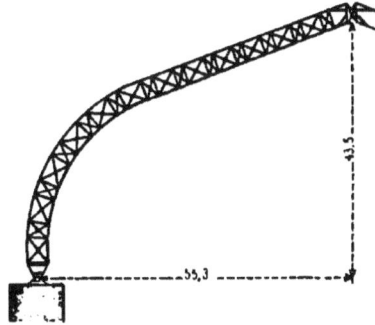

43.5

55,3

1/80 w. Gr.

Nach den gleichen Grundsätzen, aber in wesentlich größeren Abmessungen, ist der Binderfuß der großen Maschinenhalle von der Pariser Weltausstellung 1889 konstruiert; derselbe ist in Fig. 587 bis 589 [267]) dargestellt.

Die Halle hat 110,60 m Stützweite, zwischen den Gelenkachsen gemessen, 44,90 m Höhenunterschied zwischen Kämpfer- und Scheitelgelenken und 21,60 m Binderabstand (Fig. 588 u. 589). Dieses Kämpfergelenk besteht aus folgenden Teilen, welche der Reihe nach vom Fundament aus aufeinander folgen (vergl. Fig. 587):

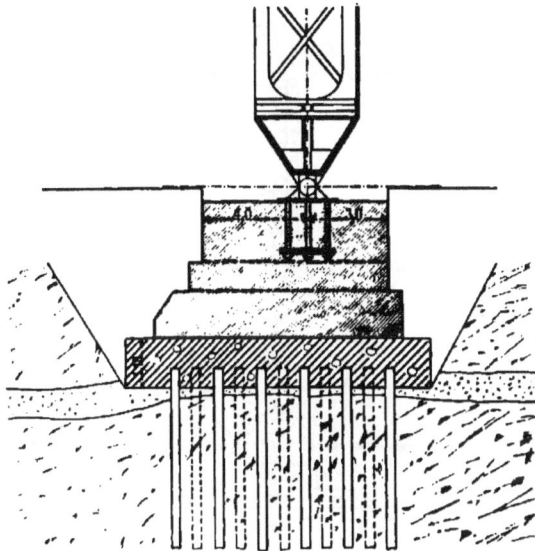

1/80 w. Gr.

Von der Maschinenhalle auf der Welt-

1) Einer Unterlagsplatte, 70 ᵐᵐ stark, 1,85 ᵐ lang, 1,70 ᵐ breit, welche durch 6 Bolzen von je 60 ᵐᵐ Durchmesser mit dem Fundamentmauerwerk verankert ist.

2) Einem Gußstück zur Aufnahme des eigentlichen Gelenkes. Dieses mit der Unterlagsplatte durch Stahlklammern verbundene Gußstück ist 1,20 ᵐ lang, unten 1,20 ᵐ und oben 0,50 ᵐ breit, mit 50 ᵐᵐ, bezw. 80 ᵐᵐ starken Rippen versehen.

Fig. 589.

3) Dem Gelenk aus Gußeisen, welches unten eine ebene und oben eine cylindrische Begrenzung hat. Dasselbe ist 1,34 ᵐ lang, hat beiderseits vor Kopf 40 ᵐᵐ starke Vorsprünge, welche die Gußstücke (das untere und das obere, vergl. unter 4) umfassen und eine Verschiebung senkrecht zur Binderebene verhüten. Die Cylinderfläche hat 250 ᵐᵐ Halbmesser; auf seine ganze Länge ist das Gelenk mit einer 180 ᵐᵐ breiten und 90 ᵐᵐ hohen Höhlung versehen.

4) Dem Oberteil, welcher auf dem Gelenke (drehbar) ruht und mit dem Binderfuß in sichere Verbindung gebracht ist. Auch dieser Teil ist 1,30 ᵐ lang; der Hohlcylinder hat gleichen Halbmesser (250 ᵐᵐ) wie das Gelenk; die Berührung findet in einem Bogen von (rund) 130 Grad statt, so daß die wirksame Druckübertragungsfläche etwa 0,68 Quadr.-Met. ausmacht. Das obere Ende dieses Gußstückes dient zur Aufnahme des Binders, bildet ein Quadrat von 1,30 ᵐ Seitenlänge und hat drei über die ganze Länge laufende Rillen von 70, 50 und 70 ᵐᵐ Breite, in welche Bleiplatten gelegt sind. Endlich hat man zwei starke, halbcylindrische Vorsprünge von 520 ᵐᵐ Länge angeordnet, welche genau zwischen die Blechwände der Einzelbinder passen, in ihrer ganzen Länge durchbohrt sind und 60 ᵐᵐ starke Bolzen

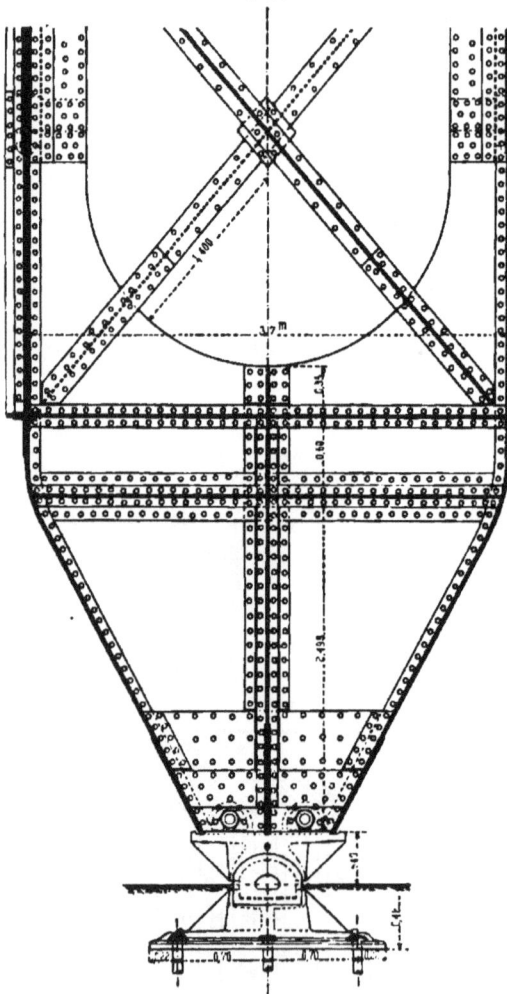

¹⁄₂₀ w. Gr.

ausstellung zu Paris 1889 ²⁸⁷).

aufnehmen; diese Vorsprünge sollen die erforderliche gute Verbindung des Binderfußes mit dem
Oberteil sichern.

Endlich möge noch
auf die Konstruktion der
Bahnhofshalle zu Frank-
furt a. M. hingewiesen werden, worüber die unten
angeführte Zeitschrift [268])
Aufschluß giebt.

Über die Bogendach-
binder mit Durchzügen ist
in Art. 154 (S. 220) das
Erforderliche gesagt; die
Durchzüge schließen wag-
recht (Fig. 590) oder steigend an die Kämpferkno-
tenpunkte an. Für die
stützenden Seitenmauern

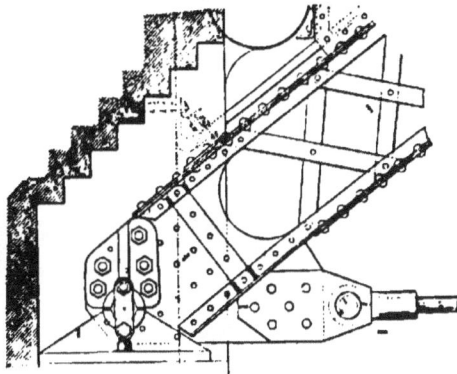

Fig. 590.

Von der Bahnhofshalle zu Magdeburg [269]).
¹/₂₀ w. Gr.

sind die Auflager wie diejenigen eines Balkendachbinders zu behandeln, d. h. ein
Auflager ist fest, das andere beweglich anzuordnen (meist auf Rollenwagen);
dabei muß aber auch die Drehung um das Gelenk möglich sein.

Ein gutes, älteres Beispiel ist in Fig. 590 [269]) vorgeführt.

Zwischen die Winkeleisen des Gitterbogens ist am Auflager ein 20 mm starkes Knotenblech gelegt, an welches der 45 mm im Durch-
messer starke, wagrechte Durchzug
aus Stahl mittels beiderseits aufge-
legter, 10 mm starker Laschen und
einer Muffe mit Öse befestigt ist.
Die Verstärkung des Knotenbleches
ist durch jederseits aufgelegte Bleche
von 8, bezw. 10 mm Stärke und aufgeschraubte Gußstücke erreicht. Die
Gesamtblechstärke zwischen den
Gußstücken beträgt 56 mm. In die
5 Blechlagen ist für den 70 mm starken Gelenkbolzen das erforderliche
Loch gebohrt, dort wo Mittellinie des
Bogens und Zugankerachse einander
schneiden. Der Bolzen aus Stahl ist
in einem passend geformten Gußstück
gelagert, welches mit der Seitenmauer des Gebäudes verankert ist.
Abheben durch Winddruck wird
durch seitlich angebrachte Flacheisen
verhindert, welche Bogenfuß und
Grundplatte verbinden.

Eine verwandte Kon-

Fig. 591.

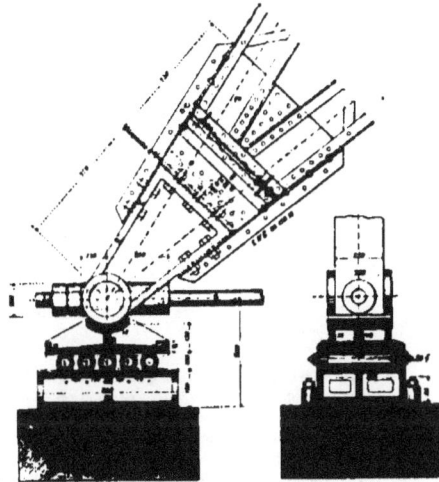

²⁶⁸) Zeitschr. f. Bauw. 1891, Bl. 29 – 30.
²⁶⁹) Siehe: Zeitschr. f. Bauw. 1879,
Bl. 33.
²⁷⁰) Faks.-Repr. nach: Zeitschr. d.
Arch.- u. Ing.-Ver. zu Hannover 1884, Bl. 9.

Von der Personenhalle auf dem Anhalter Bahnhof zu Berlin [270]).
¹/₂₀ w. Gr.

struktion zeigt das Auflager der Bahnhofshalle zu Hannover, mit steigendem Durchzug (Fig. 576 u. 577, S. 280 u. 281).

In Fig. 591 [160]) ist das Gelenkauflager der großen Halle vom Anhalter Bahnhof zu Berlin dargestellt; die Gesamtordnung der 62,50 m weiten Binder zeigt Fig. 470 (S. 221).

Fig. 592.

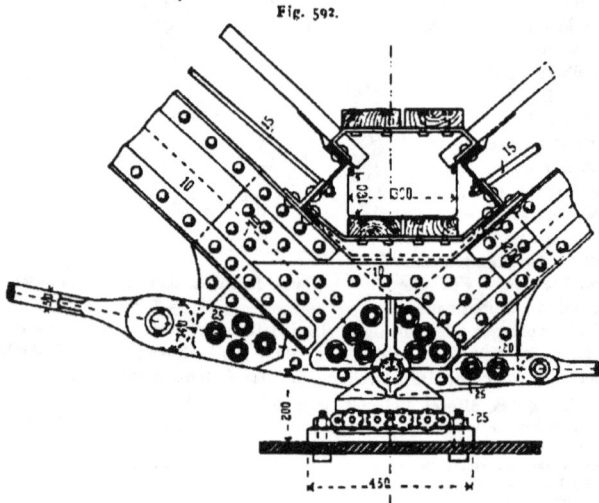

Fig. 593.

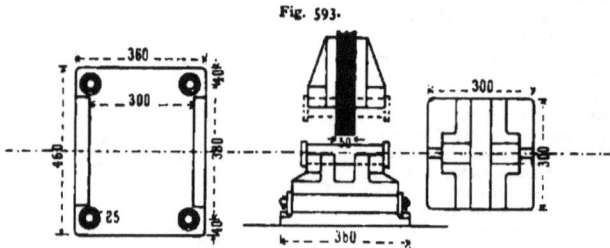

Von der Bahnhofshalle zu Oberhausen.

1/15 w. Gr.

Die beiden Gurtungen des Bogens übertragen ihre Spannungen am Auflager in ein trapezförmiges Knotenblech von 20 mm Stärke und 750 mm Länge; an seinem Fußpunkte wird dasselbe durch 2 Winkeleisen von 80 × 120 × 16 mm gesäumt. So setzt sich der Binderfuß mit 180 mm Breite auf den gußeisernen Lagerklotz und wird mit diesem hier durch 6 Schraubenbolzen verbunden; zwischen Binderfuß und Lagerklotz ist eine 2 mm starke Bleiplatte. Fernere Verbindung zwischen Binderfuß und Lagerklotz stellen 4 Winkeleisen (80 × 150 × 13 mm) her, 2 oben und 2 unten, welche einerseits mit dem Knotenblech vernietet, andererseits mit dem Gußklotz verschraubt sind. Der Gußklotz ist durchbohrt, nimmt die 70 mm starke, stählerne Zugstange auf und ist auf der einen Seite auf ein Rollenlager gesetzt.

Schnitt $b_1 b_2$

Von der Halle des Schlesischen Bahnofes der Berliner Stadteisenbahn [*]).

Fig. 594.

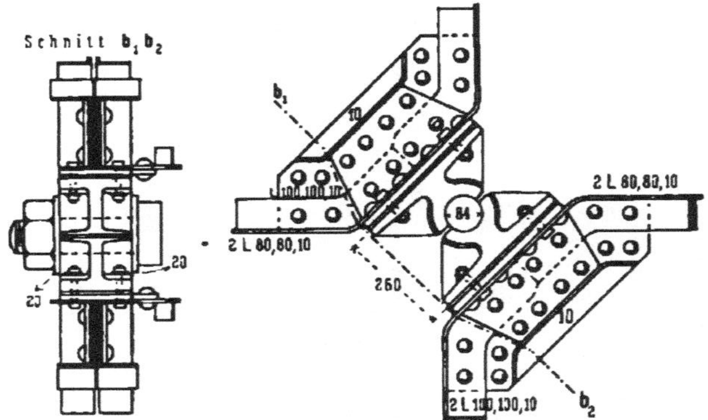

Fig. 595.

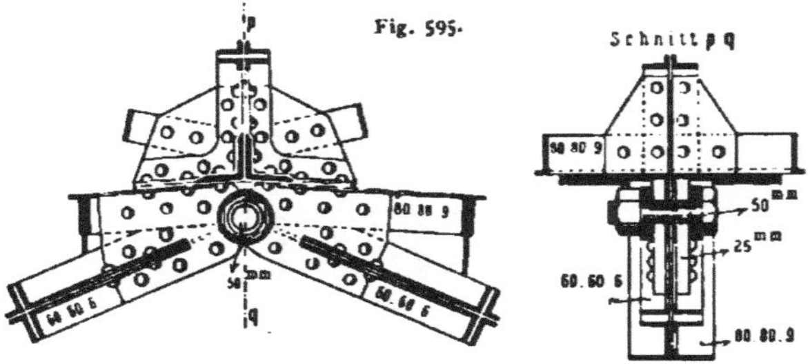

Vom Schuppen für den Hammer zu Bochum[*]). — $^1/_{12}$ w. Gr.

$^1/_{15}$ w. Gr.

Schnitt p q

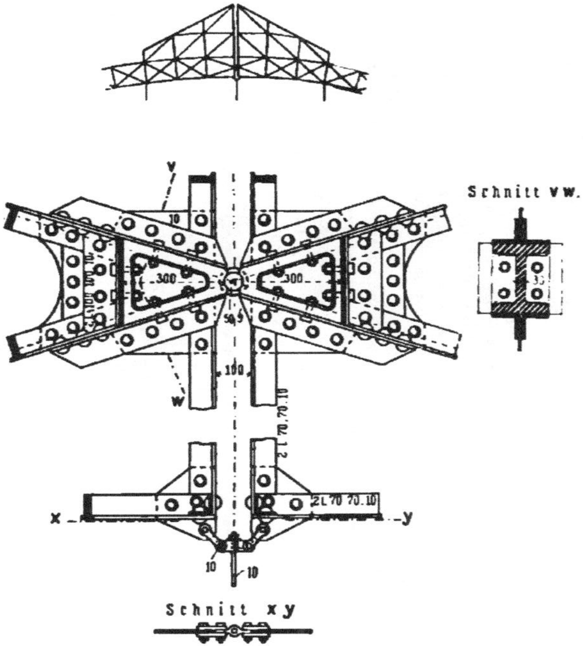

Von der Halle des Schlesischen Bahnhofes der Berliner Stadteisenbahn[*]).
$^1/_{15}$ w. Gr.

Schnitt x y

Schnitt v w.

Fig. 596.

Ein gemeinsames Gelenkauflager zweier benachbarter Binder von bezw.
18,80 ᵐ und 11,40 ᵐ Stützweite bei 8,50 ᵐ Binderabstand zeigen Fig. 592 u. 593.

Die Binder sind Zweigelenkbogen mit Durchzügen. Bei der Berechnung wurde die Annahme
gemacht, daß jeder Binder am Auflager für sich drehbar sei; diese Annahme ist nicht erfüllt, da die
beiderseits aufgelegten gemeinsamen Knotenbleche die Bewegungen beider Binder voneinander abhängig machen.

Endlich ist in Fig. 594 [861]) das Gelenkauflager von der Halle des Schlesischen Bahnhofes der Berliner Stadteisenbahn dargestellt. Diese Gelenkkonstruktion ist klar und vorzüglich.

Zwei gleiche Gußstücke sind mit den Stäben des Bogenfußes, bezw. der Pendelstütze, auf
welche sich der Bogen stützt, verschraubt und umfassen einen 84 ᵐᵐ starken Stahlbolzen, den Gelenkbolzen. Zwischen die Gußstücke und die Schmiedeeisenteile sind 2,5 ᵐᵐ starke Lagen von Kupferblech gelegt. Jederseits greift am Bolzen ein Flacheisen an, unter dem Kopf, bezw. der Mutter des
Bolzens, wie aus Schnitt $b_1 b_2$ der Abbildung zu ersehen ist; in der Ansicht sind diese Flacheisen, der
größeren Deutlichkeit halber, fortgelassen.

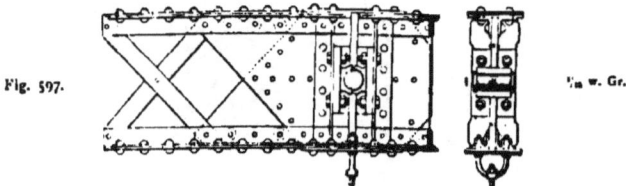

Fig. 597.   ¹⁄₁₅ w. Gr.

Von der Personenhalle auf dem Centralbahnhof zu Magdeburg [862]).

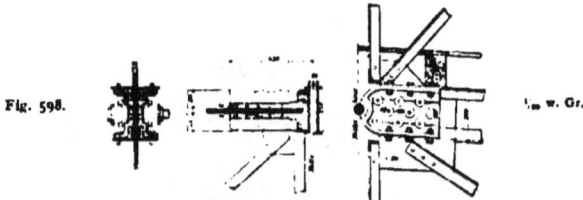

Fig. 598.   ¹⁄₁₅ w. Gr.

Von der Personenhalle auf dem Anhalter Bahnhof zu Berlin [863]).

Auch das in Fig. 586 (S. 290) dargestellte Fußauflager vom Ausstellungsgebäude der schönen Künste in Paris 1889 kann hierher gerechnet werden.

Die Bildung des Scheitelknotenpunktes an jeder Seite des Gelenkes
stimmt mit derjenigen des Kämpferknotenpunktes überein. Bezüglich der Ge-
lenkbildung ist besonders zu berücksichtigen, daß die von der einen Binderhälfte auf die andere hier zu übertragende Kraft im allgemeinen sowohl eine
wagrechte, wie eine lotrechte Seitenkraft hat. Beide müssen sicher übertragen
werden können; außerdem soll auch Gelenkwirkung, also Drehung möglich sein.

Folgende Anordnungen kommen vor:

1) Beide Bogenhälften stützen sich im Scheitel gegen einen Zapfen, den
jede nahezu halb umfaßt (Fig. 595 u. 596 [858 u. 861]);

315.
Scheitel-
gelenke.

⁸⁶¹) Nach: Die Bauwerke der Berliner Stadteisenbahn. Berlin 1886. Bl. 20 u. S. 83.
⁸⁶²) Faks.-Repr. nach: Zeitschr. f. Bauw. 1879. Bl. 33.
⁸⁶³) Faks.-Repr. nach: Zeitschr. d. Arch.- u. Ing.-Ver. zu Hannover 1884. Bl. 9.

2) beide Bogenhälften umfassen den Scheitelbolzen ganz (Fig. 599 u. 600);
3) für die wagrechte und für die lotrechte Seitenkraft wird je ein besonderes Konstruktionsglied angebracht (Fig. 602).

Bei der Konstruktion nach 1 werden an beide Bogenenden gewöhnlich Gußstücke angeschraubt. Ein Beispiel giebt Fig. 596.

Zwischen die Gurtungs-Winkeleisen ist ein Knotenblech (10 mm) eingelegt, durch aufgelegte Bleche verstärkt, und dann sind vor Kopf 2 Winkeleisen (100 × 100 × 10 mm) angebracht, welche mit einem Gußstück verschraubt sind; zwischen Winkeleisen und Gußstück kommt eine Lage Kupferblech. Zur weiteren Verbindung des Gußstückes mit dem Binderende dienen je 2 Winkeleisen oben und unten, die, mit dem Binder vernietet, mit dem Gußstück verschraubt sind. Die beiden Gußstücke umfassen einen Stahlbolzen von 60 mm Durchmesser und 160 mm Länge, je zu etwa ein Drittel. In der Abbildung ist auch dargestellt, wie die in der Lotrechten des Scheitelgelenkes angebrachte Hängestange befestigt ist, ohne daß die Beweglichkeit leidet.

Fig. 599.

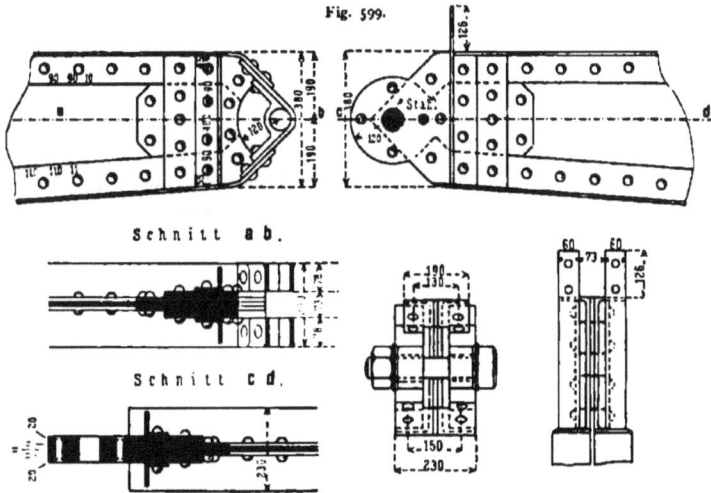

Schnitt a b.

Schnitt c d.

Vom Bahnhof Alexanderplatz der Berliner Stadteisenbahn [*]).
$^1/_{10}$ w. Gr.

Ähnlich ist die in Fig. 597 [***]) dargestellte Konstruktion vom Bahnhof zu Magdeburg.

Der Bogenbinder — ein Gitterbogen — ist 880 mm hoch; Knotenbleche, Winkeleisen, Gußstücke sind dem früheren entsprechend; der Scheitelbolzen ist aus Stahl, hat 45 mm Durchmesser und 100 mm Länge. Nach Beendigung der Aufstellung des Bogens verband man beide Bogenhälften durch zwei Laschen aus 8 mm starkem Blech, je eine auf der oberen, bezw. unteren Gurtung; dabei wurden die Laschennietlöcher genau denjenigen des Binders entsprechend gebohrt. Für die nachher auftretenden Belastungen (Wind, Schnee u. s. w.) wirkt der Bogen also eigentlich wie ein Zweigelenkbogen; nur die dem Eigengewicht entsprechenden Spannungen bestimmen sich aus dem Dreigelenkbogen. Auch hier hat man das Hängeeisen so befestigt, daß es eine Bewegung der Bogenhälften gegeneinander nicht behindert.

Beim Scheitelgelenk des Anhalter Bahnhofes zu Berlin (Fig. 598 [***]) sind beiderseits an das Knotenblech des Scheitels Gußstücke geschraubt, welche sich gegen den Gelenkbolzen lehnen.

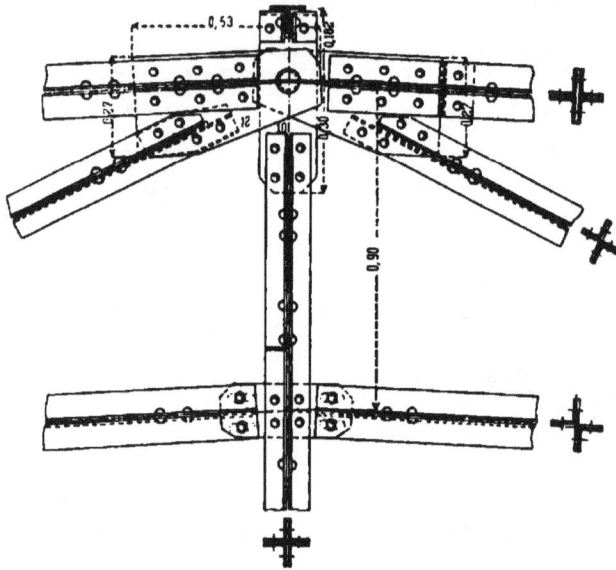

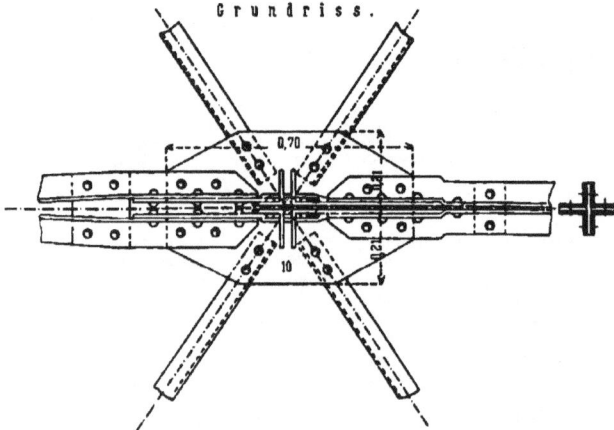

Fig. 600.

Ansicht.

Grundriss.

Von der Personenhalle auf dem Centralbahnhof zu Mainz[264]).

Fig. 601.

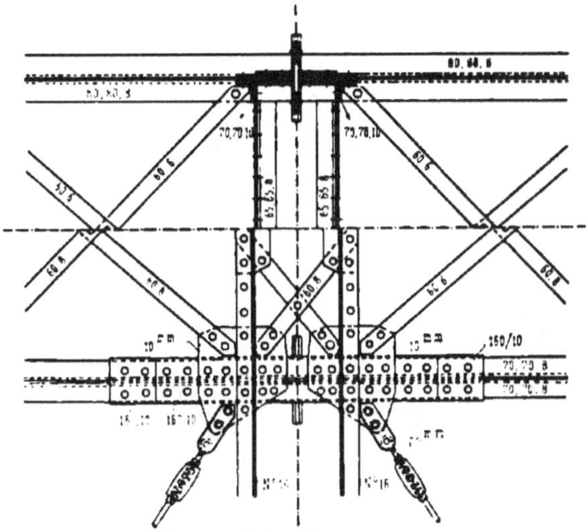

¹/₁₀₀ w. Gr.

Fig. 602.

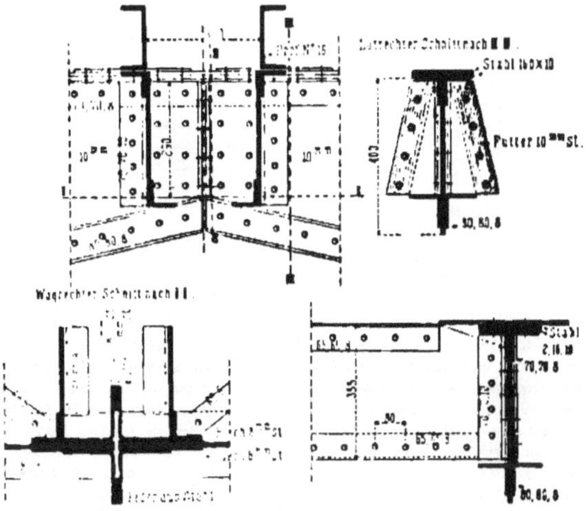

¹/₁₅ w. Gr.

Scheitelgelenk der Personenhallen auf dem Hauptbahnhof zu Frankfurt a. M.[366]).

³⁶⁶) Nach: Zeitschr. f. Bauw. 1891, S. 332.

Wenn die Scheitelkraft wenig von der Wagrechten abweicht, so ist die Konstruktion 1 zulässig; je mehr aber die Scheitelkraft sich der Lotrechten nähern kann, desto weniger empfehlenswert ist diese Konstruktion: die wirksame Druckfläche am Umfange des Gelenkbolzens ist für steile Scheitelkraft gering.

Die Konstruktion 2 hilft diesem Übelstande ab: die Scheitelkraft kann bei beliebiger Richtung sicher übertragen werden. Ein Beispiel zeigt Fig. 599 [261]).

Das Scheitelende der linken Hälfte ist gegabelt; dasjenige der rechten Hälfte bleibt in der lotrechten Mittelebene des Binders und ist in dieser genügend verstärkt; es paßt genau zwischen das gegabelte Ende der linken Hälfte und ist mit diesem durch einen 60 mm starken Stahlbolzen verbunden. Auf der rechten Hälfte ist die Blechwand durch 4 aufgenietete Bleche bis auf eine gesamte Dicke von 73 mm verstärkt; die vordere Begrenzung ist nach einem Kreisbogen von 120 mm Halbmesser gebildet; dieser Teil paßt genau in einen Hohlraum auf der linken Hälfte, der nach gleichem Halbmesser ausgeschnitten ist. Es scheint, daß auf eine Übertragung des Scheiteldruckes am Umfange dieser Cylinderfläche gerechnet ist, außerdem wohl auch auf eine solche durch den Bolzen. Auf der linken Seite sind Bänder aus Flacheisen auf die Gurtungswinkeleisen genietet, und diese Bänder umfassen den Bolzen außen und innen. Man kann hier mit Sicherheit darauf rechnen, daß jede Scheitelkraft, sie mag beliebige Richtung haben, übertragen werden kann.

Fig. 603.

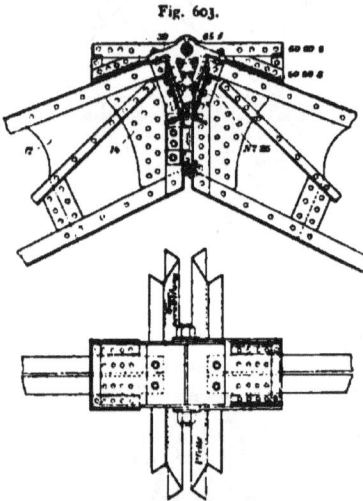

Scheitelgelenk der Markthalle zu Hannover [262]).
¹⁄₆ w. Gr.

Eine sehr klare Anordnung des Scheitelgelenkes nach 2 zeigt Fig. 600 [263]).

In der lotrechten Mittelebene des Bogenträgers liegt zunächst ein Knotenblech zum Anschluß des Pfostens; darüber greift ein doppeltes Knotenblech, an welchem der von rechts kommende Gurtungsstab befestigt ist. Diese 3 übereinander liegenden Bleche nehmen den Gelenkbolzen auf, auf welchen sich der von links kommende Gurtungsstab mittels zweier außerhalb liegender Knotenbleche setzt. Für den Windverband sind zwischen die wagrechten Schenkel der kreuzförmig angeordneten Gurtungswinkeleisen 10 mm starke Bleche eingelegt, wegen deren auf die Erläuterungen zu Fig. 569 u. 570 (S. 275) verwiesen wird. Die unteren Gurtungsstäbe sind an den Pfosten mittels länglicher Löcher und Schraubenbolzen beweglich angeschlossen.

Für die Konstruktion 3 bieten Fig. 601 u. 602 [264]) ein Beispiel, das Scheitelgelenk von der Halle des Hauptbahnhofes zu Frankfurt a. M.

Die wagrechten und lotrechten Seitenkräfte der Scheitelkraft werden gesondert übertragen. Für die wagrechte Seitenkraft sind auf die obere Gurtung zwei biegsame Stahlplatten von je 160 × 10 mm genietet, welche mit 2600 kg für 1 qcm meistbeansprucht werden; damit diese die für einen Bogenträger mit drei Gelenken erforderliche Winkeländerung gestatten, durften sie auf eine Länge von 11,5 cm nicht mit den Gurtungen vernietet werden. Für die Übertragung der lotrechten Seitenkraft hat man winkelförmig gestaltete Stahlbleche verwendet (vergl. den Grundriß in Fig. 601); die abstehenden Schenkel dieser Stahlbleche (8 mm stark) sind unter Einlage von Futterstücken miteinander vernietet, so daß durch die Niete die lotrechte Seitenkraft von einer Hälfte auf die andere übertragen werden kann. Die abstehenden Enden sind trapezförmig gestaltet, so daß die Stahlwinkel das Öffnen und Schließen der Scheitelfuge, also die erforderlichen Winkeländerungen gestatten. (Siehe auch Fig. 602.).

Bei der Markthalle zu Hannover (Fig. 603 [285]) werden ebenfalls lotrechte und wagrechte Seitenkräfte durch besondere Konstruktionsteile übertragen.

Ein Stahlbolzen von 65 mm Durchmesser wird in der Binderbreite von gußeisernen Lagerstücken umfaßt, welche an die Binderenden geschraubt sind. Über die vorstehenden Bolzenenden sind jederseits zwei Flacheisen mit runden Augen geschoben, von denen jedes mit einer Binderhälfte vernietet ist. Lotrechte Verschiebungen sollen durch gußeiserne Einsatzstücke verhindert werden, welche zwischen die lotrechten Binderflächen im Scheitel geschoben sind.

Besondere Schwierigkeiten bot die Konstruktion der Scheitelgelenke beim Bahnhof Friedrichsstrafse der Berliner Stadtbahn (Fig. 604 [286]).

Dieser Bahnhof liegt in einer scharfen Krümmung; das Hallendach wird von 16 Binderpaaren getragen, von denen jedes aus zwei Einzelbindern besteht. Man war bestrebt, für die gleichwertigen Teile der einzelnen Binder, Pfetten u. s. w. gleiche Abmessungen zu erhalten, um die Herstellungskosten zu vermindern. Die Achsen der zu einem Binderpaare gehörigen Bogenhälften liegen nicht in derselben lotrechten Ebene, sondern sie bilden im Grundriß einen von 180 Grad verschiedenen Winkel miteinander (Fig. 604). Die Entfernung der Fußpunkte ist bei sämtlichen Binderpaaren auf jeder Kämpferseite gleich groß, aber auf der einen (Nord-) Seite kleiner als auf der anderen (Süd-) Seite. Die bezüglichen Abstände sind 1,001 und 1,972 m. Die Felder zwischen je zwei Binderpaaren haben überall die gleiche Breite erhalten, was für die Herstellung der Pfetten und Zwischenkonstruktionen wichtig

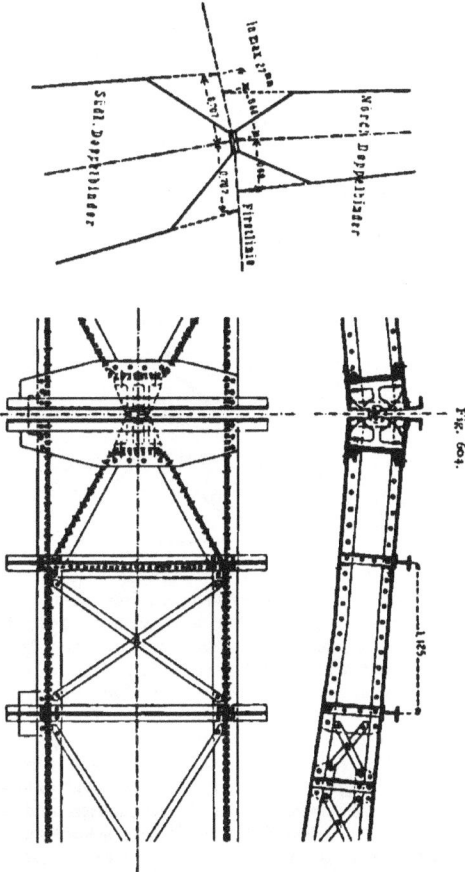

Fig. 604. Scheitelgelenk des Bahnhofes Friedrichsstrafse der Berliner Stadteisenbahn [287]. — ¹/₁₀ w. Gr.

war; die ganze Unregelmäßigkeit ist sonach zwischen die Einzelbinder gelegt. Die Einzelbinder stoßen infolge dieser Anordnung im Scheitel nicht genau aufeinander, wenn auch die Abweichung im ungünstigsten Falle nur 27 mm beträgt. Man gab deshalb nicht jedem Einzelbinder ein besonderes, sondern ordnete für jedes Binderpaar ein gemeinschaftliches Scheitelgelenk an. Dasselbe

[286] Nach: Die Bauwerke der Berliner Stadteisenbahn. Berlin 1886. — Zeitschr. f. Bauw. 1885, S. 490 u. ff.

liegt im Schnittpunkt der Achsen beider Binderpaarhälften und ist als Kugelgelenk ausgebildet, weil die Achsen der beiden Binderfußgelenke nicht genau gleich liegen (Fig. 604). Wegen ausführlicher Beschreibung und besonderer Einzelnheiten dieser sehr bemerkenswerten Konstruktion wird auf die unten angegebenen Quellen[366] verwiesen.

d) Dachbinder aus Holz und Eisen.

Als Dachbinder aus Holz und Eisen sollen solche Dachbinder bezeichnet werden, bei denen ein Teil der für die Konstruktion erforderlichen Stücke aus Holz, der andere Teil aus Eisen hergestellt ist. Diese Dachbinder wurden zuerst etwa um die Mitte des neunzehnten Jahrhunderts gebaut; sie ergaben sich aus dem Bedürfnis, weite Räume ohne mittlere Unterstützungen zu überdachen. Die vorher übliche alleinige Verwendung von Holz ergab sehr schwere Dächer; auch stieg der Preis des Holzes immer mehr, während derjenige des Eisens mit der Verbesserung der Herstellungsweise sank. Die Holzeisendächer bilden den Übergang vom reinen Holzdache zum reinen Eisendache. Sie haben an der Hand der vervollkommneten Theorie eine solche Ausbildung gewonnen, daß sie trotz der vorwiegenden Verwendung rein eiserner Dächer und neben denselben auch heute noch mit Nutzen ausgeführt werden und unter Umständen vor ganz eisernen Dächern den Vorzug verdienen.

Fig. 605.

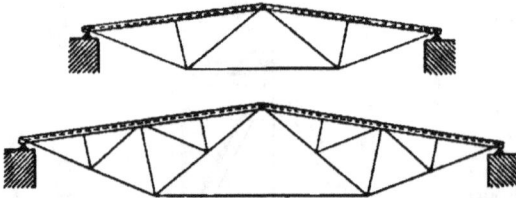

Bei diesen Dachbindern ist hauptsächlich in der Zuggurtung und in den auf Zug beanspruchten Gitterstäben das Holz durch Eisen ersetzt, da das Holz für Zugstäbe wenig geeignet ist; aber auch die gedrückten Gitterstäbe werden vielfach aus Eisen, meistens aus Gußeisen, gebildet; das Holz wird hauptsächlich für die oberen Gurtungsstäbe verwendet.

Die Herstellung der oberen Gurtung aus Holz bedingt eine möglichst einfache Form. Deshalb ist zweckmäßigerweise und nahezu ausschließlich die Form des Daches mit zwei ebenen Dachflächen gewählt worden. Im übrigen gilt hier alles in Art. 80 u. 81 (S. 102 u. 103) über die Anordnung von Balkendachbindern Gesagte: sie müssen geometrisch und sollten auch statisch bestimmt sein. Belastungen zwischen den Knotenpunkten sind zu vermeiden; die Stabachsen sollen sich jeweils in einem Punkte schneiden. Nicht unbeachtet sollte man auch das verschiedene elastische Verhalten des Eisens und des Holzes lassen. *Marloh* macht in einer sehr beachtenswerten Abhandlung[367] darauf aufmerksam, daß die aus Holz hergestellten oberen Gurtungen durch die angeschlossenen Spannwerksglieder keine einseitigen Spannungszunahmen erfahren sollten. Abgesehen davon, daß die Kräfte bei der geringen Abscherungsfestigkeit des Holzes in der Faserrichtung schlecht in die Holzgurtung überführt

[366] Siehe: Zeitschr. f. Bauw. 1892, S. 565.

werden, würden auch durch die stärkeren Längenänderungen einzelner Teile der Holzgurtung verschiedene Eisenstäbe entlastet, andere zu stark beansprucht. Deshalb solle das eiserne Spannwerk nur an den Enden der oberen Gurtungsstäbe (am Kopf und am Fuſs) eine in ihre Richtung fallende Seitenkraft haben, sonst aber nur senkrecht zu den oberen Gurtungsstäben wirken. Diesen Bedingungen entspreche der sog. englische Dachstuhl nicht, wohl aber der *Polonceau*- oder *Wiegmann*-Dachstuhl, sowohl der einfache, wie der doppelte, für welche *Marloh* die Formen in Fig. 605 vorschlägt. Aufser diesen letzteren schlägt *Marloh* einen Dreieckbinder vor, der ähnlich, wie der *Polonceau*-Binder, aus zwei verstärkten Trägern zusammengesetzt ist; die obere Gurtung jedes dieser Einzel-

Fig. 606.

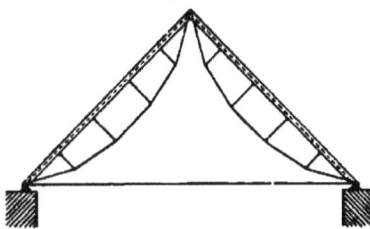

Fig. 607.

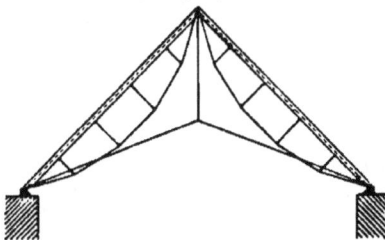

träger ist geradlinig und aus Holz, die untere Gurtung parabolisch und aus Eisen; einfache Pfosten übertragen den Druck aus den oberen Knotenpunkten in die untere Gurtung (Fig. 606 u. 607). Für Einzellasten und schwere (Laternen-) Aufbauten ist diese Binderform nicht geeignet; bei ungleichmäfsiger Belastung ist man wegen der fehlenden Schrägstäbe auf die Steifigkeit der oberen Gurtung angewiesen.

Marloh stellt an der angegebenen Stelle Untersuchungen an, unter welchen Bedingungen die rein eisernen Dächer, bezw. die Holzeisendächer mit Rücksicht auf die Kosten vorzuziehen seien. Die Ergebnisse sind die folgenden:

1) Bei flachen Dächern und kleinen Weiten (bei einer Dachneigung $\mathrm{tg}\,\alpha = \frac{1}{5}$ bis zu Weiten von etwa 15 ᵐ) sind rein eiserne Dächer vorteilhafter als Holzeisendächer, und zwar sowohl der einfache eiserne deutsche Dachstuhl, als der eiserne englische Dachstuhl und der eiserne *Polonceau*-Dachstuhl.

2) Bei gröfseren Weiten ist der einfache *Polonceau-* (oder *Wiegmann-*) Dachbinder mit Holzgurtung und eisernem Spannwerk der billigste Binder, an dessen Stelle jedoch der doppelte *Polonceau-*Dachstuhl treten mufs, wenn für eine gröfsere Zahl von Pfetten Stützpunkte zu schaffen sind.

3) Bei steilen Dächern mit tg α > 1 ist der Dreieckbinder mit oberer Holzgurtung und eisernem parabolischem Spannwerk (Fig. 606 u. 607) am vorteilhaftesten, wenn keine schweren Aufbauten auf das Dach zu setzen oder sonstige Einzellasten am Dache aufzuhängen sind; anderenfalls ist der einfache oder doppelte *Polonceau-*Dachstuhl mit Holzgurtung zu wählen.

4) *Polonceau-*Dachbinder sind stets mit möglichst grofsem Gurtungswinkel herzustellen, da mit kleiner werdendem Winkel die Gesamtkosten des Binders erheblich steigen. Bei den Dreieckbindern mit parabolischem Spannwerk ändern sich die Kosten mit der Änderung des Pfeilverhältnisses der Parabel, solange dasselbe zwischen $^1/_8$ bis $^1/_{10}$ bleibt, nicht erheblich.

Gegenüber den früher besprochenen, rein eisernen Dächern treten Besonderheiten hier nur an denjenigen Stellen auf, an denen Holz verwendet ist und an denen Holzteile und Eisenteile miteinander zu verbinden sind, also nur an der gedrückten Gurtung, an den gedrückten Gitterstäben und an den betreffenden Knotenpunkten.

221. Konstruktion.

1) Obere oder Strebengurtung.

Wenn die Pfetten nur in den Knotenpunkten der oberen Gurtung angeordnet sind, was stets empfehlenswert ist, so werden die Stäbe der letzteren nur auf Druck in der Richtung ihrer Achse beansprucht.

222. Pfetten nur in den Knotenpunkten.

Die Querschnittsform ist rechteckig, zweckmäfsig quadratisch; je nach Bedarf ordnet man einen oder zwei nebeneinander liegende, gehörig in Verbindung gebrachte Hölzer an (Fig. 609). Die Querschnittsgröfse ist derart zu bestimmen, dafs der Stab genügende Sicherheit sowohl gegen einfachen Druck, wie gegen Zerknicken bietet. Nennt man die gröfste, ungünstigstenfalls im Stabe auftretende Kraft *P* (in Tonnen), die Querschnittsfläche *F*, die Stablänge, welche für Zerknicken in Frage kommt, λ und die zulässige Druckbeanspruchung für das Quadr.-Centim. *K*, so mufs nach Teil I, Bd. 1, zweite Hälfte (Art. 341, S. 304 **[**°°**]**) dieses »Handbuches« der Querschnitt so bestimmt werden, dafs stattfindet:

$$F \geqq \frac{P}{K} \quad \text{und} \quad \mathcal{J}_{min} \geqq 83 \, P \lambda_m{}^2 \quad \ldots \ldots \quad 34.$$

Mit Rücksicht auf Zerknicken ist die quadratische Querschnittsform die günstigste, wenn Ausbiegen nach allen Richtungen möglich ist. Man bestimmt nun am besten zunächst die Querschnittsgröfse *F* nach der ersten Gleichung, wählt die Abmessungen des Querschnittes *b* und *h* nach praktischen Rücksichten und untersucht, ob der gewählte Querschnitt ein genügend grofses Trägheitsmoment $\mathcal{J}_{min}$ hat, so dafs die zweite Gleichung erfüllt ist. Wenn dies nicht der Fall ist, so verstärkt man den Querschnitt entsprechend.

Beispiel Es sei *P* = 18 000 kg, *K* = 80 kg für 1 qcm und λ = 2,2 m; alsdann mufs

$$F \geqq \frac{18\,000}{80}, \quad F > 225 \text{ qcm} \quad \text{und} \quad \mathcal{J}_{min} \geqq 83 \cdot 18 \cdot 2,2^2, \quad \mathcal{J}_{min} > 7231$$

sein. Würde man einen quadratischen Querschnitt wählen, also *b* = *h*, so müfste nach der ersten Beziehung wenigstens

$$b^2 = 225 \text{ cm}^2 \quad \text{und} \quad b = 15 \text{ cm}$$

°°) 2. Aufl.: Art. 137, S. 116. — 3. Aufl.: Art. 141, S. 131.

sein; alsdann wäre $J_{min} = \frac{b^4}{12} = 4219$; dies genügt nach der zweiten Bedingung nicht; nach dieser

muß $J_{min} = \frac{b^4}{12} = 7231$ sein, woraus $b = 17{,}3^{cm}$ folgt. Der Querschnitt müßte also wenigstens ein

Quadrat von $\sim 18^{cm}$ Seitenlänge sein; alsdann wäre $F = b^2 = 324$ qcm.

Wollte man einen rechteckigen Querschnitt mit $b = 16^{cm}$ wählen, so wäre die Bedingungs-

gleichung, weil $J_{min} = \frac{h\,b^3}{12}$ ist,

$$\frac{h\,b^3}{12} = 7231,$$

woraus mit $b = 16^{cm}$

$$h = \frac{12 \cdot 7231}{16^3} = 21{,}3^{cm} = \sim 22^{cm}$$

folgt; alsdann würde

$$b\,h = 16 \cdot 22 = 352 \text{ qcm}.$$

Wie aus diesem Beispiel ersichtlich ist, ist die Rücksicht auf Zerknicken für die Querschnittsbestimmung von grofser Wichtigkeit. Schwierig ist die Entscheidung der Frage, welche Länge λ als Berechnungslänge eingeführt werden soll. Die Formel

$$J_{min} = 83\,P\lambda^2,$$

worin P in Tonnen und λ in Met. einzuführen ist, setzt für die Länge λ frei drehbare Enden in den Knotenpunkten voraus, eine Voraussetzung, welche hier nicht erfüllt ist. Eher scheint die im ebengenannten Heft (Art. 336, S. 299 [***]) dieses »Handbuches« ebenfalls behandelte beiderseitige Einspannung des Stabes zu stimmen; die Voraussetzung dieser Einspannung würde dazu führen, dafs man dem Stabe eine 4 mal so grofse Kraft P zumuten dürfte, als nach obiger Formel; der Querschnitt brauchte dann nur ein J_{min} zu haben, das ein Viertel des früheren beträgt. Diese Annahme ist aber zu günstig, insbesondere mit Rücksicht darauf, dafs die Knotenpunkte nicht als feste Punkte angesehen werden können; die Pfetten verhindern das Ausbiegen aus der Ebene des Binders nicht unter allen Umständen. Es empfiehlt sich deshalb, die oben angeführte Formel 34 anzuwenden. Diese Berechnungsweise kann auch gewählt werden, wenn es sich um Holzdiagonalen handelt, deren Enden in gufseisernen Schuhen sitzen.

313.
Pfetten
auch zwischen
den Knoten-
punkten. Wenn Pfetten, also Lastpunkte, auch zwischen den Knotenpunkten der oberen Gurtung angeordnet sind, so mufs der betreffende obere Gurtungsstab zugleich als Balken wirken, um die Lasten dieser Zwischenpfetten auf die Knotenpunkte zu übertragen; er erleidet durch diese Lasten Biegungsbeanspruchungen, welche zu denjenigen hinzukommen, die er als Fachwerkstab erleidet. Die gröfste, ungünstigstenfalls im Querschnitt stattfindende Spannung darf die zulässige Beanspruchung nicht überschreiten. Nennt man das gröfste durch die Lasten der Zwischenpfetten erzeugte Moment M und die gröfste Axialkraft P, so ist

$$\sigma_{min} = -\frac{P}{F} - \frac{6\,M}{b\,h^2} \quad \text{(gröfster Druck im Querschnitt)},$$

$$\sigma_{max} = -\frac{P}{F} + \frac{6\,M}{b\,h^2} \quad \text{(gröfster Zug im Querschnitt)}.$$

Da der Gurtungsstab durchweg gleichen Querschnitt erhält, so ist derjenige Querschnitt zu Grunde zu legen, für welchen M seinen Gröfstwert hat. Man kann bei dieser Rechnung davon absehen, dafs die Hölzer über den Fachwerkknoten durchlaufen und kann die einzelnen Stäbe als frei aufliegende Balken

***) 2. Aufl.: Art. 121, S. 101. — 3. Aufl.: Art. 137, S. 127.

ansehen. Wenn $-K$ die zulässige Druckbeanspruchung ist, so lautet nunmehr die Bedingungsgleichung für den Querschnitt:

$$K = \frac{P}{F} + \frac{6\,M}{h\,F}.$$

Man nehme zunächst $F (= b\,h)$ an, ermittele aus der eben vorgeführten Gleichung h und prüfe, ob die für b und h sich ergebenden Werte angemessene sind; anderenfalls verbessere man durch Annahme eines neuen Wertes für F.

Beispiel. In einem Stabe der oberen Gurtung eines Dachbinders herrscht infolge seiner Zugehörigkeit zum Fachwerk ein größter Druck $P = 14600^{kg}$. In der Mitte seiner Länge, die (in der Dachschräge gemessen) 4,50 m beträgt, befindet sich eine Pfette, auf welche ungünstigenfalls ein Winddruck $W = 700^{kg}$, sowie eine lotrechte Last von Schnee und Eigengewicht $G_1 + S = 1000^{kg}$ wirken; die Abmessungen des oberen Gurtungsstabes sind zu bestimmen. Es ist $\cos \alpha = 0{,}895$ und $\sin \alpha = 0{,}447$.

Die Kraft $G_1 + S$ zerlegt sich zunächst in eine Seitenkraft senkrecht zur Dachschräge gleich $(G_1 + S) \cos \alpha = 895^{kg}$ und eine in die Achse fallende Kraft $(G_1 + S) \sin \alpha = 447^{kg}$. Auf den Balken wirkt also senkrecht zu seiner Achse und in seiner Mitte ungünstigenfalls die Kraft $700 + 895 = 1595^{kg}$, wofür abgerundet 1600^{kg} gesetzt wird. Das größte hierdurch erzeugte Moment ist $M = 800 \cdot 225 = 180000$ Kilogr.-Centim.

Die größte Axialkraft beträgt $14500 + 447 = 14947^{kg}$, wofür abgerundet $P = 15000^{kg}$ gesetzt wird. Nun sei die zulässige Beanspruchung $K = 100^{kg}$ für 1^{qcm}; alsdann lautet die Bedingungsgleichung für den Querschnitt:

$$100 = \frac{15000}{F} + \frac{180000 \cdot 6}{F\,h}.$$

Nimmt man versuchsweise $F = 300^{qcm}$ an, so ergiebt sich $h = 72^{cm}$, ein unbrauchbarer Wert. Wählt man $F = 400^{qcm}$, so wird $h = 43^{cm}$, ebenfalls nicht brauchbar. Wählt man $F = 500^{qcm}$, so wird $h = 31^{cm}$, und da $b\,h = 500$ sein soll, $b = \frac{500}{31} \ldots \approx 17^{cm}$. Sonach würde ein Querschnitt von 17×31^{cm} genügen.

214.
Genauere
Berechnung.

Die vorstehende Berechnung ist eine Annäherungsrechnung, welche allerdings in den meisten Fällen genügen dürfte.

Fig. 608.

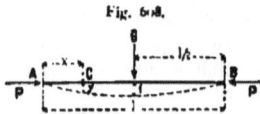

Immerhin ist zu beachten, daß durch die normale Last G eine elastische Durchbiegung auftritt, welche das Moment M vergrößert und wegen der Axialkraft P auch auf die Sicherheit gegen Zerknicken nicht ohne Einfluß ist. Die genauere Untersuchung soll für den Fall geführt werden, daß der Balken in der Mitte mit einer Last G belastet ist und außerdem die Axialkraft P zu ertragen hat; dabei sollen die Abmessungen des Balkens ermittelt werden. Der bequemeren Behandlung wegen ist in Fig. 608 die Balkenachse wagrecht gezeichnet.

Der Anfangspunkt der Koordinaten liege in A und die Durchbiegung im Punkte C mit der Abscisse x sei y; alsdann ist in C

$$M_r = -\frac{G}{2}\,x - P y = -P\left(y + \frac{G}{2P}\,x\right).$$

Die Gleichung der elastischen Linie [170]) lautet:

$$\frac{d^2 y}{d x^2} = -\frac{P}{E\mathcal{J}}\left(y + \frac{G}{2P}\,x\right),$$

und, wenn abkürzungsweise $\dfrac{P}{E\mathcal{J}} = a^2$ gesetzt wird,

$$\frac{d^2 y}{d x^2} = -a^2\left(y + \frac{G}{2P}\,x\right).$$

[170]) Diese Gleichung gilt zunächst nur bis zur Balkenmitte. Da aber die Kurve symmetrisch zur Mitte verläuft, so genügt die Untersuchung bis zur Mitte.

Setzt man $\dfrac{G}{2P} = \beta$, so ist

$$\frac{d^2 y}{d x^2} = -a^2\,(y + \beta\,x)\,.$$

Es sei $\dfrac{d^2 y}{d x^2} = z$; alsdann lautet die letzte Gleichung:

$$z = -a^2\,(y + \beta\,x),\ \text{ also }\ \frac{dz}{dx} = -a^2\left(\frac{dy}{dx} + \beta\right)$$

und

$$\frac{d^2 z}{d x^2} = -a^2\left(\frac{d^2 y}{d x^2}\right) = -a^2 z,$$

woraus folgt

$$z = A \sin a\,x + B \cos a\,x,$$
$$-a^2\,(y + \beta x) = A \sin a\,x + B \cos a\,x,$$

und

$$-a^2\left(\frac{dy}{dx} + \beta\right) = A\,a\,\cos a\,x - B\,a\,\sin \alpha\,x.$$

Für $x = 0$ ist $y = 0$, also $B = 0$; für $x = \dfrac{l}{2}$ ist $\dfrac{dy}{dx} = 0$; mithin

$$-a^2\beta = A\,a\,\cos\left(\frac{a\,l}{2}\right),\ \text{ woraus }\ A = -\ \frac{a\,\beta}{\cos\left(\dfrac{a\,l}{2}\right)}\ \text{ folgt.}$$

Die Gleichung der elastischen Linie heißt hiernach

$$+ a^2\,(y + \beta x) = +\ \frac{a\,\beta}{\cos\left(\dfrac{a\,l}{2}\right)}\ \sin a\,x\,.$$

Für $x = \dfrac{l}{2}$ ist $y = f$, d. h.

$$+ a^2\left(f + \beta\,\frac{l}{2}\right) = +\,a\,\beta\,\mathrm{tg}\left(\frac{a\,l}{2}\right)\ \text{ oder }\ a\left(f + \beta\,\frac{l}{2}\right) = \beta\,\mathrm{tg}\left(\frac{a\,l}{2}\right);$$

somit

$$f = \beta\left(\frac{1}{a}\,\mathrm{tg}\,\frac{a\,l}{2} - \frac{l}{2}\right) \quad \ldots \ldots \ldots \ldots \text{ 35.}$$

Das größte Moment findet in der Balkenmitte statt und hat (ohne Rücksicht auf das Vorzeichen) den Wert

$$M_{mitte} = Pf + \frac{G}{2}\,\frac{l}{2} = P\left(f + \frac{G}{2P}\,\frac{l}{2}\right) = P\left(f + \beta\,\frac{l}{2}\right).$$

Mit dem soeben gefundenen Werte für f erhält man

$$M_{mitte} = P\beta\left(\frac{1}{a}\,\mathrm{tg}\,\frac{a\,l}{2} - \frac{l}{2} + \frac{l}{2}\right) = \frac{P\beta}{a}\,\mathrm{tg}\,\frac{a\,l}{2} = \frac{P}{2a}\,\frac{G}{P}\,\mathrm{tg}\left(\frac{a\,l}{2}\right),$$

$$M_{mitte} = \frac{G}{2a}\,\mathrm{tg}\left(\frac{a\,l}{2}\right) \quad \ldots \ldots \ldots \ldots \text{ 36.}$$

Die größte im meist gefährdeten Querschnitt stattfindende Beanspruchung ist demnach

$$\sigma_{max} = \frac{P}{F} + \frac{6\,M}{b\,h^2} = \frac{P}{F} + \frac{6\,G}{2\,a\,b\,h^2}\,\mathrm{tg}\left(\frac{a\,l}{2}\right).$$

Die Bedingungsgleichung für den Querschnitt ist somit

$$K = \frac{P}{bh} + \frac{6}{bh^2}\frac{G}{2a}\operatorname{tg}\left(\frac{al}{2}\right)\Bigg\}$$
$$K = \frac{P}{F} + \frac{6}{Fh}\frac{G}{2a}\operatorname{tg}\left(\frac{al}{2}\right)\Bigg\} \qquad \cdots \cdots \cdot 37.$$

Man wird zweckmäßig zuerst M_{mitt} bestimmen und dann $F = bh$ annehmen, aus der Gleichung 37 die Querschnittsabmessung h (wie oben) ermitteln und sehen, ob die Werte für b und h angemessen sind; anderenfalls verbessere man durch Annahme eines neuen Wertes für F.

Beispiel. Es sei $P = 15000$ kg, $G = 1600$ kg und $l = 450$ cm, demnach mit den vorstehend gebrauchten Bezeichnungen $a^2 = \dfrac{P}{E\,y} = \dfrac{15000}{120000\,\mathcal{J}} = \dfrac{1}{8\,\mathcal{J}}$.

Um a bestimmen zu können, muß man $\mathcal{J}$, also auch der Querschnitt, vorläufig annehmen. Mit $b = 24$ cm und $h = 30$ cm ist

$$\mathcal{J} = \frac{bh^3}{12} = 54000, \quad a^2 = \frac{1}{432000}, \quad a = \frac{1}{658}, \quad al = \frac{450}{658} = 0,683 \text{ und } \frac{al}{2} = 0,3415.$$

Der zugehörige Winkel a beträgt $19°37'$, also $\operatorname{tg}\dfrac{al}{2} = 0,356$ und

$$M_{mitt} = \frac{G}{2a}\operatorname{tg}\left(\frac{al}{2}\right) = \frac{1600}{2}\,658 \cdot 0,356 = 187200 \text{ kgcm}.$$

Ferner ist $\beta = \dfrac{G}{2\,e} = \dfrac{800}{15000} = 0,053$ und

$$f = \beta\left(\frac{1}{a}\operatorname{tg}\frac{al}{2} - \frac{l}{2}\right) = 0,053\,(658 \cdot 0,356 - 225) = 0,477 \text{ cm} = \sim 0,5 \text{ cm} = 5 \text{ mm}.$$

Nunmehr lautet die Bedingungsgleichung für die Querschnittsbildung

$$K = \frac{15000}{F} + \frac{6}{Fh}\left[\frac{G}{2a}\operatorname{tg}\left(\frac{al}{2}\right)\right] = \frac{15000}{F} + \frac{6}{Fh}\,187200.$$

Mit $h = 30$ cm und $K = 100$ kg für 1 qcm wird

$$F = \frac{15000}{100} + \frac{6}{100 \cdot 30}\,187200 = 150 + 374 = 524 \text{ qcm}$$

und

$$b = \frac{F}{h} = \frac{524}{30} = 17,5 = \sim 18 \text{ cm}.$$

Der Querschnitt 18×30 cm kann nicht sofort gewählt werden, weil er unter der Annahme eines Querschnittes von 24×30 cm zur Ermittelung von a gefunden ist; man sieht aber, daß der zuerst angenommene Querschnitt verringert werden kann. Nimmt man ein zweites Mal $b = 20$ cm und $h = 30$ cm an, so wird

$$\mathcal{J} = 45000, \quad a^2 = \frac{1}{360000}, \quad a = \frac{1}{600}, \quad al = 0,75 \text{ und } \frac{al}{2} = 0,375,$$

$a = 21°30'$ und $\operatorname{tg}\dfrac{al}{2} = 0,394$; sonach

$$M_{mitt} = \frac{1600 \cdot 600}{2}\,0,394 = 189120 \text{ kgcm}, \quad \beta = 0,053 \text{ und } f = 0,053\,(600 \cdot 0,394 - 225) = 0,8 \text{ cm} = 6 \text{ mm};$$

$$F = \frac{15000}{100} + \frac{6}{100 \cdot 30}\,189120 = 150 + 378 = 528 \text{ qcm} \text{ und } b = \frac{528}{30} = \sim 18 \text{ cm}.$$

Der Querschnitt 20×30 cm genügt also jedenfalls.

2) Auf Druck beanspruchte Gitterstäbe; Knotenpunkte.

Die auf Druck beanspruchten Gitterstäbe werden aus Holz, Gußeisen oder Schweiß-, bezw. Flußeisen hergestellt. Holz erhält rechteckigen (bezw. quadratischen) Querschnitt und Gußeisen kreis- oder kreuzförmigen Querschnitt (Fig. 609); auch setzt man wohl an den Kreisquerschnitt Kreuzarme. Bei den aus Gußeisen hergestellten Stäben kann man den Querschnitt auch leicht nach der Stabmitte hin vergrößern, wodurch man größere Sicherheit gegen Zerknicken er-

225.
Druckstäbe.

310

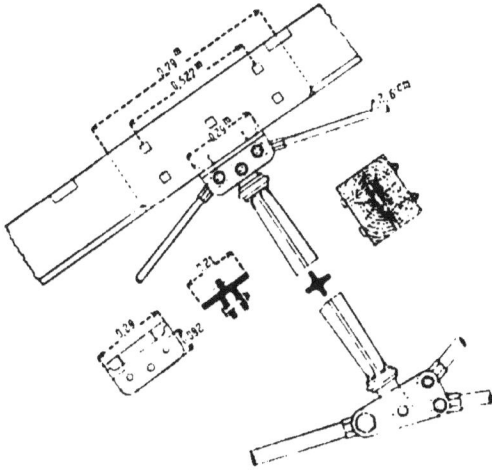

Fig. 609.

Von
der Central-
markthalle
zu
Wien[171].

¹/₂₀ w. Gr.

Fig. 610[170].

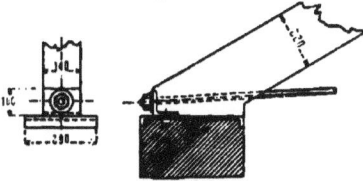

¹/₂₀ w. Gr.

Fig. 611[170].

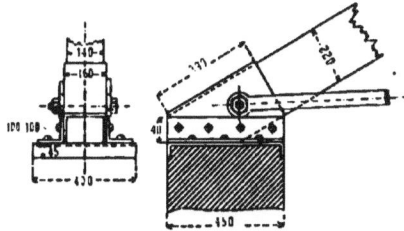

¹/₂₀ w. Gr.

Fig. 612[170].

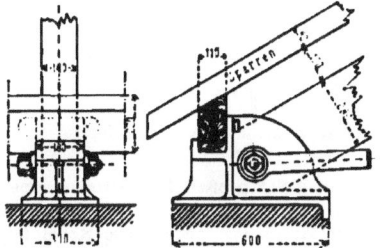

¹/₂₀ w. Gr.

[171] Nach: Wist, a. a. O., Band I, Bl. 74, 25.
[170] Nach: Nouv. annales de la constr. 1884, Pl. 38, 30.

hält. Von den Gitterstäben aus Schweifs- und Flufseisen gilt das in Art. 176 bis 178 (S. 247) Gesagte. Bei der Berechnung des Querschnittes ist Rücksicht auf Zerknicken zu nehmen; die Stabenden können dabei als drehbar angenommen werden. Wenn der Querschnitt zwei rechtwinkelig zu einander

Fig. 613.

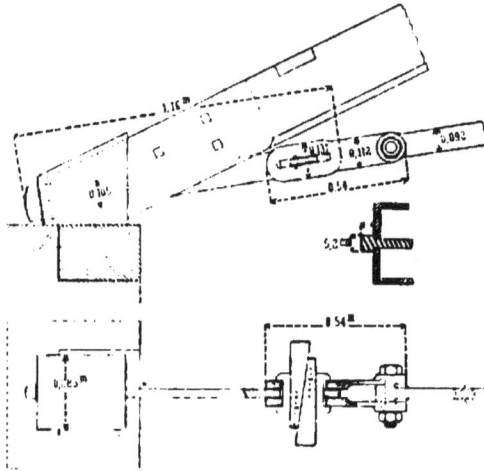

Fig. 614.

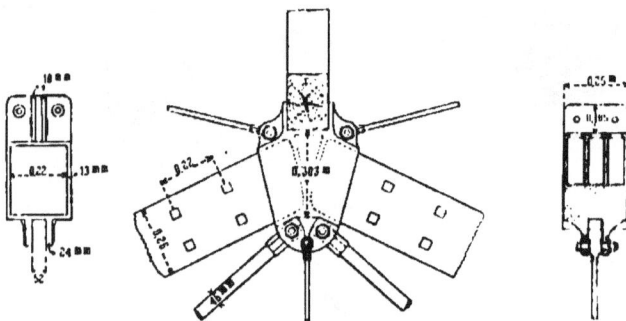

Von der Centralmarkthalle zu Wien[211].
1/100 w. Gr.

stehende Symmetrieachsen mit gleich grofsen Trägheitsmomenten hat, so sind alle Trägheitsmomente gleich grofs, und die Querschnittsform ist die günstigste.

Die allgemeine, in Art. 182 (S. 252) angegebene Regel für die Bildung der Knotenpunkte ist auch hier zu beachten, d. h. die Achsen der an einem Knotenpunkte zusammentreffenden Stäbe sollen einander möglichst in einem Punkte schneiden.

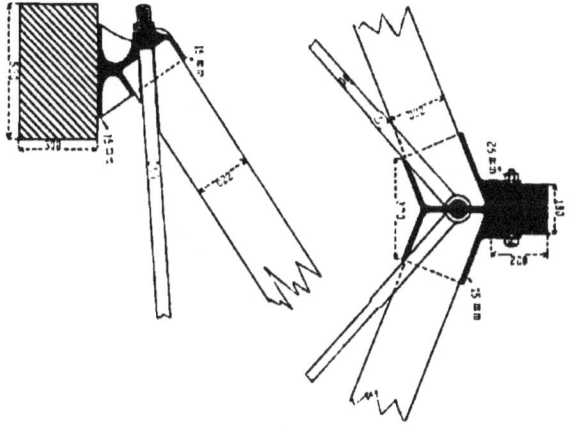

Fig. 619.

$l_n = Gr.$

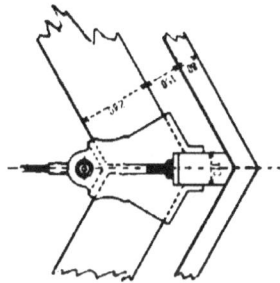

Fig. 616.

$l_n = Gr.$

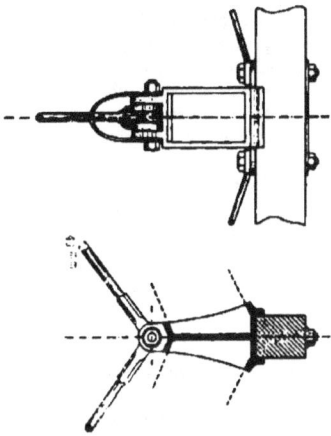

Fig. 617.

$l_n = Gr.$

Von einem Lokomotivschuppen der Berlin-Hamburger Eisenbahn.

313

Die Verbindung von Holz und Eisen wird fast ausschliefslich mit Hilfe gufseiserner oder aus Blech zusammengenieteter Schuhe vorgenommen; dabei ist zu beachten, dafs nicht etwa die anschliefsenden Zugbänder einzelne Teile der Gufseisenschuhe auf Abbrechen in Anspruch nehmen dürfen.

Fig. 609 bis 617 führen eine Anzahl gut konstruierter Knotenpunkte vor. Fig. 609[171]) zeigt einen Zwischenknotenpunkt, bei welchem sich allerdings die Achsen der Zugbänder nicht auf der Achse des oberen Gurtungsstabes schneiden. Fig. 610 bis 613[171]) geben Auflager-Knotenpunkte. Bei Fig. 610 ist ein Schuh überhaupt nicht verwendet; der untere als Rundeisen konstruierte Gurtungsstab ist durch das Ende des oberen Holzgurtungsstabes gesteckt. Fig. 611 zeigt einen aus Blech zusammengenieteten Schuh. In Fig. 612, 613 u. 615 (unterer Teil[172]) sind gufseiserne Schuhe verwendet. In Fig. 614 bis 617 sind endlich Firstknotenpunkte dargestellt, welche nach dem Vorstehenden ohne weitere Erläuterung verständlich sein dürften.

Einige weitere Knotenpunkte für Holzeisendächer folgen im nächsten Kapitel.

---

30. Kapitel.
'Eiserne Turmdächer.

Eiserne Turmdächer haben vor den massiven, aus Haussteinen oder aus Ziegeln hergestellten Turmspitzen den Vorteil geringeren Gewichtes; sie belasten also das Mauerwerk und den Baugrund wesentlich weniger als jene. Gegenüber den Holztürmen haben sie folgende Vorteile: der Aufbau ist leichter und für die Werkleute weniger gefährlich; man kann die einzelnen Teile kürzer und handlicher bemessen als die entsprechenden Holzstücke, weil die Verbindungsfähigkeit durch Vernietung eine vorzügliche ist; die Verbindungen selbst sind besser als beim Holzbau; die Feuersgefahr ist geringer als bei den Holztürmen. Endlich kann man den oberen Teil des Helmes, etwa das obere Drittel, im Inneren des unteren Turmteiles zusammenbauen und darauf im ganzen heben; dadurch wird das Einrüsten der Spitze vermieden und der sonst überaus gefährliche Aufbau der Spitze zu einer verhältnismäfsig gefahrlosen Arbeit gemacht.

Die eisernen Turmhelme werden mit dem Turmmauerwerk verankert.

Die Gesamtanordnung der eisernen Turmdächer ist bereits in Kap. 28 behandelt; insbesondere sind an jener Stelle die statischen Verhältnisse und die theoretischen Grundlagen für die Konstruktion besprochen. Einige ergänzende Bemerkungen sollen noch angefügt werden.

a) Vierseitige Turmpyramiden.

Der Aufbau erfolgt genau wie in Art. 129 (S. 170) für den Holzturm angegeben und in Fig. 388 dargestellt ist. Nur sind hier die Ecksäulen, Ringe und Diagonalen aus Eisen.

Die vier Auflager können nach Fig. 372 (S. 155) angeordnet werden. Dabei ist ein Auflagerpunkt (A) fest mit dem Mauerwerk verbunden; ein Auflager D ist in der wagrechten Auflagerebene beweglich, während die beiden anderen Auflager B und C in geraden Linien geführt sind, welche nicht senkrecht zur Verbindungslinie des betreffenden Auflagers mit dem festen Auflager A sein dürfen. Der Deutlichkeit halber ist diese Auflagerung hier wiederholt angegeben (Fig. 618). Eine weitere brauchbare Lagerung ist in Fig. 619 vorgeführt.

227. Allgemeines.

228. Aufbau.

229. Lagerung.

---
[171] Nach: Deutsches Bauhandbuch, Bd. II, Halbbd. 1. Berlin 1880. S. 170.
[172] Nach: Zeitschr. f. Bauw. 1862, Bl. 65.

Bei derselben sind alle Lager beweglich und in Geraden geführt, welche rechtwinkelig zu den Verbindungslinien des betreffenden Punktes mit dem vorhergehenden oder folgenden Punkte stehen. In Fig. 619 ist *A* in einer Linie *A D*, *B* in einer Linie *A B*, *C* in einer Linie *B C* und *D* in einer Linie *C D* geführt. Auf diese Führung hat *Müller-Breslau* in der unten genannten Zeitschrift hingewiesen[20]).

Fig. 618.

Fig. 619.

Nicht brauchbar sind die Auflager, wenn alle Eckpunkte des Grundquadrats in Linien geführt werden, welche mit den Seiten des Quadrats Winkel von 45 Grad machen (Fig. 620). Es ist eine — sehr kleine — Drehung um die lotrechte Mittelachse möglich.

Ebenfalls nicht brauchbar ist die

Fig. 620.

Fig. 621.

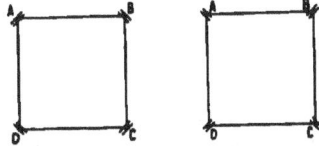

Fehlerhafte Lagerungen.

Lagerung nach Fig. 621, bei welcher die Führungslinien der Auflager sich im Mittelpunkt des Quadrats schneiden.

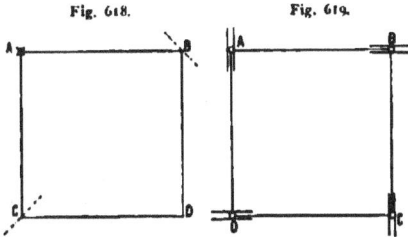

b) Achtseitige Turmpyramiden.

α) Turmflechtwerk mit Sparren unter den Graten, umlaufenden Ringen und Diagonalen in den trapezförmigen Seitenfeldern nach Fig. 378 (S. 168). Die Auflager liegen alle in gleicher Höhe; die Diagonalen werden zweckmäßig in jedem Felde als gekreuzte hergestellt.

β) Achtseitige Turmpyramide mit vier Lagerpunkten, während vier Gratsparren sich auf Giebelspitzen setzen. Die Anordnung ist in Fig. 387 (S. 160) dargestellt. In der Höhe der Giebelspitzen sind in den achteckigen Ring die Stäbe *9, 10, 11, 12* einzufügen (Fig. 380, S. 162); es wird empfohlen, auch Stab $b_3 b_4$ hinzuzufügen und an einer Seite beweglich zu befestigen. Der wagrechte Schnitt in der Höhe der Giebelspitzen ist dann wie in Fig. 622 angegeben ist.

γ) Achtseitige Turmpyramide mit Gratsparren auf Giebeldreiecken. Diese Anordnung ist in Fig. 403 (S. 180) vorgeführt. In der Höhe der Giebelspitzen muß das Achteck versteift werden. Eine solche Versteifung zeigt Fig. 623. Der Querstab *25* ist nötig; einer der 8 Stäbe des achteckigen

Fig. 622.

Fig. 623.

230. Aufbau.

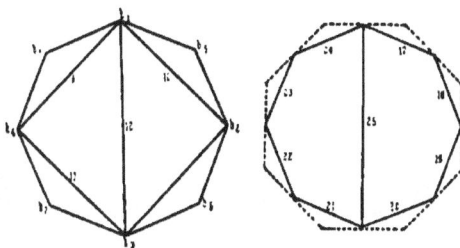

[20]) Centralbl. d. Bauverw. 1892, S. 203.

Fig. 624.

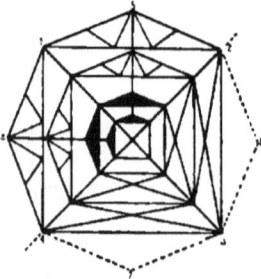

Ringes ist überzählig, sollte aber zweckmäßigerweise nicht fehlen.

b) Empfehlenswert ist folgende Anordnung, welche sich an eine im Mittelalter vorkommende Turmkonstruktion (siehe Fig. 396 bis 398, S. 176) anlehnt. Eine innere, vierseitige Turmpyramide wird durch die achtseitige umhüllt. Die innere Pyramide (Hälfte rechts unten in Fig. 624) hat Grate, Ringe, Diagonalen wie in Art. 228 angegeben ist. Die achtseitige äußere Pyramide besteht aus den vier Gratsparren der inneren Pyramide (Hälfte links oben in Fig. 624) und den zwischen diesen angeordneten vier weiteren Gratsparren und Ringen. Dieses äußere achtseitige Turmfachwerk dient zum Tragen des Eigengewichtes; es reicht nicht bis zur Spitze, ist also statisch bestimmt. Die Winddrücke sollen nur von der inneren Pyramide aufgenommen werden; sie werden von den Zwischengratsparren durch wagrechte Träger auf die vier Hauptgratsparren übertragen. Diese wagrechten Träger werden aus den Ringen der inneren und äußeren Pyramide gebildet, indem man sie durch Gitterwerk miteinander verbindet. — In Fig 624 sind 1, 2, 3, 4 die Hauptgratsparren, d. h. die Gratsparren der inneren vierseitigen Turmpyramide; 5, 6, 7, 8 sind die Zwischengratsparren. Die Winddrücke von 5, 6, 7, 8 werden durch die angedeuteten Träger nach den Hauptgratsparren gebracht. Im obersten Teile des Turmes sind nur noch die vier Hauptgratsparren vorhanden; die achtseitige Form des Turmes wird hier durch Auffüttern von Hölzern auf die Ringe erreicht. — Die statischen Verhältnisse dieser Konstruktion sind außerordentlich klar.

Vier Auflagerpunkte werden fest, die zwischen je zwei festen Lagern liegenden Auflagerpunkte mit in der wagrechten Auflagerebene verschieblichen Lagern versehen. Jedes bewegliche Lager ist mit den benachbarten beiden festen Lagern durch Stäbe zu verbinden, d. h. es ist ein Fußring erforderlich.

Eine andere, brauchbare Lagerung ist in Fig. 625 dargestellt. Alle Lager A, B . . . . H sind beweglich, werden aber in Geraden geführt, die rechtwinkelig zu den Verbindungsseiten HA, AB . . . stehen. Auf diese Stützung hat Müller-Breslau an der oben angegebenen Stelle aufmerksam gemacht.

330. Lagerung.

Fig. 625.   Fig. 626.

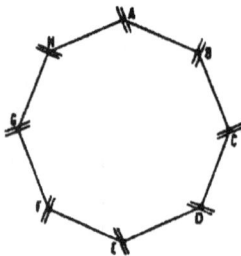 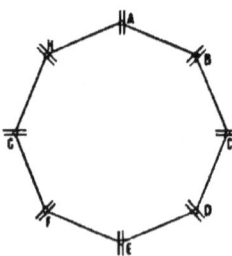

Fehlerhafte Lagerung.

Unbrauchbar ist, entsprechend wie beim vierseitigen Turm, die Lagerung, bei welcher die Eckpunkte in Linien geführt sind, die den Grundkreis berühren, sowie diejenige Lagerung, bei welcher die Führungslinien der Auflager durch den Mittelpunkt des Achteckes gehen (Fig. 626).

Das Fachwerk des eisernen Turmhelms besteht nach vorstehendem aus folgenden Teilen:

1) Den Gratsparren, welche von den Auflagern oder von besonderen Giebelspitzen aus (Fig. 378 u. 403, S. 160 u. 180) bis zur Spitze laufen und an dieser mittels einer verhältnismäßig kurzen Helmstange miteinander vereinigt werden.

2) Den Ringen, welche, zwischen den einzelnen Stockwerken wagrecht herumlaufend die Gratsparren miteinander verbinden.

3) Den in den geneigten Seitenfeldern angeordneten Diagonalen; es genügt, wenn in jedem durch Gratsparren und Ringe gebildeten trapezförmigen Felde eine Diagonale angebracht wird; dieselbe wird auf Zug und auf Druck beansprucht. Oder es werden in jedem Felde zwei sich kreuzende Diagonalen angebracht, welche wie Gegendiagonalen wirken und nur Zug aufnehmen.

4) Einem Fußring, welcher die Auflager verbindet. Wenn alle Auflager fest sind, so ist der Fußring nicht nötig. Ist von den Auflagern, deren Zahl eine gerade ist, abwechselnd eines fest und eines in der Auflagerebene beweglich, so muß der Auflager- oder Fußring angeordnet werden.

Die unter 1 bis 4 angegebenen Teile genügen für die Standfestigkeit des Turmfachwerkes. Aus praktischen Gründen ordnet man ferner noch sog.

5) Böden in den durch die Lage der Ringe bestimmten Höhen an. Diese Böden zerlegen die ganze Turmpyramide in einzelne Stockwerke; sie sind erforderlich, um den Turm besteigen zu können und zum Anbringen der Treppen. Für die Standfestigkeit des Fachwerkes sind sie nach früherem nicht erforderlich. Bezüglich des Bodens in der Höhe der Giebelspitzen wird auf Art. 125 (S. 165) u. 133 (S. 181) verwiesen.

Die Böden versteifen das Turmfachwerk insoweit, als sie unter Umständen die Ringe zu starren Scheiben machen. Versteifte Ringe sind in Fig. 638 (S. 319) u. 654 bis 655 vorgeführt. Die Berechnung des Turmfachwerkes unter Berücksichtigung der steifen Böden ist ziemlich umständlich und, da die Querversteifungen meistens nachgiebig sind, wenig zuverlässig. Deshalb wird empfohlen, die günstige Wirkung der versteifenden Böden bei der Berechnung ganz außer acht zu lassen und lediglich durch Zulassung höherer Inanspruchnahmen zu berücksichtigen. Wegen weiterer Angaben wird auf den unten bezeichneten Aufsatz[178]) hingewiesen.

Für die Dachdeckung sind Pfetten oder Sparren anzuordnen. Erstere können in kleineren lotrechten Abständen herumlaufend die Dachdeckung sofort aufnehmen; Fig. 627 u. 637 zeigen Beispiele dieser Anordnung, bei welcher auf jedes Stockwerk 3 bis 5 Pfetten kommen; die Pfetten in Fig. 627 sind 0,925 m voneinander entfernt und nehmen die Kupferwellblechdeckung auf. Dachschalung auf den Grat- und Zwischensparren zeigt Fig. 654.

Die eisernen Turmhelme sind meistens achtseitige Pyramiden; das die Grundfläche bildende Achteck kann ein gleichseitiges oder ein solches mit kürzeren Schrägseiten sein. Die Grate gehen entweder bis zur gemeinsamen Auflagerebene hinab; alsdann sind 8 Auflager vorhanden. Oder es gehen nur 4 Grate bis zur Auflagerebene hinab, während die zwischenliegenden Grate sich auf Giebelspitzen (nach Fig. 378) setzen. Es kommen auch Türme vor, bei welchen alle Gratsparren sich auf Giebel setzen (siehe Fig. 403, S. 180).

Fig. 627.

Fig. 628.

Fig. 629

Boden 7   Boden 8

Boden 12   Boden 13

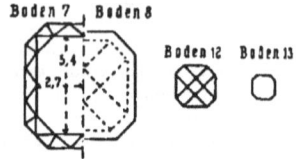

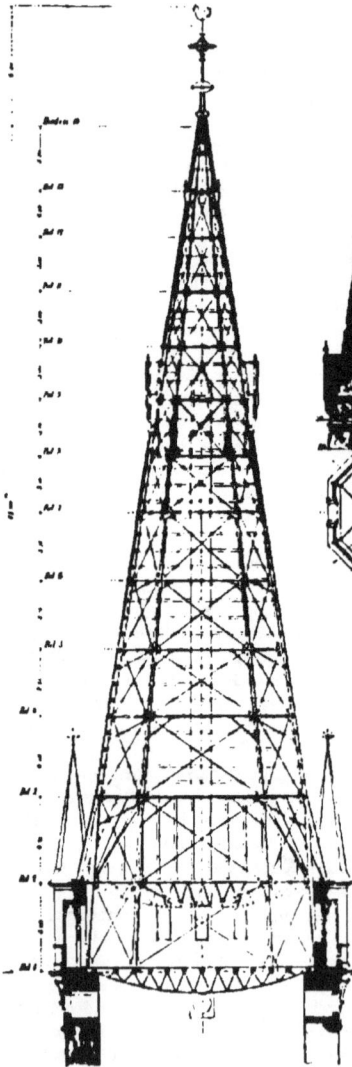

Fig. 630.

Boden 5   Boden 6

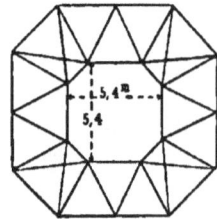

Fig. 631.
Boden 3

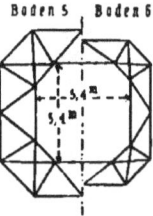

Fig. 632.

Vom Turmhelm der St. Katharinenkirche zu Osnabrück [177].

Die Stockwerkshöhen, in welche die Pyramide durch die Böden zerlegt wird, nehmen von den Auflagern nach der Spitze zu ab. Die untersten Stockwerke haben, je nach der unteren Breite, eine Höhe von 3,50 bis 4,00 m, bei grofsen Abmessungen der Grundfläche bis zu 5,00 m; nach oben zu nimmt die Höhe bis auf 2,50 m ab.

Beim Turmhelm der katholischen Pfarrkirche zu Harsum mit einer unteren Helmbreite von 7,50 m und einer theoretischen Gesamthöhe von 22,00 m betragen die einzelnen Stockwerkshöhen von unten nach oben bezw. 3,40, 3,00, 3,00, 2,50, 2,50, 2,00, 2,00 und 3,60 m; die letztere Höhe entspricht dem obersten, nicht mehr mit Diagonalen in den Seitenfeldern versehenen Teile.

Beim Turmhelm der St. Petrikirche zu Hamburg mit 11,50 m unterer Breite und 58 m Höhe nehmen die Stockwerkshöhen von 4,00 bis auf 2,50 m ab.

Da das Turmfachwerk ohne die Böden stabil ist, so kann man dieselben so konstruieren, wie es dem praktischen Bedürfnisse am besten entspricht. Vielfach werden sie — wohl nach dem Vorbild der *Moller*'schen Holztürme (siehe Art. 126, S. 165) — aus je zwei einander unter rechten Winkeln schneidenden parallelen Balken gebildet; die vier Balken laufen nach den Eckpunkten des Achteckes (siehe Fig. 385 b, S. 166).

Wenn der vierte Teil des Turmes innerhalb des unteren zusammengebaut und nachher im ganzen gehoben werden soll, so mufs die Form der Böden so gewählt werden, dafs Aufbau und Hebung möglich sind: es mufs also in allen Böden des unteren Teiles ein innerer Raum, ein »freies Profil«, für den Durchgang des oberen Teiles frei gehalten werden, welcher etwas gröfser ist als der unterste Boden des zu hebenden Teiles. Der Boden, auf welchem der Zusammenbau der Spitze erfolgt, mufs sehr stark sein, genügend kräftig, um das ganze Gewicht der Spitze nebst den beim Zusammenbau erforderlichen weiteren Belastungen zu tragen.

Beim Turm der St. Katharinenkirche zu Osnabrück hat man diesen Boden durch zwei Paare voneinander im Grundrifs unter rechtem Winkel kreuzenden Parabelträgern hergestellt. In Fig. 633[22]) sind dieselben mit *H*, bezw. *J* bezeichnet; die beiden Trägerpaare überkreuzen sich in den Punkten *IV* und *IV*, wie dies auch in Fig. 627 ersichtlich ist. Die weiter oben folgenden Böden sind mit Rücksicht auf das eben erwähnte

Fig. 633.

Boden 2

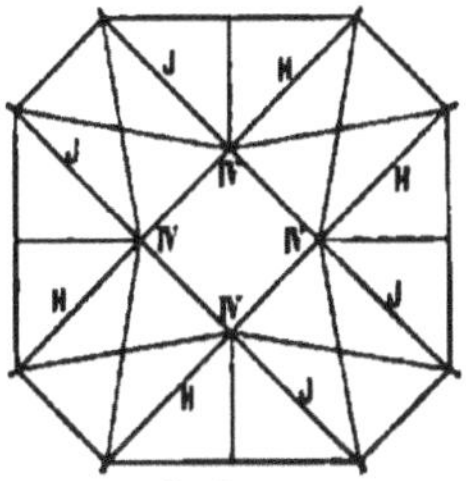

Von der St. Katharinenkirche zu Osnabrück[22]).
$^1/_{100}$ w. Gr.

Fig. 634.

Boden 3

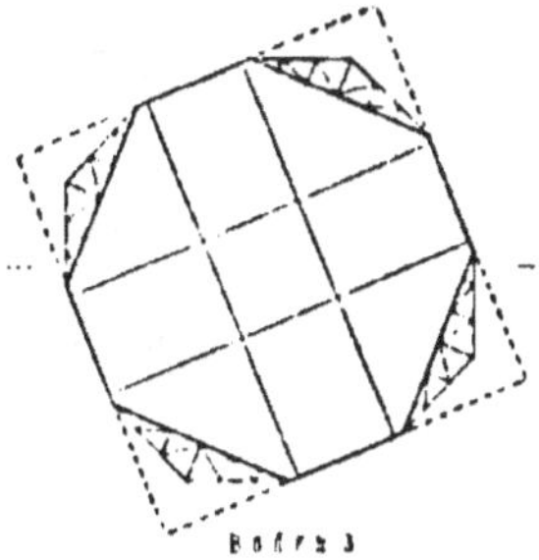

Fig. 635.

Boden 5

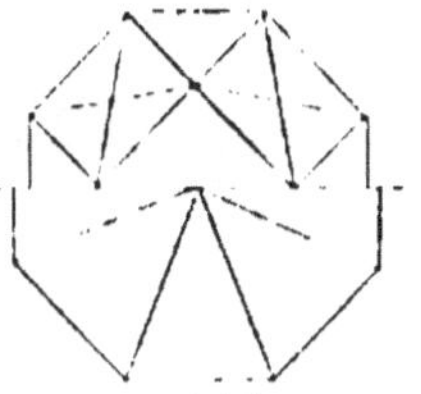

Vom Turmbau St. Petri zu Hamburg[23]).
$^1/_{600}$ w. Gr.

22) Faks.-Repr. nach: Zeitschr. d. Arch.- u. Ing.-Ver. zu Hannover 1882, Bl. 463 bis 464.
23) Faks.-Repr. nach: Zeitschr. f. Bauw. 1885, Bl. 37, 38, 39.

Fig. 636.

Fig. 637.

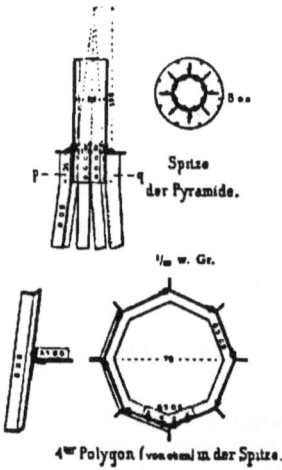

Spitze
der Pyramide.

$^1/_{100}$ w. Gr.

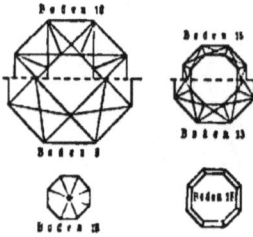

4tes Polygon (von oben) in der Spitze.

Fig. 638.

Fig. 639.

Schnitt nach a o.

Fig. 640.

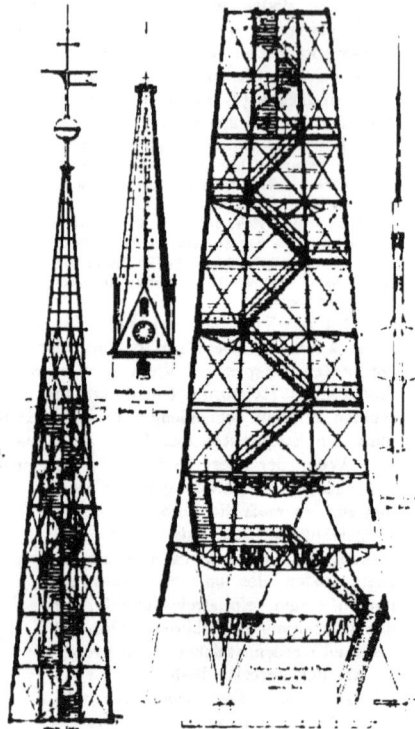

$^4/_{1000}$ w. Gr.

Fig. 641.

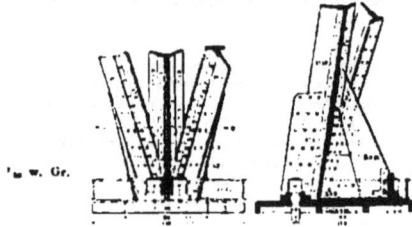

$^1/_{60}$ w. Gr.

Auflagerplatte.

Fuß der Pyramide.

Vom Turmbau St. Petri zu Hamburg [978].

320

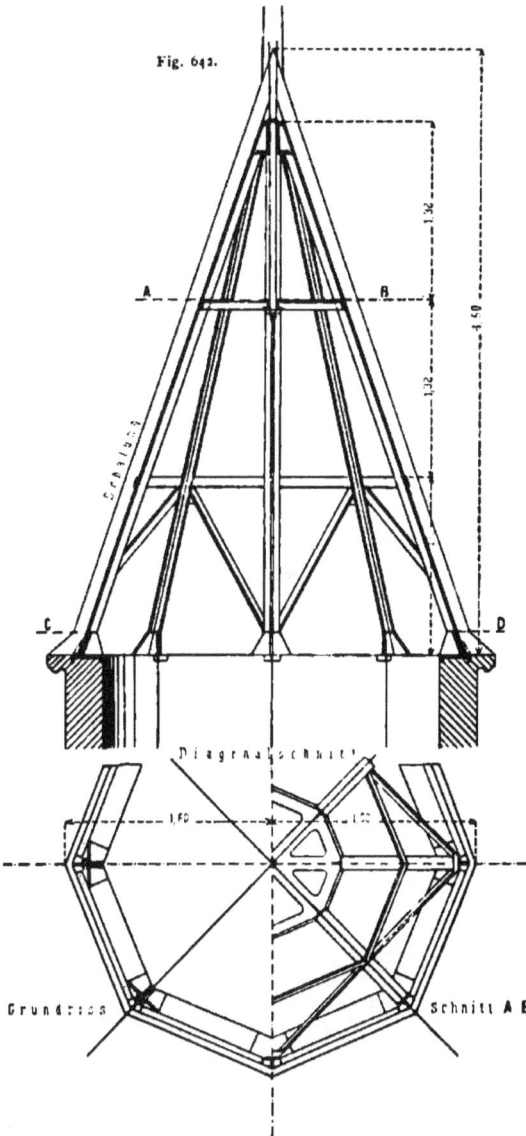

Fig. 642.

Vom Treppenturm der Kirche zu Sachsenhausen.

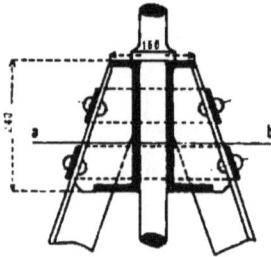

Fig. 643.

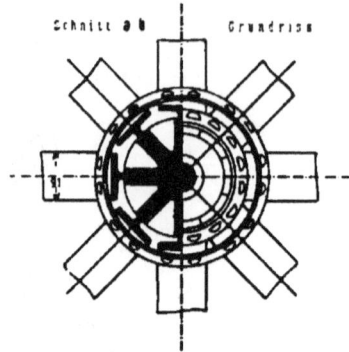

Fig. 644.

Schnitt a b   Grundriss

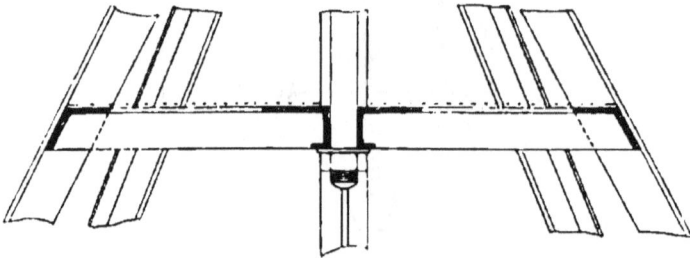

Fig 645.

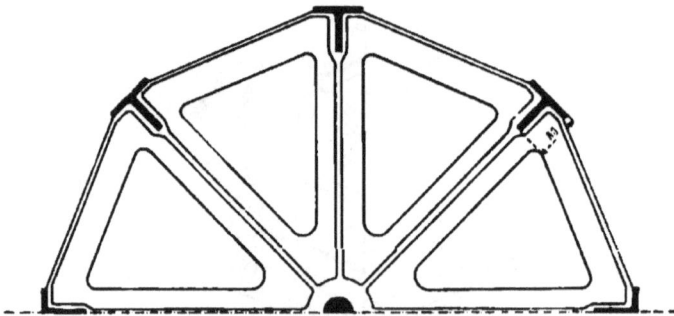

Vom Treppenturm der Kirche zu Sachsenhausen.

¹⁄₁₀ w. Gr.

Fig. 646.

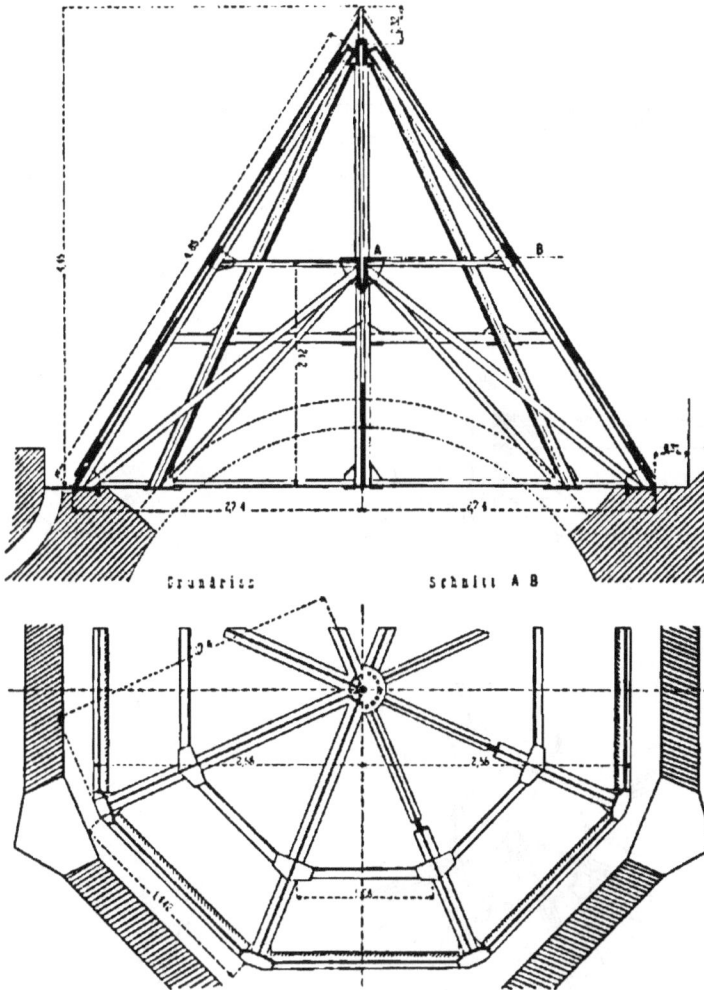

Grundriss   Schnitt A B

Vom Turm der Kirche zu Sachsenhausen.

⅛ w. Gr.

Fig. 647.

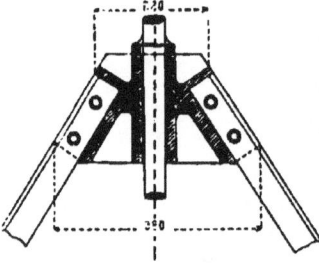

Fig. 648.

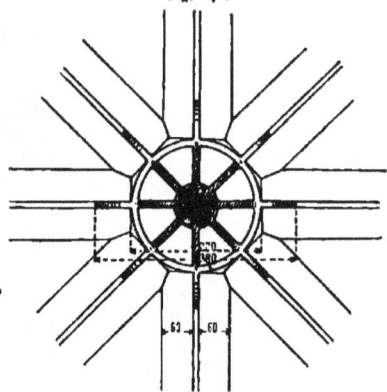

Fig. 649.

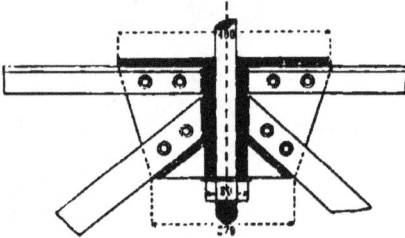

Fig. 650.

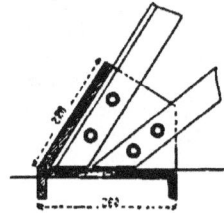

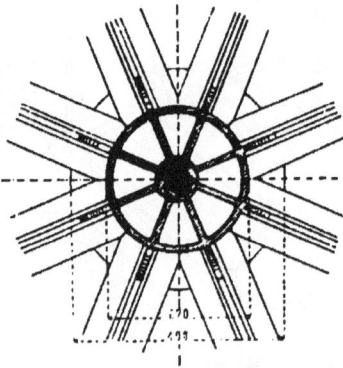

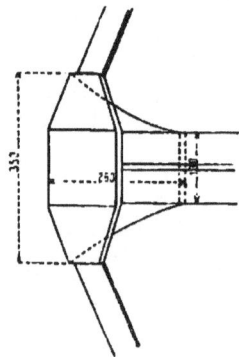

Vom Turm der Kirche zu Sachsenhausen.
¹/₁₀ w. Gr.

21*

Fig. 646.

Grundriss   Schnitt A B

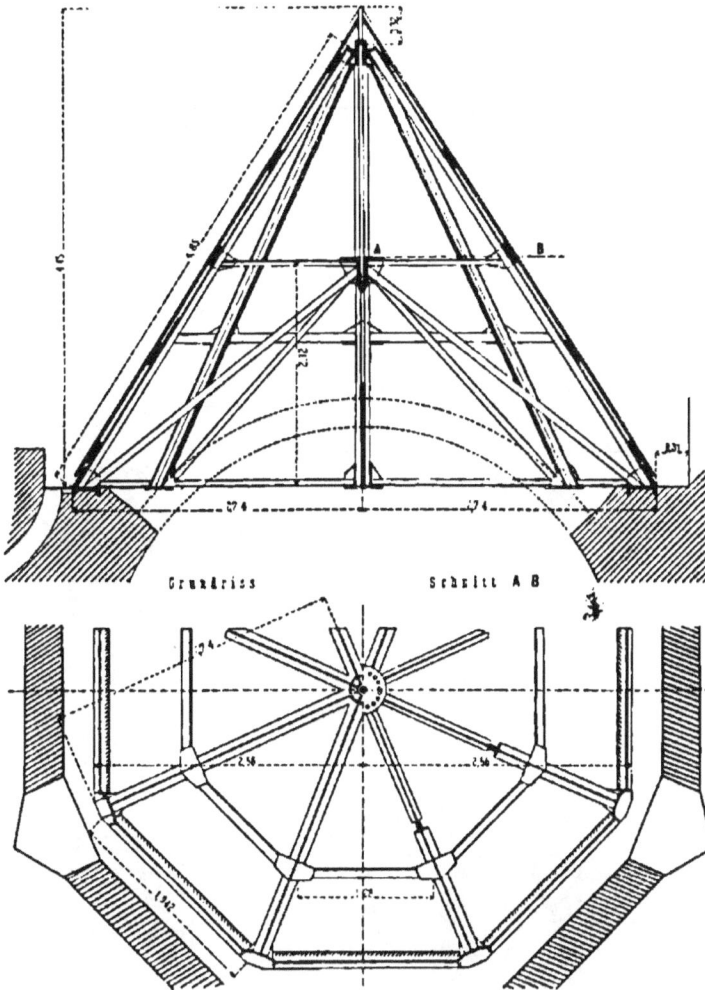

Vom Turm der Kirche zu Sachsenhausen.

½ w. Gr.

Fig. 647.

Fig. 648.

Fig. 649.

Fig. 650.

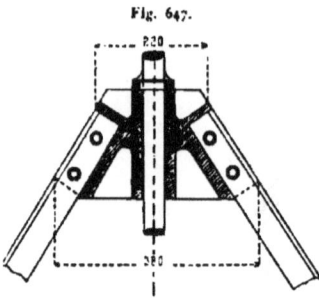

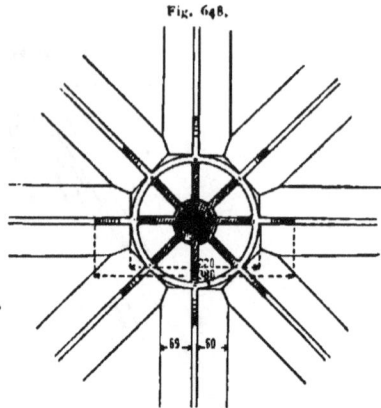

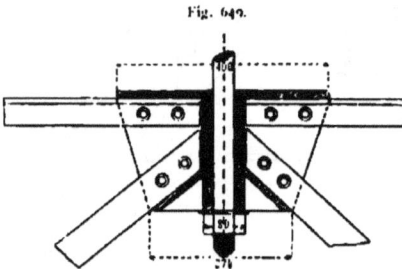

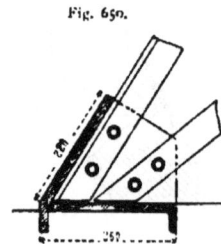

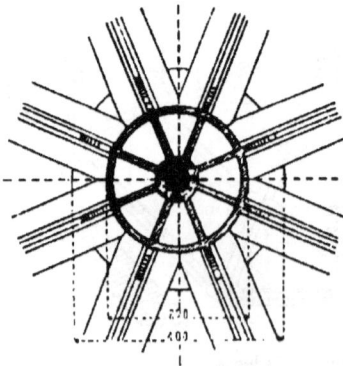

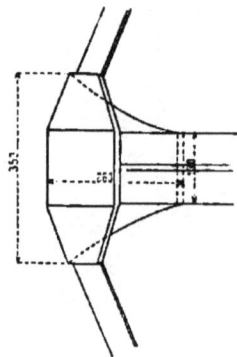

Vom Turm der Kirche zu Sachsenhausen.
$^{1}/_{10}$ w. Gr.

21*

Heben der Spitze mit einem inneren, freibleibenden Achteck konstruiert; eine Anzahl derselben ist in Fig. 629 bis 631 dargestellt.

Der untere Teil reicht bis einschließlich Boden 8; die Gratsparren desselben sind zunächst mit einigen Teilen ihres Querschnittes (einem Winkeleisen und dem Stehblech) bis zu Boden 9 weitergeführt; dann ist die Hebevorrichtung in der Höhe des Bodens 8 befestigt. Die Spitze bestand aus dem oberhalb des Bodens 9 liegenden pyramidalen Teile des Turmes und einem prismatischen Stücke zwischen Boden 9 und Boden 8; die 8 Pfosten dieses letzteren Stückes waren einfache Winkeleisen (6.5 $\times$ 6.5 $\times$ 0.8 ^{cm}), dieselben, welche am pyramidalen Stück zwischen den Böden 8 und 9 noch fortgelassen waren. Nach Hebung der Spitze wurden beide Teile in der Höhe des Bodens 9 durch Verlaschen der Gratsparren miteinander verbunden und darauf die Schrägstäbe in den Seitenfeldern des Stockwerkes zwischen den Böden 8 und 9 eingezogen. Die Hebung erfolgte mittels 8 Hebeladen; das Gesamtgewicht der zu hebenden Spitze betrug etwa 4600 ^{kg}.

Ähnlich sind die Böden beim St. Petriturm in Hamburg hergestellt (Fig. 634 bis 641 ^{III}). Im unteren Teile des Turmes, bis einschließlich Boden 9, bestehen sie aus zwei sich rechtwinkelig kreuzenden Trägerpaaren, von denen das eine Paar Hauptträger, das andere Paar Träger zweiter Ordnung ist, und die in den verschiedenen Stockwerken ihre Richtung wechseln (Fig. 637); das mittlere Quadrat dient zur Durchführung der Treppenanlage; in den anderen Rechtecken sind Diagonalkreuze zur Aussteifung angebracht (Fig. 635). Boden 4 ist mit 8 radialen Balken (Fig. 635) konstruiert. Im oberen Teile des Turmes, von Boden 10 bis 16, bestehen die Böden aus einem inneren, achteckigen Ringe von Blechträgerquerschnitt, der durch 8 radiale Stichbalken mit dem äußeren Ringe und den Gratsparren verbunden ist; die trapezförmigen Felder der Böden sind durch Diagonal-

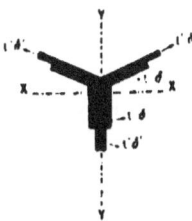

Fig. 651.

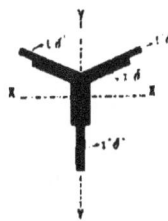

Fig. 652.

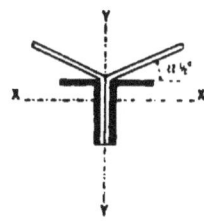

Fig. 653.

kreuze versteift. In den inneren, freibleibenden achteckigen Raum ist die Wendeltreppe eingebaut; über Boden 16 hören die Treppenanlage und der Aufbau in Stockwerken auf. In dem für die Wendeltreppe offen gelassenen Raume wurde die Spitze der Turmpyramide (11,80 ^{m} zwischen Boden 18 bis zur theoretischen Spitze hoch) mit einem prismatischen, 5,00 ^{m} hohen Teile zusammengebaut und nachher im ganzen gehoben (vergl. die kleine Ansicht des ganzen Turmes in Fig. 637).

Bei kleinen und niedrigen Türmen vereinfacht sich die Anordnung wesentlich. Beispiele für solche kleine Türme sind in Fig. 642 u. 646 vorgeführt und ohne weiteres verständlich; die Einzelheiten der Konstruktion an der Spitze, an den Auflagern und am unteren Ende der Helmstange zeigen Fig. 643, 644, 645, 647, 648, 649 u. 650.

234. Gratsparren.

Die Gratsparren haben Zug und Druck aufzunehmen; unter Umständen werden sie auch auf Biegung beansprucht. Um die Schrägstäbe in den Seitenfeldern und erforderlichenfalls die Schalung leicht anbringen zu können, stellt man den Querschnitt zweckmäßig so her, daß seine äußeren Begrenzungslinien in die beiden anschließenden Seitenebenen fallen; bei einer achtseitigen Pyramide werden dann schiefe Winkeleisen erforderlich (Fig. 655). Im übrigen werden die Querschnitte wo möglich symmetrisch zur lotrechten, durch die Turmachse und den betreffenden Grat gehenden Ebene gebildet.

Fig. 651 bis 653 zeigen einige gute Querschnittsformen.

Der Querschnitt in Fig. 651 ist aus zwei schiefwinkeligen Winkeleisen (7·7·8) und vier Platten

(t·δ') zusammengesetzt. Hier ist $J_{min} = J_y$. Um J_x zu vergrößern, kann man die beiden Stehbleche durch eine breitere Platte, wie Fig. 652 zeigt, ersetzen. J_y bleibt nahezu unverändert. Man kann in den meisten Fällen aber mit lediglich zwei Winkeleisen auskommen, was sich im Interesse der Einfachheit sehr empfiehlt. Der Winkel beider Schenkel ist 112^1/$_2$ Grad; doch erhält man gleichfalls Winkeleisen mit anderen Winkeln (101^1/$_4$, 117, 120, 128, 135 und 150 Grad) bis zu 130 $\times$ 130 $\times$ 20 ^{mm}.

Zweckmäßig ist auch die Verwendung gerader Winkeleisen, zwischen welche man doppelte, umgebogene Knotenbleche legt; an diesen befestigt man dann Ringe und Diagonalen (Fig. 653). Damit der Unterschied zwischen J_{min} und J_{max} möglichst klein werde, verwende man hier ungleichschenkelige Winkeleisen mit dem Schenkelverhältnis 1 : 1^1/$_2$. Der Eisenverbrauch ist bei diesem Sparrenquerschnitt etwas größer als bei Verwendung schiefwinkeliger Eisen. Da aber letztere einen höheren Einheitspreis bedingen, so kann diese Querschnittsform sehr ernstlich in Frage kommen, zumal sie sich in der Ausführung mehrfach bewährt hat (Marienkirche in Hannover, katholische Pfarrkirche in Harsum).

Müller-Breslau, der die Türme der beiden genannten Kirchen ausgeführt hat, stellt die Sparren bis zum obersten Boden aus zwei Winkeleisen her; vom obersten Boden aus läßt er nur das eine Winkeleisen weitergehen. Allgemein werden von ihm in den obersten, schwer zugänglichen Teilen des Turmes schwache Eisen wegen der Rostgefahr vermieden.

Für den Querschnitt in Fig. 651 entwickelt *Müller-Breslau*:

$$J_{min} = J_y = 0{,}57 \; (t^{\prime 3}\delta + t^{\prime\prime 3}\delta').$$

Wenn nur zwei schiefwinkelige Eisen vorhanden sind (Fig. 651 nach Fortlassung der Platten), so ist

$$J_y = 0{,}57 \; t^{\prime 3}\delta.$$

Bei ganz kleinen Türmen verwendet man als Sparren T-Eisen (Fig. 642 bis 650).

Die bei hohen Türmen erforderliche Veränderlichkeit des Sparrenquerschnittes kann man durch Verwendung verschiedener Winkeleisensorten erreichen, wobei sowohl die Schenkelbreite wie die Schenkelstärke geändert wird. Auch durch Zufügen eines Stehbleches und aufgenieteter Platten wird Verstärkung des Sparrenquerschnittes erzielt.

So nehmen beim Kirchturm von St. Petri in Hamburg die Winkeleisenstärken von oben nach unten von 0,8 ^{cm} bis zu 1,3 ^{cm} zu; ganz oben bestehen die Sparren nur aus einem Winkeleisen, dann aus zweien; weiter unten tritt ein Stehblech (16 $\times$ 1 ^{cm}) hinzu, welches allmählich bis auf 25 $\times$ 1,5 ^{cm} vergrößert wird; endlich kommen im unteren Teile noch innere Deckplatten hinzu, welche zur Vermeidung des Biegens aus zwei Stücken gebildet sind und 17 $\times$ 1,2 ^{cm} Querschnitt haben. Die Knotenbleche zum Anschluß der Schrägstäbe sind nach den Achteckwinkeln gebogen und an den inneren Deckplatten, bezw. den Winkeleisenschenkeln befestigt. Die Stöße der Sparrenwinkel liegen bei den Knotenblechen, diejenigen der Rippen etwas höher. Die Stöße sind so gelegt, daß stets zwischen die oberen Enden der bereits eingebauten Sparren die vollständige Zwischendecke eingenietet werden konnte; alsdann wurden die zum Aufbau des folgenden Geschosses erforderlichen 8 Rüststangen gehoben.

Die architektonische Hervorhebung der Grate ist beim Turmbau zu Osnabrück in der durch Fig. 655 angegebenen Weise erreicht. Die Stehbleche des Grates werden durch je zwei Hölzer umfaßt, welche auf den Pfetten aufliegen und mit dem Eisenfachwerk verbolzt sind; nach außen sind sie abgerundet und mit glattem Kupferblech überdeckt. Breite und Ausladung dieser Hölzer nehmen von unten nach oben stetig ab.

Die Schalung auf den Gratsparren und Zwischensparren zeigt Fig. 654. Die Gratsparren des Dachreiters von derselben Kirche sind einfache Winkeleisen, wie in Fig. 656 dargestellt ist. Die Winkeleisen sind rechtwinkelig, und in sehr geschickter Weise ist es möglich gemacht, dieselben zu verwenden und an der Spitze zusammenzuführen, obgleich die Pyramide achtseitig ist. Der Dachreiter ist gleichfalls in Fig. 656 dargestellt und ohne besondere Erläuterung verständlich.

Als Ringe verwendet man einfache und doppelte Winkeleisen, sowie C-Eisen, einfach oder doppelt. Nach Bedarf setzt man die Ringe auch aus

Winkeleisen und Blechen zusammen. Den einen Schenkel der Winkeleisen legt man parallel der Dachfläche. Auch die Stege oder die Flansche der ⸤-Eisen ordnet man parallel der Dachfläche an; dadurch wird es möglich, die Ringe an den Knotenblechen bequem zu befestigen. Die zum Anbringen der Konstruktionsteile des Bodens etwa erforderlichen Knotenbleche müssen dann in

Fig. 654.

Fig. 655.

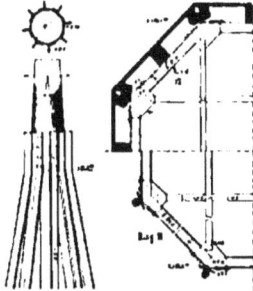

Von der katholischen Pfarrkirche zu Harsum [270]. — $^1/_{60}$ w. Gr.

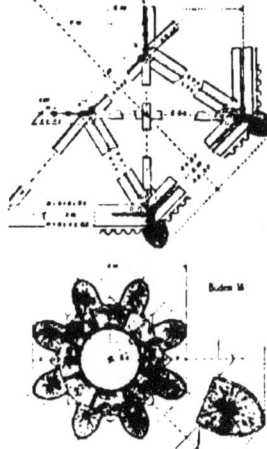

Fig. 656

Boden 14

$^1/_{100}$ bezw. $^1/_{50}$ w. Gr.

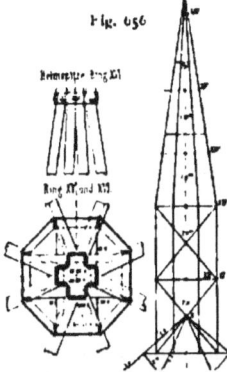

Fig. 657.

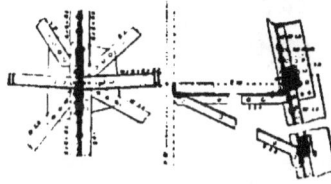

Dachreiter der katholischen Pfarrkirche zu Harsum [270].

$^1/_{100}$ bezw. $^1/_{50}$ w. Gr.

$^1/_{50}$ w. Gr.

Von der St. Katharinenkirche zu Osnabrück [271].

die wagrechte Ebene gebogen werden (Fig. 657 [271]). Verschiedene Ringquerschnitte zeigen Fig. 636, 642, 657 u. 661. Die Winkeleisen werden etwa in den Profilen $6,5 \times 6,5 \times 0,9$ bis $11 \times 11 \times 1,0^{cm}$, die ⸤-Eisen in den Profilen Nr. 8 bis 14 gewählt.

[270] Faks.-Repr. nach: Zeitschr. d Arch.- u. Ing.-Ver. zu Hannover 1806, Bl. 15.

Fast stets werden gekreuzte Diagonalen verwendet, welche dann nur Zug aufzunehmen haben. Dementsprechend verwendet man Flacheisen (von 4 × 0,8 ᶜᵐ an bis zu 10 × 1,3 ᶜᵐ) oder Rundeisen (von 13 bis 20 ᵐᵐ Durchmesser und mehr), letztere zweckmäfsig mit Schlössern. Die Bildung der Knotenpunkte erfolgt nach den Grundsätzen, welche in Kap. 29 für die ebenen Knotenpunkte entwickelt sind. Die Schwierigkeit liegt hier nur darin, dafs die einzelnen Stäbe nicht in denselben Ebenen liegen. Diese

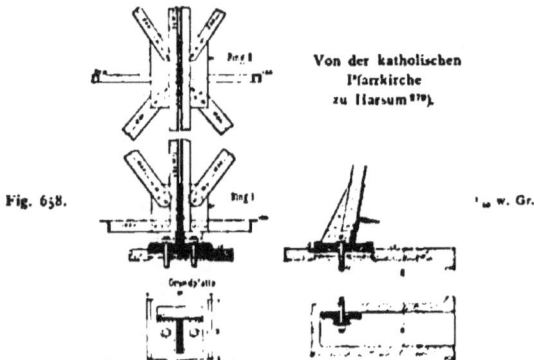

Von der katholischen
Pfarrkirche
zu Harsum [179]).

Fig. 658.

' ᵤ w. Gr.

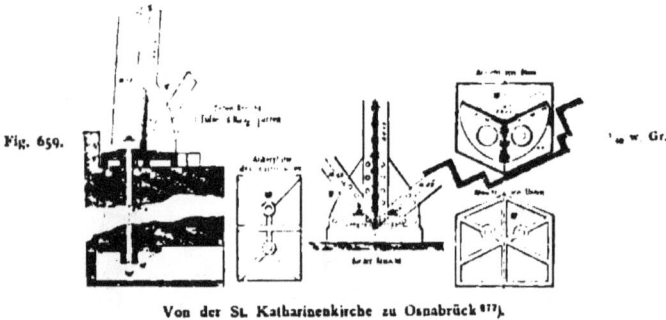

Fig. 659.

' ᵤ w Gr.

Von der St. Katharinenkirche zu Osnabrück [177]).

Schwierigkeit wird durch Knotenbleche, welche in die verschiedenen Ebenen gebogen werden (Fig. 654), gehoben. Für den Anschlufs der Diagonalen und Ringe werden andere Knotenbleche verwendet als für den Anschlufs der Stäbe in den Böden. Beispiele geben Fig. 654, 655 u. 657. Man erstrebe stets die Anordnung von Knotenblechen, welche in nicht mehr als zwei Ebenen liegen; dann ergiebt sich eine Kante, um welche das abgewickelte ebene Blech in die erforderliche Form gebogen werden kann.

Bei den Auflager-Knotenpunkten ist aufser dem Zusammenschlufs der Stäbe noch die gute Lagerung zu erzielen. Unter Hinweis auf die in Kap. 29 entwickelten Grundsätze für die Konstruktion der Auflager-Knotenpunkte und

328

Auflager dürfte es genügen, die Lösungen in Fig. 658[119]) u. 659[111]) vorzuführen.
Die Auflager sind sämtlich als feste konstruiert.

Einen besonders schwierig herzustellenden Auflager-Knotenpunkt, vom Turmhelm der St. Petrikirche zu Hamburg herrührend, stellen Fig. 639 bis 641 (S. 319) dar; es ist derjenige Punkt, in welchem
sich der Fuß des Gratsparrens mit den Füßen zweier Giebelsparren vereinigt. Vier Gratsparren
setzen sich bei diesem Turm auf je zwei Giebelsparren; die vier anderen Gratsparren laufen bis
zur Auflagerfläche hinab (Fig. 637, S. 319). Am unteren Ende des Gratsparrens ist ein in den erforderlichen Biegungen ausgeschmiedetes Knotenblech eingelegt, an welches die Giebelsparren mit
ihren Winkeleisen und der Deckplatte angeschlossen sind. Die Stehbleche und radialen Schenkel
der Winkeleisen sind mit besonderen, starken Unterlagsplatten für die Muttern der äußeren Ankerbolzen vernietet.

**239.
Verankerung.** Alle Auflagerpunkte werden in der Regel verankert; die Maße der
Ankerbolzen und die Tiefe der Verankerung hängen von der Berechnung ab; in
dieser Beziehung sei auf Art. 120 (S. 150) verwiesen. Die Anker sind gewöhnlich Rundeisen, bis 80 mm im Durchmesser stark. Man soll die am unteren Ende
der Anker befindliche Ankerplatte zugänglich erhalten (Fig. 658
u. 659).

Fig. 660.

**240.
Spitze.** Am Knotenpunkt der Spitze treffen alle Gratsparren zusammen und sind hier miteinander zu verbinden. Nach dem Vor-
bilde der Holztürme ordnet man vielfach eine Helmstange an,
welche jedoch hier aus Eisen, gewöhnlich als Eisenrohr, konstruiert wird. Selbst bei hohen Türmen besteht jeder Gratsparren
hier nur noch aus einem T- oder Winkeleisen, so daß die Befestigung derselben an einem 20 bis 30 mm im Durchmesser halten-
den, 6 bis 10 mm starken Rohr vorgenommen werden kann. Derartige Verbindungen zeigen Fig. 636, 654, 655 u. 660. Die Helmstange läuft konisch zu und ist im oberen Teile massiv.

Bei kleinen Türmen stellt man die Helmstange wohl aus
einem Rundeisen her, welches durch einen Gußeisenschuh geht,
in den sich die Sparren setzen (Fig. 642 u. 646); die Helmstange
wird einige Meter weit hinabgeführt und an ihrem unteren Ende
noch einmal gefaßt. Einzelheiten dieser Konstruktion sind in Fig.
643, 644, 645, 647, 648 u. 649 vorgeführt. Für schwer belastete
Helmstangen ordnet man im Inneren des Turmes einen sternförmigen Boden an und befestigt an demselben die Helmstange.

Von der
St. Katharinen-
[kirche zu
Osnabrück[111]).
¹⁄₁₀ w. Gr.

**241.
Gewichte
eiserner
Turmhelme.** Das Eigengewicht eiserner Turmhelme[380]) setzt sich aus dem
Gewichte der Eisenkonstruktion und der Dachdeckung zusammen;
man kann beide als gleichmäßig über die Oberfläche verteilt annehmen. Es sei
γ_1 das Gewicht der Eisenkonstruktion und γ_2 das Gewicht der Dachdeckung,
beides in Kilogr. für 1 qm Dachfläche. Man kann annehmen:

$\gamma_1 = 45$ Kilogr. für 1 qm, falls die Ringe nur leicht versteift sind, so daß
die Querriegel zur Stützung von Leitergängen ausreichen;

$\gamma_1 = 60$ Kilogr. für 1 qm, falls die Böden so tragfähigen Decken ausgebildet
sind zur Aufnahme einer größeren Treppenanlage, wie z. B. beim
Petrikirchturm in Hamburg (siehe Fig. 637, S. 319);

$\gamma_2 = 40$ Kilogr. für 1 qm für Kupfer auf Schalung und Holzpfetten;

$\gamma_2 = 80$ Kilogr. für 1 qm für Schiefer auf Schalung und Holzpfetten.

Vergleicht man die Eisengewichte einiger ausgeführter Turmbauten, so

³⁸⁰) Nach: Müller-Breslau, Die Berechnung achtseitiger Turmpyramiden. Zeitschr. d. Ver. deutscher Ing.
1889, S. 1170.

scheint es, als ob das Gewicht für 1 cbm umbauten Raumes wenig veränderlich ist mit geänderten Abmessungen; es liegt etwa zwischen 25 und 33 Kilogr. Bei kleinen Höhen scheinen die gröfseren Werte mafsgebend zu sein, weil man bei diesen mehr Zuschläge machen mufs und letztere sich auf eine viel geringere Zahl von Raummetern verteilen.

Fig. 661.

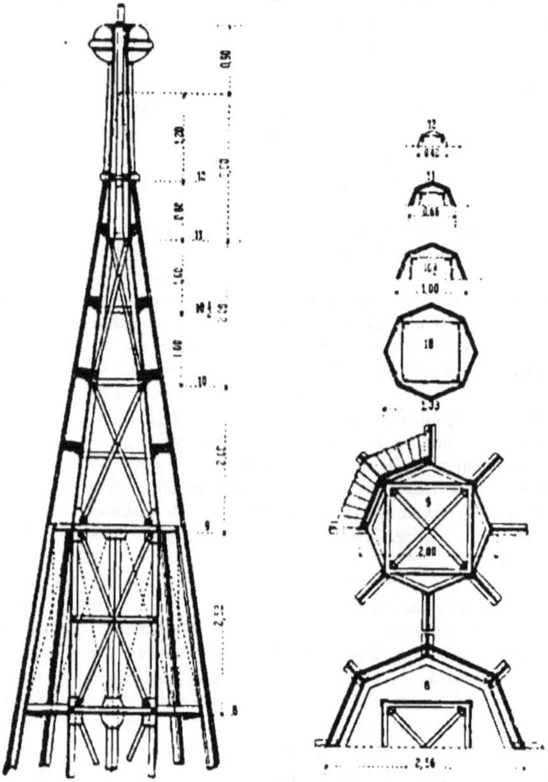

$\frac{1}{50}$ w. Gr.

Fig. 662.

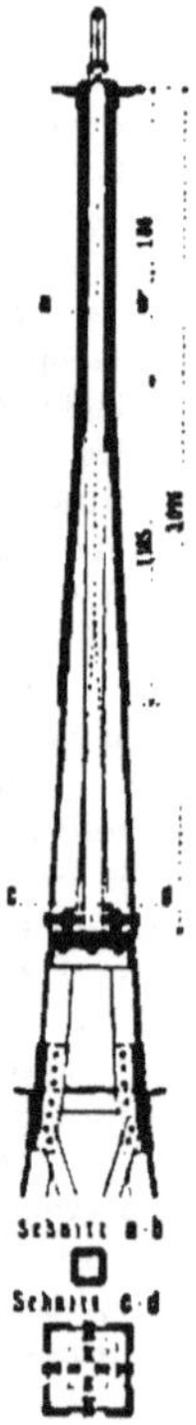

Schnitt a-b

Schnitt c-d

$\frac{1}{100}$ w. Gr.

Vom Turm zu Halberstadt[281]).

Bei den beiden grofsen Turmbauten, denjenigen der Katharinenkirche zu Osnabrück und der St. Petrikirche zu Hamburg, welche bezw. 47 m und 71 m hoch sind, ergab sich sowohl für das Kub.-Meter umbauten Raumes, wie für das steigende Meter der Höhe ein nur geringer Unterschied. Beim letzteren (Fig. 637) beträgt das Eisengewicht für das steigende Meter 1282 kg und dasjenige für das Kub.-Meter umbauten Raumes 26,8 kg; bei ersterem (Fig. 627) ergab sich das Eisengewicht für das steigende Meter zu 1257 kg, dasjenige für das Kub.-Meter umbauten Raumes zu 24,2 kg.

[281]) Nach freundlichen Mitteilungen des Herrn Kommerzienrats *Behrens* vom Berliner »Cyclop«, welcher diese Türme ausgeführt hat; der Entwurf dazu rührt von Herrn Ingenieur *Cramer* in Berlin her.

Fig. 663.

Schnitt a-b.

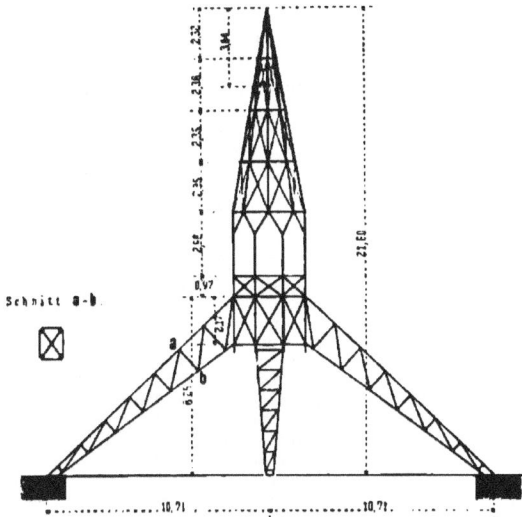

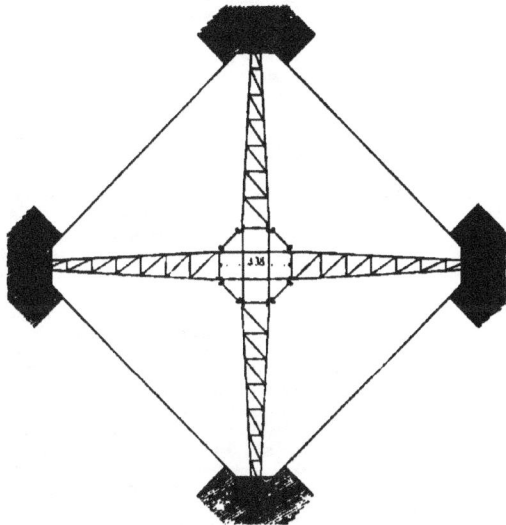

Von der Reformationskirche zu Wiesbaden [20].

¹⁄₁₀₀ w. Gr.

Fig. 664.

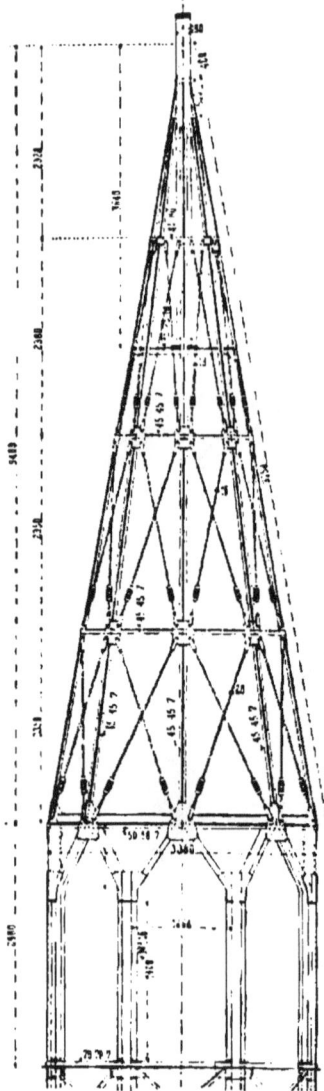

Von der Reformationskirche zu Wiesbaden[**].
ca. ¼ w. Gr.

Beim Turm der Pfarrkirche zu Harsum mit 22 ᵐ Höhe und 7,80 ᵐ breiter Grundfläche waren die entsprechenden Gewichte 517 ᵏᵍ, bezw. 32,4 ᵏᵍ.

Am Schluſs des vorliegenden Kapitels seien noch zwei der neueren Zeit entstammende Konstruktionen, diejenigen des Domes zu Halberstadt und der Reformationskirche zu Wiesbaden, vorgeführt. Die Konstruktion der Türme am Dom zu Halberstadt ist in Fig. 661 u. 662 [**]) dargestellt.

247. Zwei weitere brachtenswerte Konstruktionen.

Die achtseitige Turmpyramide von 25,050 ᵐ Höhe setzt sich auf einen 8,800 ᵐ hohen Unterbau in ähnlicher Weise, wie beim Turmbau von St. Petri in Hamburg: vier Gratsparren gehen bis zum Fuſs des Unterbaues; die anderen vier finden ihre Stützpunkte auf vier Giebelspitzen. Die Pyramide selbst hat vier untere Stockwerke von je 3,465 ᵐ Höhe; über dem obersten dieser vier Stockwerke liegt der Boden 7. Nun folgt ein Stockwerk von 2,58 ᵐ Höhe, dann Boden 8, ein weiteres 2,500 ᵐ hohes Stockwerk und darauf Boden 9. Der Teil des Turmes über Boden 8 ist in Fig. 661 dargestellt. In allen Seitenfeldern der Turmpyramide sind gekreuzte Schrägstäbe aus Flacheisen (85 ✕ 10 bis 65 ✕ 8 ᵐᵐ stark). Während das Eisenfachwerk unter dem Boden 9 als achtseitige Pyramide konstruiert ist, zeigt sich der oben befindliche Teil, die Spitze, als vierseitige Pyramide; in die äuſsere Erscheinung tritt aber letztere nicht; vielmehr hat man auf den vierseitig pyramidalen Kern entsprechend geformte Hölzer so aufgefüttert, daſs durch die aufgenagelte Dachschalung die achtseitige Pyramide erhalten wird. Fig. 661 zeigt in den Böden 10, 10½, 11 und 12 diese Hölzer und die Dachschalung. Die vierseitige Spitze wurde im Inneren des Turmes zusammengenietet und im ganzen gehoben; um eine sichere Führung beim Heben zu haben, verlängerte man die Spitze um zwei Stockwerkshöhen vom Boden 9 aus nach unten; nach der Hebung reicht also das Führungsgerüst bis zum Boden 7 hinab.

Die vier Gratsparren der Spitze und ihre Verlängerungen nach unten sind einfache, rechtwinkelige Winkeleisen, welche bei Boden 9 genau in die entsprechenden Gratsparren des unteren achtseitigen Teiles hineinpassen und leicht mit letzteren vernietet werden können; diese Konstruktion ist in Fig. 661 dargestellt. Durch Aufsetzen der vierseitigen Spitze wird das ganze Fachwerk einfach statisch unbestimmt, ist also viel leichter zu berechnen, als wenn die achtseitige Pyramide ganz durchgeführt wird; vor allem aber wird hierdurch die Konstruktion einfach und leicht herstellbar.

Die Spitze selbst und die Befestigung des Turm-

[**] Nach freundlicher Mitteilung des Architekten, Herrn Geh. Regierungsrat Professor Otzen in Berlin. — Der Turm ist konstruiert und ausgeführt von Herrn W. Philipps, Maschinenfabrik in Wiesbaden.

kreuzes an seinem unteren Ende in einer gußeisernen Platte, die Art, wie die vier Winkeleisen oben zusammengeführt und durch aufgenietete Bleche miteinander verbunden werden, sind in Fig. 662 dargestellt.

Den Turm der Reformationskirche zu Wiesbaden veranschaulichen Fig. 663 u. 664 [181]).

Derselbe wird, wie Fig. 663 im Grundriß und Aufriß dargestellt, durch einen vierfüßigen eisernen Bock getragen, der die Last des Turmes auf die vier Eckmauerpfeiler überträgt. Jeder Fuß des Bockes ist ein räumliches Fachwerk (vergl. den Schnitt in Fig. 663) und dient auch als Kehlbinder. Der Turm ist achtseitig; die acht Gratsparren setzen sich auf acht Giebelspitzen. Alle Seitenfelder sind mit gekreuzten Zugdiagonalen versehen. Die Pfosten des prismatischen unteren Turmteiles bestehen aus je zwei C-Eisen Nr. 16; die Stege derselben sind winkelrecht zu den begrenzenden Seitenflächen gestellt, so daß die beiden zu demselben Pfosten gehörigen Stege einen Winkel von 45 Grad miteinander einschließen (siehe den Grundriß in Fig. 663). Auf die Flansche der C-Eisen gelegte, entsprechend gebogene Knotenbleche verbinden beide C-Eisen miteinander und ermöglichen den Anschluß der Ringe und Schrägstäbe. Die oberen Enden der C-Eisen sind so gebogen, daß die 8 Giebel entstehen, auf deren Spitzen sich die Gratsparren setzen.

31. Kapitel.
Eiserne Kuppeldächer.

213. Konstruktion.

Die in der Neuzeit meist übliche Konstruktion des Kuppeldaches ist die von *Schwedler* angegebene, bei welcher alle tragenden Teile in die Dachfläche verlegt sind. Dieselbe wird hauptsächlich bei Kuppeln verwendet, deren Grundform ein Kreis oder ein Vieleck ist. Für Kuppeln über quadratischer oder rechteckiger Grundfläche sind andere Konstruktionen üblich.

Man verlegt bei letzteren die Hauptbinder unter die Grate und ordnet in den Seitenflächen der Kuppel Teilbinder an, welche sich an die Hauptbinder schiften und die Pfetten aufnehmen. Ein hervorragendes Beispiel einer solchen Kuppel ist die in Fig. 681 bis 695 dargestellte Kuppel über dem Justizgebäude in München. — Bei rechteckiger Grundfläche kann man auch ebene Hauptträger anordnen, welche den zu überdeckenden Raum in der einen Richtung überspannen und zusammen mit Bindern zweiter, auch wohl noch dritter Ordnung das Kuppeldach tragen. Ein Beispiel für eine solche Konstruktion ist in Art. 260 besprochen. Eine andere Lösung dieser Aufgabe zeigt die Kuppel über dem Reichstagshause in Berlin (Fig. 679 u. 680); das tragende Hauptfachwerk ist ein Raumfachwerk mit viereckigem Schlußring und achteckigem Fußring, dessen Sparren und Diagonalen in der Mantelfläche liegen. Diese eigenartige Konstruktion wird in Art. 257 näher besprochen werden.

Die *Schwedler'sche* Kuppelkonstruktion ist für runde Grundrißformen und sehr große Weiten mit gutem Erfolge ausgeführt; sie läßt den ganzen Innenraum frei und wirkt dadurch auch architektonisch sehr günstig; sie ist einfach und leicht und gestattet ein bequemes Aufstellen, da jeder innerhalb eines vollen Ringes liegende Kuppelteil ein festes System bildet, welches für sich gehoben werden kann. Fig. 221 (S. 78) zeigt in mittleren Teile ein solches Kuppeldach. Wie der Aufbau vorzunehmen ist, damit das Fachwerk geometrisch und statisch bestimmt wird, ist in Art. 141 (S. 195 u. 196) vorgeführt.

Für Belastung durch Einzellasten sind die *Schwedler'schen* Kuppeln desto weniger geeignet, je größer die Seitenzahl der Grundfläche ist; denn die von einem Knotenpunkt ausgehenden Stabachsen liegen bei großer Seitenzahl der Grundfigur nahezu in einer Ebene, werden also durch eine senkrecht zu dieser Ebene wirkende Kraft sehr große Spannungen erhalten. Allerdings wirkt der

Umstand günstig, dafs die bei der Berechnung vorausgesetzten Gelenke in den Knotenpunkten nicht vorhanden, vielmehr die Stäbe starr (durch Vernietung) miteinander verbunden sind. Infolge davon braucht die Kraft in einem Stabe nicht mit der Stabachse zusammenzufallen, so dafs man bei dieser Annahme zu ungünstig rechnet. Immerhin empfiehlt es sich, wenn grofse Einzellasten auftreten können, wie bei hohen Laternen infolge des Windes, eine kleine Seitenzahl (6 bis 8) für die Grundfigur zu wählen.

Eine in hohem Mafse beachtenswerte Neuerung ist aus diesem Grunde die Kuppelkonstruktion am Dom zu Berlin. Die nach aufsen runde Kuppel hat ein Eisengerüst, welches sich gewissermafsen in zwei Teile zerlegen läfst: in eine innere Achteckkuppel und in eine äufsere runde Kuppel. Die innere Achteckkuppel, von der in Fig. 665[333] ein Viertel im Grundrifs dargestellt ist, ist als *Schwedler*-Kuppel über regelmäfsigem Achteck konstruiert. Sie trägt die hohe Laterne, Dachlichter und aufsen und innen angeordnete Umgänge. Die äufsere Kuppel umhüllt die innere; sie ist in Fig. 665 im Grundrifs des oberen Viertels veranschaulicht. Sie besteht aus I-förmigen Sparren, welche nach Kreisbogen geformt sind, und aus kreisförmigen Winkel-

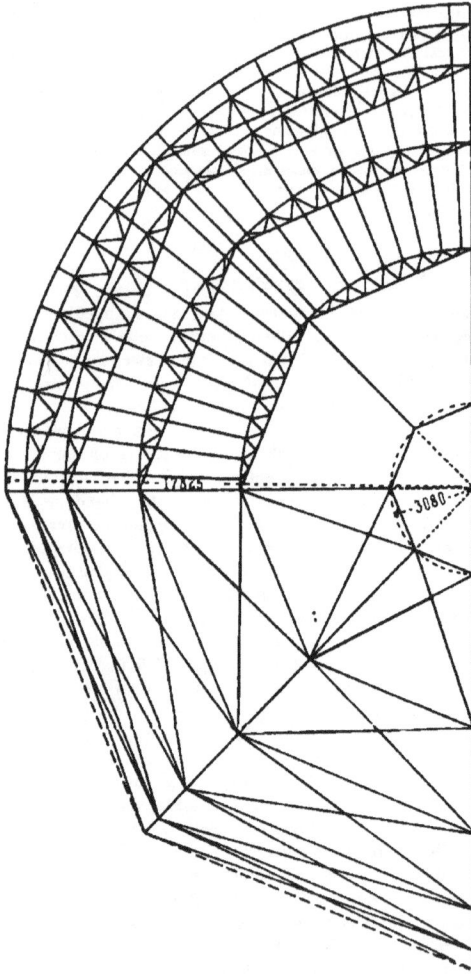

Fig. 665.

Von der Kuppel des neuen Doms zu Berlin[333].
¹⁄₅₀ w. Gr.

**) Siehe: MÜLLER-BRESLAU, Beitrag zur Theorie der Kuppel- und Turmdächer u. s. w. Zeitschr. d. Ver. deutsch. Ing. 1894, S. 1205.

eisenringen. Die geradlinigen Ringe der inneren achteckigen Kuppel und die kreisförmigen Ringe der äufseren Kuppel, welche in denselben wagrechten Ebenen liegen, sind durch Gitterwerk aus Winkeleisen miteinander in Verbindung gebracht. Die äufsere Kuppel trägt ihr eigenes Gewicht; die innere Kuppel ist so stark gebaut, dafs sie im stande ist, den Winddruck allein aufzunehmen. Es liegt auf der Hand, dafs man eine zwölfeckige Kuppel in ähnlicher Weise mit einer inneren Sechseck- oder Viereckkuppel konstruieren kann.

Die von der Laterne auf die Kuppel ausgeübten Kräfte sind das Eigengewicht der Laterne und die durch den Winddruck hervorgerufenen lotrechten und wagrechten Drücke. Die Laterne setzt sich meistens auf den Schlufsring der Kuppel, den sog. Laternenring, und kann an dieser Stelle als eingespannt angesehen werden. — Das Eigengewicht verteilt sich gleichmäfsig auf die sämtlichen Verbindungsknotenpunkte der Laterne mit der Kuppel; dadurch werden nur die Kuppelsparren und Ringe beansprucht, bei flachen Kuppeln und schweren Laternen nicht gering. Bei schweren Laternen sind deshalb flache Kuppeln nicht zweckmäfsig. Besonders unbequem sind jedoch die Windkräfte. Ist die Mittelkraft aller auf die Laterne wirkenden Windkräfte (Fig. 666)

Fig. 666.

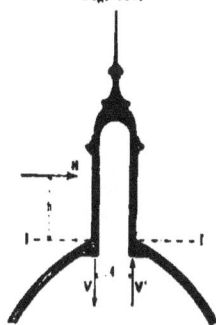

H in der Höhe h über dem Querschnitt II, so ist das Windmoment für denselben $M = Hh$. Dieses Moment ruft lotrechte Kräfte am Laternenring hervor, deren beide Resultierende bezw. V und V' seien mögen, wobei $V' = V$ und $Vd = Hh$ sein mufs. V' wirkt auf die Laterne an der Windseite nach unten, an der Unterwindseite nach oben. Auf die Kuppel wirken diese Kräfte natürlich im entgegengesetzten Sinne, d. h. auf der Windseite nach oben (entlastend), auf der Unterwindseite nach unten (belastend). Die Gröfse der Einzelkräfte, aus denen sich die V zusammensetzen, kann man durch Berechnung des Laternenfachwerkes finden, indem man dieses von oben nach unten berechnet und die Spannungen der Laternenstäbe ermittelt, welche sich an den Schlufsring der Kuppel anschliefsen. Aufser den Kräften V wird im Querschnitt II auf die Kuppel auch die Gesamtkraft H übertragen; auch die Verteilung dieser Kraft auf den Ring wird sich aus der Berechnung der Laternenstäbe ergeben. Zu beachten ist, dafs der Wind von allen Seiten kommen kann.

Die erwähnten lotrechten, teils aufwärts, teils abwärts wirkenden Kräfte und die wagrechten Kräfte belasten die Kuppel sehr ungünstig. Da die auf je zwei Nachbarknotenpunkte des Laternenringes wirkenden lotrechten und wagrechten Lasten verschieden grofs sind, so werden die Diagonalen der Kuppel stark beansprucht. Um eine mehr gleichmäfsige Belastung der Knotenpunkte zu erhalten, wird zweckmäfsig der Laternenring versteift. Diese Versteifung ist in der Ebene des Laternenringes selbst, als wagrechte Versteifung, meistens leicht ausführbar, sei es dafs man den Laternenring als biegungsfesten Ring herstellt oder dafs man denselben durch Querstäbe in der wagrechten Ebene zu einem ebenen steifen Fachwerk macht. Die eingezogenen Stäbe machen das Kuppelfachwerk statisch unbestimmt (es sei denn, dafs man an anderen Stellen Stäbe fortläfst). So kann man in einem sechseckigen Schlufsring (Fig. 667) die drei Stäbe 1 3, 3 5 und 5 1 einziehen; die Berechnung des erhaltenen dreifach statisch unbe-

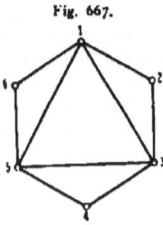

Fig. 667.

stimmten Kuppelfachwerkes wird nicht übermäfsig schwierig. Die Versteifung in der wagrechten Ebene ist aber ohne grofsen Einflufs auf die Verteilung der lotrechten Kräfte V. — Sehr zweckmäfsig ist für diese Kräfte die Anordnung eines gegen lotrechte Kräfte steifen Schlufsringes; allerdings wird hierbei die Berechnung aufserordentlich umständlich und schwierig. — Bei der grofsen Kuppel des Berliner Domes mit einem Durchmesser von 35,65 ^{m} und einer Höhe von Unterkante Fufsring bis Oberkante Schlufsring von (rund) 23 ^{m} hat *Müller-Breslau* den Laternenring sowohl in der wagrechten Ebene, wie auch gegen lotrechte Kräfte versteift[111]. —

Sehr hohe und schwere Laternen hat man auch wohl weit unter den Schlufsring hinab fortgeführt und den hinabgeführten Teil an seinem unteren Ende durch eine sternförmige Verankerung mit der Kuppelkonstruktion verbunden. Eine solche Anordnung ist bei der Kuppel für die Heil. Kreuz-Kirche in Berlin gewählt und in Fig. 696 dargestellt. Die Steifigkeit der Laterne gegen seitliche Kräfte wird durch die Verankerung erhöht, die Wirkung der Kräfte aber unklar, da die elastischen Formänderungen der Kuppel für die Gröfse der Kräfte bestimmend sind.

a) *Schwedler*'sche Kuppeln.

Die notwendigen Teile des *Schwedler*'schen Kuppelfachwerkes sind:

1) Die Gratsparren, welche vom Auflager bis zu dem sog. Laternenringe laufen und meistens gebrochene Linien bilden (siehe Fig. 424, S. 196); unter jedem Grat ist ein Gratsparren anzuordnen.

2) Die Ringe, welche in verschiedenen Höhen ringsherum laufend die Gratsparren miteinander verbinden; besonders wichtig sind der in der Höhe der Auflager anzubringende unterste Ring, der sog. Fufsring oder Mauerring, und der oberste Ring, der sog. Laternenring. Der Fufsring erleidet stets Zug und der Laternenring stets Druck.

3) Die Schrägstäbe in den trapezförmigen Seitenfeldern, welche durch die Gratsparren und die Ringe gebildet werden. Man verwendet meistens in jedem

Fig. 668.

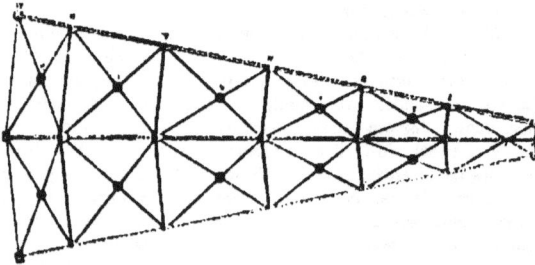

Von einem Gasbehälter zu Berlin[112].

[111] Faks.-Repr. nach: Zeitschr. f. Bauw. 1876, Bl. 32.

Felde zwei einander kreuzende Schrägstäbe, welche wie Gegendiagonalen wirken und blofs auf Zug beansprucht werden. Wenn in den obersten Seitenfeldern, welche nur geringe Breite erhalten, die Schrägstäbe mit den Gratsparren sehr kleine Winkel einschliefsen würden, so läfst man daselbst wohl die Schrägstäbe nach Fig. 668 [***]) über zwei Felder laufen. Eine andere Lösung dieser Schwierigkeit zeigt Fig. 669. Abwechselnd ist immer ein Sparren bis zum Laternenring durchgeführt, während jeweilig der andere Sparren am nächst unteren Ringe in zwei Sparren zerspalten ist, welche nach den Eck-punkten des Laternenringes laufen; letzterer hat dann nur halb so viele Seiten als die anderen Ringe. Diese Anordnung ist weniger einfach als die in Fig. 668 vor-geführte, welche deshalb vorzuziehen ist.

Fig. 669.

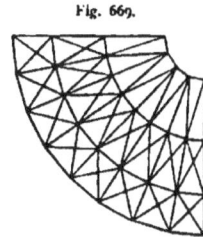

Die unter 1 bis 3 angegebenen Teile sind für die Standfähigkeit der Kuppel ausreichend. Die Gratsparren tragen noch die Pfetten, welche meistens als Holzpfetten konstruiert werden, rings um die Kuppel laufen und die Holzschalung aufnehmen. Auf den Laternenring setzt sich fast stets eine Laterne.

146. Kuppelkurve. Die erzeugende Kurve der Kuppel ist gewöhnlich eine Parabel oder eine kubische Parabel. Wählt man die letztere Kurve, so herrscht bei gleichmäfsig verteilter Belastung in den Zwischenringen die Spannung Null. Näheres darüber ist in Teil I, Band 1, zweite Hälfte (Art. 454, S. 424 [***]) dieses »Handbuches« zu finden; ebendaselbst ist auch ein Zahlenbeispiel durchgerechnet.

147. Eigengewicht der Kuppel. Auf Grund der von *Scharowsky* [***]) durchgeführten Berechnungen der Ge-wichte *Schwedler*'scher Kuppeln mit Durchmessern von 10 bis zu 60 ^{m} hat der Verfasser ermittelt, dafs man bei flachen Kuppeln das Eisengewicht g' für das Quadr.-Meter überdeckter Grundfläche nach der Formel

$$g' = 0{,}25\,D + 19{,}5 \ldots \ldots \ldots \ldots 37.$$

ermitteln kann. In dieser Formel bedeutet D den Durchmesser der Kuppel (in Met.); g' wird in Kilogr. erhalten, und zwar einschliefslich des Gewichtes der Laterne. Will man das gesamte Eigengewicht der Kuppel haben, so rechne man für Pfetten, Schalung und Deckung mit Pappe ein Gewicht

$$g'' = 35{,}5 \text{ Kilogr.}$$

hinzu. Das gesamte Eigengewicht für das Quadr.-Meter überdeckter Grundfläche wird demnach

$$g = 0{,}25\,D + 55 \text{ Kilogr.} \ldots \ldots \ldots 38.$$

148. Gratsparren. Die Gratsparren, auch kurz Sparren genannt, werden als Stäbe des Kuppelfachwerkes auf Druck und durch die Pfetten aufserdem noch auf Biegung beansprucht; sie sind für diese zu-sammengesetzte Beanspruchung zu berechnen, und die Quer-schnittsform ist mit Rücksicht auf dieselbe zu wählen; auch mufs gute Befestigung der Knotenbleche für die Schrägstäbe, der sog. Windknotenbleche, möglich sein.

Fig. 670.

Nach dem Vorgange *Schwedler*'s konstruiert man die Sparren meistens aus zwei Winkeleisen mit dazwischen befindlichem Stehblech, welches nach Bedarf noch durch zwei weitere aufgenietete lotrechte Flacheisen verstärkt wird (Fig. 670).

***) 1. Aufl.: Art. 243, S. 231. 3. Aufl.: Art. 250, S. 261.
**) In: Musterbuch für Eisen-Constructionen. Leipzig 1895. Teil I, S. 136, 137.

Fig. 671.

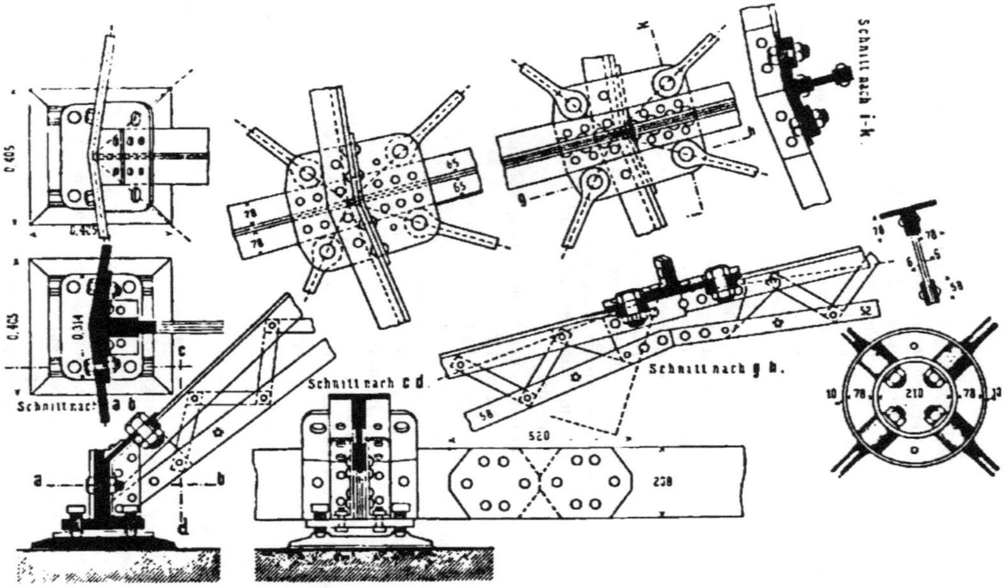
Schnitt nach i-k.
Schnitt nach g h.
Schnitt nach c d.
Schnitt nach a b
0,405
0,405
0,314
65
65
78
78
520
238
210
78
78
10
10
58
52
a
b
c
d
g
h
i
k

Vom Gasbehälter am Hellweg zu Berlin [287].

1/10 w. Gr.

Die Winkeleisen sind etwa 40 × 40 × 6 bis 75 × 75 × 10 mm und die Stehbleche 120 × 8 bis 320 × 10 mm stark. Die aufgenieteten Verstärkungsflacheisen haben etwa 40 × 6 bis 50 × 8 mm Querschnitt.

Die obere Begrenzung der Sparren ist krummlinig, der erzeugenden Kuppelkurve entsprechend; die untere Begrenzung des Stehbleches von Knotenpunkt zu Knotenpunkt ist eine Gerade. Die Stöfse des Stehbleches werden in die Knotenpunkte verlegt, also an diejenigen Stellen, an welchen Sparren und Ringe zusammentreffen. Auf die nicht lotrechten Winkeleisenschenkel kommen die Windknotenbleche und auf letztere die Ringe (Fig. 672 u. 673 [169]).

Die Sparren werden wohl auch aus Gitterwerk hergestellt, bestehend aus zwei Winkeleisen als oberer und zwei Flacheisen als unterer Gurtung, sowie dazwischen liegendem Flacheisen-Gitterwerk (Fig. 671 [167]). An den Knotenpunkten

Fig. 672.   Fig. 673.

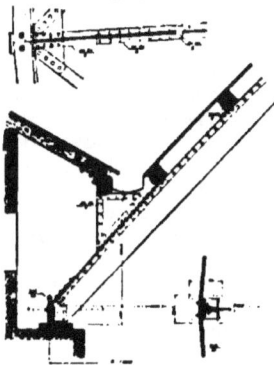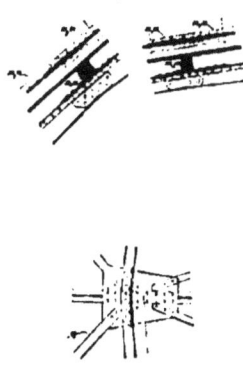

Vom Gasometer der dritten Gasanstalt zu Dresden [169].
'/₁₀ w. Gr.

und in der Nähe des Mauer- und Laternenringes ersetzt man das Gitterwerk zweckmäfsig durch eine Blechwand. Gegen die Verwendung von Gittersparren spricht die schon mehrfach hervorgehobene Schwierigkeit guter Unterhaltung und bei Kuppeln mittlerer Gröfse der Umstand, dafs bei sparsamer Ausführung die einzelnen Teile sehr geringe Abmessungen erhalten, was zu Unzuträglichkeiten führt. Wenn es sich um sehr grofse Kuppeln handelt, so wird man allerdings dennoch zu Gittersparren greifen.

Ein Beispiel ist die Kuppel vom Blumenausstellungs-Dom in der Weltausstellung zu Chicago. Dieselbe hatte 57 m Durchmesser und als Erzeugende einen Viertelkreis von 28,50 m Halbmesser, bildete also eine volle Halbkugel. Jeder der 20 Hauptsparren war im Querschnitt 0,914 m hoch, bestand in der oberen und unteren Gurtung aus je zwei Winkeleisen von 100 × 76 × 10 mm und doppelter Netzwerkvergitterung zwischen den Gurtungen (Flacheisen 90 × 10 mm [168]).

Sehr zweckmäfsig für schwere und weitgespannte Kuppeln sind aus zwei ⊏ - Eisen hergestellte Sparren, deren Abstand so grofs ist, dafs das erforderliche Trägheitsmoment erreicht wird und eine gute Unterhaltung möglich ist. Beide

[167] Faks.-Repr. nach: Zeitschr. f. Bauw. 1866, Bl. 11.
[168] Siehe: Allg. Haus. 1893, S. 13 u. Bl. 1, 2, 3, 4, 5. — Centralbl. d. Bauverw. 1893, S. 457.
[169] Faks.-Repr. nach: Zeitschr. d. Arch.- u. Ing.-Ver. zu Hannover 1861, Bl. 860.

Fig. 674.

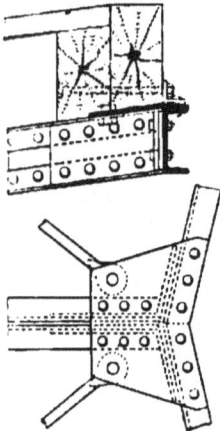

Vom Lokomotivschuppen auf dem
Bahnhof zu Bremen.
$^1/_{12}$ w. Gr.

[-Eisen kehren ihre Rinnenseite nach aussen und werden durch leichtes Gitterwerk aus Winkeleisen zu einem Ganzen vereinigt. Diese Querschnittform gestattet auch, die Knotenbleche bequem und leicht anzubringen. Beim Berliner Dom ist die innere Achteckkuppel mit solchen Sparren hergestellt. Im Knotenpunkte sind die zusammentreffenden Sparren durch je ein wagrechtes Knotenblech getrennt, an dem die Winkeleisen sowohl des inneren (Achteck-) Ringes, wie des äufseren (kreisrunden) Ringes befestigt sind. Jedes Ringstück kann so als ebene Fachwerkscheibe gebaut werden; dadurch wird die Herstellung der Werkzeichnungen und die Aufstellung der Kuppel erleichtert.

Auch aus gebogenen I-Trägern kann man die Sparren herstellen. Diese Sparrenform zeigen Fig. 699 bis 703 (Heil. Kreuz-Kirche in Berlin).

Die Zwischenringe können schwach sein, wenn sie nur als Teile des Kuppelfachwerkes zu wirken haben. Sie bestehen meistens nur aus einem Winkeleisen, etwa $50 \times 50 \times 7$ bis $120 \times 120 \times 13$ ᵐᵐ stark. Der Stofs wird an denjenigen Stellen vorgenommen, wo Sparren und Ringe einander treffen; für den einen Schenkel dient das Windknotenblech als Stofsblech, und für den anderen Schenkel wird ein besonders Stofsblech aufgelegt. Damit diese einfachen Winkeleisen beim auftretenden Drucke nicht zerknickt werden oder ausbiegen, hat *Schwedler* sie mit den angrenzenden Holzpfetten durch 8 bis 10ᵐᵐ starke Schraubenbolzen verbunden; besser ist es, genügend starke Eisen, [-Eisen oder ⊥-Eisen, zu verwenden.

249.
Zwischenringe.

Beim Blumenausstellungs-Dom in Chicago sind die Ringe zugleich Pfetten und deshalb mit Blechträgerquerschnitt konstruiert.

Der Laternenring mufs widerstandsfähig gegen Druck und Knicken sein. Er wird aus zwei Winkeleisen (Fig. 675 ᵐᵉ), aus lotrechtem Blech mit oben säumenden Winkeleisen, auch wohl aus einem [-Eisen gebildet (Fig. 674).

250.
Laternenring.

Fig. 675.

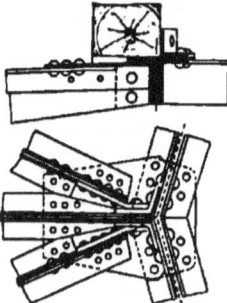

Vom Gasbehälter in der
Holzmarktstraße zu Berlin ᵐᵉ).
$^1/_{50}$ w. Gr.

In Fig. 675 besteht der wirksame Laternenring nur aus den beiden Winkeleisen; dargestellt ist die Stofsstelle: das zwischen die lotrechten Schenkel der Winkeleisen gelegte Blech stöfst diese; das aufgelegte wagrechte Blech stöfst die wagrechten Winkeleisenschenkel.

Der Fufsring oder Mauerring hat nur Zug zu ertragen. Man konstruiert ihn meistens als lotrechtes Flacheisen, welches, da die im Ringe herrschenden Kräfte sehr grofs werden können, grofse Querschnittfläche erhält. Fig. 671 zeigt ein Flacheisen von 208×20 ᵐᵐ; es kommen aber viel gröfsere Querschnittflächen vor. Der Stofs des Fufs-

251.
Fufsring.

ᵐᵉ) Faks.-Repr. nach: Zeitschr. f. Bauw. 1866, Bl. 10.

ringes wird durch beiderseits aufgelegte Laschen (Fig. 671) vorgenommen, und zwar an beliebiger, bequem liegender Stelle.

Schwedler verwendete zu den Schrägstäben Rundeisen von 25 bis 30 ** Durchmesser; wo die beiden Schrägstäbe sich treffen, wurde ein Schloß (Fig. 671) angebracht, mit dessen Hilfe etwaige Ungenauigkeiten beseitigt werden können. Um Durchbiegung infolge des Gewichtes der Schlösser zu vermeiden, hängte *Schwedler* dieselben mittels Schleifen an den Holzpfetten auf. *Scharowsky* zieht für die Schrägstäbe Flacheisen vor, weil die Rundeisen teuerer seien, durch die große Zahl von Spannschlössern leicht ungleichmäßige Spannung in die Diagonalen komme, die Spannschlösser durch ihr Gewicht die Schrägstäbe durchbiegen und der nur durch Bolzen zu bewirkende Anschluß der Rundeisendiagonalen starke Knotenbleche erfordere.

Die Konstruktion der Knotenpunkte an den Zwischenringen bietet keine Schwierigkeit; der Anschluß der Schrägstäbe und Ringe erfolgt mittels des Knotenbleches, welches in die anschließenden Seitenebenen gebogen wird und den Stoß der wagrechten Winkeleisenschenkel sowohl bei den Sparren, wie bei den Ringen vermittelt; die lotrechten Winkeleisenschenkel werden durch Bleche, die Stehbleche der Sparren durch beiderseitige Laschen (Fig. 673) gestoßen. Die etwa auf das Stehblech gelegten Verstärkungsflacheisen dürfen in der

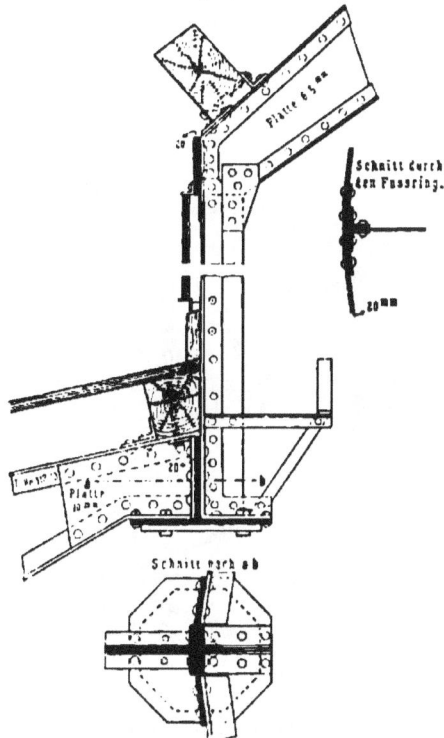

Fig. 676.

Von einem Lokomotivschuppen der Preußischen Ostbahn.
$\frac{1}{70}$ w. Gr.

Regel, da sie nur wegen der Biegungsbeanspruchung aufgesetzt sind, diese aber nahe an den Knotenpunkten sehr klein ist, stumpf vor die Stoßlaschen laufen.

Die Verbindung der Sparren mit dem Laternenring wird mittels lotrechter Winkeleisen oder winkelförmig gebogener Bleche und entsprechend geformter Knotenbleche vorgenommen. Ein Beispiel zeigt Fig. 674. Verwickelter ist die Konstruktion, wenn nach Fig. 669 (S. 336) drei Gratsparren an einem Punkte des Laternenringes zusammentreffen. Einen solchen Knotenpunkt veranschaulicht

Fig. 675 [290]); für den Anschluß der beiden schräg anlaufenden Sparren sind besondere lotrechte Knotenbleche auf die Schenkel der beiden Winkel gelegt, welche den mittelsten Sparren mit dem Laternenring verbinden; außerdem sind die drei Sparren auch mit dem Windknotenblech vernietet.

Die Auflager-Knotenpunkte sind zugleich diejenigen Knotenpunkte, in denen die Gratsparren mit dem Fußring zusammentreffen. Das untere Ende des Gratsparrens wird mit dem Fußring durch lotrechte Winkeleisen verbunden; zwischen beide kommt das Windknotenblech zum Anschluß der Schrägstäbe, welches in die Ebenen der anschließenden Seitenflächen gebogen wird (Fig. 671). Mit dem Ganzen wird eine wagrechte schmiedeeiserne Platte verbunden, durch welche vier Stellschrauben gehen; dieselben übertragen den Auflagerdruck auf die Auflagerplatte. Die Lager sind, soweit es der Fußring gestattet, beweglich, und zwar in der Linie in der Richtung des Halbmessers der Grundfläche; deshalb sind die gußeisernen Auflagerplatten in Fig. 671 mit gehobelten Bahnen hergestellt, in welche die vier Stellschrauben passen. Bei gerader Seitenzahl der Grundfigur und bei größerer Seitenzahl derselben ist diese Auflagerung nicht einwandfrei; man vgl. hierüber Art. 231 (S. 315).

Wenn der Fußring am oberen Ende eines lotrechten, cylindrischen Aufbaues liegt, wie beim Lokomotivschuppen in Fig. 221 (S. 78), so ändert sich die Konstruktion etwas; ein solcher Knotenpunkt ist in Fig. 676 dargestellt.

Fig. 677.

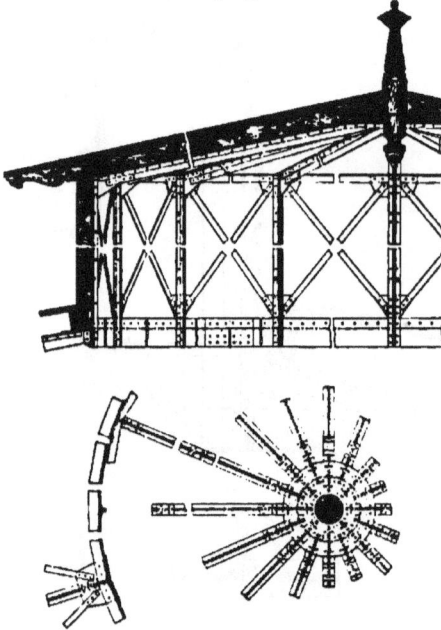

Laterne [291]. — $\frac{1}{80}$ w. Gr.

Für leichte Laternen, wie sie bei flachen *Schwedler*-Kuppeln vorkommen, gilt folgendes. Nennt man den Durchmesser des Grundrißkreises der Kuppel D, den Durchmesser der Laterne D_2, die Höhe des lotrechten Unterbaues der Laterne h_1 und die Dachhöhe der Laterne h_2, so kann man

$$D_2 = 0_{,1} D, \; h_1 = 0_{,05} D \text{ und } h_2 = 0_{,03} D$$

einführen [291]). Die Anzahl der Seiten für die Laterne und demnach die Zahl der Sparren für dieselbe wählt man zweckmäßig kleiner als die Zahl der Kuppel-

---

[291) Nach: SCHAROWSKY, a. a O., Teil I, S. 131, 134, 135.

sparren, etwa halb, unter Umständen nur ein Viertel so grofs wie letztere. Es empfiehlt sich, die lotrechten Laternenpfosten an den Laternenring nicht in den Knotenpunkten, in welchen die Gratsparren der Kuppel anschliefsen, sondern daneben oder je in der Mitte zwischen zwei Knotenpunkten anzuordnen; die Anschlüsse werden alsdann einfacher[291]). Die hierdurch im Laternenring erzeugten Biegungsspannungen sind bei der Querschnittsbemessung natürlich als Zusatzspannungen zu berücksichtigen.

Die Pfosten der Laterne werden aus zwei Winkeleisen mit Zwischenraum und die Laternensparren ebenso konstruiert; die Verbindung durch in die Zwischen-

Fig. 678.

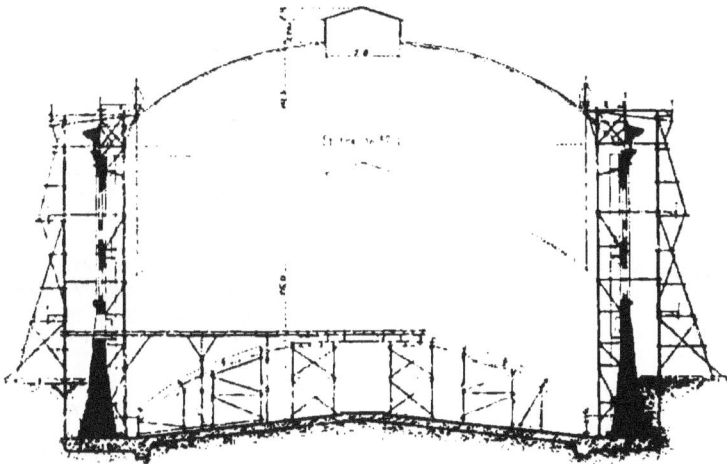

Vom Gasometer der dritten Gasanstalt zu Dresden[292]).
$\frac{1}{100}$ w. Gr.

räume eingelegte Bleche ist leicht herzustellen. Am oberen Ende der Pfosten mufs, wegen der durch die Laternensparren ausgeübten Kräfte, ein Zugring angebracht werden; die lotrechten Seitenflächen der Laterne sind durch Schrägstäbe (Flach- oder Rundeisen) auszusteifen. Fig. 677[291]) giebt eine solche Laterne.

236.
Aufstellung
des
Kuppeldaches.
Da jeder innerhalb eines vollen Ringes liegende Teil der Kuppel ein festes System bildet und als solches gehoben werden kann, so baut man die ganze Kuppel mit Ausnahme der äufsersten Ringzone unten zusammen und hebt nunmehr die ganze Konstruktion von einem festen zur Ausführung der Umfangsmauer errichteten Ringgerüst aus (Fig. 678[292]) oder von fliegenden Gerüsten aus in die erforderliche Höhe. Das Heben erfolgt mit Hilfe von Hebeladen; die auswärts liegenden Teile, d. h. den Mauerring, die Auflager und die äufsersten Sparren-

---

[292]) Fakf.-Repr. nach: Zeitschr. d. Arch.- u. Ing.-Ver. zu Hannover 1881, III, 158.

Fig. 679.

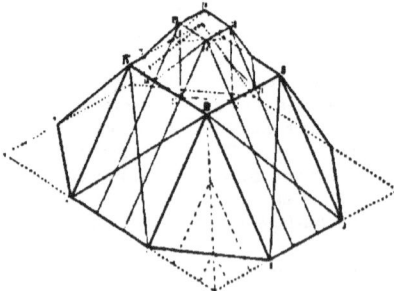

teile, baut man auf dem Gerüst zusammen und verbindet sie mit der in den Hebeladen hängenden Dachkonstruktion durch Vernietung. Diese Aufstellung des Kuppeldaches ist von *Schwedler* angegeben und vielfach ausgeführt; die Hebung erfordert gewöhnlich nur 8 bis 10 Stunden, ist also in einem Tage bequem ausführbar. Fig. 678 zeigt die Art des Vorganges.

b) Andere Kuppelkonstruktionen.

Für steile Kuppeln mit hohen und schweren Laternen sind nach den Ausführungen in Art. 243 (S. 332) die *Schwedler*'schen Kuppelflechtwerke nicht besonders geeignet; auch für Kuppeln über rechteckiger Grundfläche empfiehlt es sich, eine andere Konstruktion zu wählen, bei welcher man möglichst viele, in denselben lotrechten Ebenen liegende Konstruktionsteile hat. Bei den vorkommenden Aufgaben sind sehr verschiedene Lösungen möglich.

257.
Kuppeldach
des
Reichstags-
hauses
zu Berlin.

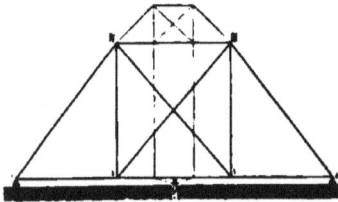

Von der Kuppel des Reichstagshauses zu Berlin.

Nachstehend sollen einige neuere Kuppeln mit eigenartigen Aufbauten vorgeführt werden.

Die Kuppel des Reichstagshauses zu Berlin erhebt sich über einer rechteckigen Grundfläche; die Außenmaße der tragenden Seitenmauern sind 38,74 m × 34,725 m. Das Eisengerüst ist ein räumliches Fachwerk, bei welchem möglichst viele Teile in lotrechte Ebenen gelegt sind, die einander unter rechtem Winkel schneiden; dadurch ist möglichste Einfachheit in der Herstellung erreicht.

Das Gesamtfachwerk (Fig. 679 u. 680) gliedert sich in drei Einzelfachwerke, welche in den Abbildungen durch starke Linien, schwache Linien und strichpunktierte Linien kenntlich gemacht sind. Das Hauptfachwerk (durch starke Linien hervorgehoben) besteht aus einem Achteck *1 2 3 4 5 6 7 8* in der Auflagerebene, einem rechteckigen Ring *I II III IV* in einer um 14,90 m über der Auflagerebene liegenden, wagrechten Ebene und den Verbindungsstäben des Achteckes und Viereckes. Die Eckpunkte *I, II, III, IV* sind mit den 8 Punkten in der Auflagerebene durch Sparrenstäbe und Diagonalen verbunden. Die Sparrenstäbe und die Stäbe des oberen Ringes liegen in vier lotrechten Ebenen; diese Teile sind als Hauptbinder bezeichnet. Die Diagonalen

Fig. 680.

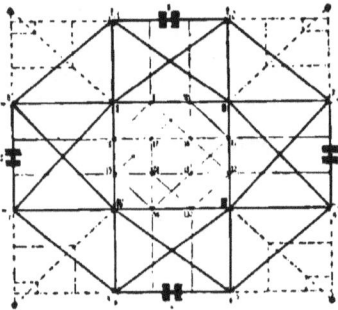

liegen in den geneigten, rechteckigen Seitenflächen *1 2 // 1*, *3 4 /// //* u. s. w. und sind als gekreuzte, nur zur Aufnahme von Zug geeignete Gegendiagonalen ausgebildet. Da letztere in be-

Fig. 681.

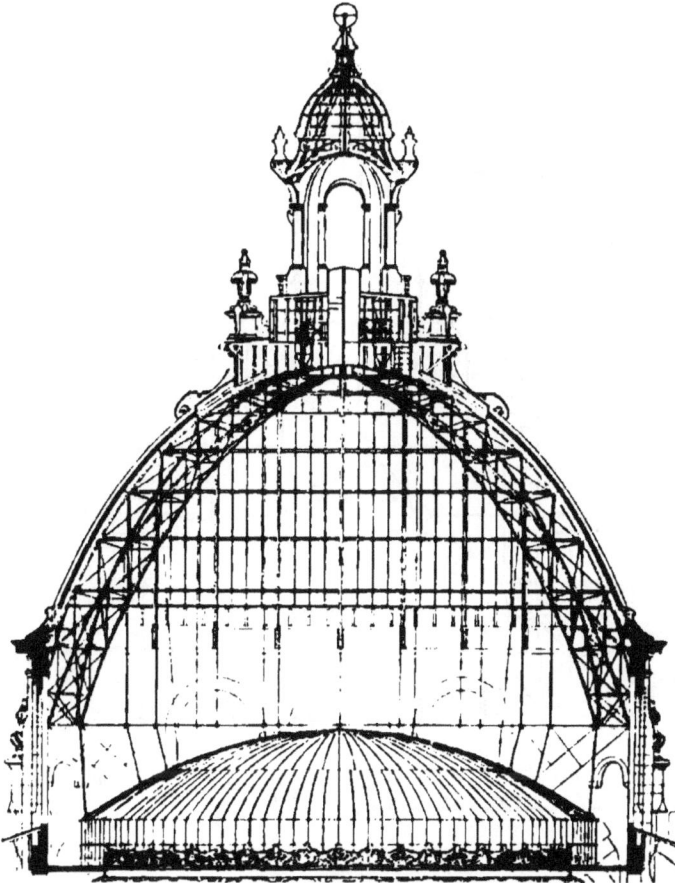

Lotrechter Schnitt.

Kuppeldach über der Centralhalle

kannter Weise nur je wie eine Diagonale wirken, so kann die Untersuchung so vorgenommen werden, als ob in jedem Seitenfelde nur eine Diagonale wäre, welche Zug und Druck ertragen kann.

Ganz eigenartig ist die Lagerung dieses Hauptfachwerkes. Jeder der 8 Eckpunkte des Grund-achteckes hat ein Lager, dessen Rollen der betreffenden Umfassungsmauer parallel sind, also Verschiebung in der in Fig. 679 dargestellten Pfeilrichtung (positiv oder negativ) gestatten. Verschiebung in der Längsrichtung der Mauer wird durch vier besondere Lager verhindert, so daß jedes der 8 Lager als Ebenenlager mit einer Auflagerunbekannten aufgefaßt werden kann.

Die besonderen Lager sind mitten zwischen zwei Hauptlagern angeordnet, indem die Fußpfette an dieser Stelle so mit dem Mauerwerk verbunden ist, daß nur wagrechte, mit der Mauerflucht gleich-

Fig. 682.

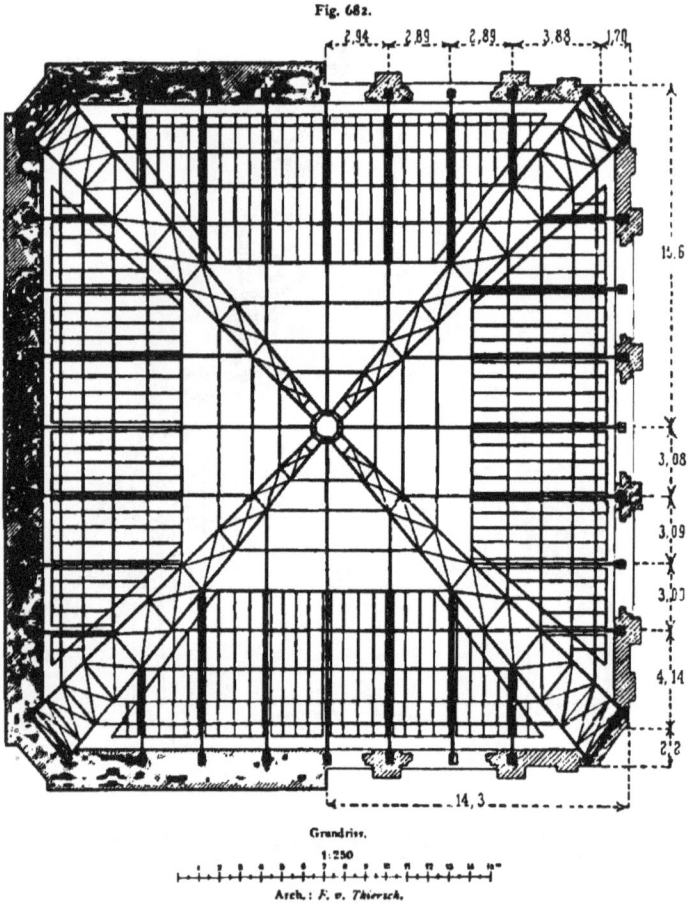

Grundriss.

1:250

Arch.: *F. v. Thiersch.*

des Justizgebäudes zu München [99]).

gerichtete Kräfte übertragen werden können; zu diesem Zwecke sind lotrechte Arme mit der Fußpfette an den langen Rechteckseiten, mit besonderen Lagerträgern auf den kurzen Rechteckseiten verbunden,

[99]) Zeitschr. f. Bauw. 1897, S. 511 u. Bl. 63–66.

Fig. 683.
¹⁄₁₀₀ w. Gr.

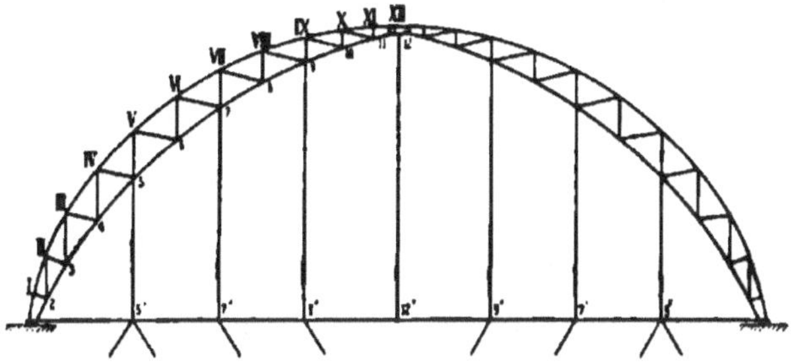

Ideales
Bindernetz
der
Gratbinder.

Fig. 684.

¹⁄₂₀ w. Gr.

¹⁄₂₀ w. Gr.

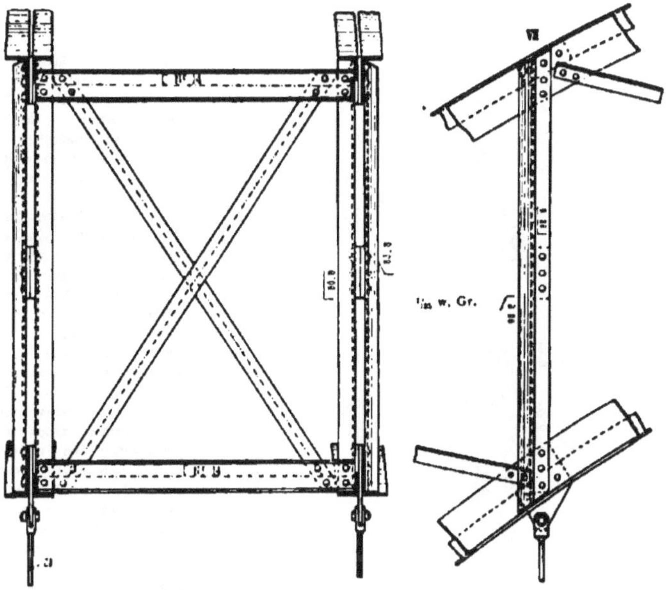

Fig. 685.
¹⁄₁₀ w. Gr.

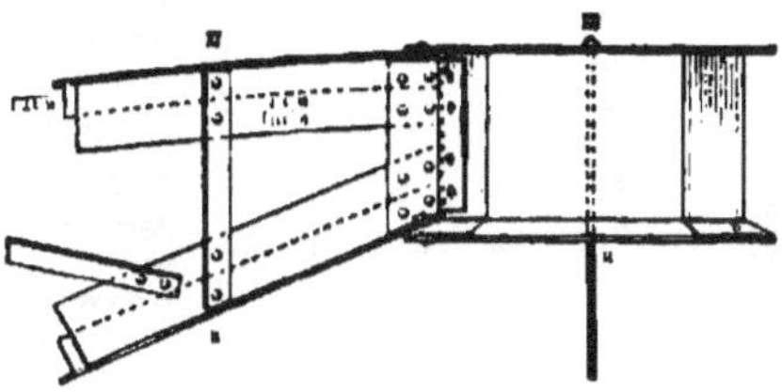

Scheitelstück
der
Gratbinder.

Vom Kuppeldach über der Centralhalle des Justizgebäudes

Fig. 686.

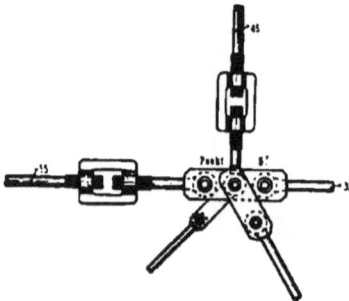

Fig. 687.

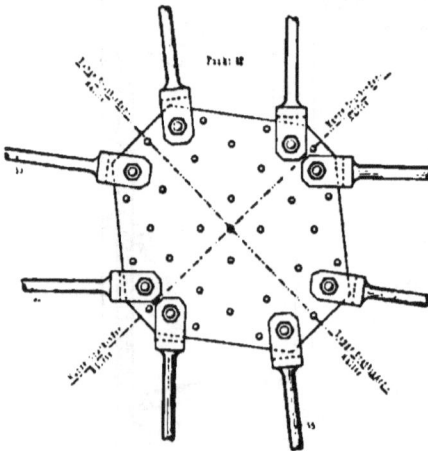

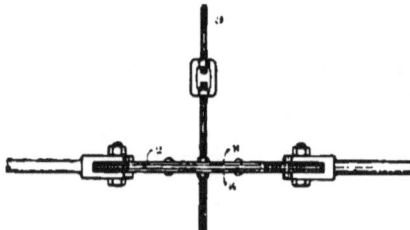

zu München [294]). — $^1/_{25}$ w. Gr.

welche in das Mauerwerk greifen. Diese vier Lager, welche Verankerungslager genannt werden sollen, sind in Fig. 679 mit *a, b, c, d* bezeichnet. Die statische und geometrische Bestimmtheit des beschriebenen Fachwerkes ist an die Hauptbedingung geknüpft, daß die Zahl der Auflager- und Stabunbekannten mit derjenigen der verfügbaren Gleichungen übereinstimme.

Hier sind: 8 Auflager mit je einer Unbekannten, d. h. 8 Unbekannte; 4 Verankerungslager mit je einer Unbekannten, d. h. 4 weitere Unbekannte; $8 + 4 + 8 + 4 = 24$ Stäbe, d. h. 24 Stabunbekannte, zusammen 36 Unbekannte. Die Zahl der Knotenpunkte ist $K = 12$; mithin sind verfügbar $3 K = 36$ Gleichungen; die Hauptbedingung ist also erfüllt. Die weitere Untersuchung, ob die Stabanordnung die richtige ist, kann mittels des mehrfach vorgeführten Verfahrens der Ersatzstäbe geführt werden, oder indem man für beliebige Belastung ausrechnet, ob die Stabspannungen eindeutig ermittelt werden können; das letztere Verfahren ist hier eingeschlagen worden.

Das Zwischenfachwerk, in Fig. 679 durch schwache Linien gekennzeichnet, besteht zunächst aus zwei Zwischenbindern in jeder der geneigten rechteckigen Seitenflächen des Hauptfachwerkes und dem Laternenfachwerk. Jeder Zwischenbinder setzt sich unten auf die Fußpfette, lehnt sich oben gegen den betreffenden Ringstab des Hauptfachwerkes. Das Laternenfachwerk entspricht im kleinen genau dem großen Hauptfachwerk. Es setzt sich auf ein ebenes Achteck in Höhe des Ringes *I II III IV*; die 8 Fußpunkte dieses Achteckes sind die Punkte, in denen die Zwischenbinder sich mit den Stäben des Ringes *I II III IV* treffen, d. h. die Punkte *9, 10, 11, 12, 13, 14, 15, 16*; die obere Endigung des Laternenringes ist das Rechteck *17 18 19 20*, um 4 = höher gelegen, als Ring *I II III IV*. Die Punkte des Rechteckes *17 18 19 20* und diejenigen des Achteckes *9 10 11 12 13 14 15 16* sind durch Stäbe nach dem Vorbild des Hauptfachwerkes verbunden. Das Laternenfachwerk ist sonach ein selbständiges Raumfachwerk, welches seine Kräfte in

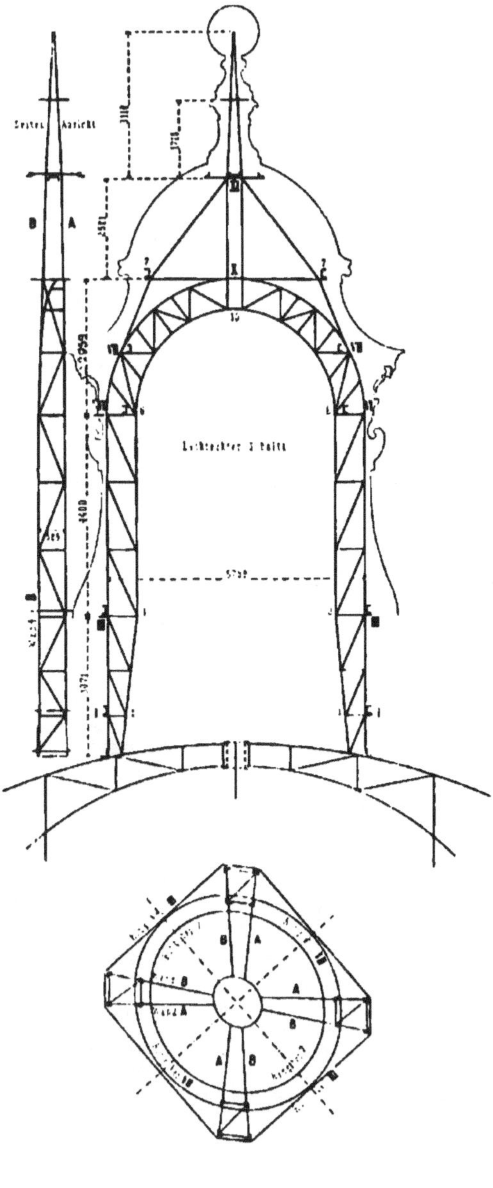

Fig. 688.

¹/₆₀ w. Gr.

Laterne
auf dem
Kuppeldach
des
Justiz-
gebäudes
zu
München ⁹⁹⁴).

das Hauptfachwerk abgiebt. Die Zwischenbinder sind in den schrägen Seitenflächen miteinander verkreuzt, welche Verkreuzung in den Abbildungen nicht dargestellt ist, um dieselben deutlich zu halten.
    Das Gratfachwerk endlich (durch strichpunktierte Linien hervorgehoben) ist ebenfalls als Neben-
konstruktion gedacht. Die Gratbinder lehnen sich oben gegen die Eckpunkte *I, II, III, IV* des Ringes

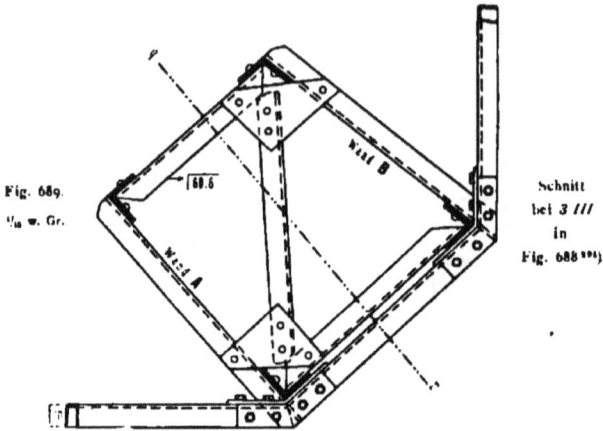

Fig. 689.
¹/₁₀ w. Gr.

Schnitt
bei *3 III*
in
Fig. 688 ***)

Fig. 690

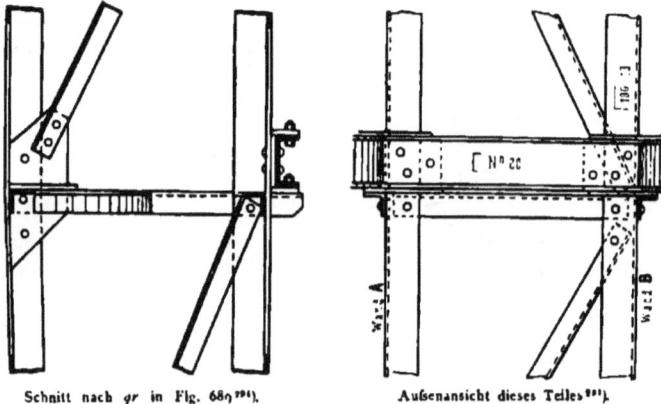

Schnitt nach *gr* in Fig. 689 ***).

Außenansicht dieses Teiles ***).

¹/₁₀ w. Gr.

des Hauptfachwerkes, setzen sich unten auf Lager, welche in der wagrechten Ebene nach allen Richtungen beweglich sind, und nehmen die Nebenbinder auf, welche sich an sie schiften.
    Des besseren Verständnisses halber ist die Kuppelkonstruktion in ihren Hauptlinien in Fig. 680
isometrisch dargestellt; der Gratbinder mit seinen Nebenbindern ist nur für die dem Beschauer zu-

***) Nach: Centralbl. d. Bauverw. 1897, S. 350. 357. — Deutsche Bauz. 1897, S. 267, 284. — THIERSCH, F. Das neue
Justizgebäude in München. Festschrift. München 1897. — Die Zeichnungen der Eisenkonstruktion verdankt der Verfasser
Herrn Baurat Ruppel zu Nürnberg.

gewendete Seite dargestellt, damit nicht die Abbildung durch die große Zahl der Linien undeutlich wird; dabei ist ferner der Fußpunkt der Gratbinder in die Ecke des Hauptquadrats gelegt, was von der Wirklichkeit ein wenig abweicht.

Fig. 691.

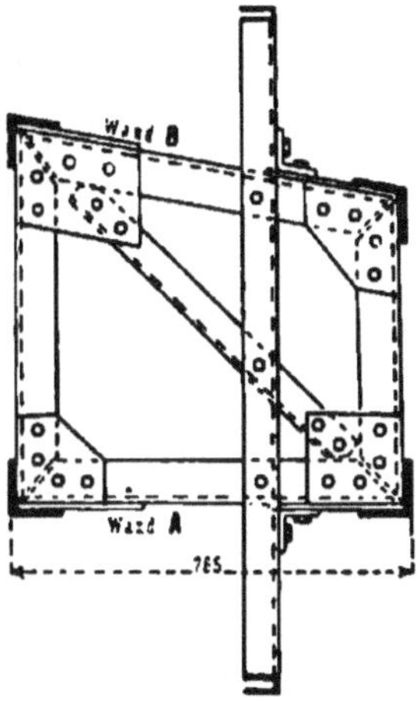

Fig. 692.

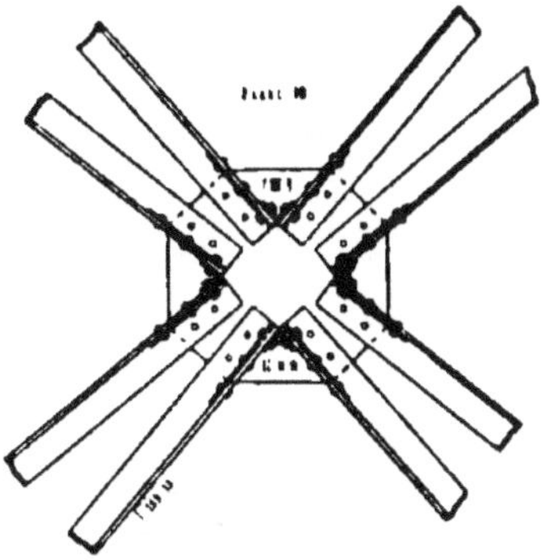

Punkt 10 in Fig. 688 [104].
1/10 w. Gr.

Fig. 694.

Wagrechter Schnitt bei VI6 in Fig. 688 [104].
1/10 w. Gr.

Fig. 693 [104].

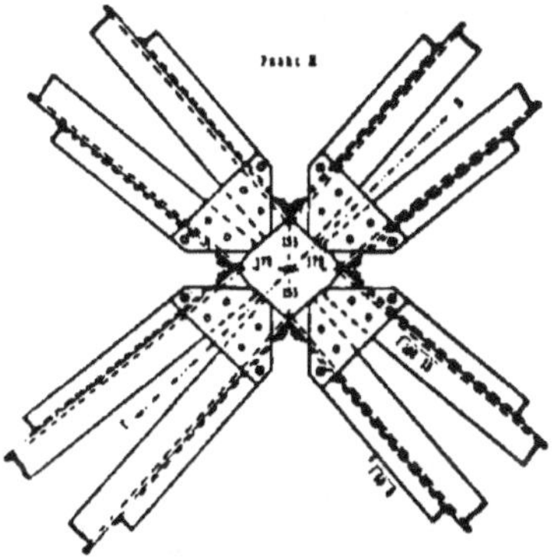

Scheitelknotenpunkt X der Laterne in Fig. 688 [104].
1/10 w. Gr.

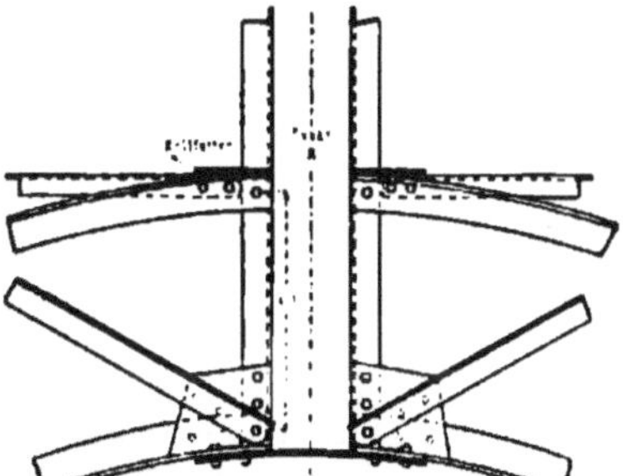

Lotrechter Schnitt bei Punkt 10 in Fig. 688 [104]. — 1/10 w. Gr.

Der Entwurf rührt von *Zimmermann* her. Näheres, insbesondere die Darstellungen der Lager und schwierigen Konstruktionen, ist in der unten genannten Zeitschrift [103]) zu finden.

258.
Kuppeldach des
Justizgebäudes
zu München.
Die aus Eisen und Glas hergestellte Kuppel des neuen Justizgebäudes zu München [104]) erhebt sich über einer rechteckigen Grundfläche; die Lichtmaße des Raumes betragen im Grundriß 29,50 ᵐ × 25,00 ᵐ. Für die Konstruktion maßgebend

sind: Länge des Rechteckes 31,20 ᵐ und Breite 28,60 ᵐ. Die Ecken des Rechteckes sind im Grundriß abgestumpft.

Unter den vier Graten liegen Gratbinder, welche sich im Scheitel gegeneinander lehnen und hier durch ein Gußeisenstück (Fig. 685) vereinigt sind; die Fußpunkte der Gratbinder sind durch Zugstangen aus Rundeisen zur Aufhebung des Horizontalschubes verbunden.

Die Binder tragen eine über dem Kuppelscheitel 16,40 ᵐ hohe, schwere Laterne. Jeder Gratbinder besteht aus zwei Hälften, welche miteinander durch wagrechte und schräge Stäbe zu einem Raumfachwerk vereinigt sind; diese Hälften sind aus einem idealen Bindernetz (Fig. 683) entwickelt, welches in der Lotebene der Schnittlinie der Walmflächen gedacht ist. Aus diesem idealen Bindernetz ergaben sich die Netze für die Gratbinderhälften und die Sparren durch Projektion der einzelnen Punkte. Die Gratbinderhälften liegen in konvergierenden, lotrechten Ebenen (Fig. 681 u. 682). Gegen die Gratbinder schiften sich die Sparren der Seitendachflächen. Einer dieser Sparren liegt jederseits in der Halbierungslinie des Grundrechteckes, die anderen auf der langen Rechteckseite, 3,00, bezw. 8,08 ᵐ voneinander entfernt, auf der schmalen Rechteckseite in Abständen von 2,94, bezw. 2,80 ᵐ (Fig. 682). Diese Sparren tragen, gemeinsam mit den Gratbindern, die rings umlaufenden Pfetten. An das Eisengerüst ist noch das im Grundriß elliptische innere Glasdach gehängt.

Fig. 695.

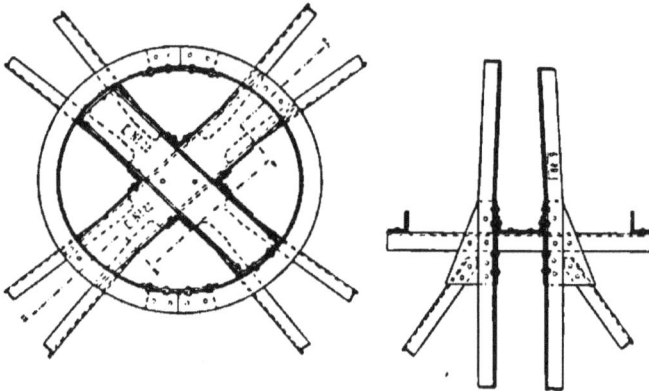

Punkt XI in Fig. 688 ᵐᵐ).

Im einzelnen ist zu bemerken: Die Verbindung der beiden Gratbinderhälften miteinander durch wagrechte Riegel und gekreuzte Diagonalen in den lotrechten Pfostenebenen ist in Fig. 684 dargestellt; außerdem sind auch in den Ebenen der beiden Bogengurtungen Verkreuzungen angebracht (Fig. 681). Die Verbindung des Zugbandes mit den Hängeeisen, an welchen es aufgehängt ist, ist in Fig. 686 zu ersehen; die Stelle, an welcher sich die 8 Rundeisenanker in der Mitte treffen, zeigt Fig. 687. Hier ist ein Knotenblech angeordnet, bestehend aus zwei Blechen von je 14 ᵐᵐ und einem Blech von 12 ᵐᵐ, d. h. ein im ganzen 40 ᵐᵐ starkes Knotenblech.

Die beiden Hälften eines Gratbinders sind nicht gleich groß, was aus der Form des Grundrisses folgt; dieselben sind als „lange" und „kurze" Gratbinderhälften unterschieden. — Die Sparren sind sämtlich aus dem mittelsten Sparren konstruiert; je tiefer der Anschlußpunkt des betreffenden Sparrens an den Gratbinder zu liegen kommt, desto kürzer wird er, und desto mehr Teile des Mittelsparrens von oben nach unten fallen fort. Die Feldereinteilung des Mittelsparrens ist deshalb so getroffen, daß hierbei immer ganze Felder von oben fortfallen.

Die Laterne (Fig. 688) ist in ähnlicher Weise, wie die Hauptkuppel, aus vier Hauptsparren konstruiert, welche sich im Scheitel treffen. Fig. 688 bis 695 geben die Gesamtanordnung und eine Reihe von Einzelheiten. Auch hier besteht jeder Sparren aus zwei miteinander durch Gitterwerk zu einem Raumfachwerk verbundenen Teilen (Fig. 688, 689, 691); auch hier sind beide Teile eines Sparren

Fig. 697.

Fig. 696.

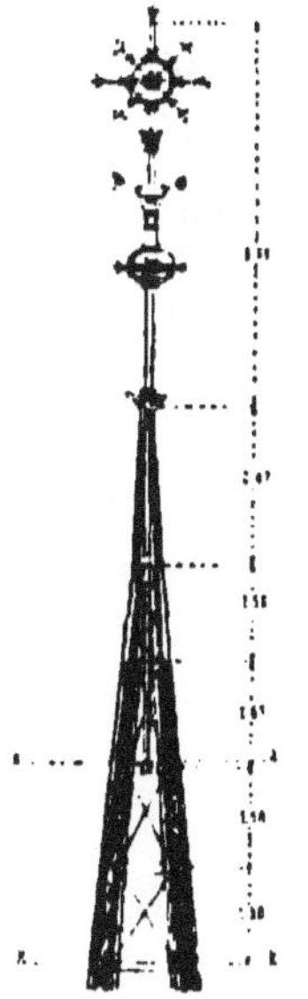

Lotrechter Schnitt.

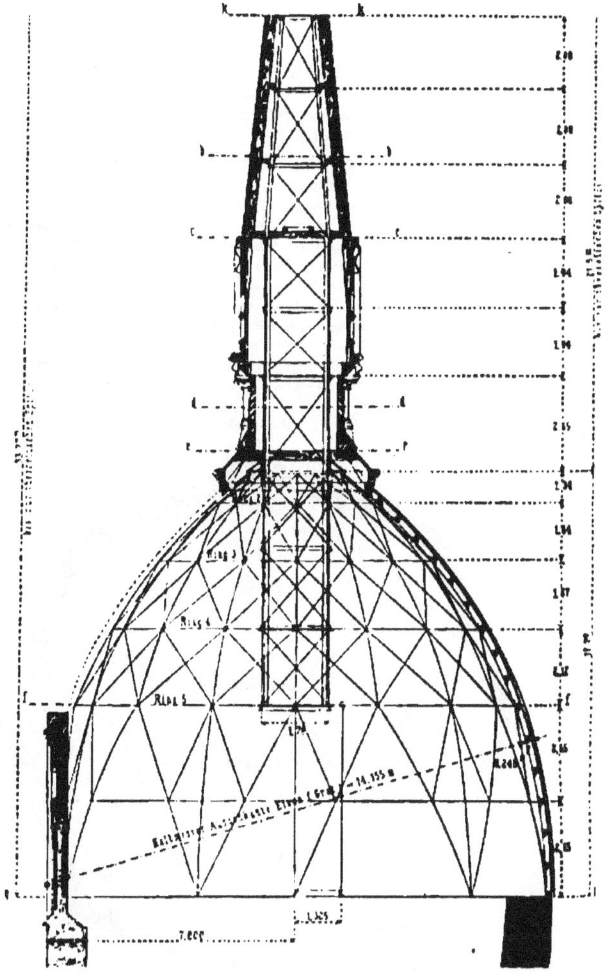

¹/₁₀₀ w. Gr.

Kuppel ² der Heil.

ungleich. Der eine Teil, als „Wand *A*" bezeichnet, liegt in lotrechter Ebene und ist aus rechtwinkeligen Winkeleisen gebildet. Die Unregelmäßigkeiten sind in die „Wand *B*" verwiesen, bei welcher schiefwinkelige Winkeleisen verwendet sind (Fig. 689 u. 691). Die Laterne ist mit den Hauptbindern durch Verschraubung verbunden. Weitere Einzelheiten sind in Fig. 692 bis 695 dargestellt.

Die mit einem hohen und schweren Dachreiter ausgestattete Kuppel der Heil. Kreuz-Kirche zu Berlin (Fig. 696, 697, 698 [195]) hat eine Achteckgrundfläche; von den acht Auflagern gehen acht Gratsparren aus; acht weitere Gratsparren setzen sich auf acht Giebelspitzen. Oberhalb der Giebelspitzen ergeben die wagrechten Schnitte der Kuppel regelmäßige Sechzehnecke. Der Dachreiter ist mit vier Eckpfosten und verbindendem Fachwerk hergestellt und am Schlußring der Kuppel mit diesem vernietet.

Die 16 Gratsparren der Kuppel lehnen sich oben gegen den runden Schlußring von 30 cm Höhe und einem aus Blechwand mit Winkeleisen bestehenden Querschnitt (Fig. 697, 698 u. 699). Wegen der einseitigen Windbelastungen ist der Schlußring kräftig versteift: einmal durch vier lotrechte Blechwände, welche die Anschlußstellen des Dachreiters im Grundriß verbinden und im kreisförmigen Schlußring ein eingeschriebenes Quadrat bestimmen (Fig. 698, Grundriß); sodann durch vier wagrechte Blechwände je zwischen dem Schlußring und den erwähnten Quadratseiten (Fig. 699). Die so entstandenen wagrechten Bogensehnenträger mit Blechwand übertragen die einseitigen Belastungen auf die vier Eckpunkte des dem Kreise eingeschriebenen Quadrats. Diese Konstruktion ist durch Fig. 697 u. 699 (im Grundriß von Fig. 698 schraffiert) verdeutlicht. Die Gratsparren der Kuppel (X-Träger) sind nach einem Halbmesser von 14,00 m gebogen, unten, in der Auflagerhöhe, durch einen achtseitigen

Fig. 698.

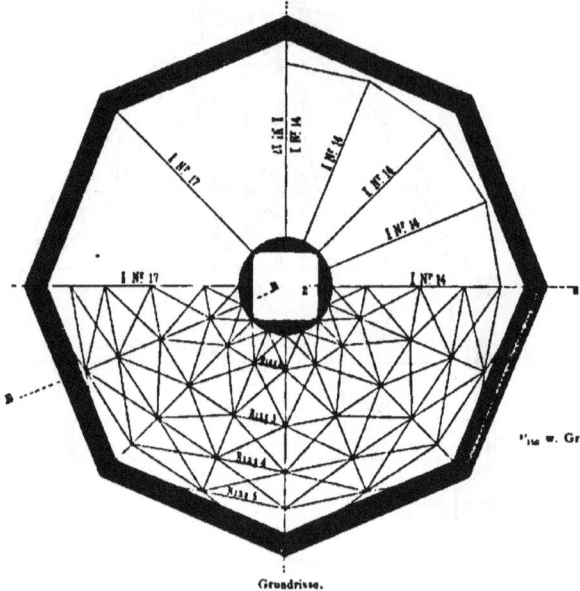

Grundrisse.

Kreuz-Kirche zu Berlin [195]).

[195] Nach freundlichen Mitteilungen der Herren *Brettschneider & Krüger* in Berlin, welche die Kuppel konstruiert und gebaut haben.

Handbuch der Architektur. III. 2, d. (2. Aufl.)   23

Fig. 699.

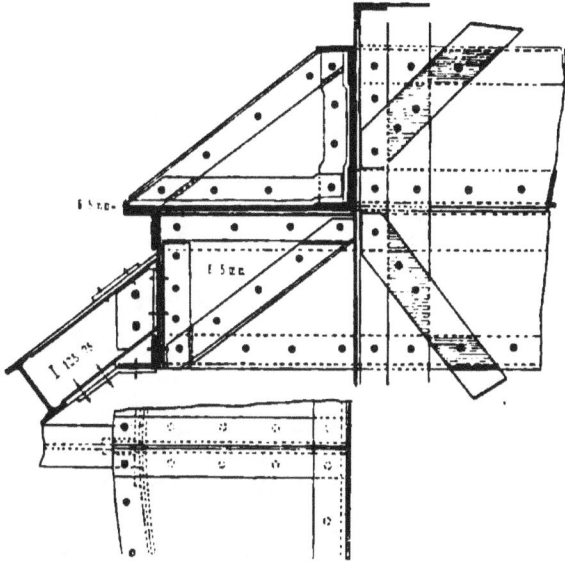

Schlußring. — ¹/₁₀ w. Gr.

Fig. 700.

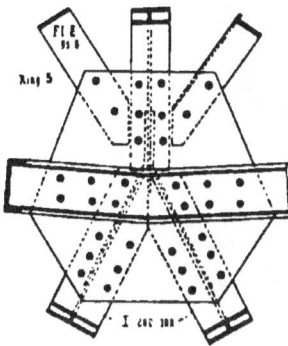

Ring 5.

¹/₁₀ w. Gr.

Fig. 701.

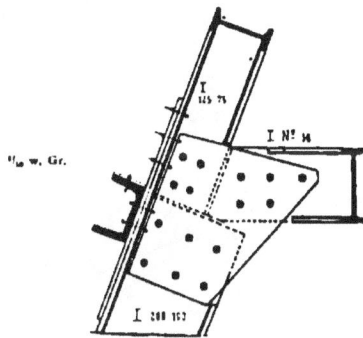

Giebelspitze Ring 5.

Von der Kuppel der Heil.

Fig. 702.

Fig. 703.

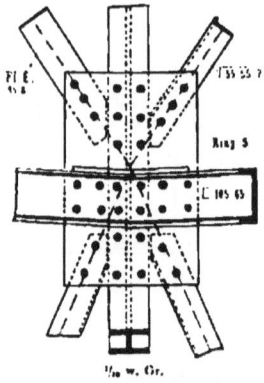

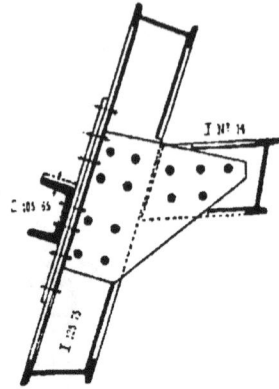

¹⁄₁₀ w. Gr.

Ring 5.
Anschluß der sternförmigen Verankerung.
¹⁄₁₀ w. Gr.

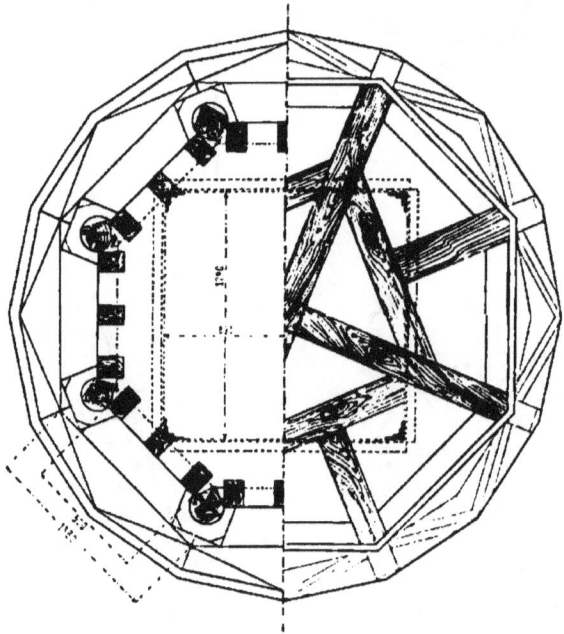

Fig. 701.

¹⁄₁₀ w. Gr.

Wagrechter Schnitt nach *d d*   Wagrechter Schnitt nach *e e*
in Fig. 607.

Kreuz-Kirche zu Berlin ⁸⁸ᵃ).

23*

Fußring aus C-Eisen zusammengehalten. Die Ringe *2, 3, 4* (Fig. 696 u. 698) sind Winkeleisen; Ring *5* besteht aus C-Eisen; in der Höhe dieses Ringes liegen die acht vorerwähnten Giebelspitzen. Außerdem ist in dieser Höhe eine sechzehnarmige, sternförmige Verstrebung angebracht, welche mit dem bis hierher hinabgeführten Dachreiter verbunden ist und den Fuß desselben sichern soll. Die Arme der Verstrebung sind I-Eisen Nr. 14. Die Verstrebung ist im oberen, rechtsseitigen Viertel des Grundrisses (Fig. 698) dargestellt. Die Diagonalen in den Seitenebenen des Kuppelfachwerkes sind Flacheisen und Winkeleisen; sie sind an den Kreuzungsstellen miteinander vernietet. Fig. 696 bis 706 geben über die gesamte Anordnung, wie über die Einzelheiten, auch über die Art der Eindeckung des Dachreiters Auskunft. Die Grundkonstruktion ist die *Schwedler'*sche Flechtwerkkuppel. — Der Dachreiter wurde mit der Verkleidung unter Dach angebaut und im ganzen gehoben. (Vergl. Art. 233, S. 324.)

260. Kuppel des Erbgroßherzoglichen Palais zu Karlsruhe.

Die Kuppel des Erbgroßherzoglichen Palais zu Karlsruhe [260]) ist aus ebenen Trägern (Hauptträgern, Trägern zweiter und dritter Ordnung) zusammengebaut (Fig. 707).

Es handelte sich um die Überdeckung eines quadratischen, im Lichten 15,54 m weiten Raumes. Zwei Hauptträger, welche 16,04 m Stützweite und 7,70 m Abstand voneinander haben, überspannen den Raum; die Träger sind Fachwerkträger von der eigenartigen, aus Fig. 707 ersichtlichen Gestalt. Gegen diese Hauptträger setzen sich unter einem Winkel von 90 Grad im Grundriß zwei Nebenhauptträger derart, daß im Grundriß ein quadratischer Raum von 7,70 m Seitenlänge entsteht. Der so gebildete untere Kuppelteil nimmt nunmehr den oberen Kuppelteil auf, dessen Hauptträger wiederum zwei den unteren ähnlich gebildete Träger sind. Auch hier sind Nebenträger, wie unten, angeordnet. Die Fußpunkte dieser Träger liegen aber nicht in den Eckpunkten des Quadrates von 7,70 m Seitenlänge, sondern weiter nach innen, so daß man im Grundriß ein inneres Quadrat von 4,00 m Seitenlänge erhält. Auf die wagrechten Teile der oberen Gurtungen dieser Träger setzt sich jederseits eine 0,97 m hohe, lotrechte,

---

[260]) Nach freundlicher Mitteilung des Herrn Oberbaudirektors Professor Dr. *Durm* zu Karlsruhe.

Fig. 703.
Schnitt nach *bb* in Fig. 697. Schnitt nach *cc*

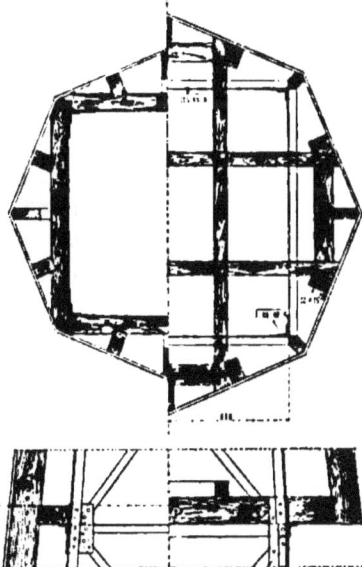

1/60 w. Gr.

Fig. 706.

Schnitt nach *aa* in Fig. 696. — 1/60 w. Gr.

verglaste Wand, welche das ebenfalls verglaste vierseitige Zeltdach aufnimmt. In der Höhe der oberen
Gurtung der zuerst erwähnten Träger sind noch die im Grundriß dargestellten wagrechten Träger
(Fachwerkträger mit gekreuzten Diagonalen) angebracht, welche zusammen mit den dreieckigen, an

Fig. 707.

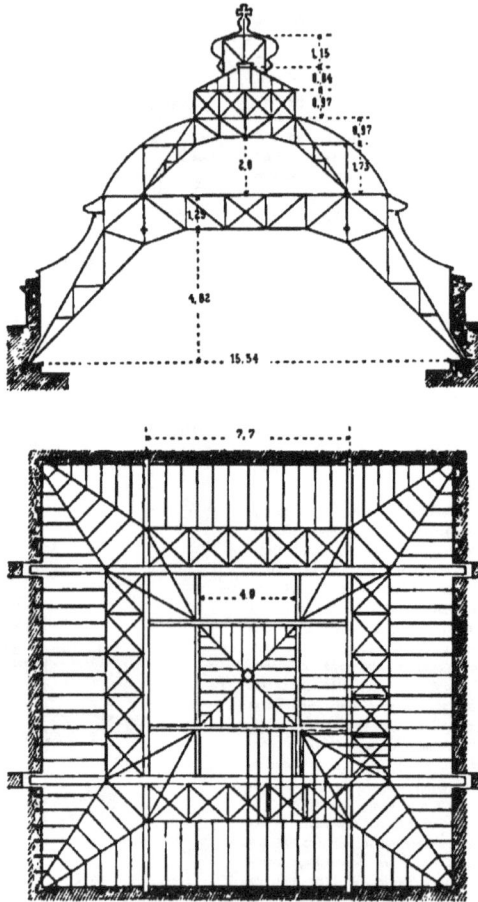

Vom Erbgroßherzoglichen Palais zu Karlsruhe[906].
$\frac{1}{200}$ w. Gr.

die Eckpunkte des großen Quadrats anschließenden Feldern das Viereck zu einer unverschieblichen
Scheibe machen. Die innere Gurtung der wagrechten Träger ist zugleich die obere Gurtung der
Hauptträger und Nebenhauptträger. Von der oberen Gurtung der Träger des oberen Kuppelteiles
nach der äußeren Gurtung der wagrechten Träger laufen gekrümmte, verglaste, im Grundriß

trapezförmige Flächen; zwischen je zwei dieser Flächen ist übereck eine solche mit dreieckigem Grundriß eingeschaltet; die Grate, sowie die Anordnung der Dachflächen sind in Fig. 708 ᵗᵐ⁴) angegeben.

32. Kapitel

Flache Zelt- und Walmdächer aus Eisen und aus Holz und Eisen.

a) Flache Zeltdächer aus Eisen und aus Holz und Eisen.

261. Allgemeines. Wie bei den Kuppeldächern wird auch bei den flachen Zeltdächern die
Konstruktion entweder aus ebenen Bindern zusammengesetzt, oder es werden
nach Art der *Schwedler*'schen Kuppeln alle tragenden Teile in die Dachfläche
verlegt. Bei Zeltdächern mit einer gröfseren Seitenzahl der Grundfigur ist die
letztere Konstruktionsweise üblich und zweckmäfsig; hierüber ist in Teil I,
Band 1, zweite Hälfte (Art. 456, S. 427 ᵗᵛ⁷) dieses »Handbuches« das Erforderliche gesagt; die Konstruktion im einzelnen ist derjenigen bei den Kuppeln
ganz ähnlich, nur einfacher, weil die Sparren geradlinig verlaufen. Deshalb
braucht auf diese Konstruktionsweise hier nicht näher
eingegangen zu werden. Wenn aber das flache Zeltdach über quadratischer oder rechteckiger Grundfläche
zu erbauen ist, so greift man vielfach zur Konstruktion
aus ebenen Bindern. Mit diesen sind die in Art. 257
bis 260 (S. 343 bis 356) besprochenen Kuppelkonstruk-
tionen nahe verwandt.

Fig. 708 ᵗᵐ⁴).

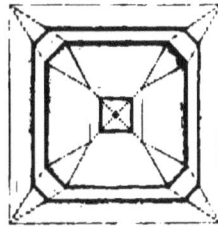

262. Eisernes Zeltdach über quadratischer Grundfläche. Als naheliegend ergiebt sich die folgende Anordnung. Man legt in die Richtung der einen Diagonale
des Grundquadrats einen Binder, welcher als Hauptträger des Ganzen wirkt und als Balkenbinder hergestellt wird, sei es als englischer Dachstuhl, sei es
als *Polonceau-* (*Wiegmann-*)Dachstuhl. Gegen diesen
Träger lehnen sich unter rechtem Winkel im Grundrifs zwei Halbbinder,
welche der zweiten Diagonale des Grundquadrats entsprechen. Diese beiden
sich im Grundrifs durchschneidenden Binder nehmen die Pfetten auf; wird die
Länge der Pfetten zu grofs, so ordnet man Zwischenbinder, sog. Schiftbinder,
an. (Vergl. das Dach des Justizgebäudes zu München in Art. 258 u. Fig. 682, S. 345.)

Was die Auflagerung anlangt, so ist eine Auflager des Hauptbinders fest,
das andere in der Richtung der Achse beweglich zu machen; damit der Firstpunkt des Hauptbinders im Raume festgelegt werde, mufs auch eines der
Auflager der beiden Halbbinder als festes hergestellt werden, während das
andere in der Richtung der betreffenden Diagonale des Grundquadrats beweglich zu machen ist.

Fig. 709 ²⁹⁴) stellt ein solches Zeltdach über nahezu quadratischem Licht-
hofe dar; an der Dachkonstruktion ist das innere Deckenlicht aufgehängt.

Der Hauptbinder ist ein englischer Dachbinder (er ist zur Hälfte im Grundrifs dargestellt und
als »Gratbinder« bezeichnet). Ganz entsprechend sind die beiden Halbbinder ausgebildet. Dabei sind
die zwei aus Rundeisen hergestellten Mittelstäbe der unteren Gurtungen der sich kreuzenden Träger
in etwas verschiedene Höhe gelegt (Fig. 710). Gegen die Diagonal- oder Gratbinder setzen sich die
Schiftbinder *B* (siehe den Grundrifs). Fig. 709 veranschaulicht im Grundrifs im ersten Viertel die

ᵐ⁴) 2. Aufl.: Art. 245, S. 234. — 3. Aufl.: Art. 252, S. 265.
ᵐ) Faks.-Repr. nach der betr. Ausführungszeichnung.

Fig. 709.

$^{1}/_{100}$ w. Gr.

Querschnitt.

Sparrenanordnung.

Pettenanordnung.

Schiftbinder

Gratbinder

Bindenanordnung.

Grundriss.

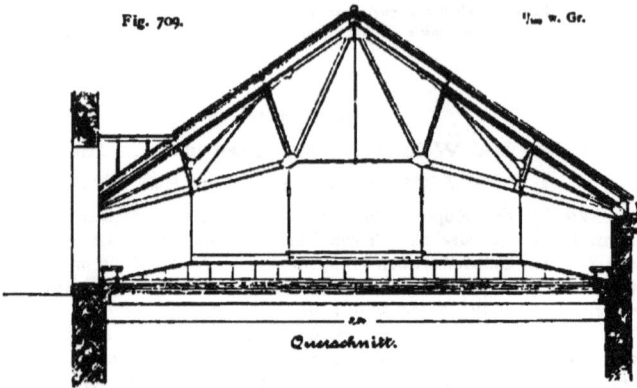

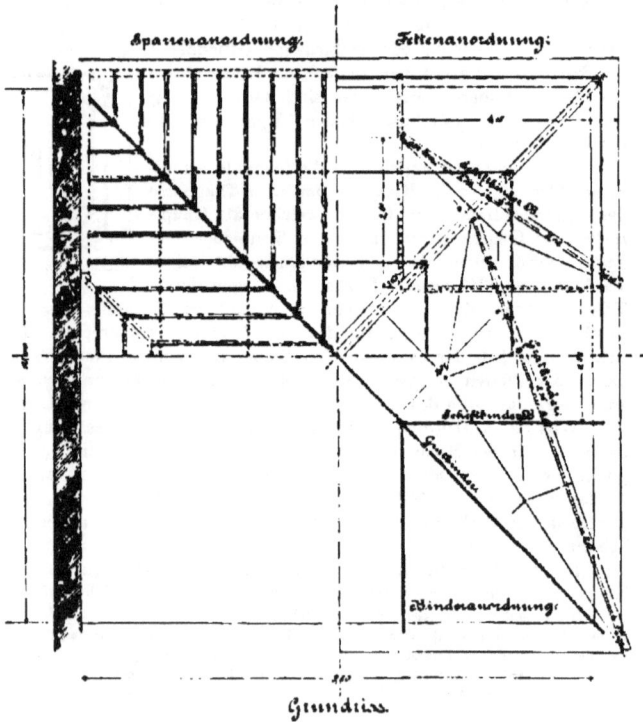

Vom Amtsgerichtshause zu Breslau [300]).

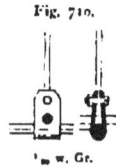

Fig. 710.

Binderanordnung, im zweiten Viertel den Verlauf der Pfetten und im dritten Viertel die Sparrenanordnung. Schwierigkeit machen die Konstruktion der Spitze und der Anschluß der Schiftbinder an die Diagonalbinder. Fig. 711 zeigt die Spitze: die obere Gurtung der Binder ist aus einem T-Eisen (200 × 100 × 16 mm) gebildet; am Firstknotenpunkte sind doppelte Knotenbleche über die lotrechten Schenkel der T-Eisen gelegt, zwischen welche sich die Schrägstäbe des Hauptbinders setzen. Vor die Knotenbleche stoßen rechtwinkelig die T-Eisen der oberen Gurtungen der Halbbinder und werden mit dem Hauptbinder durch doppelte Knotenbleche und lotrechte Winkeleisen verbunden.

Der Anschluß der Schiftbinder erfolgt mit Hilfe von entsprechend zugeschnittenen Winkelblechen, deren Winkel 45 Grad ist (Fig. 712). Doppelte Knotenbleche verbinden diese Winkelbleche mit den T-Eisen (160 × 80 × 13 mm), welche die obere Gurtung der Schiftbinder bilden.

263. Zeltdach über quadratischer Grundfläche als Holzeisendach. Auch als Holzeisendach kann das flache Zeltdach konstruiert werden; da hierbei die Bildung der Knotenpunkte mittels gußeiserner Schuhe leicht möglich ist, so empfiehlt sich diese Konstruktionsweise unter Umständen. Fig. 713 **) zeigt ein solches Dach. Die Hauptträger sind bei diesem Beispiele aber nicht in die Richtungen der Diagonale des Grundquadrats gelegt; vielmehr laufen je zwei Hauptbinder parallel zu den Seitenrichtungen des Quadrats; die

Fig. 711.

Fig. 712.

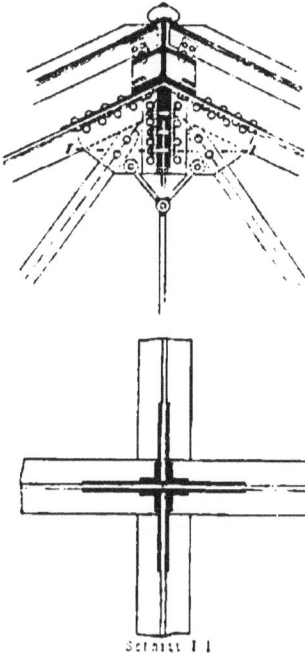

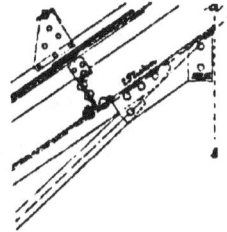

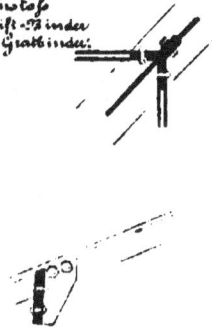

Schnitt I I

Vom Amtsgerichtshaus zu Breslau²⁴⁴).
¹/₈₀ w. Gr.

²⁴⁴. Nach: WESTE, a. a. O., Bd. I, Bl. 26, 29, 30.

Hauptbinder durchschneiden einander unter rechten Winkeln und bilden so ein inneres Quadrat für den Laternenaufbau.

Fig. 713 führt die Gesamtanordnung im Grundriß und Schnitt vor; Fig. 714 bis 716 geben die ohne weiteres verständlichen Einzelheiten der Knotenpunkte *A* und *H*, sowie des Knotenpunktes *A'*, in welchem die Schiftsparren sich mit den Gratsparren durch gußeiserne Schuhe vereinigen.

Es möge noch darauf hingewiesen werden, daß auch in Fig. 707 (S. 357) der oberste Abschluß des Kuppeldaches durch ein Zeltdach über quadratischem

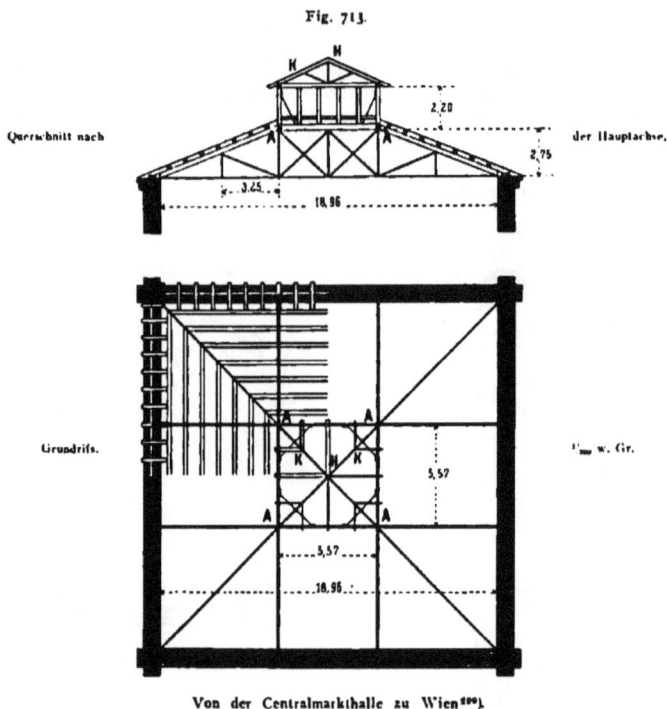

Fig. 713.

Querschnitt nach   der Hauptachse.

2,20

2,75

3,45

18,96

Grundriß.   i. w. Gr.

5,57

5,57

18,96

Von der Centralmarkthalle zu Wien[800]).

Raume von 4ᵐ Seitenlänge gebildet ist. Die Binder dieses kleinen Zeltdaches sind unter die Grate gelegt und durch rechtwinkelige Winkeleisen miteinander verbunden.

Endlich ist in Fig. 717 u. 718[800]) ein eisernes Zeltdach über einem kleinen, achtseitigen Musikpavillon im Grundriß und den Einzelheiten der Spitze vorgeführt. Der Zusammenschluß der 8 Gratsparren an der Spitze erfolgt mit Hilfe eines achtseitigen, gußeisernen Prismas, an welches sich die Sparren mit Winkelblechen setzen.

⁸⁰⁰) Faks.-Repr. nach: *Nouv. annales de la constr.* 1890, Pl. 9 u. 10.

Fig. 714.

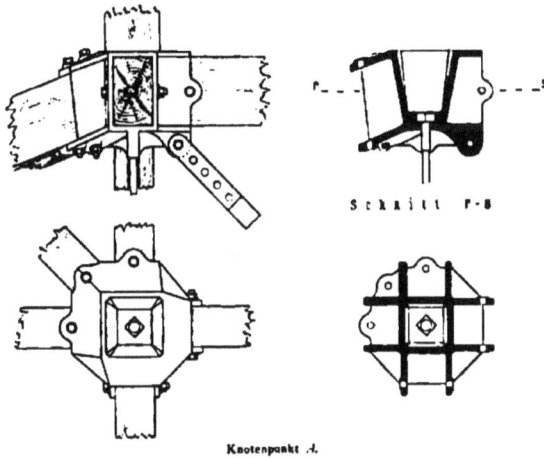

Schnitt P-8

Knotenpunkt A.

Fig. 715.

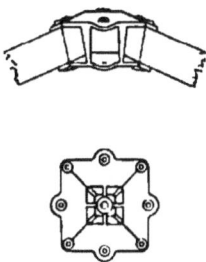

Fig. 716.

Schnitt C-0.

Knotenpunkt H.

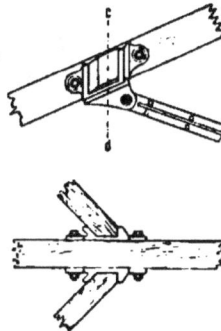

Knotenpunkt K.

Einzelheiten zu Fig. 713***).

b) Eiserne Walmdächer.

105.
Allgemeines. Die allgemeine Anordnung der abgewalmten Dächer ist in Art. 63 (S. 75) angegeben, für die eisernen Dächer besonders auf S. 76 u. 77; als Beispiele sind Fig. 219 u. 220 (S. 76 u. 77) vorgeführt, worauf hier verwiesen wird. Für die Besprechung der hier in Erwägung zu ziehenden Punkte möge ein beiderseits abgewalmtes Dach über rechteckigem Raume (Fig. 719) betrachtet werden. Der mittlere Teil des Daches wird als gewöhnliches Satteldach konstruiert; an jeder Seite werden unter die Grate die Gratbinder gelegt, welche gemeinsam mit den Satteldachbindern die wagrecht herumlaufenden Pfetten tragen. Das eine Auflager des Gratbinders liegt auf der Umfangsmauer, das zweite an der

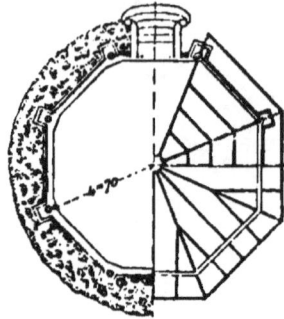

Fig. 717.

Grundriß.

¹⁄₂₀ w. Gr.

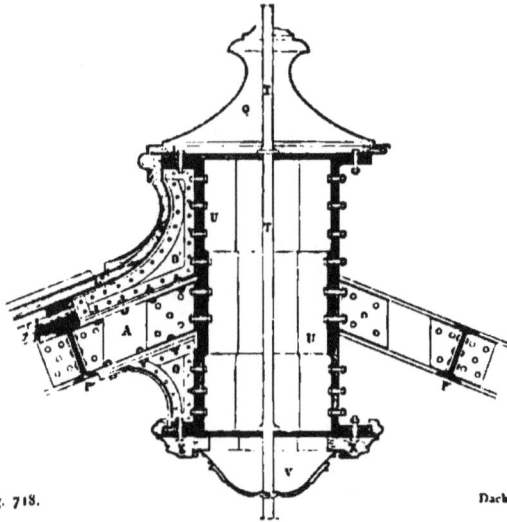

Fig. 718.

Dachspitze.

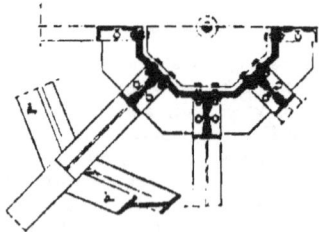

¹⁄₂₀ w. Gr.

Von einem Musikpavillon ²⁰⁰).

Verbindungsstelle mit dem äufsersten Satteldachbinder, am sog. Anfallsbinder und zwar im Anfallspunkte. Es wäre denkbar, dafs dieser zweite Auflagerpunkt der Gratbinder durch Auslegerträger, welche über die letzten Satteldachbinder hinausreichen, unterstützt würde.

In Fig. 719 ist nur auf der linken Hälfte die Dachkonstruktion dargestellt; die rechte Hälfte giebt die Konstruktion der vom Dache getragenen Balkendecke.

Jeder Gratbinder kann als ein Pultdachbinder angesehen werden. Wenn sich die Pfetten nicht von einem Gratbinder zum anderen frei tragen können, so

Fig. 719.

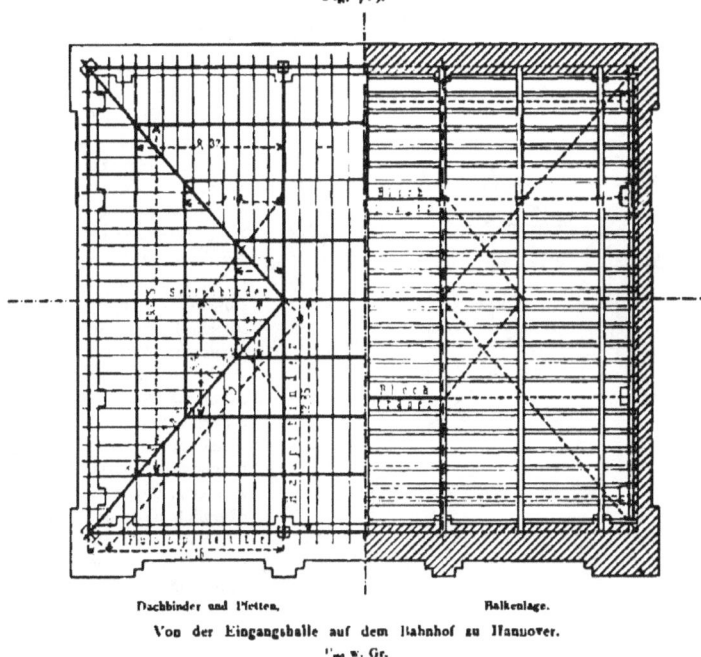

Dachbinder und Pfetten.   Balkenlage.

Von der Eingangshalle auf dem Bahnhof zu Hannover.

¹⁄₂₀₀ w. Gr.

werden auf der Walmseite noch Zwischenbinder (auch halbe Binder genannt) angeordnet (siehe Fig. 219, S. 76); auch diese sind eine Art Pultdachbinder. Unter Umständen können noch weitere Zwischenbinder erforderlich sein; dieselben schiften sich an die Gratbinder und werden Schiftbinder genannt.

266.
Auflagerung.

Wichtig ist die Frage, wie die Binder für die Walmdächer aufgelagert werden müssen; die Untersuchung soll im Zusammenhange mit derjenigen über die Anordnung der Stäbe des entstehenden Raumfachwerkes geführt werden. Stäbe und Auflager sind so anzuordnen, dafs alle Belastungen, mögen sie irgendwelche Richtung haben, sicher und eindeutig nach den Auflagern geleitet und an diesen in das Mauerwerk übertragen werden können.

Daſs hierbei verschiedene Konstruktionsweisen möglich sind, leuchtet ein. In folgendem soll nachgewiesen werden, daſs es zulässig ist, von jedem Satteldachbinder ein Auflager als festes zu konstruieren, dagegen alle anderen Auflager, einschlieſslich derjenigen der Seiten- und Gratbinder, als bewegliche, sog. Linienlager auszubilden. Der Untersuchung wird Fig. 720 zu Grunde gelegt und an das Folgende erinnert.

Jeder Punkt wird räumlich dadurch festgelegt, daſs er durch Stäbe mit drei festen Punkten verbunden wird, welche mit ihm nicht in derselben Ebene liegen. Wenn aber ein Knotenpunkt in der Binderebene bereits durch das ebene Binderfachwerk bestimmt ist, so genügt es für das Festlegen im Raume, daſs man ihn mit einem auſserhalb der betreffenden Binderebene gelegenen festen Punkte verbindet.

Das zu untersuchende Dach soll als Satteldachbinder sog. *Polonceau-(Wiegmann-)*Binder haben; Seiten- und Gratbinder haben entsprechende Fachwerke, welche in Fig. 720 seitlich

Fig. 720.

herausgezeichnet sind. Die in Fig. 720 eingetragenen Pfeile geben die Bewegungsrichtungen der beweglichen Auflager an. Zu bemerken ist, daſs der Sinn der Pfeile auch negativ werden kann. A und A_1 sind feste Punkte; B und B_1 sind räumlich gleichfalls bestimmt: in den Binderebenen durch das Binderfachwerk, im Raume durch die hinzukommende Seitenkraft des Auflagerdruckes, welche das Heraustreten aus der betreffenden Binderebene verhütet; Punkt J im Binder AB wird durch Stab JA_1 räumlich bestimmt, Punkt L im

Binder A_1B_1 durch Stab JL, und Punkt D durch Stab DL; ebenso Punkt J_1 durch Stab J_1B_1; Punkt L_1 durch Stab J_1L_1, und Punkt D_1 durch Stab D_1D. Die Auflagerpunkte E, F, C, C_1, C_2, C_4 werden durch die Fachwerke ihrer bez. Binder und die Auflagerbedingungen zu räumlich bestimmten Punkten. Nunmehr wird weiter räumlich festgelegt: M durch Stab JM, K durch Stab MK, M_3 durch Stab J_1M_3, M_1 durch Stab LM_1, Punkt K_1 durch Stab M_1K_1 und Punkt M_2 durch Stab M_2L_1. Hiermit sind alle Punkte bestimmt; weitere Stäbe sind nicht erforderlich. Man wird in der Regel die punktierten Stäbe DL_1, KM_3 und K_1M_3 ebenfalls anordnen; sie machen das Fachwerk statisch unbestimmt. Man sieht, daſs auch keine Verbindungsstäbe der Auflager nötig sind.

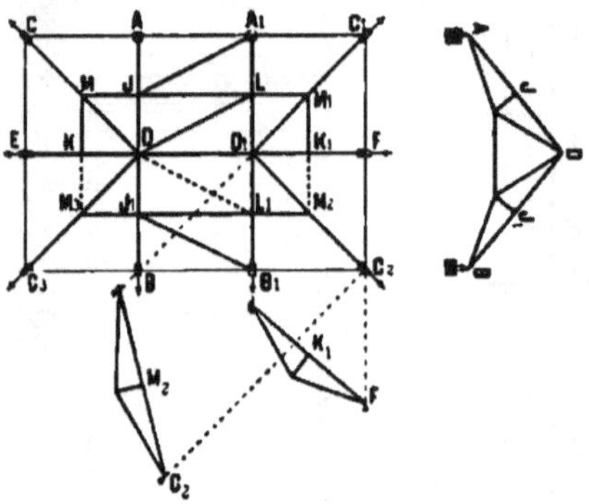

Die Zahl der Auflagerunbekannten ist, weil 2 feste (Punkt-)Lager und 8 bewegliche (Linien-)Lager vorhanden sind: $n = 2 \cdot 3 + 8 \cdot 2 = 22$. Das Fachwerk enthält 22 räumliche Knotenpunkte und (an den unteren Gurtungen der Binder) 10 ebene Knotenpunkte; somit ist $K_R = 22$ und $K_E = 10$. Die Zahl der verfügbaren Gleichungen ist demgemäſs $3K_R + 2K_E = 86$; die Zahl der Stäbe des statisch und räumlich bestimmten Fachwerkes beträgt $s = 3K_R + 2K_E - n$; also muſs

$$s = 86 - 22 = 64$$

sein. Diese Stabzahl ist wirklich vorhanden, und, wie vorstehend nachgewiesen ist, sind die Stäbe richtig gestellt.

Falls bei größerer Länge des Daches drei Satteldachbinder erforderlich sind, so kommt man zur Anordnung in Fig. 721, bei welcher wieder die Satteldachbinder je ein festes und ein bewegliches Lager haben; alle anderen Lager sind gleichfalls (wie vor) Linienlager. Es ist (mit den früheren Bezeichnungen)

$$n = 3 \cdot 3 + 2 \cdot 9 = 27, \quad K_R = 27 \quad \text{und} \quad K_E = 12 ;$$

sonach

$$s = 3 \cdot 27 + 2 \cdot 12 - 27 = 78.$$

Fig. 721.

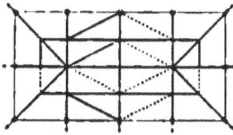

Fig. 722.

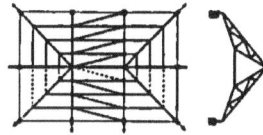

Diese Stabzahl ist vorhanden. Man wird auch hier die punktierten Stäbe in der Regel ausführen.

In Fig. 722 ist noch der Fall vorgeführt, daß eine größere Zahl von Pfetten (drei) jederseits zwischen First- und Fußpfette liegt. Es ist

$$n = 3 \cdot 2 + 2 \cdot 8 = 22, \quad K_R = 42 \quad \text{und} \quad K_E = 30,$$

sonach

$$s = 3 \cdot 42 + 2 \cdot 30 - 22 = 164.$$

Diese Stabzahl ist wirklich vorhanden.

Nach vorstehenden Angaben kann man gleichfalls die Anordnung der Kehlbinder vornehmen.

Man erhält auch ein räumlich und statisch bestimmtes Fachwerk, wenn man außer einem Lager je eines Satteldachbinders noch ein Lager eines Seitenbinders festmacht und alle anderen Lager als Linienlager konstruiert. Diese Anordnung zeigt Fig. 723.

Fig. 723.

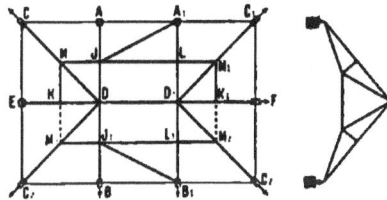

Wiederum sind A und A_1, außerdem noch E feste Punkte, B und B_1 durch die Binderfachwerke und die Auflagerbedingung festgelegt. J wird räumlich durch Stab $A_1 J_1$, Punkt L durch Stab LJ, Punkt J_1 durch $J_1 B_1$ und Punkt L_1 durch $L_1 J$ bestimmt; ebenso Punkt D durch Stab ED und Punkt D_1 durch $D_1 D$; weiter der Auflagerpunkt F durch FD_1, Punkt C durch CD, Punkt C_1 durch $C_1 D_1$, C_2 durch $C_2 D_1$ und Punkt C_3 durch $C_3 D$. Jeder dieser Auflagerpunkte braucht nur mit einem festen Punkte verbunden zu werden, weil die Linienauflagerung die anderen beiden Stäbe ersetzt, welche weiter noch zum räumlichen Festlegen nötig sind. M wird durch Stab MJ bestimmt, Punkt M_1 durch Stab $M_1 L_1$, Punkt K durch KM, Punkt K_1 durch

$K_1 M_1$, Punkt M_2 durch Stab $M_4 \mathcal{Y}_1$ und Punkt M_3 durch Stab $M_2 L_1$. Die punktierten Stäbe sind nicht erforderlich, werden aber wohl meistens ausgeführt. Man hat 3 feste und 7 Linienlager, also $n = 3 \cdot 3 + 2 \cdot 7 = 23$ Auflagerunbekannte.

Zahl der räumlichen Knotenpunkte $K_R = 22$;
Zahl der ebenen Knotenpunkte $K_E = 10$,
Zahl' der verfügbaren Gleichungen: $3 \cdot 22 + 2 \cdot 10 = 86$;
Zahl der erforderlichen Stäbe $s = 86 - 23 = 63$.

Diese Zahl ist wirklich vorhanden.

Eigenartig ist die in Fig. 724 dargestellte Dachkonstruktion über der Eingangshalle des Bahnhofes Hildesheim: der Anfallsbinder für die Gratbinder ist in die längere Halbierungslinie des Rechteckes gelegt, welches die Grundfigur bildet; dieser Binder als Hauptträger nimmt jederseits im Anfallspunkte die beiden Gratbinder auf. Die Pfetten auf den beiden langen Seiten ergeben sich als sehr lang und sind deshalb als Fachwerkträger (mit gekrümmter

Fig. 724.

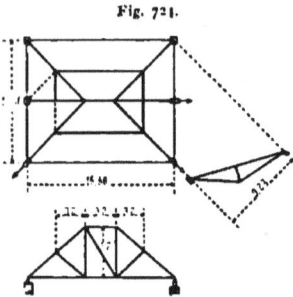

demnach muß die Stabzahl

unterer Gurtung) konstruiert. Ein Auflager des Hauptträgers ist fest; das zweite ist als bewegliches ausgebildet; die Diagonalbinder auf der einen Seite müssen Punktlager erhalten; auf der anderen Seite müssen die Lager bewegliche (Linien-)Lager sein. Man findet leicht, dass für geometrische und statische Bestimmtheit ein in der Walmfläche liegender Schrägstab anzuordnen ist (in Fig. 724 ist dieser Stab punktiert). Es sind 3 feste und 3 bewegliche (Linien-)Auflager vorhanden; also ist $n = 3 \cdot 3 + 3 \cdot 2 = 15$.
Zahl der räumlichen Knotenpunkte $K_R = 14$;
Zahl der ebenen Knotenpunkte $K_E = 6$;

$$s = 3 \cdot 14 + 2 \cdot 6 - 15 = 39$$

sein; diese Zahl ist mit dem in der Walmfläche liegenden Schrägstab wirklich vorhanden.

c) Einzelheiten der Konstruktion.

367.
Konstruktions-
einzelheiten.

Hier sind nur die Gratbinder zu besprechen; nur diese machen Schwierigkeit. Die Neigung der oberen Gurtung beim Gratbinder ist geringer als beim zugehörigen Satteldachbinder. Hauptschwierigkeit bietet die Verbindung der Pfetten mit den Gratbindern; die Art dieser Verbindung wird durch die Querschnittsbildung der oberen Gurtung der Gratbinder bedingt.

Das Nächstliegende ist, die oberen Begrenzungen der oberen Gurtungsstäbe in die beiden an den Gratbinder anschließenden Dachebenen zu legen, bezw. diesen Ebenen parallel zu machen. Eine solche Querschnittsform zeigt Fig. 728; der obere Winkeleisenschenkel auf einer Seite fällt in die Walmfläche, auf der anderen in die Satteldachfläche. Die Pfetten (I-, C- oder Z-Eisen) können dann mit ihren Stegen normal zur Neigung der oberen Gurtung des Satteldaches angeordnet und mit ihren unteren Flanschen ohne weiteres auf die oberen Gur-

Fig. 725.

Fig. 726.

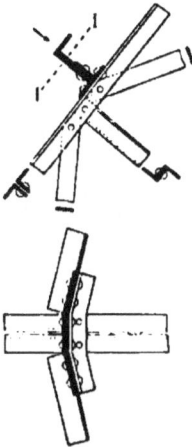

Von der katholischen Kirche
zu Harsum [370]).
$^1_{14}$ w. Gr.

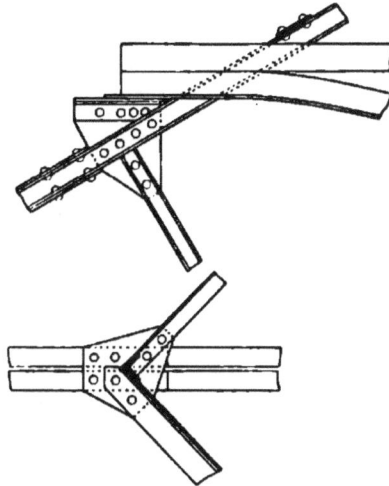

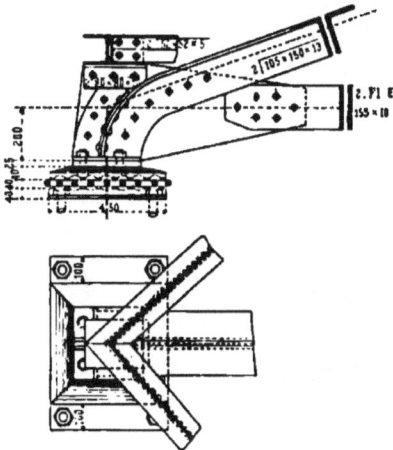

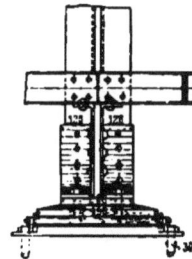

Von der Bahnhofshalle zu Hildesheim.
$^1_{10}$ w. Gr.

Fig. 727.

2 [105 × 150 × 13

2 . Fl E.
155 × 10

4,40 0,75
2,80

4,50

Von
der Bahnhofshalle zu
Hildesheim.

$^1_{10}$ w. Gr.

Fig. 728. tungen gelagert werden. Die Winkeleisen der oberen Gratbinder-gurtung sind schiefwinkelig.

Eine andere Konstruktion ergiebt sich, wenn man durchweg normale Winkeleisen auch für die Gratbinder verwenden will; man muſs dann die Auflagerung der Pfetten von der Neigung der oberen Gurtungsfläche unabhängig machen. Fig. 725 bis 727, 729 u. 730 zeigen drei verschiedene Lösungen dieser Aufgabe.

Bei Fig. 725 sind die Pfetten Z-Eisen, deren Stege normal zur Dachfläche des Satteldaches gestellt sind. Man hat am Gratbinder die unteren Gurtungsflansche so weit ausgeschnitten, wie sie mit der oberen Gurtung des Gratbinders kollidieren würden; in die Ecke ist ein ungleichschenkeliges Winkeleisen gelegt, dessen einer Schenkel mit der oberen Gurtung des Gratbinders vernietet und dessen anderer Schenkel in die beiden Ebenen der anschliefsenden Pfettenstege gebogen ist. Mit diesen ist letzterer vernietet; aufserdem ist auf die Pfettenstege noch ein Stofsblech gelegt.

Fig. 729.

$^1/_{10}$ w. Gr.

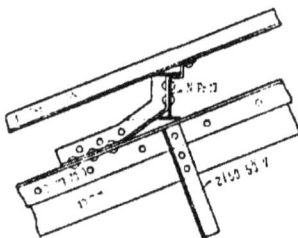

Von der Kuppel des Kaiserin Augusta-Bades zu Baden-Baden[134]).

Fig. 730.

$^1/_{10}$ w. Gr.

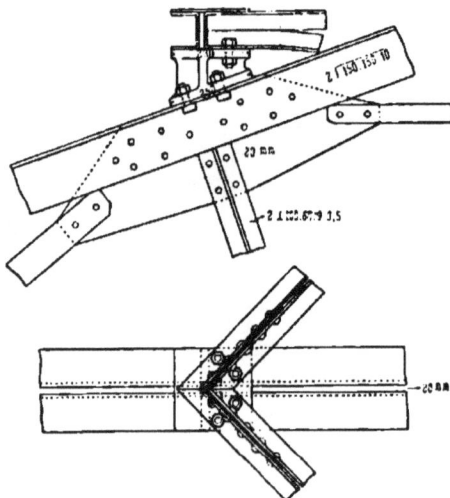

Vom Dach über der Eingangshalle im Bahnhof zu Hannover.

Fig. 731.

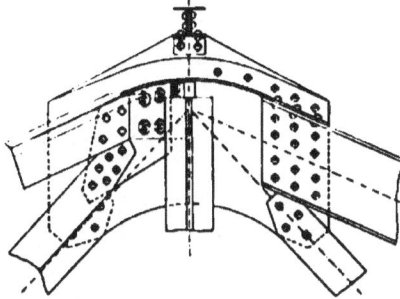

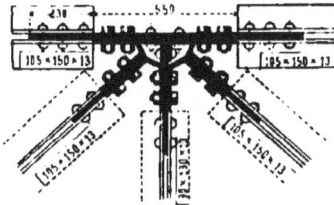

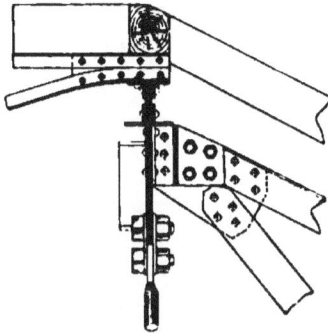

Vom Dach der Eingangshalle auf dem Bahnhof zu Hannover.

$\frac{1}{20}$ w. Gr.

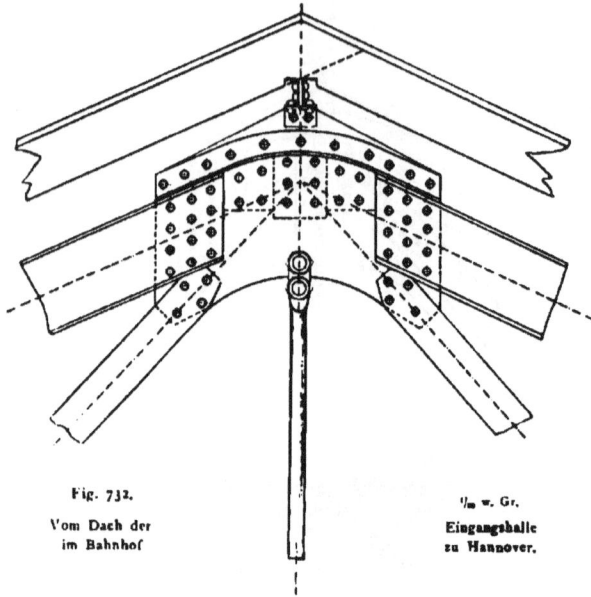

Fig. 732.

Vom Dach der
im Bahnhof

¹/₁₀ w. Gr.

Eingangshalle
zu Hannover.

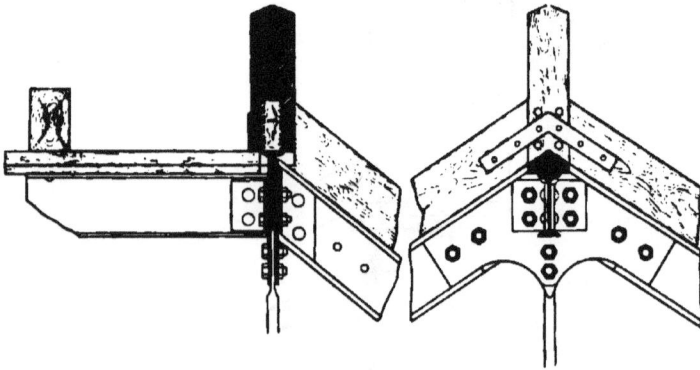

Fig. 733.

Von einem französischen Dachstuhl[301].

¹/₁₀ w. Gr.

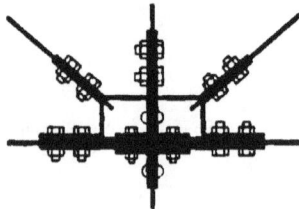

Bequemer ist es, die Pfettenstege lotrecht zu stellen; alsdann ist die Ebene der unteren Flansche wagrecht. Nunmehr lege man die Pfette so hoch über die Binder, dafs zwischen beiden ein genügend grofser Zwischenraum verbleibt, um die Pfette ohne Anstofs über alle Binder hinwegzuführen. Die Auflagerung der Pfette kann dann nach Fig. 729 mit Hilfe von gebogenen Winkeleisen oder mittels zwischen Binder und Pfette gebrachter gufseiserner Zwischenstücke (Fig. 730) oder endlich — am meisten organisch — auf dem nach oben verlängerten, beiderseits durch wagrechte Winkeleisen gesäumten Knotenbleche stattfinden (Fig. 726 u. 727). Diese letzte Konstruktion ist einfach, klar und sehr empfehlenswert.

Anfallspunkt. Am Anfallspunkt verbindet man den Anfallsbinder mit den hier eintreffenden Seiten- und Gratbindern mit Hilfe von Knotenblechen. Ein gutes Beispiel ist in Fig. 731 u. 732 vorgeführt: der Anfallspunkt aus Fig. 719 (S. 364).

In Fig. 732 ist der Anfallsknotenpunkt, von der Seite des Satteldaches aus gesehen, dargestellt; man sieht, dafs die oberen Gurtungsstäbe hier mittels eines starken Knotenbleches gestofsen sind. Fig. 731 führt die Ansicht desselben Knotenpunktes, von der Walmseite aus gesehen, vor, ferner den Grundrifs und Schnitt desselben. Der Seitenbinder ist zunächst durch Knotenblech und lotrechte Winkeleisen mit dem Anfallsbinder verbunden; alsdann sind die Gratbinder mittels besonders ausgeschnittener und gebogener Bleche an Seitenbinder und Anfallsbinder angeschlossen. In Fig. 731 ist links der Gratbinder in der Ansicht veranschaulicht; auf der rechten Seite ist der Gratbinder der gröfseren Deutlichkeit halber fortgelassen.

Eine einfachere, aber verwandte Konstruktion zeigt Fig. 733[80]): den Anfallspunkt eines französischen Daches. — In Fig. 734 u. 735 ist der Anfallsknotenpunkt des in Fig. 724 schematisch dargestellten Daches in seinen Einzelheiten vorgeführt.

Der Hauptbinder ist hier in die längere Halbierungslinie des Grundrechteckes gelegt. An das diesem Binder zugehörige Knotenblech des betreffenden Knotenpunktes sind die Gratbinder durch eigenartig ausgeschnittene und entsprechend gebogene Knotenbleche und weitere, zweimal gebogene Bleche angeschlossen.

Ein steifer Ring endlich ist zur Konstruktion des Anfallspunktes verwendet, welcher in Fig. 736 bis 738 dargestellt ist; den Grundrifs des in Frage kommenden Dachteiles zeigt Fig. 737[81]).

Die Gratbinder II (4 an der Zahl) setzen sich gegen einen im Querschnitt [-förmigen Ring, welcher mit dem Anfallsbinder vernietet und gegen denselben versteift ist. Fig. 738 stellt den Schnitt nach I m in Fig. 736 mit der Ansicht des Anfallsbinders dar.

Die Ausbildung des Anfallspunktes über einer Apsis, in welchem eine gröfsere Zahl von Bindern zusammenläuft, veranschaulicht Fig. 739 in Grundrifs und Schnitt.

Dies ist derjenige Punkt, der in Fig. 220 (S. 77) mit S bezeichnet ist. Die Vereinigung ist mittels eines ebenen, kreisförmigen Knotenbleches bewirkt, gegen welches sich 9 (Halb-) Binder setzen.

[80]) Faks.-Repr. nach: *Nouv. annales de la constr.*, 1883, Pl. 1—2.
[81]) Nach: Zeitschr. d. Arch. u. Ing.-Ver. zu Hannover 1892, Bl. 31.

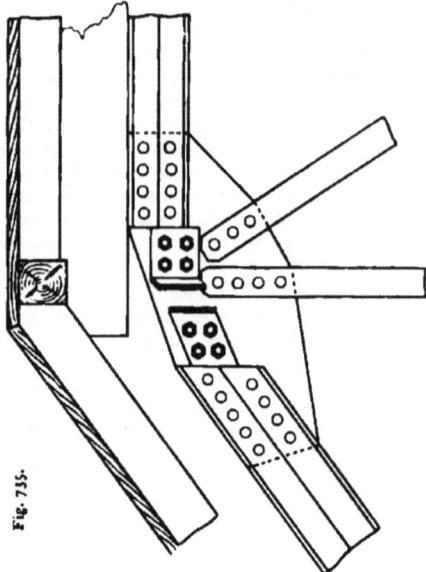

Fig. 735.

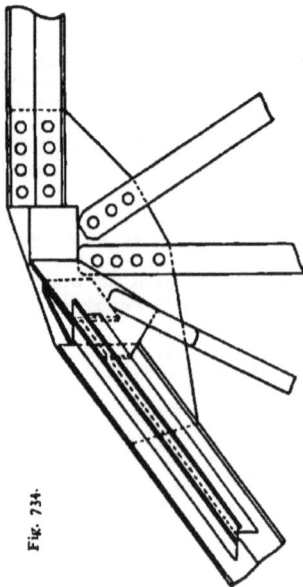

Fig. 734.

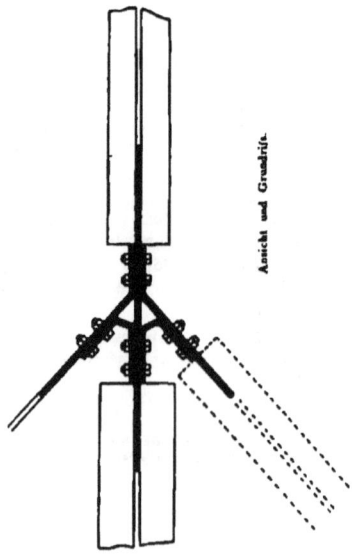

Schnitt durch die Anschlußbleche des Gratbinders.

Von der

Eingangshalle auf dem Bahnhof
zu Hildesheim.

¹⁄₁₀ w. Gr.

Ansicht und Grundriß.

Fig. 736.

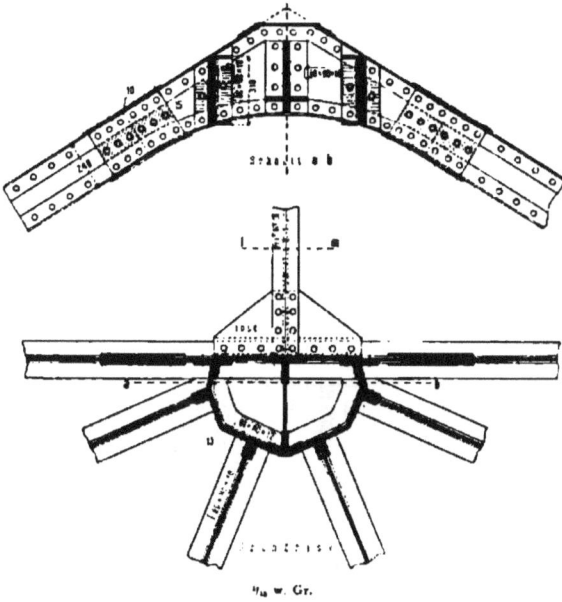

Schnitt a b

¹¹/₃₃ w. Gr.

Fig. 737.

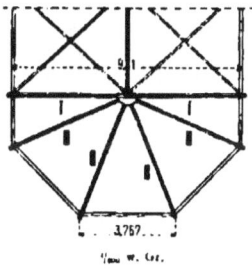

¹/₂₀₀ w. Gr.

Fig. 738.

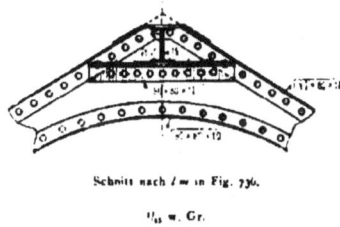

Schnitt nach l m in Fig. 736.

¹¹/₃₃ w. Gr.

Vom Wasserturm auf dem Bahnhof zu Bremen[909]).

Fig. 730.

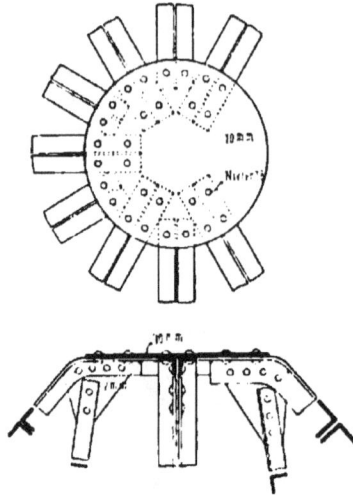

Von der katholischen Kirche zu Harsum [***]).

$^1/_{10}$ w. Gr.

33. Kapitel.
Säge- oder Sheddächer.

Das Sägedach wird, wie schon in Art. 27 (S. 28) gesagt worden ist, durch Nebeneinanderstellen einer Anzahl von Satteldächern erhalten, welche in ihren beiden Seitenflächen ungleiche Neigung aufweisen; die steilere Dachseite wird mit Glas, die weniger steile Dachfläche mit nicht durchsichtigem Material (Dachpappe, Ziegel, Schiefer etc.) gedeckt. Der Neigungswinkel der steilen Seite gegen die Wagrechte ist 60 bis 70 Grad, unter Umständen auch wohl 90 Grad, derjenige der flachen Seite ist 20 bis 30 Grad. Der Winkel beider Dachflächen am First ist gewöhnlich ein rechter; doch kommen auch kleinere Firstwinkel vor, bis zu 70 Grad hinab, und zwar hauptsächlich dann, wenn die verglaste Fläche nahezu lotrecht steht.

Die Sägedächer stützen sich auf die Umfangswände des Gebäudes und auf Reihen von Säulen, welche im Inneren des Gebäudes angeordnet werden. Zur Überdachung großer Werkstättenräume, Fabriken, Ateliers u. dergl., in welchen einzelne Säulen nicht hindern, sind diese Dächer sehr geeignet; durch Wahl angemessener Stützweiten für die Dachbinder und ebensolcher Binderabstände kann man sich dem Bedürfnisse sehr gut anschließen; man kann ferner sehr große Räume ohne übermäßige Kosten überdecken, da die Binderweiten nicht groß zu sein brauchen; vor allem aber kann man eine ausgezeichnete Erhellung durch das Tageslicht erzielen, indem man die verglasten Dachflächen nach Norden oder, wo dies nicht erreichbar ist, nach Nordost oder

Nordwest stellt. Dadurch erhält man ein sehr ruhiges, von unmittelbaren Sonnenstrahlen freies Licht, das auch durch die vielen Dachflächen angenehm zerstreut ist. Nicht gering ist endlich der Vorteil, daß die verglasten Dachflächen stark geneigt sind, so daß sie leicht dicht erhalten werden können, und auf ihnen der Schnee nicht und der Staub weniger liegen bleibt als auf wenig geneigten Glasflächen.

Zwischen den einzelnen Dächern angeordnete Rinnen leiten das Regenwasser ab, vielfach durch Abfallrohre, welche zweckmäßig nicht in den eisernen Mittelsäulen angeordnet werden.

Die Stützweiten der Binder und die Binderabstände sind sehr verschieden groß ausgeführt; für diese Maße ist vor allem die Bestimmung der zu überdachenden Räume entscheidend. Die Binderweiten kommen von 3 bis 15 ⁿ und mehr vor, die Stützweiten von 5 bis 10 ⁿ und mehr. Man braucht, wie in Art. 69 (S. 84) allgemein angegeben ist, nicht für jede Binderreihe eine Reihe Säulen anzuordnen, kann vielmehr eine Binderreihe um die andere durch besondere, von einer Säule zur anderen gehende Träger aufnehmen. Die Zahl der nebeneinander gestellten Einzelbinder ist vielfach sehr groß gewählt.

Fig. 740. Fig. 741.

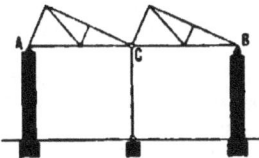 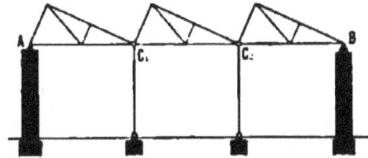

Die Größe der verglasten Dachfläche im Verhältnis zur Grundfläche ist in jedem besonderen Falle nach den gestellten Anforderungen zu bestimmen.

170.
Allgemeine
statische
Verhältnisse.
Die auf die Dachbinder wirkenden lotrechten Lasten sind ungefährlich; dagegen können die wagrechten Belastungen leicht den Einsturz des Gebäudes zur Folge haben, wenn die Konstruktion nicht sorgfältig überlegt ist.

Die wagrechten Seitenkräfte der schief wirkenden Kräfte (der Winddrücke) können nicht durch die Säulen, d. h. die Mittelauflager der Binder, in die Fundamente übergeführt werden, es sei denn, daß man die Säulen und Dachbinder fest miteinander verbindet und erstere mit den Fundamenten verankert, so daß sie als lotrecht eingespannt gelten können. Die Fundamente werden dann durch Biegungsmomente beansprucht, was jedoch besser vermieden wird. Man kommt demnach dazu, die wagrechten Kräfte nur durch die Endauflager der *Shed*-Dachbinder in die Seitenmauern zu überführen, das eine Endauflager, etwa bei A (Fig. 740), als festes, das zweite Endauflager, etwa bei B, als bewegliches auszubilden, das mittlere Lager bei C (Fig. 740) oder die mittleren Lager bei C_1 und C_2 (Fig. 741) auf Pendelsäulen zu stellen, wobei die gemeinsamen Knotenpunkte bei C, bezw. C_1 und C_2 als Gelenke ausgebildet werden.

Diese Anordnungen sind statisch bestimmt: Fig. 740 hat zwei Scheiben, also 6 Gleichgewichtsbedingungen und 6 Unbekannte, nämlich infolge eines festen und zweier beweglicher Auflager $2 + 1 + 1 = 4$ Auflagerunbekannte und wegen des Gelenkes bei C zwei Gelenkunbekannte. Ähnlich ergibt sich bei Fig. 741 die Zahl der Gleichungen, wegen der drei Scheiben, zu $3 \cdot 3 = 9$, die Zahl der Unkekannten, wegen des festen Auflagers, dreier beweglicher Auflager und zweier Gelenke zu $2+1+1+1+2\cdot2=9$. Bei den Konstruktionen in Fig. 740 u. 741 kommt die gesamte wagrechte Seitenkraft der äußeren Kräfte (höchstens nach Abzug des Reibungswiderstandes am beweglichen Endauflager) auf das feste Endauflager bei A. Wenn die Seitenmauer hier genügend stark gemacht werden kann, ist die Konstruktion gut.

Wenn die Zahl der nebeneinander angeordneten Abteilungen aber nicht sehr klein ist, so wird die Mauer durch die angegebenen wagrechten Kräfte sehr ungünstig beansprucht, besonders, wenn sie einigermafsen hoch ist. Hierzu kommt, dafs der auf die Seitenmauer selbst ausgeübte Winddruck die Gefahr des Umsturzes noch erhöht; man kann allerdings durch Vorlegen von Pfeilern unter den Auflagern der Binder die Stabilität vergröfsern; aber auch hierbei gelangt man bald zu sehr grofsen Mauermassen, besonders wenn das Gebäude eine gröfsere Zahl von nebeneinander angeordneten Sägedächern hat. Bei nicht sehr grofser Länge des Gebäudes ist die Gefahr geringer, weil dann die Giebelmauern einen gröfseren Teil der auf seitlichen Umsturz wirkenden Kräfte aufnehmen; wie grofs dieser Teil ist, dürfte sehr schwierig zu ermitteln sein.

Man kann nun die wagrechte Seitenkraft der Belastungen auf beide Endauflager A und B (Fig. 740 u. 741) verteilen, indem man diese beiden als feste Auflager herstellt. Dann wird die Konstruktion einfach statisch unbestimmt, und die Verteilung der wagrechten Kraft bestimmt sich nach den Elasticitätsgesetzen. Die Ermittelung dieser Kraftverteilung ist hier sehr einfach.

Bezeichnet man die überzählige wagrechte Seitenkraft der Auflagerreaktion im Endauflager B mit X, die durch die Windlasten erzeugten Stabspannungen mit S, diejenigen Stabspannungen, welche auftreten würden, wenn B ein bewegliches Lager wäre (also für $X=0$), mit S_0 und die in den einzelnen Stäben durch $X=1$ erzeugten Spannungen mit S_1, so ist bekanntlich $S=S_0+S_1\,X$. Nach dem Arbeitsprinzip mufs $\Sigma(S_1\,\Delta s)=0$ sein; sonach wird mit

$$\Delta s=\frac{Ss}{EF}\ (s=\text{Stablänge, }F=\text{Stabquerschnitt, }E=\text{Elasticitätsziffer})$$

$$\Sigma\left(\frac{S_1\,Ss}{EF}\right)=\Sigma\left[\frac{S_1(S_0+S_1X)s}{EF}\right]=0,$$

woraus folgt

$$X=-\frac{\Sigma\left(\dfrac{S_1\,S_0\,s}{EF}\right)}{\Sigma\left(\dfrac{S_1\,{}^2s}{EF}\right)}\quad\ldots\ldots\ldots\ 39.$$

Wenn alle Stäbe aus gleichem Stoff hergestellt sind, so ist E konstant und

$$X=-\frac{\Sigma\left(\dfrac{S_1\,S_0\,s}{F}\right)}{\Sigma\left(\dfrac{S_1\,{}^2s}{F}\right)}\quad\ldots\ldots\ldots\ 40.$$

Wenn die untere Gurtung der *Shed*-Dachbinder, wie gewöhnlich, in die gerade Verbindungslinie der Auflager fällt, so ist für die Stäbe der unteren Gurtung $S_1=-1$; für alle anderen Stäbe ist S_1 gleich Null. Alsdann wird der Nenner in Gleichung 40: $\Sigma\left(\dfrac{S_1\,{}^2s}{F}\right)=\dfrac{nl}{F_u}$. Hierin ist l die Binderstützweite, n die Anzahl der nebeneinander liegenden Sägedächer und F_u die als konstant angenommene Querschnittsfläche der unteren Gurtungsstäbe. Auch im Zähler der Gleichung 40 fallen alle Glieder fort, mit Ausnahme derjenigen, welche sich auf die unteren Gurtungsstäbe beziehen; für letztere ist $S_1 = -1$, also

$$\Sigma \left(\frac{S_1 S_0 s}{F} \right) = -\Sigma \left(\frac{S_0 s}{F} \right) = -\frac{1}{F_u} \Sigma (S_0 s).$$

Demnach wird

$$X = \frac{\Sigma (S_0 s)}{n l} \quad \ldots \ldots \ldots \ldots 41.$$

Die Summierung ist nur auf die Stäbe der unteren Gurtung auszudehnen. — Die Berechnung eines Zahlenbeispieles folgt in Art. 273.

271.
Vorschlag
zur
Verbesserung
der
Sägedächer.
Auch diese Anordnung befriedigt nicht. Einmal ist eine statisch unbestimmte Konstruktion nicht empfehlenswert, wenn eine ebenso gute statisch bestimmte möglich ist; zweitens aber ist es grundsätzlich verfehlt, grofse wagrechte Kräfte auf die oberen Enden hoher Mauern wirken zu lassen, falls dies irgendwie vermieden werden kann. Der nachstehend gemachte Vorschlag will nun die wagrechten, hauptsächlich gefährlichen Kräfte in die Fundamente leiten, ohne sie durch die Seitenmauern zu führen.

Fig. 742.

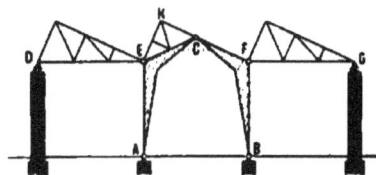

Man überdache eine genügend grofse Zahl von Abteilungen durch Binder, welche als steife Rahmen konstruiert und auf die Fundamente gestellt sind; die Binder der anderen Abteilungen verbinde man derart mit den steifen Rahmen, dafs sie ihre Kräfte, sowohl lotrechte, wie wagrechte, sicher in die steifen Rahmen abgeben können. Die steifen Rahmen können sowohl als Dreigelenkträger oder Zweigelenkträger mit Fufsgelenken auf den Fundamenten, wie als gelenklose, mit den Fundamenten fest verbundene Sprengwerksträger hergestellt werden; die beiden ersteren Anordnungen sind die besseren.

Die Anordnung für drei nebeneinander liegende Abteilungen zeigt Fig. 742. Die mittlere Abteilung ist durch einen Dreigelenkträger ACB überspannt, welcher alle auf ihn übertragenen lotrechten und schiefen Kräfte klar und sicher in die Fundamente A und B leitet. Die Abteilungen links und rechts sind durch die Balkenbinder DE, bezw. FG überdacht. Die Lager bei D und G sind bewegliche Rollenlager; sie können auch durch Pendelstützen gebildet werden. Die Mauern sind hier von den wagrechten Kräften vollständig frei — abgesehen von den Reibungswiderständen an den Auflagern — und können schwach sein.

Dafs diese Anordnung statisch und geometrisch bestimmt ist, sieht man leicht. Es sind zwei feste Auflager (A und B) und zwei bewegliche Auflager (D und G) vorhanden, ferner 3 Gelenke (E, C, F); mithin ist die Zahl der Unbekannten, da jedes Gelenk zwei Unbekannte bedeutet, $2 \cdot 2 + 2 \cdot 1 + 2 \cdot 3 = 12$. Die Konstruktion weist 4 Scheiben auf: die beiden Dachbinder der Seitenabteilungen und die beiden Hälften des Gelenkdachbinders; sonach sind $4 \cdot 3 = 12$ Gleichungen verfügbar. — Das Gelenk C braucht nicht in die Mitte der betreffenden Abteilung gelegt zu werden; man kann es auch in K anordnen.

Es macht grundsätzlich keinen Unterschied, wenn man das Scheitelgelenk bei C ganz fortläßt und als mittleren Binder einen Zweigelenkbogen (etwa mit dem einpunktierten Stabe) oder auch einen bei A und B eingespannten Binder verwendet.

Für sechs nebeneinander liegende Abteilungen ist eine gute Anordnung in Fig. 743 dargestellt. Je drei Abteilungen sind in einer Gruppe nach Art von Fig. 742 vereinigt. Der in der vierten Abteilung punktierte Stab würde die Konstruktion statisch unbestimmt machen; sie bleibt auch mit diesem Stabe statisch bestimmt, wenn man seine Enden mit länglichen Schraubenlöchern an-

Fig. 743.

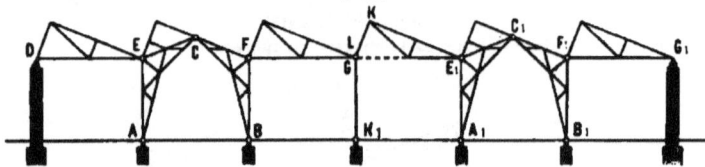

schließt. Fig. 743 weist 9 Scheiben auf, da auch Stab L als Scheibe zu rechnen ist. 4 feste Auflager (A, B, A_1, B_1), 3 bewegliche Auflager (D, G, G_1) und 8 Gelenke (C, C_1, E, F, E_1, F_1, G, K); demnach sind $3 \cdot 9 = 27$ Gleichungen verfügbar und $4 \cdot 2 + 3 \cdot 1 + 8 \cdot 2 = 27$ Unbekannte vorhanden.

Fig. 744.   Fig. 745.

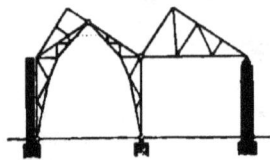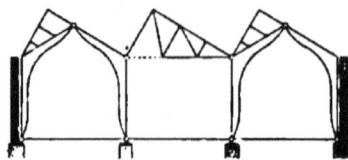

Die Lösung der vorliegenden Aufgabe kann, unter Beibehaltung des Grundgedankens, der Schaffung einzelner standfähiger Rahmen, auch durch andere Zusammenstellungen erfolgen. Fig. 744 u. 745 geben solche Lösungen für zwei, bezw. drei nebeneinander liegende Abteilungen; überall sind die wagrechten Kräfte von den Seitenmauern des Bauwerke ferngehalten und geradenwegs in die Fundamente befördert. Die Seitenmauern können demnach sehr schwach sein; ja man kann die lotrechten Teile der Binder als Pfosten für Eisenfachwerkwände verwerten. Es wird empfohlen, die in Fig. 743 u. 745 punktierten Stäbe auszuführen, aber einseitig mit Schlitzlöchern anzuschließen.

Es ist nicht nötig, in jeder Binderstellung die erwähnten Gelenkträger anzuordnen; man kann sich vielmehr damit begnügen, etwa jedes vierte oder sechste Bindergebinde mit den Gelenkträgern zu versehen und die anderen

Binder auf Pendelsäulen zu setzen; dann mufs man aber in den wagrechten Ebenen DE und FG in Fig. 742, bezw. den entsprechenden Ebenen der anderen Abbildungen wagrechte Träger anordnen, welche die wagrechten Kräfte von den Köpfen der Pendelsäulen nach den Punkten E und F der Gelenkträger befördern.

271.
Schiefe
Belastungen. Wenn der Wind (ungünstigenfalls) von der Seite der verglasten Dachflächen kommt, so ist der Druck für das Quadr.-Met. der Dachfläche

$$w = p \cdot \sin (\alpha + 10^\circ).$$

Hierin kann p zu 120^{kg} für 1^{qm} angenommen werden; $\sin (\alpha + 10^\circ)$ liegt stets so nahe bei 1, dafs

$$w = 120^{\text{kg}} \text{ für } 1^{\text{qm}}$$

gesetzt werden kann. Ist die Breite der verglasten Fläche in der Dachschräge gemessen gleich a und der Binderabstand gleich b, so ist der auf die äufserste Dachfläche kommende Winddruck

$$W_1 = 120\, a\, b \quad \dots \dots \dots \dots \quad 42.$$

Die anderen Dachflächen der steilen Seiten werden hauptsächlich in denjenigen Teilen vom Winde getroffen, welche nicht durch die davorliegenden Flächen verdeckt werden; ist die Breite einer solchen Fläche in der Schräge gemessen gleich e, so ist (Fig. 746)

$$e = \frac{l \cdot \sin 10^\circ}{\sin (\alpha + 10^\circ)}, \text{ und da } l = \frac{a}{\cos \alpha},$$

ist,

$$e = \frac{a \cdot \sin 10^\circ}{\cos \alpha \cdot \sin (\alpha + 10^\circ)} \quad \cdot \cdot \quad 43.$$

Für $\alpha = 60 \qquad 70 \qquad 75$ Grad wird genügend genau

$$e = 0{,}37\,a \qquad 0{,}50\,a \qquad 0{,}67\,a,$$

wozu bemerkt wird, dafs diese Werte nur gültig sind, wenn der Winkel am First ein rechter ist. Es dürfte sich empfehlen, die Werte für e etwas gröfser anzunehmen, als die Formel 43 ergibt.

Der gesamte Winddruck gegen die Sägedachanlage auf die Bindertiefe b ist, wenn n Abteilungen von der Stützweite l nebeneinander liegen,

$$\Sigma (W) = 120\, b\, [a + (n-1)\, e] \quad \dots \dots \dots \quad 44.$$

272.
Beispiel. Beispiel: Es sei $l = 6{,}00^{\text{m}}$, $\alpha = 70$ Grad, also $a = l \cdot \cos \alpha = 2{,}05^{\text{m}} = \sim 2{,}10^{\text{m}}$, $b = 5{,}00^{\text{m}}$, $n = 3$, die Höhe von Fundament-Oberkante bis zum Binderauflager $h = 5{,}00^{\text{m}}$ und der Firstwinkel gleich 90 Grad; dann wirkt auf die erste verglaste Fläche eine Windbelastung:

$$W_1 = 120 \cdot 5 \cdot 2{,}1 = 1260^{\text{kg}}.$$

Ferner ist

$$\Sigma (W) = 120 \cdot 5\, [a + (n-1)\, 0{,}50\, a] = 120 \cdot 5 \cdot 2{,}1\, (1 + 2 \cdot 0{,}5),$$
$$\Sigma (W) = 1260 + 1260 = 2520^{\text{kg}};$$

dafür wird

$$\Sigma (W) = 3000^{\text{kg}}$$

eingeführt.

Wenn nach Fig. 741 u. 747 nur ein Auflager, dasjenige bei A, fest ist [1], so mufs dasselbe die wagrechte Seitenkraft von $\Sigma (W)$, abzüglich des Reibungswiderstandes am beweglichen Lager bei B aufnehmen. Durch die Windbelastung W_1 wird in A eine lotrechte Seitenkraft des Auflagerdruckes erzeugt:

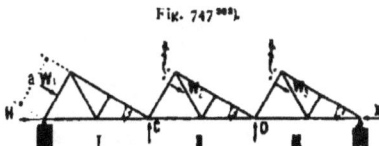

Fig. 746.

Fig. 747 [2].

[1] In Fig. 747 ist das äufserste Lager links mit A und das äufserste Lager rechts mit B zu bezeichnen.

$$A_w = \frac{W_1 \, a}{2 \, l} = \frac{1260 \cdot 2{,}1}{2 \cdot 6} = 220 \text{ kg}.$$

Ebenso wird durch W'_2 in B ein lotrechter Auflagerdruck B_w hervorgerufen. Wird

$$W_2 = W'_2 = \frac{3000 - 1260}{2} = 870 \text{ kg}$$

gesetzt, so ergiebt sich

$$B_w = \frac{W'_2 \, 3a}{4 \, l} = \frac{870 \cdot 3 \cdot 2{,}1}{4 \cdot 6} = 228 \text{ kg} = \sim 230 \text{ kg}.$$

Das Eigengewicht jedes Binders ist für jede Abteilung zu ~ 2400 kg geschätzt; demnach ist die hierdurch in A und C_1 erzeugte Auflagerkraft $A_g = 1200$ kg $= C_{1g}$. Der Reibungswiderstand des beweglichen Auflagers bei B ist mit dem Reibungskoefficienten $\mu = 0{,}2$

$$H_1 = 0{,}2 \, (230 + 1200) = \sim 290 \text{ kg}.$$

Auf das feste Auflager bei A kommt demnach eine wagrechte Seitenkraft des Auflagerdruckes

$$H = \Sigma \, (W) \sin \alpha - H_1 = 3000 \cdot 0{,}9397 - 290 = \sim 2530 \text{ kg}.$$

Auf das zu einer Binderweite gehörige Mauerstück wirken nunmehr am festen Auflager (Fig. 748):

die wagrechte Seitenkraft $H = 2530$ kg,

Fig. 748.

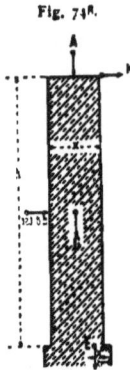

die lotrechte Seitenkraft $A_w + A_g = 220 + 1200 = 1420$ kg;

ferner die auf die Mauer von der Höhe h entfallende Windkraft, deren Mittelkraft gleich $120 \, h \, b$ in halber Höhe angreift. Das Mauergewicht ist $G = \gamma \, h \, b \, x = 1600 \, h \, b \, x$, wenn x die gesuchte Mauerstärke ist. Gestattet man für diese sehr ungünstigen Belastungsannahmen, daß die Stützlinie der Mauerkante sich bis auf $\frac{x}{6}$ nähere (also aus dem Kerne herausfalle), so ergiebt sich die Bedingungsgleichung:

$$1600 \, h \, b \, x \cdot \frac{x}{3} + 1420 \, \frac{x}{3} = 2530 \, h + 120 \, \frac{h^2 \, b}{2}$$

und mit obigen Werten

$$x = \sim 1{,}20 \text{ m}.$$

Wie zu ersehen ist, ergeben sich sehr große Mauerstärken; allerdings wurde der ungünstigste Fall sehr großen Winddruckes angenommen und auf die günstig wirkenden Giebelwände nicht gerechnet, die immerhin einen nicht geringen Teil der wagrechten Belastungen in die Fundamente leiten. Andererseits ist aber auch die ganze Seitenmauer als voll angenommen. Wenn, wie meistens, Fenster in den Seitenmauern angebracht sind, so ist das Gewicht G kleiner und die Stabilität geringer, als oben angenommen ist. Jedenfalls bleibt die Notwendigkeit großer Mauerstärken bestehen. Zweckmäßig wird es sein, die Mauerstärke von oben nach unten zunehmen zu lassen und unter den Dachbindern Pfeilervorlagen anzulegen.

Nunmehr soll untersucht werden, ob die Anordnung wesentlich günstiger wird, wenn beide Endauflager fest sind.

Wenn man zwei feste Auflager anordnet, so verteilt sich die wagrechte Kraft auf beide. Auf das Auflager bei B kommt jetzt nach Gleichung 41 (S. 378) eine wagrechte Kraft $X = \Sigma \left(\frac{S_0 \, z}{n \, l} \right)$; auf A wirkt $H = \Sigma \, (W) \cdot \sin \alpha - X$. Zunächst werden die Werte S_0 ermittelt.

Für obiges Beispiel ergiebt sich dann wieder $W_2 = W'_2 = 870$ kg; ferner werde wie oben angenommen, daß diese beiden Kräfte in der Höhe $\frac{a}{4}$ unter dem First wirken. Dann wird für Öffnung I:

$$A_w = \frac{1260 \, a}{2 \, l} = \frac{1260 \cdot 2{,}1}{2 \cdot 6} = 220 \text{ kg}, \quad \text{und} \quad C_w = 220 \text{ kg};$$

für Öffnung II:

$$C_w = \frac{870 \, a}{4 \, l} = \frac{870 \cdot 2{,}1}{4 \cdot 6} = 76 \text{ kg}, \quad \text{und} \quad D_w = \frac{870 \cdot 3 \cdot 2{,}1}{4 \cdot 6} = 228 \text{ kg};$$

für Öffnung III:

$$D'_w = \frac{870 \cdot a}{4 \, l} = 76 \text{ kg}, \quad \text{und} \quad B_w = \frac{870 \cdot 3 \cdot 2{,}1}{4 \cdot 6} = 228 \text{ kg}.$$

Außer diesen lotrechten Seitenkräften der Auflagerdrücke wirkt in D noch eine wagrechte Seitenkraft (H_{III}) des Auflagerdruckes, welche durch die unteren Gurtungsstäbe der Öffnungen II und I nach dem festen Auflager befördert wird; ebenso wird durch W_2 im Punkte C eine entsprechende wagrechte Seitenkraft (H_{II}) erzeugt, welche durch die unteren Gurtungsstäbe der Öffnung I nach dem festen Auflager geleitet wird. In CD wirkt demnach außer der durch die lotrechten Auflagerkräfte C_w und D_w erzeugten Spannung noch H_{III} und in der unteren Gurtung der Öffnung I außer der durch die lotrechten Auflagerkräfte erzeugten Spannung noch $H_{III} + H_{II}$. Es ist $H_{III} = H_{II} = $ 870 sin α = 818 kg.

Die Werte für S_0 ergeben sich nunmehr wie folgt:
in Öffnung III ist in der unteren Gurtung

$$S_0 = \frac{B_w}{\operatorname{tg} \beta} = \frac{229}{\operatorname{tg} 20^\circ} = \sim 630 \text{ kg};$$

in Öffnung II ist in der unteren Gurtung

$$S_0 = \frac{D_w}{\operatorname{tg} \beta} + H_{III} = \frac{229}{\operatorname{tg} 20^\circ} + 818 = 1448 \text{ kg};$$

in Öffnung I ist in der unteren Gurtung

$$S_0 = \frac{C_w}{\operatorname{tg} \beta} + H_{III} + H_{II} = \frac{229}{\operatorname{tg} 20^\circ} + 818 \cdot 2 = 2236 \text{ kg}.$$

Auf das Lager bei B (das äußerste rechts gelegene) kommt demnach als wagrechte Seitenkraft des Auflagerdruckes:

$$X = \Sigma \left(\frac{S_0 s}{n l} \right) = \frac{630 \cdot 6 + 1448 \cdot 6 + 2236 \cdot 6}{3 \cdot 6} = 1438 \text{ kg};$$

auf das Lager bei A (das äußerste links gelegene) kommt:

$$H = \Sigma \left(W \sin \alpha \right) - X = 3000 \cdot 0,9397 - 1438 = 1382 \text{ kg},$$

während bei einem festen und einem beweglichen Lager $H = 2580$ kg gefunden war. Die Verteilung auf die beiden festen Auflager ist also nahezu gleichmäßig, diese Konstruktion demnach günstiger als die erstere. Wird die Berechnung der erforderlichen Mauerstärke wie oben durchgeführt, so ergiebt sich $x = \sim 1,03$ m, immer noch recht groß.

Es soll jedoch hier noch einmal ausdrücklich darauf hingewiesen werden, daß bei einer geringen Anzahl nebeneinander befindlicher Binder die Annahme gemacht werden kann, daß ein Teil der wagrechten Lasten durch die Pfetten in die Giebelmauern übertragen werde. Will man sich auf den Biegungswiderstand der Pfetten nicht verlassen, so kann man auch wagrechte Diagonalen anordnen und durch diese die gefährlichen Kräfte in die Giebelmauern führen.

Jedenfalls wird die in Art. 271 (S. 378) vorgeschlagene Anordnung, welche die Seitenmauern von den wagrechten Kräften vollständig befreit, den vorbesprochenen Konstruktionen weitaus vorzuziehen sein.

274.
Konstruktion. Die meist übliche Anordnung der Sägedächer weist Binder auf, welche Pfetten tragen, auf denen sowohl die Dachdeckung des undurchsichtigen Teiles, als auch die Verglasung ruht. Eine zweite, seltenere Konstruktion, welche bei lotrechter Stellung der verglasten Flächen mehrfach ausgeführt ist, hat eiserne, der Länge des Gebäudes nach verlaufende Fachwerk- oder Gitterträger, welche die Sparren und die Verglasung tragen.

Bei der ersten Anordnung werden die Binder entweder als Satteldachbinder mit ungleichen Dachneigungen nach Fig. 749 u. 753 oder als solche mit gleichen Dachneigungen nach Fig. 750 u. 751 konstruiert. Bei der zweiten Konstruktion wird dann die steilere Neigung der verglasten Dachseite durch ein besonderes, aufgesetztes Dreieck erhalten. Auf der verglasten Dachseite sind stets rechteckige Rahmen herzustellen, welche die Verglasung aufnehmen. Diese Rahmen bestehen aus den Pfosten oder Stielen der steilen Dachseite und zwei wagrechten Längsbalken aus Holz oder Eisen, welche am oberen und unteren Ende zwischen die Pfosten gesetzt und von diesen getragen werden. Fig. 749 bis 753 geben einige Sägedächer dieser Anordnung.

In Fig. 749[364] sind nur zwei Abteilungen von je 7,00 m Stützweite nebeneinander angeordnet; der Binderabstand beträgt 5,00 m. Der Binder ist aus Holz und mit ungleichen Dachneigungen konstruiert. Die untere Gurtung besteht aus zwei, je 12×25 cm starken Balken mit 12 cm breitem Zwischenraum, in welchen sich die oberen Gurtungsstäbe an den Auflager-Knotenpunkten und die Druckstreben setzen. Am First ist eine 25×25 cm starke, zwischen den Bindern verlaufende Pfette N, welche mit diesen durch gußeiserne Konsolen verbunden ist. Die Pfette N, sowie die Fußpfette P

[364] Faks.-Repr. nach: Nouv. annales de la constr., 1877, Pl. 13, 17—18.

Fig. 749ᵃᵃ¹).

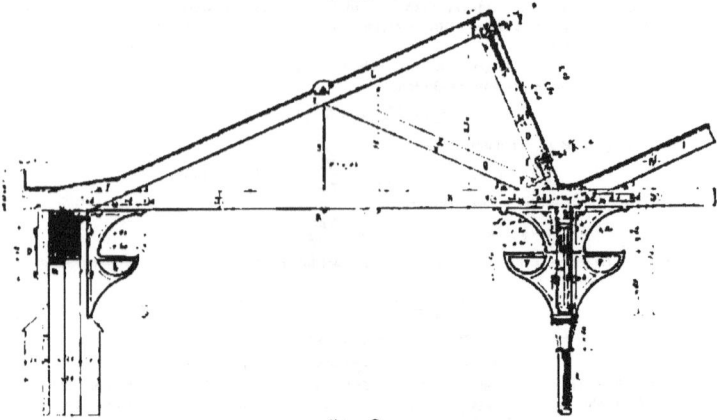

¹/₁₀ w. Gr.

Fig. 750ᵃᵃ¹).

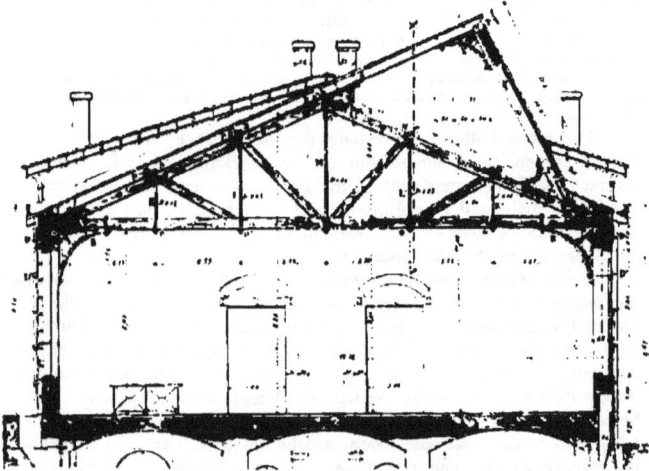

¹/₁₀₀ w. Gr.

nehmen die 0,416 m voneinander entfernten Leersparren auf; Pfette N, die untere Pfette f und die Pfosten O bilden die Rahmen zur Aufnahme der Verglasung. Beide unteren Gurtungen der Nachbarabteilungen sind gut miteinander verbunden. Die weniger geneigte Seite ist mit Zink Nr. 13 auf Schalung gedeckt.

Das in Fig. 750ᵃᵃ¹) vorgeführte, nur über eine Abteilung reichende Dach hat einen Binder mit gleich geneigten oberen Gurtungen, auf den ein Dreieck für die verglaste Fläche aufgesetzt ist. Die Binder tragen die Pfetten P und P' und im First des Satteldachbinders die Pfette R. Das aufgesetzte

Fig. 751.

Querschnitt. — ¹⁄₁₀₀ w. Gr.

Fig. 752.

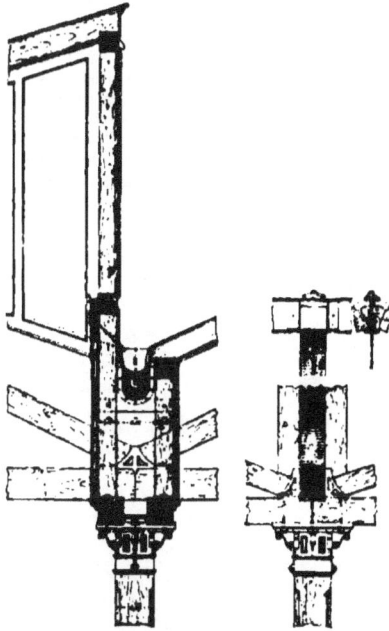

Einzelheiten. · ¹⁄₂₀ w. Gr.

Von der Lokomotiv-Montierungswerkstätte zu München[200]).

Dreieck ist durch Stab S und Pfosten V gebildet, der Rahmen für die Verglasung durch die Pfosten V
und die Hölzer T und U. Der Balken T ist wieder mit Hilfe von eisernen Konsolen mit den Pfosten

[200] Faks.-Repr. nach: Zeitschr. des Bayer. Arch.- u. Ing.-Ver. 1874, Bl. XII u. XVIII.

Fig. 753.

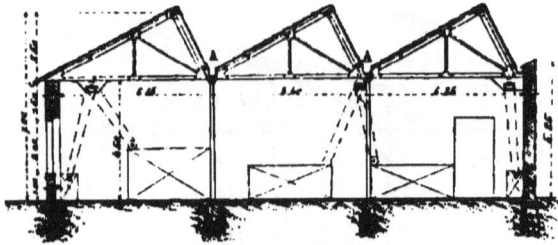

Von einer Fabrikanlage zu Courneuve [304].
¹/₁₀₀ w. Gr.

verbunden; derselbe trägt auch die Leersparren des oberen Teiles der weniger geneigten Dachfläche, welche sich an ihren unteren Enden gegen die Pfette *R* setzen. Der Binder ist an beiden Auflagern durch Konsolen fest mit dem Mauerwerk verbunden. Überhaupt ist von gußeisernen Verbindungsstücken hier ein weitgehender Gebrauch gemacht.

Auch in Fig. 751 [305]) sind die Binder mit gleich geneigten oberen Gurtungen hergestellt. In der Spitze des Dreieckes ist eine Firstpfette aus I-Eisen angeordnet, welche mittels gußeiserner Schuhe von den Streben der oberen Gurtung getragen wird. Die Sparren ruhen außer auf der Mittelpfette noch auf zwei weiteren Pfetten aus Holz, welche von Stielen getragen werden. Die obere Pfette bildet mit den Stielen und einem wagrechten, unteren Balken den Rahmen für die Verglasung. Fig. 752 [305]) zeigt die Einzelheiten. Die hier gewählte Rinnenkonstruktion ist nicht empfehlenswert.

Rein eiserne Sägedächer können auf Grund der Angaben über die Konstruktion der eisernen Binder in Kap. 29 ohne Schwierigkeit entworfen werden.

Fig. 754.

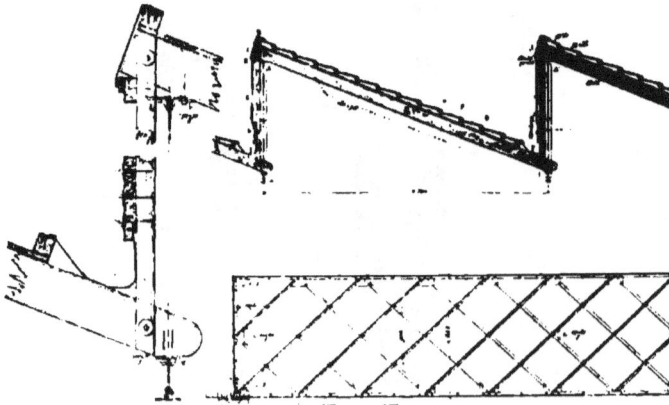

Von einer Fabrikanlage zu Barcelona [306]).
¹/₄₀, bezw. ¹/₁₀ w. Gr.

[304]) Faks.-Repr. nach. Nouv. annales de la constr. 1893, Pl 11—13, 46—47.
Handbuch der Architektur. III. 2, d. (2. Aufl.)   25

Ein Beispiel ist in Fig. 753[300]) dargestellt. Auch die in Art. 271 (S. 378) empfohlenen steifen Rahmen sind als Drei- oder Zweigelenkdächer leicht herstellbar. Von der Vorführung von Einzelheiten derselben ist abgesehen worden, da sie noch nicht ausgeführt worden sind.

Fig. 755.

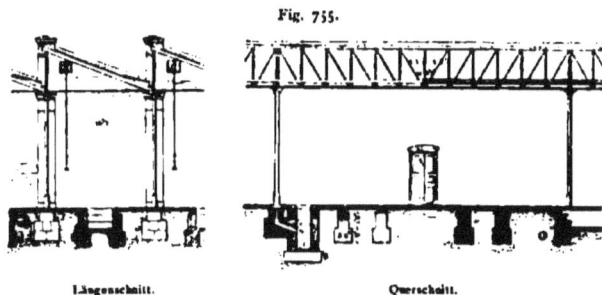

Längenschnitt.   Querschnitt.

$\frac{1}{100}$ w. Gr.

Fig 756.

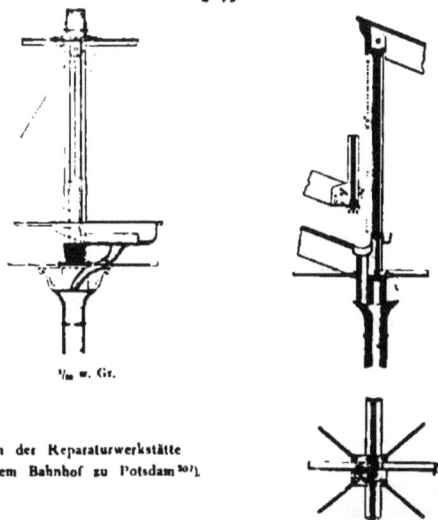

$\frac{1}{50}$ w. Gr.

Von der Reparaturwerkstätte
auf dem Bahnhof zu Potsdam[301].

Für die zweite Konstruktion mit eisernen, der Länge des Gebäudes nach verlaufenden Trägern ist ein Beispiel in Fig. 754[300]) vorgeführt.

Hinter die lotrechte verglaste Fläche ist ein eiserner Gitterträger gesetzt, welcher in seinen beiden Gurtungen sowohl den oberen, wie den unteren Endpunkten der Sparren Auflager bietet. Bei dieser Anordnung sind weite Säulenstellungen möglich. Bedenklich erscheint es, daß die Träger auch

300) Faks.-Repr. nach: Zeitschr. f. Bauw. 1871, Bl. 23.

wagrechte Seitenkräfte zu ertragen haben, denen sie nicht gewachsen sind. Diese Konstruktion ist in Barcelona von *Arajol* ausgeführt.

Eine ganz ähnliche Anordnung ist bereits vor vielen Jahren in Berlin zur Anwendung gekommen (Fig. 755 u. 756 [Aufl]).

Die lotrechten Teile der Sägedächer sind dabei durchweg verglaste eiserne Fachwerksträger, deren lotrechte, aus zwei T-Eisen gebildete Pfosten die Rahmen für die Glastafeln bilden. Die 1,01 m voneinander entfernten Sparren ruhen mit ihren oberen Enden auf der oberen Gurtung des Trägers, wo sie zwischen zwei aufgenieteten Blechen befestigt sind; mit ihren Füßen ruhen die Sparren in Schuhen, die an der unteren Gurtung des Nachbarträgers vernietet sind. An diesen Schuhen sind auch die wagrechten Winddiagonalen angebracht.

---

34. Kapitel.

Pfetten.

a) Querschnitt, Stellung und Berechnung.

Die Pfetten sind auf den Bindern ruhende Träger, welche die Gewichte der Sparren und der Dachdeckung, sowie die durch Schnee und Winddruck hervorgerufenen Belastungen auf die Binder zu übertragen haben. Die Pfetten werden ausschließlich als Balkenträger konstruiert. Entweder laufen sie nur je

775
Allgemeines.

Fig. 757.

von einem zum anderen Binder als auf zwei Stützpunkten ruhende Balken oder über mehreren Bindern (als kontinuierliche Träger) durch, oder sie werden als Auslegerträger hergestellt. Bei den Holzdächern ist die Anordnung der durchlaufenden Pfetten üblich und zweckmäßig; bei den neueren Eisendächern werden die Pfetten als Auslegerträger in der durch Fig. 757 schematisch angedeuteten Weise konstruiert. Jede Pfette ist auf zwei Bindern *H* und *J*, bezw. *M* und *N* gelagert, ist aber über die auf den Bindern liegenden Auflager jederseits noch um ein gewisses Stück verlängert, so daß sie an ihren Enden zwei Ausleger (Konsolen) hat; die Konsolenenden *G*, *K*, *L*, *O* dienen als die Auflager für eingehängte Pfettenstücke (*KL* in Fig. 757). Diese Anordnung ist statisch bestimmt; man kann durch zweckmäßige Wahl der Längen für die Ausleger und die Zwischenstücke eine Materialersparnis erzielen; endlich ermöglicht diese Konstruktion die durch Temperaturänderungen hervorgerufenen Längenänderungen der Pfetten ohne schädliche Beanspruchungen der Pfetten und Binder; man braucht nur die Bolzenlöcher für das Auflager des eingehängten Pfettenstückes bei dem einen der beiden Auflager länglich zu machen.

Je zwei Binder, welche die Ausleger tragen, werden durch in der Dachfläche angeordnete Schrägstäbe (Winddiagonalen) und die Pfetten zu einem (auch gegen winkelrecht zu den Binderebenen wirkende Kräfte) stabilen Körper vereinigt; die Pfetten wirken für dieses Raumfachwerk als Pfosten. In den Feldern aber, welche die eingehängten Pfettenträger enthalten, ordnet man keine Winddiagonalen an; dieselben sind dort der Stabilität wegen nicht erforderlich und bei Temperaturänderungen schädlich.

25*

Als Beispiel dieser Anordnung ist in Fig. 758 der Grundrifs der Mittelhalle vom Bahnhof Münster vorgeführt; die Ansicht dieser Halle ist in Fig. 475 (S. 223) dargestellt.

Je zwei 7,50 m voneinander entfernte Binder sind durch die Pfetten und die Diagonalen in der Cylinderfläche des Daches miteinander verbunden; die Konsolen sind 1,00 m und die eingehängten Pfettenstücke 5,50 m lang. Am äußersten Ende der Halle ist ein weiteres, verkreuztes Feld wegen der gegen den Endbinder wirkenden Winddrücke gebildet.

276.
Querschnitt.

Die Pfetten sind Balkenträger von meist geringerer Stützweite (3,50 bis 6,00 m); doch kommen auch sehr grofse Stützweiten — bis über 20 m — vor (siehe Art. 154, S. 222). Die Querschnitte sind demnach die gleichen wie diejenigen der Balkenträger; gewöhnlich sind sie auf die ganze Länge der Pfette konstant. Besonders bei den nicht ganz grofsen Pfettenstützweiten ist es Regel, den Querschnitt konstant und dann natürlich so stark zu machen, wie er an der am stärksten beanspruchten Stelle sein mufs. Bei grofsen Pfettenweiten verwendet man vielfach Fachwerkträger.

α) Holzpfetten erhalten den für diesen Baustoff naturgemäfsen, rechteckigen Querschnitt mit gröfserer Höhe als Breite.

β) Eisenpfetten. Für ganz kleine Lasten und Binderabstände hat man einfache Winkeleisen verwendet, deren einer Schenkel winkelrecht zur Dachneigung gerichtet ist (siehe Fig. 560, S. 268). Zweckmäfsige Verwendung finden andere Formeisen, also C-Eisen, I-Eisen, Z-Eisen. Auch Blechträger, aus Blech und Winkeleisen zusammengesetzt, sind empfehlenswert, ebenso zwei C-Eisen nach Fig. 502 (S. 245). Eigenartig ist die in Fig. 766 (S. 395) im Querschnitt und in Fig. 784 vorgeführte Pfette, welche ein räumliches Fachwerk bildet: die obere Gurtung ist ein Winkeleisen; als untere Gurtung dienen

Fig. 758.

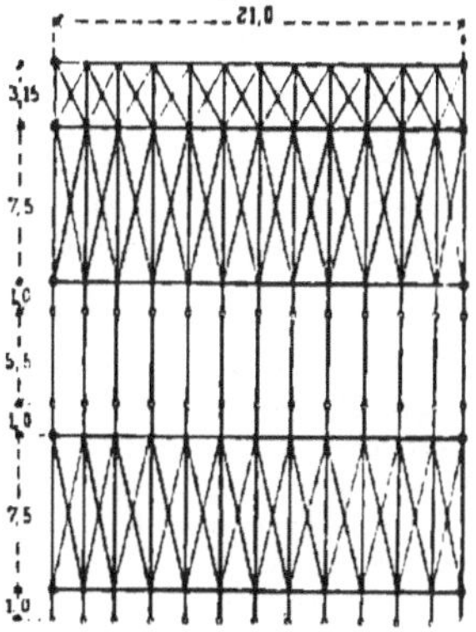

Von der mittleren Halle auf dem Bahnhof zu Münster.

¼ w. Gr.

zwei in verschiedenen Ebenen liegende Flacheisen; Gitterwerk aus Flacheisenstäben verbindet die drei Teile miteinander. Ebene Fachwerkträger kommen gleichfalls als Pfetten vor, sowohl als Träger mit zwei parallelen Gurtungen, wie als solche mit einer geradlinigen und einer gekrümmten Gurtung.

277.
Stellung.

Die Pfetten werden entweder so gestellt, dafs der Steg (bezw. bei Holzpfetten die gröfsere Symmetrieachse) lotrecht steht oder winkelrecht zur Dachneigung gerichtet ist oder endlich irgend eine andere Richtung hat. Im folgenden soll die erste Stellung kurz als lotrechte und die zweite Stellung als normale Pfettenstellung bezeichnet werden.

Die Entscheidung über die zweckmäfsigste Lage des Pfettenquerschnittes ist sowohl nach rein praktischen Gesichtspunkten, wie unter Berücksichtigung der wirkenden Kräfte zu treffen. Bei den Dächern mit Holzbindern und Holzpfetten kommen beide erstgenannte Anordnungen vor. Fig. 263, 265 bis 269, 274, 276, 292, 297, 308 zeigen lotrecht gestellte, Fig. 264, 306, 307 (zum Teile), 309 (zum Teile), 351, 352, 355 stellen winkelrecht zur Dachneigung angeordnete Holzpfetten dar. Auch, falls die Binder aus Eisen, die Pfetten aus Holz hergestellt werden, sind beide Anordnungen üblich; diejenige der normalen Pfette ist einfacher (Fig. 444, 451, 459). Lotrecht gestellte Pfetten aus Holz sind aus Fig. 447, 455, 540, 541 u. 557 zu ersehen.

Bei Verwendung von Eisenpfetten erscheint es von vornherein als zweckmäfsig, den Steg des Formeisens winkelrecht zur Dachfläche anzuordnen; die Konstruktion wird hierdurch sehr einfach. Beispiele sind in Fig. 443, 446, 448, 460, 481, 482, 483, 484, 499, 500, 531, 533, 563, 564 und in Fig. 560 mit einer Winkeleisenpfette vorgeführt. Bei den Walzbalken kann der Flansch dann bequem mit der oberen Gurtung vernietet werden.

Weniger einfach, aber durchaus nicht schwierig, wird die Konstruktion, wenn der Pfettensteg lotrecht gestellt ist; man verbindet dann Pfette und Dachbinder mit Hilfe eines Knotenbleches. Beispiele geben Fig. 534, 538, 539, 543, 547, 552, 556, 559. Welche der beiden Stellungen hinsichtlich des Materialaufwandes die günstigere ist und ob eine andere Stellung günstiger ist als beide, darüber giebt die Berechnung Auskunft.

In dem am häufigsten vorkommenden Falle konstanten Querschnittes, welcher bei den Walzbalkenprofilen vorliegt, ist für die Querschnittsermittelung das absolut gröfste Moment mafsgebend. Falls die Pfette als Träger auf zwei Stützen aufgefafst werden kann, so findet das Gröfstmoment in der Mitte des Trägers statt; bei einem Binderabstand l und einer Belastung p für das lauf. Met. hat es die Gröfse $M_{mitte} = \dfrac{p\,l^2}{8}$. (Es wird empfohlen, l in Centim. und p in Kilogr. für das lauf. Centim. einzusetzen.) Falls die Pfetten aber als Auslegerträger hergestellt sind, so finden die gröfsten Momente (ohne Rücksicht auf die Vorzeichen) in der Mitte des eingehängten Trägerstückes, bezw. über den Auflagern des Auslegerträgers oder in der Mitte zwischen beiden Auflagern des Auslegerträgers statt. Man bestimmt zweckmäfsig die Längen der einzelnen Teile so, dafs die Gröfstmomente, absolut genommen, einander gleich werden. Nennt man den Binderabstand l, die Länge des Auslegers a und die Länge des eingehängten Trägerstückes b, so ergiebt sich für

$$b = 0{,}707\ l \quad \text{und} \quad a = 0{,}1465\ l$$

die Gröfse der Momente in der Mitte des eingehängten Trägerstückes, über dem Auflager des Auslegerträgers und in der Mitte zwischen den beiden Auflagern des Auslegerträgers, also an den drei am meisten gefährdeten Stellen, gleich grofs, und zwar, ohne Rücksicht auf Vorzeichen, zu

$$M = \frac{p\,l^2}{16}.$$

Eine entsprechende Berechnung, nach welcher man sich erforderlichenfalls richten kann, ist in Teil I, Bd. 1, zweite Hälfte (Art. 371, S. 335 [*]) dieses »Handbuches« durchgeführt.

Die Hauptschwierigkeit bei der Berechnung der Pfetten ist, dafs die Belastungen in verschiedenen Ebenen wirken und es deshalb nicht erreicht werden kann, dafs die Querschnitte durch die Kraftebenen stets in Hauptachsen geschnitten werden. Die Belastung durch Eigengewicht und Schnee wirkt in der lotrechten, durch die Querschnittsschwerpunkte gelegten Ebene; die Windlasten dagegen wirken in einer winkelrecht zur Dachfläche gerichteten, gleichfalls durch die Schwerpunkte der Querschnitte verlaufenden Ebene.

[*] 2. Aufl.: Art. 163, S. 144.

Wie man demnach die Symmetrieachse, bezw. die erste Hauptachse des Querschnittes auch legen möge, stets ergiebt sich eine zusammengesetzte Beanspruchung. Stellt man die erwähnte Achse lotrecht, so schneidet wohl die Ebene der lotrechten Lasten (Eigengewicht und Schnee) den Querschnitt in einer Hauptachse, nicht aber die Ebene des Moments der Windlasten; ordnet man den Querschnitt mit einer winkelrecht zur Dachneigung liegenden Hauptachse an, so schneidet denselben die Ebene des letzteren Moments in einer Hauptachse, nicht aber diejenige der lotrechten Lasten. Eine zusammengesetzte Beanspruchung ergiebt sich auch bei einer von den beiden vorgeführten Lagen abweichenden Lage der Hauptachsen.

179. Pletten-querschnitt mit Symmetrie-achse. Für die Berechnung zerlegt man die Momente in Seitenmomente, die in den Ebenen der beiden Hauptachsen wirken. Es sollen bezeichnen (Fig. 759):

M_1 das gesamte in die Ebene der Hauptachsen $V V$ fallende Moment;

M_2 das gesamte in die Ebene der Hauptachsen $U U$ fallende Moment;

u und v die Koordinaten eines beliebigen Querschnittspunktes;

A und B die beiden Hauptträgheitsmomente;

u_1 und v_1 die Koordinaten des am meisten beanspruchten Querschnittspunktes;

endlich

σ die Spannung des Punktes mit den Koordinaten u und v.

Der Ursprung der Koordinatenachsen liege im Schwerpunkt des Querschnittes. Alsdann ist

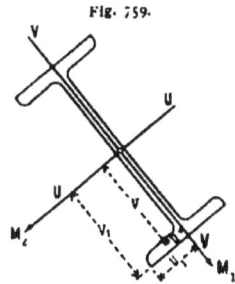

Fig. 759.

$$\sigma = \frac{M_1\, v}{A} + \frac{M_2\, u}{B} \quad \text{und}$$

$$\sigma_{max} = \frac{M_1\, v_1}{A} + \frac{M_2\, u_1}{B}, \quad \ldots \quad 45.$$

$$\sigma_{max} = \frac{M_1}{\dfrac{A}{v_1}} + \frac{M_2}{\dfrac{B}{u_1}}.$$

Nun bezeichne $W_1' = \dfrac{A}{v_1}$ das Widerstandsmoment für

die U-Achse (erste Hauptachse) und $W_2' = \dfrac{B}{u_1}$ das

Widerstandsmoment für die V-Achse (zweite Hauptachse); alsdann wird

$$\sigma_{max} = \frac{M_1}{W_1'} + \frac{M_2}{W_2'}.$$

Stellt man für die Querschnittsbestimmung die Bedingung $\sigma_{max} = K$ (zulässige Beanspruchung des Eisens), so erhält man die Gleichung

$$K = \frac{M_1}{W_1'} + \frac{M_2}{W_2'} = \frac{1}{W_1'}\left(M_1 + M_2 \frac{W_1'}{W_2'}\right).$$

Ist $c = \dfrac{W_1'}{W_2'}$, so wird

$$W_1' = \frac{(M_1 + c\,M_2)^{\text{zwg}}}{K} \quad \ldots \ldots \ldots \ldots 46.$$

Diese Formel ist für rechteckige, I- und ⸦-förmige Querschnitte genau richtig, überhaupt für solche Querschnitte, bei denen dieselben Querschnittspunkte

---

) Siehe: Land, R. Profilbestimmung von I- und ⸦-Trägern bei schiefer Belastung. Zeitschr. d. Ver. deutsch. Ing. 1895, S. 293.

gleichzeitig von beiden Hauptachsen am weitesten ab liegen. Anders ist es mit dem $\int$-förmigen Querschnitt, weil W_1 und W_2 sich bei diesen Profilen nicht immer auf die gleichen Punkte beziehen.

Für die Verwendung der Gleichung 46 ist es unbequem, dafs man beim Beginne der Berechnung das zu verwendende Profil noch nicht kennt, also auch nicht weifs, welcher Wert für c einzusetzen ist. Für die Deutschen Normalprofile (I- und L-Eisen) sind indes die Werte von c wenig veränderlich; für I-Eisen schwankt c zwischen 5,6 (Normalprofil Nr. 8) und 8,9 (Normalprofil Nr. 50); für L-Eisen schwankt c von 1,5 (Normalprofil Nr. 3) bis 6,67 (Normalprofil Nr. 30). Als vorläufige Mittelwerte kann man

für I-Eisen $c = 7$ und für L-Eisen $c = 5$

einführen. Man bestimmt nun aus Gleichung 46 das erforderliche W_1 und dann aus der Tabelle das zu wählende Profil; hat dieses einen anderen Wert c als den angenommenen Mittelwert, so führe man eine zweite genauere Rechnung aus.

Beispiel 1. Es sei der Dachneigungswinkel $\alpha = 33°41'$, der Binderabstand $e = 4$ m $= 400$ cm, das Eigengewicht für 1 qm der Grundfläche $g = 54$ kg, der Schneedruck $s = 75$ kg und $w = 83$ kg = Winddruck für 1 qm schräger Dachfläche; der Abstand der Pfetten betrage in der Dachschräge gemessen 3,00 m und in der wagrechten Projektion 2,50 m. Alsdann ist das Moment in der lotrechten Ebene

Fig. 760.
$$M_v = \frac{(54 + 75)\,2,5}{100} \cdot \frac{400^2}{8} = \frac{3,2 \cdot 400^2}{8} = 64000 \text{ kgcm};$$

Das Moment in der Ebene winkelrecht zur Dachfläche ist
$$M_w = \frac{83 \cdot 3,0}{100} \cdot \frac{400^2}{8} = \frac{2,5 \cdot 400^2}{8} = 50000 \text{ kgcm}.$$

Nunmehr soll die erforderliche Querschnittsgröfse sowohl für den Fall ermittelt werden, dafs der Steg lotrecht, als dafs er winkelrecht zur Dachfläche gestellt ist.

α) Lotrechter Steg (Fig. 760). Es ist
$$M_1 = M_v + M_w \cos \alpha = 64000 + 50000 \cos \alpha = 105600 \text{ kgcm};$$
$$M_2 = M_w \sin \alpha = 50000 \cdot 0,555 = 27750 \text{ kgcm}.$$

Wird ein L-Eisen verwendet mit $c = 5$, so mufs
$$W_1 = \frac{105600 + 5 \cdot 27750}{K}$$

sein. Die zulässige Beanspruchung K betrage 1000 kg für 1 qcm; alsdann wird
$$W_1 = 105,6 + 138,75 = 244 \text{ (auf Centim. bezogen)}.$$
Beim Normalprofil Nr. 22 ist $W_1 = \backsim 247$; dasselbe würde also genügen; doch ist noch zu untersuchen, welchen Wert c hat. Für Normalprofil Nr. 22 ist
$$c = \backsim 6,2; \text{ demnach mufs } W_1 = 105,6 + 6,2 \cdot 27,75 = 277,65$$

sein. Profil Nr. 22 genügt demnach nicht, und es mufs das nächstfolgende Profil Nr. 26 gewählt werden mit (abgerundet) $W_1 = 374$ und $c = 6,57$. Für dieses Profil ergiebt Gleichung 46 als erforderlich:
$$W_1 = 105,6 + 6,57 \cdot 27,75 = 288 \text{ (auf Centim. bezogen)};$$

Nr. 26 (Gewicht für das lauf. Met. 37,8 kg) ist also weitaus genügend.

β) Steg winkelrecht zur Dachfläche (Fig. 761). Es ist
$$M_1 = M_w + M_v \cos \alpha = 50000 + 64000 \cdot 0,832 = \backsim 103300 \text{ kgcm};$$
$$M_2 = M_v \sin \alpha = 64000 \cdot 0,555 = \backsim 36000 \text{ kgcm}.$$

Mit $c = 6,2$ wird
$$W_1 = \frac{103300 + 6,2 \cdot 36000}{1000} = 103,3 + 223,2 = 326,5 \text{ (auf Centim. bezogen)}.$$
Hier genügt demnach Normalprofil Nr. 22 gleichfalls nicht; auch hier ist Profil Nr. 26 zu wählen. Für dieses mufs
$$W_1 = 103,3 + 6,57 \cdot 36 = 103,3 + 236,5 = \backsim 340$$

sein, und Profil Nr. 26 mit $W_1 = 374$ (auf Centim. bezogen) genügt. Man sieht aber, dafs hier die normale Stegstellung wesentlich ungünstiger als die lotrechte ist.

Beispiel 2. Für dieselben Momente soll die Pfette mit einem I-förmigen Querschnitt hergestellt werden. Alsdann ist

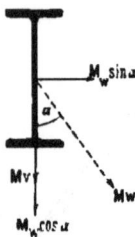

$M_v = 64000$ kgcm und $M_w = 50000$ kgcm.

b) Lotrechter Steg. Nach obigem ist

$M_1 = 105600$ kgcm und $M_2 = 27750$ kgcm.

Mit $c = 7$ muß

$$W_1' = 105,6 + 7.27,75 = \sim 300 \text{ (auf Centim. bezogen)}$$

Fig. 761.

sein. Das Normalprofil Nr. 23 hat $W_1' = \sim 317$ und $c = 7,22$; als genauerer Wert für W_1' ergiebt sich demnach $W_1 = 105,6 + 7,22.27,75 = 306$, und es genügt somit Normalprofil Nr. 23 (Gewicht für das lauf. Met. 33,5 kg).

β) Steg winkelrecht zur Dachfläche. Es ist

$M_1 = 108300$ kgcm, $M_2 = 36000$ kgcm und $c = 7,2$;

sonach muß

$$W_1' = 103,3 + 7,2.36 = 362,5 \text{ (auf Centim. bezogen)}$$

sein. Das Normalprofil Nr. 24 hat $W_1' = 357$ und $c = 7,24$, würde also knapp genügen. (Das Gewicht für das lauf. Met. beträgt hier 36,2 kg.)

Auch hier ist also die lotrechte Stellung die günstigere und im vorliegenden Falle das I-Eisen dem ⊏-Eisen vorzuziehen.

Die Werte von c für die I- und ⊏-Eisen der Deutschen Normalprofile sind nachstehend angeführt.

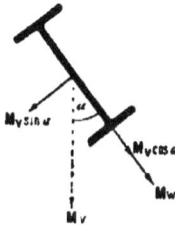

Werte von $c = \dfrac{W_1'}{W_2}$ für die I-Eisen bis einschl. Nr. 40:				Werte von $c = \dfrac{W_1'}{W_2}$ für die ⊏-Eisen von Nr. 8 an:			
Nr. des Profils	W_1'	W_2	c	Gewicht für 1 m	Nr. des Profils	W_1'	W_2	c	Gewicht für 1 m
8	19,6	3,5	5,6	6,0	8	26,7	7,5	3,56	8,6
9	26,2	4,5	5,63	7,1	10	41,4	10	4,14	10,5
10	34,4	5,7	6,04	8,3	12	61,3	13,1	4,68	13,3
11	43,8	7,0	6,23	9,6	14	87	17,4	5,00	15,8
12	55,1	8,7	6,33	11,1	16	117	21,4	5,48	18,6
13	67,8	10,4	6,52	12,6	18	152	26,6	5,71	21,9
14	82,7	12,5	6,62	14,3	20	193	32,3	5,97	25,3
15	99,0	14,8	6,69	16,0	22	247	39,3	6,28	29,3
16	118,3	17,4	6,79	17,9	26	374	57,0	6,57	37,8
17	139	20,3	6,89	19,8	30	538	80,6	6,67	45,9
18	162	23,4	6,93	21,9					Kilogr.
19	187	26,8	6,99	24,0					
20	216	30,7	7,04	26,2					
21	246	34,7	7,09	28,5					
22	281	39,2	7,17	31,0					
23	317	43,9	7,22	33,5					
24	357	49,3	7,24	36,2					
26	446	60,3	7,40	41,9					
28	547	72,3	7,58	47,9					
30	659	84,8	7,77	54,1					
32	789	99,5	7,90	61,0					
34	931	115	8,10	68,0					
36	1098	134	8,19	76,1					
38	1274	153	8,33	83,9					
40	1472	174	8,46	92,3					
				Kilogr.					

Aus der Gleichung $W_1 = \dfrac{M_1 + cM_2}{K}$ ersieht man, dafs M_2 den gröfsten Einfluß auf die Gröfse des zu wählenden Querschnittes hat, da es mit dem Koefficienten c (5 bis 8) multipliziert werden mufs; man hat also ein Interesse daran, M_2 möglichst klein zu halten. Bei lotrechter Stellung des Pfettensteges ist $M_2 = M_w \sin \alpha$, und bei normaler Stellung ist $M_2 = M_v \sin \alpha$; ist also $M_v < M_v$, so ist die lotrechte Stellung die günstigere; ist $M_v < M_w$, so ist die normale Stellung günstiger. Ist $M_w = M_v$, so ist es gleichgültig, welche von beiden Stellungen gewählt wird.

Für den rechteckigen Querschnitt mit der Höhe h und der Breite b ist

$$c = \frac{bh^2}{hb^2} = \frac{h}{b}, \text{ also } W_1 = \frac{bh^2}{6} = \frac{M_1 + \frac{h}{b}M_2}{K}$$

Man nehme für $\dfrac{h}{b}$ ein Verhältnis von etwa $\dfrac{3}{2}$ oder $\dfrac{5}{4}$ an.

Fig. 762.

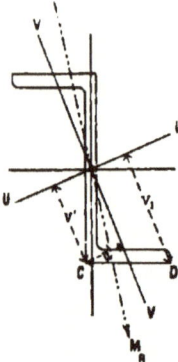

Die Berechnung der Pfetten mit Querschnitten ohne Symmetrieachse kann nicht nach der Gleichung 46 erfolgen. Es handelt sich hier hauptsächlich um Z-Eisen-Pfetten und solche aus ungleichschenkeligen Winkeleisen. Die gröfste Spannung finde im Punkte C (Fig. 762) statt mit den Koordinaten u' und v'; alsdann ist unter Benutzung der früheren Bezeichnungen

$$\sigma_c = M_1 \frac{v'}{A} + M_2 \frac{u'}{B} = \frac{M_1}{\frac{A}{v'}} + \frac{M_2}{\frac{B}{u'}}.$$

281.
Pfetten-
querschnitte
ohne
Symmetrie-
achse.

Von allen Querschnittspunkten hat Punkt C den gröfsten Abstand von der Achse VV, nicht aber von der Achse UU; Punkt D ist weiter von U entfernt als C.

Mithin ist wohl $\dfrac{B}{u'} = W_2$, aber $\dfrac{A}{v'}$ ist nicht gleich W_1; die Formel 46 ist also nicht verwendbar.

Eine weitere Schwierigkeit ergiebt sich hier aus dem Umstande, dafs man von vornherein nicht weifs, welcher Punkt des Querschnittes bei irgend einer Belastung am meisten beansprucht ist und bei welcher der verschiedenen möglichen Belastungsarten die Beanspruchung des jeweils am stärksten beanspruchten Punktes die absolut gröfste ist. Diese Umstände führen in der Praxis bei Verwendung der im übrigen sehr zweckmäfsigen Z-Eisen zu umständlichen und weitläufigen, meistens zu wiederholten Rechnungen. Um diese zu vermeiden, hat *Meyerhof* eine Arbeit veröffentlicht [310]), auf welche hier wegen der ausführlichen Berechnung verwiesen wird.

Meyerhof führte als Y-Achse die Stegachse des Z-Eisens und als X-Achse die hierzu senkrechte Schwerpunktsachse ein, nannte τ den Winkel, welchen die Schnittlinie RR (Fig. 763) der Kraftebene und des Querschnittes (die sog. Kraftlinie) mit der positiven X-Achse einschliefst, M das resultierende Moment der äufseren Kräfte und verstand unter W den Ausdruck, welchen man erhält, wenn man die allgemeine, hier gültige Spannungsformel auf die bequeme

310) Meyerhof, A. Die Biegungsspannungen des Z-Eisen. Zeitschr. d. Ver. deutsch. Ing. 1901, S. 696.

Form $\sigma_{max} = \dfrac{M}{W_\tau}$ bringt. W_τ kann man als das

Widerstandsmoment des Z-Eisens für den Winkel τ und den jeweils mafsgebenden Querschnittspunkt bezeichnen. W_τ ändert sich mit dem Winkel τ und mit dem in Betracht kommenden, am meisten beanspruchten Punkte. Als Bedingungsgleichung für den Querschnitt ergiebt sich nun:

$$K = \frac{M}{W_\tau}, \quad \text{d. h. es mufs} \quad W_\tau = \frac{M}{K}$$

sein, und wenn man K zu 1000 ^{kg} für 1 ^{qcm} annimmt,

$$W_\tau = \frac{M}{1000} \quad \ldots \ldots \quad 47.$$

Für sämtliche Z-Profile und alle möglichen Winkel τ sind im angeführten Aufsatz die Werte W_τ berechnet und in einer Tabelle zusammengestellt, mit deren Hilfe leicht die erforderlichen Querschnitte bestimmt werden können.

Fig. 763.

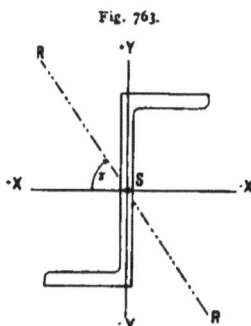

Beispiel. Der Neigungswinkel des Daches sei α = 33°41', ferner $M_v = 28\,100$ kgcm (Moment durch Eigengewicht und Schneelast) und $M_w = 23\,600$ kgcm (Moment durch Windbelastung).

a) Der Steg stehe lotrecht (Fig. 763). Wirkt nur M_v, so ist $\tau = 90°$, $M = 28\,100$ kgcm, und es mufs $W_\tau = 28,1$ (auf Centim. bezogen) sein. Für $\tau = 90°$ ist nach der Tabelle bei Profil Nr. 17: $W_\tau = 25,7$ und bei Profil Nr. 14: $W_\tau = 38,2$. Die betreffende Tabelle findet sich in der in Fufsnote 310 angegebenen Quelle.

Wirken M_v und M_w, so fällt in die Ebene der Y-Achsen

$$M_y = 28\,100 + 23\,600 \cdot \cos 33°41' = \sim 47\,800 \text{ kgcm};$$

in die Ebene der X-Axen fällt

$$M_x = 23\,600 \cdot \sin 33°41' = \sim 13\,100 \text{ kgcm}.$$

Das resultierende Moment ist $M = \sqrt{M_x{}^2 + M_y{}^2} = 49\,600$ kgcm. Der Winkel γ des resultierenden Moments mit der Ebene der YY ergiebt sich aus $\operatorname{tg}\gamma = \dfrac{13\,100}{47\,800}$ zu γ = 15°21'. Also wird

$$\tau = 90° - 15°21' = 74°39'.$$

Nach Gleichung 47 mufs aber $W_\tau = \dfrac{M}{1000} = 49,5$ (auf Centim. bezogen) sein. Für 74°30 hat das Normalprofil Nr. 16: $W_\tau = 36,4$ und das Normalprofil Nr. 18: $W_\tau = 48,9$. Bei lotrechter Stellung würde somit das Profil Nr. 18 naheza genügen.

β) Der Steg stehe winkelrecht zur Dachfläche (Fig. 764). Wirkt nur M_v, so ist $\tau = 90° + 33°41' = 180° - 56°19'$. Nun mufs $W_\tau = 28,1$ (auf Centim. bezogen) sein. Für $\tau = 180° - 56°19'$ hat das Normalprofil Nr. 10: $W_\tau = 26$ und das Normalprofil Nr. 12: $W_\tau = 33,6$. Letzteres würde sonach genügen.

Wirken M_v und M_w, so ist

$$M_y = M_v + M_w \cos\alpha = 23\,600 + 28\,100 \cdot \cos 33°41' = \sim 47\,000 \text{ kgcm}$$

$$M_x = M_w \sin\alpha = 28\,100 \cdot \sin 33°41' = \sim 12\,600 \text{ kgcm}.$$

Das resultierende Moment ist $M = \sqrt{M_x{}^2 + M_y{}^2} = 48\,600$ kgcm.

Der Winkel γ der Ebene des resultierenden Moments mit der Ebene der YY ergiebt sich aus $\operatorname{tg}\gamma = \dfrac{12\,600}{47\,000}$ zu γ = 15°. Sonach ist

$$\tau = 90° + 15° = 180° - 75°, \text{ und es mufs } W_\tau = 48,6 \text{ (auf Centim. bezogen) sein. Für } \tau = 180° - 75° \text{ hat das Normalprofil Nr. 12: } W_\tau = 46,3$$

und das Normalprofil Nr. 14: $W_\tau = 73,0$. Bei dieser Stellung genügt also erst Profil Nr. 14.

Fig. 764.

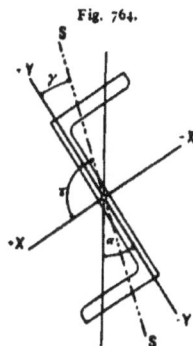

Wenn für die einzelnen Profile die Kerne konstruiert sind, so kann man leicht die gröfste auftretende Beanspruchung bei gegebener Gröfse und Ebene des resultierenden Moments finden. Ist die Linie, in welcher

(marginal notes left):
283.
Beispiel.

283.
Querschnittsbestimmung mit Hilfe des Kernes.

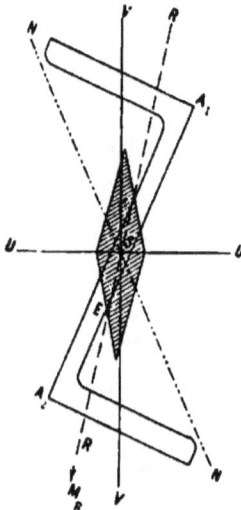

Fig. 765.

die Ebene des resultierenden Moments M_R die Querschnittsebene schneidet (die sog. Kraftlinie) RR (Fig. 765), die zugehörige Nulllinie NN, sind die am meisten beanspruchten Querschnittspunkte A_1, bezw. A_2, und bezeichnet man mit F die Gröfse der Querschnittsfläche, mit c_1 den Kernradius, d. h. den Abstand SE, so ist die Spannung in A_1, bezw. A_2 (absolut genommen)

$$\sigma_A = \frac{M_R}{F c_1} \quad \ldots \ldots \quad 48.$$

Wenn M_R, F, c_1 bekannt sind, so kann man leicht dasjenige Profil ermitteln, für welches σ_A die zulässige Beanspruchung nicht überschreitet[311]).

Bei dem in Fig. 766 gezeichneten Querschnitt der aus Winkeleisen und Flacheisen konstruierten Pfetten einiger Bahnhöfe der Berliner Stadteisenbahn kann die Berechnung ebenfalls mit Hilfe des Kernes geführt werden. Eine einfachere, angenäherte, ohne weiteres verständliche Berechnung ist an unten angegebener Stelle[312]) vorgeschlagen. Man ermittele die Seitenmomente für die Ebenen der Achsen XX und YY; nennt man dieselben M_x und M_y und die Querschnitte der beiden Flacheisen der unteren Gurtung bezw. f_1 und f_2, so mache man

$$f_1 = \frac{M_x}{h_1} \text{ und } f_2 = \frac{M_y}{h_2}.$$

und den Winkeleisenquerschnitt

$$f = f_1 + f_2.$$

Bei den erwähnten Ausführungen der Berliner Stadteisenbahn sind nur die Querschnitte in der Pfettenmitte berechnet.

Aus den vorstehenden Berechnungen ist schon zu ersehen, dafs die Stellung der Pfette von grofsem Einflufs auf die Beanspruchung, mithin auf den Eisenverbrauch ist. Vielfach ist deshalb die Frage untersucht worden, welche Stellung der Pfette bei gegebenen Momenten die günstigste ist. Bei diesen Untersuchungen konnte selbstverständlich nur die Frage des Materialverbrauches in das Auge gefafst werden; bei der endgültigen Entscheidung über die zu wählende Stellung wird man auch die anderen, rein praktischen Rücksichten beachten müssen. Immerhin

<small>184. Günstige Stellung der Pfetten.</small>

Fig. 766.

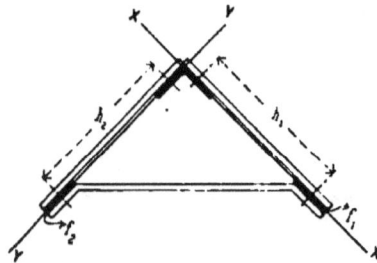

[311]) Siehe: Ritter, W. Eine neue Festigkeitsformel. Civiling. 1876, S. 308.
Laug. Einige anschauliche Vorstellungen und Folgerungen aus der Festigkeitslehre. Zeitschr. d. Arch.- u. Ing.-Ver. zu Hannover 1895, S. 152.
[312]) Siehe: Zeitschr. f. Bauw. 1885, S. 492. — Die Bauwerke der Berliner Stadteisenbahn. Berlin 1896.

ist die Untersuchung über die theoretisch günstigste Pfettenlage nicht überflüssig, und es wird in dieser Richtung auf die unten angegebenen Quellen verwiesen[118].

Die günstigste Pfettenlage ist diejenige, bei welcher die den verschiedenen ungünstigsten Belastungen entsprechenden Meistbeanspruchungen gleiche Größe haben.

Eine solche ungünstigste Belastungsart ist diejenige durch Eigengewicht und Schneelast; eine zweite ist diejenige, welche durch gleichzeitige Wirkung von größtem Winddruck, Eigengewicht und Schnee erzeugt wird. Die Annahme gleichzeitigen Auftretens voller Schneelast und größten Winddruckes ist sehr ungünstig; beide können nicht gleichzeitig eintreten. Für steile Dächer ($\alpha > 45°$) kann man die Belastung durch Schnee überhaupt fortlassen, da bei solchen Dächern der Schnee nicht liegen bleibt, zumal nicht bei starkem Winde.

Sollen nun die Beanspruchungen bei den beiden oben angegebenen ungünstigsten Belastungsarten in den am meisten beanspruchten Querschnittspunkten gleich groß sein, so muß die durch M_s (Eigengewicht und Schnee) allein erzeugte Spannung gleich derjenigen sein, welche durch M_v und M_w (Wind) erzeugt wird; d. h. das Moment M_w allein in den betreffenden Querschnittspunkten die Spannung Null erzeugen. Der Querschnitt muß also so liegen, daß die am meisten beanspruchten Punkte auf derjenigen Nulllinie liegen, die zur Kraftlinie SS gehört, in welcher die Ebene der M_w den Querschnitt schneidet. Sind etwa die Punkte m und n (Fig. 767) die am meisten beanspruchten, so ziehe man die Linie mn und konstruiere für diese Linie als Nulllinie die Kraftlinie SS, sei es mit Hilfe der Trägheitsellipse oder des Trägheitskreises. Da diese Linie in die Ebene von M_w fallen muß, diese Ebene aber winkelrecht zur Dachfläche liegt, so drehe man nun die Pfette so, daß SS winkelrecht zur Dachfläche liegt.

Man findet auch leicht als Spannung in den Punkten m und n durch M_w

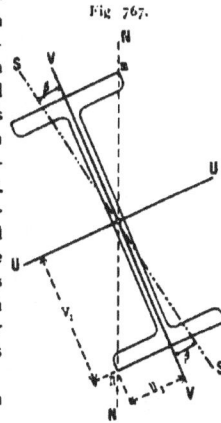

Fig. 767.

$$\sigma' = M_w \cos \beta \frac{v_1}{A} - M_w \sin \beta \frac{u_1}{B}.$$

und da σ' gleich Null sein soll, die Größe des Winkels β aus

$$\operatorname{tg} \beta = \frac{\dfrac{u_1}{A}}{\dfrac{v_1}{B}} = \frac{W_2}{W_1} = \frac{1}{c}.$$

Die vorstehenden Entwickelungen gelten aber nur, wenn dieselben Querschnittspunkte bei beiden Belastungsweisen am meisten beansprucht sind. Bei den I- und C-Eisenquerschnitten trifft dies zu, wenn bei beiden Belastungsweisen die Kraftlinien SS (Schnittlinien der Kraftebene mit dem betreffenden Quer-

[118] HANDLY, Ueber die Richtung der Hauptachse des Pfettenquerschnittes bei eisernen Dächern. Centralbl. d. Bauverw. 1893, S. 45.
LANG, R. Die günstigste Lage des Pfettenquerschnitts bei eisernen Dächern. Centralbl. d. Bauverw. 1893, S. 242, 543.
ENGESSER, F. Die günstigste Lage des Pfettenquerschnitts bei eisernen Dächern. Centralbl. d. Bauverw. 1893, S. 316.

schnitt) den Querschnitt in gleichem Quadranten schneiden. Man findet, daß diese Voraussetzungen erfüllt sind:

1) bei lotrechter Stellung des Steges,

2) bei normaler Stellung des Steges (winkelrecht zur Dachfläche),

3) wenn der Steg in die Ebene des resultierenden Moments aus M_0 und M_w fällt,

4) wenn der Steg irgend eine Stellung zwischen den Stellungen 2 und 3 hat.

Nicht erfüllt sind die Voraussetzungen, wenn der Steg eine Stellung zwischen 1 und 3 hat; dann werden bei den besprochenen Belastungen verschiedene Punkte am meisten beansprucht.

Der ungünstige Einfluß der parallel zur Dachfläche wirkenden Momente auf die Pfettengewichte und damit auf das Gesamtgewicht der Dachkonstruktion ist sehr bedeutend; denn die Pfettengewichte machen einen großen Teil des Gesamtgewichtes aus. Man hat auf verschiedene Weise versucht, die ungünstigen Momente durch zweckmäßig angeordnete Pfetten aufzunehmen. Eine gute Anordnung ist die folgende: Auf jeder Dachseite werden alle Pfetten mit Ausnahme einer einzigen nur für die normal zur Dachfläche wirkenden Momente konstruiert; die parallel zur Dachfläche wirkenden Gewichte werden jederseits nach einer Pfette, etwa der Fußpfette, übertragen, durch aufgenietete Eisensparren, welche man ja ohnehin gebraucht. Diese letztere (Fußpfette) wird aus zwei Teilen zusammengesetzt: einem Teile, der die normal zur Dachfläche wirkenden Kräfte und Momente aufnimmt, etwa ein ⌶-Eisen mit normal zur Dachfläche gestelltem Steg, und einem zweiten Teile für die parallel zur Dachfläche wirkenden Momente. Für diesen Teil eignet sich ein ⌶-Eisen mit parallel zur Dachfläche angeordnetem Stege. Die ganze Fußpfette besteht dann aus zwei ⌶-Eisen, deren eines mit dem Stege, deren anderes mit dem Flansch auf der Bindergurtung gelagert ist.

Man kann auch die parallel zur Dachfläche wirkenden Kräfte auf jeder Seite nach dem First übertragen, sei es durch aufgenietete eiserne Sparren, sei es durch besondere Rundeisen; die Resultierende der von beiden Dachflächen nach dem First überführten Kräfte ist bei Satteldächern mit gleichen beiderseitigen Neigungen lotrecht und kann so leicht durch eine mit lotrechtem Steg hergestellte Firstpfette aufgenommen werden. Durch diese Konstruktionen sind unter Umständen wesentliche Ersparnisse an Eisen möglich. — Daß man die erwähnten Pfetten auch als Auslegerträger konstruieren kann, leuchtet ein; dadurch ist eine weitere Gewichtsverminderung möglich.

b) Konstruktion.

Holzpfetten auf hölzernen Dachbindern werden sowohl mit lotrechter, als mit winkelrecht zur Dachfläche angeordneter Querschnittsachse verwendet; bei letzterer Anordnung verhindert man das seitliche Kippen der Pfetten durch Knaggen (siehe Fig. 309, S. 121) oder durch Zangen (siehe Fig. 306, S. 119). Pfetten und Binder werden verkämmt; bei größeren Binderweiten unterstützt man die Pfetten durch Kopfbänder, was immer zu empfehlen ist (siehe Fig. 307 u. 308 auf S. 120, Fig. 309 u. 310 auf S. 121).

285. Holzpfetten auf hölzernen Dachbindern.

Handelt es sich um Dachbinder aus Eisen, so verhindert man bei den winkelrecht zur Dachfläche verlegten Holzpfetten seitliches Kanten durch Winkeleisenstücke, welche auf die obere Bindergurtung genietet werden und mit denen die Pfetten verschraubt werden können; außerdem dienen zur Ver-

286. Holzpfetten auf eisernen Dachbindern.

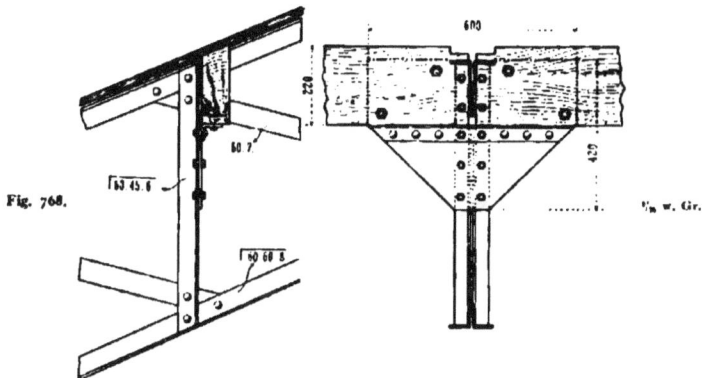

Fig. 768.

$^{1}/_{10}$ w. Gr.

Von der Weltausstellung zu Paris 1878[14]).

Fig. 770.

Fig. 769.

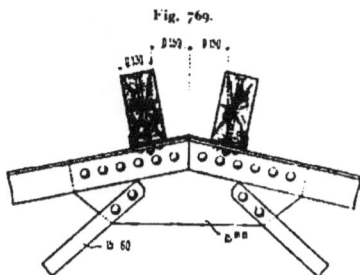

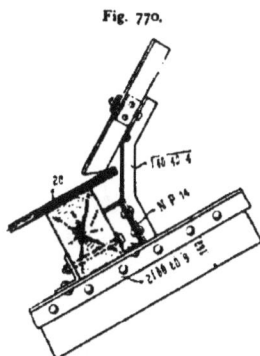

Von einem Lokomotivschuppen auf dem Bahnhof
zu Hannover.

$^{1}/_{10}$ w. Gr.

Von einem Güterschuppen auf dem
Bahnhof zu Hannover.

$^{1}/_{10}$ w. Gr.

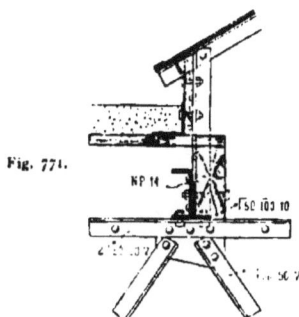

Fig. 771.

$^{1}/_{10}$ w. Gr.

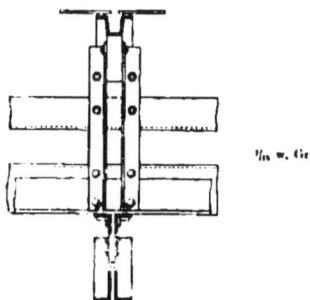

Von einem Güterschuppen auf dem Bahnhof zu Bremen.

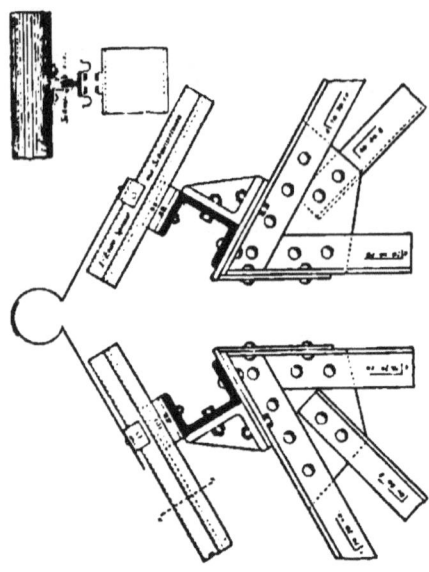

Fig. 773.

Von der Personenhalle auf dem Schlesischen Bahnhof zu Berlin.
$\frac{1}{10}$ w. Gr.

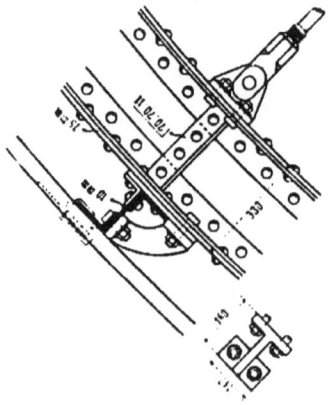

Fig. 772.

Von der Bahnhofshalle zu Münster.
$\frac{1}{10}$ w. Gr.

Fig. 774.

Von der Wagenreparaturwerkstätte auf dem Bahnhof Hainholz.

$\frac{1}{10}$ w. Gr.

bindung von Binder und Pfette Schraubenbolzen (20 bis 25 ᵐᵐ stark; siehe
Fig. 535 auf S. 260, Fig. 549 auf S. 263, Fig. 558 auf S. 267).

Pfetten mit lotrechter Querschnittsachse werden auf den mit säumenden
Winkeleisen versehenen Knotenblechen gelagert und mit den Winkeleisen verbolzt (siehe Fig. 540 u. 541 auf S. 261, Fig. 551 auf S. 264, Fig. 557 auf S. 267).
Eine beachtenswerthe Konstruktion zeigt Fig. 768 ᵃ¹²): die Auflagerung der
zwischen die Binder versenkten Holzpfette; an die Pfosten des Dachbinders
sind zunächst grofse Knotenbleche und an diese wagrechte Winkeleisen genietet, welche für die Pfetten als Auflager dienen; Pfette und Knotenblech sind
ausgiebig miteinander verschraubt.

Als Firstpfette verwendet man entweder einen einzigen Holzbalken, dessen
Achse mit der Firstlinie in dieselbe Ebene fällt, oder zwei Holzbalken, deren
Querschnittseiten winkelrecht zur Dachfläche gerichtet sind und welche je in
geringem Abstande von der Firstlinie verlaufen (Fig. 769).

Anordnungen von Fufspfetten sind in Fig. 557 u. 558 (S. 267) vorgeführt.
Die Grenzpfetten zwischen einem mit steilem Dachlicht versehenen Dachteile
und dem flacheren mit Dachpappe, bezw. Holzcement gedeckten Dach zeigen
Fig. 770 u. 771. Die Glasdeckung ist in beiden Beispielen mit Hilfe von Rinnen-
sprossen vorgenommen.

287.
Eisenpfetten. Die Eisenpfetten müssen so auf den Bindern gelagert werden, dafs ein
seitliches Kanten sicher verhindert wird; es genügt deshalb nicht, wenn die
Unterstützung am Auflager nur im Flansch der C-, Z- und I-Eisen stattfindet;
vielmehr mufs auch der Steg dieser Eisen besonders gestützt sein; mit anderen
Worten: die Lagerung mufs in zwei Ebenen vorgenommen werden. Dies ist
sowohl nötig, wenn der Steg winkelrecht zur Dachfläche gerichtet ist, als auch
wenn er lotrecht steht.

Die vorstehende Forderung wird erfüllt, indem man nicht nur den unteren
Pfettenflansch mit der oberen Gurtung des Binders vernietet, sondern auch noch
den Steg der Pfette durch ein Winkeleisenstück mit dem Binder verbindet (siehe
Fig. 531 u. 533 auf S. 259, Fig. 536 auf S. 260). Es empfiehlt sich bei den hier
verwendeten Winkeleisen, jeden Schenkel mit zwei Reihen von Nieten zu versehen. Bei steiler Dachneigung verhindert man das Kanten der Pfetten wirksam
durch lotrechte Knotenbleche und Winkeleisen, welche die Verbindung zwischen
Binder und Pfette vermitteln (siehe Fig. 499 auf S. 244, Fig. 563 u. 564 auf
S. 269), oder durch gufseiserne Schuhe (Fig. 772 u. 773).

Auch bei den Endauflagern der Pfetten, auf den Giebelmauern der Gebäude,
ist auf die Verhinderung des Kantens Bedacht zu nehmen. Beispiele einer
solchen Endauflagerung zeigt Fig. 774.

Um die Durchbiegung der Pfetten in der Dachfläche zu verhindern, hat
man vielfach die Pfetten zwischen den Bindern ein- oder mehrere Male durch
Spannstangen aus Rundeisen miteinander verbunden (siehe Fig. 592 auf S. 295);
durch diese Spannstangen werden die Kräfte schliefslich auf First- und Fufspfetten übertragen, welche man entsprechend stark konstruieren mufs. (Vergl.
die einschlägigen Bemerkungen in Art. 284, S. 397.)

Man verwendet entweder nur eine einzige Firstpfette mit lotrecht gestelltem Steg oder zwei Firstpfetten, welche in gewissen geringen Abständen
von der Mitte liegen. In beiden Fällen mufs man gegen seitliches Kanten Vor-
sorge treffen; Fig. 547 (S. 262), Fig. 550 (S. 264) u. Fig. 775 geben Beispiele der
Verwendung einer lotrecht gestellten Firstpfette; Fig. 776 bis 777 stellen die

Fig. 776.

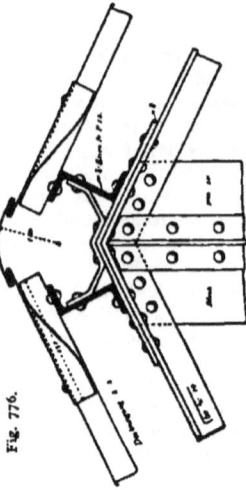

Von der Bahnhofshalle zu Hildesheim.

$^{1}/_{10}$ w. Gr.

Fig. 778.

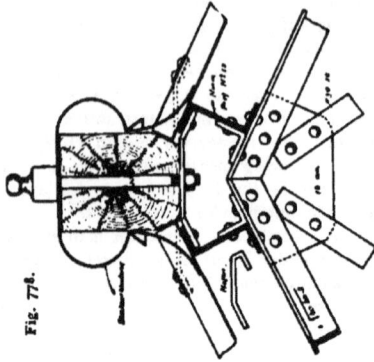

Vom Empfangsgebäude auf dem Hauptbahnhof zu Frankfurt a. M.

$^{1}/_{10}$ w. Gr.

Fig. 775.

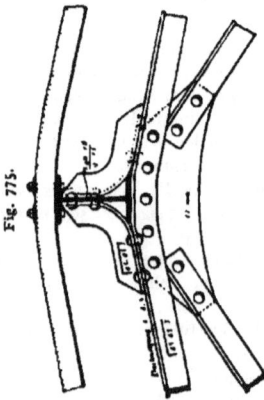

Von der Umladehalle auf dem Hauptbahnhof zu Frankfurt a. M.

Fig. 777.

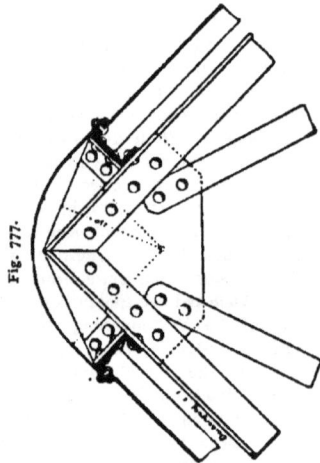

Vom Werkstättenbahnhof zu Hannover.

Handbuch der Architektur. III. 2, d. (2. Aufl.)

26

Fig. 779.   ¹⁄₂₀ w. Gr.

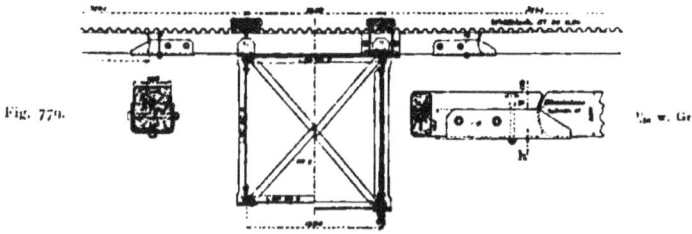

Von der Personenhalle auf dem Schlesischen Bahnhof zu Berlin ⁸¹¹).

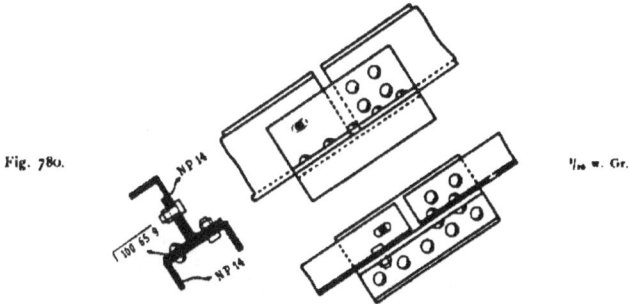

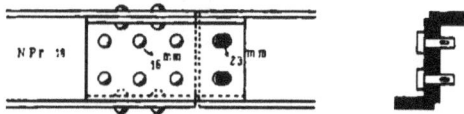

Fig. 780.   ¹⁄₂₀ w. Gr.

Fig. 781.   ¹⁄₂₀ w. Gr.

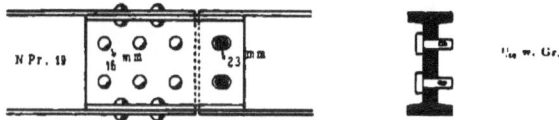

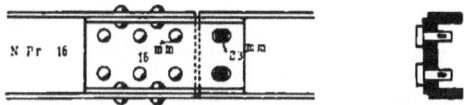

Von der grofsen Personenhalle auf dem Hauptbahnhof zu Frankfurt a. M.

Anordnung zweier Firstpfetten dar, welche man zweckmäfsigerweise gut miteinander verbindet.

⁸¹¹ Faks.-Repr. nach: Zeitschr. f. Bauw. 1901, Bl. 5.

Beispiele von Fußpfetten sind in Fig. 556 (S. 266), Fig. 559 (S. 268), Fig. 574 (S. 279), Fig. 576 u. 577 (S. 280 u. 281) u. Fig. 592 (S. 295) vorgeführt; aus diesen Beispielen ist auch ersichtlich, wie die Fußpfetten zugleich als Rinnenträger dienen können [315]).

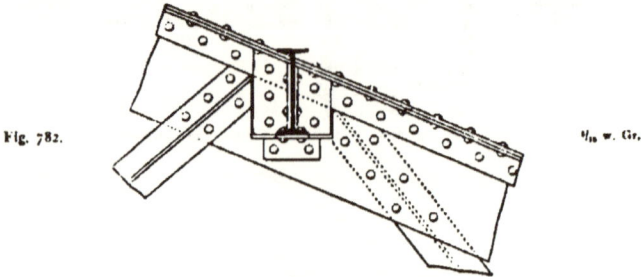

Fig. 782.   ⁸/₁₆ w. Gr.

Von einem Ausstellungsgebäude [316]).

Fig. 783.

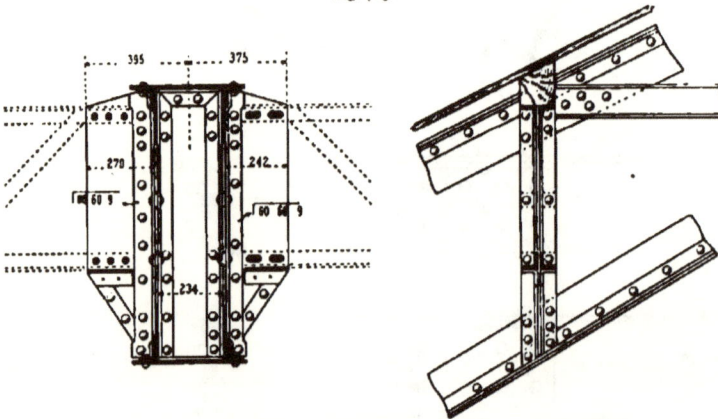

Von der großen Maschinenhalle auf der Weltausstellung zu Paris 1878 [316]).

⁸/₁₀ w. Gr.

In Art. 275 (S. 387) ist schon darauf hingewiesen, daß man die Pfetten zweckmäßig als Auslegerträger konstruiert. Diese Konstruktion ist sowohl bei Holz-, wie bei Eisenpfetten ausgeführt worden.

Pfetten als Auslegerträger.

Fig. 779 [314]) zeigt diese Anordnung für Holzpfetten; die Binder sind sog. Doppelbinder.

Der Abstand der beiden Einzelbinder, welche durch Gitterwerk zum Doppelbinder vereinigt sind, beträgt 1,25 m; der Abstand von Achse Doppelbinder bis Achse Doppelbinder ist 7,552 m; die

[315]) Weitere Beispiele für Pfettenkonstruktionen sind zu finden in: LANDSBERG, TH. Die Glas- und Wellblech-deckung der eisernen Dächer. Darmstadt 1887.
[316]) Nach: Nouv. annales de la constr. 1870, Pl. 23—24; 1878, Pl. 13—14.

26*

Länge jedes Auslegers beträgt 0,9 mm und diejenige jedes eingehängten Zwischenstückes 4,488 m. Mit dem Ende des Auslegers ist ein 490 m langer Schmiedeeisenbügel verbolzt, welcher das Auflager des Zwischenstückes bildet. In die Fuge zwischen Ausleger und Zwischenstück ist ein 2,5 mm starkes Bleiblech gelegt.

Bei der Auflagerung der Zwischenstücke der Eisenpfetten ist nicht immer genügende Rücksicht auf die Notwendigkeit genommen, die Lagerung in zwei Ebenen vorzunehmen. Die in Fig. 780 dargestellte Auflagerung einer Z-Pfette (nach Angabe von *Meyerhof*[117]) ist zweckmäßig.

Für den Steg ist ein Winkeleisen angebracht und unter den Flansch ein [-Eisen gelegt. Das Zwischenstück ist mittels Bolzen mit länglichen Schraubenlöchern derart gelagert, daß die durch Temperaturwechsel erzeugten Längenänderungen ohne Nebenspannungen eintreten können.

Beachtenswert sind die in Fig. 781 dargestellten Auflagerkonstruktionen von der grofsen Halle des Hauptbahnhofes zu Frankfurt a. M.

Hierbei sind die Abmessungen (mit den Bezeichnungen in Art. 278 (S. 189) l = 9,30 m, a = 2,92 m und b = 5,55 m.

Wo die Pfetten die Aufgabe haben, als querversteifende Konstruktionsteile zu wirken, empfiehlt sich die Verwendung eiserner Pfetten mehr als diejenige der Holzpfetten, weil erstere in innigere Verbindung mit den Eisenbindern gebracht werden können. Dieser Aufgabe werden zwischen die Binder gelegte Pfetten besser gerecht als über der oberen Gurtung angeordnete Pfetten. Erstere, empfehlenswerte Konstruktion zeigen Fig. 543 (S. 262), Fig. 552 (S. 265) u. Fig. 782[118]). Liegen die Pfetten so nahe an-

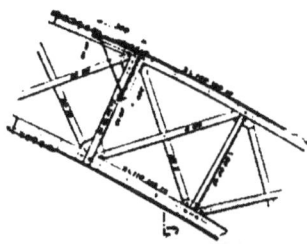

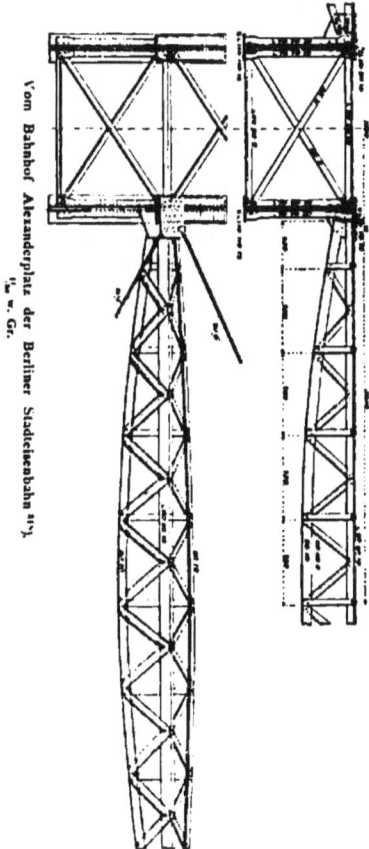

Vom Bahnhof Alexanderplatz der Berliner Stadteisenbahn[118]).

½ w. Gr.

Fig. 781.

[117]) Siehe: Zeitschr. d. Ver. deutsch. Ing. 1891, S. 696.

[118]) Faks.-Repr. nach Zeitschr. f. Bauw. 1885, Bl. 16.

einander, dafs sie die Dachschalung tragen können, so wird für diese ein im Querschnitt trapezförmiger Balken auf die Pfette geschraubt, auf welchen die Dachschalung bequem genagelt werden kann. Diese Konstruktion ist vielfach bei französischen Dächern zu finden (ähnlich auch in Fig. 783).

Bei grofsen Binderabständen werden die Pfetten aus Fachwerk konstruiert. Fig. 783 [819]) zeigt den Anschlufs einer Fachwerkpfette an den Binder.

289. Ebene Fachwerkpfetten.

Die Pfette hat eine obere und eine untere, aus je zwei Winkeleisen gebildete Gurtung und Gitterwerk aus Pfosten und Schrägstäben. Der Anschlufs an die lotrechten Pfosten der Binder erfolgt mit Hilfe von lotrechten Knotenblechen. An dem einem Auflager ist die Verbindung eine feste durch Vernietung; am zweiten Auflager ist sie beweglich mittels Bolzen und länglicher Schraubenlöcher.

Mehrfach sind Pfetten aus Raumfachwerk wegen der in verschiedenen Ebenen wirkenden Belastungen ausgeführt worden (siehe Fig. 766 auf S. 395 u. Fig. 784 [819]). Die obere Gurtung ist ein Winkeleisen; die unteren Gurtungen sind Flacheisen, deren je eines in der Ebene eines Schenkels des Winkeleisens der oberen Gurtung liegt. In jeder der drei Seitenebenen sind Verbindungsstäbe aus Flach-, bezw. Winkeleisen angebracht. Die obere Gurtung ist geradlinig; die beiden unteren Gurtungen sind gekrümmt; an den Auflagern hat man alle drei Gurtungen zusammengezogen und durch Knotenbleche in zwei zu einander senkrecht stehenden Ebenen miteinander verbunden.

290. Pfetten aus Raumfachwerk.

Die Verbindung mit den Bindern ist an den Auflagern ebenfalls durch je zwei Knotenbleche bewirkt, von denen das eine in der durch die Dachfläche vorgeschriebenen Ebene, das andere in der zu dieser senkrechten Ebene liegt. Auch hier ist das eine Auflager ein festes (vernietet), das andere durch Bolzen und längliche Bolzenlöcher zu einem beweglichen gemacht.

DER STÄDTISCHE TIEFBAU.

Von diesem Sammelwerk ist im unterzeichneten Verlag bisher erschienen:

Band I.

Die städtischen Strafsen. Von Stadtbaurat Ewald Genzmer in Halle a. S.

I. Heft: Verschiedene Arten von Strafsen und allgemeine Lage derselben im Stadtplan. — Allgemeine Anordnung der einzelnen Strafsen. Mit einer Einleitung: Der städtische Tiefbau im allgemeinen. Von Geh. Baurat Prof. Dr. Eduard Schmitt.
Mit 105 Illustrationen im Text und 3 Tafeln. — Preis: 9 Mark.
II. Heft: Konstruktion und Unterhaltung der Strafsen.
Mit 151 Illustrationen im Text und 1 Tafel. — Preis: 9 Mark.
Das III. (Schlufs-) Heft dieses Bandes wird enthalten: Reinigung der Strafsen.

Band II.

Die Wasserversorgung der Städte. Von Professor Dr. Otto Lueger in Stuttgart.

I. Abteilung: Theoretische und empirische Vorbegriffe. — Entstehung und Verlauf des flüssigen Wassers auf und unter der Erdoberfläche. — Anlagen zur Wassergewinnung. — Zuleitung und Verteilung des Wassers im Versorgungsgebiete. Mit 463 Illustrationen im Text. — Preis: 36 Mark.
Die II. (Schlufs-) Abteilung dieses Bandes wird enthalten: Einzelbestandteile der Wasserleitungen. — Verfassung von Bauprojekten und Kostenvoranschlägen. — Bauausführung und Betrieb von Wasserversorgungen. — Alphabetisch geordnetes Verzeichnis der Citate, Tabellen, Nachträge und Erläuterungen allgemeiner Natur.

Band III.

Die Städtereinigung. Von Professor F. W. Büsing in Berlin-Friedenau.

I. Heft: Grundlagen für die technischen Einrichtungen der Städtereinigung. — Inhalt: Abrifs der geschichtlichen Entwickelung des Städtereinigungswesens und Erfolge desselben. — Spezifische gesundheitliche Bedeutung der Abfallstoffe. — Boden und Bodenverunreinigung. — Verunreinigung und Selbstreinigung offener Gewässer. — Luft, Luftverunreinigung und Luftbewegung. — Menge und Beschaffenheit der Abwasser. — Trockene Abfallstoffe. — Allgemeines über Reinigung von Abfallstoffen; Desinfektion und Desodorisation. Mit 14 Illustrationen im Text. — Preis: 10 Mark.
II. (Schlufs-) Heft: Technische Einrichtungen der Städtereinigung. — Inhalt: Vorerhebungen. Theoretische Grundlagen. Kanalbaumaterialien. — Profile, Anordnung, Konstruktion und Ausführung der Kanäle. Nebenanlagen, Spüleinrichtungen, Lüftung. — Hausentwässerung. — Pumpwerke; Aufhaltebecken. — Unterhaltung und Betrieb von Kanalisationswerken. — Kosten. — Abwasser-Reinigung. — Behandlung trockener Abfallstoffe. Mit 561 Illustrationen im Text. — Preis: 36 Mark.

Band IV.

Die Versorgung der Städte mit Leuchtgas. Von Oberingenieur Moritz Niemann in Dessau.

I. Heft: Das Leuchtgas als Mittel zur Versorgung der Städte mit Licht, Kraft und Wärme. — Verschiedene Arten von Leuchtgas. — Darstellung und Verteilung von Steinkohlenleuchtgas. — Leistungsfähigkeit und Wachstum der Gasanstalten. — Schwankungen des Gasverbrauches. — Gasanstalten als Lichtzentralen. — Gasanstalten als Kraftzentralen. — Gasanstalten als Wärmezentralen. — Gasverlust.
Mit 5 Illustrationen im Text. — Preis: 6 Mark.
Das II. und III. (Schlufs-) Heft dieses Bandes werden enthalten: Verteilung des Leuchtgases. — Eigenschaften des Leuchtgases und der Steinkohlen, sowie auch der Nebenprodukte. — Fabrikation des Leuchtgases. — Rechts- und Eigentumsverhältnisse, Verwaltung und Betrieb.

Band V.

Die Versorgung der Städte mit Elektricität. Von Oskar von Miller unter Mitwirkung von Ingenieur A. Hassold in München.

I. Heft: Einleitung. — Konsumerhebung. — Berechnung der Leitungsnetze. — Stromverteilungssysteme. Mit 90 Illustrationen im Text und 12 Farbendrucktafeln. — Preis: 10 Mark.
Das II. (Schlufs-) Heft dieses Bandes wird enthalten: Beschreibung der Teile eines Elektricitätswerkes (Krafterzeugungsstation; elektrische Maschinen; Accumulatoren; Transformatoren; Schaltapparate; unterirdische Leitungen; oberirdische Leitungen; elektrische Zähler; Erläuterungen über Wahl der Grundstücke; Anleitung über geeignete Disposition der Gebäude mit Zeichnungen; Beschreibung ausgeführter Elektricitätswerke. — Aufstellung der Materiallisten. — Herstellung der Kostenanschläge mit Angabe von Durchschnittspreisen. — Berechnung der Betriebskosten. — Aufstellung von Offertbedingungen für Lieferungen. — Konzessionsverträge. — Tarife.

Arnold Bergsträsser Verlagsbuchhandlung (A. Kröner) in Stuttgart.

Wichtigstes Werk für Architekten,
Ingenieure, Bautechniker, Baubehörden, Baugewerkmeister, Bauunternehmer.

Handbuch der Architektur.

Unter Mitwirkung von Prof. Dr. **J. Durm**, Geh. Rat in Karlsruhe und
Prof. Dr. **H. Ende**, Geh. Regierungs- und Baurat, Präsident der Kunstakademie in Berlin,
herausgegeben von Prof. Dr. **Ed. Schmitt**, Geh. Baurat in Darmstadt.

ERSTER TEIL.
ALLGEMEINE HOCHBAUKUNDE.

1. Band, Heft 1: **Einleitung.** (Theoretische und historische Uebersicht.) Von Geh. Rat † Dr.
A. v. Essenwein, Nürnberg. — **Die Technik der wichtigeren Baustoffe.** Von Hofrat
Prof. Dr. W. F. Exner, Wien, Prof. † H. Hauenschild, Berlin, Reg.-Rat Prof. Dr. G. Lauboeck,
Wien und Geh. Baurat Prof. Dr. E. Schmitt, Darmstadt. Zweite Auflage.
Preis: 10 Mark, in Halbfranz gebunden 13 Mark.

Heft 2: **Die Statik der Hochbaukonstruktionen.** Von Geh. Baurat Prof. Th. Landsberg,
Darmstadt. Dritte Auflage. Preis: 15 Mark, in Halbfranz gebunden 18 Mark.

2. Band: **Die Bauformenlehre.** Von Prof. J. Bühlmann, München. Zweite Auflage.
Preis: 16 Mark, in Halbfranz gebunden 19 Mark.

3. Band: **Die Formenlehre des Ornaments.** In Vorbereitung.

4. Band: **Die Keramik in der Baukunst.** Von Prof. R. Borrmann, Berlin.
Preis: 8 Mark, in Halbfranz gebunden 11 Mark.

5. Band: **Die Bauführung.** Von Geh. Baurat Prof. H. Koch, Berlin. Preis: 12 M., in Halbfrz. geb. 15 M.

ZWEITER TEIL.
DIE BAUSTILE.
Historische und technische Entwickelung.

1. Band: **Die Baukunst der Griechen.** Von Geh. Rat Prof. Dr. J. Durm, Karlsruhe. Zweite
Auflage. Preis: 20 Mark, in Halbfranz gebunden 23 Mark.

2. Band: **Die Baukunst der Etrusker und der Römer.** Von Geh. Rat Prof. Dr. J. Durm, Karlsruhe. (Vergriffen.) Zweite Auflage in Vorbereitung

3. Band, Erste Hälfte: **Die altchristliche und byzantinische Baukunst.** Zweite Auflage. Von Prof.
Dr. H. Holtzinger, Hannover. Preis: 12 Mark, in Halbfranz gebunden 15 Mark.

Zweite Hälfte: **Die Baukunst des Islam.** Von Direktor J. Franz-Pascha, Kairo. Zweite
Auflage. Preis: 12 Mark, in Halbfranz gebunden 15 Mark.

4. Band: **Die romanische und die gotische Baukunst.**

Heft 1: **Die Kriegsbaukunst.** Von Geh. Rat † Dr. A. v. Essenwein, Nürnberg. (Vergriffen.)
Zweite Auflage in Vorbereitung

Heft 2: **Der Wohnbau.** Von Geh. Rat † Dr. A. v. Essenwein, Nürnberg. (Vergriffen.)
Zweite Auflage in Vorbereitung

Heft 3: **Der Kirchenbau.** Von Reg.- u. Baurat M. Hasak, Berlin.
Preis: 16 Mark, in Halbfranz gebunden 19 Mark.

Heft 4: **Einzelheiten des Kirchenbaues.** Von Reg.- u. Baurat M. Hasak, Berlin.
Preis: 18 Mark, in Halbfranz gebunden 21 Mark.

5. Band: **Die Baukunst der Renaissance in Italien.** Von Geh. Rat Prof. Dr. J. Durm, Karlsruhe.
Preis: 27 Mark, in Halbfranz gebunden 30 Mark.

6. Band: **Die Baukunst der Renaissance in Frankreich.** Von Architekt Dr. H. Baron v. Geymüller,
Baden-Baden.

Heft 1: **Historische Darstellung der Entwickelung des Baustils.**
Preis: 16 Mark, in Halbfranz gebunden 19 Mark.

Heft 2: **Struktive und ästhetische Stilrichtungen. — Kirchliche Baukunst.**
Preis: 16 Mark, in Halbfranz gebunden 19 Mark.

7. Band: **Die Baukunst der Renaissance in Deutschland, Holland, Belgien und Dänemark.**
Von Direktor Dr. G. v. Bezold, Nürnberg. Preis: 16 Mark, in Halbfranz gebunden 19 Mark.

DRITTER TEIL.

DIE HOCHBAUKONSTRUKTIONEN.

1. Band: **Konstruktionselemente** in Stein, Holz und Eisen. Von Geh. Regierungsrat Prof.
G. BARKHAUSEN, Hannover, Geh. Regierungsrat Prof. Dr. F. HEINZERLING, Aachen und Geh.
Baurat Prof. † E. MARX, Darmstadt. — **Fundamente.** Von Geh. Baurat Prof. Dr. E. SCHMITT,
Darmstadt. Dritte Auflage. Preis: 15 Mark, in Halbfranz gebunden 18 Mark.

2. Band: **Raumbegrenzende Konstruktionen.**
Heft 1: **Wände und Wandöffnungen.** Von Geh. Baurat Prof. † E. MARX, Darmstadt. Zweite
Auflage. Preis: 24 Mark, in Halbfranz gebunden 27 Mark.
Heft 2: **Einfriedigungen, Brüstungen und Geländer; Balkone, Altane und Erker.** Von
Prof. † F. EWERBECK, Aachen und Geh. Baurat Prof. Dr. E. SCHMITT, Darmstadt. — **Gesimse.**
Von Prof. † A. GÖLLER, Stuttgart. Zweite Auflage. Preis: 20 M., in Halbfranz geb. 23 M.
Heft 3, a: **Balkendecken.** Von Geh. Regierungsrat Prof. G. BARKHAUSEN, Hannover. Zweite Aufl.
Preis: 15 Mark, in Halbfranz gebunden 18 Mark.
Heft 3, b: **Gewölbte Decken; verglaste Decken und Deckenlichter.** Von Geh. Hofrat Prof.
C. KÖRNER, Braunschweig, Bau- und Betriebs-Inspektor A. SCHACHT, Celle, und Geh. Baurat
Prof. Dr. E. SCHMITT, Darmstadt. Zweite Aufl. Preis: 24 Mark, in Halbfranz gebunden 27 Mark.
Heft 4: **Dächer;** Dachformen. Von Geh. Baurat Prof. Dr. E. SCHMITT, Darmstadt. —
Dachstuhlkonstruktionen. Von Geh. Baurat Prof. TH. LANDSBERG, Darmstadt.
Zweite Auflage. Preis: 18 Mark, in Halbfranz gebunden 21 Mark.
Heft 5: **Dachdeckungen;** verglaste Dächer und Dachlichter; massive Steindächer,
Nebenanlagen der Dächer. Von Geh. Baurat Prof. H. KOCH, Berlin, Geh. Baurat Prof.
† E. MARX, Darmstadt und Geh. Oberbaurat L. SCHWERING, St. Johann a. d. Saar. Zweite
Auflage. Preis: 26 Mark, in Halbfranz gebunden 29 Mark.

3. Band, Heft 1: **Fenster, Thüren** und andere bewegliche Wandverschlüsse. Von
Geh. Baurat Prof. H. KOCH, Berlin. Zweite Auflage.
Preis: 21 Mark, in Halbfranz gebunden 24 Mark.
Heft 2: **Anlagen zur Vermittelung des Verkehrs in den Gebäuden** (Treppen und
innere Rampen; Aufzüge; Sprachrohre, Haus- und Zimmer-Telegraphen).
Von Direktor † J. KRAMER, Frankenhausen, Kaiserl. Rat PH. MAYER, Wien, Baugewerkschul-
lehrer O. SCHMIDT, Posen und Geh. Baurat Prof. Dr. E. SCHMITT, Darmstadt. Zweite
Auflage. Preis: 14 Mark, in Halbfranz gebunden 17 Mark.
Heft 3: **Ausbildung der Fussboden-, Wand- und Deckenflächen.** Von Geh. Baurat Prof.
H. KOCH, Berlin. Preis: 18 Mark, in Halbfranz gebunden 21 Mark.

4. Band: **Anlagen zur Versorgung der Gebäude mit Licht und Luft, Wärme und Wasser.**
Versorgung der Gebäude mit Sonnenlicht und Sonnenwärme. Von Geh. Baurat
Prof. Dr. E. SCHMITT, Darmstadt. — Künstliche Beleuchtung der Räume. Von Geh.
Regierungsrat Prof. H. FISCHER und Prof. Dr. W. KOHLRAUSCH, Hannover. — Heizung und
Lüftung der Räume. Von Geh. Regierungsrat Prof. H. FISCHER, Hannover. — Wasser-
versorgung der Gebäude. Von Prof. Dr. O. LUEGER, Stuttgart. Zweite Auflage.
Preis: 22 Mark, in Halbfranz gebunden 25 Mark.

5. Band: **Koch-, Spül-, Wasch- und Bade-Einrichtungen.** Von Geh. Bauräten Professoren
† E. MARX und Dr. E. SCHMITT, Darmstadt. — **Entwässerung und Reinigung der Gebäude;**
Ableitung des Haus-, Dach- und Hofwassers; Aborte und Pissoirs; Entfernung
der Fäkalstoffe aus den Gebäuden. Von Privatdocent Bauinspektor M. KNAUFF, Berlin und
Geh. Baurat Prof. Dr. E. SCHMITT, Darmstadt. Zweite Aufl. (Vergriffen.) Dritte Auflage in Vorbereitung.

6. Band: **Sicherungen gegen Einbruch.** Von Geh. Baurat Prof. † E. MARX, Darmstadt. — **Anlagen
zur Erzielung einer guten Akustik.** Von Geh. Baurat † A. ORTH, Berlin. — **Glockenstühle.**
Von Geh. Rat Dr. C. KÖPCKE, Dresden. — **Sicherungen gegen Feuer, Blitzschlag,**
Bodensenkungen und Erderschütterungen; Stützmauern. Von Baurat E. SPILLNER, Essen.
— **Terrassen und Perrons, Freitreppen und äussere Rampen.** Von Prof. † F. EWERBECK,
Aachen. — **Vordächer.** Von Geh. Baurat Prof. Dr. E. SCHMITT, Darmstadt. — **Eisbehälter
und sonstige Kühlanlagen.** Von Stadtbaurat † G. OSTHOFF, Berlin und Baurat E. SPILLNER,
Essen. Zweite Auflage. Preis: 12 Mark, in Halbfranz gebunden 15 Mark.

VIERTER TEIL.

ENTWERFEN, ANLAGE UND EINRICHTUNG DER GEBÄUDE.

1. Halbband: **Die architektonische Komposition.** Allgemeine Grundzüge. Von Geh. Baurat Prof. † Dr. H. WAGNER, Darmstadt. — Die Proportionen in der Architektur. Von Prof. A. THIERSCH, München. — Die Anlage des Gebäudes. Von Geh. Baurat Prof. † Dr. H. WAGNER, Darmstadt. — Die Gestaltung der äusseren und inneren Architektur. Von Prof. J. BÜHLMANN, München. — Vorräume, Treppen-, Hof- und Saal-Anlagen. Von Geh. Baurat Prof. † Dr. H. WAGNER, Darmstadt. Zweite Auflage. (Vergriffen.)
Dritte Auflage in Vorbereitung.

2. Halbband: **Gebäude für die Zwecke des Wohnens, des Handels und Verkehres.**

Heft 1: **Wohnhäuser.** Von Geh. Hofrat Prof. C. WEISSBACH, Dresden.
Preis: 21 Mark, in Halbfranz gebunden 24 Mark.

Heft 2: **Gebäude für Geschäfts- und Handelszwecke** (Geschäfts-, Kauf- und Warenhäuser, Gebäude für Banken und andere Geldinstitute, Passagen oder Galerien, Börsengebäude). Von Prof. Dr. H. AUER, Bern, Architekt P. KICK, Berlin, Prof. K. ZAAR, Berlin und Docent A. L. ZAAR, Berlin. Preis: 16 Mark, in Halbfranz gebunden 19 Mark.

Heft 3: **Gebäude für den Post-, Telegraphen- und Fernsprechdienst.** Von Postbaurat R. NEUMANN, Erfurt. Preis: 10 Mark, in Halbfranz gebunden 13 Mark.

3. Halbband: **Gebäude für die Zwecke der Landwirtschaft und der Lebensmittel-Versorgung.**

Heft 1: **Landwirtschaftliche Gebäude und verwandte Anlagen.** Von Prof. A. SCHUBERT, Kassel und Geh. Baurat Prof. Dr. E. SCHMITT, Darmstadt. Zweite Auflage.
Preis: 12 Mark, in Halbfranz gebunden 15 Mark.

Heft 2: **Gebäude für Lebensmittel-Versorgung** (Schlachthöfe und Viehmärkte; Märkte für Lebensmittel; Märkte für Getreide; Märkte für Pferde und Hornvieh). Von Stadtbaurat † G. OSTHOFF, Berlin und Geh. Baurat Prof. Dr. E. SCHMITT, Darmstadt. Zweite Auflage. Preis: 16 Mark, in Halbfranz gebunden 19 Mark.

4. Halbband: **Gebäude für Erholungs-, Beherbergungs- und Vereinszwecke.**

Heft 1: **Schankstätten und Speisewirtschaften, Kaffeehäuser und Restaurants.** Von Geh. Baurat Prof. † Dr. H. WAGNER, Darmstadt. — Volksküchen und Speiseanstalten für Arbeiter; Volks-Kaffeehäuser. Von Geh. Baurat Prof. Dr. E. SCHMITT, Darmstadt. — Oeffentliche Vergnügungsstätten. Von Geh. Baurat Prof. † Dr. H. WAGNER, Darmstadt. — Festhallen. Von Geh. Rat Prof. Dr. J. DURM, Karlsruhe. — Gasthöfe höheren Ranges. Von Geh. Baurat H. v. D. HUDE, Berlin. — Gasthöfe niederen Ranges, Schlaf- und Herbergshäuser. Von Geh. Baurat Prof. Dr. E. SCHMITT, Darmstadt. Zweite Auflage. (Vergriffen.)
Dritte Auflage in Vorbereitung.

Heft 2: **Baulichkeiten für Kur- und Badeorte.** Von Architekt † J. MYLIUS, Frankfurt a. M. und Geh. Baurat Prof. † Dr. H. WAGNER, Darmstadt. — **Gebäude für Gesellschaften und Vereine.** Von Geh. Baurat Prof. Dr. E. SCHMITT und Geh. Baurat Prof. † Dr. H. WAGNER, Darmstadt. — **Baulichkeiten für den Sport. Sonstige Baulichkeiten für Vergnügen und Erholung.** Von Geh. Rat Prof. Dr. J. DURM, Karlsruhe, Architekt † J. LIEBLEIN, Frankfurt a. M., Oberbaurat Prof. R. v. REINHARDT, Stuttgart und Geh. Baurat Prof. † Dr. H. WAGNER, Darmstadt. Zweite Auflage. Preis: 11 Mark, in Halbfranz gebunden 14 Mark.

5. Halbband: **Gebäude für Heil- und sonstige Wohlfahrts-Anstalten.**

Heft 1: **Krankenhäuser.** Von Prof. F. O. KUHN, Berlin. Zweite Auflage.
Preis: 32 Mark, in Halbfranz gebunden 35 Mark.

Heft 2: **Verschiedene Heil- und Pflege-Anstalten** (Irrenanstalten, Entbindungsanstalten, Heimstätten für Wöchnerinnen und für Schwangere, Sanatorien, Lungenheilstätten, Heimstätten für Genesende); **Versorgungs-, Pflege- und Zufluchtshäuser.** Von Stadtbaurat G. BEHNKE, Frankfurt a. M., Oberbaurat und Geh. Regierungsrat † A. FUNK, Hannover und Prof. K. HENRICI, Aachen. Zweite Auflage.
Preis: 15 Mark, in Halbfranz gebunden 18 Mark.

Heft 3: **Bade- und Schwimm-Anstalten.** Von Baurat F. GENZMER, Wiesbaden.
Preis: 15 Mark, in Halbfranz gebunden 18 Mark.

Heft 4: **Wasch- und Desinfektions-Anstalten.** Von Baurat F. GENZMER, Wiesbaden.
Preis: 9 Mark, in Halbfranz gebunden 12 Mark.

——◆ HANDBUCH DER ARCHITEKTUR. ◆——

6. Halbband: **Gebäude für Erziehung, Wissenschaft und Kunst.**

Heft 1: **Niedere und höhere Schulen** (Schulbauwesen im allgemeinen; Volksschulen und andere niedere Schulen; niedere techn. Lehranstalten u. gewerbl. Fachschulen; Gymnasien und Real-Lehranstalten, mittlere techn. Lehranstalten, höhere Mädchenschulen, sonstige höhere Lehranstalten; Pensionate u. Alumnate, Lehrer- u. Lehrerinnen-Seminare, Turnanstalten). Von Stadtbaurat G. Behnke, Frankfurt a. M., Oberbaurat Prof. † H. Lang, Karlsruhe, Architekt † O. Lindheimer, Frankfurt a. M., Geh. Bauräten Prof. Dr. E. Schmitt und † Dr. H. Wagner, Darmstadt. (Vergriffen.) Zweite Auflage unter der Presse.

Heft 2: **Hochschulen,** zugehörige und verwandte wissenschaftliche Institute (Universitäten; technische Hochschulen; naturwissenschaftliche Institute; medizinische Lehranstalten der Universitäten; technische Laboratorien; Sternwarten und andere Observatorien). Von Geh. Oberbaurat H. Eggert, Berlin, Baurat C. Junk, Berlin, Geh. Hofrat Prof. C. Körner, Braunschweig, Geh. Baurat Prof. Dr. E. Schmitt, Darmstadt, Oberbaudirektor † Dr. P. Spieker, Berlin und Geh. Regierungsrat L. v. Tiedemann, Potsdam. (Vergriffen.) Zweite Auflage in Vorbereitung.

Heft 3: **Künstler-Ateliers, Kunstakademien und Kunstgewerbeschulen; Konzerthäuser und Saalbauten.** Von Reg.-Baumeister C. Schaupert, Nürnberg, Geh. Baurat Prof. Dr. E. Schmitt, Darmstadt und Prof. C. Walther, Nürnberg. Preis: 15 Mark, in Halbfranz gebunden 18 Mark.

Heft 4: **Gebäude für Sammlungen und Ausstellungen** (Archive; Bibliotheken; Museen; Pflanzenhäuser; Aquarien; Ausstellungsbauten). Von Baurat † A. Kerler, Karlsruhe, Stadtbaurat A. Kortüm, Halle, Architekt † O. Lindheimer, Frankfurt a. M., Prof. A. Messel, Berlin, Architekt R. Opfermann, Mainz, Geh. Bauräten Prof. Dr. E. Schmitt und † Dr. H. Wagner, Darmstadt. (Vergriffen.) Zweite Auflage in Vorbereitung.

Heft 5: **Theater- und Cirkusgebäude.** Von Baurat M. Semper, Hamburg und Geh. Baurat Prof. Dr. E. Schmitt, Darmstadt. Unter der Presse.

7. Halbband: **Gebäude für Verwaltung, Rechtspflege und Gesetzgebung; Militärbauten.**

Heft 1: **Gebäude für Verwaltung und Rechtspflege** (Stadt- und Rathäuser; Gebäude für Ministerien, Botschaften und Gesandtschaften; Geschäftshäuser für Provinz- und Kreisbehörden; Geschäftshäuser für sonstige öffentliche und private Verwaltungen; Leichenschauhäuser; Gerichtshäuser; Straf- und Besserungsanstalten). Von Prof. F. Bluntschli, Zürich, Stadtbaurat A. Kortüm, Halle, Prof. G. Lasius, Zürich, Stadtbaurat † G. Osthoff, Berlin, Geh. Baurat Prof. Dr. E. Schmitt, Darmstadt, Baurat F. Schwechten, Berlin, Geh. Baurat Prof. † Dr. H. Wagner, Darmstadt und Baudirektor † Th. v. Landauer, Stuttgart. Zweite Auflage.
Preis: 27 Mark, in Halbfranz gebunden 30 Mark.

Heft 2: **Parlaments- und Ständehäuser; Gebäude für militärische Zwecke.** Von Geh. Baurat Prof. Dr. P. Wallot, Dresden, Geh. Baurat Prof. † Dr. H. Wagner, Darmstadt und Oberstleutnant F. Richter, Dresden. Zweite Aufl. Preis: 12 Mark, in Halbfranz gebunden 15 Mark.

8. Halbband: **Kirchen, Denkmäler und Bestattungsanlagen.**

Heft 1: **Kirchen.** Von Hofrat Prof. Dr. C. Gurlitt, Dresden. In Vorbereitung.

Heft 2 u. 3: **Denkmäler.** Von Architekt A. Hofmann, Berlin. Unter der Presse.

Heft 4: **Bestattungsanlagen.** Von Stadt. Baurat H. Grässel, München. In Vorbereitung.

9. Halbband: **Der Städtebau.** Von Geh. Baurat J. Stübben, Köln. (Vergriffen.) Zweite Auflage in Vorbereitung.

10. Halbband: **Die Garten-Architektur.** Von Baurat A. Lambert und Architekt E. Stahl, Stuttgart. Preis: 8 Mark, in Halbfranz gebunden 11 Mark.

Das »Handbuch der Architektur« ist zu beziehen durch die meisten Buchhandlungen, welche auf Verlangen auch einzelne Bände zur Ansicht vorlegen. Die meisten Buchhandlungen liefern das »Handbuch der Architektur« auf Verlangen sofort vollständig, soweit erschienen, oder eine beliebige Auswahl von Bänden, Halbbänden und Heften auch gegen monatliche Teilzahlungen. Die Verlagshandlung ist auf Wunsch bereit, solche Handlungen nachzuweisen.

Stuttgart,
im März 1903.

Arnold Bergsträsser Verlagsbuchhandlung
A. Kröner.

Handbuch der Architektur.

Unter Mitwirkung von Prof. Dr. **J. Durm**, Geh. Rat in Karlsruhe und
Prof. Dr. **H. Ende**, Geh. Regierungs- und Baurat, Präsident der Kunstakademie in Berlin,
herausgegeben von Prof. Dr. **Ed. Schmitt**, Geh. Baurat in Darmstadt.

Arnold Bergsträsser Verlagsbuchhandlung (A. Kröner) in Stuttgart.

Alphabetisches Sach-Register.

HANDBUCH DER ARCHITEKTUR.

www.ingramcontent.com/pod-product-compliance
Lightning Source LLC
Chambersburg PA
CBHW021347210326
41599CB00011B/777